飞机维修
基础工程训练

王　娟　赵世伟　主编

刘　扬　徐文君　陈国柱
申利平　谈　斌　杜海龙　副主编

清华大学出版社
北京

内 容 简 介

飞机维修是复杂的系统工程,本书系统地描述了飞机维修基础理论、技术和工艺。全书共 11 章,主要内容有:民用航空器维修概述、航空器维修文件、航空维修常用工具与量具、航空器标准线路施工、航空紧固件及保险、静电防护及常用电子电气测量、航空器管路施工、航空器部件拆装、航空器勤务、航线检查、航空器部件(附件)修理。

本书既注重维修理论,也重视维修标准规范和综合实践,由院校教师和航空一线工程师和专家共同创作完成。本书可作为高等院校航空特色相关专业的教材,也可供从事航空器维修、管理的工程技术人员学习参考。

图书在版编目(CIP)数据

飞机维修基础工程训练 / 王娟,赵世伟主编. -- 北京 : 清华大学出版社,2025.10.
ISBN 978-7-302-70271-9

Ⅰ. V267

中国国家版本馆 CIP 数据核字第 202527501N 号

责任编辑:王 欣
封面设计:常雪影
责任校对:欧 洋
责任印制:刘海龙

出版发行:清华大学出版社
    网   址:https://www.tup.com.cn,https://www.wqxuetang.com
    地   址:北京清华大学学研大厦 A 座   邮   编:100084
    社 总 机:010-83470000   邮   购:010-62786544
    投稿与读者服务:010-62776969,c-service@tup.tsinghua.edu.cn
    质量反馈:010-62772015,zhiliang@tup.tsinghua.edu.cn
印 装 者:三河市君旺印务有限公司
经   销:全国新华书店
开   本:185mm×260mm 印 张:29.5   字   数:713 千字
版   次:2025 年 10 月第 1 版   印   次:2025 年 10 月第 1 次印刷
定   价:98.00 元

产品编号:105639-01

本书编委会

主　编　王　娟　赵世伟

副主编　刘　扬　徐文君　陈国柱　申利平　谈　斌　杜海龙

编　委　王乙伟　骆　剑　赵济舟　孙建超　王天林　邢应根　李　宝　袁栋华

序言

作为机务维修专业的一名老教师，我很欣慰看到《飞机维修基础工程训练》一书的推出。本书旨在为航空院校机务维修工程相关专业学生和行业飞机维修工程技术人员的培训提供专业内容全面、呈现形式多样、教学实用高效、满足新版行业规章要求、受众面广的工程训练书籍。

飞机维修基础涉及的相关内容是做好机务工作的前提和保障。飞机维修是一项复杂的系统工程，现代飞机维修相关内容已融入飞机设计、制造、运营等各阶段，涵盖飞机全寿命周期。一般而言，做好飞机维修工作，维修技术人员除了需要具备精湛的基本技能，还需要熟悉相关规章、标准、规范，掌握相关新理论、技术和工艺，具有良好的阅读理解国内外技术资料的能力和优良的个人品质。

随着我国民航业的迅速发展以及航空制造业与运输业的逐步融合，结合民航强国建设需要，行业对飞机维修工程技术和相关从业人员都提出了新的更高要求。在工程技术方面，需要建立符合国际规范、适应我国民航发展实际需要的飞机维修工程体系、技术标准、规章规范；对工程技术从业人员还要求其熟悉适航标准、工程能力强、综合素质高、有创新精神。

行业特色高校是民航工程技术后备人才培养的主阵地，主动适应我国民航发展的需要、提升人才培养的质量和效率是行业高校责无旁贷的责任。高校人才培养有其自身的规律和特点，如何培养符合行业发展需要的工程技术后备人才是首先要面对的问题。行业特色高校的飞机维修工程训练既不能只考虑一般通用能力的培养，也不能等同于飞机维修单位师傅带徒弟、专注于对个性问题的解决，而是要兼顾高校人才培养的综合能力素养要求和具体工程技术实践的实际需要。这也给行业特色高校的工程训练提出了新的挑战，要求高校通过教学改革与创新，提升人才培养质量和效率，以满足行业发展对飞机维修工程技术人才培养的需要。

《飞机维修基础工程训练》一书，基于多年飞机维修工程训练教学改革与实践成功经验和成果的积累，有效融入了行业工程技术实践的典型案例，适应行业新版规章对人才培养的要求。本书的适时推出，及时满足了航空类高校和民航相关单位对飞机维修工程技术人员资质培训的需要，有效保障了新版行业规章要求下人才培养的质量和效率。本书在内容方面，既包含飞机维修基础的经典、核心内容，也兼顾了新理论、新技术的介绍和实践；在呈现形式方面，采用新形态教材模式，以文、图、影像等多种形态，发挥不同媒介的优势展现相关内容，信息量大、针对性强，便于"教"与"学"；在工程训练实施方面，以精心设计的综合训练项目为主线，将所需基本技能训练和工程能力训练有效融入，体现了训练的系统性和综合性,达到训练质量和效率双提升的效果。

本书作者由中国民航大学多年从事工程训练教学的教师和航空公司经验丰富的工程师组成,优势互补,使本书的编写更加完善和实用,体现了产教融合。本书的适用面广、实用性强。

张鹏

2024 年 6 月

前 言

"飞机维修基础工程训练"课程是中国民航大学航空工程特色专业的工程实践类课程,配套教材编写团队面向民航行业实际需求,结合工程教育改革,一方面与民航维修人员技术技能标准化训练要求相匹配,突出民航维修基础训练的规范性;另一方面结合行业真实案例,设计了系列化、情景化、综合型工作任务,培养学生在民航行业安全规范约束下,应用理论知识和技术技能,分析并解决综合性工程问题的能力。教材注重跨学科融合,将相关领域知识和技能有机整合,提供丰富的教学案例和新形态教学资源,满足教师因材施教和学生自主学习的需求。教材内容跟随国际航空维修新技术的发展,着眼未来,优化调整民航主流机型相关典型案例布局,增加电气线路互联系统(electrical wiring interconnetion system,EWIS)、S1000D 等民航维修新技术,融入国产大飞机维修技术和工艺规范,将理论知识与实际案例相结合,贴合实际工作场景,强调实用性,使学生能够全面理解并应对复杂职业挑战。

本书的编写得到中国民航大学工程技术训练中心、山东航空股份有限公司、厦门航空有限公司、中国商飞上海飞机客户服务有限公司等院校和产业部门的大力支持。院校和行业专家共同组建了联合编写组,确定产教融合教材编写的主题和方向,融合理论知识与实际经验,确保教材的全面性和专业性。

本书既可作为民航院校航空特色专业产教融合课程的选用教材,也可作为其他院校相关专业的参考用书。为了最大程度还原行业实际工作环境,书中所用的缩写、单位、符号和图表等,参考行业规范,与相关航空器技术资料手册保持一致。全书共11章,内容包括:民用航空器维修概述、航空器维修文件、航空维修常用工具与量具、航空器标准线路施工、航空紧固件及保险、静电防护及常用电子电气测量、航空器管路施工、航空器部件拆装、航空器勤务、航线检查、航空器部件(附件)修理。

本书由王娟、赵世伟主编,第 1 章由谈斌编写,第 2 章由陈国柱、王娟、王乙伟编写,第 3 章由徐文君、骆剑编写;第 4 章由申利平、王娟、王乙伟编写;第 5 章由徐文君、骆剑编写;第 6 章由王娟、赵世伟、王乙伟编写;第 7 章由刘扬、骆剑编写;第 8 章由王娟、陈国柱、刘扬、王乙伟编写;第 9 章由刘扬、骆剑编写;第 10 章由谈斌、骆剑编写;第 11 章由杜海龙编写。全书由王娟通稿,张鹏主审。天津航大雄英航空工程有限公司王天林、邢应根、李宝、袁栋华工程师,以及来自国产飞机制造商的赵济舟、孙建超等工程师在教材配套的新形态教学资源建设中提供了宝贵的支持,在此表示衷心的感谢。

由于作者的水平和能力有限,书中难免存在疏漏和不足之处,恳请各位专家和读者提出批评意见和建议,便于教材的修正和不断完善。

《飞机维修基础工程训练》编写组

2024 年 6 月

目 录

第1章

民用航空器维修概述

民用航空器维修工作是要保持航空器满足持续适航的要求,即保证航空器在取得适航批准投入使用之后,其运行的固有安全性与适航当局批准的在设计制造时安全标准的符合性。

从狭义上来看,民用航空器维修是指为了满足客货运输、通用航空和训练飞行等需要,及时提供技术状态良好的航空器而进行的一切活动,目的是通过各级机务人员的维护和修理,保证航空器、发动机和机载各系统及设备的完好性和适航性,使航空器能安全、环保、可靠和经济地完成各项飞行任务。

从更为广泛的角度来看,民用航空器维修是当前民航事业中一个大的系统工程,包括从航空器的选型、使用、维护、修理,一直到航空器退役全过程的监督、实施和管理,以及与其相适应配套的人员培训、考核和科研工作等。

1.1 中国民用航空器维修概况

1.1.1 中国民航维修发展史

中国民航维修的发展历程,要从"中国民航之父"冯如说起。1910 年,冯如制造飞机并试飞成功,成为中国航空史上的先驱者,如图 1-1-1 所示。随后,在民国时期成立的中国航空股份有限公司(简称"中航")和中央航空运输股份有限公司(简称"央航")创立了飞机维修业务,当时共有 7000 多名地勤人员,为新中国成立以后的航空维修发展奠定了基础。虽然我国民航维修起步较晚,但从改革开放以来,伴随着航空业的飞速发展,民航维修也迅速成长起来,尤其是从 20 世纪 90 年代开始,我国民航维修逐步走向成熟并不断完善,维修企业不断增加,维修队伍日益壮大,维修能力不断提升,已踏入世界先进行列。

1. 机务维修队伍的建立

1949 年 11 月 2 日,新中国成立民用航空局,隶属人民革命军事委员会,揭开了中国民航维修发展的新篇章。同年 11 月 9 日,"中航"和"央航"在香港宣布起义(史称"两航"起义),共计 12 架飞机飞回祖国怀抱,其中参加起义的机务人员共有 1000 多人,成为新中国民

中国航空先驱者——冯如

图 1-1-1　冯如和他的飞机

航事业建设中的主要技术骨干力量,他们的爱国精神,已光荣地载入了中国民航史册,如图 1-1-2 所示。

1950 年 8 月 1 日,天津经由汉口飞往重庆的首航班机"139"号,载着 14 名乘客于上午 8 时 30 分在天津机场起飞。同日上午 10 时 30 分,由毛泽东题名的"北京"号飞机从广州经汉口飞向天津,新中国民航最早的航班业务自此正式启动,史称"八一"开航,拉开了我国民航事业的序幕。

1951 年年初,军委民航局决定建设机械修理厂,并分别在太原、上海和天津成立了军委民航局太原机械修理厂、机械修理厂上海分厂和天津电讯修配所,为民航机务建设奠定了坚实的技术基础,从此中国有了较为完善的民航维修行业。

在这几年间,虽然中国民航的飞机比较老旧,但在当时的工作条件和技术水平下,维修人员仍然依靠顽强拼搏、吃苦耐劳、勇于钻研的优秀维修作风,全力保障中国民航机队能够飞起来,这也成为中国民航维修的第一个发展时期。

2. 以苏制飞机维修模式为基础的维修

1952 年,民用航空局改设为民用航空局和民用航空公司两个机构,并在天津成立中国人民航空公司,在天津张贵庄机场设有机务维修基地。

从 1956 年开始,中国民航在北京建立民用航空局北京飞机修理厂,并先后在天津、广州、重庆组建飞机修理厂,维修专业人员不断增加。同时,民航各管理处设立机务科,负责对执管飞机和过站飞机进行维护。图 1-1-3 是 1957 年时任总理周恩来在北京西郊机场检阅试飞。

图 1-1-2　"两航"起义人员飞抵天津合影

图 1-1-3　1957 年时任总理周恩来在北京西郊机场检阅试飞

1960 年年初,机务科改为由各飞行大队执管,并组建飞机修理厂。同年 11 月,中国民用航空局(Civil Aviation Administration of China,CAAC)改称中国民用航空总局,标志着民用航空成为一个独立系统,直接领导地区民用航空管理局工作。1965 年,机务科扩编为机务处,并将维修组织模式分为三个层次:外场车间的飞机维修队、内场车间的飞机维修队和飞机修理厂。到该年年末,中国民航拥有各类飞机 335 架,至此中国民航机务从人数上已经过渡到具有一定规模的专业维修队伍。

在 20 世纪 60 年代,中国民航机队主要是苏制飞机,民航维修在原苏联维修模式的基础上,经过不断探索,维修组织形式不断改变与之适应,维修能力也得到大大提升,逐步探索了中国民航的维修之路。在这个阶段,民航维修的专业分工愈加细致,技术水平得到不断提高,维修机构也逐步完善,并初步建立了规章管理制度,以提高维修质量,保障航空安全,这是中国民航维修的第二个发展时期。

3. 民航维修逐步与国际接轨

CAAC 在 1978 年成立航空工程部,恢复了民航内、外场维修工作,并由工程部统一管理。

1980 年 6 月,CAAC 在北京首都机场组建了我国第一个综合性大型航空维修基地,这是民航维修思想和维修组织的一次重大变革,从组织机构上实现了外场维护与内场维护合一,实现了生产、技术与航材保障合一,是我国民航维修适应当代航空器科技发展、向国际水平靠近的标志。图 1-1-4 为 20 世纪 80 年代机务人员正在维护运-5 飞机。

1983 年,CAAC 颁发并于次年实施《中国民用航空机务工程条例》,提出了 32 字维修作风,建立了强有力的机务维修队伍。自 1987 年开始,民航体制进行政企分离。次年,中国国际航空股份有限公司(简称"国航")、中国南方航空股份有限公司(简称"南航")、中国东方航空股份有限公司(简称"东航"),即"三大航",相继成立。

图 1-1-4　20 世纪 80 年代,机务人员
维护运-5 飞机

在这个时期,中国民航引进了欧美飞机,并学习了新的维修方法,民航企业进行了大规模改革,维修资源灵活调配,规章管理制度不断完善,保障安全和航班正常作为维修行业的唯一核心任务,确定了适合中国民航的维修道路,这是中国民航维修的第三个发展时期。

4. 开创民航维修新纪元

随着改革开放后允许外资企业、民营企业等多种经济体进入航空维修领域,国航与德国汉莎航空公司于 1989 年 8 月以北京维修基地为基础,合资成立北京飞机维修工程公司(Ameco)。同年 10 月,广州民航与外资合作成立广州飞机维修工程公司(Guangzhou Aircraft Maintenance Engineering Go.,Lt,GAMECO)。

近 30 年,随着我国经济稳定发展,通过不断积累维修经验,吸收、创新维修技术,维修企业的维修能力不断提高。中国民航运输总量和安全水平都已经进入世界前列,航空维修行业飞速发展,并以全面推进高质量发展为目标,未来将是中国民航维修的新纪元。图 1-1-5 为我国部分航空公司机尾航徽。

图 1-1-5　我国航空公司机尾航徽

5. 国产民航飞机

　　随着我国在民用航空领域的技术进步和自主创新能力的提升,越来越多的国产民航飞机被设计、制造并投入运营,如新舟系列(新舟 60、新舟 600 等)、中国商飞 C919(COMAC 919,简称 C919)和 ARJ21(Advanced Regional Jet for 21st Century)等。

　　C919 是我国按照国际民航规章自行研制、具有自主知识产权的大型喷气式民用飞机,是我国大飞机重大专项重点型号之一(见图 1-1-6)。"C"是 China 的首字母,也是中国商飞英文缩写 COMAC 的首字母,第一个"9"寓意天长地久,"19"代表中国首型中型客机最大载客量为 190 座。C919 于 2017 年首飞。2022 年 9 月完成全部适航审定工作后获 CAAC 颁发的型号合格证书。2022 年 12 月,C919 首架飞机交付东航,2023 年 5 月,C919 完成首次商业飞行。随之,国航、南航等航空公司也陆续购买并运营 C919。C919 采用先进的气动布局和新一代超临界机翼等先进的气动力设计技术,可实现更好的巡航气动效率;采用先进的涡扇发动机,以降低油耗、噪声和排放;采用先进的结构设计技术及先进金属材料、大量复合材料,以减轻飞机重量;采用电传操纵系统和综合模块化航电系统,提高安全性和可靠性;采用先进的客舱综合设计技术,提高客舱舒适性;采用先进的维修理论、技术和方法,降低维修成本。C919 的设计、制造和运行标志着中国在大型客机领域的技术突破,也为中国航空产业的发展提供了新的动力。

图 1-1-6　C919 飞机

　　ARJ21(现更名为 C909)是中国商用飞机有限责任公司研制的涡扇支线民航飞机,它主要用于中短途的区域航线,"21"代表 21 世纪新一代支线飞机(见图 1-1-7)。ARJ21 于 2008 年11 月完成首飞。2014 年 12 月,ARJ21-700 获得了 CAAC 颁发的型号合格证书。2015 年11 月,首架 ARJ21 飞抵成都,交付成都航空有限公司(简称"成都航空");2016 年 6 月正式投入商业运营飞行。2019 年 10 月,ARJ21 客机首飞国际航线。目前,成都航空、国航、南航等多家航空公司运营 ARJ21 飞机。ARJ21 是一款体现当代先进技术水平的支线客机,该机采用先进的超临界机翼、先进动力装置和高效增升装置、综合化的"玻璃座舱"、多余度的电控飞行控制系统、综合化航电系统,具有全权限数字发动机控制器(full authority digital engine control,FADEC)系统。ARJ21-700 型支线客机可载客量为 78～90 座,标准航程型满客航程为 2225km,主要用于满足从中心城市向周边中小城市的辐射型航线的使用要求。ARJ21 可以很好地适应我国复杂的地理环境,其设计是以未来西部交通枢纽昆明长水国际机场作为设计的临界条件,并用西部地区航线来检验飞机的航线适应性,以保证在实现经济效益的条件下满足西部的高原、高温环境要求。

图 1-1-7　ARJ21 飞机

1.1.2　中国民航维修现状

根据 2022 年《中国民航维修系统资源及行业发展报告》,截至 2022 年 12 月 31 日,中国民航维修现状如下。

1. 航空公司和机队概况

截至 2022 年年底,依据《大型飞机公共航空运输承运人运行合格审定规则》(CCAR-121 部)运行的航空公司共 59 家,在用大型运输航空器共 4032 架,如图 1-1-8 所示。近 5 年平均年增长率为 2.63%,其中南航、东航、国航三家航空公司占航空器总数的 40.53%,波音(Boeing)和空中客车公司(简称"空客")两大航空器制造商依旧占据国内运输航空器94.62%的市场。依据《小型航空器商业运输运营人运行合格审定规则》(CCAR-135 部)运行的航空公司共 61 家,运行的各类航空器共计 300 架,近 5 年平均年增长率为 2.29%。依据《一般运行和飞行规则》(CCAR-91 部)获得通用航空经营许可证的通用航空公司共 661 家,运行的各类航空器共计 3186 架。

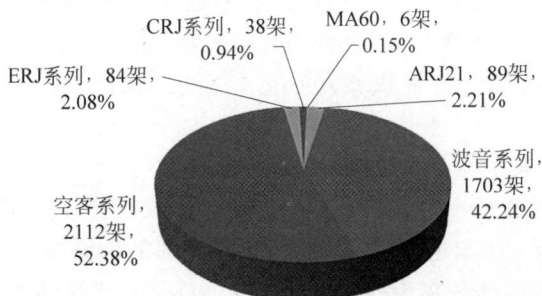

图 1-1-8　2022 年国内 CCAR-121 部运行公司机队构成情况

整个机队平均机龄为 8.82 年,于 2015 年达到谷值后呈逐年增加趋势。截至 2022 年年底,在用航空器中 10 年以下机龄占比为 65.83％;10～20 年机龄占比为 30.11％;20 年以上机龄占比为 4.06％,最大机龄为 33.34 年,为一架波音 757-21B 货机(见图 1-1-9)。

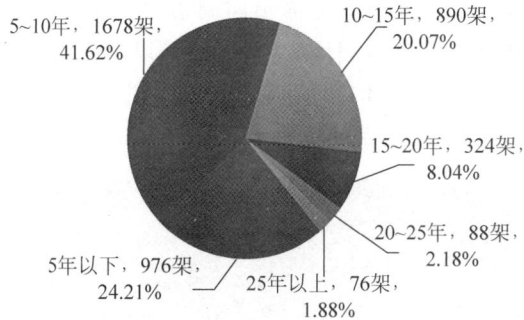

图 1-1-9　2022 年年底在用航空器数量按机龄分布

2022 年年底,按 CCAR-121 部运行的航空公司在用发动机(含运行和备份状态)总数量为 8745 台,如图 1-1-10 所示,其中 CFM56-7、CFM56-5 和 V2500 三个型号分别占总量的 31.79％、18.27％ 和 13.52％,合计占比 63.58％。

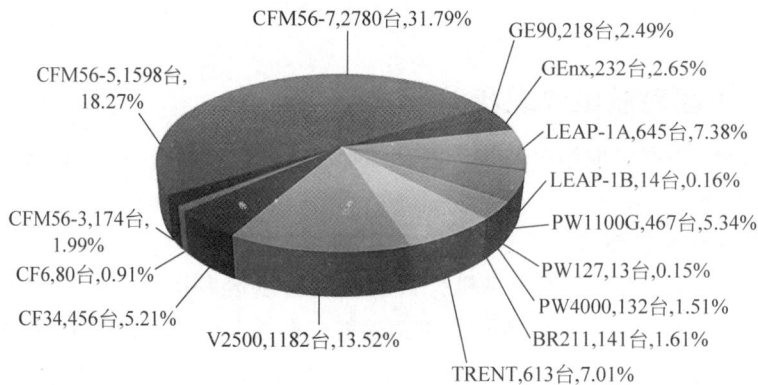

图 1-1-10　2022 年年底国内飞机各型号发动机数量分布

根据航空器使用困难报告系统统计,如图 1-1-11 所示,2022 年按 CCAR-121 部运行的航空公司共报告使用困难报告(service difficulty report,SDR)1384 起,比 2021 年减少 1003 起,增长率为−42.02％。其中,机械类 SDR 1053 起、非机械类 SDR 331 起,分别比 2021 年减少694 起和 309 起,增长率为−39.73％ 和−48.28％,SDR 千时率、机械类 SDR 千时率和非机械类 SDR 千时率分别比 2021 年降低 14.15％、10.75％ 和 23.42％。从图中可看出,2022 年度占机械类 SDR 前三位的是飞行操纵系统(10.77％)、动力装置(8.82％)和起落架系统(8.16％)。

2. CAAC 批准或认可的维修单位概况

截至 2022 年年底,CAAC 批准的维修单位总数为 904 家,其中外/地区维修单位为470 家,国内维修单位为 434 家(包括 59 家运输航空公司的维修单位)。国内维修单位总数比 2021 年年底减少 57 家,增长率为−11.61％,在"多证合一"等"放管服"政策的实施下,从事航线维修的独立维修单位无需取证即可从事相关工作,使国内维修单位数量近几年有所

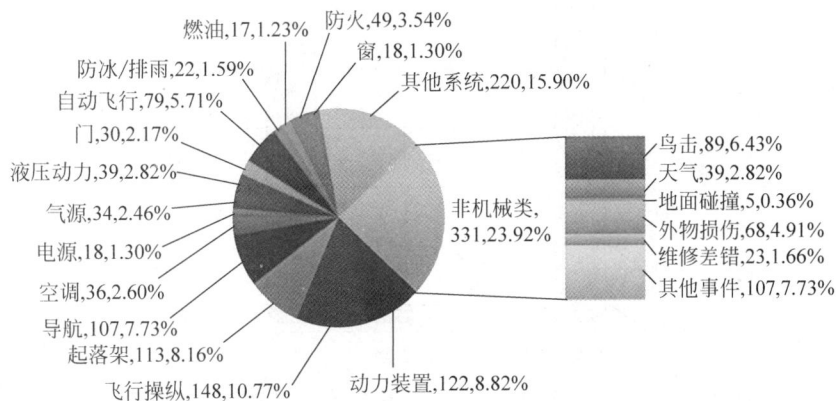

图 1-1-11 2022 年度按 CCAR-121 运行航空器 SDR 报告分布情况

降低。与 2021 年年底相比,国内 7 个地区中,除新疆地区维修单位数量不变外,其他地区维修单位数量都有所减少,如图 1-1-12 所示。

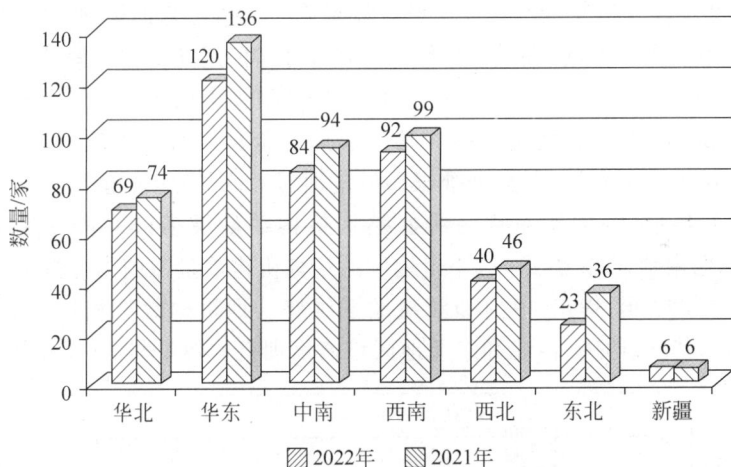

图 1-1-12 2021—2022 年国内维修单位数量对比

国内维修单位为 434 家,如图 1-1-13 所示。其中,具备机体维修能力的有 239 家,具备动力装置(发动机)维修能力的有 67 家,具备螺旋桨维修能力的有 12 家,具备部件维修能力的有 227 家,能够从事其他维修项目(如发动机更换、无损检测、孔探、整机喷漆、航空器拆解等)的有 135 家,以上部分单位分别具有多种维修能力。在机体维修方面,239 家从事机体维修项目的维修单位中,有 138 家单位仅从事机体维修项目,其中 41 家仅从事航线维修。国内维修单位具备了大部分国内在用机型最高级别定检能力,基本可以保障国内航空公司的需求,同时还承接一定量的国外第三方飞机定检维修业务。动力装置维修方面,国内 67 家单位具有发动机(含辅助动力装置(auxiliary power unit,APU))维修能力,涵盖 CFM56 系列、V2500 系列和 RB211 系列等国内运输机队主要型号发动机的维修业务。12 家从事螺旋桨项目维修的维修单位主要面向通用航空领域提供螺旋桨修理和翻修业务。227 家从事部件项目维修的维修单位中,仅从事部件维修项目的有 119 家。

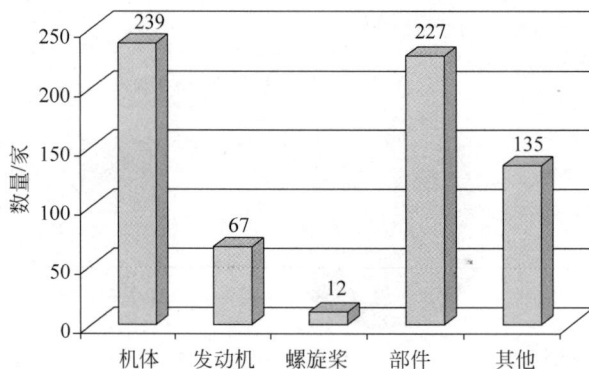

图 1-1-13　2022 年年底国内维修单位数量（按维修项目类别统计）

3. CAAC 批准的维修培训机构概况

截至 2022 年年底，CAAC 批准的通过《民用航空器维修培训机构合格审定规定》（CCAR-147）维修培训机构共 128 家，其中国内 108 家、国外 20 家，与 2021 年相比总数量净增加 5 家。2022 年，CAAC 为配合《民用航空器维修人员执照管理规则》（CCAR-66）对维修人员执照类别、考试要求等做出的修改，修订并颁发了《民用航空器维修培训机构合格审查规则》（CCAR-147R1）及 3 份相关咨询通告《维修培训机构申请指南》《航空器维修人员执照培训实施规范》和《机型、发动机型号维修培训实施规范》，对有关维修培训机构的类别、条件、培训要求等做出全面修订，以契合维修人员培训需要，更好地规范维修人员培训工作。

截至 2022 年年底，国内华东地区维修培训机构数量最多（33 家），其次是中南地区（21 家），华北和西南地区各 20 家，这 4 个地区的培训机构数量占国内总数量的 87.04%，如图 1-1-14 所示。2022 年，华东、中南和新疆地区维修培训机构数量相比 2021 年分别增长 4 家、1 家和 1 家，华北、西南、西北和东北地区维修培训机构数量与 2021 年年底数量持平。

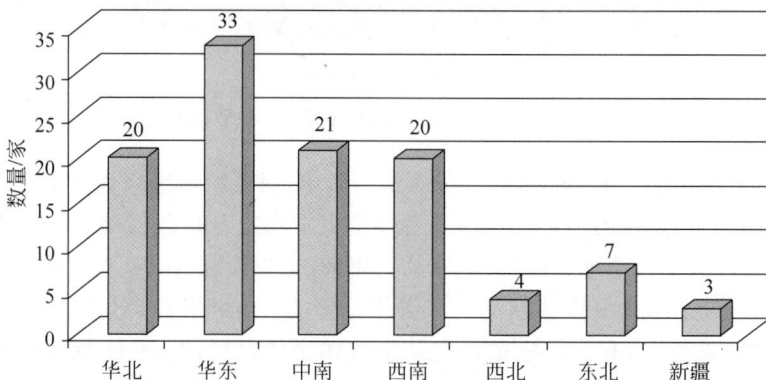

图 1-1-14　2022 年年底国内维修培训机构地域分布

4. 机务维修系统人员概况

机务维修工作是保障飞机持续适航和飞行安全的重要环节，是民航发展不可或缺的基础性行业，也是高技术密集型及劳动密集型职业，具有资质要求高、培养周期长、承担责任大、管理要求多、工作时间不规律、工作环境严酷等特点。

对各类航空人员资质实施执照管理是 CAAC 落实安全管理职责最基本的方式之一。

按照CCAR-66部第三次修订,维修放行复杂航空器的人员,需要在其航空器维修人员执照上获得有效的机型签署才能行使相应的执照权利,而机型签署需通过按照CCAR-147部批准的维修培训机构开展的机型维修培训才能获得。为强化对维修人员机型维修资质的管理,2022年CAAC分别对咨询通告《航空器维修人员执照申请指南》和《航空器机型维修培训和签署规范》进行了修订,调整了机型签署有效期更新和恢复有效性相关的管理要求。

截至2022年年底,我国民航机务维修人员持有CCAR-66部民用航空器维修人员执照的人数是68992人,其中具有有效机型签署的持照人数是30925人,无有效机型签署的持照人数是38067人。

1.2　维修工作分类

MSG-3(Maintenance Steering Group-3)文件是美国航空运输协会(Air Transport Association of America,ATA)为航空器制造商和航空器运营人制订"初始计划维修检查要求"而编写的规范性文件。按照MSG-3,民航维修可分为:润滑或勤务、目视检查(general visual inspection,GUI)或操作检查(operation check,OPC)、检验或功能测试、性能恢复、报废等工作类别。为便于按实际民航维修工作的重要性及难易程度来归类,本书将维修工作分为勤务、计划维修、非计划维修、部件维修和特殊维修等。

1. 勤务

航空器地面勤务工作是保证航空器运营人的航班正常运行和飞行安全最基础的工作之一,如图1-2-1～图1-2-6所示,主要包括:

(1) 航空器进出港指挥、停放、推、拖、挡轮挡及系留、拿取和堵放各种堵盖。

(2) 为航空器提供电源、气源、加(放)水、加(放)油料、充气、充氧。

(3) 驾驶舱、风挡、减震支柱镜面等清洁和除冰、雪、霜。

(4) 开关航空器的舱门、勤务门,以及航空器的交接、封存。

(5) 其他必要的勤务工作。

2. 计划维修

计划维修是指在一定时间周期内对航空器进行的例行维护工作,主要包括航空器绕机检查、航空器系统检测、维修放行以及工程指令等。

图 1-2-1　为航空器挡轮挡

图 1-2-2　清洗发动机

图 1-2-3　航空器除冰雪

图 1-2-4　航空器进港指挥

图 1-2-5　接通地面电源

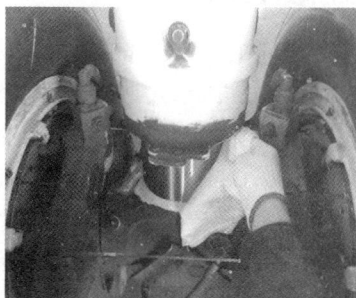

图 1-2-6　减震支柱镜面清洁

1）航空器绕机检查

主要在航线检查的维修任务中执行，目的是通过环绕航空器一周的目视检查，如图 1-2-7、图 1-2-8 所示，检查航空器的外观结构有无损伤或异常，分为一般目视检查、详细目视检查（detailed inspection，DET）、特别详细目视检查等。检查项目包括：螺钉、保险丝等紧固件是否符合要求；管路、导线、接头/插头是否松动、渗漏、腐蚀；机身结构无明显损伤、裂纹、脱层、磨损、腐蚀、擦伤、老化迹象等。

图 1-2-7　航空器绕机检查 1

图 1-2-8　航空器绕机检查 2

2）航空器系统检测

主要在航线检查和定期检查的维修任务中执行，可以使用航空器自身系统的机内自检设备（built-in test equipment，BITE）测试，或使用额外设备测试，目的是检测航空器的各个系统能否在规定的范围内实现其目标功能，是否处于失效状态，以及能否达到最佳性能（设计规范的最高要求），分为操作检测、功能检测、系统检测等。检查项目包括发动机系统、液压系统、操纵系统、燃油系统、起落架系统、电源系统、火警系统、灯光系统、防冰排雨系统、氧气系统、导航系统、通信系统、仪表系统、自动驾驶系统等现代航空器的各个重要系统，如图 1-2-9、图 1-2-10 所示。

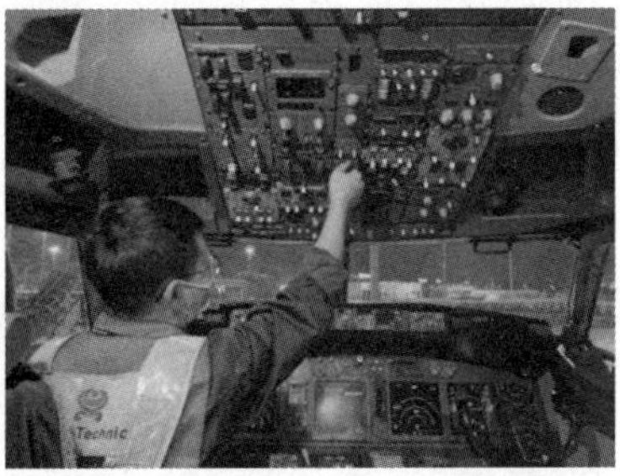

图 1-2-9　航空器驾驶舱仪表测试

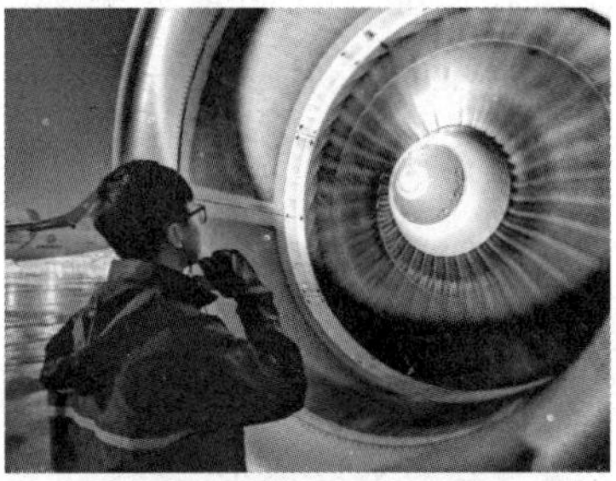

图 1-2-10　航空器发动机检查

3）维修放行

维修放行指航空器一次维修工作终结后应做的适于安全飞行的放行程序，需要放行授权维修人员的签署证明。其分为航线放行和定检放行，目的是确保航空器经过维修后，技术状态良好，达到适航标准，能够安全地完成飞行任务。维修放行主要以最低设备清单（minimum equipment list，MEL）和外形缺损清单（configuration deviation list，CDL）为依据，可以针对航空器因工具设备、器材短缺或停场时间不足等原因，允许暂时带故障或缺陷的“保留故障”飞行，如图 1-2-11、图 1-2-12 所示。

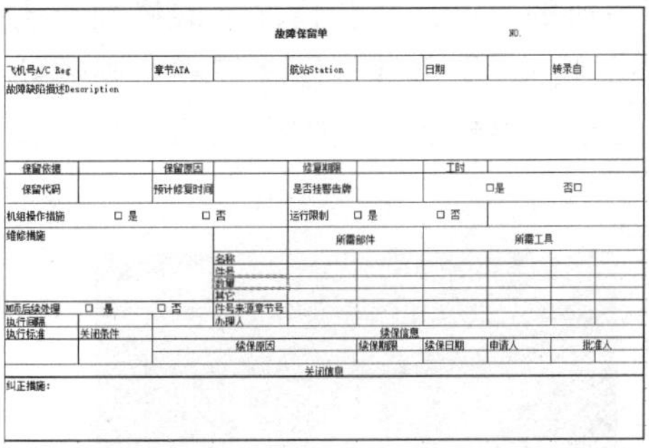

故障保留单　NO.

飞机号A/C Reg		章节ATA		航站Station		日期		转录自	
故障缺陷描述Description									
保留依据		保留原因		修复期限		工时			
保留代码		预计修复时间		是否挂警告牌		□是		否□	
机组操作措施	□ 是	□ 否		运行限制	□ 是	□ 否			
维修措施				所需部件		所需工具			
			名称						
			件号						
			数量						
			其它						
MO后续处理	□ 是	□ 否	件号来源章节号						
执行间隔			办理人						
执行标准	关闭条件	续保信息							
		续保原因			续保期限	续保日期	申请人		批准人
关闭信息									
纠正措施：									

图 1-2-11　航空器故障保留单

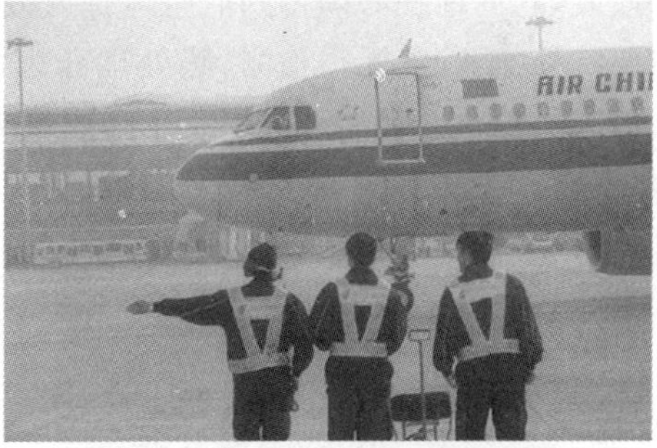

图 1-2-12　航空器放行

4）工程指令

工程指令（engineering order，EO），是根据适航指令（airworthiness directive，AD）、制造厂家服务通告（service bulletin，SB）、服务信函（service information letter，SIL）、电传（all operators telex，AOT）等经航空公司工程部门评估后，需要执行的工程文件，各维修单位据此以完成航空器、发动机、部件的改装或检查工作。

3. 非计划维修

非计划维修是针对航空器不定期出现的较大故障、缺陷和损伤等情况，需要进行的功能检查（functional check，FNC）、航空器恢复或报废等非例行维修工作，一般要使航空器停场并由定检维修人员主导，主要包括：航空器故障及缺陷处理、重要修理和改装、特殊校验等。

1）航空器故障及缺陷处理

航空器故障及缺陷处理，指航线或定检维修人员根据机组报告、目视检查或操作检查中发现的故障及缺陷，按照航空运行人或制造厂家手册进行的故障及缺陷排除工作，主要有故障保留和更换部件两种形式，其中更换的部件通常是标准件或航线可更换件（line replaceable unit，LRU）。工作结束后，需要将排故过程和结果记入相关航空器的飞行记录本（或者其他类似文件），并由放行授权人员决定是否可以放行，如图 1-2-13、图 1-2-14所示。

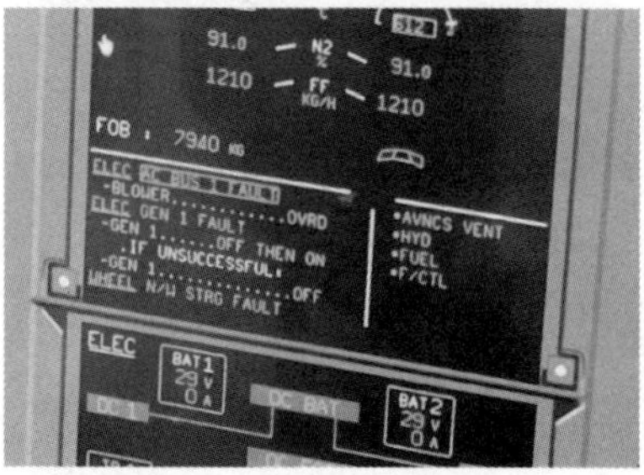

图 1-2-13　航空器仪表故障指示

图 1-2-14　航空器排故现场

2）重要修理和改装

重要修理和改装，指没有列入航空器及其部件制造厂家的设计规范中，且如果不正确实施，将可能对重量、平衡、结构强度、性能、动力特性及其他适航性因素有明显影响的修理和改装，它的前提必须得到航空运行人或制造厂家手册的允许。某些情况下的修理或改装需要特种作业（如无损检测、热处理和表面处理、外部喷漆、复合材料修理等）时，则需航线维修人员填写非例行卡，由特种作业维修人员完成相应维修工作，如图 1-2-15、图 1-2-16所示。

图 1-2-15　航空器发动机修理

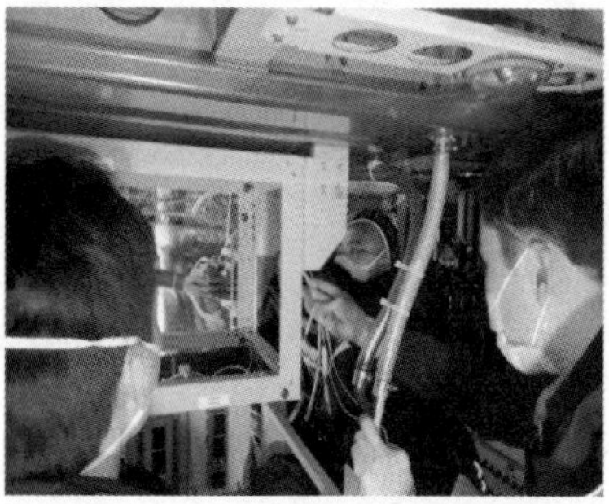

图 1-2-16　航空器加装 Wi-Fi

3）特殊校验

特殊校验，又称意外伤害维修任务，是指航空器遭遇鸟击、雷击、危险品泄漏、海鲜泄漏、硬/重着陆、飞越火山灰、尾部擦地、发动机超温、飘摆下降、剧烈颠簸、空中机动过载、超速、重失速抖振等特殊情况下的维修任务，如图 1-2-17～图 1-2-20 所示。特殊校验分为三个阶段：第一是对损伤进行专业的检查；第二是根据制造厂家或航空运行人给出的检查和修理方案进行维修并对维修质量进行检验；第三是根据制造厂家或航空器运行人的方案对检查和修理区域、部位进行持续跟踪,并不断采取检查和修理措施。

图 1-2-17 航空器发生鸟击

图 1-2-18 航空器雷击点

图 1-2-19 航空器越火山灰后

图 1-2-20 航空器尾部擦地

4. 部件维修

部件维修可结合维修方案进行在翼维修,也可离位维修(离位进入部件维修车间的修理),主要包括机载设备和发动机附件的维修,如图 1-2-21、图 1-2-22 所示。此类维修需要严格按部件维修手册(component maintenance manual,CMM)进行,修理流程为:进厂检查、详细目视检查、台架测试、功能测试、分解、清洁、特殊检查、修理、组装、出厂测试。

图 1-2-21 航空器部件离位修理

图 1-2-22 维修车间的航空器发动机

5. 特殊维修

特殊维修包括校水平和称重、千斤顶顶升、顶起和支撑、封存、滑行、发动机试车、增压、冬季运行、清洗等,如图 1-2-23～图 1-2-27 所示。

图 1-2-23　航空器称重

图 1-2-24　航空器顶升

图 1-2-25　航空器发动机试车

图 1-2-26　航空器封存

图 1-2-27　航空器清洗

1.3　维修部门机构

在航空维修企业中主要负责执行航空器维修任务的部门,一般称为航空器维修部或者维修工程部,下属航线车间、定检车间、部件修理车间等 3 个一线生产部门,以及工程技术部、维修计划与控制部、质量监控部、培训部、航材管理部等 5 个非一线保障部门。

1. 航线车间

航线车间又称外场维修,主要负责航空器日常航前(pre-flight,PF)、短停(transit,TR)、航后(after-flight,AF)的例行检查维修,以及航空器每天最后一个航班落地之后的故障排除,其中故障来源主要是机组的飞行记录本(flight list book,FLB)和客舱记录本(cabin list book,CLB),以及航空器的测试数据。航线车间是整个维修工程部的核心一线生产部门,也是人数最多的部门,保障航空器每天的安全运营,如图 1-3-1、图 1-3-2 所示。

图 1-3-1　航线机务指引航空器进港

图 1-3-2　航线车间夜晚维修

航线车间的工作地点在机场停机坪上,因为是户外作业,工作环境相对比较差,如果遭遇恶劣的气候条件,需要注意防暑、保暖等。由于航空器只有晚上停飞后才能进行维修工作,因此航线车间需要进行倒班工作。当前最常见的倒班方式之一称为"四班倒",也叫作"白夜休休",其中白班为 8:30—19:30,夜班为 19:30—8:30,并且在夜班由于身体疲倦,要尤其关注不要有维修差错。在日常的工作中,要注意作息时间,保证身体健康和维修质量。

航线车间以例行检查工作为主,也会进行故障及缺陷处理工作(具体工作内容在后文详述),并且由于航空器第二天要准时起飞,也面临着一定的时间压力。

2. 定检车间

定检车间又称内场维修,主要负责航空器飞行一段时间后,定期的较大规模深度检查以及部件校验等维修工作,一般分为 A、B、C、D 等类别(一般按飞行小时划分),深度不同,所需时间也不同。它也是重要的一线生产部门,如图 1-3-3、图 1-3-4 所示。

图 1-3-3　机库发动机定检维修

图 1-3-4　机库起落架定检维修

定检车间的工作地点是在机库里,与航线车间相比,工作环境会较好,部分机库已经配置了空调或暖气。由于航空器进行定检期间一般都停场不飞,所以工作时间相对宽裕,而且工作项目相对固定,可以有效地进行时间和任务分配,不需要同航线车间一样倒班。

在工作内容上,定检车间的维修项目属于深度维修,在计划性上也要比航线车间强,不同专业的工作内容也划分得更加清晰,但维修项目的广度相对要窄一些。

3. 部件修理车间

部件修理车间主要是附件及零部件的离位维修,如图 1-3-5 所示,也包括金工、铆工、焊工、钳工和轮胎翻修等工作内容,部分特殊部附件的修理需要单独的维修授权。它的工作地点也是内场车间,但由于某些敏感的部附件在维修时需要防静电、防尘等特殊要求,所以对维修环境的要求要更严格一些。

图 1-3-5　航空器部件修理

因为成立单独的部件修理车间成本较高,所以大部分航空维修单位的部件修理都选择外委维修。随着部附件的集成程度越来越高,其价格也越来越便宜,这导致直接换件可能比修理经济性更好。

4. 工程技术部

工程技术部的主要工作包括:可靠性方案、维修方案、MEL、工程指令和其他适航性资料的编写和修改;服务通告和服务信函的评估;适航指令的处理;维修工作单的编写;超出持续适航文件的修理和改装工作的相关工作;与原始设备制造商(original equipment manufacture,OEM)的联络;技术支援和技术调查等。该部门包括维修控制中心(maintence control center,MCC)、计划控制中心(plan control center,PCC)、工卡站等子部门。

图 1-3-6　工程技术部制定维修方案

工程技术部是核心保障部门,也是核心技术部门,对维修工程部的正常运转起到关键的协调和润滑作用,如图 1-3-6 所示。该部门的人员多是有着一定维修经验的工程师,以解决相对复杂的工程技术问题,并在较短时间内进行维修决策,以及制定相对完善的维修方案。非一线部门的工作地点都在机场外的写字办公楼,时间作息是正常的朝九晚五加双休,但要随时准备解决突发问题。

5. 维修计划与控制部

维修计划与控制部的主要工作包括:航空器使用和维修计划;飞行记录本的配备和管理;航空器的使用统计;航空器勤务及航线维修工作的实施;航空器定期维修和非计划维修工作的实施;发动机和部件的送修;航材配置;维修安全管理;发动机地面试车等。该部门包括定检计划、航线计划、部件计划等子部门。

维修计划与控制部门监控着公司机队的实时状况,在航空器系统、部附件或设备运行的时间寿命到达之前,将工作打包发给一线生产部门进行维护工作,避免航空器意外停场。但是由于天气原因、航材和器材不足或授权人员不足等特殊情况,已经制订的维修计划可能无法顺利实施,这就需要计划员平时关注天气、器材、场地等的状态,并在发生紧急情况时组织协调,与其他部门有效沟通,保障维修的顺利进行。维修计划也和维修成本息息相关,也需要计划员综合考虑。

6. 质量监控部

质量监控部的主要工作包括:对各类人员和单位评估;对放行人员的授权;单机档案和单机适航性状况的监控;内部质量审核;维修差错管理和质量调查等。

该部门人员需要一定的一线生产部门维修经验,制定维修工程部质量体系,监督日常维修工作,确保维修人员维修授权,调查维修事故原因,对安全生产发挥着关键作用。同时,也应注意对平时不安全事件的总结和故障报告的整理(见图1-3-7),指导维修计划的改进,节约运营成本。该部门也关注着各种维修文件的实时更新,以保证维修工作的顺利进行。

7. 培训部

培训部的主要工作包括:制订培训大纲和培训计划;实施培训;建立人员技术档案和保管培训记录等。

如果航空维修单位同时也是符合CCAR-147部的培训单位,会有专职教员负责基础执照或机型执照的培训;如果不是的话,通常只负责新员工的培训以及平常的培训管理,教员临时从其他部门抽调,如图1-3-8所示。

图 1-3-7 民用航空器使用困难报告　　　　图 1-3-8 机务新员工现场培训

8. 航材管理部

航材管理部的主要工作是航材、器材或工具的收纳和管理,是重要的生产保障部门之一。要求管理人员对航空器的航材、器材、工具、部件等有足够的认知度,也要对库房管理有足够的熟悉度。该部门的工作地点通常也在机场内,需要晚上有值班人员。也需要根据每年的航材和耗材等的使用情况,优化来年采购数量,提高运行经济性。

总之,在实际的维修工作中,各维修部门相互协调、紧密合作,保证航空器的安全和正点运行,其主要流程为:航空公司在购置或租用航空器后,首先由工程技术部依据航空器制造商、当地局方、自己航司的各项文件,结合维修成本控制以及本公司的维修资源,制定本公司该航空器的维修方案,并由工程技术部下的工卡站依据维修手册中的拆装、测试等内容编制各项工作的工作单,进而组成包含多个工作单的工作包,然后由维修计划与控制部按照维修方案的维修间隔在各公司的维修软件管理系统中将任务下发给一线部门,并根据实际情况(人机料法环)实时调整,最后一线部门(航线车间、定检车间、部件修理车间)依据下发的任务领取工作单、工具及耗材等,开展计划维修工作。当航空器出现计划外的故障及缺陷时,一线维修人员要根据维修手册进行处理,保障航空器的持续适航性。质量监控部负责监督各维修部门的工作,保证维修质量。

1.4 维修执照培训内容与申请

民用航空器维修人员执照是颁发给符合 CCAR-66 部标准的人员资质凭证,是 CAAC对于维修人员资质管理的主要方式,现行为 2020 年颁发的 CCAR-66R3 版本。民航维修人员执照的颁发是确保维修人员具备必需的维修专业技能,也是维修人员懂规章、讲规矩、工作有诚信、行为有底线的前提和基础。

1. 概述

(1)民用航空器维修人员执照分为四个类别:涡轮式飞机(TA);活塞式飞机(PA);涡轮式旋翼机(TR);活塞式旋翼机(PR)。

(2)执照培训及考试包括:基础部分、实作部分、维修技术英语三部分(共计 9 个模块)。执照基础部分、实作部分培训及考试由局方批准的 CCAR-147 维修培训机构实施,整个培训和评估过程应当符合现行有效的 CCAR-66 部规章和 CCAR-147 部规章以及相关咨询通告的要求。图 1-4-1 为中国民航大学机务维修执照实作培训。

图 1-4-1 中国民航大学机务维修执照实作培训

(3)基础知识培训最低培训学时以 1 学时为单位,主要内容为民用航空器维修理论基础和专业知识等,包括 6 个模块:航空概论(M1:28 学时)、航空器维修(M2:52 学时)、飞机结构和系统(M3:178 学时)、直升机结构和系统(M4:171 学时)、航空涡轮发动机(M5:85 学时)、活塞发动机及其维修(M6:58 学时)。

(4)实作培训最低培训学时以 0.5 学时为单位,主要内容为航空器维修实作技能及实作规范,包括 2 个模块:航空器基本维修实作技能(M7:180 学时。包括维修基本技能,维修手册和工具设备的使用,维修记录和放行)、航空器维修实作规范(M8:128 学时。包括勤务和航线检查,常见故障和缺陷的处理,航线可更换件的拆装)。

（5）英语培训：航空维修技术英语（M9）。

2．执照申请条件

CCAR-66R3 版本维修执照的申请条件如下。

（1）年满 18 周岁。

（2）无影响维修工作的色盲或者色弱等。

（3）具有大专以上（含大专，下同）学历。

（4）完成航空器维修基础知识培训。

（5）具备至少 1 年的经所在单位授权从事民用航空器或者航空器部件维修工作的经历（培训和实习不计算在内），或者为理工科专业大专以上学历人员并完成航空器维修实作培训。

（6）通过航空器维修人员执照的考试。

（7）完成航空维修技术英语等级测试。

（8）民航行业信用信息记录中没有航空器维修相关的严重失信行为记录。

3．考试要求

1）基础部分

航空器维修基础知识的考试由 CAAC 飞行标准司统一组织编制题库，并建立考试系统。在完成某一模块的航空器维修基础知识培训后，由维修培训机构统一组织考试，并向所在地区管理局提出申请。

考试时，将根据申请考试的模块，由考试系统按适用的最低学时随机配置试题，并由地区管理局的维修监察员现场监考。考试时间按照每道试题 72 秒作答计算，完成答案提交后或者考试时间到时，自动显示考试成绩并记入系统。考试不及格者可补考一次，补考仍不及格者需重新参加该模块的培训后方可再次参加考试。

2）实作部分

下述情况下，维修培训机构可以组织开展对维修人员的航空器维修实作评估，并向所在地区管理局提出申请：通过了适用的航空器维修基础知识考试；完成了不少于最低学时的航空器维修实作培训；没有参加航空器维修实作培训，但有证明表明具备了不少于 2 年的实际航空器维修经历。

航空器维修实作评估应当使用真实的航空器、维修手册及航空器材，评估项目应当采用随机抽选的方式，但应当涵盖 M7、M8 的各类维修实作项目，其由维修培训机构授权的 2 名教员分别按照经批准的程序和规范开展，并由地区管理局的维修监察员现场监督。

实作评估的时间根据评估项目确定，但最长不得超过 90 分钟。实作评估完成后，由评估教员分别独立完成评估结论，并提交实施现场监督的维修监察员录入 CAAC 航空器维修人员执照管理系统。当 2 名评估教员都给予"通过"的结论时，才计为通过实作评估。对于一名评估教员给予"未通过"结论的情况，可重新补充评估一次；2 名评估教员都给予"未通过"结论者，需重新参加维修实作培训后方可再次参加实作评估。

3）管理监督

考试作弊由监察员负责认定，其作弊的模块成绩记为 0 分，且该次考试计入考试次数；作弊人员 3 年内不得参加民用航空器维修人员执照理论考试、实作评估或维修技术英语测试；其作弊行为计入民航人员征信系统。作弊行为包括：将任何能够储存及显示与考试有关内容或者具有通信功能的电子设备带入考场;以获取题目答案或影响其个人成绩为目的的窥视、交头接耳等行为;拒不听从考试工作人员合理安排;故意扰乱考场正常秩序。

1.5 维修作风

安全是民航业的生命线和基石,民航维修是民航运输链条中至关重要的一个环节,是保障民航飞行安全和发展的基础性工作。优良的维修作风直接决定维修工作的质量,进而关系到安全生产,关系到民航安全发展,关系到民航强国建设。作为飞机维修人员,必须严格遵守工作纪律,大力发扬优良作风,夯实"三基"建设,以促进民航安全、高质量发展。

1.5.1 维修作风内涵

中国民航不同的发展阶段,其维修作风的内涵也不尽相同。中国民航在历史上,从维修老旧飞机开始起步,主要是靠"吃苦耐劳、善于专研"的优秀维修作风,保障民航机队能飞起来。随着中国民航进入快速发展阶段,初步建立了规章管理制度,"保障安全"成为维修行业的核心任务之一,维修作风也随之转为以"严谨务实、遵章守纪"为内涵,如图 1-5-1 所示。当前,中国民航运输量和安全水平都已进入世界前列,维修行业也初步形成了专业化分工的格局,既要坚持以保障飞行安全为底线,又要兼顾保障航班正常和降低成本的需要,维修作风则需进一步转为以"严谨、专业、诚信"为内涵:"严谨"是民航维修工作的基本特点和要求;"专业"是指以具备专业资格为基础,明确专业角色;"诚信"则是维修行业必须遵守的底线。

1. 严谨

"严谨"是指以科学严谨的原则制定维修方案和工艺要求,以严密的规章、程序规范维修行为,以严格、精确的标准实施质量测试和检验。特别是对于工作在一线的维修人员,需要一丝不苟、严格要求、谨慎操作,以规章、程序作为维修工作的行为准则,按要求的程序、步骤、方法和要领去实施每一项维修工作,如图 1-5-2 所示。

图 1-5-1 20 世纪 80 年代空军机务

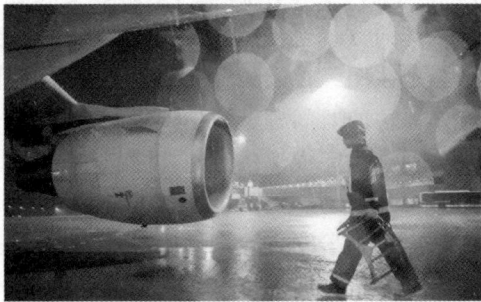

图 1-5-2 雨中民航机务人

机务工作人员对工作态度要严格要求:不能"差不多",这是一种惰性心理,是对工作不负责任的表现,直接导致工作标准低、缺少创造力、无生机、少活力;不能"走捷径",这是一种图省事、怕麻烦的心理,会导致省去规定的操作程序、疏于对安全制度的坚持;不能"没问题",这是一种侥幸心理,是无知自大、不负责任的表现,是对工作导致不良结果把握不足、预期不够、过度自信的行为。工作中要有"规章意识、红线意识、风险意识、举手意识",这就是"严谨"的具体要求和体现。

2. 专业

职业范畴里面的专业精神,也就是工匠精神,是指执着于专业的规范、要求、品质化程序等工作态度,包括履行的职业功能、职业道德、职业操守和奉献精神。

航空器技术含量越来越高,也就要求维修人员具备更专业的维修作风。专业是航空器维修业的基础,航空器维修人员必须在此基础上,提倡好学上进,钻研业务技术,不断提高业务素质,提升飞机维修质量;同时,不断追求航空器维修理论上的精益求精,学懂弄通,不断总结实践经验,追求维修工艺、操作质量的精益求精。作为机务人员,热爱机务工作,忠诚机务事业,发扬工匠精神,严格对待本职工作,干一行、爱一行、钻一行,如图 1-5-3 所示。专业不精表现为工作时人员资质准备不到位、不符合,专业不匹配,就会盲目施工。

图 1-5-3　航空器发动机检查

3. 诚信

诚信是中华民族优良的传统美德,也是建立诚信社会、诚信行业的基础,尤其是在民航维修行业,从业人员诚信与否,直接关乎航空安全。

机务维修工作者要加强学习,提升自己的道德修养,诚信工作,不折不扣地按照工作单进行标准规范施工,工作中遇到问题要及时、如实报告。如果不加以管控和约束,工作中出现不诚信的行为,将成为航空安全的巨大隐患。对触碰诚信"红线"的行为要零容忍,涉及诚信、性质恶劣的违章要严肃处理。在维修工作中,曾出现过不诚信事件,如未实施维修工作即签署记录、非工作者代他人签署维修记录、发生不安全事件后隐瞒不报、破坏现场、伪造相关证据等,必将受到严惩。

1.5.2　维修先进劳模事迹

劳动创造幸福,实干成就伟业。许许多多的民航从业人员,他们兢兢业业、锐意进取,在平凡的岗位上诠释责任与担当;他们保持初心,满怀热爱,用汗水为民航谱写动人篇章。正是这种劳模精神,激励着一代代民航人向着大国工匠迈进。

1. 朱刚:30 年专心做一件事——修飞机

从学徒到维修师再到首席技师,东航技术公司的朱刚 30 年来专心致志地干着一件事——维修保养飞机。在这个既需要认真细致又肩负重大责任的岗位上,朱刚一干就是 30 多年。对朱刚来说,修飞机不仅是兴趣爱好,更是一种责任。他在 1981 年报考了上海民航技校民航维修专业,并于 1983 年开始航空机务工程师的职业生涯。

一次,在济南的一架麦道 MD82 飞机出现了加油面板打开时电路短路的故障,公司派朱刚去排除故障。当时上海至济南一天只有一个航班且已起飞,朱刚不得不先飞到北京,再转飞济南。为了让朱刚及时赶到,北京飞济南的航班等了半个小时。

"当时飞机上不少乘客都对我提意见,直到乘务长向大家解释我要赶去济南修飞机,大家的意见才平息下去。"他在去济南的飞机上就在考虑发生故障的原因,估计是油箱面板处的导线磨损了,因为当时的设计相对简单,导线外面也没有套管保护,面板开关次数一多,就很容易磨损。

事后证明了朱刚的预判正确。他到济南后只用半个小时,就解决了飞机的故障。而朱刚"手到病除"的功夫,在于平时的学习积累。

朱刚在1993年取得民航维修基础执照,先后维修过MD82,空客A300系列、A340系列、A330系列、A320系列机型,并取得以上各空客机型的整机放行资质。他常说,机务工作有两个要点:一个是责任,另一个是能力,飞机维修工作是一项细活,任何一个疏忽就会导致严重的后果。

朱刚把穿着黑色工作服的机务人员比作"黑衣天使":"机务人员就像是一名做外科手术的大夫,必须兢兢业业、精益求精。我们维修的飞机就好比是一个病人,将'受伤的病人'一个个治愈后,看着它们健康地翱翔蓝天,有一种妙手回春的成就感。"2015年6月,朱刚被聘为"东航首席技师"。

2. 王璐璐:平凡的坚守,谁说女子不如男

王璐璐是机务系统为数不多的基层女班组长中的一员,也是南航机务工程部沈阳维修基地第一个取得美国联邦航空管理局(Federal Aviation Administration,FAA)执照的女机务。

在校成绩名列前茅的王璐璐,2000年毕业后选择成为一名机务人。最初,她被分到了发动机车间的技术室工作,后来她放弃了优越的工作环境,主动提出到工段去实习锻炼,与师傅们一同动手维修发动机。

当时的发动机车间正在开展JT8D发动机的深度修理工作,王璐璐凭着良好的大学英语六级基础,与原文工艺相对应,编写、整理、修改了大量的工卡。也正是在这种历练中,王璐璐掌握了越来越多的机务维修技能。

2004年,沈阳维修基地决定上项APU深度修理。王璐璐勇挑重任,成了APU项目的负责人,而最初的项目小组,加上她一共才3个人。

2006年7月8日,是王璐璐最难忘的一天。第一台修理后的APU连接到测试台上,等待最后的检验。王璐璐坐在车台前,身后是她的队友。在她按下启动按钮的一瞬间,大家都屏住呼吸,目不转睛地盯着监视屏。APU启动机带转、点火、加速、启动机脱开……一系列动作一气呵成。

"启动成功! 显示滑油压力正常,排气温度(exhaust gas temperature,EGT)正常,主轴振动正常……"她报出一连串的监测结果。"一切正常,我们成功了!"试车间内爆发出热烈的掌声。这一幕,团队成员多年以后记忆犹新,那一天他们做成了一件"从无到有"的事情。

王璐璐回忆起过去,说:"最初我们能力刚起步时,基本上都是单向地听OEM的建议。在第三年的时候,我们开始陆陆续续向厂家反馈修理手册的编写问题了。当时厂家专门派了一个APU型号主管工程师来沈阳,接收我们反馈的问题。"后来,他们在1年内接连改版了3次相关的手册。

正是因为技术上的不断积累、不断提升,王璐璐的 APU 团队在面对厂家时更有了底气和信心。经过 15 年的发展壮大,目前 APU 车间已发展成拥有员工 78 人,试车台 2 套,数控磨床、三坐标测量机、电气部件测试台等多种综合设备若干的修理中心。APU 年修理量从 30 台次发展到超 200 台次,产能翻了 6.6 倍,2018 年 APU 车间的年产值已超过 4 亿元。

1.6　维修安全知识

维修安全是指围绕航空器运行而在停机坪和飞行区范围内开展生产活动的安全,即防止发生航空器损坏、旅客和地面人员伤亡以及各种地面设施损坏事件,同时还包括航空器维护、装卸货物及服务用品、航空器加油等活动的安全等。无论是哪个专业还是哪个部门,一般安全规定都是航空维修人员所要遵守的基本原则。

1. 佩戴有效证件

维修人员佩戴的有效证件主要是指其所在机场的进场证,如图 1-6-1 所示。因为机场属于安保级别较高的特殊区域,所以要经过公安部门的审核,并佩戴进场证才能进入机场区域工作。

机场进场证上的信息包括个人近期的免冠彩照、个人姓名、公司名称、公司职位等,同时还包括机场安全区域的准入标示,用方块字母表示,分为 A、B、C、D、E、F 六个等级:A(机坪);B(航空器上);C(国内、国际出港候机室);D(国内、国际进港大厅);E(行李分拣);F(货运仓库)。如果被允许进入相关区域,对应的方块字母为绿色;反之,则为红色。

另外,由于要避免伪造进场证而造成的不安全事件,在网络上不允许出现任何进场证的特写照片。

2. 规定路线和规定区域

为保证机场内航空器、车辆和人员的安全以及快速有效的调度,机场内划定了规定的路线和规定的区域,如图 1-6-2 所示。

图 1-6-1　机场进场证

彩图 1-6-2

图 1-6-2　机场规定路线

图中的黄色路线适用于航空器,包括滑行路线和"T"字停止标志(便于廊桥接近以及航空器系留)等,航空器必须按照黄色的路线滑行。白色路线适用于机场特种车辆,包括摆渡车、行李车、客梯车、通勤车及特种作业的车辆等,一般沿着整个停机坪的外沿划定,车辆也必须按路线行驶。维修人员在停机坪必须穿着反光背心,在个人已授权的规定区域内工作,不得跑跳,不得横穿停机坪,不得将工具或个人垃圾遗落在停机坪上,同时还需要注意身边的危险因素,如航空器/车辆行驶、地面发动机的试车、地面气象雷达测试等,防止发生人身伤害。

值得注意的是,机场跑道区域只有在机场停航且塔台允许的情况下才能进入,避免发生跑道入侵事件。

3. 遵守规章制度,严禁吸烟

按章办事是机务维修人员所要具备的基本素质之一,在维修工作中必须严格遵守机场和公司的各项规章制度(如《民用机场安全运行管理规定》),它是保证安全的第一道防线,同时也需要在安全意识、安全知识、安全能力等方面持续提升。规章制度根据局方或制造商新发的文件和日常工作中发生的不安全事件等内容,由机场或公司维修工程部的质量部门持续更新。

火是机场区域的重大安全隐患之一,要杜绝一切可能引起火灾的情况发生,其中禁止吸烟就是重要举措,如图 1-6-3 所示。通常,易燃、易爆等物品会在进入机场区域的安检处就被禁止携带,但也需要维修人员严格遵守防火规范,不在机场区域内点明火,不将吸烟室的物品带出。

4. 使用劳动保护用品

由于民航维修工作的特殊性,维修人员在工作中会接触到有害油液、有害气体、有害噪声等不安全因素,因此需要给维修人员配备劳动保护用品来保证人身安全,如图 1-6-4 所示。

图 1-6-3　机场禁止吸烟标志

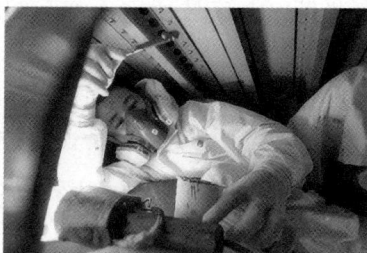

图 1-6-4　航空器油箱工作佩戴呼吸面罩

1) 呼吸防护

通过呼吸系统影响人体健康的主要因素有粉尘、打磨颗粒物、燃油箱气体、清洁剂等化学品,维修人员禁止在无防护时暴露在能够或可能危害健康的空气环境中。维修人员使用的呼吸防护用品应是国家认可的、符合标准要求的产品,如防尘口罩、自吸过滤式防毒呼吸器/面具、隔绝式呼吸器等。并且,维修人员在使用前须经过相应培训,在使用时需仔细阅读使用说明,严格按照规定使用。

2) 手部防护

造成手部受伤的外界因素主要是机械施工、振动、电击、高温、寒冷、易燃易爆物品及化学品等。维修人员应当根据不同的场所和性质,按要求正确使用手部防护用品,如机械危害防护手套、绝缘手套、防静电手套、化学品防护手套、防高温/防寒手套等。

3) 视力防护

造成视力损伤的外界因素主要有尖锐物、飞屑、强光和化学物质等。容易造成视力损伤的维修工作有紧固件保险、金工方面的工作以及需要接触油液和有害化学品的工作等。维修人员应当根据不同的场所和性质,按要求正确选用个人用眼护具,如护目镜和面罩等,如图 1-6-5 所示。

4）听力保护

造成听力损伤的外界因素主要有发动机噪声和铆接时的噪声等。当维修人员暴露在噪声在 80dB（含）以上的工作场所时，须佩戴护耳器（如耳塞或耳罩），如图 1-6-6 所示。当佩戴护耳器后，如人耳接触的噪声值仍超过 85dB（含），则应采取双重防护（同时佩戴耳塞和耳罩）。

图 1-6-5　护目镜

图 1-6-6　抗噪声耳机

5）工装防护

维修人员应遵守所在单位的着装规定和要求。除正常制服外，还有特殊作业的工装，如用于燃油箱作业的防静电工作服、用于喷漆或喷涂防腐剂的化学防护服等。维修人员还应穿着装有保护包头的安全鞋，防止脚趾/骨受到机械伤害，并且鞋底防滑以及具有一定的防刺穿性能。其他常见的防护鞋还有防静电鞋、防化学鞋和防水防滑鞋等。

5. 保持客舱整洁，注意危险品存放

保持客舱整洁，既是旅客乘机舒适性的需要，又是避免磕碰、摔倒，以及防火的安全性要求。同时，在航空器上还应注意危险品的存放。

危险化学品一般具有易燃易爆、有毒或有污染、有腐蚀性或氧化性、放射性等性质，如图 1-6-7 所示，主要指易燃性材料，即燃点低于 130℉ 的材料，（约 54.4℃）如燃油、干燥剂、各种酮类材料及各种清洗液等，还包括有毒物质，如液压油、水银、环氧树脂、氟利昂、镍铬电池、电解液等。

图 1-6-7　空运危险品标志

对于易燃材料,要严格按规定存放,且存放地点要有良好的通风设施,并远离明火、火花、电器开关及其他火源。对于有毒物质,须避免与身体直接接触。在与有毒油液接触的工作中,须佩戴特质防护手套和眼镜,且工作地点要通风良好。如发生与身体的直接接触,须及时就医。

6. 机翼和机身工作须知

凡在坠落高度相对于基准面2m(含)以上且有可能坠落的高处进行的作业,被称为高空作业。翼上或者机身的工作区域一般为高空作业区域,要注意人身安全,防止坠落。操作高空设备的人员,必须身体健康且受过相应培训,并持有高空作业许可证或相关证明文件。在执行高空作业时,首先要拴系在安全使用期限内的高空保险带/绳;其次要注意不要踩坏航空器,尤其是在机翼上,需要在不损坏襟翼、副翼等舵面的情况下,尽量贴着机翼边缘走。

7. 禁止使工作梯和特种车辆直接接触航空器

由于航空器在停机坪上可能因为风力、地面发动机试车等特殊原因,导致轻微的晃动,所以工作梯和特种车辆不能直接接触飞机,要留出十几厘米的间距,以免发生碰撞,损坏航空器,如图 1-6-8 所示。同时,也要避免工作梯等因为碰撞而倾倒,危害维修人员的人身安全。

停机坪上的工作梯和电源车、气源车、牵引车等车辆一般都配有滚轮,在靠近航空器的过程中,也要避免发生与航空器的碰撞。

图 1-6-8　环绕航空器的工作梯

8. 工具"三清点",避免外来物

航空器上要避免任何类型的可能影响飞行安全的外来物,包括维修人员遗落的工具或材料、小动物入侵(通常为老鼠或小兔子等)、旅客遗落的物品等。其中以发动机要求最为严格,一颗小石子就足以打裂发动机的叶片,从而可能引起叶片断裂吸入发动机后爆炸。

为防止工具遗落,维修人员要严格执行工具"三清点",如图 1-6-9 所示,即工作前清点、工作地点转移时清点、工作后清点。同时,尽量保证工具不外借,严格遵守工具借还等管理制度。

当发生小动物入侵时(例如,通过系统测试发现导线被老鼠咬断),通常要在航空器多个不同的位置放上粘鼠板或捕鼠夹,抓到入侵的小动物后航空器才能正常运营,如图 1-6-10 所示。

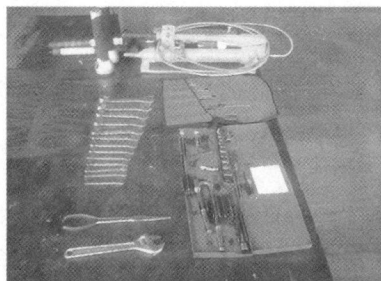

图 1-6-9　工具按种类和大小排列整齐

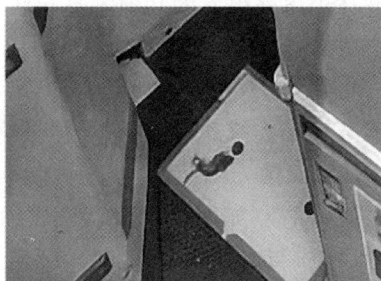

图 1-6-10　航空器上抓住老鼠

旅客物品遗落偶发性最大,要求维修人员在旅客登机时注意观察,防止往航空器发动机里扔硬币祈福类似的事件发生。

9. 注意危险的工作程序

民航维修工作中有一些相对比较危险的工作程序需要特别引起注意,如地面气象雷达测试、地面发动机试车等。

对于地面气象雷达测试,航空器在机库或其他覆盖物内时,不得接通雷达工作电门。任何时候都不允许维修人员站在处于发射(RF)状态而又旋转的雷达天线的前面或附近,即不允许有人站在距雷达天线 15m 以内的地方。在进行雷达测试时,安排专人注意航空器周围,不允许人员进入射线影响范围内。

对于地面发动机试车,首先要开启飞机防撞灯予以警示,同时派专人注意航空器周围,不允许人员进入发动机试车影响范围内。如果确实需要在试车时接近发动机,要从侧面靠近,与发动机的正面和后面保持安全距离,因为在正面可能被发动机吸入,在后边则会被气流烧伤和吹飞,都有可能危及生命安全。同时,在试车时,操作人员只能把发动机设置到慢车位,由于没有对流的空气冷却,发动机转速过高带来的热量可能会损坏发动机。另外,发动机转速上升后引起推力增大,可能造成航空器的意外滑动。

10. 熟悉自救和处理意外事故

一旦发生危险后,维修人员要具备自救和处理意外事故的能力。下面介绍几种常见危险的自救和他救处理方法。

1) 火灾

如果航空器着火,在火势不明的情况下,建议维修人员先安全转移,保证自身安全,再拨打机场的消防火警电话。如果自己身上着火,要迅速脱掉衣物,找水池或沙地打滚;如果是同事身上着火,需要使用机场配备的灭火器(机场消防安全规定,在每个区域内都配有灭火器),站在上风口对准火焰根部进行灭火。注意提醒着火人员用手捂住口鼻,以免被高压冷冻气体冻伤或引起窒息。

2) 触电

维修人员在工作中要注意断电操作,同时观察周围环境,以免触电引发二次伤害。当同事触电后,要迅速断开电源,然后拍打身体看是否能唤醒。如果确认休克,则用手测试颈动脉是否有脉搏,如果有脉搏,立刻拨打急救电话;如果没有脉搏,需要进行心肺复苏(公司会有心肺复苏专业培训),待有脉搏后再拨打急救电话。另外,还要注意对触电人员的保暖,防止体温下降引发的其他不良症状。

3）高空坠落

坠落后尽量不要尝试活动身体,要等医务人员过来,避免造成二次伤害。如果同事坠落,也不要急于去挪动他的身体,把杂物搬开后,立刻拨打紧急电话。

4）油液腐蚀

民航的油液(如燃油、滑油、液压油等)一般为弱酸性,一旦遗洒到裸露的皮肤上,需要找到碱性物质与之中和,一般皂角肥皂为弱碱性,需立刻拿它擦洗患处。如果滴到眼睛里,要立刻用大量的水冲洗,然后立即就医。

第2章
航空器维修文件

民用航空器在使用寿命期内有大量维修活动,而维修活动受限于人员、工具、设备、方法、环境等诸多因素,其中核心影响因素是人员。维修人员必须遵照获批的维修方法,使用获批的工具和设备,在规定环境条件下开展维修活动。限定维修人员开展维修活动的说明文件汇集成维修文件,用于在保证民用航空器安全性的前提下,实现民用航空器运营商追求的维修经济性最优。

维修文件有两层含义。广义来说,维修文件是与维修活动有关的所有文件,依照维修文件编排规范,可分为维修要求、维修程序、产品构型、培训和飞行操作等五大类文件;狭义来说,维修文件则是常用维修手册,包括飞机维护手册(aircraft maintenance manul,AMM)、图解零件清单(illustrated parts catalog,IPC)、线路图手册(wiring diagram manual,WDM)、系统简图手册(system schematic manual,SSM)、故障隔离手册(fault isolation manual,FIM)、结构修理手册(structure repair manual,SRM)、最低设备清单(MEL)、外形缺损清单(CDL)、标准线路施工手册(standard wiring practices manual,SWPM)等。不同的民用航空器制造商对维修文件的命名略有不同,本章主要介绍波音常用维修手册的内容及查询方法,并简要对比介绍空客常用维修手册。

2.1 维修文件概述

2.1.1 广义维修文件简介

维修要求类文件有维修大纲/维修审查委员会报告(maintenance review board report,MRBR)、维修计划文件(maintenance planning data,MPD)等。维修大纲是由制造国当局制定和批准的、针对衍生型号或新型号审定航空器的初始最低维护\检查要求,该报告包含了对航空器、在翼发动机维修方案的初始最低维护\检查要求,但并未包含对独立未装机发动机的维修方案。维修计划文件是由航空器制造厂家提供的该型航空器所必须的维护信息和方案,航空器运营人可依据该方案制订适合自己机队情况的维护计划;该方案包含了所有制造厂家推荐的、满足制造国当局的持续适航要求的维修任务和计划。

维修程序类文件有 AMM、SRM、部件维修手册或厂商部件修理手册(vendor manual, VM)、翻修手册(overhaul manual,OHM)、无损探伤手册(non-destructive test manual, NDTM)、腐蚀防护手册(corrosion prevention manual,CPM)、发动机装配手册(power plant build-up manual,PPBM)、故障报告手册(fault reporting manual,FRM)、FIM、服务通告、发动机手册(engine manual,EM)等。这些文件主要说明维修工作的步骤、方法、要求、规范等工作标准。

产品构型类文件有飞机图解零件清单手册(aircraft illustrated parts catalog,AIPC)、发动机图解零件清单手册(engine illustrated parts catalog,EIPC)、发动机零件构型管理(engine parts configuration management,EPCM)、工具和设备手册(tool and equipment manual,TEM)、布线手册(wiring manual,WM)等。这些文件主要说明不同飞机及发动机之间的构型差异。

培训类文件有培训手册(training manual,TM)等。培训手册主要包括培训机务人员的机型知识,在某些机型中已被纳入系统说明(systems description section,SDS),并编排在维护手册的系统说明部分。

飞行操作类文件有 MEL、CDL、飞行机组人员操作手册(flight crew operating manual, FCOM),等等。这些文件主要说明涉及适航放行的维修与操作。

2.1.2　狭义维修文件介绍

AMM 主要包含正常在停机坪和机库维护时所需要的详细技术信息,用以说明系统及部件的位置、工作原理等概述信息,以及勤务、修理、更换、调试、检查等必需的工具设备和工作程序信息。此外,其还包括飞机结构的检查和维护,但不含结构修理。此手册还可满足维修人员工作和培训的需要。

IPC 说明飞机上航线可更换零部件的供应、征集、储存和发放信息以及重要零部件的识别,在航线维护中多用于查询航线可更换件的件号以及购买备件、制订备件计划。手册主体内容分为零部件装配图和详细零件清单两大部分,标注出各个零部件的装配关系及其件号、替代件信息、供应商、技术规范、使用数量、位置、有效性等信息。

WDM 说明飞机所有的导线连接图和各种清单。它详细描述电子、电气部件的线路连接关系,且仅呈现飞机完成正常飞行后在地面断电状态下的线路图;还描述部件的设备号、件号、数量、供应商和安装位置,面板、设备架的位置和编号,导线束中各导线的型号、尺寸及其连接件,各接头的安装位置及其插钉的使用情况。此手册可用于辅助诊断飞机上有关线路的故障。

SSM 包括飞机所有的系统简图,用于系统理解和故障隔离。它利用一级方框图、二级简化简图和三级系统简图的方式,详细介绍飞机各个系统的配置、功能、工作原理及其电子、电气、机械部件的安装位置,可用于航线维护人员的培训。

FIM 向维护人员提供航空器制造商推荐的故障隔离程序,用于维护人员排除常见故障。手册针对不同的故障代码、维护信息、故障现象提供多种用于查询的清单和索引表,方便维护人员根据获知的故障代码、维护信息、故障现象查找到相应的故障隔离程序。FIM 不提供罕见故障的故障隔离程序,维护人员可自主依据 SSM、WDM 等确定排故方法。

　　SRM 包括航空器制造商给出的主要结构和次要结构的材料识别、结构的允许损坏标准以及最有可能损坏的飞机结构部件的修理方案。此外,还包括熟悉飞机和一般修理措施、材料的相关信息,并提供与结构修理同步实施的诸如对称性检查或支撑抖动状态下的飞机等其他工作程序。

　　MEL 是航空器运营人依据主最低设备清单(master minimum equipment list,MMEL)并考虑到航空器的构型、运行程序和条件,为其运行所编制的设备清单。MEL 经局方批准后,在规定的条件下,所列设备不工作时允许飞机继续运行。MEL 应当遵守相应航空器型号 MMEL 的所有要求,或比其更严格。

　　CDL 是在确保飞机飞行安全前提下,提高飞机签派率,保证飞机正常飞行,允许机身和发动机的次要部件在缺损情况下放行飞机的解释清单。CDL 与 MEL 的主旨和用途一致,所以通常将两个清单合并成册。

　　SWPM 是飞机线路维护工作中需要的重要数据和环境,修理导线及导线终端需要的工具、设备、方法等相关内容的技术文件,主要源于各机型 WDM 的第 20 章。

　　欧洲空客公司发行的 WDM 分为三本相对独立的手册,分别叫飞机原理图手册(aircraft schematic manual,ASM)、飞机线路手册(aircraft wiring manual,AWM)和飞机导线清单(aircraft wiring list,AWL)。ASM 相当于波音公司的 SSM,但 ASM 仅限于展示电子、电气部件的工作原理。AWM 相当于波音公司的 WDM 的导线连接图册部分,AWL 相当于波音公司的 WDM 的清单部分。欧洲空客公司发行的排故手册(trouble shooting manual,TSM)与波音公司的 FIM 在用途和用法上是相似的。欧洲空客公司发行的电气标准施工手册(electrical standard practices manual,ESPM)与波音公司的 SWPM 在用途和用法上是相似的,但是,ESPM 不包括发动机部分的电气标准施工,而在 AMM 70-71-XX 中。其余手册的命名与波音公司的相应手册相同,其内容也相近。

2.1.3　维修文件的应用关系

　　在处理日常维修工作时,依据不同的工作性质和工作内容,需要查阅的维修文件和维修手册也不尽相同。日常维修工作一般分为例行维修和非例行维修两大类。

　　例行维修工作,是指按规定周期完成的工作,其目的是防止飞机固有安全性、可靠性的恶化;维修大纲会详细给出例行维修工作的维修方式或维修内容。但是,维修大纲只给出原则性要求,具体的实施标准需参照维修计划文件执行。维修计划文件给出每一项例行维修工作的任务号、区域、工作内容、工作间隔、人数、工时、适用性等信息,供工作人员进行信息检索和组合打包。

　　非例行维修工作,大部分属于"纠正维修"工作,其目的是排除在例行维修工作、故障报告、数据分析中发现和提出的故障问题,把飞机恢复到可接受的状况;还有一种非例行维修工作属于一次性或临时性的"预防或提升"工作。非例行维修工作需使用的维修文件比较繁杂,"纠正维修"工作可分为三类情形的问题,处理这些问题所需的维修文件不尽相同;"预防或提升"工作属于较为特殊的一类情形,一般有三种工作来源,涉及的维修文件也各不相同。下面按这四类情形分别阐述所需维修文件的应用关系。

1. 飞机结构问题处理

　　利用 SRM 或 CPM 查找修理方案。如果飞机结构表面出现问题,则按照 CPM 对飞机结构表面进行适当的防腐处理;如果飞机的主要和次要结构出现了不同程度的损伤,则按照 SRM 对结构损伤程度进行评估,领取材料后依照修理方案进行各类修理工作。若有必要,可依照 NDTM 对损伤结构进行检查评估。

2. 飞机系统问题处理

利用 FRM 或 FIM 查找故障隔离程序。如果是航线可更换组件出现故障,按照 AMM 相关系统相应组件的拆卸程序进行施工,欲装新组件的全部可用件号依照 IPC 进行确定,安装新组件按照 AMM 相关系统相应组件的安装程序进行施工。如果是导线、插头等电气设备出现故障,按照 SSM 或 WDM 相关图表确定施工位置和方法,若有必要,可依照标准线路施工手册执行标准线路施工。

3. 飞机故障组件处理

将更换下来的故障组件送到大修车间进行大修。如果是航空器制造商设计和生产的组件,按照 CMM 进行修理;如果是其他附件厂商生产的组件,按照厂商 CMM 或 VM 进行修理;如果是发动机或辅助动力装置上的组件,与修理飞机上组件的方式相同。

总体来说,针对以上三类情形的日常非例行维修工作,应首先利用 NDTM 或 FIM、FRM、SSM 等,分析解决故障或失效问题并确定维修对象;再依据结构问题或零部件问题查找相应手册,确定维护施工所需的工具、设备、耗材、备件等航空器材;最后根据相应维护手册进行维护施工。若航材库储备物料不齐全,可依据 MEL 或 CDL 判定放行或停飞。大部分航线可更换组件是可修复件,需依照深度修理相关手册进行修理施工。上述非例行维修工作中常用维修手册应用关系如图 2-1-1 所示。

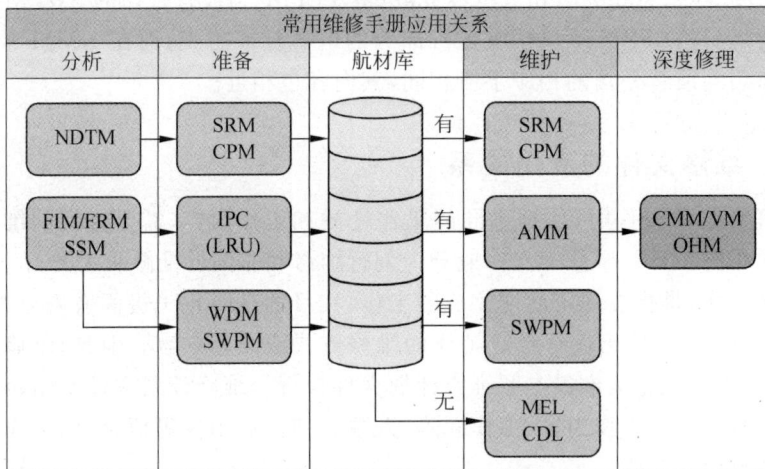

图 2-1-1　常用维修手册应用关系图

4. 飞机预防性维修及改装

随着飞机维修行业技术及管理水平的提升,近年来业界对飞机的预防性维修及改装工作的重视程度也不断增加。这一类工作属于不针对故障、缺陷处理的非例行工作,其来源一般是航空器以及部附件制造厂商提供的技术文件及指令等文件要求,或者是航空器运营人的可靠性数据及维修经验。飞机预防性维修及改装目的是在已批准的维修计划的基础之上,进一步提高航空器的可靠性或者提升航空器运行品质。此类维修工作可以根据工作来源大体上分为以下三种。

（1）根据航空器制造商或航空器运营人所在地区的适航当局颁发的适航指令，要求对航空器执行强制的检查或者纠正措施。航空器运营人将依据该适航指令的检查要求和时限要求完成维修工作。例如，FAA曾颁发AD 2024-03-04，要求检查737MAX机型的方向舵后扇形盘的紧固件。

（2）根据航空器以及部附件制造厂商编制的服务或技术文件，一般来说包括服务通告及服务信函等。航空器运营人可根据自身实际需求评估是否执行此改装。例如，波音公司曾针对737MAX机型颁布了服务通告SB 737-24-1236，并提供了飞行内话插孔及按钮的改装方案，以方便维修人员从更低的前轮舱位置接近以上部件，提升维修便利性。

（3）根据航空器运营过程中的可靠性数据或者维修经验，提出的一些额外的预防性检查或维修工作。例如，737NG机型使用的件号为0851HT-1的皮托管由于可靠性不佳，在使用一段时间后容易出现不加温故障。航空器运营人可基于可靠性数据和成本控制要求，对使用时长超过限值的皮托管进行预防性的更换。

上述三种工作来源对应的预防性维修及改装工作，需使用的维修文件或维修手册同样较为繁杂。部分适航指令或服务通告本身就提供了检查、纠正的维修步骤或改装方案，部附件制造厂商也会提供基于自家产品维修或改装方案。如果没有具体维修步骤，一般也都会提供可参照执行的AMM、WDM或SWPM任务号。除此之外，一些工程技术水平较高的航空器运营人或者MRO（maintenance，repair and overhaul）维修单位还可以自行设计改装方案。

2.1.4 维修文件的有效性

任何维修文件都须说明有效性（effectivity）信息，用来解释维修文件中的描述信息是否可以用于某一项具体的维修工作任务。有效性一般可以分为两个方面，即时效性和适用性。具体的维修工作任务是针对特定飞机及其机载设备而言的，所以，准确识别和区分每一架飞机是实施维修工作的重要前提，进而可以从维修文件中选择有效的信息。

1. 时效性

维修文件随着时间更迭而产生有效性问题，即与时间有关的有效性问题，简称时效性。在不同的时间节点上改版修订会产生版次差异，但要求使用的维修文件必须是最新版的。文件改版修订有两种，即定期修订和临时修订。定期修订一般为一年两次，时间节点比较固定；临时修订是在相邻两次定期修订时间节点之内的必要临时性修订。

早期的维修文件都是以纸质版为主，使用过程中需要特别注意维修文件的时效性。纸质资料的改版修订，通常是将新版的资料插入或者替换旧版的资料，这些修订方式都是人工操作的，不能百分之百保证新版资料是正确更新。因此，在翻阅纸质资料的时候，需要格外重视核验时效性。

随着信息技术和互联网技术的发展，现在的维修文件已变成电子版或者网络版的资料。维修文件的改版修订，不再像纸质版资料那样烦琐和容易出错。在查阅电子版或网络版的资料时，会自动呈现新版资料，因此，一般不需要核验时效性。

2. 适用性

维修文件的适用性是指维修文件适用于指定的机型或飞机及其机载设备。在某些维修文件中,前言(front matter)部分有专门说明适用性的清单,用以解释该维修文件适用于某个机队(fleet)、某架飞机或者某个型别特征飞机。

机队是指同一个运营商运行的同一机型的所有飞机。指定某架飞机,可以用飞机编号来区分标定。型别特征是针对不同的飞机因为选装了不同厂商提供的设备而特别定义的构型标识。例如,空客 A320 系列飞机可以选装三种不同厂商的 APU。同型号的飞机选装不同的设备,从而产生不同的性能和构造,这种差异叫构型差异(configuration difference),在手册中常用 Config1、Config2 等来表示不同的构型。

3. 飞机编号

一架飞机从设计、研制、验证、批量生产直至投入运行的复杂过程中,会被赋予一些与每个过程有关的编号。这些编号用于飞机的识别,同时也用来辨析各种维修手册、服务通告、适航指令等维修文件的适用性。在各种常用维修手册的前言中,有飞机有效性对照表(也称机队清单,如图 2-1-2 所示),方便工作者查询手册时核验手册有效性。

This manual is applicable to the aircraft in this list:

| Model-Series | Operator | | Manufacturer | | | Registration Number |
	Identification Code	Effectivity Code	Block Number	Serial Number	Line Number	
737-89L	BEJ	001	YC941	29876	337	B-2641
737-89L	BEJ	002	YC942	29877	359	B-2642
737-89L	BEJ	003	YC943	29878	379	B-2643

EFFECTIVE AIRCRAFT

图 2-1-2　飞机有效性对照表

(1) 飞机型号(Model-Series),是飞机设计定型时指定的编号,如 737-800、747-200F、777-300ER 等。图 2-1-2 中"737-89L"表示波音 737-800 型飞机;"9L"是运营商代码,代表中国国际航空公司。型号可能带有后缀字母,F 表示全货(freighter),ER 表示延程(extended range),等等。

(2) 识别代码(Identification Code),属于运营商(operator)的信息,即航空公司识别代码。图 2-1-2 中 BEJ 代表是中国国际航空公司。

(3) 有效性代码(Effectivity Code),属于运营商的信息,代表某架飞机在手册中的适用性编号。波音飞机的有效性代码一般采用从 001 到 999 之间的任意数字。

(4) 批次号(Block Number),属于制造厂商(manufacturer)的信息,由两个字母和 3 位数字组成。

(5) 序列号(Serial Number),属于制造厂商的信息,由生产流程确定的顺序编号。用于所有生产线生产的飞机的数量统计,不区分机型的序号。

(6) 生产线号(Line Number),属于制造厂商的信息,表示某一机型持续生产的编号。

(7) 注册号(Registration Number),是飞机持有国官方指定的唯一编号。图 2-1-2 中"B-2641"分成短横线前、后两部分信息,B 代表国际航空组织指定的国籍编号(中国),"2641"代表持有国为这架飞机指定的注册登记编号。

4. 客户化与非客户化

如果维修文件仅适用于某个机队、某架飞机或者某个型别特征飞机,那么,这样的维修文件就是专门编写的。

客户化是指针对特定客户编写。"客户"指的是飞机制造商的客户,即飞机运营商,通常也称为航空公司。针对特定客户编写,也就是针对特定的航空公司编写。不同的航空公司在订购飞机时,会有不同的选装要求,因此,不同航空公司的同型号飞机是不完全相同的,甚至同一个机队中的飞机也会是不完全相同的。飞机不同,对应的维护要求也就不同。所以,在编写维修文件的时候,需要针对特定客户专门编写。

客户化的维修文件一般在其前言中列出飞机有效性对照表,说明文件内容仅适用于特定客户运营机队中的飞机。常用的外场航线维修手册,如 AMM、IPC、WDM、SSM、FIM、MEL 等,都属于客户化手册。

非客户化是指不针对特定客户编写。非客户化维修文件的前言中不会出现飞机有效性对照表,文件内容适用于文件所述型号的所有飞机。常用的深度修理手册、结构类维修手册,如 SWPM、CMM、NDTM 等,都属于非客户化手册。

2.1.5　维修文件的编排

为了便于维修工程技术人员熟练地掌握各种维修文件的查询方法以及准确地沟通交流维修文件信息,所有的维修文件需按照统一的编排规范来编写。

1. ATA100 规范和 ATA2200 规范

ATA,由 14 家航空公司在 1936 年联合成立于芝加哥,于 2010 年更名为美国航空协会(Airlines for America,A4A),是一个重要的制定标准的组织,是第一个也是唯一一个保存下来的美国主要航空公司组成的非官方商业组织。该组织提供多种服务,主要包括:帮助航空工业提供世界上最安全的空中运输系统;向其组织成员(航空公司)推广技术专家的指导意见以及可操作的各种知识和技能,以利于提高安全性、便利性和工作效率;倡导公平的航空税收和国际规范,以利于培育一个经济、健康和富于竞争的工业环境;通过制定和协调行业行为,使其在环境方面是有益的,在经济上是合理的,在技术上是可行的。

几乎所有的重要民航技术标准都由更名前的 ATA 组织参与或直接制定,所以,本文提及的民航技术标准均称为 ATA 规范。包括 ATA Spec 42 航空行业数字化信息安全标准、ATA Spec 100 航空器制造商技术资料规范、ATA Spec 101 地面设备技术资料、ATA Spec 102 电脑软件手册、ATA Spec 103 机场航空燃油质量管理标准、ATA Spec 104 航空器维护训练指南、ATA Spec 105 无损探伤方法的人员训练和认证指南、ATA Spec 106 零件来源和认证质量指南、ATA Spec 107 121 部航空承运人目视检查人员训练和认证指南、ATA Spec 108 必检项目最佳施工、ATA Spec 119 维修指令持续监控、ATA Spec 120 可拆卸结构部件行业指南、ATA Spec 123 航空燃油库存的核算程序、ATA Spec 124 航空公司燃油联盟的标准预算格式、ATA Spec 300 航空运输包装规范、ATA Spec 2000 物料管理的电子商务规范、ATA Spec 2100 飞机支援数字化资料标准、ATA Spec 2200 航空维修信息标准,等等。

涉及维修文件的 ATA 规范,如早期的 ATA Spec 100(也称 ATA100 规范)以及现今的 ATA Spec 2200(也称 ATA iSpec 2200 或 ATA2200 规范),都是具有时代意义的民航技术标准,也被称作"民用航空器制造商技术资料规范"。它详细规定了民用航空器制造商技术资料的标准和指导原则,包括手册的结构、内容、编排、版本及更新服务,确保民用航空器各种产品在设计、制造、使用、维修过程中使用的各种资料、文件、函电、报告、目录、索引等,其编号是统一编排的。

ATA100 规范的初始版本自 1956 年推出,直到 1999 年最后一次改版,最终版为第 37 版,被各民用航空器制造商使用长达 40 余年。

随着信息技术的发展,技术资料由以纸质版为主过渡成以电子版为主,1995 年 ATA 发布了飞机支援数字化资料标准(ATA2100 规范),它主要包括 SGML 语言、图解、数据检索、数据模式等。直到 2000 年,ATA 整合原有的 ATA100 规范和 ATA2100 规范,形成了一个更完整的技术资料标准——ATA2200 规范。ATA2200 规范正式发布以后,ATA100 和 ATA2100 两套规范将不再改版更新。

ATA2200 规范详细规定了飞机制造商技术资料的标准和指导原则,包括手册结构、内容划分、页面编排、出版、修订服务、打印、页面编制及尺寸等方面,它们都是统一的、标准化的。

2. ATA2200 规范的内容

ATA2200 规范中关于技术文件的内容、结构、一般要求等标准,仍沿用 ATA100 规范内容;在其他方面,由于融合了数字化新技术,与 ATA100 规范略有不同。现行的电子版技术资料都须遵循 ATA2200 规范。

1)ATA100 规范章节的划分

ATA100 规范要求维修文件按章节的概念进行编写,维修文件的每一章代表飞机上的一个系统。系统是飞机上用于执行特定功能的相互关联的组件的组合。根据规范要求,可以把飞机分成"航空器"和"动力装置"两大部分。"航空器"又可以分为总体、系统、结构三大类;"动力装置"可以分为螺旋桨/旋翼、发动机两大类。此外,还有少量特殊章用于其他内容的编写。各章的编号如表 2-1-1 所示,其中,01~04 章是预留给各航空公司编写自己公司的文件和资料,05~19 章是总体类(general),20~50 章为系统类(system),51~59 章为结构类(structure),60~69 章为螺旋桨/旋翼类(propeller/rotor),70~90 章为动力装置类(power plant);还有其他类特殊章,包括 91 章为图表(charts),115~116 章为飞行模拟器系统(flight simulator systems),若干预留给 ATA 自己用于编写未来技术章(如 13~17 章,19 章等)。

表 2-1-1 ATA100 规范各章编号及内容

章	内　　容	章	内　　容
01~04	预留	18	直升机振动和噪声分析
05	时限/维护检查	19	预留
06	尺寸和区域	20	标准施工(飞机系统)
07	顶升与支撑	21	空调
08	调水平与称重	22	自动飞行
09	牵引与滑行	23	通信
10	停放/系留/封存/恢复服役	24	电源
11	标牌和标志	25	设备/设施
12	勤务	26	防火
13~17	预留	27	飞行操纵

续表

章	内　容	章	内　容
28	燃油	61	螺旋桨/推进器
29	液压	62	主旋翼
30	防冰排雨	63	主旋翼传动
31	指示/记录系统	64	尾桨
32	起落架	65	尾桨传动
33	灯光	66	可折叠的桨叶/尾吊架
34	导航	67	旋翼飞行操纵
35	氧气	68～69	预留
36	气源	70	标准施工(发动机)
37	真空	71	动力装置
38	清水/污水	72	发动机
39～40	预留	73	发动机燃油和控制
41	压舱水	74	点火
42	综合模块化航电系统	75	空气
43	预留	76	发动机操纵
44	客舱系统	77	发动机指示
45	中央维护系统	78	排气
46	信息系统	79	滑油
47	惰性气体系统	80	启动
48	预留	81	涡轮(活塞发动机)
49	机载辅助动力	82	喷水
50	货舱及附件舱	83	附件齿轮箱
51	标准施工(飞机结构)	84	推力增强
52	门	85	燃料电池系统
53	机身	86～90	预留
54	短舱/吊架	91	图表
55	安定面	92～99	预留
56	窗	100～114	未使用
57	机翼	115	飞行模拟器系统
58～59	预留	116	飞行模拟器提示系统
60	标准施工(螺旋桨/旋翼)		

2）ATA100 规范的编号规则

为了使所有维修文件的内容编排能够标准化，ATA 设计了一个简单、统一的编号系统。它的设计具有足够的灵活性，以便可以扩展应用到更复杂的手册上。

按照 ATA100 规范的规定，维修文件需按章(chapter)、节(section)、主题(subject)三个层级编排内容，并为每个层级赋予特定的数字编号。章是按照飞机上的众多特定功能划分成若干个相对独立的系统；节是对每个系统进行细分的分系统；主题是在每个分系统中要阐述的具体问题，通常为某个组件或项目。章、节、主题的数字编号均为两位数字，如图 2-1-3 所示。"21"是章的编号，其含义由 ATA100 规范确定，代表空调系统。"51"是节的编号，节号的两位数字分别是子系统(subsystem)和子子系统(sub-subsystem)的编号；节号的第一位数字"5",其含义由 ATA100 规范确定,代表制冷子系统;节号的第二位数字"1",其含义由飞机制造商确定,在这里代表组件流量控制与组件制冷子系统。"11"是主题的编号,其含义由飞机制造商确定,在这里代表备用温度控制活门。关于章节主题编号的含义,不同的飞机制造商有不同的定义,甚至同一个飞机制造商对不同的机型也会有不同的定义。所以,章节主题编号一般是 6 位数字,前 3 位由 ATA100 规范确定其唯一的含义,后 3 位数字的含义由飞机制造商确定而不具有唯一性。

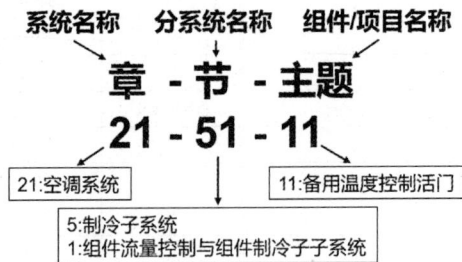

图 2-1-3　ATA100 规范编号规则示例

图 2-1-3 所示章-节-主题编号的含义是针对波音 737 飞机而言的。但对波音 767 飞机的 21-51-11 而言,节号第二位数字"1"则表示制冷组件子子系统,主题号"11"则表示低限控制活门。再看空客 320 飞机,同样的章节主题编号 21-51-11,节号第二位数字"1"则表示流量控制与指示子子系统,主题号"11"则表示压差传感器。

维修文件中可能出现主题编号为"00"的情况,它代表对某个系统进行总体性的介绍。比如,对于波音 737 飞机而言,21-51-00 代表"21-51"对应的组件流量控制与组件制冷子系统的总体性介绍,21-50-00 代表"21-5"对应的制冷子系统的总体性介绍,21-00-00 代表"21"对应的空调系统的总体性介绍。

在某些特殊情况下,节号的第一位数字为 0 而第二位数字不为 0,此时它们不代表某个具体的子系统及子子系统。对于多系统使用的组件,如电动机、指示器、作动器、继电器、连接器、液压执行组件和泵等,它们的维护程序的章节主题编号须按其动力源来划分章(系统),并且节号须为"09",主题号由飞机制造商自主编排。例如,如果动力源是电源的,则为24-09-XX;如果动力源是液压源的,则为 29-09-XX。"XX"的最大容量为 99,若超过 99 个组件需要编排,则用 08-XX 进行增容,以此类推还可以用 07-XX。

3) ATA100 规范中页码段的定义

若想从维修文件中快速找出重要信息,缩小查找范围是最有效的方式。为此,维护手册、VM 和 CMM 为不同的维修工作内容专门分派了不同的页码范围,此页码范围称为页码段(pageblock,PB)。在常用维修手册中,页码段与工作内容对应关系见表 2-1-2。

表 2-1-2　页码段编排

页 码 段	工 作 内 容	注 释
001~099	概述与操作	提供功能、工作、构型、部件位置、系统控制等说明信息,便于维护人员了解系统的构造和功能
101~199	故障隔离	提供查找故障隔离程序的途径和依据
201~299	维护程序	提供不适于任何其他页码段的一般维护程序,如使用电源、气源、液压源等,打开或关闭发动机整流罩、起落架舱门等

续表

页 码 段	工作内容	注　释
301～399	勤务	提供灌充油箱/气瓶,更换滑油,润滑,厕所排水和冲洗,寒冷天气的维护,外部清洁等勤务工作程序
401～499	拆除/安装	提供航线可更换件的拆装程序及其重要数据
501～599	调整/测试	包括调节测试、操作测试、功能测试和系统测试等
601～699	检查/检验	提供了用于确定零件/组件/系统的可用性,执行功能操作零件的特定关联性等的工作程序
701～799	清洁/喷漆	包括对特定零件或区域进行清洁/喷漆的方法和过程,所需物料以通用名称或标准规范号进行标识
801～899	批准的修理	特指经过 FAA 批准的修理项目,包括将磨损或损坏零件恢复至可用状态所需的详细步骤和规范
901～999	放行偏离指南维护程序	包括在某些系统/部件不工作的情况下放行飞机的准备工作程序,以及将飞机恢复至正常状态的工作程序

一般来说,三位数页码的第一位数字可视为功能码,功能码用于区别和标识手册中的特定工作内容。当某项工作内容的页数超过了页码范围(即超过 99 页)时,可在第 X98 页后插入 X98.1、X98.2、…、X98.99 等页码,若插入页码仍不够用,可继续在第 X97 页后插入 X97.1、X97.2、…、X97.99 等页码,上述 X 表示从 0～9 的功能码数字。例如,勤务工作程序页码超过 99 页,可以是 301、302、303、…、397、398、398.1、398.2、398.3,等等。此外,还有一种稍早前的加页方式,用前缀 A、B、C、D 等字母来解决页码超范围的问题。例如,当故障隔离程序页码超过 99 页时,可以是 101、102、103、…、199、A100、A101、A102、…、A198、A199、B100、B101,等等。

4) 面向维修任务的支持系统

面向维修任务的支持系统(maintenance task-oriented support system,MTOSS)是利用电子数据处理(electronic data processing,EDP)技术,使用标准的、唯一的数字组合来识别维修资料中的维修任务(task)及子任务(subtask),对数字化数据进行自动分类、检索和管理的系统。

MTOSS 编号系统是 ATA100 规范章-节-主题编号的扩展,共有 7 个字段,其中前 5 个字段是必需的,第 6 个和第 7 个字段视情况而定。前 3 个字段为 ATA100 规范章、节、主题的编号。第 4 个字段为三字符的功能代码,前两位数字用于表示该项维护任务的类别,第 3 位字符为飞机制造商自定义编号,一般情况下默认是 0,也可以是 1～9 或 A～Z,但不包含字母 I 和 O。第 5 个字段为唯一标识符,用于区分前 4 个字段相同的任务号或子任务号,任务号的编号范围是 801～999,子任务号的编号范围是 001～800。第 6 个字段为三字符编号,用于标识构型、方法、技术的差异,或者采用不同的标准施工。第 7 个字段为三字符编号,用于标识客户修订或希望突出显示的任务或子任务。

MTOSS 分为两类,即航空器面向维修任务的支持系统(aircraft maintenance task-oriented support system,AMTOSS)和喷气发动机面向维修任务的支持系统(jet engine maintenance task-oriented support system,JEMTOSS),其编号规则有少许差异,详细信息可参阅 ATA2200 规范。图 2-1-4 以波音 737NG 飞机为例,显示了 AMTOSS 编号规则。

```
TASK  21 - 51 - 07 - 400 - 802 - 002
```

构型编号
顺序编号
制造商自定义编号，默认为0
功能代码
章、节、主题编号
任务代码，可以是SUBTASK

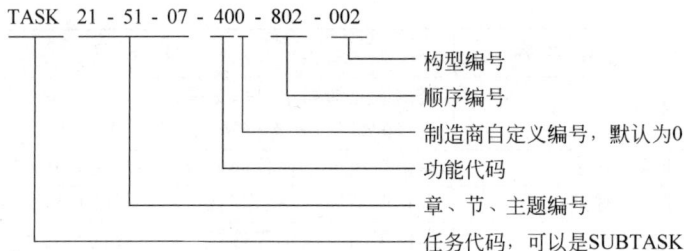

图 2-1-4　AMTOSS 编号示例

2.2　飞机维护手册

本节以波音 737NG 飞机的飞机维护手册（AMM）为例，讲解手册的内容和查询方法。AMM 是一本客户化的手册，它提供了在飞机上进行维护工作时所需的必要信息。它主要包括在飞机上进行勤务工作、更换程序、调整测试程序、修理程序、飞机系统和部件检验与检查程序、清洗和涂漆程序等，这些程序主要用于飞机的机坪维护工作或机库维护工作。AMM 也为其他相关手册提供了检测和维护信息，如 SRM、FIM 等。

2.2.1　手册结构

AMM 分为两部分，即系统描述部分（system description section，SDS）和维护工作程序（practices and procedures，P&P），也称 Part Ⅰ 和 Part Ⅱ。每个部分都可再分为前言和各章正文。前言包括封面（TITLE）、机队清单（EFFECTIVE AIRCRAFT）、传送的信函（TRANSMITTAL LETTER）、手册更新集锦（HIGHLIGHTS）、有效页清单（EFFECTIVE PAGES）、有效章清单（EFFECTIVE CHAPTERS）、修订记录（REVISION RECORD）、临时修订记录（RECORD OF TEMPORARY REVISIONS）、服务通告清单（SERVICE BULLETIN LIST）、手册介绍（INTRODUCTION）。各章正文包括章的有效页清单、目录表（CONTENTS）和主题内容三个部分。

2.2.2　手册前言介绍

1. 机队清单

机队清单显示适用于该手册的所有飞机的各种编号，如图 2-2-1 所示，包括型号（Model-Series）、识别代码（Identification Code）、客户有效性代码（Effectivity Code）、批次号（Block Number）、制造序列号（Serial Number）、生产线号（Line Number）、注册号（Registration Number）等。

型号栏中"737-75C"表示 737-700 型飞机，"737-85C"则表示 737-800 型飞机，运营商代码"5C"表示厦门航空公司。识别代码 XIA 是指厦门航空公司。客户有效性代码和批次号的编号规律相同，在维修手册中均用于指代某一架实体飞机。

2. 传送的信函

传送的信函用于说明纸质文档的改版修订的管理方式，如图 2-2-2 所示。

BOEING

737-600/700/800/900
AIRCRAFT MAINTENANCE MANUAL

This manual is applicable to the aircraft in this list:

| Model-Series | Operator | | Manufacturer | | | Registration Number |
	Identification Code	Effectivity Code	Block Number	Serial Number	Line Number	
737-75C	XIA	001	YA701	29042	73	B-2998
737-75C	XIA	002	YA702	29084	86	B-2999
737-75C	XIA	003	YA703	29085	90	B-2991
737-85C	XIA	818	YK979	37574	3160	B-5498
737-85C	XIA	819	YK980	37575	3190	B-5499
737-85C	XIA	820	YF921	37576	3245	B-5511

EFFECTIVE AIRCRAFT

图 2-2-1　机队清单示例

BOEING

737-600/700/800/900
AIRCRAFT MAINTENANCE MANUAL

To: All holders of this Boeing Document D633A101-XIA

Attached is the current revision to the Part II Boeing 737-600/700/800/900 Aircraft Maintenance Manual.

ATTENTION

IF YOU RECEIVE PRINTED REVISIONS, PLEASE VERIFY THAT YOU HAVE RECEIVED AND FILED THE PREVIOUS REVISION. BOEING MUST BE NOTIFIED WITHIN 30 DAYS IF YOU HAVE NOT RECEIVED THE PREVIOUS REVISION. REQUESTS FOR REVISIONS OTHER THAN THE PREVIOUS REVISION WILL REQUIRE A COMPLETE MANUAL REPRINT SUBJECT TO REPRINT CHARGES SHOWN IN THE DATA AND SERVICES CATALOG.

TRANSMITTAL LETTER

图 2-2-2　传送的信函示例

3. 手册更新集锦

手册更新集锦列出了手册修订时各章节的更改位置和更改原因,如图 2-2-3 所示。

BOEING

737-600/700/800/900
AIRCRAFT MAINTENANCE MANUAL

LOCATION OF CHANGE	DESCRIPTION OF CHANGE
05-51-16	
TASK 05-51-16-210-801	Changed the spelling of the word.
05-51-17	
TASK 05-51-17-210-801	Changed the spelling of the word.
05-51-95	
TASK 05-51-95-100-801	Added references and procedures for cleaning the Engine after fire extinguisher discharge.

HIGHLIGHTS

图 2-2-3　手册更新集锦示例

4. 有效页清单

有效页清单记录了手册前言的修订信息,如图 2-2-4 所示。其中,Subject/Page 表示主题/页码,Date 表示修订日期,COC 表示客户发起的修订,A 表示增加页,R 表示修订页,D 表示删除页,O 表示覆盖页,C 表示应客户要求发起的修订。

BOEING

737-600/700/800/900
AIRCRAFT MAINTENANCE MANUAL

Subject/Page	Date	COC	Subject/Page	Date	COC	Subject/Page	Date	COC
TITLE PAGE			SERVICE BULLETIN LIST (cont)			SERVICE BULLETIN LIST (cont)		
1	Feb 15/2016		O 16	Feb 15/2016		O 54	Feb 15/2016	
2	BLANK		O 17	Feb 15/2016		O 55	Feb 15/2016	
EFFECTIVE AIRCRAFT			O 18	Feb 15/2016		O 56	Feb 15/2016	
1	Jun 15/2015		O 19	Feb 15/2016		O 57	Feb 15/2016	
O 14	Feb 15/2016		O 52	Feb 15/2016		11	Oct 15/2014	
O 15	Feb 15/2016		O 53	Feb 15/2016		12	Oct 15/2014	

A = Added, R = Revised, D = Deleted, O = Overflow, C = Customer Originated Change

EFFECTIVE PAGES

图 2-2-4　有效页清单示例

5. 有效章清单

有效章清单描述了各章节的增加、修订信息，如图 2-2-5 所示。在章号的左侧用字母标记，A 表示增加，R 表示修订。

BOEING

737-600/700/800/900
AIRCRAFT MAINTENANCE MANUAL

	Chapter	Date	Title
R	05	Feb 15/2016	TIME LIMITS/MAINTENANCE CHECKS
R	06	Feb 15/2016	DIMENSIONS AND AREAS
R	07	Feb 15/2016	LIFTING AND SHORING
	08	Feb 15/2015	LEVELING AND WEIGHING

A = Added, R = Revised

EFFECTIVE CHAPTERS

图 2-2-5　有效章清单示例

6. 修订记录

修订记录用于记录每一次正式的、定期的修订的详细内容，如图 2-2-6 所示。记录表中填入新版的版本号及修订日期，替换旧版的日期和姓名。

BOEING

737-600/700/800/900
AIRCRAFT MAINTENANCE MANUAL

All revisions to this manual will be accompanied by transmittal sheet bearing the revision number. Enter the revision number in numerical order, together with the revision date, the date filed and the initials of the person filing.

Revision		Filed		Revision		Filed	
Number	Date	Date	Initials	Number	Date	Date	Initials

REVISION RECORD

图 2-2-6　修订记录示例

7. 临时修订记录

临时修订记录用于记录每一次临时修订的详细内容,和(定期)修订记录类似,如图 2-2-7 所示。记录表中填入临时新版的版本号及修订日期,插入临时新版的日期和姓名,临时新版被剔除的日期和姓名。

图 2-2-7 临时修订记录示例

8. 服务通告清单

为了保证飞机的安全性、提高飞机的可靠性及旅客舒适度,航空器制造厂商和部件制造厂商会适时颁发服务通告,要求对飞机、部件进行改装、检查及修理工作。服务通告清单包括服务通告号、生效日期、通告状态、服务通告涉及的 ATA 章节、服务通告内容等,如图 2-2-8 所示。在 Started/Completed 栏中,如果标有 S,表示此项服务通告尚未完成;如果标有 C,表示此项服务通告已经完成。在服务通告号的左侧用字母标记,A 表示增加,R 表示修订。

图 2-2-8 服务通告清单示例

9. 手册介绍

手册介绍的主要内容为手册的结构、手册编排与编号规则、页码含义、使用方法、面向维修任务编号系统、跳开关清单、耗材清单、工具设备清单、工具/耗材供应商清单、法规清单等。

2.2.3 手册章节内容介绍

1. 各章的有效页清单

各章的有效页清单记录了本章的修订方式、修订时间、修订原因等时效性信息,如图 2-2-9 所示。页码左侧有字母标记,A 表示增加页,R 表示修订页,D 表示删除页,O 表示覆盖页。COC 表示应客户要求发起的修订,用 C 标记。

图 2-2-9 第 21 章有效页清单示例

2. 各章的章节目录表

各章的章节目录表列出本章的内容目录及适用性信息。波音 737NG 飞机的 AMM 分为两部分,这两部分各章的目录表不完全相同,如图 2-2-10 和图 2-2-11 所示。

图 2-2-10 系统描述部分第 21 章目录表示例

系统描述部分的目录表主要有章节主题编号、主题名称、页码、适用性信息。

维护工作程序的目录表主要有主题名称、章节主题编号、构型编号、页码、适用性信息。每一个主题名称(工作程序的名称)下方附注其 AMTOSS 编号,用于快速检索和查找相应信息。

3. 各章的主题内容

各章根据 ATA2200 规范按照主题内容的章节主题编号顺序依次编排。波音 737NG

CHAPTER 21
AIR CONDITIONING

SUBJECT	CHAPTER SECTION SUBJECT	CONF	PAGE	EFFECT
AIR CONDITIONING - GENERAL - MAINTENANCE PRACTICES	21-00-00		201	XIA ALL
Supply Conditioned Air to the Airplane TASK 21-00-00-800-801			201	XIA ALL
Remove Conditioned Air from the Airplane TASK 21-00-00-800-802			204	XIA ALL
MMEL 21-3 (DDPG) Restoration - Pack Trip Warning System Inoperative TASK 21-00-00-440-804			916	XIA ALL

21-CONTENTS

图 2-2-11　维护工作程序第 21 章目录表示例

飞机的 AMM 分为两部分，系统描述部分介绍各个系统的工作原理及功用、部件组成、部件位置、关联接口、培训要点等信息（见图 2-2-12），维护工作程序部分介绍各个系统的组件级或系统级的维护操作程序（见图 2-2-13）。

BOEING　　737-600/700/800/900 AIRCRAFT MAINTENANCE MANUAL

AIR CONDITIONING - GENERAL DESCRIPTION

General

These flight compartment panels let you control the air conditioning system:

- Air conditioning/bleed air controls panel
- Cabin temperature panel
- Equipment cooling panel
- Cabin pressure control panels.

These components in the EE compartment control the functions of the air conditioning system:

- Cabin temperature controller
- Air conditioning accessory unit (ACAU)
- Cabin pressure controllers (CPCs).

Cabin Temperature Controller

The cabin temperature controller controls these functions of the air conditioning system:

- Pack cooling temperature
- Flight compartment temperature
- Passenger cabin temperature.

Air Conditioning Accessory Unit

The air conditioning accessory unit is the interface for the airplane operational logic and the air system.

Cabin Pressure Controller

The cabin pressure controllers control the cabin pressure function of the air conditioning system.

EFFECTIVITY
XIA 001-006, 009-015

21-00-00

D633A101-XIA　　Page 4
Feb 15/2015

图 2-2-12　系统描述部分第 21 章主题内容示例

系统描述部分每一页的左下角都有适用性信息，右下角都有页码及修订日期信息，顶部中央有本页的主题名称。

维护工作程序每一页的左下角都有适用性信息，右下角都有页码及修订日期信息。每一个工作程序基本上都包含综述、参考资料、工具设备、工作位置、开工准备、工作步骤、附图等信息。

BOEING

737-600/700/800/900
AIRCRAFT MAINTENANCE MANUAL

EQUIPMENT COOLING SUPPLY FAN - REMOVAL/INSTALLATION

1. **General**

    A. This procedure has these tasks:

        (1) A removal of the equipment cooling supply fans

        (2) An installation of the equipment cooling supply fans.

    B. There are two identical equipment cooling supply fans:

        (1) The normal fan is installed in the top position

        (2) The alternate fan is installed in the bottom position.

    TASK 21-27-02-000-801

2. **Equipment Cooling Supply Fan Removal**
   (Figure 401)

    A. **General**

        (1) You must remove electrical power from the airplane before you remove an equipment cooling supply fan. This will make sure the electrical/electronic equipment does not receive electrical power when the equipment cooling system is not in operation.

    B. **References**

Reference	Title
20-30-11 P/B 201	ADHESIVES, CEMENTS, AND SEALANTS - MAINTENANCE PRACTICES
24-22-00-860-812	Remove Electrical Power (P/B 201)

    C. **Location Zones**

Zone	Area
118	Electrical and Electronics Compartment - Right

    D. **Access Panels**

Number	Name/Location
117A	Electronic Equipment Access Door

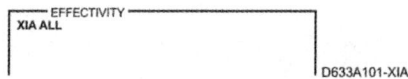

    E. **Prepare for the Removal**

    SUBTASK 21-27-02-860-001

    CAUTION: MAKE SURE YOU REMOVE ELECTRICAL POWER FROM THE AIRPLANE. IF YOU SUPPLY ELECTRICAL POWER TO THE ELECTRICAL/ELECTRONIC EQUIPMENT WHEN THE EQUIPMENT COOLING SYSTEM IS NOT IN OPERATION, THE ELECTRICAL/ELECTRONIC EQUIPMENT CAN BECOME TOO HOT. THIS CAN CAUSE DAMAGE TO THE ELECTRICAL/ELECTRONIC EQUIPMENT.

        (1) Do this task: Remove Electrical Power, TASK 24-22-00-860-812.

    SUBTASK 21-27-02-010-001

        (2) To get access to the equipment cooling supply fans, do this step:

            Open this access panel:

Number	Name/Location
117A	Electronic Equipment Access Door

    EFFECTIVITY
    XIA ALL

    21-27-02

    D633A101-XIA

    Page 401
    Feb 15/2016

图 2-2-13　维护工作程序第 21 章主题内容示例

图 2-2-13 显示，有一条穿插在工作步骤中的特殊信息，即告诫（CAUTION）信息。告诫信息，用于提醒维护工作者不按程序内容操作可能会造成设备损坏等经济损失。此外，还有其他类型的特殊信息，如注意（NOTE）信息和警告（WARNING）信息。注意信息，用于提醒维护工作者有一些助于简化或方便维修工作的建议。警告信息，用于提醒维护工作者不按程序内容操作可能会造成人员伤亡等严重后果。这些特殊信息也会出现在 SRM、CMM 等其他维修程序类文件中。无论是何种特殊信息，在执行工作程序时都必须加以关注和重视。

2.2.4　手册查询方法及查询案例

AMM 常用的查询方法有两种，一是根据 AMTOSS 号查询，二是根据关键字查询。

1. 根据 AMTOSS 号查询

根据 AMTOSS 号查询的基本思路是拆分 AMTOSS 号得到章节主题编号及页码段，再进入相应的章节及页码根据有效性筛查所需信息。

[案例]　根据 TASK 12-16-03-100-801 工作要求，为 B-5511 飞机领取所需耗材。

（1）根据任务号判断问题属于第 12 章勤务工作，在机队清单中找到 B-5511 飞机的客户有效性代码为 820（见图 2-2-1）。

（2）打开 AMM Part Ⅱ P&P 的第 12 章，进入 AMM 12-16-03 章节主题，找到题述任务号 TASK 12-16-03-100-801，该页左下角的有效性信息表明适用于机队清单中的所有飞机，再核实该页右下角的修订日期为最新版日期。

（3）阅读工作准备内容，从 Consumable Materials 中获取耗材信息，如图 2-2-14 所示。

PASSENGER COMPARTMENT WINDOWS - SERVICING

1. **General**

    A. This procedure has these tasks for passenger compartment windows, window plugs and door windows:

    (1) Clean the passenger compartment windows.

    (2) Apply antistatic solution to the passenger windows (optional).

    TASK 12-16-03-100-801

2. **Clean The Passenger Compartment Windows**

    A. **References**

Reference	Title
56-21-00-000-801	Removal of a Passenger Cabin Window (P/B 401)
56-31-00-000-801	Remove the Door-Mounted Windows (P/B 401)

    B. **Consumable Materials**

Reference	Description	Specification
B00106	Cloth - Chamois Leather, Sheepskin, Oil Tanned	CS99-1970, KK-C-300
G01989	Soap - Castile (Vegetable Oil Based)	

    EFFECTIVITY
    XIA ALL

    12-16-03

    D633A101-XIA

    Page 301
    Oct 15/2014

图 2-2-14　根据 AMTOSS 号查询信息

2. 根据关键字查询

根据关键字查询的基本思路是分析关键字，判定问题所属章（系统），进入该章的目录表，找出问题对应的章节主题编号及页段并核对有效性。

[案例一]　查找 B-2999 飞机座舱温度选择器的卡环张力调整螺钉所需力矩。

（1）在机队清单中确认 B-2999 飞机的客户有效性代码是 002（见图 2-2-1）。

（2）根据题目可以确定所查问题在第 21 章空调系统。

（3）力矩值只可能出现在安装工作程序中，所以，问题性质属于拆除/安装程序（removal/installation），应查询 Part Ⅱ P&P 第 21 章（若问题属于系统概述或原理，应查询 Part Ⅰ SDS）。

（4）进入 Part Ⅱ P&P 第 21 章的目录表，确认问题对应于 61 节（温度控制子系统的区域温度控制与指示子子系统）的 07 主题号，即座舱温度选择器。如图 2-2-15 所示。

（5）在此目录表中，有两个相同的章节主题编号 21-61-07，而它们的构型编号和有效性是不同的。根据已获知的客户有效性代码 002，应选定构型代码 1，其安装程序的任务号为 TASK 21-61-07-400-804-001。

（6）打开 AMM 21-61-07，进入 TASK 21-61-07-400-804-001，对照有效页清单核验时效性。

视频：
AMM 查询
练习-根据
AMTOSS 号
查询

视频：
AMM 查询
练习-根据关
键字查询（1）

BOEING

737-600/700/800/900
AIRCRAFT MAINTENANCE MANUAL

CHAPTER 21
AIR CONDITIONING

21-CONTENTS

图 2-2-15　根据关键词查询目录表

（7）仔细阅读安装步骤，找出卡环张力调整螺钉（clamp tension screw）的力矩值为 5～8 磅·英寸（0.6～0.9 牛·米），如图 2-2-16 所示。

BOEING

737-600/700/800/900
AIRCRAFT MAINTENANCE MANUAL

TASK 21-61-07-400-804-001

3. **Cabin Temperature Selector Installation**
(Figure 401)

A. **References**

D. **Cabin Temperature Selector Installation**

SUBTASK 21-61-07-420-006-001

(1) Connect the electrical connector [1] to the cabin temperature selector [3].

SUBTASK 21-61-07-420-007-001

(2) Carefully push the cabin temperature selector [3] into its position in the P5-17 panel [2].

SUBTASK 21-61-07-420-008-001

(3) Tighten the clamp tension screw 5 to 8 pound-inches (0.6 to 0.9 newton-meters).

NOTE: Hold the selector against the panel while you tighten the screw.

EFFECTIVITY
XIA 001-006, 009-015

D633A101-XIA

21-61-07
Config 1
Page 404
Jun 15/2015

图 2-2-16　根据关键词查询详细信息

［**案例二**］ 查找 B-5511 飞机甚高频（very high frequency，VHF）通信系统可调频率范围。

视频：AMM 查询练习-根据关键字查询(2)

（1）在机队清单中确认 B-5511 飞机的客户有效性代码是 820（见图 2-2-1）。

（2）根据题目可以确定所查问题在 ATA100 规范第 23 章通信系统。

（3）此问题属工作原理信息，需进入 Part I SDS 第 23 章的目录表，确认问题对应于 12 节（VHF 通信系统），工作原理介绍部分的信息应在 23-12-00 的 GENERAL DESCRIPTION 这一主题中，如图 2-2-17 所示。此处有两个页码（Page 5 和 Page 10）对应不同的客户有效性代码段，依据已获知的有效性代码 820，可以判定应从 Page 5 查阅相关信息。

BOEING 737-600/700/800/900 AIRCRAFT MAINTENANCE MANUAL

CHAPTER 23
COMMUNICATIONS

CH-SC-SU	SUBJECT	PAGE	EFFECT
23-12-00	VHF COMMUNICATION SYSTEM - GENERAL DESCRIPTION	5	XIA 012-015, 801-810, 812-838, 840-999
23-12-00	VHF COMMUNICATION SYSTEM - GENERAL DESCRIPTION	10	XIA 001-006, 009-011
23-12-00	VHF COMMUNICATION SYSTEM - FLIGHT COMPARTMENT COMPONENT LOCATIONS	12	XIA ALL
23-12-00	VHF COMMUNICATION SYSTEM - TRAINING INFORMATION POINT - RADIO COMMUNICATION PANEL BITE	64	XIA ALL

23-CONTENTS

D633A101-XIA　Page 2　Feb 15/2016

图 2-2-17　SDS 第 23 章目录表示例

（4）打开 23-12-00 Page 5，找到可调频率范围是 118.000～136.990MHz，如图 2-2-18 所示。若上一步查询错误，而从 23-12-00 Page 10 中找出的可调频率范围是 118.000～136.975MHz。

BOEING 737-600/700/800/900 AIRCRAFT MAINTENANCE MANUAL

VHF COMMUNICATION SYSTEM - GENERAL DESCRIPTION

General

The VHF communication system supplies the flight crew with voice and data line-of-sight communication. The VHF communication system can be used to communicate between airplanes and between airplanes and ground stations.

The VHF communication radio is tunable in the frequency range of 118.000 MHz to 136.990 MHz. The VHF radio is used to transmit and receive voice communication.

The VHF antenna transmits and receives RF signals.

External Interface

The VHF communication system connects with these components/systems:

- Remote electronics unit (REU)
- Proximity switch electronic unit (PSEU)
- SELCAL decoder unit
- Flight data acquisition unit (FDAU).

EFFECTIVITY
XIA 012-015, 801-810, 812-838, 840-999

23-12-00

D633A101-XIA　Page 5　Feb 15/2015

图 2-2-18　SDS 第 23 章工作原理描述

2.3 图解零件清单手册

本节以波音 737NG 飞机的图解零件清单手册（IPC）为例，讲解手册的内容和查询方法。IPC 是一本客户化手册，在日常维护工作中主要用于查询零部件的件号，配合 AMM 使用。

IPC 提供两种不同的检索方式：一是件号索引，根据已知件号查询此件号对应零部件的各种信息；二是章节索引，根据零部件所属系统和安装位置来查找零部件的各种信息，其核心内容是装配图及其零件清单。

2.3.1 手册结构

IPC 分为前言和各章正文两部分。前言包括修订传送的信函（REVISION TRANSMITTAL LETTER）、修订传送（REVISION TRANSMITTAL）、目录表（TABLE OF CONTENTS）、介绍（INTRODUCTION）、零件清单数据解释（EXPLANATION OF PARTS LIST DATA ）、模块零件清单数据解释（EXPLANATION OF MODULE PART LIST DATA ）、导线数据解释（EXPLANATION OF WIRING DATA IN THE IPC）、零件定位指南（INSTRUCTIONS TO LOCATE PART）、图解表达法解释（EXPLANATION OF ILLUSTRATION TECHNIQUES）、相关备件信息（RELATED SPARE PARTS INFORMATION）、飞机有效性交叉参考（AIRPLANE EFFECTIVITY CROSS REFERENCE）亦称机队清单、区域/索引图表（ZONE/INDEX DIAGRAMS）、飞机区段划分/站位图表（AIRPLANE SECTION BREAKDOWN/STATION DIAGRAMS）、大图号索引（MAJOR DRAWING NUMBERS INDEX）、油滤维护工具包清单（FILTER MAINTENANCE KIT LISTING）、供应商名称和地址（SUPPLIERS NAME AND ADDRESS）、服务通告清单、改装清单（MODIFICATION LIST）、模块号件号交叉参考（MODULE CROSS REFERENCE）、波音规范件交叉参考（SPECIFICATION CROSS REFERENCE）、字母数字件号索引表（PART NUMBER ALPHA-NUMERICAL INDEX）、数字字母件号索引表（ART NUMBER NUMERICAL-ALPHA INDEX）。各章正文包括有效页清单、目录表和主题内容三个部分，主题内容依照 ATA2200 规范编排，每个主题包括对应航线可更换件的装配图和详细零件清单。

2.3.2 手册前言介绍

前言中关于手册修订、机队清单的解释信息与 AMM 中介绍的内容相似，在此不再赘述。鉴于手册的核心内容是装配图及其零件清单，下文将围绕装配图及零件清单来介绍前言中的相关内容。

1. 图解表达法

图解表达法用于说明装配图的一般表达形式和规律。如图 2-3-1 所示。

图 2-3-1 中正下方的一串编号"27-21-03-10"是这张图在本手册中的唯一编号，由 4 个字段组成，前 3 个字段是章-节-主题编号，第 4 个字段是图号（FIGURE NUMBER）。图的编号上边的文字 JACKSHAFT INSTL-RUD CONTROLS 是图的名称，也就是图中零部件的名称。若一张装配图信息量很大，无法在一页中完整地呈现，则需要使用多个分页（SHEET）来分别呈现。图的左下角文字"SEP 10/96"是本图的修订日期。图的右下角文字"PAGE 0"是本图的页码。图左上方表达的是图中零部件在飞机上的大概位置。

图 2-3-1 中虚线圈起来的部分是该图的主体内容，称为主视图。主视图展示该零部件的全貌，局部的细节信息需要借助分视图来呈现，每个分视图用Ⓐ、Ⓑ、Ⓒ等进行编号。分视图对应零部件是主视图对应零部件的组成部分，可把二者看作父子关系（或称上下级关系、分解装配关系）。

图中的每一个零件都标注了数字编号，称为项目号（ITEM NUMBER），也可称为零件编号，这是装配图关联零件清单的重要纽带。但是，装配图是非客户化的，而零件清单才是客户化的，所以，装配图中某些项目号可能不会出现在零件清单中。

图 2-3-1 图解表达法示例

2. 零件清单数据解释

零件清单用来详细解释装配图中每一个需要解释的零部件,并以项目号大小为序详尽罗列所有信息,如图 2-3-2 所示。零件清单下方标记该清单对应的装配图编号以及该清单的页码和修订日期。

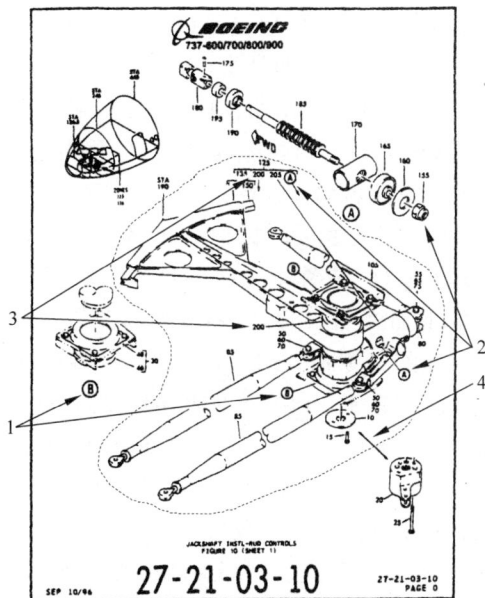

图 2-3-2 零件清单数据解释示例

零件清单分为五栏。第一栏，即图号/项目号（FIG/ITEM）栏，用于标注该清单数据解释的图号和图中零件的项目号。第二栏，即件号（PART NUMBER）栏，用于标明每个零件项目号对应的件号。第三栏，即解释（NOMENCLATURE）栏，用于详细解释该图或零件的名称、装配关系、位置、供应商代码、规范说明、手册参考、服务通告、替代关系等信息，还用于解释零件之间的父子关系。零件名称前加注符号".""..""..."等表示零件的层级，加注点符号的数量表示该零件的层级数，最多可以标记七级零件。依此规定，一级零件是不带点零件（可称为零级大部件）的子零件（或称下一级零件），二级零件是一级零件的子零件，三级零件是二级零件的子零件，以此类推。反之，零级大部件是一级零件的父零件（或称上一级零件），一级零件是二级零件的父零件，二级零件是三级零件的父零件，以此类推。此栏中所有零件的父子关系均遵循父在上、子在下的表述原则，即每个零件的子零件必须紧随罗列在其父零件下方。第四栏，即有效性栏（EFFECT FROM TO），用于标记该图或零件适用的飞机，包含客户有效性代码介于 XXX 到 YYY 之间的所有飞机。第五栏，即数量栏（UNITS PER ASSY），用于标注零件的装配数量。

在零件清单数据中，常见的表达形式以注释形式汇编在前言的"零件清单数据解释"小节中，每条注释的编号如图 2-3-2 所示。

3. 字母数字件号索引表

零件件号的命名由三种字符组成，字母、数字和"-"。由于字母 O 和数字 0 过于相似，字母 I 和数字 1 也过于相似，所以，一般不使用字母 O 和字母 I 来命名。字母数字索引表是所有以字母打头的件号的索引表，用于已知航线可更换件的件号，在索引表找到这个件号所在的装配图及其项目号（零件编号），进而查询该零件的名称、具体安装位置、替代件号、制造商代码等信息。一个零件可以安装在飞机上多处位置，所以，某些零件可以出现在多张装配图中。如图 2-3-3 所示。

BOEING
737-600/700/800/900
PARTS CATALOG (MAINTENANCE)

AABREP3M4 -- AB4E27FN

PART NUMBER CH-SECT-UNIT-FIG-ITEM	TTL. REQ.	PART NUMBER CH-SECT-UNIT-FIG-ITEM	TTL. REQ.	PART NUMBER CH-SECT-UNIT-FIG-ITEM	TTL. REQ.	PART NUMBER CH-SECT-UNIT-FIG-ITEM	TTL. REQ.	PART NUMBER CH-SECT-UNIT-FIG-ITEM	TTL. REQ.
AABREP3M4		AA7693-128D1A		ABR3M110		ABR4M104		ABW10V5-12C	
22-11-29 01 28		29-11-61 01 305	AR	52-31-51 02 65		22-11-26 01 95	RF	54-51-51 08 485	RF
AACREP4H6FS570		29-11-61 01 805	1	52-31-51 02B 75	RF	ABR4M104B		54-51-51 08 590	RF
32-44-11 06 30	1	AA7693-128D2A		52-31-51 03 60	RF	22-11-25 01 35	RF	54-51-51 08B 555	RF
32-44-11 06 65	1	29-11-61 01 190	1	ABR3M112		22-11-25 01 65	1	54-51-51 08B 675	RF
32-44-11 06 120	8	29-11-61 01 690	1	27-41-51 01 40	RF	22-11-26 01 45	RF	57-12-00 05 325	RF
AACREP4H8FS570		AA820-04		27-41-51 02 40	RF	22-11-26 01 95	RF	57-12-00 33 140	RF
AA7693-127D5		27-62-51 01 80	RF	ABR4M104		52-31-13 03 10	2	52-13-11 07A 30	1
29-11-61 01 215	1	ABR3M110		22-11-25 01 35	RF	52-31-13 03B 10	2	52-13-11 08 15	1
29-11-61 01 715	1	27-41-51 01 45	RF	22-11-25 01 65	RF	ABW10V5-12		52-13-11 08A 20	AR
		27-41-51 02 45	RF	22-11-26 01 45	RF	32-71-00 01 120	1	52-13-11 08A 22	AR

XIA
FEB 15/12

PART NUMBER ALPHA-NUMERICAL INDEX
PAGE 1

图 2-3-3　字母数字件号索引表示例

4. 数字字母件号索引表

数字字母索引表是所有以数字打头的件号的索引表，用于已知航线可更换件的件号，在索引表找到这个件号所在的装配图及其项目号（零件编号），进而查询该零件的名称、具体安装位置、替代件号、制造商代码等信息。如图 2-3-4 所示。

BOEING
737-600/700/800/900
PARTS CATALOG (MAINTENANCE)

0-80 -- 0L387BP

PART NUMBER CH-SECT-UNIT-FIG-ITEM	TTL. REQ.	PART NUMBER CH-SECT-UNIT-FIG-ITEM	TTL. REQ.	PART NUMBER CH-SECT-UNIT-FIG-ITEM	TTL. REQ.	PART NUMBER CH-SECT-UNIT-FIG-ITEM	TTL. REQ.	PART NUMBER CH-SECT-UNIT-FIG-ITEM	TTL. REQ.
0-80		0A226-0301		0BA8		0FV0000A10G01		0L3071BPEGPL	
21-51-02 01 80	4	25-11-51 57 109	AR	25-24-31 14C 505	6	25-41-13 36C 110	1	33-26-03 53G 150	AR
21-51-02 01 80	RF	25-11-51 57A 109	AR	25-24-31 14C 505	AR	25-41-13 38 110	AR	33-26-03 72F 160	AR
21-51-02 02 80		0A226-0359CK		25-24-31 14C 505	RF	25-41-13 69 120	1	33-26-03 72F 160	RF
21-51-02 02 80	RF	25-11-01 50A 525	1	25-24-31 14C 505	RF	25-41-17 27F 175	AR	33-26-03 72F 175	AR
21-51-02 02A 80	4	0A226-0360CK		25-24-31 14C 505	RF	25-41-17 34B 110	AR	33-26-03 72F 175	RF
21-51-02 02A 80	RF	25-11-01 50A 530	1	25-24-31 14C 510	RF	25-41-17 48E 110	AR	33-51-01 02A 90	RF
0-80X1-4		0A254-0033A		25-24-31 14E 480	40	0FV0000A10G02		33-51-01 02A 90	AR
0A226-0299		25-24-31 14 275	4	25-24-31 32 335	RF	33-26-03 36U 155	RF	33-23-52 60F 145	RF
25-11-01 50A 210	2	25-24-31 14 276	RF	25-24-31 32 350	1	33-26-03 36U 158	RF	33-23-52 60G 65	RF
25-11-51 57 80	2	25-24-31 14 276	RF	25-24-31 32 320	AR	33-26-03 36U 158	RF	33-23-52 60G 95	RF
25-11-51 57A 80	2	25-24-31 14 276	RF	25-64-00 08 3	RF	33-26-03 53G 120	AR	33-23-52 60G 125	RF
0A226-0301		25-24-31 14 280	RF	0FV0000A10G01		33-26-03 53G 120	RF	33-23-52 60G 125	RF
25-11-01 50A 217	AR	25-24-31 14 280	RF	25-41-13 34F 110	1	33-26-03 53G 150	RF	33-23-52 60G 125	96

XIA | | PART NUMBER NUMERICAL-ALPHA INDEX
FEB 15/12 | | PAGE 1

图 2-3-4 数字字母件号索引表示例

5. 其他小节介绍

"介绍"阐述手册的结构和内容、使用方法、基本术语等信息。

"导线数据解释"阐述少量包含在 IPC 中的线束和线束组件数据,这些线束组件仅限于备件工程系统(spares technical engineering process system,STEPS)中具有波音备件互换性关系的组件。IPC 将提供布线和线夹的线束装配图。

"模块零件清单数据解释"阐述模块的定义和编号规则,与零部件的区别和联系。

"零件定位指南"给出如何利用零件装配图找到零件信息所在位置。已知件号时,从件号索引表中找到零件的装配图;未知件号时,从零件所属系统(章)的目录表中找到零件的装配图。

"相关备件信息"阐述波音备件工程系统中关于互换性的政策、要求、依据等信息。

"区域/索引图表"以图表阐述飞机的区域划分及区域编号。

"飞机区段划分/站位图表"以图表阐述飞机的区段划分和站位编号。

"大图号索引"以索引表阐述飞机的大图编号及其名称。

"油滤维护工具包清单"罗列所有油滤维护工具包的整体件号以及内含物的件号。

"供应商名称和地址"罗列该型飞机的所有零部件供应商的代码、名称及地址。

"服务通告清单"罗列该机队飞机适用的所有服务通告及适用起日。

"改装清单"罗列该机队飞机适用的所有改装编号及适用起日。

"模块号件号交叉参考"罗列所有模块号对应的件号。

"波音规范件交叉参考"罗列所有规范件号对应的供应商代码和供应商命名的件号。

2.3.3 手册章节内容介绍

1. 各章的有效页清单

各章的有效页清单记录了本章的修订时间、修订位置等时效性信息。

2. 各章的章节目录表

各章的章节目录表列出本章的装配图名称（SUBJECT）、装配图编号（CC-SS-UU FIGURE）及适用性（EFFECT）信息，如图 2-3-5 所示。

图 2-3-5　IPC 第 21 章目录表示例

3. 各章的主题内容

各章根据 ATA2200 规范按主题内容的章节主题编号依序编排。主题内容的核心信息是装配图及其零件清单，且二者是紧密相关的。装配图用于表达零部件的空间位置关系，零件清单用于阐述装配图中全部零件的相关信息。如果一张装配图（一个图号）的信息量较大，将会被拆分后呈现，并用多个分页号（SHEET 1，SHEET 2，SHEET 3…）来编号，即出现一个图号对应多个分页号的情况。如图 2-3-6 所示，一张大图（21-25-03-01）拆分成 12 个分页。

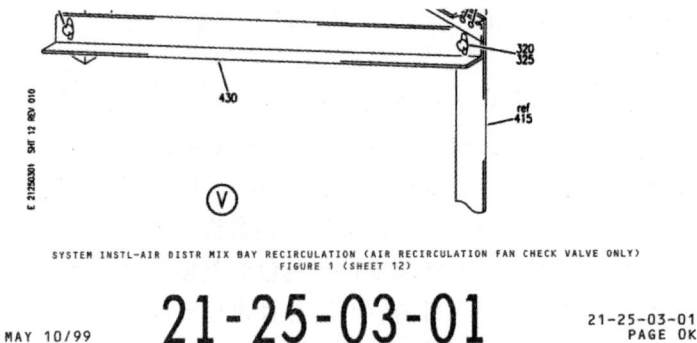

图 2-3-6　装配图拆分示例

2.3.4　手册查询方法及查询案例

IPC 常用的查询方法有两种，一是根据已知件号查询装配位置、替代件号、适用性等信息，二是根据零件的名称或在飞机上的安装位置查询件号等信息。

1. 根据已知件号查询相关信息

根据件号查询的基本思路是在前言的件号索引表中找出该件号所在的装配图及项目

号(记下“章-节-主题-图号-项目号”),再去装配图或零件清单中查阅所需信息。

[**案例**] 已知件号 213A3310-2,查询其名称,其可否用于 B-2999 飞机。

(1) 从件号索引表中找出 213A3310-2 所在的装配图及项目号,即“21-51-24-01,40 #”如图 2-3-7 所示。

视频:IPC 查询练习-根据已知件号查询

BOEING
737-600/700/800/900
PARTS CATALOG (MAINTENANCE)

213A3193-2 -- 213A9110-13

PART NUMBER CH-SECT-UNIT-FIG-ITEM	TTL. REQ.	PART NUMBER CH-SECT-UNIT-FIG-ITEM	TTL. REQ.	PART NUMBER CH-SECT-UNIT-FIG-ITEM	TTL. REQ.	PART NUMBER CH-SECT-UNIT-FIG-ITEM	TTL. REQ.	PART NUMBER CH-SECT-UNIT-FIG-ITEM	TTL. REQ.
213A3193-2		213A3223-3		213A3413-1		213A3430-1		213A7011-1	
53-42-00 72B 914	AR	21-51-24 04A 230	AR	21-51-23 01 140	2	21-51-23 02 80	AR	29-21-21 01 105	1
21-51-24 04 145	1	213A3225-6		21-51-23 01 170	AR	21-61-11 14A 50	RF	213A7131-5	
21-51-24 04C 145	1	21-51-24 04B 175	AR	21-51-23 01A 170	1	21-61-11 15A 80	RF	53-42-00 71 45	1
213A3220-2		213A3310-1		213A3420-6		21-61-11 19 82	RF	213A7131-6	
21-51-24 04 150	1	21-51-24 01 35	1	21-51-23 01 175	AR	21-61-11 20 80	RF	53-42-00 71 50	1
21-51-24 04C 150	1	213A3310-2		21-51-23 01A 180	1	213A4101-2		213A7131-9	
213A3220-3		21-51-24 01 40	1	213A3420-7		21-61-10 08 180	1	53-42-00 71 45	1
21-51-24 04A 160	AR	213A3310-3		21-51-23 01 173	1	213A4101-4		213A7133-1	
213A3220-4		21-51-24 01 35	1	21-51-23 02 175	AR	21-61-10 08 185	1	53-42-00 71 920	1
21-51-24 04B 165	AR	21-51-24 01A 35	1	213A3420-8		213A4101-6		53-42-00 72A 962	AR
				21-51-23 01A 75	2			57-10-51 04 145	2

XIA　　PART NUMBER NUMERICAL-ALPHA INDEX
FEB 15/12　　PAGE 261

图 2-3-7 已知件号查询案例(1)

(2) 从机队清单中确认 B-2999 的客户有效性代码为 002(见图 2-2-1)。

(3) 从该零件的装配图对应的零件清单中找到该零件的解释信息,可确认零件名称为“管道”(DUCT),该零件适用于客户有效性代码为 001～006 的飞机(包含 002),即适用于 B-2999 飞机。对照有效页清单核验时效性。如图 2-3-8 所示。

BOEING
737-600/700/800/900
PARTS CATALOG (MAINTENANCE)

FIG ITEM	PART NUMBER	1234567 NOMENCLATURE	EFFECT FROM TO	UNITS PER ASSY
1				
- 40	213A3310-2	.DUCT- POSITION DATA: RH SIDE MAINTENANCE MANUAL REF: 21-51-24	001006	1
- 40	213A3310-4	.DUCT- POSITION DATA: RH SIDE MAINTENANCE MANUAL REF: 21-51-24	707708	1
		ILLUSTRATION ITEMS NOT ON PARTS LIST ARE NOT APPLICABLE		

— ITEM NOT ILLUSTRATED

XIA　　21-51-24-01　　21-51-24
FIG. 01
PAGE 2
FEB 15/10

图 2-3-8 已知件号查询案例(2)

从图 2-3-8 中可以看到,第一栏中的置顶数字“1”为图号,即图号“21-51-24-01”中的最后一组数字 01。第一栏中的数字“40”为项目号,即装配图中零件的编号,项目号前的“-”表示此项目号未在图中标注。

第二栏中与项目号平齐的编号为件号(如“213A3310-2”),通常情况下是零件供应商命名的件号。

第三栏中与项目号平齐的文字是零件名称,通常会加注数量不等的符号".",用于标记其层级。此外,还可能补充说明位置信息(POSITION DATA)、手册交叉参考(MAINTENANCE MANUAL REF)等信息。

第四栏中与项目号平齐的编号为零件适用范围。

第五栏中与项目号平齐的数字为装配数量。

2. 根据零件名称查找相关信息

根据零件名称查询的基本思路是分析关键词,进入问题所属系统(章)的目录表,找到零件装配图的"章-节-主题-图号",在装配图中找出零件的项目号,利用客户有效性代码从零件清单件号栏中筛选出可用件号以及解释栏中的替代件号(若有)。便利提示:大多数航线可更换件在 IPC 中的章节号与在 AMM 中的章节号相同。依此可跳过检索 IPC 目录表这一步骤,快捷进入装配图及其零件清单查找相关信息。

[案例] 查找 B-2999 飞机的主电瓶充电器组件的件号。

(1) 分析关键词"主电瓶充电器"可判定问题属于第 24 章电源系统,打开第 24 章目录表,在"直流电"这一节(24-31)不能找到主电瓶充电器相关信息的装配图名,如图 2-3-9 所示。

视频:
IPC 查询练习-根据零件名称查找

图 2-3-9 已知零件名称查询案例(1)

此时可依靠"便利提示",从 AMM 的第 24 章找到主电瓶充电器的章节主题号为 24-31-21,如图 2-3-10 所示。由此可以大致判定需要查阅的装配图号为 24-31-21-XX。

(2) 从机队清单中确认 B-2999 的客户有效性代码为 002(见图 2-2-1)。

(3) 从图 2-3-10 来看,依据客户有效性代码 002 可以判定需要查阅 24-31-21-01 装配图(适用于 001~006 和 707~708),而非 24-31-21-01J 装配图。

BOEING
737-600/700/800/900
AIRCRAFT MAINTENANCE MANUAL

CHAPTER 24
ELECTRICAL POWER

24-CONTENTS

图 2-3-10　已知零件名称查询案例(2)

（4）从装配图中可找出主电瓶充电器的项目号为 5、7、60,如图 2-3-11 所示。

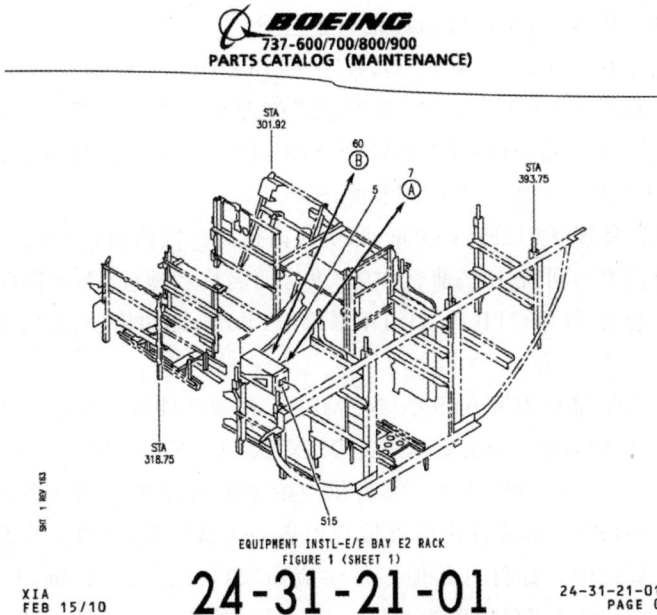

BOEING
737-600/700/800/900
PARTS CATALOG (MAINTENANCE)

STA 301.92
STA 393.75
STA 318.75
515

EQUIPMENT INSTL-E/E BAY E2 RACK
FIGURE 1 (SHEET 1)

XIA
FEB 15/10
24-31-21-01
24-31-21-01
PAGE 0

SHT 1 REV 163

图 2-3-11　已知零件名称查询案例(3)

（5）进入该装配图的零件清单,找出对应项目号,确认零件名称、有效性、替代件号等信息。零件清单中未出现图中 5、7 号零件的解释信息,说明此号码不适用于该清单,而只出现了 60 号零件,如图 2-3-12 所示。对照有效页清单核验时效性。所以,该案例问题答案仅一个可用件号，即"2-792-02"。

图 2-3-12　已知零件名称查询案例（4）

　　从图 2-3-12 可以看到，第一栏左侧有若干字母 R，此为修订标记。每个字母 R 对应这一行文字有修订。当一张图的零件清单页包括航空公司的库存号，且航空公司库存号的更改是该项记录的唯一更改时，所在行前标记有字母 S。

　　第三栏解释信息有 FOR NHA SEE，NHA 即 next higher assembly，是更高一级组件或上一级组件。"FOR NHA SEE：24-30-00-02"意为参见上一级组件的装配图 24-30-00-02。此外，还有类似的表达 FOR DETAILS SEE，DETAILS 意为细节部分，即子零件。FOR DETAILS SEE 意为参见子零件的装配图。

　　第三栏解释信息有 SUPPLIER CODE，即供应商代码。供应商代码以 V 开头，后加 5 个数字或字母的任意组合。可在 IPC 前言中的"供应商名称和地址"查到供应商的详细信息。

　　第三栏解释信息有 FUNCTIONAL DESCRIPTION，即功能描述。用于简要介绍该零件的功能。

　　第三栏解释信息有 SPECIFICATION NUMBER，即规范件号。规范件号有特殊的命名规则，如 60BXXXXX、10-XXXXX、SXXXNXXX、SXXXTXXX、SXXXUXXX、SXXXWXXX 等。规范件号是由波音公司指定的零件件号。零件供应商未取得波音公司认证时，其件号只能是规范件号（出现在件号栏中）；零件供应商取得波音公司认证后，其件号出现在件号栏中，规范件号会出现在解释栏中。如再有其他零件供应商取得波音公司认证，其件号将出现在解释栏中作为替代件号。波音飞机手册中常见的替代关系的表达形式有：OPTIONAL PARTS，MAY USE，REPLACED BY，I/W（Interchangeable With），T/W（Together With）。

　　第三栏解释信息有 ELECTRICAL EQUIP NUMBER，即电气设备号。电气设备号主要应用于 WDM 中，其作用与 IPC 中项目号（零件编号）的作用完全相同。

　　第三栏解释信息有 COMPONENT MAINT MANUAL REF，即 CMM 参考。此外，还

注有 AMM 参考(MAINTENANCE MANUAL REF)。

第四栏适用范围标注了两个有效性代码段,即 001~006 和 707~708。

第五栏中装配数量信息不明确时可能是 RF(reference),意为需参考上一级组件的装配图;也可能是 AR(as required),意为视情况而定。

2.4 线路图手册

本节以波音 737NG 飞机的线路图手册(WDM)为例,讲解手册的内容和查询方法。WDM 是一本客户化手册,用于描述飞机上的线路信息。它集线路图和各种列表清单为一体,给出安装在波音飞机上的线路布局、线路连接、线路本身及线路两端连接设备的信息。

2.4.1 手册结构

WDM 分为前言和各章正文两部分。

手册前言包括封面(TITLE)、机队清单(EFFECTIVE AIRCRAFT)、传送的信函(TRANSMITTAL LETTER)、手册更新集锦(HIGHLIGHTS)、有效页清单(EFFECTIVE PAGES)、有效章清单(EFFECTIVE CHAPTERS)、波音修订记录(BOEING REVISION RECORD)、修订记录(REVISION RECORD)、临时修订记录(RECORD OF TEMPORARY REVISIONS)、服务通告清单(SERVICE BULLETIN LIST)、客户更改清单(CUSTOMER CHANGE LIST)、全部线路图字母索引表(ALPHABETICAL INDEX)、手册介绍(INTRODUCTION)等信息。其中,手册介绍帮助我们了解 WDM 的使用方法,其内容包括:概述、释义缩略语、设备清单的使用方法介绍、线路图的使用方法介绍;清单的使用方法介绍、代码(包括导线类型代码、生产厂商代码、导线终端代码等)、手册使用方法、标准线路施工等。

正文第 00 章为概述,给出了系统线路图中使用的符号说明。正文第 21~80 章是线路图,按 ATA2200 规范进行章节安排,描绘每个系统的线路连接关系。正文第 91 章是图表和各种清单。第 91 章的图表给出了大量的位置信息,包括飞机站位、区域、驾驶舱各面板和设备架的位置、脱开支架、跳开关面板、主导线束等信息。第 91 章的清单给出导线本身和导线两端连接设备的信息,包括:

(1) 设备清单(Equipment List);

(2) 跳开关清单(Circuit Breaker List);

(3) 脱开支架清单(Bracket List);

(4) 导线清单(Wire List);

(5) 备用线清单(Spare Wire List);

(6) 主线束清单(Master Bundle List);

(7) 接地清单(Ground List);

(8) 接线管清单(Splice List);

(9) 终端清单(Terminal Strip List);

(10) 连接清单(Hookup List)。

2.4.2　各系统的线路图

WDM 的第 00 章概述中的 00-00-00 图形符号（SYMBOLS）主题，给出各系统线路图中使用的所有图形符号的解释说明（旧版手册中，图形符号可能出现在手册前言部分的"手册介绍"中），如图 2-4-1 所示。

图 2-4-1　图形符号示例

第 21～80 章内容包括本章的有效页清单、目录表、本章线路图字母索引表、主题内容四个部分。

1. 各章的有效页清单

各章的有效页清单记录了本章所有线路图的修订方式、修订时间、修订原因等时效性信息。

2. 各章的线路图字母索引表

各章的线路图字母索引表按图名（Title）字母顺序罗列本章的所有线路图及其对应的章节主题编号（CH-SC-SU），如图 2-4-2 所示。

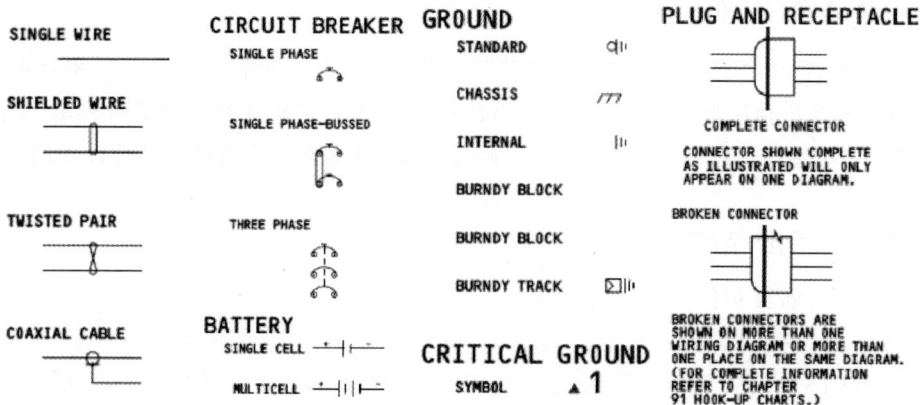

图 2-4-2　WDM 第 21 章字母索引表示例

3. 各章的目录表

各章的目录表按每张线路图对应的章节主题编号（可称图号）数字顺序罗列本章所有线路图，并记录每张图的名称（Title）、图码（Schem）、页码（Page）、分页码（Sheet）、修订日期（Date）、适用性（Effectivity）等信息，如图2-4-3所示。

CHAPTER 23
COMMUNICATIONS

Title	CH-SC-SU	Schem	Page	Sheet	Date	Effectivity
VHF COMMUNICATION NO.1 (cont.)	23-12-11			2	Mar 01/2005	YA705-YA720
			3	1	Dec 15/2011	YF921-YF928 YK972-YK980 YS151-YS153
				2	Dec 15/2011	YF921-YF928 YK972-YK980 YS151-YS153
			4	1	Jan 13/2010	YK961-YK971
				2	Jan 13/2010	YK961-YK971
			5	1	Jan 15/2009	YM471-YM490
				2	Jan 15/2009	YM471-YM490
			6	1	Jun 17/2011	YN531-YN534
				2	Jun 17/2011	YN531-YN534
			7	1	Mar 08/2012	YS154-YS167
				2	Mar 08/2012	YS154-YS167

图2-4-3 WDM第23章目录表示例

图码用于需要多图展示某个子系统主要功能的子功能时为每张图编码。常规页码为101、102、103等，若该页因客户发起了修订，页码变为101A或102A等；若该页因服务通告产生了修订，页码变为101.1或102.1等。

4. 各章的主题内容

各章的主题内容依照ATA2200规范按章节主题编号数字顺序罗列本章所有线路图。

2.4.3 线路图查询方法及查询案例

线路图的查询方法只有一种，即根据关键词查询。基本思路是分析关键词，判定问题所属章（系统），进入该章的目录表，找出问题对应的章节主题编号（即图号）并核对有效性。

[**案例**] 查找B-5511飞机的第一套甚高频通信系统收发机的供电方式。

（1）在前言的机队清单中确认B-5511飞机的批次号是YF921（见图2-2-1）。

（2）分析关键词"甚高频通信系统"，可以确定问题属于第23章通信系统。

（3）进入WDM第23章目录表，结合批次号YF921，可以确认需查看23-12-11 Page 3的Sheet 1和Sheet 2，如图2-4-3所示。在此可以看出，机队里不同配置飞机的第一套甚高频通信系统线路图呈现在不同的页码上，同一线路图若不能在一张图纸上显示，则会扩展到具有相同图名、图号和页码的其他分页上显示。

（4）进入23-12-11 Page 3的Sheet 1和Sheet 2，注意核实时效性，如图2-4-4所示。从线路图上可以看到组成系统的基本电气组件的名称、位置、电气设备号及其之间的线路连接关系。缩小该页面，看到系统由几大部分组成，每一个大的方框代表线路途径的一个位置或区域（面板、设备架、接线盒或组件）。

例如，图2-4-4中的线路连接跳开关面板P18-2、第一套无线电调谐面板P8-71、第二套无线电调谐面板P8-72、第三套无线电调谐面板P8-73、E3-3电子设备架、E1-3电子设备架

视频：WDM查询练习-根据关键词查询线路图

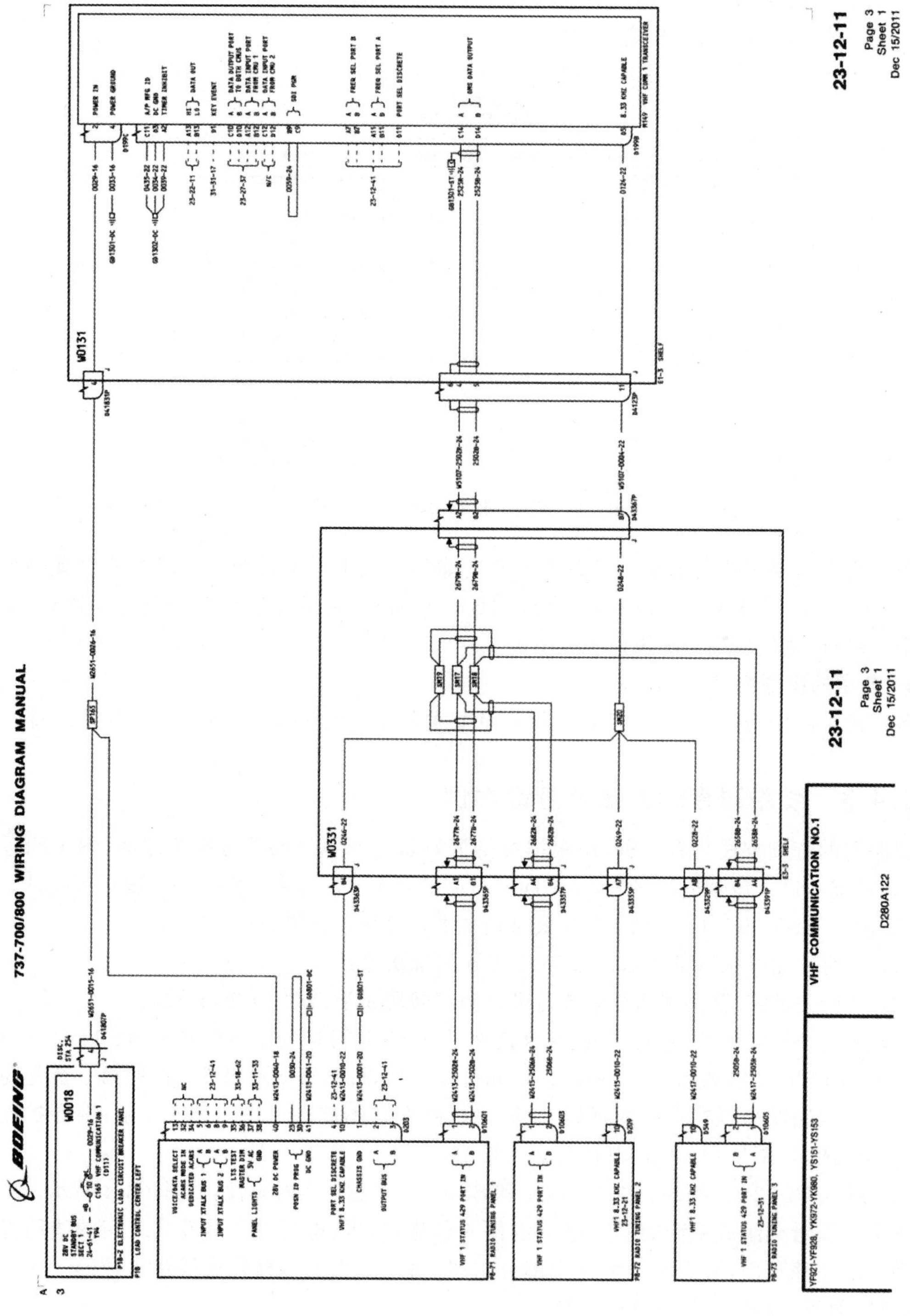

图 2-4-4　第一套甚高频通信系统线路

等。第一套甚高频通信系统的电源来自 28V 直流备用汇流条,通过导线 W0018-0029-16 连接插座 D41807J 的 4 号孔位,然后通过导线 W2651-0015-16 和 W2651-0026-16 连接到第一套甚高频通信系统收发机(transceiver)。

线路图中有时会出现"主"图(HOME DIAGRAM)。当一个终端连接 3 条及以上导线,这些导线又分布在不同的线路图中时,则会指定一个"主"图。"主"图给出终端上所有导线的连接,其他图中会显示以字母(H)为标志的主图参考章节号。图 2-4-5 给出了一个接线管一端连接 3 条导线的例子,其中 21-62-11 是主图。

图 2-4-5 "主"图示例

2.4.4 线路图手册的清单

1. 导线清单

导线清单根据导线标识号以字母数字顺序列出飞机上安装的线束、线束内的导线以及导线两端所接设备的信息。如图 2-4-6 所示,批次号为 YA701 的飞机上的导线 W001-0001-14 的类型代码为 CQ,长度为 2 英尺 1 英寸,所在的线路图为 31-62-11,导线一端连接设备 D03977B 的 58 号孔位,另一端用类型为 E 的终端连接 GD03977,且为直流接地。

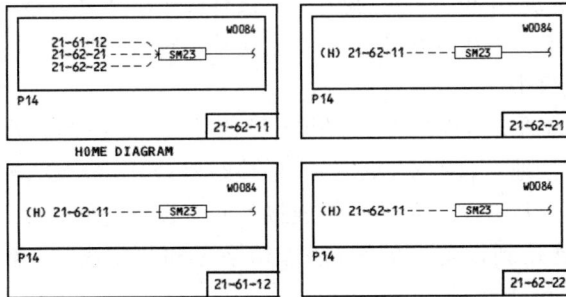

图 2-4-6 导线清单示例

(1) Bundle No.:导线束编号,以字母 W 和四位数字组成。

(2) Part Number 及 Description:导线束件号及导线束描述。

(3) Wire No./GA/CO:导线编号/规格/颜色。完整的导线标识号由字母 W 开头,格式为"导线束编号-导线编号-导线规格",如 W0001-0001-14。导线编号是每根线缆在导线束中的识别编号。导线规格是依照美国导线规格（American wire gauge，AWG）定义的编号，用来表征导线芯线的粗细，通常称为线号。导线颜色代码可以出现在导线编号或导线规格后面。导线标识号打印或压印在每根导线上，用于识别导线。

（4）TY：导线类型（wire type）。此列中出现的是两位字母和数字组成的导线类型代码（wire type codes，WTC），与 SWPM 20-00-13 导线类型码相联系，可以查询导线件号。

（5）Fam：导线族（wire family）代码。表示物理上相互关联的一组线，如有共同的绝缘外护套或者绞合在一起的导线。

（6）FT-IN：导线长度，单位为英尺/英寸。若没有长度，可参考导线族内其他导线的长度。

（7）Diagram：此导线所在线路图的章节主题号。Spare 代表备用线，指不具有相关功能，但仍然出现在导线束中。

（8）Equip：导线的两端所连接设备的电气设备号，每根导线对应两栏（From/To）设备号。有可能是设备号、接地点（GDXXXXX）或是接线管（SPXXXXX，SMXXXXX）。若两设备号相同，则表示导线是从一个设备的一点连接到同一设备的另一点。

（9）Term：导线连接到设备上的端口号，用字母和数字表示，如电接头中的孔位号、AC（交流接地）、DC（直流接地）等。

（10）Term Type(TT)：导线终端类型，用代码来表示，如特殊终端、特殊插钉、接线片类型等。

（11）Splice：用来表示连接方式，如两个或更多的导线连接到同一个接线片或插钉。

（12）Effectivity：有效性，给出此条适合的飞机的有效性编号。飞机有效性编号是由波音或客户指定的号码，若是 ALL，表示该项适用于此机队的所有飞机（前言中机队清单列出的所有飞机）。

2. 设备清单

根据电气设备号以字母和数字顺序给出飞机上安装的设备的件号、名称、位置等信息。如图 2-4-7 所示，批次号为 YA701 的飞机上的 D00042 是电瓶充电器上的插头，件号为 DPD-B18-33S-1B，供应商代码为 V71468，数量为 1，所在线路图的章节主题编号 24-31-11，安装位置是 E2-1 电子设备架。

电气设备号 Equip	Opt	设备的件号 Part Number Part Description / 设备描述	图纸号 Used On Dwg Vendor / 供应商	数量 Qty	线路图的参考章节 Diagram Station/WL/BL / 站位/水线/纵剖线 等位置描述	Effectivity / 有效性
D00042	1	DPD-B18-33S-1B PLUG-BATT CHARGER	71468	1	24-31-11 E002-01/ /	YA701-YA706
D00042	1	BACC45FT14-12S PLUG-BATT CHARGER	81205	1	24-31-11 E002-01/ /	YF921-YS167
D00042 T	1	63-9273-2 SPACER-	81205	1	24-31-11 E002-01/ /	YA701-YA706

图 2-4-7　设备清单示例

（1）Equip：电气设备号，是设备在飞机上的识别编号。它以字母开头，由字母和数字共同组成，前面字母代表特定类型的设备。例如，D 代表电气连接器（插头或插座），C 代表跳开关或保护设备，P 代表面板，等等。设备类型与电气设备号的对应关系见前言的介绍部分。

（2）Opt：部件选择的优先顺序。波音公司设置的选择优先级别为 0～3,0 或空白表示由于系统或物理限制，没有任何备用件，1 代表第一优先选择组件，以此类推；客户设置的可选装级别为 6～9，9 代表第一优先选择组件。

（3）Part Number：设备的件号，由生产商规定或符合波音、军标等规范的设备特定编号。

（4）Part Description：设备的描述，对电气设备的名称、用途、功能的简单表述。

（5）Used On Dwg：对应的原始图纸编号。飞机制造厂商计算机数据库对飞机所有的原始图纸进行唯一性编号，便于工程技术人员在飞机大修工作中按需调用飞机的原始图纸。

（6）Vendor：供应商代码。可在前言部分中的代码部分查找供应商详细信息。

（7）Qty：表示该部件在飞机上的安装数量。

（8）Diagram：该部件所在的线路图的章节主题编号，可能出现在多个线路图中。

（9）Station/WL/BL：部件的位置信息，用"站位/水线/纵剖线"表示。位置信息也可以用面板、设备架、脱开支架或终端块等表示。

（10）Effectivity：有效性。

有的飞机的设备清单还有 CH 20 REF 列，指明该设备（仅适用于连接器）在 SWPM 中需参考的章节主题号。

3. 连接清单

根据电气设备号以字母与数字的顺序给出飞机上安装设备所有端口的连线情况，如图 2-4-8 所示。

BOEING　　737-700/800 WIRING DIAGRAM MANUAL

Equip 电气设备号	Term 设备端口号	Station / WL / BL 设备的位置信息 Type 导线终端类型	Bundle 导线束编号	Description 设备描述 Wire No. 导线编号	GA 导线规格	CO 导线颜色	Diagram 所在线路图的参考章节	Effectivity 有效性
D00042		E002-01/ /		PLUG-BATT CHARGER				ALL
	1		W6210	0524	24		24-31-11	ALL
	2		W6210	0521	20		24-31-11	ALL
	3		W6210	0525	24		24-31-11	ALL
	4		W6210	3204R	20		24-31-11	ALL
	5		W6210	0520	24		24-31-11	ALL
	6		W6210	0520	24		24-31-11	ALL
	7		W6210	3204B	20		24-31-11	ALL
	8		W6210	0514	24		24-31-11	ALL
	9		W6210	0519	24		24-31-11	ALL
	10		W6210	3204Y	20		24-31-11	ALL
	11		W6210	0522	24		24-31-11	ALL
	12		W6210	0523	24		24-31-11	ALL

图 2-4-8　连接清单示例

图 2-4-8 中，D00042 是某个电瓶充电器上的插头，位于 E2-1 电子设备架上。连接清单给出此接头上每个孔位（端口）上连接的导线标识号，并给出每根导线的线路图的章节主题编号。

4. 脱开支架清单

根据脱开支架号给出飞机上安装在脱开支架上的连接器及所连接导线束情况，如图 2-4-9 所示。

BOEING　　737-700/800 WIRING DIAGRAM MANUAL

Bracket No. 脱开支架号	Description 支架描述 Position 支架上位置号	Receptacle 此位置上安装的插座	Bundle 插座连接的导线束	Plug 插座适配的插头	Bundle 插头连接的导线束	Max Pos 最大位置数	Station / WL / BL 支架的位置信息	Effectivity 有效性
AE0201A	DISCONNECT BRACKET - E2-1 SHELF					023	E002-01/ /0023	ALL
	01	D49996J	W0212	D49996P	W5112			YB581-YB598, YC941-YC951, YF901-YR168
	01	D49996J	W0212					YB599, YC952-YC970
	02	D40934J	W0212	D40934P	W5112			YB581-YB598, YC941-YC951, YF901-YR168
	02	D40934J	W0212					YB599, YC952-YC970
	03	D40342J	W0212	D40342P	W5112			YB581-YB598, YC941-YC951, YF901-YR168

图 2-4-9　脱开支架清单示例

图 2-4-9 中,电子设备架 E2-1 上的脱开支架 AE0201A,最大有 23 个位置,每个位置可安装插座,并给出插座适配的插头及分别连接的导线束。脱开支架号以字母 A 开头＋表示区域信息的代码＋站位等具体位置信息。电子设备架上的脱开支架实例如图 2-4-10 所示。

图 2-4-10　脱开支架实例

2.4.5　手册综合查询方法及查询案例

使用 WDM 查询线路问题时,一般需要综合运用线路图和各个清单。

[案例]　B-5511 飞机上左套无线电磁指示器(radio magnetic indicator,RMI)指示出现异常(具体现象为出现航向故障旗),依 FIM 分析可知,可能的原因是指示器本身故障或指示器连接器 41 号孔位连接的信号源导线问题。请查出下面信息备用:①无线电磁指示器的件号?②问题导线的长度?③问题导线所连接的所有设备的名称及位置?

(1) 在前言的机队清单中确认 B-5511 飞机的批次号是 YF921(见图 2-2-1)。

(2) 查询 RMI 的件号。

① 依据关键词,判定 RMI 属于第 34 章导航系统;进入 WDM 线路图第 34 章目录表,如图 2-4-11 所示。可知应查询线路图的章节主题编号为 34-22-11,且仅一张图纸 Page 1,并核验适用性。

视频:
WDM 查询练习-根据关键词查件号

视频:
WDM 查询练习-根据线路图查找导线长度

视频:
WDM 查询练习-根据线路图查找导线串接设备

BOEING
737-700/800
WIRING DIAGRAM MANUAL

CHAPTER 34
NAVIGATION

Title	CH-SC-SU	Schem	Page	Sheet	Date	Effectivity
AIR DATA INERTIAL REFERENCE SYSTEM	34-21-23			2	Jun 17/2011	YN531-YN534
RADIO MAGNETIC INDICATOR						
RMI BEARING AND HEADING	34-22-11		1		Mar 08/2012	ALL
STANDBY ATTITUDE REFERENCE SYSTEM						
STANDBY ATTITUDE - ILS	34-24-11		1		Jun 15/2006	YA701-YA720
INTEGRATED STANDBY FLIGHT DISPLAY SYSTEM	34-24-15		1		Mar 08/2012	YF921-YF928 YK970-YK980 YM472-YM480 YM485-YS167

D280A122

34-CONTENTS
Page 4
Mar 08/2012

图 2-4-11　WDM 第 34 章目录表示例

② 进入 WDM 34-22-11 Page 1 并核验时效性,可查到 RMI 的电气设备号为 N185,如图 2-4-12 所示。

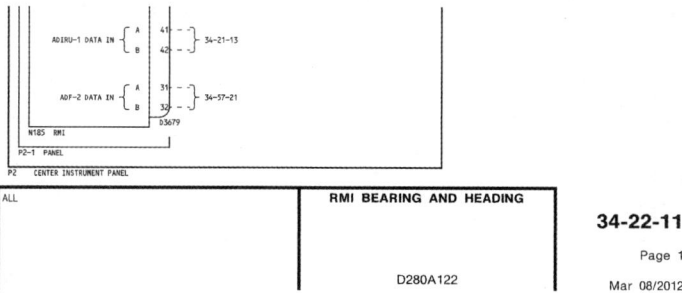

图 2-4-12　RMI 线路图示例

③ 进入设备清单,查出 RMI 的设备号 N185 对应件号为 S242T403-207,并核验适用性,如图 2-4-13 所示。

图 2-4-13　设备清单中 RMI 信息示例

(3) 查询问题导线的长度。

① 从图 2-4-12 可以看出,RMI 后面连接器设备号为 D3679。进入连接清单,可查出 D3679 的 41 号孔位连接信号源导线为 W2205-2001R-24,如图 2-4-14 所示。同样的方法,可以查出其他连接导线。

图 2-4-14　连接清单中 D3679 示例

② 还有一种比上一步查询更简便的方法。从图 2-4-12 可以看出,RMI 后面连接器的 41 号孔位线路连接关系需参看另一张线路图 34-21-13,根据批次号 YF921 须进入该图 Page 4,从图中可查知 41 号孔位连接的全部信号源导线为 W2205-2001R-24、W0121-2040R-

24、W0521-2543R-24、W0521-2542R-24，直至信号源设备 ADIRU-L，如图 2-4-15 所示。

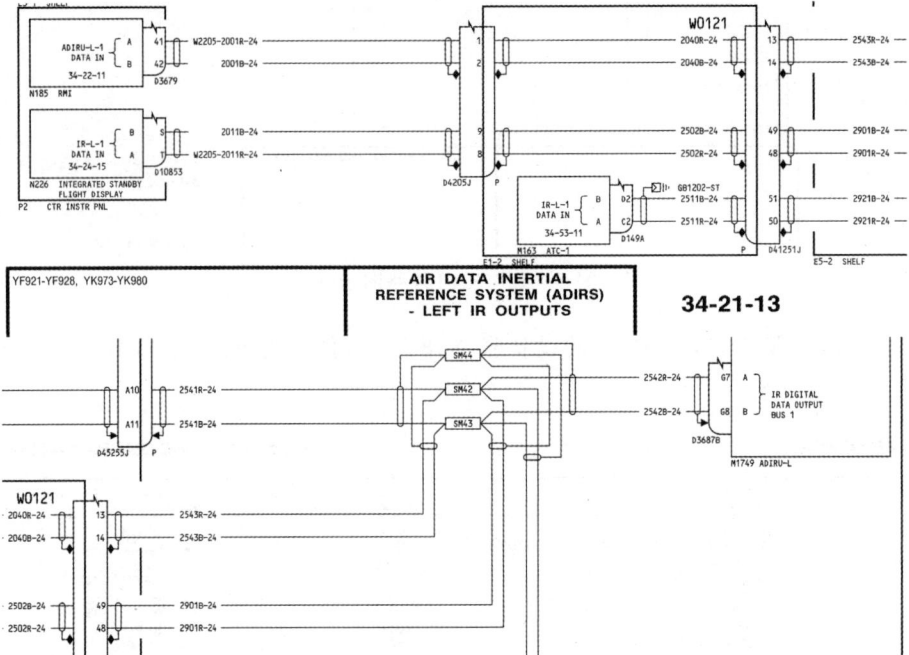

图 2-4-15　参看线路图获取相关信息示例

③ 进入导线清单，由相同族代码的导线 W2205-2001B-24 可知导线长度为 29 英尺 11 英寸，如图 2-4-16 所示。同样的方法，可查得另外 3 根信号源导线 W0121-2040R-24、W0521-2543R-24、W0521-2542R-24 的导线长度分别为 2 英尺 11 英寸、3 英尺 5 英寸、1 英尺 9 英寸。

图 2-4-16　导线清单查导线长度示例

（4）查询问题导线所连接的所有设备的名称和位置。

由线路图 34-21-13 可知，问题导线很长，从 P2 仪表板上 D3679 的 41 号孔位开始，最终连接到 E5-2 电子设备架上左部 ADIRU 连接器 D3687B 的 G7 孔位。导线中间串接 E1-2 设备架上的 D4205J 的 1 号孔位和 D41251J 的 13 号孔位，通过接线管 SM42 连接到 ADIRU 的连接器。

2.5　系统简图手册

本节以波音 737NG 飞机的系统简图手册（SSM）为例，讲解手册的内容和查询方法。SSM 是一本客户化手册，包括飞机所有系统的原理简图，用于系统原理分析和故障隔离。在日常维护工作中，SSM 主要用于航线维修技术人员理解系统功能、促进故障隔离到航线可更换件级别，并结合 WDM 同步使用。

2.5.1　手册结构

SSM 分为前言和各章正文两部分。前言包括封面（TITLE）、机队清单（EFFECTIVE AIRCRAFT）、传送的信函（TRANSMITTAL LETTER）、手册更新集锦（HIGHLIGHTS）、有效页清单（EFFECTIVE PAGES）、有效章清单（EFFECTIVE CHAPTERS）、波音修订记录（BOEING REVISION RECORD）、修订记录（REVISION RECORD）、临时修订记录（RECORD OF TEMPORARY REVISIONS）、服务通告清单（SERVICE BULLETIN LIST）、客户更改清单（CUSTOMER CHANGE LIST）、全部简图字母索引表（ALPHABETICAL INDEX）、手册介绍（INTRODUCTION）等信息。各章正文包括有效页清单、目录表、系统简图字母索引表和系统简图四个部分。

2.5.2　手册前言介绍

前言中关于手册修订、机队清单等解释信息与 AMM 中介绍的内容相似，在此不再赘述。

全部简图字母索引表是将本手册中所有简图按简图名称的字母顺序排列的清单，如图 2-5-1 所示。

737-700/800 SYSTEM SCHEMATIC MANUAL

CH-SC-SU	Title
24-52-11	115V AC GROUND SERVICE BUS
24-54-11	115V AC STANDBY BUS
24-51-11	115V AC TRANSFER BUS 1
24-51-21	115V AC TRANSFER BUS 2
23-27-35	ACARS/CMU - 716 VHF AND FMC INTERFACES
23-27-39	ACARS/CMU - DATA LOADER AND PROGRAM PINS
23-27-38	ACARS/CMU - OOOI, CREW ADVISORIES AND OUTPUT 8

CH-SC-SU	Title
23-27-32	ACARS/CMU - OUTPUT BUS 1 INTERFACES
23-27-33	ACARS/CMU - OUTPUT BUS 2 INTERFACES
23-27-34	ACARS/CMU - OUTPUT BUS 3 INTERFACES
23-27-36	ACARS/CMU - OUTPUT BUS 4 INTERFACES
21-61-50	AIR CONDITIONING TEMPERATURE INDICATION SIMPLIFIED
34-21-15	AIR DATA - INERTIAL REFERENCE SYSTEM INERTIAL REF SIGNAL SWITCHING

ALPHABETICAL INDEX
Page 1
Jun 17/2011

D280A222

图 2-5-1　简图字母索引表示例

手册介绍包括通用信息（GENERAL INFORMATION）、缩写定义（DEFINITIONS）、系统简图解析（SYSTEM SCHEMATICS）等内容。

系统简图分为三级：一级方框图（BLOCK DIAGRAM）、二级简化简图（SIMPLIFIED SCHEMATIC）、三级简图（SCHEMATIC）。

方框图提供系统或系统某部分的概述，并展示主要功能、部件以及功能分组和相关接口,如图 2-5-2 所示。

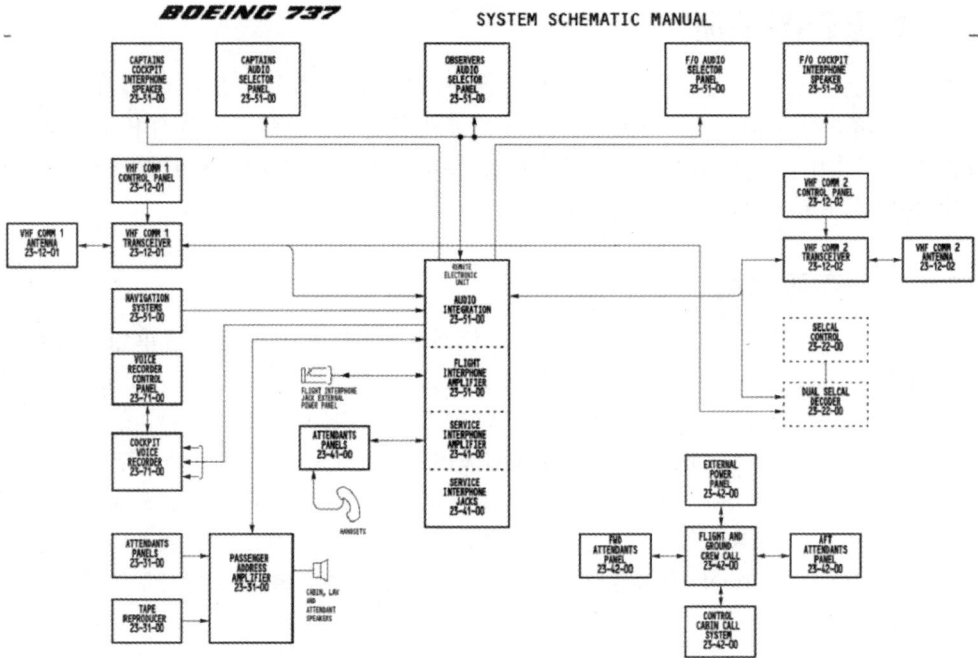

图 2-5-2 方框图示例

简化简图提供某系统的功能、部件和接口的简化简图,可以呈现比一级方框图更多的细节。简化简图展示系统功能时,不考虑它们在飞机上的位置或端到端的电路,如图 2-5-3 所示。

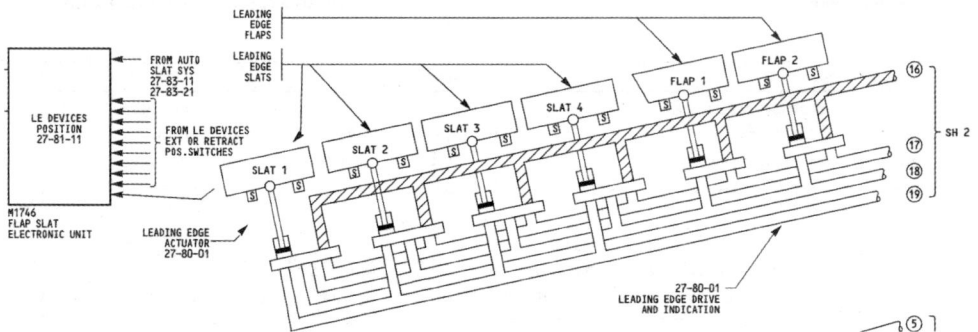

图 2-5-3 简化简图示例

简图显示足够详尽的系统功能信息,以便将故障隔离到航线可更换件级别。它能提供功能、组件、端到端连接及接口的详细视图,也提供了功能与其执行部件之间的关联信息,还提供了飞机零部件的参考位置。简图可以呈现航线可更换件的内部电路,且按电源在左、负载在右,信号源在左、终端或显示在右的规则排布,如图 2-5-4 所示。

所有的系统简图按 ATA2200 规范编排,每张图都有六位数字编号(可称为图号),即章节主题编号。系统图编号方式与 WDM 中的线路图编号方式完全相同,此外,图的页码及分页的含义也与 WDM 相同。

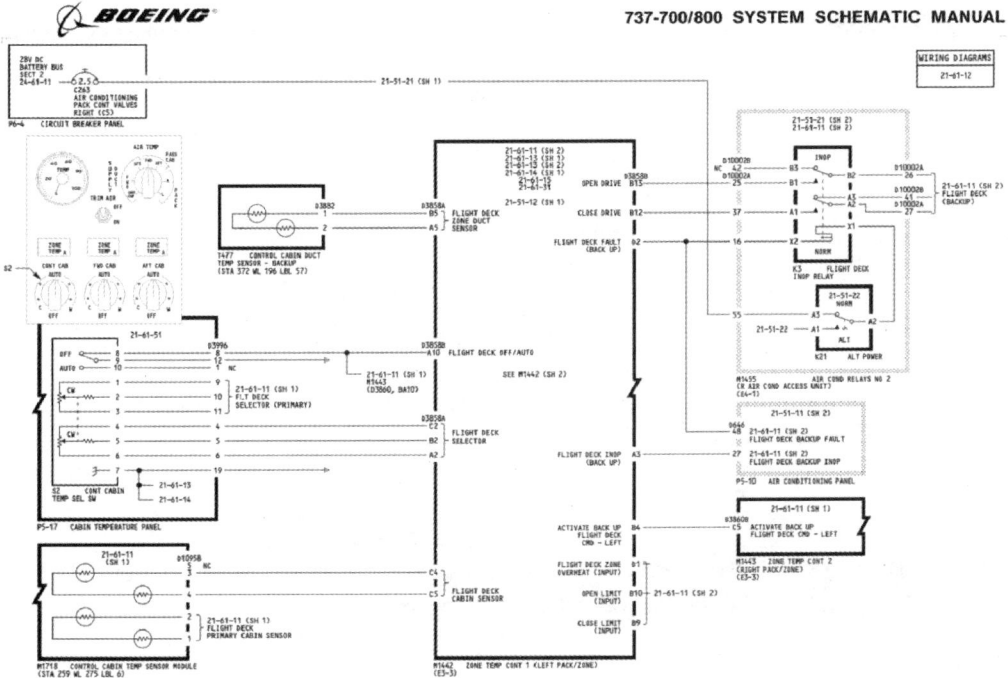

图 2-5-4 简图示例

系统简图中设备号、设备描述、电路和参考、接头等信息的呈现方式也与 WDM 相同。但是，系统简图中不仅有电子电气件，还有机械件，所以两本手册使用的图形符号（symbol）不尽相同。系统简图所用图形符号如图 2-5-5 和图 2-5-6 所示。

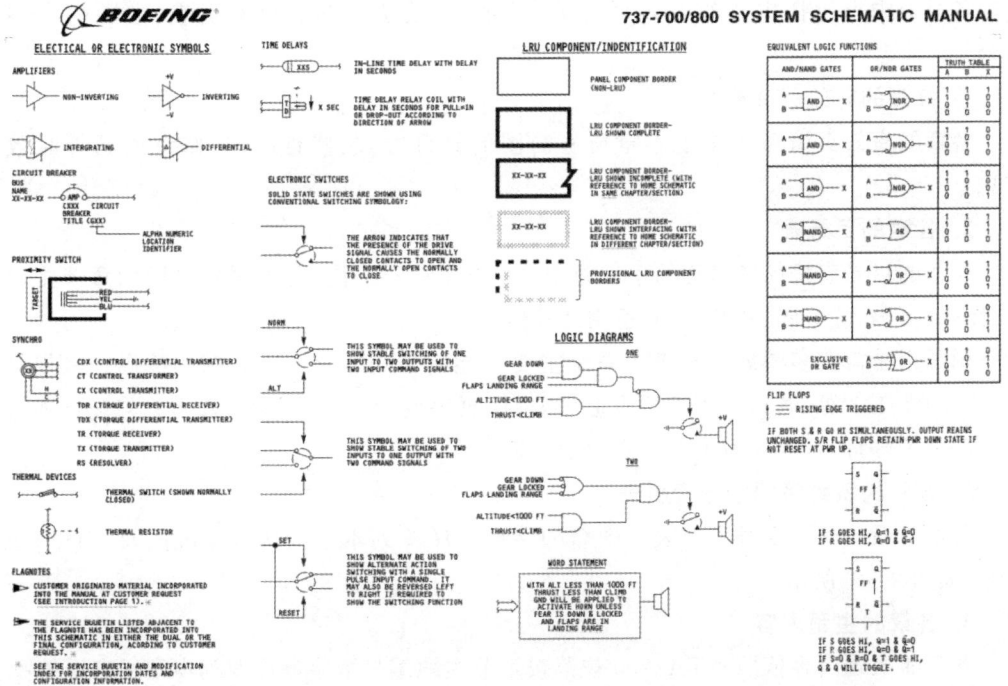

图 2-5-5 电子电气件图形符号

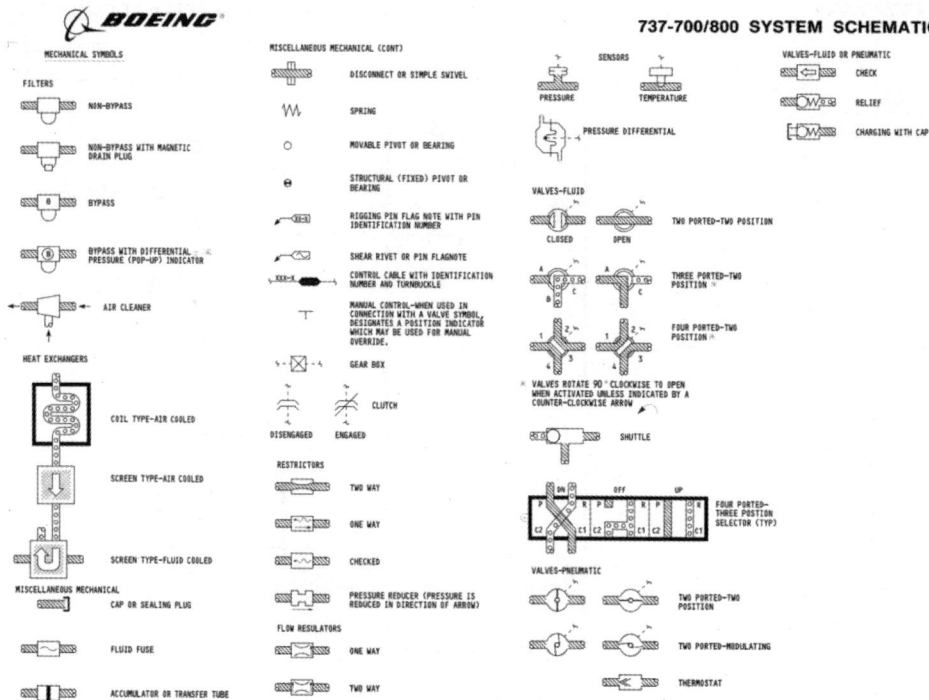

图 2-5-6 机械件图形符号

2.5.3 手册章节内容介绍

各章节内容包括本章的有效页清单、目录表、系统简图字母索引表、主题内容四个部分。

1. 各章的有效页清单

各章的有效页清单记录了本章所有简图的修订方式、修订时间、修订原因等时效性信息。

2. 各章的目录表

各章的目录表按简图名称的字母顺序罗列本章所有简图，并记录每张图的章节主题编号、图码、页码、分页码、修订日期、适用性等信息。

图码用于需要多图展示某个子系统主要功能的子功能时为每张图的编码。常规页码为101、102、103等，若该页因客户发起了修订，页码变为101A 或102A等；若该页因服务通告产生了修订，页码变为101.1或102.1等。

3. 各章的系统简图字母索引表

各章的系统简图字母索引表按图名的字母顺序罗列本章的所有系统图及其章节主题编号，如图2-5-7所示。

4. 各章的主题内容

各章的主题内容依照ATA2200规范按章节主题编号数字顺序罗列本章所有系统图。

BOEING　　737-700/800 SYSTEM SCHEMATIC MANUAL

CHAPTER 21
AIR CONDITIONING

CH-SC-SU	Title	CH-SC-SU	Title
21-51-31	AIR CONDITIONING PACK CONTROL BITE	21-31-24	PRESSURIZATION CONTROL AUTO CHANNEL INTERFACES
21-61-31	AIR CONDITIONING TEMPERATURE INDICATION	21-31-25	PRESSURIZATION CONTROL LCD LIGHTING
21-61-51	AIR CONDITIONING TEMPERATURE INDICATION	21-31-11	PRESSURIZATION CONTROL MANUAL MODE
21-61-50	AIR CONDITIONING TEMPERATURE INDICATION SIMPLIFIED	21-51-22	RIGHT AIR CONDITIONING PACK CONTROL - AUTO
21-43-21	OVERBOARD EXHAUST VALVE CONTROL	21-61-22	TEMPERATURE CONTROL - PASSENGER CABIN
21-31-22	PRESSURIZATION CONTROL AUTO 1	21-61-15	TEMPERATURE CONTROL - TRIM PRESSURE REGULATION
21-31-23	PRESSURIZATION CONTROL AUTO 2		

21-ALPHABETICAL INDEX
Page 1
D280A222　　Jun 17/2011

图 2-5-7　SSM 第 21 章字母索引表示例

2.5.4　手册查询方法及查询案例

系统简图的识别与查询方法，与 WDM 有许多相似之处，并且二者经常配合使用，用于处理 FIM 不能解决的罕见问题。

SSM 常用的查询方法有两种，即直接查找法和利用设备清单查找法。

1. 直接查找法

已知航线可更换件名称或航线可更换件所属系统的章号，需借助对应章的目录表进行查阅。查询的基本思路是首先确定信息的英文关键词，判定信息所在系统（章），从对应章的目录表找到关键词所在的节或分系统，再确定其系统简图的章节主题编号，然后根据相关信息核查适用性和时效性，最后确定需要查阅的系统简图图号及页码。

［**案例**］　查询 B-5511 飞机的 28 伏交流汇流条的工作原理图。

（1）在前言的机队清单中确认 B-5511 的批次号为 YF921（见图 2-2-1）。

（2）分析关键词“交流汇流条”，可以判定属于第 24 章电源系统。

（3）在第 24 章目录表中找出 28 伏交流汇流条所在图号 24-53-11，根据批次号 YF921 可判定应查阅 Page 102/Sheet 1&Sheet 2，再从第 24 章有效页清单中核实修订日期，最终可确定应查阅 SSM 24-53-11 Page 102/Sheet 1&Sheet 2，如图 2-5-8 所示。

视频：SSM 查询练习-根据关键词直接查找

（4）打开 SSM 24-53-11 Page 102/Sheet 1&Sheet 2，查找有关信息，如图 2-5-9 所示。

2. 利用设备清单查找法

已知航线可更换件设备号、导线束件号或其他手册有关信息，可在 SSM 中找到它的原理图。

查询的基本思路是根据信息关键字的类型确定需要查找何种清单，再在 WDM 的设备清单中找出该信息对应于 SSM 的章节主题编号（图号），然后根据有关信息核实适用性和时效性，最后确认需要查阅的 SSM 的图号及页码，从图纸中查获相关信息。

视频：SSM 查询练习-根据设备清单查找

［**案例**］　查询 B-5511 飞机的液压动力转换组件控制活门 V133 的工作原理图。

（1）在前言的机队清单中确认 B-5511 的批次号为 YF921（见图 2-2-1）。

（2）在 WDM 手册设备清单中找到 V133 所在图号为 29-25-11，如图 2-5-10 所示。

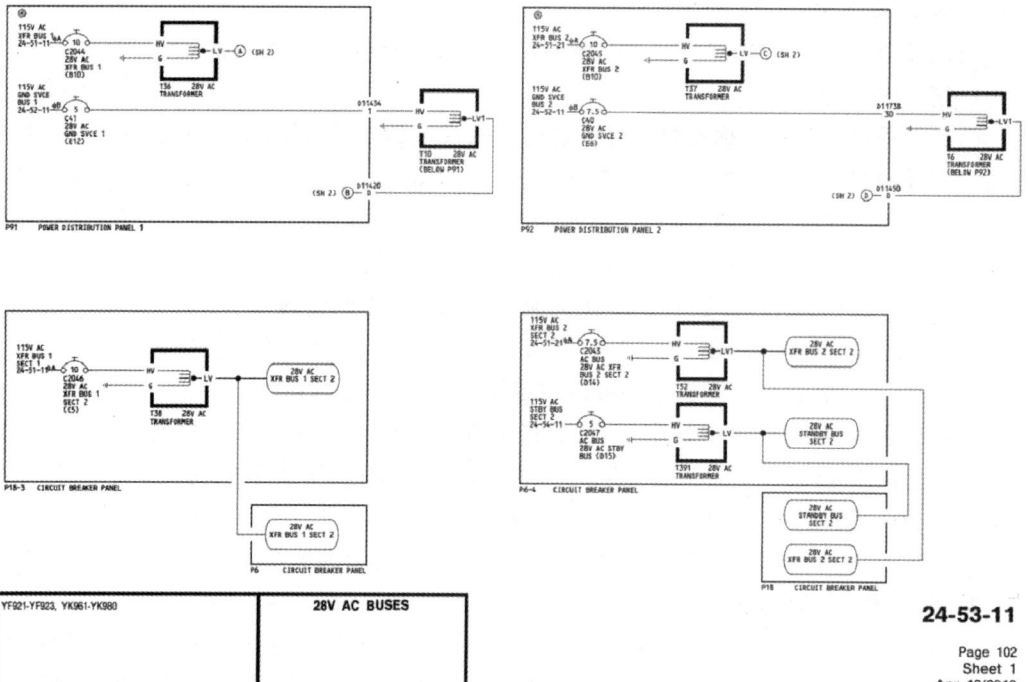

图 2-5-8　SSM 直接查询案例(1)

图 2-5-9　SSM 直接查询案例(2)

（3）从 SSM 第 29 章目录表中找到 29-25-11，再根据批次号 YF921 以及本章有效页清单中的修订日期，可以确定应查阅 SSM 29-25-11 Page 103，如图 2-5-11 所示。

（4）打开 SSM 29-25-11 Page 103，对照有效页清单核验时效性。获取相关信息，如图 2-5-12 所示。

BOEING　737-700/800 WIRING DIAGRAM MANUAL

Equip	Opt	Part Number Part Description	Used On Dwg Vendor	Qty	Diagram Station / WL / BL	Effectivity
V00122		S274T401-6 VLV-AUTOBRAKE MODULE	274A1610 81205	1	32-42-11 711/200/	ALL
V00122 T		10-60552-8 SW-SERVO/SOLENOID-PART OF V00122	60B00263 81205	2	32-42-11 711/200/	ALL
V00123		10-62039-4 VLV-LANDING GEAR SYSTEM TRANSFER	65C25703 81205	1	29-23-11 674/159/L001	ALL
V00124		10-61093-201 VLV-RIGHT ALTERNATE ANTISKID	65C26814 81205	1	32-41-11 665/190/R070	ALL
V00125		10-61093-201 VLV-LEFT ALTERNATE ANTISKID	65C26814 81205	1	32-41-11 663/190/L070	ALL
V00132		65C26869-2 VLV-AUTOSLAT	65C26870 81205	1	27-83-11 643/162/R049	ALL
V00133		S271N501-3-SEE270T2001SPAREINTCHG- VLV-POWER TRANSFER UNIT CONTROL	65C26882 81205	1	29-25-11 666/150/L017	YA701-YA704
V00133		S270T010-11-SEE270T2001SPAREINTCHG- VLV-POWER TRANSFER UNIT CONTROL	271A7441 81205	1	29-25-11 666/150/L017	YA705-YA706
V00133		S270T010-14-SEE270T2001SPAREINTCHG- VLV-POWER TRANSFER UNIT CONTROL	271A7441 81205	1	29-25-11 666/150/L017	YA711-YS167
V00146		10-62091-5 VLV-TRIM PRESSURE REGULATING SHUTOFF	213A1005 81205	1	21-61-15 557/148/R014	YF921-YK980, YS151-YS167

EQUIPMENT LIST
D280A122

Section V00100
Page 1
Mar 08/2012

图 2-5-10　利用设备清单查找法查询案例(1)

BOEING　737-700/800 SYSTEM SCHEMATIC MANUAL

CHAPTER 29
HYDRAULIC POWER

Title	CH-SC-SU	Schem	Page	Sheet	Date	Effectivity
HYDRAULIC POWER TRANSFER UNIT CONTROL (cont.)	29-25-11		102		Apr 15/2009	YA705-YA720
			103		Mar 06/2012	YF921-YF928 YK975-YK980 YM472-YM480 YM485-YS167
			104		Jan 13/2010	YK961-YK974 YM471 YM481-YM484
HYDRAULIC FLUID QUANTITY INDICATING SYSTEM						
HYDRAULIC FLUID QUANTITY INDICATION	29-31-11		101		Mar 08/2012	ALL

D280A222

29-CONTENTS
Page 2
Mar 08/2012

图 2-5-11　利用设备清单查找法查询案例(2)

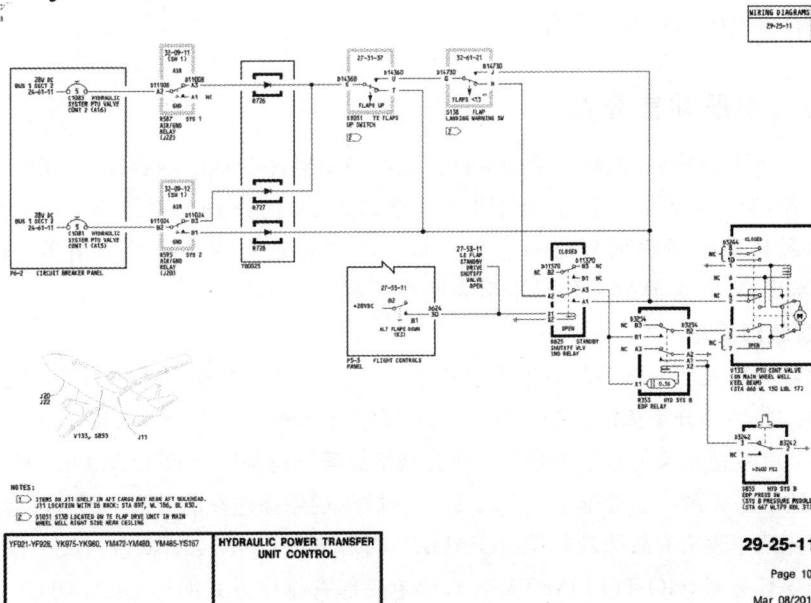

图 2-5-12　利用设备清单查找法查询案例(3)

2.6 故障隔离手册

本节以波音 737NG 飞机的故障隔离手册（FIM）为例，讲解手册的内容和查询方法。FIM 是一本客户化手册，向维护人员提供经飞机制造厂商批准和推荐的故障隔离程序，用于维护人员排除常见的故障。

早期科学技术较为落后，飞机故障率较高，查找故障原因的工作难度较大。随着科学技术的发展，飞机大量使用具有自检功能的监测设备（built-in test equipment，BITE），用于监测飞机上主要的危险故障。能被监测设备检测到的故障可称为监测故障，对应的检测结果是维护人员从 FIM 中查找故障隔离程序的检索依据。不能被监测设备检测到的故障可称为非监测故障，此故障属于观察故障，是由机组、机务、勤务等相关人员观察到的故障。不同的故障对应不同的故障隔离程序，所以，正确查找适用的故障隔离程序是至关重要的维护工作步骤。

2.6.1 手册结构

FIM 分为前言和各章正文两部分。前言包括封面（TITLE）、机队清单（EFFECTIVE AIRCRAFT）、传送的信函（TRANSMITTAL LETTER）、手册更新集锦（HIGHLIGHTS）、有效页清单（EFFECTIVE PAGES）、有效章清单（EFFECTIVE CHAPTERS）、修订记录（REVISION RECORD）、临时修订记录（LIST OF TEMPORARY REVISIONS）、服务通告清单（SERVICE BULLETIN LIST）、手册介绍（INTRODUCTION）、观察故障清单（OBSERVED FAULT LIST）、客舱故障清单（CABIN FAULT LIST）、客舱故障定位图（CABIN FAULT LOCATOR）、客舱故障代码索引表（CABIN FAULT CODE INDEX）。各章正文包括章的有效页清单（EFFECTIVE PAGES）、如何使用 FIM（HOW TO USE THE FIM）、故障代码索引表（FAULT CODE INDEX）、维护信息索引表（MAINT MSG INDEX）和隔离程序内容五个部分。

2.6.2 手册前言介绍

前言中关于手册修订、机队清单的解释信息与 AMM 中介绍的内容相似，在此不再赘述。

手册介绍部分概要说明手册的功用和编排结构，如何查找观察故障/客舱故障的故障隔离程序以及典型故障隔离程序的信息要素。本文着重介绍观察故障清单、客舱故障清单、客舱故障定位图、客舱故障代码索引表四项内容。

1. 观察故障清单

观察故障清单是所有观察故障的现象描述清单。清单分为前后两个部分，它们内容相同但排序不同。前半部分是按现象描述的主关键词字母排序（ALPHABETICAL）；后半部分是依照 ATA2200 规范定义的章节编号先把所有观察故障进行分组（SYSTEM-ORDER），组内再按故障现象描述的主关键词字母排序。所以，同一个故障现象描述在前后两个部分都会出现一次。

观察故障清单表头有故障现象描述（FAULT DESCRIPTION）、故障代码（FAULT CODE）和故障隔离程序任务号（GO TO FIM TASK），清单底部有排序方式的标记（ALPHABETICAI 或 SYSTEM-ORDER），如图 2-6-1 所示。故障代码根据 ATA2200 规范由 8 位数字组成，前

2 位和第 3 位分别是 ATA2200 规范规定的章和节的第一位数字，第 4、5、6 位是飞机制造厂商根据节下的子系统维护故障规定的，第 7、8 位是 ATA2200 规范根据安装位置规定的。第 3 位数字可以是“0”，表示难以明确划定所属分系统的系统性故障。

BOEING
737-600/700/800/900
FAULT ISOLATION MANUAL

FAULT DESCRIPTION	FAULT CODE	GO TO FIM TASK
22-3 AUTOFLIGHT - AUTOTHROTTLE (continued)		
• does not disengage when disengage switch is pushed		
- engine 1 thrust lever	223 140 51	22-32 TASK 805
- engine 2 thrust lever	223 140 52	22-32 TASK 805
• does not disengage when thrust levers are split	223 190 00	22-32 TASK 811
• does not go to full rated N1 when TO/GA switch is pushed a second time during go-around		
- engine 1	223 070 51	22-32 TASK 804
- engine 1 and engine 2	223 070 48	22-32 TASK 804
- engine 2	223 070 52	22-32 TASK 804
• thrust lever does not move back in RETARD mode		
- engine 1	223 100 51	22-32 TASK 802
- engine 1 and engine 2	223 100 48	22-32 TASK 802
- engine 2	223 100 52	22-32 TASK 802

EFFECTIVITY
XIA ALL

D633A103-XIA

OBSERVED FAULT LIST
SYSTEM-ORDER
Page 13
Jun 15/2011

图 2-6-1　观察故障清单(按章节排序)示例

2. 客舱故障清单

客舱故障清单是所有客舱内系统或设备故障的现象描述清单，清单按故障所属系统或设备分类编号并以故障现象描述的字母顺序罗列。

客舱故障清单表头有故障现象描述、客舱故障代码和故障隔离程序任务号，如图 2-6-2 所示。客舱故障代码根据 ATA2200 规范由 1 位字母和 7 位数字组成，第 1 位字母代表所属系统或设备，C 代表通信/公共广播(communications/public address)、D 代表门/出口/窗(doors/exits/windows)、E 代表紧急设备(emergency equipment)、G 代表厨房(galleys)、I 代表在飞行娱乐系统(in-flight entertainment system)、L 代表灯光(lights)、M 代表杂项/客舱整体(miscellaneous/cabin general)、S 代表座椅(seats)和 T 代表厕所/盥洗室(toilets/lavatories)；第 2、3 位数字是飞机制造厂商定义的子系统设备或部件编号，第 4、5 位数字是

BOEING
737-600/700/800/900
FAULT ISOLATION MANUAL

FAULT DESCRIPTION	FAULT CODE (location ---)	GO TO FIM TASK
DOORS/EXITS/WINDOWS (continued)		
Door window shade:		
• damaged	D24 12 ---	AIRLINE METHOD
• hard to operate	D24 29 ---	25-21 TASK 804
• loose	D24 37 ---	25-21 TASK 804
• missing	D24 39 ---	AIRLINE METHOD
• stuck	D24 58 ---	25-21 TASK 804

EFFECTIVITY
XIA ALL

D633A103-XIA

CABIN FAULT LIST
Page 3
Feb 10/2005

图 2-6-2　客舱故障清单示例

ATA2200 规范按出现的故障类型定义的编号，第 6、7、8 位是飞机制造厂商根据维护和安装位置规定的编号。有时候 FIM 不会给出故障隔离程序，而是建议采用航空公司的方法（AIRLINE METHOD）去排除故障。

3. 客舱故障定位图

客舱故障定位图用于根据客舱故障位置代码（Location Codes）快速确定故障位置，如图 2-6-3 所示。

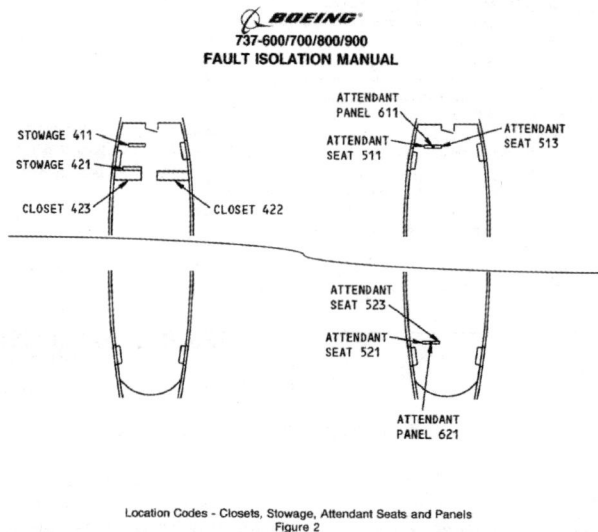

图 2-6-3　客舱故障定位图示例

4. 客舱故障代码索引表

客舱故障代码索引表的内容与客舱故障清单的内容完全相同，区别在于不同的排序方式。客舱故障代码索引表以客舱代码的字母和数字排序，如图 2-6-4 所示。

图 2-6-4　客舱故障代码索引表示例

2.6.3　手册章节内容介绍

1. 各章的有效页清单

各章的有效页清单记录了本章的修订方式、修订时间、修订原因等时效性信息。

2. 如何使用 FIM

各章均有专门介绍如何使用 FIM 的小节。在这一节中,以流程图的形式介绍 FIM 的通用查询步骤。

3. 故障代码索引表

各章的故障代码索引表是本章(系统)所有已知、常见故障的代码检索清单。清单表头有故障代码、故障现象描述和故障隔离程序任务号,如图 2-6-5 所示。清单以故障代码的数字大小排序,便于已知故障代码时快速检索。

BOEING
737-600/700/800/900
FAULT ISOLATION MANUAL

FAULT CODE	FAULT DESCRIPTION	GO TO FIM TASK
210 020 00	Smoke: stops with recirculation fan(s) off, isolation valve closed, and right pack switch at off - flight compartment and passenger cabin.	21-00 TASK 801
210 030 00	Smoke: stops with recirculation fan(s) off, isolation valve closed, and right pack switch at off - passenger cabin.	21-00 TASK 801
212 090 00	EQUIP COOLING EXHAUST OFF light: light on with switch at NORMAL.	21-27 TASK 806
212 100 00	EQUIP COOLING SUPPLY OFF light: light on with switch at ALTERNATE.	21-27 TASK 807

EFFECTIVITY
XIA ALL

21-FAULT CODE INDEX

Page 101
D633A103-XIA
Feb 15/2009

图 2-6-5　第 21 章故障代码索引表示例

4. 维护信息索引表

各章的维护信息索引表是本章(系统)所有已知、常见故障的维护信息检索清单。清单表头有组件/系统(LRU/SYSTEM)、维护信息(MAINTENANCE MESSAGE)和故障隔离程序任务号,如图 2-6-6 所示。组件/系统是生成维护信息的自检设备名称。清单以组件/系统和维护信息的数字和字母排序,在检索时须以组件/系统名称为第一检索关键词,把维护信息作为第二检索关键词。

5. 各章的故障隔离程序

各章的故障隔离程序根据 ATA2200 规范按故障隔离程序任务号的数字顺序依次编排。

故障隔离程序一般包含 9 个部分,包括任务号及标题(Task No. & Title)、综述(General)、任务描述(Description)、可能的原因(Possible Causes)、电路跳开关(Circuit Breakers)、相关参考资料(Related Data)、初始评估(Initial Evaluation)、故障隔离步骤(Fault Isolation Procedure)、修复确认(Repair Confirmation),如图 2-6-7 所示。

BOEING
737-600/700/800/900
FAULT ISOLATION MANUAL

LRU/SYSTEM	MAINTENANCE MESSAGE	GO TO FIM TASK
35 DEG CONT L	POSN 1 - NO GO	21-52 TASK 802
35 DEG CONT L	POSN 2 - GO, 35F CONTROL VALVE NOT OPEN	21-52 TASK 812
35 DEG CONT L	POSN 2 - NO GO	21-52 TASK 804
35 DEG CONT L	POSN 3 - NO GO	21-52 TASK 806

CAB PRESS CON	LO INFL/HI LEAKG	21-31 TASK 823
CAB PRESS CON	N1/N2 LOWRU FAIL	21-31 TASK 810
CAB PRESS CON	OFV LRU FAIL	21-31 TASK 802

EFFECTIVITY
XIA ALL

21-MAINT MSG INDEX

Page 103
Feb 10/2005

D633A103-XIA

图 2-6-6　第 21 章维护信息索引表示例

BOEING
737-600/700/800/900
FAULT ISOLATION MANUAL

801. Windshield or Foot Air Outlet Does Not Operate - Fault Isolation

A. Description

(1) The captain's or the first officer's windshield or foot air outlet has no air flow or less air flow than expected.

(2) {SDS SUBJECT 21-22-00}

B. Possible Causes

(1) Windshield and foot air outlet valve

(2) The cables for the windshield and foot air outlet valve

(3) The air distribution ducts for the flight compartment

(4) Defective muffler/duct assembly

C. Initial Evaluation

(1) Supply conditioned air to the flight compartment with the left air conditioning pack. To do this, do this task: Supply Conditioned Air with a Cooling Pack, AMM TASK 21-00-00-800-803.

(2) Make sure the left air conditioning pack is on.

(3) Pull the applicable knob on the P1 panel (captain's instrument panel) or the P3 panel (first officer's instrument panel) for the applicable outlet (FOOT AIR or WINDSHIELD AIR).

(4) If the air flow from the applicable air outlet is satisfactory, then there was an intermittent fault.

(5) If the air flow from the applicable air outlet is not satisfactory, then do the Fault Isolation Procedure below.

D. Fault Isolation Procedure

(1) Do these steps to do a check of the other air distribution outlets in the flight compartment:

(a) Examine all of the other air distribution outlets in the flight compartment for satisfactory airflow:

(b) If you find that all of the other air distribution outlets in the flight compartment do not have satisfactory air flow, then do this task: Low Conditioned Air Flow to the Flight Deck - Fault Isolation, 21-22 TASK 802.

(c) If all of the other air distribution outlets in the flight compartment have satisfactory air flow, then continue.

(2) Do these steps to do a check of the cables for the applicable windshield and foot air outlet valve:

(a) To get access to the captain's windshield and foot air outlet valve and cables, remove the display units on the captain's instrument panel (P1). To do this, do this task: Display Unit Removal, AMM TASK 31-62-11-000-801.

(b) To get access to the first officer's windshield and foot air outlet valve and cables, remove the display units on the first officer's instrument panel (P3). To do this, do this task: Display Unit Removal, AMM TASK 31-62-11-000-801.

(c) Do a check to see if the cables for the applicable air outlet are connected and correctly adjusted. To do this, do this task: Air Outlet Valve Control Cables Adjustment and Test, AMM TASK 21-22-02-820-801.

1) If there is a problem with the cables, then do these steps:

a) If it is necessary, adjust the cables. To do this, do this task: Air Outlet Valve Control Cables Adjustment and Test, AMM TASK 21-22-02-820-801.

b) If it is necessary, replace the cables. To do this,
These are the tasks:
Air Outlet Valve Control Cables Removal, AMM TASK 21-22-02-000-801,
Air Outlet Valve Control Cables Installation, AMM TASK 21-22-02-400-801.

c) Do the Repair Confirmation at the end of this task.

2) If the cables for the applicable air outlet are connected and correctly adjusted, then continue.

(3) Do these steps to do a check of the applicable windshield and foot air outlet valve:

(a) Remove the applicable windshield and foot air outlet valve. To do this, do this task: Windshield and Foot Air Outlet Valve Removal, AMM TASK 21-22-01-000-801.

(b) Do a check to see if the air flow from the open air distribution duct where you removed the valve is satisfactory.

1) If the air flow from the duct is satisfactory, then do these steps:

a) Replace the windshield and foot air outlet valve with a new valve. To do this, do this task: Windshield and Foot Air Outlet Valve Installation, AMM TASK 21-22-01-400-801.

b) Do the Repair Confirmation at the end of this task.

2) If the air flow from the duct is not satisfactory, then continue.

(4) Examine the air distribution ducts for the applicable outlet.

(a) Look for leakage or blockage in the air distribution ducts between the connection to the valve and applicable air outlet.

(b) Repair the air distribution ducts or remove the blockage.

(c) Install the applicable windshield and foot air outlet valve. To do this, do this task: Air Outlet Valve Control Cables Installation, AMM TASK 21-22-02-400-801.

(d) Do the Repair Confirmation at the end of this task.

(e) If the Repair Confirmation is not satisfactory, then continue.

E. Repair Confirmation

(1) Do these steps to make sure you corrected the fault:

(a) If conditioned air is not supplied to the flight compartment, do this task: Supply Conditioned Air with a Cooling Pack, AMM TASK 21-00-00-800-803.

(b) Make sure the left air conditioning pack is on.

(c) Pull the applicable FOOT AIR or WINDSHIELD AIR knob on the P1 or P3 panel to open to applicable valve.

(d) If the air flow at the applicable outlet is satisfactory, then you corrected the fault.

(2) Do these steps to put the airplane back to its usual condition:

(a) Make sure the applicable knobs on the P1 and P3 panel, WINDSHIELD AIR and FOOT AIR are pushed in to the closed position.

(b) Do this task: Remove Conditioned Air Supplied by a Cooling Pack, AMM TASK 21-00-00-800-804.

———— END OF TASK ————

EFFECTIVITY
XIA ALL

21-22 TASK 801

Page 201
Feb 15/2010

D633A103-XIA

EFFECTIVITY
XIA ALL

21-22 TASK 801

Page 202
Feb 10/2007

D633A103-XIA

图 2-6-7　常见故障隔离程序示例

　　在各章的故障隔离程序中，某些章节后面会介绍插图和图表等辅助信息（TASK SUPPORT），用于补充说明执行故障隔离工作时所需的简化原理图、部件位置、接近方式等信息，如图 2-6-8 所示。

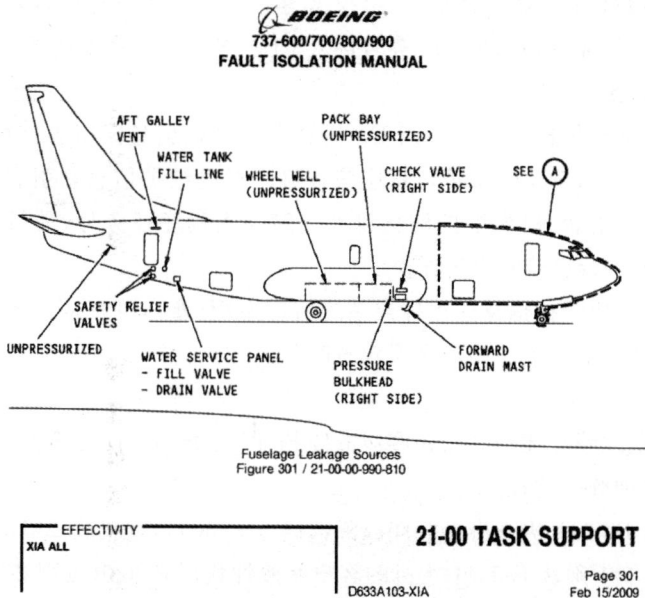

图 2-6-8　故障隔离帮助信息示例

2.6.4　手册查询方法及查询案例

FIM 常用的查询方法和步骤，依获得的故障信息而定，一般来说分四种情况。

1. 已知故障代码

如果已经知道故障代码，若故障代码第一位是数字，则为观察故障；若故障代码第一位是字母，则为客舱故障。

观察故障代码的第 1、2 位数字是该故障所属系统的章号，进入对应章的前部找到故障代码索引表，在故障代码索引表中找到故障代码，再根据故障代码找到故障隔离程序任务号，最后根据故障隔离程序任务号进入 FIM 进行故障隔离工作。

客舱故障代码的首字母是从手册前言的客舱故障代码索引表或客舱故障清单中快速检索的重要依据，在客舱故障代码索引表或客舱故障清单中找到客舱故障代码，再根据客舱故障代码找到客舱故障隔离程序任务号，最后根据客舱故障隔离程序任务号进入 FIM 进行客舱故障隔离工作。

2. 已知观察故障描述

如果已经知道观察故障描述，在 FIM 的前言中找到观察故障清单，从观察故障清单中找出含义最接近于实际故障描述的观察故障描述（the best description）信息，再根据观察故障描述信息找到故障隔离程序任务号，最后根据故障隔离程序任务号进入 FIM 进行故障隔离工作。

若能准确预判故障所属系统（章），亦可直接在所属章的故障代码索引表中找到含义最接近于实际故障描述的观察故障描述信息，后续步骤同上。此法相对来说较省时间。

3. 已知客舱故障描述

如果已经知道客舱故障描述，在 FIM 的前言中找到客舱故障清单，从中找出含义最接近于实际故障描述的客舱故障描述信息，再根据客舱故障描述信息找到客舱故障隔离程序任务号，最后根据客舱故障隔离程序任务号进入 FIM 进行客舱故障隔离工作。

4. 已知维护信息

如果已经知道维护信息，首先进入 FIM 任意章的维护信息索引表首页，根据生成维护信息的组件或系统名称，确定此维护信息应该在哪一章的维护信息索引表中查询。再进入应查章的维护信息索引表，根据维护信息找到故障隔离程序任务号，最后根据故障隔离程序任务号进入 FIM 进行故障隔离工作。

若能准确预判生成维护信息的组件或系统所属系统(章)，可直接进入应查章的维护信息索引表，后续步骤同上。此法相对来说较省时间。

5. 查询案例

由于“已知观察故障描述”和“已知客舱故障描述”的查询方法完全类似，本文将只用三个查询案例介绍三种查询过程。

视频：FIM 查询练习-根据故障代码查询

［**案例一**］ 从 B-5511 执飞机组获知故障代码 21526041，查找故障隔离程序。

(1) 在机队清单中确认 B-5511 飞机的客户有效性代码是 820(见图 2-2-1)。

(2) 分析故障代码前两位数字“21”，表示此故障是第 21 章空调系统故障。

(3) 打开第 21 章故障代码索引表，找到 215 260 41 这一条目。对照有效页清单核验时效性。找出此条目对应的故障隔离程序任务号为 21-53 TASK 815，如图 2-6-9 所示。

BOEING®
737-600/700/800/900
FAULT ISOLATION MANUAL

FAULT CODE	FAULT DESCRIPTION	GO TO FIM TASK
215 060 41	PACK TRIP OFF light: light on during approach, light comes on again after reset - left.	21-52 TASK 832
215 060 42	PACK TRIP OFF light: light on during approach, light comes on again after reset - right.	21-52 TASK 833
215 250 41	PACK light: light on during approach, light stays off after reset - left.	21-53 TASK 807
215 250 42	PACK light: light on during approach, light stays off after reset - right.	21-53 TASK 808
215 260 41	PACK light: light on during approach, light comes on again after reset - left.	21-53 TASK 815

EFFECTIVITY
XIA ALL

21-FAULT CODE INDEX

Page 103
D633A103-XIA Jun 15/2010

图 2-6-9 FIM 案例一第 21 章故障代码索引表示例

(4) 在 FIM 第 21 章中找到 21-53 TASK 815，从正文左下角确认适用性(801-999)，对照有效页清单核验时效性。仔细阅读并执行故障隔离工作，如图 2-6-10 所示。

视频：FIM 查询练习-根据故障描述查询

［**案例二**］ B-5511 飞机引气开关处于关位但引气活门未关闭，查找故障隔离程序。

此类案例可分两种思路来解决。

第一种思路：

(1) 在机队清单中确认 B-5511 飞机的客户有效性代码是 820(见图 2-2-1)。

图 2-6-10 FIM 案例一第 21 章故障隔离程序示例

（2）在 FIM 前言的观察故障清单中找出含义最接近的描述，确定其故障隔离程序号为 36-10 TASK 802，如图 2-6-11 所示。

图 2-6-11 FIM 案例二观察故障清单示例

（3）在 FIM 第 36 章中找到 36-10 TASK 802，从正文左下角确认适用性（ALL），对照有效页清单核验时效性，仔细阅读并执行故障隔离工作。

第二种思路：

（1）在机队清单中确认 B-5511 飞机的客户有效性代码是 820（见图 2-2-1）。

（2）分析引气活门属于第 36 章气源系统，进入第 36 章故障代码索引表。

（3）从故障代码索引表中找到含义最接近的描述，确定其故障隔离程序号为 36-10 TASK 802，如图 2-6-12 所示。

BOEING
737-600/700/800/900
FAULT ISOLATION MANUAL

FAULT CODE	FAULT DESCRIPTION	GO TO FIM TASK
361 011 01	BLEED TRIP OFF light comes on: during takeoff - light No. 1.	36-10 TASK 801
361 011 02	BLEED TRIP OFF light comes on: during takeoff - light No. 2.	36-10 TASK 801
361 012 01	BLEED TRIP OFF light comes on: during climb - light No. 1.	36-10 TASK 801
361 012 02	BLEED TRIP OFF light comes on: during climb - light No. 2.	36-10 TASK 801
361 013 01	BLEED TRIP OFF light comes on: during cruise - light No. 1.	36-10 TASK 801
361 013 02	BLEED TRIP OFF light comes on: during cruise - light No. 2.	36-10 TASK 801
361 014 01	BLEED TRIP OFF light comes on: during idle descent - light No. 1.	36-10 TASK 801
361 014 02	BLEED TRIP OFF light comes on: during idle descent - light No. 2.	36-10 TASK 801
361 020 00	Bleed valve: does not close when the bleed switches are moved to off, the engine is the bleed source.	36-10 TASK 802
361 030 00	Duct pressure indication: high, the engine is the bleed source.	36-10 TASK 803

EFFECTIVITY
XIA ALL

36-FAULT CODE INDEX

D633A103-XIA

Page 101
Oct 15/2011

图 2-6-12　FIM 案例二第 36 章故障代码索引表示例

（4）在 FIM 第 36 章中找到 36-10 TASK 802，从正文左下角确认适用性（ALL），对照有效页清单核验时效性，仔细阅读并执行故障隔离工作。

［**案例三**］　已知在 B-5511 飞机防滞控制组件上测试得到维护信息 SP CO RO，查找故障隔离程序。

（1）在机队清单中确认 B-5511 飞机的客户有效性代码是 820（见图 2-2-1）。

（2）进入任意章的维护信息索引表首页，确定防滞控制组件（Antiskid Control Unit，ANTISKID）属于第 32 章起落架系统，如图 2-6-13 所示。若凭经验知识能准确判断故障所属系统，可略过此步骤。

BOEING
737-600/700/800/900
FAULT ISOLATION MANUAL

LRU/SYSTEM	SHORT NAME	CHAPTER
Air Data Inertial Reference System	ADIRS	34
Air Traffic Controller Transponder - 1 (Left)	ATC XPDR - 1 (L)	34
Air Traffic Controller Transponder - 2 (Right)	ATC XPDR - 2 (R)	34
Airborne Vibration Monitor System Signal Conditioner	AVM SIG COND	77
Antiskid Control Unit	ANTISKID	32
Automatic Direction Finder Receiver - 1	ADF RECVR - 1	34
Generator Control Unit - 2	GCU - 2	24
Ground Proximity Computer	GROUND PROX	34

EFFECTIVITY
XIA ALL

32-MAINT MSG INDEX

D633A103-XIA

Page 101
Oct 15/2009

图 2-6-13　FIM 案例三维护信息索引表首页示例

视频：
FIM 查询练习-根据维护信息查询

（3）在第 32 章维护信息索引表中，找出 SP CO RO 这一条目，确定此条目对应的故障隔离任务号为 32-42 TASK 803，如图 2-6-14 所示。对照有效页清单核验时效性。

₿ BOEING®
737-600/700/800/900
FAULT ISOLATION MANUAL

LRU/SYSTEM	MAINTENANCE MESSAGE	GO TO FIM TASK
ANTISKID	SP CO LI	32-42 TASK 803
ANTISKID	SP CO RO	32-42 TASK 803
ANTISKID	SP SW LI	32-42 TASK 806
PSEU	27-62101 SPDBRK DN FAULT	27-62 TASK 808
PSEU	27-62102 SBRK GT ARMD FLT	27-62 TASK 809

EFFECTIVITY
XIA ALL

32-MAINT MSG INDEX

D633A103-XIA

Page 104
Oct 10/2006

图 2-6-14　FIM 案例三第 32 章维护信息索引表示例

（4）在 FIM 第 32 章中找到 32-42 TASK 803，从正文左下角确认适用性（ALL），对照有效页清单核验时效性，仔细阅读并执行故障隔离工作。

2.7 结构修理手册

本节以波音 737-800 飞机的结构修理手册（SRM）为例，讲解手册的内容和查询方法。SRM 是一本非客户化手册，向维护人员提供飞机结构维修的一般数据和特殊说明。手册仅适用于波音交付时原始构型的飞机或经波音批准的变更改装的飞机，而不适用于受非波音改装或维修影响的区域。

SRM 提供了一般飞机数据、常规程序和维修材料，还包括飞机结构的材料识别、损伤容限和维修数据，并给出了通常与结构修理同步完成的其他程序（如飞机对称性检查）。

2.7.1 手册结构

SRM 分为两部分，前言和各章正文。

前言包括封面（TITLE）、机队清单（EFFECTIVE AIRCRAFT）、传送的信函（TRANSMITTAL LETTER）、手册更新集锦（HIGHLIGHTS）、有效页清单（EFFECTIVE PAGES）、有效章清单（EFFECTIVE CHAPTERS）、修订记录（REVISION RECORD）、临时修订记录（RECORD OF TEMPORARY REVISIONS）、服务通告清单（SERVICE BULLETIN LIST）、手册介绍（INTRODUCTION）。各章正文包括章的有效页清单、目录表和主题内容三个部分。

2.7.2 手册前言介绍

前言中关于手册修订、机队清单的解释信息、服务通告等信息与 AMM 中介绍的内容相似，在此不再赘述。

手册介绍部分简要说明了手册的用途和编排方式,以及如何使用手册等信息。手册编排方式可参考 2.1.5 维修文件的编排,但图号和页码段的定义有不同之处,如表 2-7-1 所示。

表 2-7-1　SRM 图号及页码编排

章	内　容	图　号	页　码
51	一般信息	1～99	1～99
	修理方案	201～299	201～299
52～57	一般信息	1～99	1～99
	损伤容限	101～199	101～199
	修理方案	201～299	201～299

SRM 章节较少,查询思路简单,手册使用基本上可以分三步:第一步,参考手册中适用的材料识别数据对受损结构件进行材料识别;第二步,找出受损结构的损伤容限数据;第三步,找出受损结构的修理数据信息。详细步骤请参见 SRM 前言部分的原文,如图 2-7-1 所示。

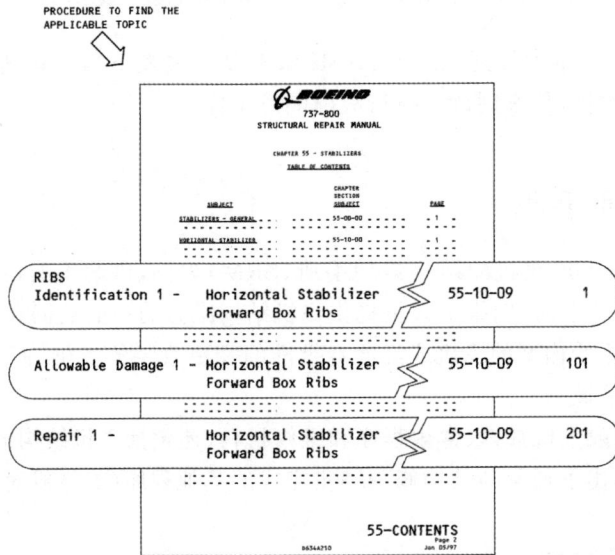

图 2-7-1　SRM 基本使用步骤

2.7.3　手册章节内容介绍

1. 各章的有效页清单

各章的有效页清单记录了本章的修订方式、修订时间、修订原因等时效性信息。

2. 各章的目录表

各章的目录表按修理对象的章节主题编号数字顺序罗列本章所有修理对象,只记录修理对象的名称(SUBJECT)和章节主题编号。

3. 各章的主题内容

各章的主题内容根据 ATA2200 规范按主题内容的章节主题编号依序编排,详细介绍修理项目的识别、损伤容限和修理方案等信息。

2.7.4　手册查询方法及查询案例

SRM 的基本查询思路是分析修理对象所属系统(章),从该章中找到修理对象的识别信息,确认损伤容限后参照执行推荐的修理方案。

[案例]　B-5511 飞机机翼 4 号前缘缝翼的前缘外蒙皮出现一道裂纹,查找修理方案。

(1) 在 SRM 前言的机队清单中找到 B-5511 的生产线号 3245(见图 2-7-2)。

BOEING

737-800
STRUCTURAL REPAIR MANUAL

Customer/ Model Series	Operator		Manufacturer				Registration Number
	Identification Code	Effectivity Code	Block Number	Serial Number	Basic Number	Line Number	
737-82R	PGS	009	YL961	40872	Y1922	3227	VP-BSP
737-85C	XIA	820	YF921	37576	Y1938	3245	B-5511
737-8AS	RYR	263	YF575	38510	Y1939	3246	EI-EMC
737-8AS	RYR	267	YF579	34974	Y1954	3262	EI-EMH

EFFECTIVE AIRCRAFT

图 2-7-2　SRM 前言的机队清单

(2) 分析修理对象关键词"前缘缝翼",判定所属系统为大翼,即第 57 章。进入 SRM 第 57 章的目录表,找到前缘缝翼蒙皮的章节主题编号为 57-42-01,如图 2-7-3 所示。

BOEING

737-800
STRUCTURAL REPAIR MANUAL

CHAPTER 57
WINGS

SUBJECT	CHAPTER SECTION SUBJECT
WING FIXED LEADING EDGE STRUCTURE - Continued	
REPAIR 1 - Wing Inboard Fixed Leading Edge Structure	
REPAIR 2 - Wing Outboard Fixed Leading Edge Structure	
WING LEADING EDGE SLAT SKIN	57-42-01
IDENTIFICATION 1 - Wing Leading Edge Slat Skin	
ALLOWABLE DAMAGE 1 - Wing Leading Edge Slat Skin	
REPAIR 1 - Leading Edge Slat Skin - Flush Repair Between the Ribs Forward of the Nose Beam	
LEADING EDGE SLAT AND FLAP STRUCTURE	57-43-02
IDENTIFICATION 1 - Inboard and Outboard Wing Leading Edge - Krueger Flap Structure	

57-CONTENTS

D634A210

Page 5
Mar 10/2022

图 2-7-3　SRM 第 57 章目录表示例

(3) 进入 57-42-01 识别信息(程序 57-42-01-0I-1)对前缘缝翼前缘蒙皮进行材料识别,从 Figure 1 到 Figure 2 再到 Table 2,可知材料为 7075-T62,厚度 0.063 英寸(1.6 毫米),适

用性为空白（全部飞机），如图 2-7-4 所示。对照有效页清单核验时效性。

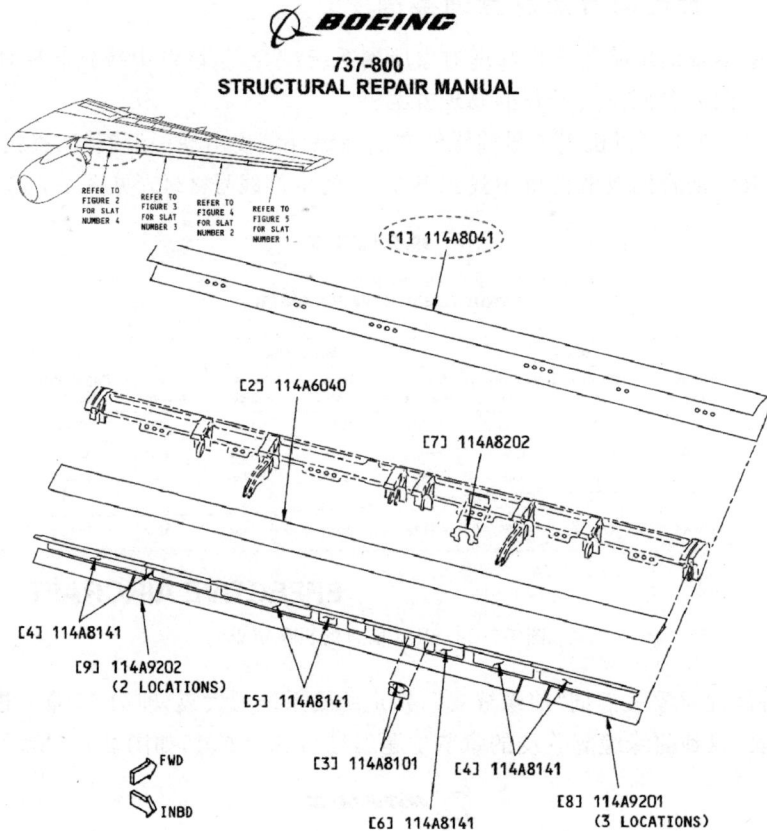

图 2-7-4　前缘缝翼前缘蒙皮材料识别示例

（4）进入 57-42-01 损伤容限说明信息（程序 57-42-01-1A-1），对前缘缝翼前缘蒙皮裂纹进行损伤评估，如图 2-7-5 所示。对照有效页清单核验时效性。

（5）若裂纹超过损伤容限，则需要修理。前缘蒙皮属于前缘缝翼前梁前部蒙皮，应选择 57-42-01 修理 1（程序 57-42-01-2R-1 FLUSH REPAIR BETWEEN THE RIBS FORWARD OF THE NOSE BEAM），如图 2-7-6 所示。

4. Allowable Damage Limits

A. Nose Skin (Aluminum)

(1) Cracks:

(a) Remove the damage as shown in Allowable Damage Limits, Figure 105/ALLOWABLE DAMAGE 1, Details A and B .

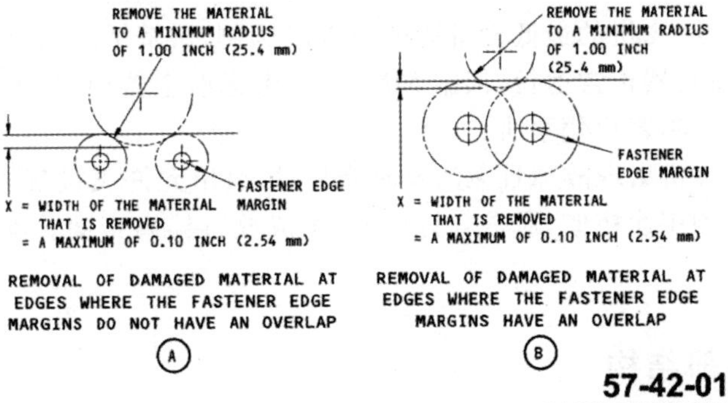
REMOVE THE MATERIAL
TO A MINIMUM RADIUS
OF 1.00 INCH (25.4 mm)
FASTENER EDGE
MARGIN
X = WIDTH OF THE MATERIAL
THAT IS REMOVED
= A MAXIMUM OF 0.10 INCH (2.54 mm)
REMOVAL OF DAMAGED MATERIAL AT
EDGES WHERE THE FASTENER EDGE
MARGINS DO NOT HAVE AN OVERLAP
A
REMOVE THE MATERIAL
TO A MINIMUM RADIUS
OF 1.00 INCH
(25.4 mm)
FASTENER
EDGE MARGIN
X = WIDTH OF THE MATERIAL
THAT IS REMOVED
= A MAXIMUM OF 0.10 INCH (2.54 mm)
REMOVAL OF DAMAGED MATERIAL AT
EDGES WHERE THE FASTENER EDGE
MARGINS HAVE AN OVERLAP
B

57-42-01
ALLOWABLE DAMAGE 1
Page 106
D634A210 Jul 10/2021

图 2-7-5 前缘缝翼前缘蒙皮裂纹损伤容限评估示例

BOEING

737-800
STRUCTURAL REPAIR MANUAL

REPAIR 1 - LEADING EDGE SLAT SKIN - FLUSH REPAIR BETWEEN THE RIBS FORWARD OF THE NOSE BEAM

1. Applicability

A. Repair 1 is applicable to damage that:

(1) Is on slat numbers 1 through 4 on the left wing as shown in Wing Leading Edge Slat Skins Location, Figure 201/REPAIR 1

4. Repair Instructions

CAUTION	BE CAREFUL THAT YOU DO NOT CAUSE DAMAGE TO THE THERMAL ANTI-ICE DUCTS OF THE LEADING EDGE SLATS NUMBER 2, 3, 4, 5, 6, AND 7 WHEN YOU DO THIS REPAIR. IF YOU DO NOT OBEY, DAMAGE TO EQUIPMENT CAN OCCUR.

CAUTION	MAKE SURE THAT YOU DO NOT CAUSE DAMAGE TO THE STRUCTURE ADJACENT TO THE LEADING EDGE SLATS.

A. Cut and remove the damaged part of the nose skin as shown in Layout of the Repair Parts, Figure 202/REPAIR 1. Refer to 51-10-02 for the removal of damage.

(1) Make the cut in the shape of a rectangle with the sides parallel or perpendicular to the nose beam.

(2) Make the corner radii of the cut a minimum of 0.50 inch.

B. Put the skin around the cut back to the initial contour.

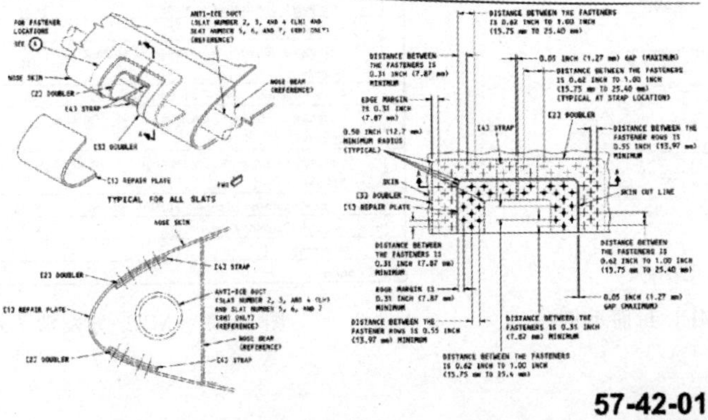
NOSE SKIN
[2] DOUBLER
[4] STRAP
[3] DOUBLER
[1] REPAIR PLATE
TYPICAL FOR ALL SLATS
NOSE BEAM
(REFERENCE)
DISTANCE BETWEEN THE FASTENERS
IS 0.62 INCH TO 1.00 INCH
(15.75 mm TO 25.40 mm)
0.05 INCH (1.27 mm) GAP (MAXIMUM)
SKIN
SKIN CUT LINE

57-42-01
REPAIR 1
Page 205
D634A210 Nov 10/2012

图 2-7-6 前缘缝翼前缘蒙皮修理程序示例

2.8 最低设备清单

本节以波音 737 飞机的最低设备清单(MEL)为例,讲解手册的内容和查询方法。MEL 是运营人为保证航空器正常运行,依据 MMEL 并考虑航空器构型、运行程序和条件所编制的设备清单,也是一本客户化手册。

MEL 常用于飞机出现故障且无法及时修复时,给出允许飞机带故障飞行的放行标准。它与 CDL 的内容和用途相似,通常合订成册,组成放行偏离指南。本节只介绍 MEL 的内容和查询方法。

2.8.1 手册结构

MEL 包括概述和各章正文两部分。概述部分包括封面(COVER)、分发清单(DISTRIBUTION LIST)、修订记录(RECORD OF REVISION)、前言(PREAMBLE)、定义(DEFINITIONS)等内容。各章正文部分包括从第 21 章到第 80 章的内容,但不含第 53～57 章,第 72 章,第 75～76 章。

2.8.2 概述介绍

1. 封面

封面标明本手册适用的飞机运营商名称、手册名称、修订版次和日期、控制编号、批准人以及局方授权标志,如图 2-8-1 所示。

2. 分发清单

分发清单详细解释了本手册复制本的分发情况,包括手册持有人(Manual Holder)、复制本编号(Copy Number)、复制本数量(Copies)等信息,如图 2-8-2 所示。

AAA 航空有限公司最低设备清单
(B737-700/800)
MF/2504

修订版次: 第5版

控制编号:

批准人:

民航厦门监管局
主任运行监察员
日期:2013 年 3 月11 日

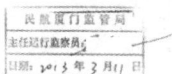

2012年12月21日

图 2-8-1　MEL 封面示例

《737-700/800 MEL》Distribution List

Hard Copy Manual

Order	Manual Holders	Copy Number	Copies	Remarks
1	General Flight Dispatch Office of Airline Operations control Department	321-01A 321-01B	2	
2	Flight Preparation Office of Flight Operations Department	34-09	1	
3	Operations Standards Department	47	1	
4	FUZHOU Branch		4	
5	Operations Support Department of HANGZHOU Branch	H32	1	
6	Flight Preparation Office of HANGZHOU Branch	H32-03	1	
7	Operations Support Department of TIANJIN Branch	T32	1	
8	Operations Support Department of BEIJING Branch	BJ32	1	
9	Flight Preparation Office of HUNAN Branch	HN32-03	1	
10	Simulator Training Center	XLZX05	5	
11	Airplanes		134	
Total Copies			152	

图 2-8-2　MEL 分发清单示例

3. 修订记录

修订记录记载历次修订的版本号、修订日期、手册更新日期、更新操作者、备注等信息,如图 2-8-3 所示。

737-700/800 MEL   Record of Revisions

Number	Revision Number	Date of Revision	Date of Update	Responsible Person	Remarks
1	V4R22	DEC 04. 2012	DEC 24.2012	孙 璐	
2	V5R0	DEC 21. 2012	APR 09.2013	孙 璐	
3	V5R1	MAR 18. 2013	JUN 28. 2013	孙 璐	
4	V5R2	JUN 28. 2013	AUG 23. 2013	孙 璐	
5	V5R3	NOV 29.2013	JAN 02. 2014	孙 璐	
6	V5R4	JAN 01. 2014	FEB 10. 2014	陈柏成	

图 2-8-3　MEL 修订记录示例

4. 前言

前言介绍了 MEL 的编写依据、使用条件，详细解释 MEL 的放行标准、修理间隔、通用信息定义、机队清单等主要内容。

5. MEL 定义

此小节列举了 MEL 中可能出现的所有术语，并详细阐述了各个术语的含义。

2.8.3　手册各章正文内容介绍

手册包含术语定义、目录表和从第 21 章到第 80 章的绝大部分章，少数章未出现手册中。与 AMM 所含章相比，MEL 缺少结构类的第 53～57 章，发动机类的第 72、75、76 章。结构类的设备、系统或部件失效后，放行标准一般参照 SRM 或 AMM 甚或 CDL。发动机类的设备、系统或部件对于飞行安全至关重要，一般不允许失效，所以，发动机某系统全部设备、系统或部件不允许失效，该章号不会出现在 MEL 中。

各章（系统）内的项目按项目编号依序罗列，项目编号一般是 XX-YY，XX 是章号，YY 是项目次序号。项目内容可再按机型、构型、工作模式、功能模块、失效模式等因素进行细分阐述，项目编号扩展位数随之增加。例如，22-18-01-02B 表示第 22 章"自动飞行系统"的第 18 个项目"方式控制面板电门灯"的 01 模块"自动飞行衔接电门灯"的 02 功能"CMD"的失效模式 B"两个失效"，如图 2-8-4 所示。

22-18	Mode Control Panel Switch Lights
22-18-01	Autopilot Engage Switch Lights
22-18-01-02	CMD
22-18-01-02B	Both Inoperative

Interval	Installed	Required	Procedure
B	2	0	(O)

Except for ETOPS、RNP-10、RNAV、RNP4、RNP1、RNP AR、RNP APCH and RVSM operations, may be inoperative provided autopilots are not used.

NOTE:
This item impact to RNP-10、RNAV、RNP4、RNP1、RNP AR、RNP APCH and RVSM operations. Report to MCC about the RNP-10、RNAV、RNP4、RNP1、RNP AR、RNP APCH and RVSM operations are impacted prior to using the procedures. MCC should report the information to dispatcher.

NOTE:
This item impact to ETOPS operation. Report to MCC about the ETOPS operation is impacted prior to using the procedures.

PLACARD

Placard "XX switch light INOP" near associated MCP switch which light fail.

OPERATIONS (O)

Refer to MEL item 22-01 Remarks or Exceptions for inoperative autopilots.

2015-9-1   2.22-18.1

图 2-8-4　MEL 第 22 章项目示例

从图 2-8-4 可以看到,关键信息表中有四栏数据,分别是维修间隔(Interval)栏、安装数量(Installed)栏、放行数量(Required)栏和程序(Procedure)栏。关键信息表下方为放行条款和附注(NOTE),以及挂牌(PLACARD)和操作程序(OPERATIONS)。

维修间隔栏内容是 B,意为在规定的修理时间内或之前,对不工作的系统或部件实施修理。此外还可能是其他字母(如 A、C、D),每个字母对应不同的修理时间。字母 A 表示修理时间不确定,应在"放行条款"规定的时间内修复。字母 B 表示应在 3 个连续的日历日(72h)以内修复(不包括在飞机维修记录/履历本中作故障记录的那一天)。字母 C 表示应在 10 个连续的日历日(240h)以内修复。字母 D 表示应在 120 个连续的日历日(2880h)以内修复。日历日计时起点为故障记录次日 0 点。例如,如果某个故障是在 1 月 28 日上午 10 时记录的,则修理时限将从 28 日午夜 12 时(或 29 日 0 点)开始计时。

程序栏内容是"(O)",意为当此项目失效时,必须在计划和/或飞行中完成一个特定的操作程序,且该程序一般由飞行人员完成,但是,其他合格人员也可被授权执行一定的工作。此外程序栏还可能是"(M)"或二者皆有,意为当此项目失效时,在飞行前必须完成一个特定的维修程序,且该程序一般由维修人员完成,但是,其他合格人员也可被授权执行一定的工作。需要特殊知识或技能,或需要使用工具或试验设备的维修程序,必须由维修人员执行。

安装数量栏内容是"2",用于说明飞机上针对该项目的实际安装数量。

放行数量栏内容是"0",用于说明在符合程序栏和放行条款的情况下,飞机放行所需的可以正常工作的最低安装数量。

放行条款用于说明有一定数量的设备失效时,放行飞机需满足的补充条件。

附注用于提供给机组和维修人员更多的参考信息。

挂牌用于说明针对某个不工作的项目,必须挂牌于操作处,以通知和提醒机组人员和维修人员关于设备的情况。

操作程序或维修程序用于详细说明程序栏中"(O)"或"(M)"对应的程序步骤。

2.8.4 手册查询方法及查询案例

MEL 常用的查询方法只有一种,基本思路是分析失效零部件或系统所属章(系统),再进入 MEL 目录表中找到应该查阅的项目编号,在章内详细阅读相应项目的内容。

[案例] B-5533 飞机左再循环风扇失效,是否可以放行?是否需要维护?修理期限是多长时间?

(1)分析关键词"再循环风扇",可以判定需查询第 21 章空调系统。

(2)从 MEL 目录表中找出再循环风扇的项目编号为 21-31。

(3)进入第 21 章找到 21-31 项目,机型分为 700 型(项目扩展编号 03)和 800 型(项目扩展编号 04),如图 2-8-5 所示。

(4)从前言的机队清单中确认 B-5533 是 737-800 型飞机,且失效部件为左再循环风扇,最终可确认需查看 21-31-04A 项目的所有解释信息。

(5)安装数量栏和放行数量栏分别为"2"和"1",所以,依放行标准可以判定左再循环风扇失效可以放行。程序栏没有"(M)""(O)"标识,则无需执行维护程序和操作程序。维

```
21-31                  Recirculation Fan(s)
21-31-03               -700
```

Interval	Installed	Required	Procedure
C	1	0	

May be inoperative provided:

a> Left pack is operating when OAT is above 100 degrees F (38 degrees C).

b> Flight is conducted pressurized.

c> Both packs operate normally.

PLACARD

"Recirculation Fan INOP" on associated Recirculation Fan Switch as appropriate.

MAINTENANCE NOTE

Position the RECIRC FAN switch to OFF.

```
21-31                  Recirculation Fan(s)
21-31-04               -800
21-31-04A              Left Recirc Fan Inoperative
```

Interval	Installed	Required	Procedure
C	2	1	

Left fan may be inoperative provided left pack is operating when OAT is above 100 degrees F (38 degrees C).

PLACARD

"Recirculation Fan INOP" on associated Recirculation Fan Switch as appropriate.

MAINTENANCE NOTE

Position the RECIRC FAN switch to OFF.

图 2-8-5　MEL 第 21 章项目示例

修间隔栏是"C",则要求在 10 个日历日的修理期限内完成修复。放行条款为"左再循环风扇可以失效,只要外界大气温度大于 100℉(38 ℃)时左空调组件正常工作"。此外,还需在左再循环风扇开关上完成失效挂牌工作,并将开关置于关位(OFF)。

2.9　外形缺损清单

本节以波音 737 飞机的外形缺损清单(CDL)为例,讲解手册的内容和查询方法。和 MEL 一样,CDL 也是一本客户化手册,其编排方式和查询方法也近似相同,并与 MEL 合订成册。CDL 主要包含缺损件的位置信息、安装图以及操作性能数据等内容,用于说明外形缺损件对性能数据的影响。

2.9.1　手册结构

CDL 包括一般说明、目录表和各外形缺损项目内容。涉及外形缺损的各章正文仅有第 21、23、28、30、32、33、38、49、52、53、55、57、78 章,且项目内容较少。

1. 一般说明

主要内容是飞机出现外形缺损时,关于飞行操作的限制、减载要求、航路爬升重量损失及其对燃油消耗的影响等信息。

2. 目录表

目录表以外形缺损项目的编号为序罗列所有外形缺损项目及其页码,如图 2-9-1 所示。

图 2-9-1　CDL 目录表示例

3. 外形缺损项目内容介绍

全部外形缺损项目内容按项目编号为序逐一罗列，主要内容有项目编号、项目名称、附注（NOTE）、安装数量（Number Installed）、起飞和着陆（Takeoff & Landing）限制重量、航路爬升（Enroute Climb）限制重量、允许缺失数量、安装图等信息，如图 2-9-2 所示。项目编号的第一组数字为 ATA2200 规范章号，其余数字为制造商自定义编号。

737-700/800 CDL

57-71-01

NOTE:

NOTE: There are 2 seals installed per spoiler.

Number Installed	Takeoff & Landing	Enroute Climb
12	No penalty	No penalty

Up to 6 may be missing.

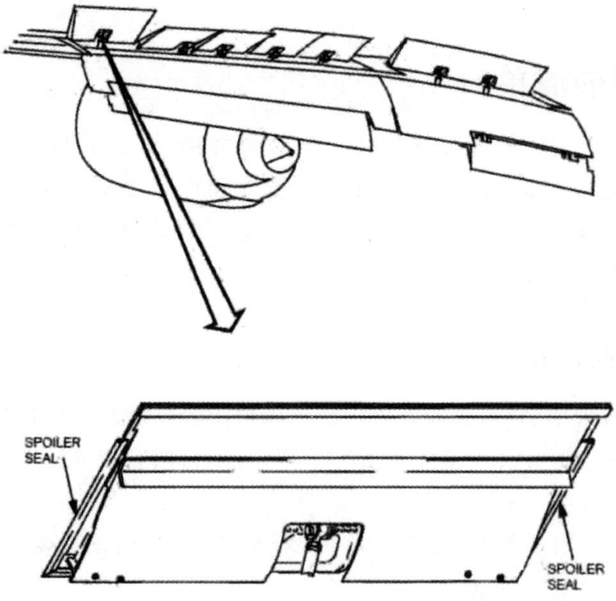

SPOILER SEAL

SPOILER SEAL

FIG. 1

图 2-9-2　外形缺损项目内容示例

2.9.2　手册查询方法及查询案例

CDL 常用的查询方法只有一种,基本思路是进入 CDL 目录表中,找到缺损零部件对应的项目名称,可得知项目编号及页码,在章内详细阅读相应项目的内容。

［案例］　主起落架舱片状封严组件丢失 2 片,有何影响?

（1）进入 CDL 目录表,找到主起落架舱片状封严组件的项目编号为 32-10-07,页码为 3.32-10-07.1(见图 2-9-1)。

（2）依获知的项目编号及页码,找到相应的项目内容,如图 2-9-3 所示。从中可知总安装数量为 32,而丢失任意数量均是允许的,那么题设丢失 2 片则是允许的;且对起飞和着陆无影响,对航路爬升也无影响。

视频:
CDL 查询练习-根据关键词查询

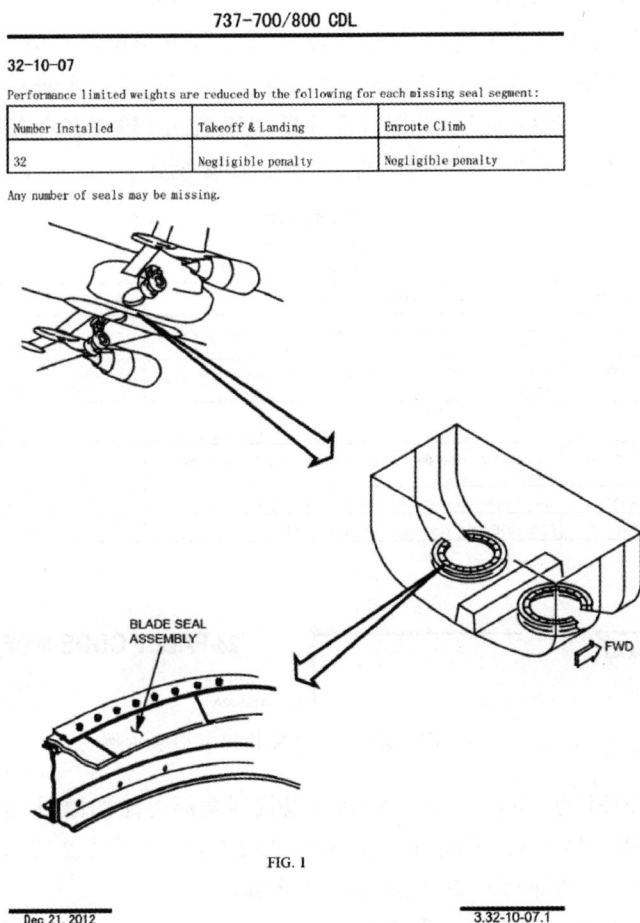

737-700/800 CDL

32-10-07

Performance limited weights are reduced by the following for each missing seal segment:

Number Installed	Takeoff & Landing	Enroute Climb
32	Negligible penalty	Negligible penalty

Any number of seals may be missing.

BLADE SEAL ASSEMBLY

FWD

FIG. 1

Dec 21, 2012　　　　　　　　　　　　　　　　3.32-10-07.1

图 2-9-3　CDL 查询案例

2.10　常用航空器维修文件查询综合实践

在实际维修工作过程中,维修人员往往需要查阅多本手册来解决一个比较复杂的维修问题。对于飞机结构问题,一般需要联合使用 SRM、CPM、NDTM 等来解决。对于飞机系统问题,一般需要联合使用 FIM、SSM、WDM、IPC、AMM、SWPM 等来解决。在某些情况下还可以借助 CMM、VM 来进一步解决更深层的修理问题。本节以飞机系统问题为例,来介绍常用手册综合运用的查询训练方法。

首先使用 FIM 找出故障隔离程序,若找不到适用的隔离程序,需用 SSM 进行工作原理分析再推理判断故障原因。找出所有可能的原因后,再对其逐一排查,直至找出最终原因。若最终原因是航线可更换件故障,则参照 AMM 直接更换;若最终原因是线路故障,则可能需参照 SWPM 修理。修理施工前需确认航材备件可供使用,否则,需借助 MEL 或 CDL 判定可否适航放行。

1. 综合案例一

机组反映 B-5499 飞机燃油温度指示器显示温度异常,该如何处理该系统故障问题?

步骤一:从 FIM 的前言找出 B-5499 的客户有效性代码为 819,批次号为 YK980(见图 2-2-1)。分析故障现象描述关键词"燃油温度指示器",可判定该故障属于飞机燃油系统(第 28 章),进入 FIM 第 28 章的故障代码索引表,找出最匹配的故障描述信息,与之对应的故障隔离程序为 28-43 TASK 801。此隔离程序适用于 ALL(包含客户有效性代码 819),则适用于 B-5499,对照有效页清单核验时效性,如图 2-10-1 所示。

视频:
综合查询练
习1-步骤一

BOEING
737-600/700/800/900
FAULT ISOLATION MANUAL

FAULT CODE	FAULT DESCRIPTION	GO TO FIM TASK
282 302 02	Fuel tank: boost pump circuit breaker open - No. 2 tank, forward pump.	28-22 TASK 815
282 302 43	Fuel tank: boost pump circuit breaker open - center tank, right pump.	28-22 TASK 818
284 024 00	Fuel quantity indication, flight compartment: LOW message shows.	28-41 TASK 820
284 030 00	Fuel temperature indicator: does not operate correctly.	28-43 TASK 801
284 101 00	FQIS BITE INOP message: shows on CDU.	28-41 TASK 819

EFFECTIVITY
XIA ALL

28-FAULT CODE INDEX

Page 104
D633A103-XIA   Oct 15/2011

图 2-10-1 FIM 第 28 章故障代码索引表示例

步骤二:进入 FIM 的 28-43 TASK 801,可以找到全部可能的原因,包括燃油温度传感器 T434、燃油温度指示器 N42、导线、接地端 GD476-DC,如图 2-10-2 所示。

视频:
综合查询练
习1-步骤二

步骤三:按照 FIM 的隔离步骤,完成相应工作程序。

工作程序 1:检查燃油温度指示器 N42。

(1)断开 P6-3 面板上 A7 位置的跳开关 C355。

(2)从 P5-2 面板上拆下燃油温度指示器 N42。

(3)闭合 P6-3 面板上 A7 位置的跳开关 C355。

视频:
综合查询练
习1-步骤三

(4)测量电插头 D616 上 2 号插钉与 5 号插钉(接地端)的电压是否为 28V AC:若否,修理 D616 上 2 号插钉到 D40536P 上 16 号插钉之间的导线(具体参见"步骤四"),并完成修复后的燃油温度指示系统测试(具体参见"步骤十五");若是,继续执行下一步。

BOEING®
737-600/700/800/900
FAULT ISOLATION MANUAL

801. Fuel Temperature Indicator Does Not Operate Correctly - Fault Isolation

    A. Description

        (1) The FUEL TEMPERATURE indicator on the P5-2 panel does not show the correct fuel temperature.

    B. Possible Causes

        (1) Fuel temperature sensor, T434

        (2) Fuel temperature indicator, N42

        (3) Wiring

        (4) Ground connection GD476-DC

    C. Circuit Breakers

图 2-10-2　FIM 所有可能的原因示例

工作程序 2：检查燃油温度传感器 T434 及相关线路。

（1）执行燃油温度传感器阻值测试 Ref. AMM TASK 28-43-00-760-801（具体参见"步骤五"）。

（2）若阻值不符合要求，则执行下述步骤：拆除燃油温度传感器 T434 Ref. AMM TASK 28-43-11-000-801（具体参见"步骤六"）；断开燃油温度指示器上的电插头 D616；在燃油温度传感器上的两根导线之间跨接一根导线；在电插头 D616 上检查 3 号插钉与 4 号插钉之间的连通性。

（3）若 D616 上 3 号插钉与 4 号插钉之间无连通性，则执行下述步骤：修理 D616 上 3 号插钉与 4 号插钉之间的导线（具体参见"步骤七"）；拆除燃油温度传感器上两根松动导线之间的跨接导线；再次安装燃油温度传感器 T434 Ref. AMM TASK 28-43-11-400-801（具体参见"步骤八"）；完成修复后的燃油温度指示系统测试 Ref. AMM TASK 28-43-00-710-801（具体参见"步骤十六"），若测试通过，则中止执行"步骤三"。

（4）若 D616 上 3 号插钉与 4 号插钉之间有连通性，则执行下述步骤：拆除燃油温度传感器上两根松动导线之间的跨接导线；安装一个新的燃油温度传感器 T434 Ref. AMM TASK 28-43-11-400-801（具体参见"步骤八"），安装前须利用 WDM 设备清单（具体参见"步骤九"）或利用 IPC 手册（具体参见"步骤十"）确认全部可用件号且航材库有备件；完成修复后的燃油温度指示系统测试 Ref. AMM TASK 28-43-00-710-801（具体参见"步骤十六"），若测试通过，则中止执行"步骤三"。

（5）若阻值符合要求，继续执行下一个工作程序。

工作程序 3：检查接地装置 GD476-DC。

（1）从燃油温度指示器上断开电插头 D616。

（2）检查 D616 上 4 号插钉与飞机结构接地端之间的连通性。

（3）若 D616 上 4 号插钉与飞机结构接地端之间无连通性，则修理拼接管 SP172 到接地端 GD476-DC 之间的导线（具体参见"步骤十一"）。

（4）若 D616 上 4 号插钉与飞机结构接地端之间有连通性，则更换一个新的燃油温度指示器 N42（具体参见"步骤十二"），安装前须利用 WDM 设备清单（具体参见"步骤十三"）或利用 IPC（具体参见"步骤十四"）确认全部可用件号；若航材库无此备件，则需借助 MEL 判定可否放行（具体参见"步骤十五"）。完成修复后的燃油温度指示系统测试 Ref. AMM TASK 28-43-00-710-801（具体参见"步骤十六"），测试通过，完成故障修复。

步骤四：已知导线两端连接情况，查找该导线的识别号并更换。

（1）根据燃油温度指示器关联故障，可以判断需要进入 WDM 第 28 章查找相关信息。从第 28 章目录表中可以看到，关于燃油温度指示的线路图号为 28-42-11，根据批次号 YK980 可以确定需要查阅 Page 2，如图 2-10-3 所示。

视频：
综合查询练
习 1-步骤四

图 2-10-3　WDM 第 28 章目录表示例

（2）从 WDM 28-42-11 Page 2 中可以看出，D616 上 2 号插钉到 D40536P 上 16 号插钉之间的导线为 W2218-6001-22。测量该导线是否存在断路故障，若断路，则更换该导线。该导线的连接情况如图 2-10-4 所示。

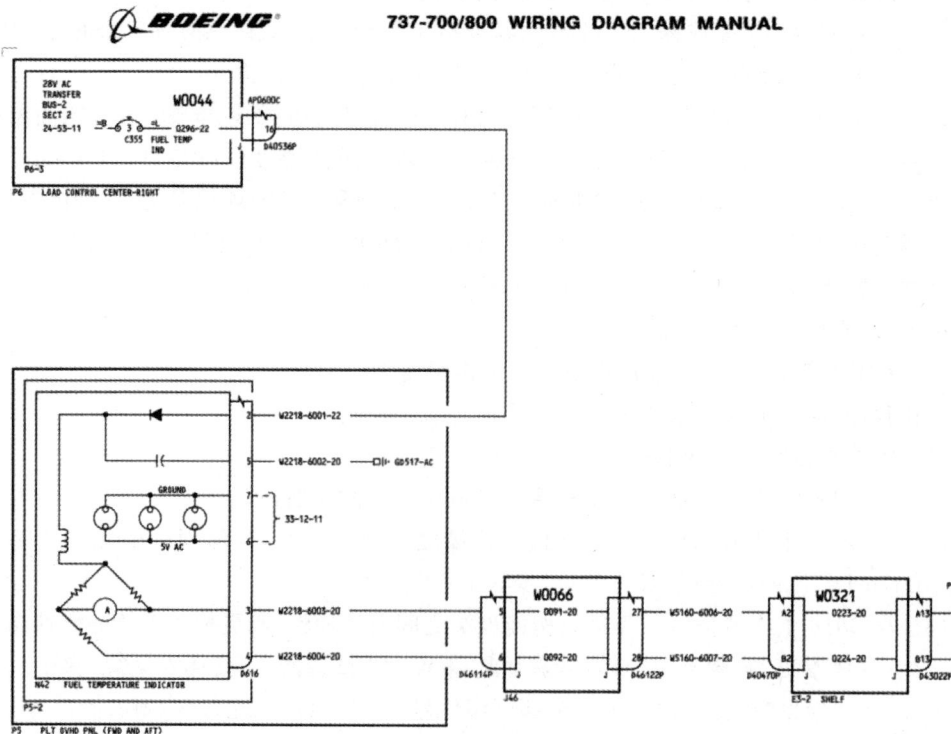

图 2-10-4　燃油温度指示系统线路图

步骤五：已知 AMTOSS 编号 28-43-00-760-801,查找维护工作程序内容。

（1）分析 AMTOSS 编号前三组数字可知,该工作程序的章节主题编号为 28-43-00。

（2）进入 AMM PART Ⅱ 的 28-43-00 这一章节主题,找到 TASK 28-43-00-760-801,核实时效性与适用性,详细阅读执行相关程序。如图 2-10-5 所示。

BOEING
737-600/700/800/900
AIRCRAFT MAINTENANCE MANUAL

TASK 28-43-00-760-801
5. **Fuel Temperature Bulb Resistance Test**
(Figure 501 Figure 502)

A. **References**

Reference	Title
24-22-00-860-811	Supply Electrical Power (P/B 201)
24-22-00-860-812	Remove Electrical Power (P/B 201)
WDM 28-42-11	Wiring Diagram Manual

(5) Measure the temperature in the bulb housing.
  (a) Put the 0-150 +/- 2 degrees F digital thermometer, STD-1336 in the bulb housing.
  (b) Permit the temperature to become stable.
  (c) Write the temperature shown on the 0-150 +/- 2 degrees F digital thermometer, STD-1336.

SUBTASK 28-43-00-020-005
(6) Disconnect the connector, D616, from the fuel temperature indicator in the flight compartment (WDM 28-42-11).

EFFECTIVITY
XIA ALL

28-43-00

D633A101-XIA

Page 511
Jun 15/2015

图 2-10-5　燃油温度传感器阻值测试程序示例

步骤六：已知 AMTOSS 编号 28-43-11-000-801,查找维护工作程序内容。

（1）分析 AMTOSS 编号前三组数字可知,该工作程序的章节主题编号为 28-43-11。

（2）进入 AMM PART Ⅱ 的 28-43-11 这一章节主题,找到 TASK 28-43-11-000-801,核实时效性与适用性,详细阅读执行相关程序。如图 2-10-6 所示。

TASK 28-43-11-000-801
2. **Fuel Temperature Bulb Removal**
Figure 401

A. **General**
(1) This task gives instructions to remove the Fuel Temperature Bulb.

D. **Fuel Temperature Bulb Removal**
SUBTASK 28-43-11-010-001
(1) Open the fixed trailing edge access panel immediately outboard of the landing gear.
SUBTASK 28-43-11-020-001
(2) Cut the wires that go to the fuel temperature bulb.
  NOTE: The fuel temperature bulb is on the aft side of the aft spar. It is immediately outboard of the left main landing gear.
SUBTASK 28-43-11-020-002
(3) Push the temperature bulb into the adapter with a maximum force of 4.0 lbf (17.8 N).
SUBTASK 28-43-11-020-003
(4) Turn the bulb until it is free and pull the fuel temperature bulb [1] out of the adapter.

—— END OF TASK ——

EFFECTIVITY
XIA ALL

28-43-11

D633A101-XIA

Page 401
Oct 15/2014

图 2-10-6　燃油温度传感器拆卸程序示例

步骤七：修理已知端点之间的导线。

（1）从 WDM 28-42-11 Page 2 可以看出，D616 上 3 号插钉与 4 号插钉之间的导线包括 W2218-6003-20、W0066-0091-20、W5160-6006-20、W0321-0223-20、W5530-6007-20、W7230-6001-20、W7230-B-BB、W7230-A-AA、W7230-6003-20、W5530-6008-20、W0321-0224-20、W5160-6007-20、W0066-0092-20、W2218-6004-20 等。排查这些导线是否存在断路故障。

（2）更换断路导线，若 D616 上 3 号插钉与 4 号插钉之间仍无连通性，则进行拼接管 SP174 或/和 SP172 更换操作。

（3）从导线清单中找出与 SP174 和 SP172 相连接的所有导线（均属于 W7230）的终端类型为"9"，如图 2-10-7 所示。

BOEING 737-700/800 WIRING DIAGRAM MANUAL

Bundle No. Wire No.	Part Number GA CO TY	Fam	Description FT-IN	Diagram	From Equip	Term Type	Splice	To Equip	Term Type	Splice	Effectivity
W7230	286A7230		FWD LEFT SIDE WHEEL WELL AREA (continued)								
6001	20 HA		16-9	28-42-11	D46028P	16		SP00174	9		YA711-YM471, YM481-YM484, YN531-YS167
6002	18 HA		3-1	28-42-11	GD00476	DC.. E		SP00172	9		YA701-YM471, YM481-YM484, YN531-YS167
6003	20 HA		15-9	28-42-11	D46028P	15		SP00172	9		YA701-YA704
6003	20 HA		15-8	28-42-11	D46028P	15		SP00172	9		YA705-YA706
6003	20 HA		16-9	28-42-11	D46028P	15		SP00172	9		YA711-YM471, YM481-YM484, YN531-YS167

WIRE LIST
D280A122

91-21-11
Section W7230
Page 3 End
Mar 08/2012

图 2-10-7　导线清单 W7230 示例

（4）从 WDM 前言可查知，SP172 和 SP74 应该为防潮的密封拼接管，如图 2-10-8 所示。

C. Numbers

TERM TYPE CODE	DESCRIPTION OF THE CODE	PART NUMBER
1	Terminal Block Contact, blue/blue/blue stripe	S280W555-916
2	Terminal Block Contact	BACC47DE( )
4	90 degree lug, 1/4 stud	BACT12E( )
5	90 degree lug, 3/8 stud	BACT12E( )
8	Install Hi-temp splice (Moisture seal) see chapter 20	
9	Install Moisture seal splice, see chapter 20	
10	Oversize Contact #12	48-100-5020P-02 or P204540 (pin), 248-136-1210S-02 or P204541 (socket)
14	Oversize Contact #16	48-100-5021P-02 or P204540 (pin), 248-136-1614S-02 or P208575-S (socket)

D280A122

CODES
Page 8
Jun 15/2006

图 2-10-8　WDM 前言端子类型代码示例

（5）参照 SWPM 前言的交叉参考索引（Cross Reference Index），可知密封拼接管的施工在 20-30-12，如图 2-10-9 所示。进入 20-30-12 的 1. C 进行密封接线管的构型选择，应该选择 7. A，根据 7. A 的指导，可选择 7. B 的程序进行密封接线管修理导线施工操作。

步骤八：已知 AMTOSS 编号 28-43-11-400-801，查找维护工作程序内容。

（1）分析 AMTOSS 编号前三组数字可知，该工作程序的章节主题编号为 28-43-11。

BOEING

707, 727-787
STANDARD WIRING PRACTICES MANUAL

CHAPTER 20

SPLICE (continued)
REMOVABLE CONTACT, 48-7191, AMPHENOL 20-30-12
REMOVABLE CONTACT, 48-7191-1, AMPHENOL 20-30-12
SEALED, ASSEMBLY 20-30-12
SHIELDED, MOISTURE PROOF, NICKEL, BACS52P, BOEING 20-30-12
THERMOCOUPLE, 1-322325-0, AMP 20-10-13

20-CROSS REFERENCE INDEX

D6-54446

Page 339
Jun 15/2018

图 2-10-9　SWPM 交叉参考索引表示例

（2）进入 AMM PART Ⅱ 的 28-43-11 这一章节主题，找到 TASK 28-43-11-400-801，核实时效性与适用性，详细阅读执行相关程序。如图 2-10-10 所示。

BOEING

737-600/700/800/900
AIRCRAFT MAINTENANCE MANUAL

TASK 28-43-11-400-801

3. Fuel Temperature Bulb Installation
(Figure 401)

　A.　General
　　(1)　This task gives instructions to install the Fuel Temperature Bulb.

　　(3)　Monitor the fuel temperature on the indicator.
　　　(a)　Make sure the indicator shows the correct temperature.

SUBTASK 28-43-11-410-001
　　(4)　Close the fixed trailing edge access panel immediately outboard of the landing gear.

SUBTASK 28-43-11-860-004
　　(5)　If electrical power is not necessary for other tasks, do this task: Remove Electrical Power,
　　　　TASK 24-22-00-860-812

——————— END OF TASK ———————

EFFECTIVITY
XIA ALL

28-43-11

D633A101-XIA

Page 404
Jun 15/2015

图 2-10-10　燃油温度传感器安装程序示例

步骤九：已知电气设备号 T434，查询件号。

（1）进入 WDM 设备清单，查阅 T434 的相关信息，核实时效性与适用性，确认规范件号为 10-62247-1，供应商代码为 V81205，如图 2-10-11 所示。

视频：
综合查询练
习1-步骤九

Equip	Opt	Part Number Part Description	Used On Dwg Vendor	Qty	Diagram Station / WL / BL	Effectivity
						737-700/800 WIRING DIAGRAM MANUAL
T00427		S256A404-50 XMTR-LEFT TE FLAP POSITION	256A3905 81205	1	27-52-11 443/RSS/L	YA701-YA720, YK961-YK962, YM471, YM481-YM484
T00433		S233T913-5 SNSR-ANGLE OF AIRFLOW LEFT	232A9300 81205	1	27-32-11 192/204/	YA711-YK980, YS151-YS167
T00434		10-62247-1 SNSR-FUEL TEMPERATURE TANK 1	65-46514 81205	1	28-42-11 ORSS/208/	ALL
T00435		VENDORSUPPLIEDSEEIPCFORP-NINFO XMTR-FUEL FLOW	332A1043 12812	2	73-31-11 ENG/ /	ALL
T00436		10-60554-40 XMTR-SYSTEM A HYDRAULIC QUANTITY	65-44600 81205	1	29-31-11 679/196/R008	ALL

EQUIPMENT LIST
D280A122

Section T00400
Page 2
Mar 08/2012

图 2-10-11　利用设备清单查询件号示例

（2）在 IPC 前言的波音规范件交叉参考清单中，找出 10-62247-1 对应的供应商命名件号为 102-00099，供应商代码为 V64375，如图 2-10-12 所示。

BOEING
737-600/700/800/900
PARTS CATALOG (MAINTENANCE)

SPECIFICATION NUMBER SEQUENCE

SPECIFICATION NUMBER	SUPPLIER CODE	SUPPLIER PART NUMBER
10-62237-7	97153	3-1558
10-62237-9	55284	2607825-2
10-62239-1	10402	01-0770544-00
10-62239-2	10402	01-0770666-00
10-62240-1	06177	5059-4
10-62240-2	06177	5060-5
10-62240-3	06177	5060-6
10-62247-1	64375	102-00099
10-62254-1	02750	41SG457-2
60B00180-68	15860	AG4V4009

XIA
FEB 15/12

SPECIFICATION CROSS REFERENCE
PAGE 99

图 2-10-12　波音规范件交叉参考清单示例

步骤十：从 IPC 中查询燃油温度传感器的件号。

（1）分析关键词"燃油温度传感器"，判定需要进入第 28 章燃油系统。

（2）燃油温度传感器属油箱附件，在第 28 章目录表中找到其装配图号为 IPC 28-11-61-01 或 IPC 28-11-61-02。两张图的适用范围不同，Fig01 的适用范围是 001006&707708，Fig02 的适用范围是 007706&709999，如图 2-10-13 所示。从步骤一可知，B-5499 飞机的客户有效性代码为 819，所以，应选定 IPC 28-11-61-02。

BOEING
737-600/700/800/900
PARTS CATALOG (MAINTENANCE)

CHAPTER 28 — FUEL

TABLE OF CONTENTS

SUBJECT	CC-SS-UU	FIGURE	EFFECT
EQUIPMENT INSTL-WING TANK FUEL SYS	28-11-61	01	001006 707708
EQUIPMENT INSTL-WING TANK FUEL SYS	28-11-61	02	007706 709999
FITTING INSTL-MAIN FUEL TANKS HYDR	28-11-51	07	001006 707708

XIA
FEB 15/12

28 — CONTENTS
PAGE 3

图 2-10-13　装配图适用范围示例

（3）详细阅读装配图，或直接从解释清单中找到 35 号零件为燃油温度传感器，核实时效性，确定其唯一可用的供应商命名件号为 102-00099，供应商代码为 V64375，如图 2-10-14 所示。在解释栏中标注规范件号（SPECIFICATION NUMBER）为 10-62247-1，此件号与 WDM 设备清单中查询结果相同，这两个件号完全等效。

步骤十一：修理已知端点之间的导线。

从 WDM 28-42-11 Page 2 可以看出，拼接管 SP172 到接地端 GD476-DC 之间的导线为 W7230-6002-18，检查该导线是否有断路故障。若有断路故障，则更换该导线；若无断路故障，则更换拼接管 SP172，具体方法参见"步骤七"。

视频：
综合查询练
习 1-步骤十

视频：
综合查询练
习 1-步骤十一

BOEING
737-600/700/800/900
PARTS CATALOG (MAINTENANCE)

FIG ITEM	PART NUMBER	1234567 NOMENCLATURE	EFFECT FROM TO	UNITS PER ASSY
2		EQUIPMENT INSTL-WING TANK FUEL SYS	007706 709999	
- 1	MODREF89335	EQUIPMENT INSTL-WING TANK FUEL SYS MODULE NUMBER: 341A3111-1 REV A POSITION DATA: LH	007706 709999	1
35	102-00099	.SENSOR-FUEL TEMP SUPPLIER CODE: V64375 POSITION DATA: LH SPECIFICATION NUMBER: 10-62247-1 MAINTENANCE MANUAL REF: 28-43-11	007706 709999	1

ILLUSTRATION ITEMS NOT ON PARTS LIST ARE NOT APPLICABLE

— ITEM NOT ILLUSTRATED

XIA

28-11-61-02

28-11-61
FIG. 02
PAGE 1
JUN 15/08

图 2-10-14 IPC 零件解释清单示例

步骤十二：更换燃油温度指示器，找出其拆装工作程序。

(1) 分析关键词“燃油温度指示器”，判定其所属系统为燃油系统(第 28 章)。

(2) 进入 AMM PART Ⅱ 第 28 章的目录表，找到燃油温度指示器的章节主题编号为 28-43-21，如图 2-10-15 所示。进入 TASK 28-43-21-020-801 和 TASK 28-43-21-020-802 即可获知拆装工作程序。

视频：综合查询练习 1-步骤十二

BOEING
737-600/700/800/900
AIRCRAFT MAINTENANCE MANUAL

CHAPTER 28
FUEL

SUBJECT	CHAPTER SECTION SUBJECT	CONF	PAGE	EFFECT
FUEL TEMPERATURE INDICATOR - REMOVAL/INSTALLATION	28-43-21		401	XIA ALL
Fuel Temperature Indicator Removal TASK 28-43-21-020-801			401	XIA ALL
Fuel Temperature Indicator Installation TASK 28-43-21-020-802			403	XIA ALL
MEASURING STICK - REMOVAL/INSTALLATION	28-44-11		401	XIA ALL

28-CONTENTS

D633A101-XIA

Page 23
Oct 15/2015

图 2-10-15 AMM 第 28 章目录表示例

步骤十三：已知电气设备号 N42，查询件号。

(1) 进入 WDM 设备清单，查阅 N42 的相关信息，核实时效性与适用性，确认规范件号为 10-60521-2。

(2) 在 IPC 前言的波音规范件交叉参考清单中，找出 10-60521-2 对应的供应商命名件号为 162BL801。

视频：综合查询练习 1-步骤十三

步骤十四：从 IPC 中查询燃油温度指示器的件号。

（1）分析关键词"燃油温度指示器"，判定需要进入第 28 章燃油系统。

（2）燃油温度指示器属燃油指示系统，在第 28 章目录表中找到其装配图号为 IPC 28-43-00-01、IPC 28-43-21-01 和 IPC 28-43-51-01。从步骤一可知，B-5499 飞机的客户有效性代码为 819，由此可以判定应该从 IPC 28-43-51-01 中查阅件号信息，如图 2-10-16 所示。

BOEING
737-600/700/800/900
PARTS CATALOG (MAINTENANCE)

CHAPTER 28 — FUEL

TABLE OF CONTENTS

SUBJECT	CC-SS-UU	FIGURE	EFFECT
MODULE INSTL-P5 OVHD (FUEL FEED LOW PRESSURE INDICATING SYSTEM ONLY)	28-42-00	01	001006
MODULE INSTL-P5 OVHD (FUEL FEED LOW PRESSURE INDICATING SYSTEM ONLY)	28-42-51	01	007827 882999
FUEL TEMPERATURE INDICATING SYSTEM	28-43-00		
MODULE INSTL-P5 OVHD (FUEL TEMPERATURE INDICATING SYSTEM ONLY)	28-43-00	01	001006
MODULE INSTL-P5 OVHD (FUEL TEMPERATURE INDICATING SYSTEM ONLY)	28-43-21	01	828881
MODULE INSTL-P5 OVHD (FUEL TEMPERATURE INDICATING SYSTEM ONLY)	28-43-51	01	007827 882999

图 2-10-16　装配图适用范围示例

（3）详细阅读装配图，或直接从解释清单中找到 20 号零件为燃油温度传感器，核实适用性和时效性，确定其唯一可用的供应商命名件号为 162BL801，供应商代码为 V50027，规范件号为 10-60521-2，如图 2-10-17 所示。

BOEING
737-600/700/800/900
PARTS CATALOG (MAINTENANCE)

FIG ITEM	PART NUMBER	1234567　NOMENCLATURE	EFFECT FROM TO	UNITS PER ASSY
1 20	162BL801	.INDICATOR ASSY-FUEL TEMP SUPPLIER CODE: V50027 FUNCTIONAL DESCRIPTION: DISPLAYS THE FUEL TEMPERATURE IN THE NUMBER 1 TANK. SPECIFICATION NUMBER: 10-60521-2 ELECTRICAL EQUIP NUMBER: N00042 COMPONENT MAINT MANUAL REF: 31-20-19 FOR DETAILS SEE: 33-11-00-29	007827 882999	1

— ITEM NOT ILLUSTRATED

28-43-51-01

XIA

28-43-51
FIG. 01
PAGE 9
OCT 15/11

图 2-10-17　燃油温度传感器零件清单示例

步骤十五：若燃油温度指示器故障，可否放行？

（1）分析关键词"燃油温度指示器"，判定应该查询 MEL 第 28 章燃油系统。

（2）从 MEL 目录表中找出燃油温度指示器的项目编号为 28-08。

（3）进入第 28 章，找到 28-08 项目，核实适用性和时效性，依放行标准可以判定燃油温度指示器故障可以放行，程序栏没有"（M）"标志则无需维护，"C"类修理期限是 10 个日历日。如图 2-10-18 所示。

737-700/800 MEL

28-08　Fuel Temperature Indicator

Interval	Installed	Required	Procedure
C	1	0	

May be inoperative provided Total Air Temperature or Ram Air Temperature is substituted as an indication of fuel temperature.

PLACARD

Associated Fuel Temperature Indicator as appropriate.

图 2-10-18　燃油温度指示器故障放行标准示例

步骤十六：已知 AMTOSS 编号 28-43-00-710-801，查找维护工作程序内容。

（1）分析 AMTOSS 编号前三组数字可知，该工作程序的章节主题编号为 28-43-00。

（2）进入 AMM PART II 的 28-43-00 这一章节主题，找到 TASK 28-43-00-710-801，核实时效性与适用性，详细阅读执行相关程序。

视频：综合查询练习1-步骤十六

2. 综合案例二

机组反映 B-2999 机长位的航空时钟不能正常工作，该如何处理？

步骤一：从 FIM 前言的机队清单中找出 B-2999 的客户有效性代码为 002，批次号为 YA702，如图 2-2-1 所示。若不能判定航空时钟属于哪个系统，可从 FIM 前言的观察故障清单中找到故障隔离程序。观察故障清单前半部分为字母排序方式的故障清单，以关键词 Clock 可检索出故障隔离程序号 31-25 TASK 801，如图 2-10-19 所示。若能判定航空时钟属于第 31 章指示/记录系统，可从 FIM 第 31 章故障代码索引表找出故障隔离程序号 31-25 TASK 801，如图 2-10-20 所示。

视频：综合查询练习2-步骤一

737-600/700/800/900
FAULT ISOLATION MANUAL

FAULT DESCRIPTION	FAULT CODE	GO TO FIM TASK
Clock		
● does not operate		
- captain's	312 020 31	31-25 TASK 801
- first officer's	312 020 32	31-25 TASK 802
Control cabin door		
● CAB DOOR UNLOCKED light does not come on when the door is unlocked	525 010 00	52-50 TASK 801
● difficult to open/close	525 020 00	52-50 TASK 802

EFFECTIVITY
XIA ALL

OBSERVED FAULT LIST
ALPHABETICAL
Page 19

D633A103-XIA　　　　Oct 15/2011

图 2-10-19　观察故障清单字母排序示例

视频：综合查询练习2-步骤二

步骤二：进入 FIM 31-25 TASK 801，核验时效性和适用性，找到可能的原因是机长位时钟 N145 或线路问题，如图 2-10-21 所示。

BOEING

737-600/700/800/900

FAULT ISOLATION MANUAL

FAULT CODE	FAULT DESCRIPTION	GO TO FIM TASK
312 010 00	Takeoff warning horn: does not sound.	31-51 TASK 803
312 015 00	Takeoff warning horn: sounds (false warning).	31-51 TASK 803
312 020 31	Clock: does not operate - captain's.	31-25 TASK 801
312 020 32	Clock: does not operate - first officer's.	31-25 TASK 802
312 030 00	Landing warning horn: does not sound.	31-51 TASK 815

EFFECTIVITY

XIA ALL

31-FAULT CODE INDEX

D633A103-XIA

Page 101

Jun 15/2011

图 2-10-20　第 31 章故障代码索引表示例

BOEING

737-600/700/800/900

FAULT ISOLATION MANUAL

801. Captain's Clock Problem - Fault Isolation

A. Description

(1) The captain's clock does not operate correctly.

B. Possible Causes

(1) The captain's clock, N145

(2) Wiring

EFFECTIVITY

XIA ALL

31-25 TASK 801

D633A103-XIA

Page 201

Jun 15/2010

图 2-10-21　故障隔离程序可能原因示例

视频：综合查询练习 2-步骤三

步骤三：按照 FIM 的隔离步骤，完成相应工作程序。

（1）更换机长位时钟 N145。

① 拆卸前需先确定备件情况，已知电气设备号 N145，可从 WDM 设备清单中找出件号，核验适用性和时效性，确定件号为 60B00303-105，如图 2-10-22 所示。此件号为规范件号，可在 IPC 的规范件号交叉参考表中找出对应的供应商命名的件号 2610-07-1，如图 2-10-23 所示。若航材库无备件，则需利用 MEL 判定是否可以故障保留，具体参见“步骤四”；若航材库有备件，继续执行后续步骤。

BOEING

737-700/800 WIRING DIAGRAM MANUAL

Equip	Opt	Part Number Part Description	Used On Dwg Vendor	Qty	Diagram Station / WL / BL	Effectivity
N00145		60B00303-105 CLOCK-CAPTAIN	233A2101 82227	1	31-22-11 P001-01/ /	YA701-YA704
N00145		S231W130-3 CLOCK-CAPTAIN	233A2101 K0100	1	31-22-11 P001-01/ /	YA705-YA706
N00145		9010-1-1 CLOCK-CAPTAIN	233A2101 30242	1	31-22-11 P001-01/ /	YA711-YA720, YM471, YM481-YM484
N00145		9010-1-3 CLOCK-CAPTAIN	233A2101 30242	1	31-22-11 P001-01/ /	YF921-YK980, YM472-YM480, YM485-YS167

EQUIPMENT LIST

D280A122

Section N00100

Page 1

Mar 08/2012

图 2-10-22　设备清单查询件号示例

BOEING
737-600/700/800/900
PARTS CATALOG (MAINTENANCE)

SPECIFICATION NUMBER SEQUENCE

SPECIFICATION NUMBER	SUPPLIER CODE	SUPPLIER PART NUMBER
60B00263-4	49695	78169-04
60B00278-1	92003	2810039-101
60B00303-105	52013	2610-07-1
60B10024-3	S0352	ARL4EDU102
60B50059-611	24984	38001-611
60B50059-614	24984	38001-614

XIA
FEB 15/12

SPECIFICATION CROSS REFERENCE
PAGE 100

图 2-10-23 规范件号交叉参考表示例

② 拆卸时钟 Ref. AMM TASK 31-25-11-000-801,根据 AMTOSS 编号可快速找到。

③ 安装时钟 Ref. AMM TASK 31-25-11-400-801,根据 AMTOSS 编号可快速找到。

(2) 若时钟工作正常,则已修复故障。否则,继续执行后续步骤。

(3) 线路检查与维修。

① 拆卸时钟 Ref. AMM TASK 31-25-11-000-801,根据 AMTOSS 编号可快速找到。

② 检查时钟连接器 D714 的 3、8 号孔位分别连接到 D46052P 的 1、2 号孔位的两组导线是否存在故障,具体参见"步骤五"。

③ 重新安装时钟 Ref. AMM TASK 31-25-11-400-801,根据 AMTOSS 编号可快速找到。

④ 通电检查,若时钟工作正常,则已修复故障。

步骤四:机长位时钟故障,可否放行?

(1) 分析关键词"时钟",判定应该查询 MEL 第 31 章指示/记录系统。

(2) 从 MEL 目录表中找出时钟的项目编号为 31-01。

(3) 进入第 31 章找到 31-01 项目,核验适用性和时效性,依放行标准可以判定机长位时钟故障可以放行,程序栏没有"(M)"标志则无需维护,只需在故障时钟上挂牌即可,"C"类修理期限是 10 个日历日,如图 2-10-24 所示。

视频:
综合查询练
习 2-步骤四

737-700/800 MEL

31-01   Clocks

Interval	Installed	Required	Procedure
C	2	1	

One may be inoperative at either pilot or copilot station.

PLACARD

Placard "XX INOP" on associated clock.

图 2-10-24 MEL 时钟故障示例

步骤五:检查并修理已知端点之间的导线。

(1) 已知端点为时钟连接器 D714 的 3、8 号孔位和 D46052P 的 1、2 号孔位,分析关键词"时钟",可知需在 WDM 第 31 章找到时钟的线路图。进入 WDM 第 31 章目录表,根据批

视频:
综合查询练
习 2-步骤五

次号 YA702 可知应查阅 31-22-11 Page 1，如图 2-10-25 所示。

图 2-10-25　WDM 第 31 章目录表示例

（2）从线路图 31-22-11 Page 1 可以看出，需要检查的导线有 W0001-0169-24、W001-0170-24、W0003-0637-24、W0003-0638-24、W2030-5501-24、W2030-5502-24 等，如图 2-10-26 所示。若任何一根导线本身或终端连接有问题，则参照 SWPM 进行修理。

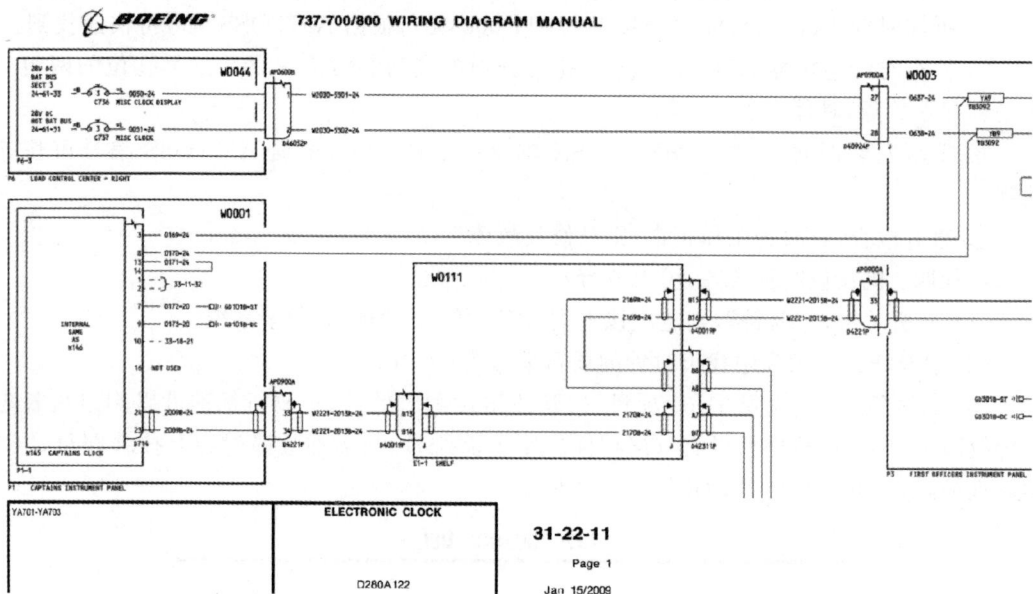

图 2-10-26　时钟线路图示例

2.11　其他维修文件及维修签署

2.11.1　其他维修文件

1. 适航指令

1）适航指令

适航指令（airworthiness directive，AD）是针对在某一民用航空产品（包括航空器、航空发动机、螺旋桨及机载设备）上发现的，很可能存在或发生于同型号设计的其他民用航空产品中的不安全状态,由适航当局制定的强制性检查要求、改正措施或使用限制的文件。其内容涉及飞行安全,如不按规定完成,有关航空器将不再适航。

国际上占主流地位的适航当局颁布的适航指令有三种,分别是中国适航当局颁发的适航指令 CAD(CAAC AD)、欧洲航空安全局颁发的适航指令 EAD(EASA AD)、美国联邦航空局颁发的适航指令 FAD(FAA AD)。

由 CAAC 和地区管理局颁发的每一份适航指令都是《民用航空器适航指令规定》(CCAR-39)的一部分,具有与 CCAR-39 部同等的效力。适航指令适用于民用航空器、安装或拟装于民用航空器上的发动机、螺旋桨及零部件。

2)适航指令的启动、颁布和执行

我国为设计国或改装设计国的民用航空产品和零部件适航指令编制主要源于民用航空产品和零部件持续适航事件评估。一旦有迹象表明其民用航空产品或零部件因为制造或设计缺陷处于不安全状态时,设计批准持有人应调查缺陷原因,并向局方报告其调查结果和正在采取或建议采取的用于纠正该缺陷的措施。我国为非设计国或非改装设计国的民用航空产品和零部件适航指令编制主要源于对设计国或改装设计国相应适航指令的评估,和对民用航空产品或零部件不安全状态的评估(可结合厂家服务通告的评估)。

当评估认为民用航空产品或零部件存在不安全状态,并且这种状态很可能存在于或发生于相同型号设计的其他民用航空产品或零部件之中时,包括未按批准型号进行生产的,将启动适航指令的编制工作。然后由 CAAC 适航审定管理部门或地区管理局通过适航审定运行管理系统(airworthiness management operation system,AMOS)完成适航指令的批准颁发。对于紧急适航指令,除由 AMOS 系统公布和发送电子邮件外,还可通过传真等形式将紧急适航指令通知至执行人和相关单位。

适航指令的执行人对其航空器及时、完整、准确贯彻适航指令承担法律责任。适航指令的所有执行人均应安排专门人员及时上网查询 AMOS 公布的适航指令。在接收涉及其航空器的适航指令后,应组织专门人员评估适航指令,并保证适用的适航指令在规定的时间内得到正确执行。

3)适航指令内容及编号

适航指令是极其重要的技术文件,其内容包括标题、适用范围(涉及民用航空产品和零部件的型号、序号)、参考文件(文件类别、颁发单位、编号、颁发日期)、原因和措施以及规定、生效日期、颁发日期、联系人等。适航指令内容模板如图 2-11-1 所示。适航指令一般不包括施工程序和要求,这些内容在适航指令的参考文件中。

每一份适航指令都有唯一的编号,编号规则如图 2-11-2 所示。机型代号若为 MULT,则表示此适航指令涉及多型民用航空器。例

中国民用航空局　　CIVIL AVIATION ADMINISTRATION OF CHINA

CAAC

适 航 指 令

AIRWORTHINESS DIRECTIVE

本指令根据中国民用航空规章《民用航空器适航指令规定》(CCAR-39)颁发,内容涉及飞行安全,是强制性措施,如不按规定完成,有关航空器将不再适航。

编号:　　　　　　修正案号:

一、标题

二、适用范围

三、参考文件

四、原因、措施和规定

[本指令为紧急适航指令。]

五、生效日期

六、颁发日期

七、联系人:　姓名

　　　　　联系电话

表-39-101-2023

注:若该适航指令是紧急适航指令,在第四节中做相关标识。

图 2-11-1 适航指令内容模板

如，"CAD2007-B737-05R2 修正案号 39-5578"表示该适航指令是基于 2007 年颁发的波音 737 飞机的第 5 份适航指令的修订版，修订编号为 2；属 CCAR-39 部的第 5578 次修正案。

图 2-11-2　适航指令编号规则

2. 咨询通告

咨询通告(advisory circular,AC)是 CAAC 下发的对民用航空规章条文所做的具体阐述或解释说明，以及某些具有技术问题的解释性、说明性、推荐性或指导性文件。咨询通告由各级适航部门分工起草、编写，由民航适航当局最高领导人批准发布。

咨询通告

中国民用航空局

文　号：民航规[2020]16 号
编　号：AC-66-FS-002 R1
下发日期：2020 年 6 月 15 日

航空器维修基础知识和实作培训规范

图 2-11-3　咨询通告示例

CAAC 颁布的咨询通告有统一的编号规则，以 AC 开头，后面是所涉及的中国民用航空器规章编号、流水号及修订版次等。例如，CAAC 于 2020 年 6 月 15 日下发的咨询通告(AC-66-FS-002 R1)，是关于民用航空器维修人员资格证书的解释性文件，如图 2-11-3 所示。该咨询通告是依据 CCAR-66R3 制定，是第一次修订，旨在明确申请航空器维修人员执照的基础知识培训和考试要求。

3. 服务通告

服务通告(service bulletin,SB)旨在保证飞机的安全性，提高飞机的可靠性以及旅客舒适度。它是航空器制造厂商或部件制造厂家颁发的技术文件，用来对飞机、部件进行改装、检查及修理工作。

航空运营人可根据各自机队的具体情况，有选择性地执行服务通告。当运营人接收到服务通告后，由工程部门负责对服务通告进行评估，确定是否执行服务通告。对确定执行的服务通告/信函，由工程部门负责制定相应的工程指令(engineering order,EO)、工程通告(engineering bulletin,EB)、维修提示(maintenance tip,MT)、操作提示(operation tip,OT)和持续适航维修方案(continuous airworthiness maintenace program,CAMP)等工程文件，下发给相关维修单位执行。对于涉及适航指令的服务通告，必须按照适航指令要求执行。用户接到服务通告后应及时向厂家报告服务通告的执行计划及具体执行情况。

航空器制造厂商颁发的服务通告用来建议用户对服役飞机进行改装或检查。服务通告编号一般由飞机型号、ATA 章号及顺序号组成，如 SB A320-21-1022。部件制造厂家服务通告(vendor service bulletin,VSB)由供应商颁布，向用户通知有关部件的改装。有时候部件制造厂家服务通告被航空器制造厂家服务通告涵盖。

AMM 中前言中一般会给出服务通告清单(service bulletin list)，以便维护人员掌握航空器的状态，如图 2-11-4 所示。

Number	Incorporated	Started/Completed	ATA	Subject
SB 21A1139R1	No Effect		-	AIR CONDITIONING - Distribution - Overhead Distributor Duct - Installations and Tapes or the Overhead Ducts and Plenums
SB 22-1213	OCT 15/2010 OCT 15/2010 OCT 15/2010	S	SUBJECT 22-23-00 SUBJECT 22-23-11 SUBJECT 22-23-21	AUTOFLIGHT - YAW DAMPER SYSTEM - Deletion of a Yaw Damper Indicator
SB 22-1254	No Effect		-	AUTOFLIGHT - Autopilot - Installation of Lateral Navigation Mode as the Default Roll Mode for Go-Around in Lieu of Track Hold for a Missed Approach

图 2-11-4　飞机维修手册中的服务通告清单

2.11.2　维修记录签署

维修记录一般是指填写完整的工作单/工卡、缺陷发现及采取措施记录、换件记录及合格证件、执行的适航指令和服务通告清单、保留工作、测试记录、维修放行证明等。在遵循维修手册进行维修工作的各个环节或过程中，都要进行维修工作记录或签署。正确的记录签署是保障航空器的维修质量和适航性的重要依据和证明，是航空器维修历史记录的一部分。目前维修工作有在纸质版资料上进行手工签署的，也有进行电子签署的。

1. 工作单（工卡）签署

工作单，也称工卡，它是维修人员在检查、维修和勤务等工作中执行的工作顺序和步骤的指令性文件。工作单应在工作现场、按工作顺序逐项签署。要用黑色或蓝色墨水或圆珠笔填写，字迹应工整、清晰。维修记录要表述清晰，内容明确，测试数据应填写实测值。工作单的工作者签署要求必须由具有相关资质授权的合格维修人员完成，签署方式为"签字/盖章＋日期"；检查者签署要求必须由具有相关资质授权的合格维修人员或维修检验人员完成，签署方式为"签字/盖章＋日期"。工作单所要求的工作完成后，由监管人员、领班或组长确认并签署，签署要求为"签名/盖章"。工作单签署示例如图 2-11-5 所示。

2. 飞机飞行记录相关文件签署

维护人员也需要在飞机飞行记录相关文件上进行签署工作。飞机飞行随机记录相关文件通常有飞行记录本（flight log book，FLB）、技术记录本（technical log book，TLB）和客舱记录本（cabin log book，CLB）。

飞行记录本用来记录飞机飞行操纵数据资料等与飞行安全有关的信息，是公司营运状态统计工作的重要文件，也是实施航前/过站和其他维修工作后提供适航性放行签证的文件。技术记录本用于记录飞机在运营中机组报告的故障以及维修人员的处理措施，也记录计划维修作业，是真实记载飞机适航状况与维修状态的证明文件。客舱记录本是真实记载飞机客舱内服务设施、设备使用状况的证明文件，是改善服务工作的重要手段。

放行人员在每次放行飞机时应检查记录本使用情况，若需要补充应通知维修控制中心（MCC）以便航后配备新本。航后工作完成后，放行人将所填写的 FLB、TLB、CLB 附页撕下交维修控制中心。记录本使用完毕后，在飞机上存放 7 天；由航后放行人员取下交回维修控制中心，领用新本放于飞机上。

SCHEDULED JOB CARD 例行工作单				CARD NO. 卡号:28-AWL-17	

A/C TYPE 机型	A/C REG 机号	TITLE 标题		AIRLINES 航空公司	SEQ NO. 顺序号
733BEJ	B-2535	Surge Tank Access Doors - Lightning Protection Bond 通气油箱接近门-防雷电击绝缘保护带		CCA	

WORK ORDER NO. 定检指令号	TASK 工作	INTERVAL 间隔	SKILL 专业	ACTUAL MH 实际工时	REV. DATE 修正日期
			ME		2011-11-01

CATEGORY 工卡类别	☑ CAD/AD ☐ MRB ☐ ETOPS ☑ CDCCL	☐ CMR ☑ RII ☐ ALI	ZONE 区域	ACCESS PANEL 接近盖板

REF. DOCUMENTS/REV. DATE 参考文件/版次
CAMP   B737-300CAMPR7
CAD   2008-B737-16R1
AD   2008-10-09R1

SPARES REPLACEMENT DATA 拆换件信息

P/N REMOVED 拆下件件号	S/N 序号	P/N INSTALLED 装上件件号	S/N 序号

RECORD THE NON-ROUTINE JOB CARD NO (IF APPLICABLE) 记录非例行工作单号(如适用)

PREPARED BY 编写		AUDITED BY 审核		APPROVED BY 批准	
CERTIFIED BY: 完工签署	签名/盖章	DATE 完工日期	填写日期	STATION 维修站	航站 代码

PAGE 页码 PAGE 1 OF 2

A/C REG 机号	REV. DATE 修正日期	TITLE 标题	CARD NO. 卡号
B-2535	2011-11-01	Surge Tank Access Doors - Lightning Protection Bond 通气油箱接近门-防雷电击绝缘保护带	28-AWL-17

ITEM 工序	JOB DESCRIPTION 工作单内容	MECH 工作者	INSP 检查者
1	Surge Tank Access Doors - Lightning Protection Bond 通气油箱接近门-防雷电击绝缘保护带 Concern: Potential for arcing or sparking inside the tank at the interface between the door and the tank structure as a result of a direct strike or conducting currents through the wing skin. 关注: 由于通过大翼蒙皮的雷电击或导电电流, 在油箱内部的油箱接近门和油箱结构的结合面可能产生电弧或火花。 During surge tank access door installation, perform the following actions per Boeing AMM 28-11-11: 按照波音AMM28-11-11, 安装通气油箱接近门时必须执行如下工作: Clean the countersinks on the access door. 清洁接近门上的埋头孔区域。	T1/ME 签名/盖章 日期	XXX 签名/盖章 日期
2	If the Pressure Relief Valve is removed and replaced, maintain the electrical fay surface bond between the pressure relief valve and the door 1 ohm or less per Boeing AMM 28-13-41. 如拆下和更换安全释压阀, 按照AMM28-13-31, 确保压力释放活门和门之间的接触面搭接电阻小于或等于1欧姆。	T2/ME 签名/盖章 日期	RII 签名/盖章 日期

图 2-11-5　工作单签署示例

　　各航空公司的机上记录文件略有差异,但内容信息大同小异,如图 2-11-6 所示。每次飞行前,放行人员在飞行记录本上签署放行;每次航后结束或飞机停场完成工作,放行人员在飞行记录本上填写航后所完成的工作并签署。维护人员须对乘务员在客舱记录本上报告的故障进行相应的维护工作,如图 2-11-7 所示。故障排除后在记录本上签名,表明该项目已按照经批准的标准予以排除。

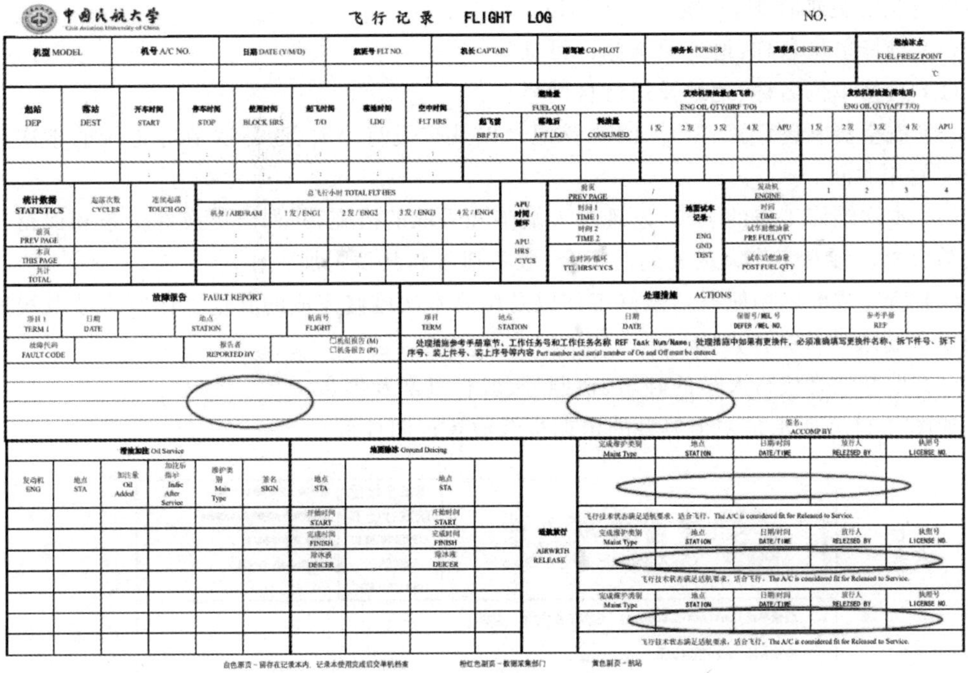

图 2-11-6 飞行记录本示例

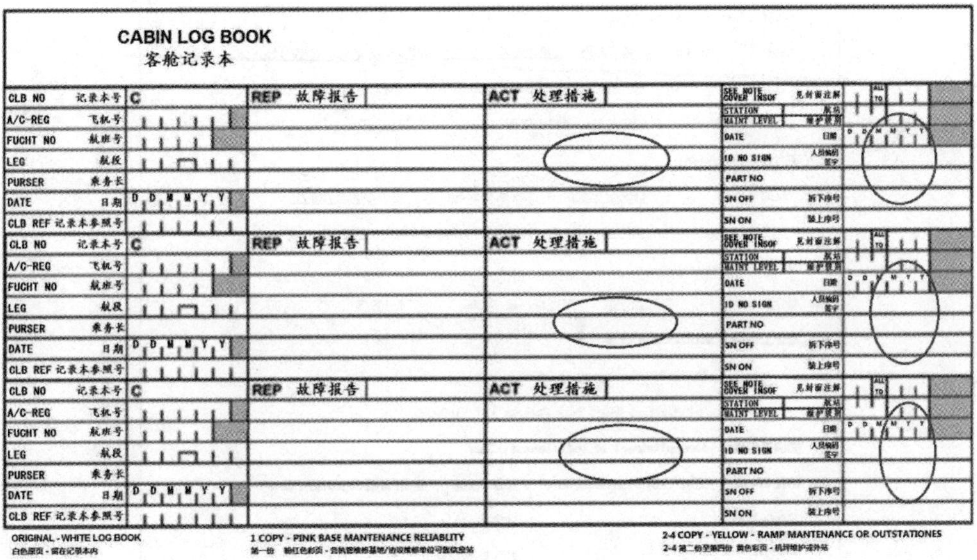

图 2-11-7 客舱记录本示例

3. 维修放行证明

维修单位完成民用航空器或者其部件的维修工作后,需要由本单位授权的放行人员签发维修放行证明。其中,航线维修或者结合航线维修完成的其他非定期检修工作,一般可以在飞行记录本上签署放行;部件的维修放行证明一般采用《批准放行证书/适航批准标签》的形式;定期检修工作以及结合定检完成的其他维修工作,可以由维修单位按照规章要求自定维修放行表格作为其放行证明。定期检修工作的放行证明格式比飞行记录本上的航线放行信息更加详细，一般至少包括以下内容：

(1) 维修单位名称、地址及维修许可证号。

(2) 送修单位名称、地址及送修合同号。

(3) 航空器制造厂家、型号、国籍登记号以及按飞行小时、起落次数等记录的本次定期检修前使用时间。

(4) 本次维修工作的名称、发现重大缺陷和采取的措施，并列出更换件记录和保留项目以及结合本次维修工作完成的适航指令、服务通告和其他附加工作。

(5) 所完成的民用航空器维修工作以及结合本次维修完成的其他工作符合涉及民航管理的规章要求的符合性声明。

(6) 批准维修放行人员的姓名、执照号、放行日期及签名。

如图 2-11-8 所示是一个典型的定期检修放行证明样例。

中国民航大学 Civil Aviation University of China	飞机定检适航放行证书 AIRWORTHINESS RELEASE CERTIFICATE	编号 NO.：AR100000000000 维修许可证 APPROVAL:D200000 地址：天津市东丽区 Addr:Tianjin Dongli

1. **送修单位 Contracted Company** 中国民航大学 CAUC

   地址 Add. 天津市东丽区 ________

   送修合同号 Contract No. 100000010001

2. **飞机概况 Identification**

   国籍登记号 Registration B-5671

   飞机制造厂家 Manufacturer 波音商用飞机集团公司 BOEING COMERCIAL AIRPLANES CORP.

   飞机型号 Model 737-800 序号 Serial Number 36824

   飞行小时 Hours 31234.21 飞行起落 Cycle 17357.00

   动力装置 Powerplant

   一发型号 Model CFM56-7B26E 二发型号 Model CFM56-7B26/3

   一发序号 Engine 1 S/N 960700 二发序号 Engine 2 S/N 802700

   辅助动力装置 APU

   型号 Model 131-9B 序号 Serial Number P-10975

3. **维修工作项目 Maintenance Item**

   维修级别 Maintenance Check C5

   飞机检修任务书编号 Work Package Ref 100000010710

4. **完成工作项目 Accomplishment of maintenance items**

部位 Group	签名/日期 Signature/date	部位 Group	签名/日期 Signature/date
发动机 Engine	________	机翼 Wings	________
起落架 L/G	________	机身 Fuselage	________
航空电子 AV	________	电气 E	________

5. **整机放行证明 Statement of Release to Service**

   "兹证明，上述第 3 栏中维修工作，除另外说明外，完全符合现行中国民用航空规章的要求。现对上述航空器予以适航放行。" Certifies that the maintenance work recorded above was carried out in accordance with current CCAR, and the aircraft is considered ready for release to service.

   签名 Signature ________ 执照号 License No. ________ 日期 Date ________

   质检签名 Signature ________ 执照号 License No. ________ 日期 Date ________

图 2-11-8 定期检修放行证明示例

6. 完成维修工作的概述 Description of Work Accomplished

(要求阐述本次检修期间例行工卡、非例行工卡、工程指令、生产指令、服务通告、适航指令、更换件记录、保留项目和重要修理改装的实施情况，以及维修过程中发现的重大问题及处理措施等。)Describe the accomplishment of routine cards, non-routine cards, EO/PO/SB/AD/CAD, recorder of component changed, deferred routine item and significant modification in repair operation, any other hidden malfunction and corrected result in shop repairing should be included.

◆ **例行工卡 Routine Job Cards**

　　共　　　　　　详见工卡目录清单。Refer to Job card list

◆ **非例行工卡**

　　共　　　　　　详见非例行工卡清单。Refer to NRC list

◆ **工程指令**

　　共　　　　　　详见工程指令清单。Refer to EO list

◆ **生产指令**

　　共　　　　　　详见生产控制指令清单。Refer to PO list

◆ **更换件记录 Replacement** 详见拆换件清单。Refer to Replacement list

◆ **保留工作项目 Defer Maintenance Item**

序号 No.	编号 SN	工卡号 Job Card No.	保留原因 Defer reason

◆ **重要修理/改装项目清单 Major Repair/Modification List**

序号 No.	编号 SN	项目 Item	类别 Category

◆ **适航指令（AD/CAD）**

序号 No.	执行的工卡 JobCard	AD/CAD 编号 SN	项目 Item

◆ **服务通告（SB）**

序号 No.	执行的工卡 JobCard	SB 编号 SN	项目 Item

图 2-11-8 （续）

2.12　空客飞机手册

　　空客飞机手册在内容和编排方面依然遵循 ATA2200 规范，与波音飞机手册基本相同。手册的结构、章节内容、编排、页码段、编号及尺寸均为标准化，仍采用面向飞机维修任务的支持系统进行维修工作任务的组织和编写等，但在专业术语、查询方法等方面稍有差异。本节以 A320 飞机为例，简要介绍各个常用手册，重点说明与波音 737NG 对应手册的区别。目前空客维护类手册大都使用在线版 AirN@v。

2.12.1　概述

　　与波音公司相同，空客公司按用途编写各种手册，但它们的名称略有不同，详情参见2.1.2 节所述。

1. 手册有效性

典型的手册有效性页清单给出各种飞机的识别编号,包括飞机版本及序号(Version Rank)、飞机型号(Model)、飞机制造序列号(manufacturer serial number,MSN)、注册号(Registration)、客户机队序列号(Customization and Fleet Serial Number)、飞机标准(STD)、发动机型号(Engine)、运营商名称(Operator)、飞机 FSN 号段(A/C Range)。查询手册时,经常以 FSN 号段甄选适用信息。从图 2-12-1 可以看到,"飞机版本及序号"栏中"CCA01 0002"表示客户 CCA 第一个版本中的第二架飞机。CCA 为三个字母的航空公司代码,代表中国国际航空公司;有的清单中称为 airline,它由国际民用航空组织(International Civil Aviation Organization,ICAO)指定。STD 为给定范围的飞机技术定义的生产标准,如 ST1、ST2 等。使用 SRM 或飞机图纸集时,可能会用到版本编号和标准编号。

Version Rank		Model	MSN	Registration	Customization and Fleet Serial Number		STD	Engine	Operator	A/C Range
CCA01	00001	319-131	2000	B-6022	CCA	001	ST3	V2522-A5	AIR CHINA	001-100
CCA01	00002	319-131	2007	B-6023	CCA	002	ST3	V2522-A5	AIR CHINA	001-100
CCA01	00003	319-131	2015	B-6024	CCA	003	ST3	V2522-A5	AIR CHINA	001-100
CCA01	00004	319-131	2172	B-6031	CCA	004	ST3	V2522-A5	AIR CHINA	001-100
CCA01	00005	319-131	2202	B-6032	CCA	005	ST3	V2522-A5	AIR CHINA	001-100

图 2-12-1 典型手册有效性页清单

2. 服务通告清单

航空运营人接收到服务通告(SB),交由工程部门进行评估以确定是否执行。手册中的服务通告清单用于说明服务通告的状态,如图 2-12-2 所示。

SB Number	REV	Vendor SB Number		Incorporation Status	SB Title	Customer work order	Embodiment status
		Vendor	SB Number				
00-1074	03			Aug 01/05	GENERAL - DESIGN WEIGHTS - INCREASE MTOW FROM 64.0 T TO 70.0 T		embodied ON A/C 001-006
00-1074	04			No effect			
00-1074	05			Aug 01/05			
00-1074	06			No effect			

图 2-12-2 典型的服务通告清单

SB Number/REV/SB Title 分别为 SB 编号、修订版本和名称。Incorporation Status 表示服务通告状态,确切日期表示手册内容已按照服务通告修改完成;No effect 表示 SB 数据不影响手册内容;In process 或 S 表示开始执行但尚未完成此服务通告。Embodiment status 表示通知空客公司此服务通告实施的飞机。embodied 表示此服务通告已实施;scheduled 表示计划实施此服务通告;reject 表示决定不实施此服务通告;not report 表示还未通知空客公司。

3. 功能识别号

1) 功能识别号一般格式

空客飞机上的每个设备会被分配一个唯一的识别编号,称为功能识别号(functional item number,FIN)。一架飞机上可能有多个相同件号的设备,但这些设备不可能有相同的 FIN。FIN 类似于波音飞机手册中的电气设备号,可用于空客飞机的 AMM、IPC、TSM、ASM、AWM、AWL 中查询相应的信息。

FIN 的核心编号是两个字母的代码,表示设备所属系统及其电路。第一个字母为系统标识编号,但字母 V(表示虚拟电路)除外,如表 2-12-1 所示。第二个字母为电路标识编号,与第一个字母组合起来代表某系统中的电路,如表 2-12-2 所示。

表 2-12-1　FIN 中第一个字母的含义

第一个字母	所属飞机系统
C	flight control systems(飞行控制系统)
D	de-icing(防冰)
E	engine monitoring(发动机监控)
F	flight instrumentation(飞行仪表)
G	landing gear(起落架)
H	air conditioning(空调)
J	ignition(点火)
K	engine control and starting(发动机控制和启动)
L	lighting(灯光)
M	interior arrangement(内部装饰)
P	DC power supply distribution(直流电源供给与配电)
Q	fuel(燃油)
R	radio (navigation & communications)(无线电导航和通信)
S	radar navigation(雷达导航)
T	special electronics(特殊电子设备)
V	fictitious circuits(虚拟电路)
W	fire protection & warning system(防火和警告系统)
X	AC generation & distribution(交流发电和配电)

表 2-12-2　FIN 中两个核心字母含义(以飞行控制系统为例)

两个核心字母	系统中某一子系统或功能
CA	autothrust engagement
CA	electrical power supply(FMGS)
CA	discretes/analog interfaces(FMGS)
CA	ARINC bus interfaces(FMGS)
CC	engagement & internal monitoring
CC	electrical & hydraulic power supply(FAC)
CC	discretes/analog interfaces(FAC)
CC	ARINC bus interfaces(FAC)
CE	control inputs interface & power supply
CE	ELAC system(elevator & aileron computer)
CE	SEC system(spoiler & elevator computer)
CE	FCDC system(flight control DATA concentrator)
CN	flaps position indicating
CN	slats position indicating
CV	flaps electrical control & monitoring
CV	slats electrical control & monitoring

2) 设备 FIN

为了区分同一电路中执行相同功能的几个相同设备,须对两个核心字母添加前缀或后缀,以便为每个设备提供唯一的识别编号。添加后缀的一般规则是偶数(2,4,6,…)标识右侧的任一部件,奇数(1,3,5,…)标识左侧的任一部件。后缀中的字母可代表不同的构型或类型。例如,14CA1,CA 表示飞行控制系统中自动推力衔接,前缀"14"表示是 CA 中的第 14 个部件,后缀"1"表示为几个类似部件中位于左侧的第一个。客户在飞机上添加的部件序号应为 9000~9999,如客户自己加的接线管 9001VS。

FIN 不但可以用来识别飞机上的电气电子部件,也可以用来识别机械部件。A320 飞机上,对于机械设备而言,第二个字母是 M。例如,3013GM 表示是一个机械部件。非 A320 飞机上,前缀大于 5000 是机械部件,小于 5000 是电气设备。

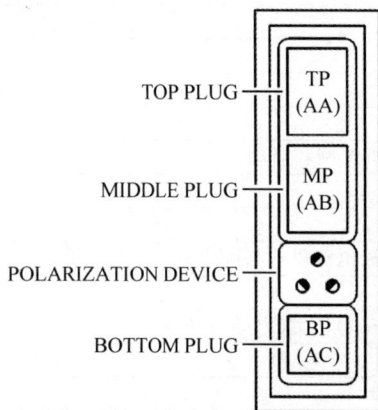

TOP PLUG — TP (AA)

MIDDLE PLUG — MP (AB)

POLARIZATION DEVICE —

BOTTOM PLUG — BP (AC)

图 2-12-3　典型 ARINC600 的连接器

3) 连接器 FIN

与部件相连的连接器用电路识别编号添加后缀字母(若有多个连接部件需用双字母)的方式进行识别。例如,14CA-A,"14"是部件编号,CA 是两位的核心字母,A 是插头识别号;含义是电路 CA 中第 14 个部件上的插头 A。若此部件上还有其他插头,可能标识为 14CA-B、14CA-C、14CA-D 等。例如,典型 ARINC600 连接器的 FIN 为 11CA-AA,表示电路 CA 中第 11 个部件上的插头 AA,如图 2-12-3 所示。

4) 特殊功能 FIN

对于不专属某个系统的部件,其 FIN 的首字母是 V,第二个字母定义部件的类型,如表 2-12-3 所示。例如,2010VUA4,前缀 2010 是部件编号;VU 是两位的核心字母,表示面板/设备架;A 表示构型;"4"为后缀,可表示位置。

表 2-12-3　首字母 V 的 FIN 含义

两个核心字母	系统中某一子系统或功能
VC	A/C electrical connectors(电气连接器)
VN	ground points(接地点)
VG	ground terminal block(接地块)
VP	pressure seal(压力封严)
VS	splices(接线管)
VT	terminal blocks(接线块)
VD	diode module(二极管组件)
VU	panels & racks(面板/设备架)

5) 汇流条 FIN

核心字母 XP 表示交流汇流条,PP 表示直流汇流条。例如,12XP-A 为交流汇流条 A 相。

2.12.2　AMM

1. 手册基本结构

AMM 中不仅有 MRB 和 MPD 中的例行工作描述,还有 CDL、MMEL 和 TSM 中的非例行维护程序的描述。手册基本结构包括前序和正文两部分。手册查询方法与波音飞机类似。

(1) 前序部分包括前言和 00 章。内容涵盖标题页(Title Page)、修订记录(Record of Revision)、临时修订记录(Record of Temporary Revision)、更改内容重点(Highlights)、有效页清单(List of Effective Pages)、目录表(Table of Contents)、临时更改清单(Temporary

Revision)、服务通告清单(Service Bulletin list)、客户发起更改清单(Customer Originated Changes,COC)、手册介绍(Introduction)、飞机识别号分配表列(A/C Allocation Table)、解除/恢复程序索引(Deactivation/Reactivation Index,DR)等。

(2) 正文部分是系统章节内容,按照 ATA 规范编写。正文内容包括描述操作和维护程序两部分。每章前面也有改版信息、有效性页清单和目录表。

描述操作部分(Description and Operation)给出了系统概述、部件位置(可包含部件的 FIN 号、位置和 ATA 规范参考章节等)、系统描述、供电、系统交联、部件描述、操作/控制和显示、自测 BITE 等。这一部分有助于了解飞机系统。

维护程序部分(Maintenance Procedures TASK),仍采用面向飞机维修任务的支持系统(AMTOSS)给出工作任务。AMTOSS 任务标题和任务代码编号下面可能包括执行工作原因、工作准备(包括耗材、工具和支持设备、参考等)、工作开始(包括安全须知、飞机状态和接近方式等)、工作程序、工作完成恢复工作等。另外手册 400 页码段,含有 MMEL 或 CDL 相关的系统或部件的解除/复位操作程序。

2. 手册查询案例

B-2206 飞机大翼上放电刷本身的电阻检查时,需要什么设备？放电刷尖端到基座电阻范围应该是什么？

(1) 确认手册有效性,确定所查施工在 ATA23 章通信系统。

(2) 确认有效性和改版等信息。

(3) 通过 23 章目录确认 23-61-00 601 页码,如图 2-12-4 所示。

```
STATIC DISCHARGER             23-61-00
  INSPECTION/CHECK                      601  ALL
   - Check Resistance of Tip to         601  ALL
     Retainer - Check Bonding of
```

图 2-12-4　AMM 23 章节目录

(4) 阅读 TASK 23-61-00-200-001,如图 2-12-5 所示,可得知需要 500MΩ、500VDC,最大电流 1mA 的兆欧表；A 型放电刷本身的电阻应为 6～120MΩ；B 型放电刷本身的电阻应为 6～200MΩ。

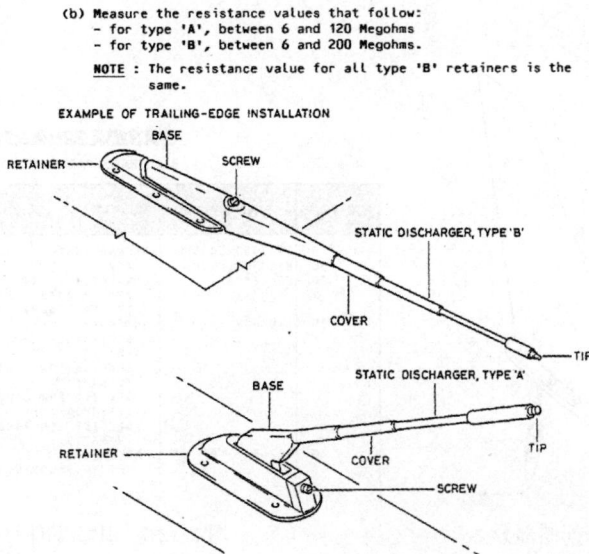

图 2-12-5　AMM 中查询的信息

2.12.3　IPC

1. 手册基本结构

空客飞机的 IPC 由前序和正文两部分组成。前序包含前言和 00 章,主要包含改版记录、有效性页、飞机有效性清单、手册介绍、件号索引等;正文按照 ATA 规范编排,给出系统的装配图说明和详细零部件清单。查询方法与波音飞机的类似。

下面重点给出一些术语描述,更多的术语解释参考 AIPC 的"手册介绍"部分。

(1)件号栏里"NP"(non porocurable)表示非获得项目代表客户不能订购此件号。

(2)"LM"(local manufacturer)表示需要局部加工的零部件。

(3)"ALT from"(alternate from)表明此件与件号栏中的基本件号在功能上可以互换。

(4)"PREFERRED SPARE PART"表示为目前备件中的首选件号。

(5)"Storage parts"和"∗∗∗"表示若储存上一级组件,则同时需要的零件,所标数量用于储存一个上一级组件。

(6)"RESTRICTED USAGE(RU)"限制用于某件。例如,"RU 010"表示只用于 010 项零件上。

2. 手册查询案例

B-2206 飞机的甚高频通信系统 VHF1 的天线件号是什么?

(1)确认手册有效性,确定所查施工在 ATA23 章通信系统。

(2)确认有效性和改版等信息。

(3)通过 23 章目录确认所在章节为 23-12-01,页码为 1。

(4)查询零部件装配图,可以判断天线的项目号为 30,件号为 2403-89。如图 2-12-6 和图 2-12-7 所示。

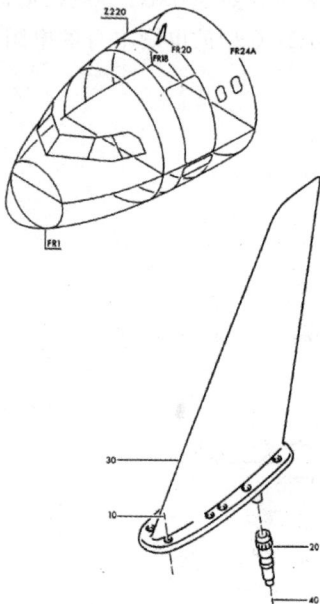

图 2-12-6　IPC 装配图部分

图 2-12-7　IPC 零件目录部分

2.12.4　WDM

1. 手册基本知识

1）手册基本组成

空客飞机的 WDM 分为相对独立的三个部分，即飞机原理图手册（aircraft schematic manual，ASM）、飞机线路手册（aircraft wiring manual，AWM）、飞机线路清单（aircraft wiring list，AWL）。

飞机原理图手册由标准施工、数字字母索引、系统原理图组成。ASM 中以方块图、系统简图、简化简图给出系统组成、原理描述，以及部件内部设计的简略描述。

飞机线路手册由标准施工、数字字母索引、线路图组成。AWM 给出系统的线路连接关系、面板、分区和线路走向等。

飞机线路清单由标准施工、设备清单、连接清单、主导线清单、发动机数据组成。AWL 描述线路本身参数以及线路连接设备或终端的信息。

WDM 的这三部分合起来可全面帮助电气电子系统操作、维护和故障排除。三部分中的标准施工部分单独合成一本手册 ESPM，即 WDM 20-00-00 到 20-69-99。

2）WDM 重点内容

与波音飞机的类似，WDM 各手册前言"手册介绍"中有线路图符号和手册查询方法介绍，这里着重描述几点。

（1）WDM 线路图所在的飞机构型状态

WDM 的线路图信息基于飞机处于如下构型状态：飞机依靠起落架停放在地面上；发动机关闭，反推锁定并关闭；襟翼、缝翼和减速板收回；所有舱门关闭；停留刹车打开；飞机电网断电；所有控制装置处于正常、自动或关闭位置。

（2）AWM 中的导线标识和符号说明

手册前言的"手册介绍"中有详细的符号介绍。线路识别由 8 位数字加上颜色识别字母组成。例如，2322-0121R，其中，"2322"是 ATA 章节号，"0121"是导线编号，R 是颜色标识（如果使用）。一般来说，线路图中只出现导线编号。

下面以 AWM 29-32-01 中的线路图为例，来解释线路图中的各种符号，如图 2-12-8 所示。

① "7577VC A"是某电气连接器的 FIN。

② "146"表示电气连接器所在区域，STA1875 表示连接器所在站位。

③ "5828"表示导线编号，导线完整识别号为 2932-5828。

④ "7508VP"是某压力封严设备的 FIN。

⑤ "CF24"CF 为导线类型代码，"24"表示导线规格（American wire gauge，AWG）。

⑥ "2M"为导线走向（route）类型。它通过字母和前缀数字来标识导线走向类型。空客飞机上主要有 8 种导线走向类型（G、P、M、S、E、R、T、U）。AWM 的 94 章有主导线走向（main wire routing）的图解。例如："1G"代表 1 号发电机馈线；"2M"是非敏感的 2 号系统的导线；"1T"代表 VHF1 线路。敏感系统导线在 WDM 中一般用字母 S 标识，该标记旨在向维护人员表明：不得对这些电线进行修改；如果改动了这些导线，则需要对相关系统进行测试。一般来说，只要指定了电缆的两端，就可以在不存在混淆风险的情况下确定电缆

在两点之间的布线,但如果存在多种可能性,则必须用线束段表示。例如,"1M-C"代表非敏感的 1 号系统导线中的 C 段,指驾驶舱左侧设备架后部至天花板的布线。

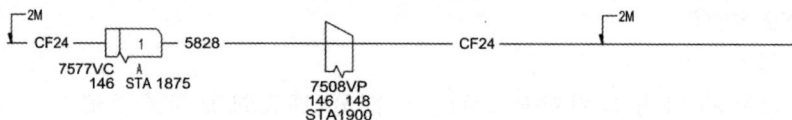

图 2-12-8　WDM 线路图示例

2. 手册查询案例

B-2206 飞机,第一套气象雷达收发机供电出现问题,请查询:系统供电来自哪个汇流条? 其跳开输出经过哪些设备连接到气象雷达收发机?

(1) 确认手册有效性,确定所查施工在 ATA34 章导航系统。

(2) 查询有效性和改版等信息。

(3) 通过 34 章前面的索引或书签进入 34-41-01。

(4) 查阅线路图,如图 2-12-9 所示,可知系统供电来自 115 交流汇流条 1,跳开关 5SQ1 连接导线 3441-0101,通过连接器 2202VC、1201VC 和 1153VC 到达第一套套气象雷达收发机 1SQ1 上连接器 AC 部分的 2 号孔位。

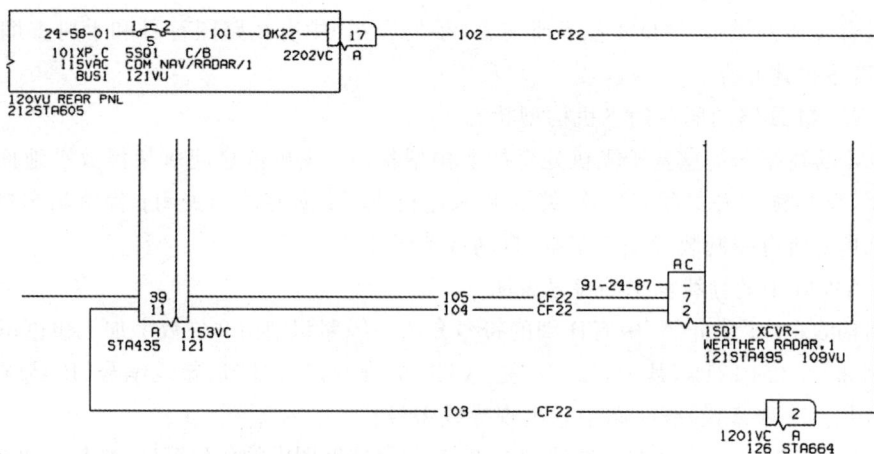

图 2-12-9　ATA34 章线路

2.12.5　TSM

TSM 用于系统识别、隔离和排除飞行和地面报告的飞机警告和故障。手册由前言、警告/故障索引、中央故障显示系统(centralized fault display system,CFDS)故障消息索引介绍和按照 ATA100 规范编排的标准排故程序章节组成。

1. 故障来源

空客飞机 TSM 故障信息来自三个方面:飞行记录本、航后报告、观察到的故障。

典型航后报告(post flight report,PFR)分为三部分(见图 2-12-10)。

(1) 本次航班信息。

(2) 电子中央飞机监控系统(electronic centralised aircraft monitor,ECAM)警告信息

(ECAM WARNING MESSAGES)。

（3）CFDS故障信息（FAILURE MESSAGES）。

CFDS故障信息不会直接报告给飞行机组或维护机组，但它们可能以警告信息或故障的形式显示出来，所以航后报告中ECAM警告信息和CFDS故障信息可能会出现对应关系。一般在查TSM时，会将发生在同一时段、同一航段的信息共同使用。例如，在ECAM警告信息中，GMT1511/PH 04（格林尼治标准时间15:11/航段04）触发的"ENG 2 FADEC"警告信息，与CFDS故障信息中GMT1511/PH 04记载的故障信息"FMU/HC/EEC2"可视为对同一事件的描述。

图 2-12-10　典型航后报告

2. 故障分类

TSM将故障信息分为五类，多数信息可从驾驶舱获取，如图2-12-11所示。

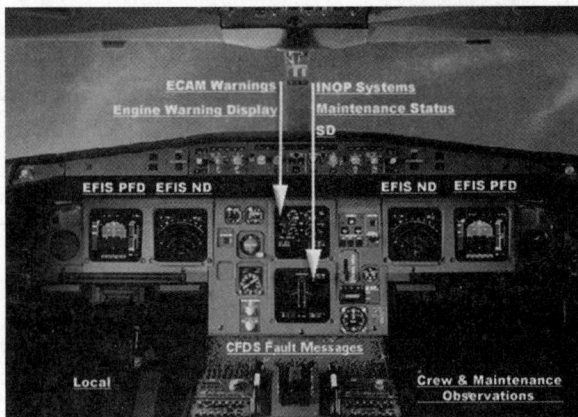

图 2-12-11　故障信息分类

（1）ECAM类：ECAM页面的警告信息，包括ECAM的ECAM警告故障（ECAM Warning）和发动机警告信息或发动机超限警告信息故障（Engine Warning Display）和下ECAM的系统失效故障（INOP Systems）、维护状态（Maintenance Status）故障和系统描述（system description,SD)故障。

(2) EFIS 类：来自电子飞行仪表系统(electronic flight mstrumentation system,EFIS)页面的警告旗,包括电子飞行仪表系统的主飞行显示器 (primary flight display,PFD)和电子飞行仪表系统导航显示器(navigation display,ND)上显示的故障。

(3) Local 类：来自驾驶舱控制面板的指示灯故障信息。

(4) OBV 类：机组或维护人员观察到的故障信息。

(5) CFDS 类：航后报告上 CFDS 故障信息。

3. 查询方法

1) 故障索引

TSM 前言中有两个故障信息总索引。前四类故障信息可在手册前言的警告/故障索引(INDEX OF WARNINGS/MALFUNCTIONS)中进行检索(见图 2-12-12),第五类(CFDS 类)故障信息可在手册前言的维护故障信息索引(INDEX OF CFDS FAULT MESSAGES)中进行检索(见图 2-12-13)。TSM 每章前序也有本章的故障信息索引。

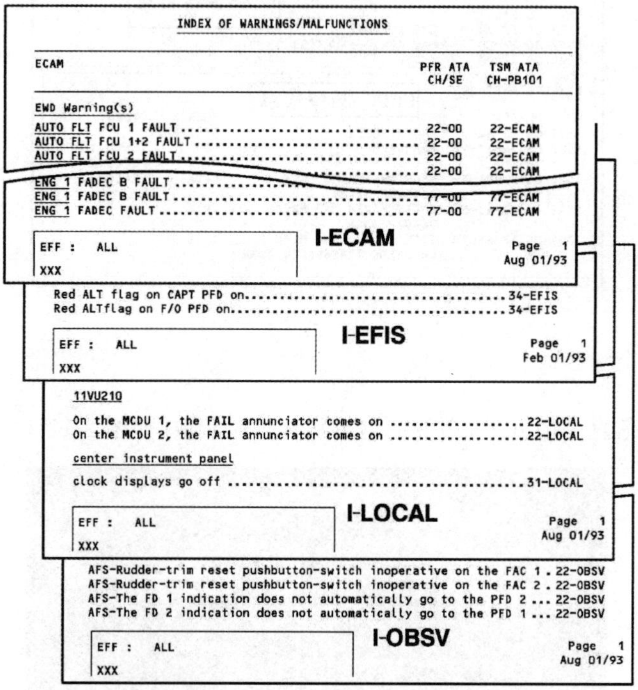
INDEX OF WARNINGS/MALFUNCTIONS

ECAM   PFR ATA CH/SE   TSM ATA CH-PB101

EWD Warning(s)

AUTO FLT FCU 1 FAULT 22-00 22-ECAM
AUTO FLT FCU 1+2 FAULT 22-00 22-ECAM
AUTO FLT FCU 2 FAULT 22-00 22-ECAM
.... 22-00 22-ECAM
ENG 1 FADEC B FAULT ....
ENG 1 FADEC B FAULT 77-00 77-ECAM
ENG 1 FADEC FAULT 77-00 77-ECAM

EFF : ALL
XXX
I-ECAM
Page 1
Aug 01/93

Red ALT flag on CAPT PFD on..................34-EFIS
Red ALTflag on F/O PFD on..................34-EFIS

EFF : ALL
XXX
I-EFIS
Page 1
Feb 01/93

11VU210
On the MCDU 1, the FAIL annunciator comes on 22-LOCAL
On the MCDU 2, the FAIL annunciator comes on 22-LOCAL
center instrument panel
clock displays go off 31-LOCAL

EFF : ALL
XXX
I-LOCAL
Page 1
Aug 01/93

AFS-Rudder-trim reset pushbutton-switch inoperative on the FAC 1 . 22-OBSV
AFS-Rudder-trim reset pushbutton-switch inoperative on the FAC 2 . 22-OBSV
AFS-The FD 1 indication does not automatically go to the PFD 2 ... 22-OBSV
AFS-The FD 2 indication does not automatically go to the PFD 1 ... 22-OBSV

EFF : ALL
XXX
I-OBSV
Page 1
Aug 01/93

图 2-12-12 手册前言的警告/故障索引

INDEX OF CFDS FAULT MESSAGES

	CFDS MESSAGES	ATA	SOURCE	CLASS	CH-PB101
	AAP (126RH) <NAME>	237313	CIDS 1	3	23-CFDS
	AAP (126RH) <NAME>/ DEU B (300RH07)	237313	CIDS 1	3	23-CFDS
R	ABCU(95GG)	324334	BSCU 1	1	32-ECAM
R	ABCU(95GG)	324334	BSCU 2	1	32-ECAM
R	ABCU(95GG) DC SPLY 401PP	240000	BSCU 1	1	32-ECAM

图 2-12-13 手册前言的维护故障信息索引

维护故障信息索引中的 CLASS 表示故障等级。空客飞机将故障划分为三个等级,一级最严重,二级次之,三级最轻。故障等级是依据对飞行操作是否有影响、对机组是否有指示信息、对放行是否有影响、对维护人员否有指示信息等四方面来划分,如图 2-12-14 所示。

Failure / Fault Classes 故障/故障等级	1	2	3
对本航段的飞行操作是否有影响	是	否	否
对机组是否有指示信息	是 自动显示 - 在ECAM显示警告/警戒信息 - 在驾驶舱中显示警告旗和其他警告	是 在 ECAM STATUS PAGE状态页上,但只在航段10 & 01	否
对放行影响	参考 MMEL 可能是 "GO" – 无条件放行 "GO IF" – 有条件放行 "NO GO" 不能放行	勿需参考 MMEL 无条件放行10天	MMEL 不适用(不影响放行)
对维护人员是否有指示	是 每个航段之后打印 CFDS PFR	PFR	是 通过CFDS System Report/Test查寻

图 2-12-14　A320 飞机的故障等级划分

2)查询流程

依据故障信息关键词,从 TSM 手册前言的两个故障信息总索引中找出相应条目,与之对应的最后一列 TSM ATA(ATA 章号-PB101)信息可确定需进入的相应章。TSM 各章前序有至多五类故障信息索引(如图 2-12-15 所示),选择相应的故障信息索引,找出相应条目

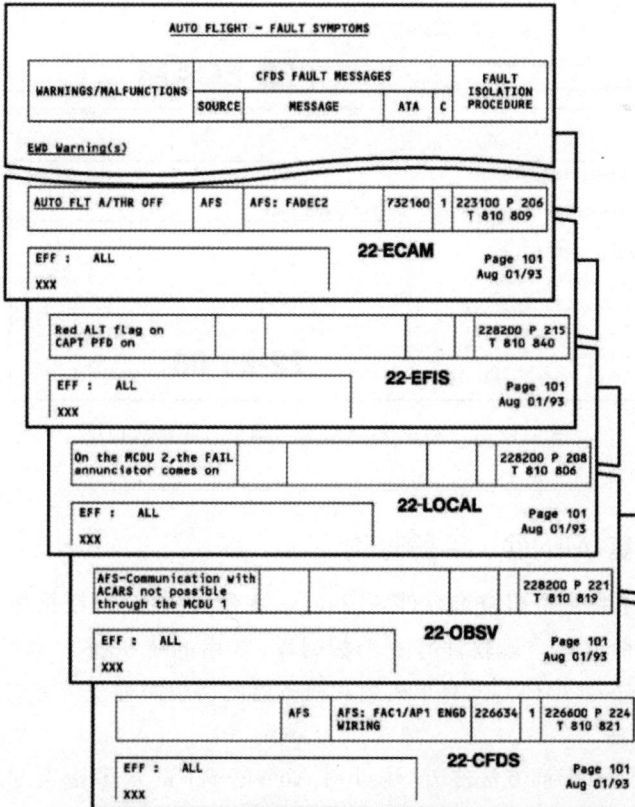

图 2-12-15　TSM 第 22 章前序的五类故障信息索引

即可确定具体的排故程序参考(FAULT ISOLATION PROCEDURE)。此外,也可以根据分析判断直接进入相应章,再从章前序的故障信息索引中找出排故程序参考。

4. 手册查询案例

B-2206 飞机的 ECAM 显示警告信息 AUTO-FLT,请查找具体的排故程序。

(1) 确认手册有效性。

(2) 手册前言警告/故障索引的 ECAM 索引中查找到 22-ECAM。

(3) 进入 ATA22 章前序的 ECAM 故障索引中找到具体的排故程序为 226600 T810 885,如图 2-12-16 所示。

(4) 进入 ATA 22-66-00 找到排故程序 TASK 22-66-00-810-885。

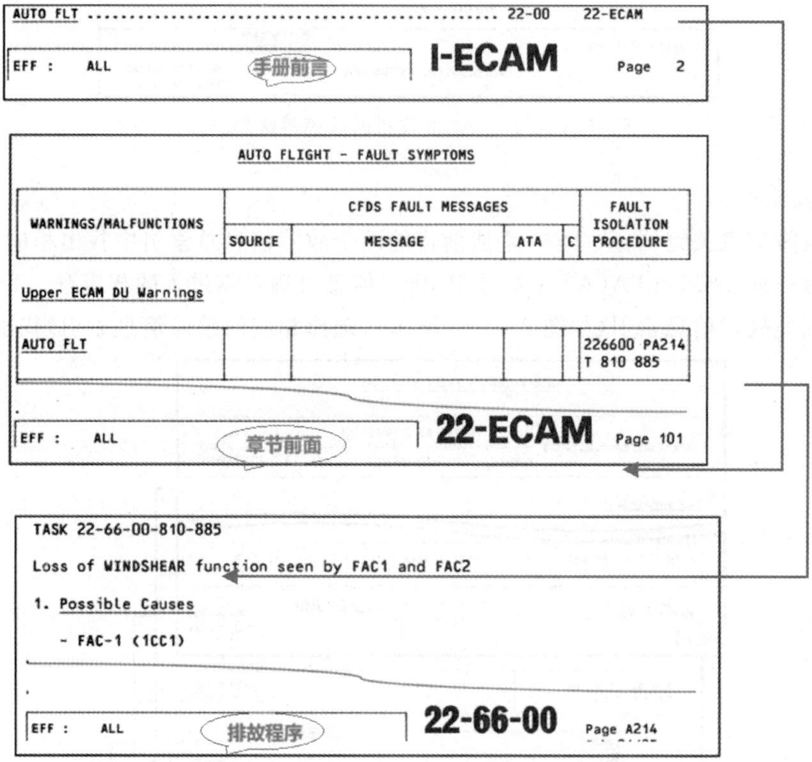

图 2-12-16　根据 ECAM 警告信息查找排故程序

2.12.6　空客 AirN@v 手册查询

空客公司推出了技术资料查询软件 AirN@v,有强大的搜索、链接等功能,技术人员可更加便捷地查找各种信息。该软件有 6 个数据库,常用的维护技术资料使用的数据库为 AirN@v Maintenance。AirN@v 有单机版和服务器网络版两种安装方式。

1. 手册查询方法

按照手册结构体系查询方法之外,还可用 AirN@v 中的众多检索方式,让手册查询更方便快捷,如 Search by FIN、Search by Part Number、Search by Task/Subtask in AMM、Search by Wire in AWL、Search by SB 等,如图 2-12-17 所示。

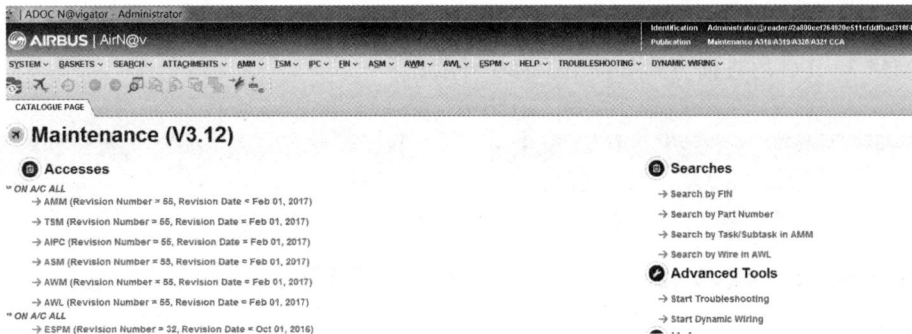

图 2-12-17 AirN@v 各手册及快捷查询

对于客户化手册,可以先选择有效性。在 AirN@v 菜单栏的 SYSTEM 下选择 Effectivity,在弹出的对话框中选择要维修的飞机(见图 2-12-18)。

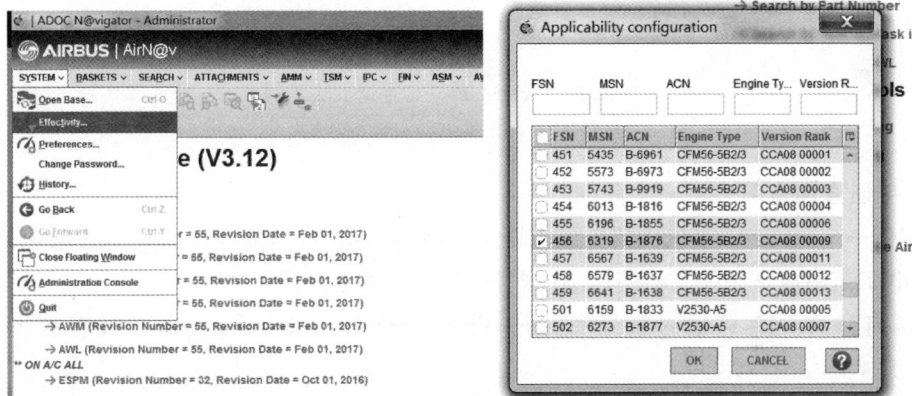

图 2-12-18 飞机有效性选择

AirN@v 可利用词语查询(Word Search)和方式查询(Form Search)两种主要搜索模式。

(1) 使用 AirN@v 菜单栏的词语查询(见图 2-12-19),一般会出现多条查询结果,需要进一步筛选。

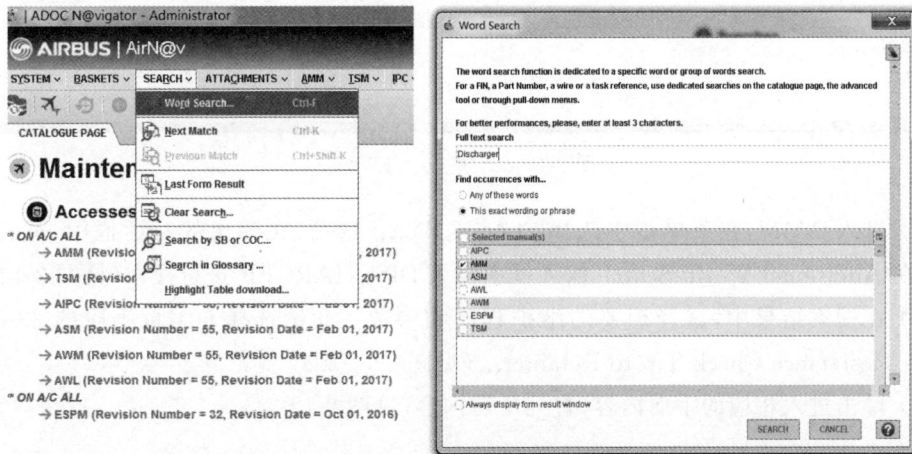

图 2-12-19 词语查询(Word Search)

（2）AirN@v 菜单栏有每本手册及其相应的全部查询方式，查询方式呈现在下拉菜单中。AMM 和 IPC 的查询方式如图 2-12-20 所示。

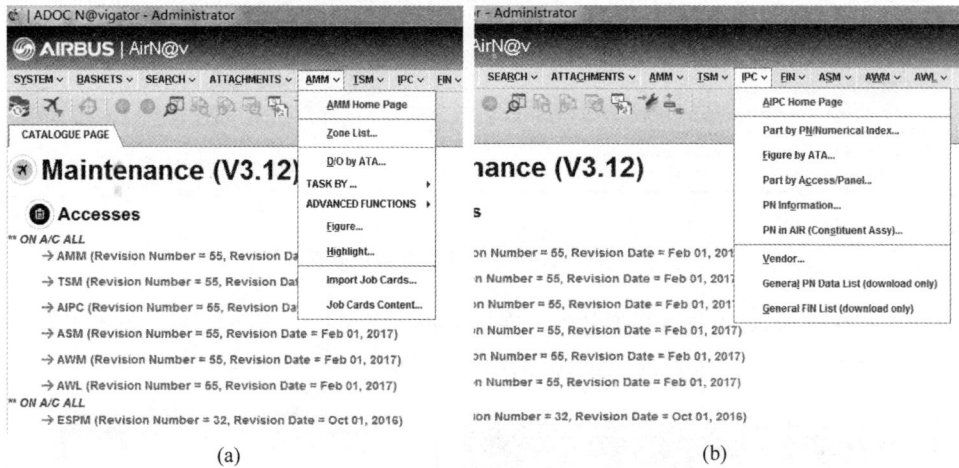

(a)   (b)

图 2-12-20　AMM 和 IPC 查询方式示例

(a) AMM 查询方式；(b) IPC 查询方式

2. 手册查询案例

［**案例一**］　B-2206 飞机大翼上放电刷本身的电阻检查时，需要什么设备？放电刷尖端到基座电阻范围应该是什么？使用 AirN@v 查询过程可如下。

（1）打开 AirN@v，输入账号和密码，进入 AirN@v Maintenance，选择有效飞机（见图 2-12-21）。

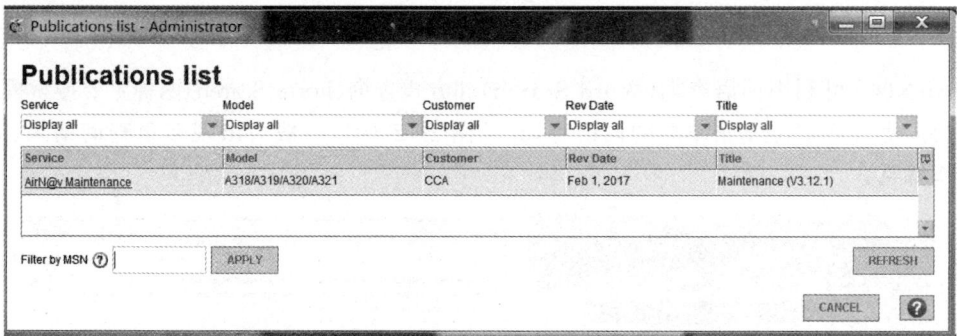

图 2-12-21　进入 AirN@v

（2）进入 AMM，在菜单栏中选择"TASK BY…"选项，在弹出的对话框中，选择章节 23 章，在 Additional World Search 输入框中输入 DISCHARGER 进行搜索（见图 2-12-22）。

（3）在搜索结果中，选择想要的维护程序和参数。此例选择 601 页码段的 23-61-00-200-00：Resistance Check Tip to Retainer…（见图 2-12-23）。

（4）单击进入相应的手册内容，查到所需内容（见图 2-12-24）。

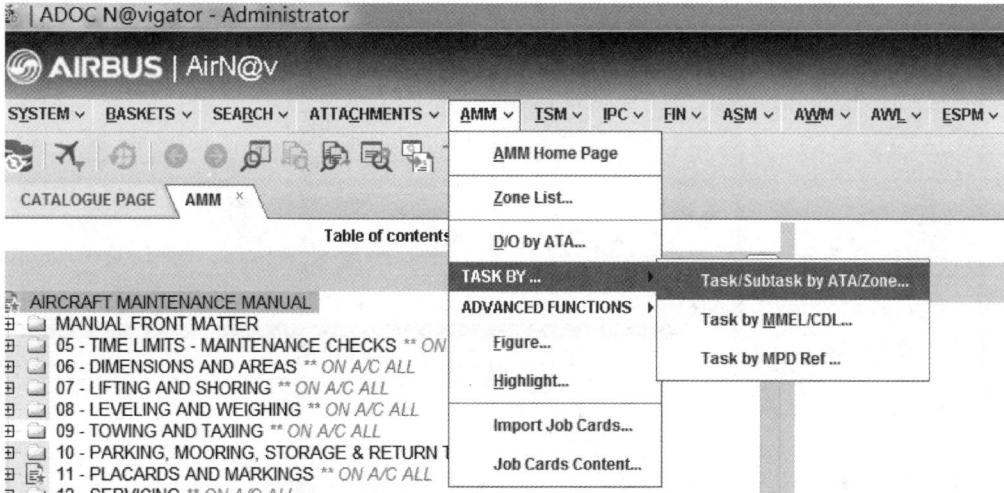

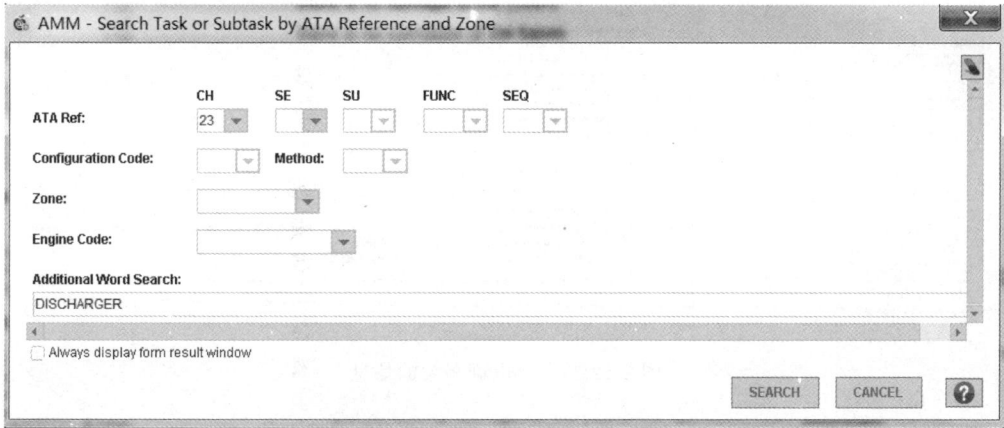

图 2-12-22　AMM 查询方式

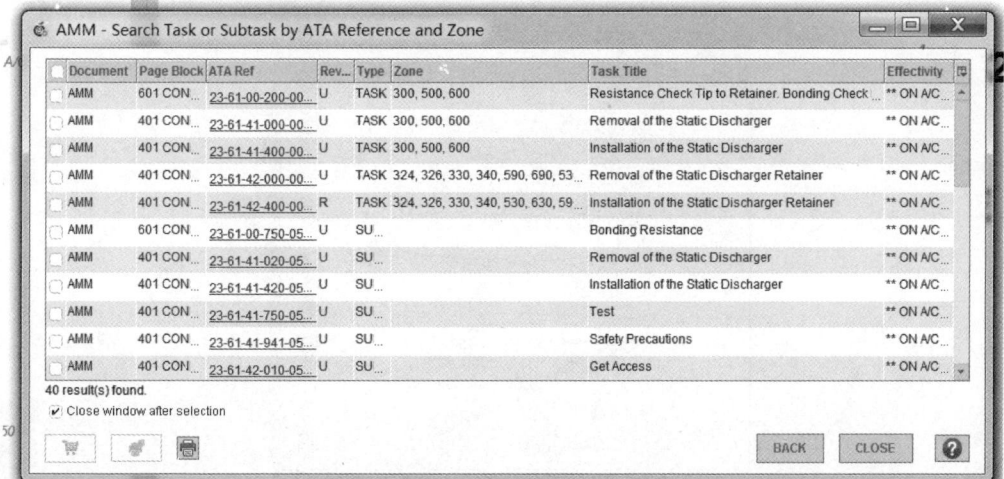

图 2-12-23　AMM 查询方式结果

图 2-12-24　放电刷相关的信息

单击"Ref. Fig. Static Dischargers SHEET 1",可以查看放电刷的安装和结构图(见图 2-12-25)。

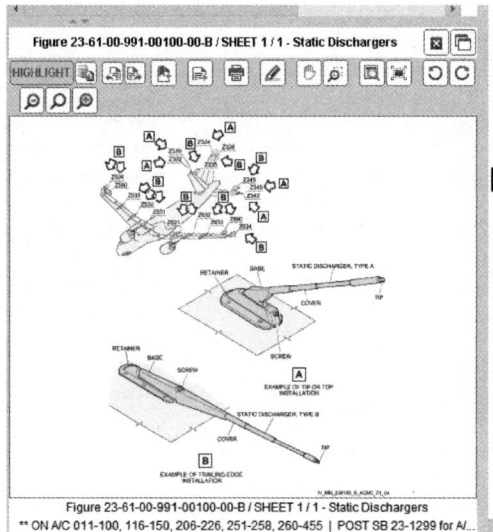

图 2-12-25　放电刷的安装图

［**案例二**］ B-6022 飞机,甚高频通信系统第一套出现故障,维修工作中发现 VHF1 收发机上连接器 1RC1 AC 部分 2 号孔位的连接导线有问题,请查询其线路连接关系,用于排故工作。

(1) 选择维修的飞机 B-6022,单击对话框上的 OK 按钮,AirN@v 进入适用性符合此飞机的手册(见图 2-12-26)。

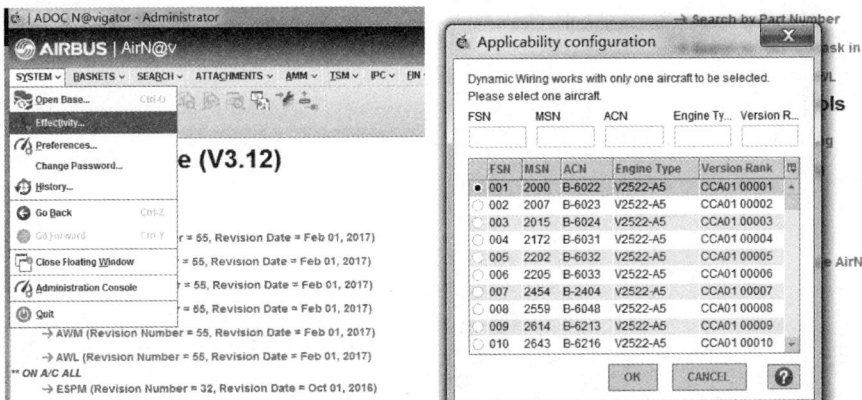

图 2-12-26 手册有效性选择

(2) 此问题解决方案有多种,这里我们使用 AWM 下的 Start Dynamic Wiring 查询方式(见图 2-12-27)。

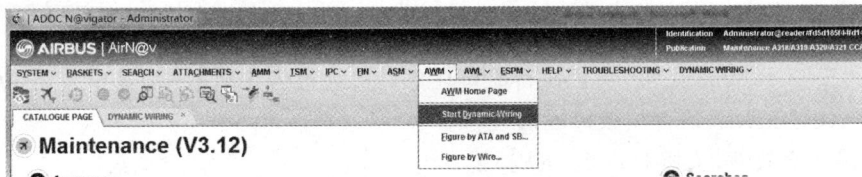

图 2-12-27 WDM 查询方式

(3) 动态线路查询方式下,有四种查询方法,如图 2-12-28 所示。这里使用 Search by FIN to FIN 搜索,在弹出的对话框中选择"FIN""Connector/Module"和"Pin"选项。

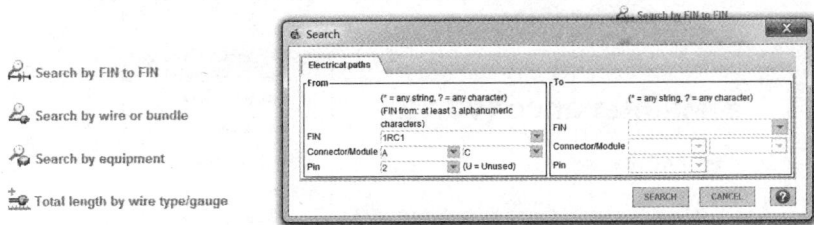

图 2-12-28 输入或选择查询参数

(4) 查询结果如图 2-12-29(a)。单击第一个 View 按钮,生成线路图(见图 2-12-29),可知收发机 2 号孔位连接导线为 2312-0019,连接到连接器 9VCA 的 45 号孔位。继续查看,直到单击第四个 View 按钮,生成线路图(见图 2-12-29),发现线路最终连接到跳开关 2RC1 的 2 号位置。此线路是收发机的电源输入线。

{4} elements matches for 'FIN:1RC1 A C Pin:2'

	From FIN	Connector/Module	Pin	To FIN	Connector/Module	Pin	Applicability	view
☐	1RC1	A C	2	9VC		45	** ON A/C 001-001	View
☐	1RC1	A C	2	1211VC	A	40	** ON A/C 001-001	View
☐	1RC1	A C	2	2501VC		Z	** ON A/C 001-001	View
☐	1RC1	A C	2	2RC1		2	** ON A/C 001-001	View

(a)

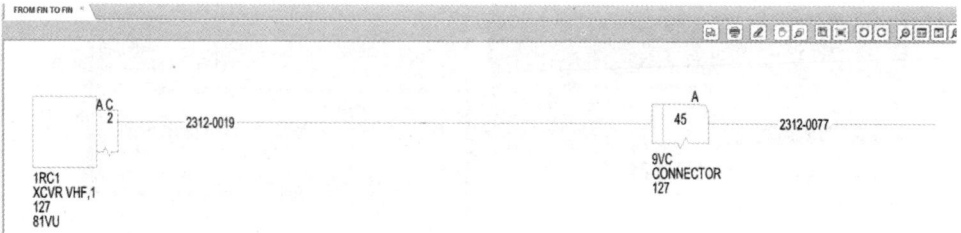

(b)

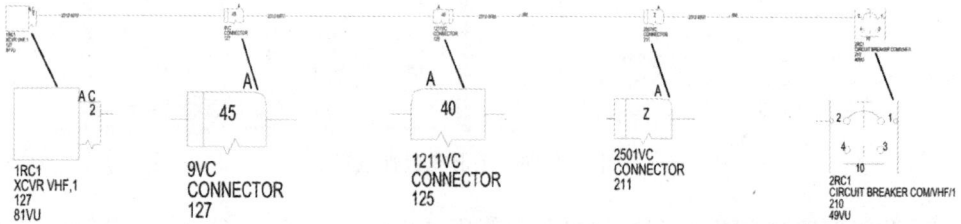

(c)

图 2-12-29　WDM 查询结果

（a）查询结果；（b）第一个 View 图；（c）第四个 View 图（总连接线路图）

[案例三]　B-6022 飞机，飞机执行航班任务后机组报告飞机故障，其中一条 ECAM 警告信息为 APU FIRE，请查找故障隔离程序。

（1）确认有效性，选择 B-6022 飞机。

（2）在 TSM 下拉菜单中选择 Start Troubleshooting 选项，进入排故查询页面（见图 2-12-30 和图 2-12-31）。

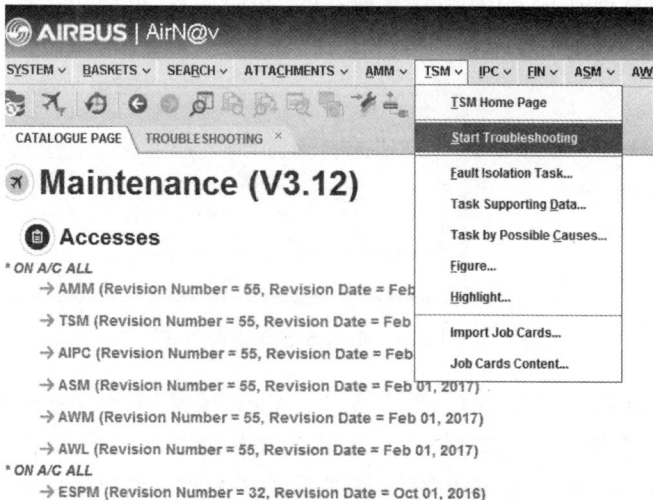

图 2-12-30　TSM 进入页面

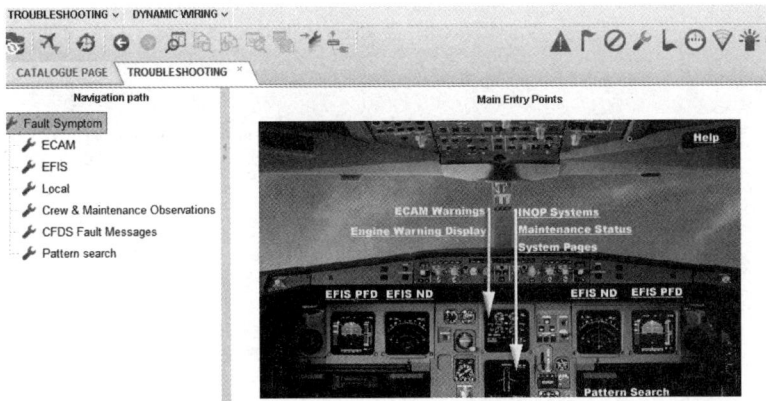

图 2-12-31　故障分类查询页面

（3）在 Fault Symptom（故障征兆）选项卡中选择 ECAM 选项，在弹出的对话框中输入 APU fire（见图 2-12-32）。

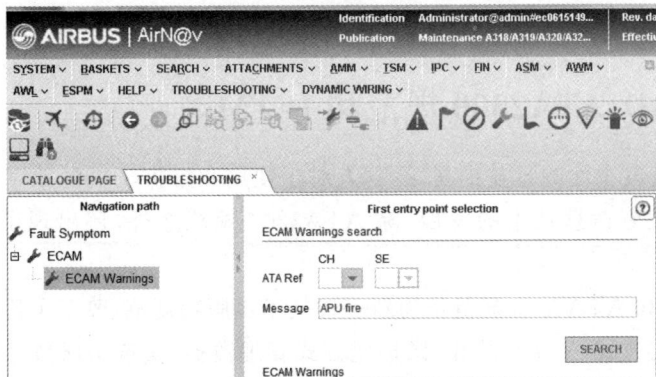

图 2-12-32　ECAM 查询

（4）在上一步的查询结果（见图 2-12-33）中，选择 APU FIRE 选项，得到相应的排故程序（见图 2-12-34）。

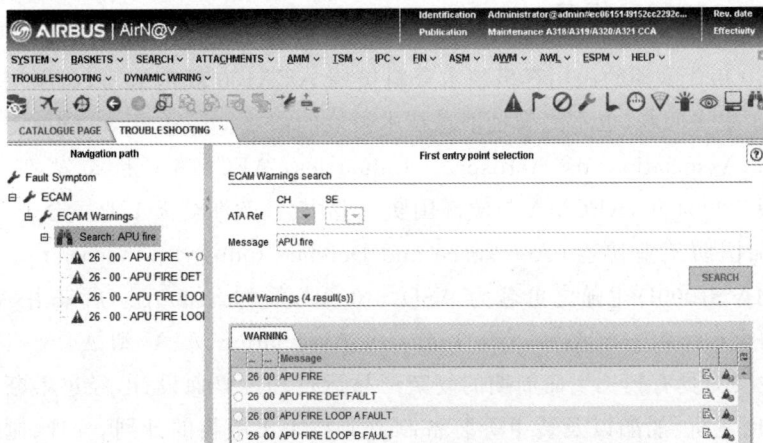

图 2-12-33　ECAM 查询结果

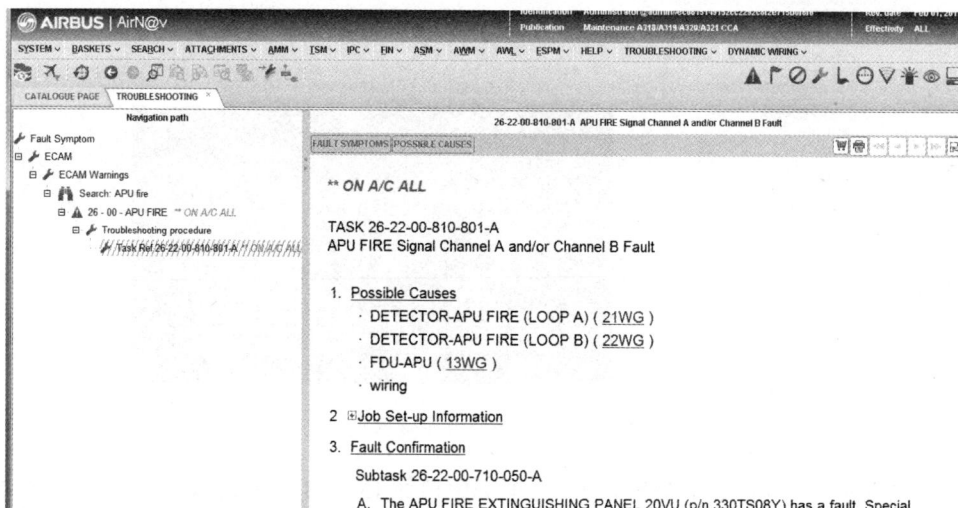

图 2-12-34　排故程序

2.13　S1000D、ATA2300 规范和 IETM

随着飞机设计复杂性的日益提高,运营人对于使用和维护飞机的数字化技术资料提出了更高的要求。随着信息技术的发展,除 ATA2200 规范之外,还出现了 S1000D 规范和 ATA2300 规范。

S1000D 规范和 ATA2300 规范作为新一代技术出版物规范,改变了传统的技术资料以手册为单位编制的方式,采用模块化、结构化方式管理数据,实现手册数据的重用和内容的一致,能通过多媒体、导航、链接、交互式浏览等丰富的表达和检索方式,提高了技术资料的准确性、规范性和可操作性,更易于交互式电子技术手册(interactive electronic technical manual,IETM)的制作。

2.13.1　S1000D 规范

20 世纪 80 年代欧洲的民用客机技术资料按照 ATA100 规范编写,而军用飞机编写标准不同,导致了很多问题,也不能满足信息技术发展的需要。1986 年,欧洲航空航天工业协会(European Association of Aerospace Industries,AECMA)正式发布了 AECMA S1000D1.6 版。2004 年,AECMA 与欧洲国防工业协会、欧洲航天工业协会合并,成立了欧洲航空航天和国防工业协会(Aerospace and Defence Industries Association of Europe,ASD),AECMA S1000D 也随之更名为 ASD S1000D,简称 S1000D。后来由 ASD、美国航空航天工业协会(American Aerospace Industry Association,AIA)和 ATA 三个组织来共同维护。它主要为具有较长生命周期的复杂产品运行和维修而设计,经过不断发展已用于军用飞机、民用飞机、船舶以及装甲等装备制造业技术出版物的计划、管理、制作、交换、发布和使用。规范涉及技术信息管理的整个生命周期所有活动。

S1000D 规范和 ATA2200 规范都是源自 ATA100 规范,只不过在数字化进程中采用了两种不同的理念。ATA2200 规范是面向手册的,数据关联困难。S1000D 标准则面向数据,它以数据模块(data module,DM)组织信息,以通用资源数据库(common source data base,CSDB)管理信息对象。

传统技术出版物以文档为中心,通常管理也是以一本手册/出版物为单元,S1000D 规范是将内容分成小块,然后将小块组装成手册。这个小块是信息的最小单元,称为数据模块,每个数据模块都有唯一的编号,叫作数据模块编码(data module code,DMC)。逻辑上,一个数据模块是一个包含一部分信息的数据单元,不可分割;物理上它就是一个美国信息交换标准代码(American standard code for information interchange,ASCII)码文件,它以 SGML 或 XML 格式组织数据,并有相应的文档类型定义(document type definition,DTD)来约束和验证数据文件中的标记。数据模块由标识/状态和数据段两大部分组成。标识/状态是技术文档资料的管理信息,包括文档资料的类型信息(编号、标题、发行日期等)和状态信息(保密等级、适用性、技术标准、更新原因等),在向用户提供技术信息时,这部分内容并不显示。数据内容包含文字和说明,主要有:机组操作类、描述类、维修程序类、故障隔离类、图解零件数据类、维修计划数据类、线路信息类、检查单类、服务通告类、交互式流程数据类等类型的数据。

S1000D 规范采用 CSDB 对技术出版物编写过程中的数据进行单一数据源管理。CSDB 是一个技术出版物所有相关信息统一储存库或信息储存工具,生成技术手册所需要的全部信息对象都保存在其中。它还是一个信息管理工具,负责整个项目的管理,反映了数据的组织和转换的规则。它也用于媒体输出,用于生成纸质的或电子格式的出版物。

S1000D 规范采用 CSDB 中包含的数据模块来构建出版物。储存在 CSDB 中的信息对象包含数据模块、图像、多媒体和其他与数据模块相关的出版模块(publication module,PM)等,它们都是可以被标识和可交换的信息单元。所有信息对象都有其相应格式的编号,可通过信息对象编号、信息种类及其他元数据信息,以目录或搜索的方式将信息对象从 CSDB 中检出。技术手册的内容是按一定的顺序组织的,具体的内容以数据模块的形式存在,要将这些分散的内容展现给用户,就需要 PM 按规则将内容组织起来。

采用 S1000D 规范编写技术出版物,编写阶段主要完成各个独立数据模块的编写工作,在发布阶段要根据不同出版物的内容和结构要求,从 CSDB 中选择需要的数据模块构建完整的技术出版物。S1000D 规范不仅仅是交换的数据规范,它还涵盖了怎样规划项目、确定范围和深度、怎样编写信息、怎样管理信息、纸质手册样式、交互式电子手册功能等。

S1000D 规范的最大特点是采用数据模块技术创建技术文档。用数据模块编码区分和管理各数据模块,使技术信息得到最大限度的重用和共享;S1000D 规范既支持 DTD,也支持 Schema 结构;既支持标准通用标记语言(standard generalized markup language,SGML),也支持可扩展标记语言(extensible markup language,XML)格式数据;它还支持交互显示和 PDF、超文本标记语言(hyper text markup language,HTML)等输出格式。

鉴于 S1000D 标准在维修类手册方面的优越性,主流航空器制造厂商在新机型中,逐渐采用 S1000D 标准,如波音 787、空客 A350XWB、庞巴迪 C 系列和中国商飞 C919 飞机。新舟 600 也采用了 S1000D 标准。

2.13.2 ATA2300 规范

S1000D 标准理念是今后技术出版物的发展趋势,主要面向维修类技术出版物,但在飞行运行类手册方面的适用性较差,并不能完全满足民用航空飞机飞行操作类技术出版物的要求。在此背景下,ATA 组建了由国际主流航空器制造厂商(包括美国波音公司、欧洲空客公司、加拿大庞巴迪公司、巴西航空工业公司等)、航空公司、软件供应商等组成的飞行操作专业组(flight operation implementation group,FOIG)。FOIG 制定了一套新的标准体系《ATA2300 飞行操作数据交换标准》(*ATA2300 Data Exchange Standard for Flight Operation*),用于飞行操作技术数据的管理、构造和交换的简明信息标准和指导。经过多次更新,FOIG 在 2014 年 6 月正式发布了 ATA2300 规范 2014.1 版本。

S1000D 规范和 ATA2300 规范作为新一代技术出版物规范,在手册编制和数据管理上都采用了模块化的概念,即以数据模块而非传统的"手册"形式来编制和储存技术出版物内容。二者在数据结构和管理机制理念上相似,但在技术细节上有所不同,主流航空器制造厂商在实际应用中需要提供不同的平台支持。

在 S1000D 规范中,数据模块作为最小数据单元,所包含的状态信息和内容信息是储存在同一个模块中(同一个 XML 文件);而在 ATA2300 规范中,数据模块的状态和内容分别储存在不同的 XML 文件中。

ATA2300 规范数据模块识别码结构与 S1000D 标准编码类似,但增加了签派扩展码。这样,航空公司可使用签派项目扩展码进行扩展,以满足飞机实际运行的需求。ATA2300 规范新增了 8 种数据定义,基本涵盖了飞行机组和乘务机组所需的数据和信息。

目前,基本没有大型民航客机遵循 ATA2300 规范完成飞机技术出版物并用于飞机的维护运行。空客直升机公司在新研的某项目中应用了 ATA2300 规范:在原有工具和平台的基础上,针对 ATA2300 规范独特的数据结构和编写架构(如 Schema 等)等做了单独开发,并设置了平台统一接口。

从发展历程来看,S1000D 规范已经成为维修类技术出版物的主流规范标准,ATA2300 规范将成为飞行操作类技术出版物的主流。我们可以推测,S1000D 规范和 ATA2300 规范的结合将成为民航飞机技术资料出版物的趋势。

2.13.3 IETM

随着信息技术的发展,技术出版物的发展趋势逐渐由传统的纸质出版物、PDF 电子出版物发展到交互式电子手册。飞机技术手册也向标准化、智能化、集成化和网络化发展(见图 2-13-1)。

目前,交互式电子技术手册(IETM)仍没有统一的定义和称谓,也有人称为交互式电子技术出版物(interactive electronic technical publication,IETP)或交互式电子技术数据(interactive electronic technical data,IETD)等。

我国标准《装备交互式电子技术手册 第 1 部分:总则》(GJB 6600.1—2008)给出的定义:IETM 是以数字形式储存,采用文字、图形、表格、音频和视频等形式,以人机交互方式提供装备基本原理、操作使用和维修等内容的技术出版物。

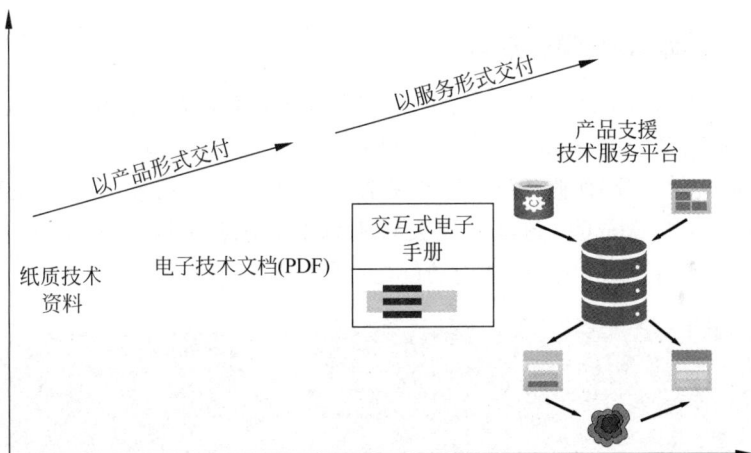

图 2-13-1　飞机技术手册发展进程

随着 IETM 技术的发展，IETM 又有了更丰富的内涵：IETM 是结构化、交互化和智能化的装备技术数据的载体；是一种新型的、重要的数字化保障装备，是与其他保障系统、测试系统、管理系统的接口平台。IETM 也可理解为：一种使用自动化编制与管理系统，模块化编制、标准数字格式储存、全生命周期管理、电子化发布、交互式阅读的具有互操作能力的电子技术手册系统。

IETM 的分类方法有多种。IETM 5 级划分是一种常见的分类法，其划分依据为电子技术手册内容储存的体系结构、数据格式、显示方式、实现功能、集成化程度等。

Class 1：电子索引文件，把所有已经存在的纸质文件扫描并转换成数字图像的电子资料，能实现浏览、查询、信息检索等功能。

Class 2：电子滚动式文档，为 ASCII 形式和图像数据的电子文档，能实现滚动文字视窗、超级链接、索引等功能。

Class 3：线性结构化交互电子手册系统，与第二类的数据组织方式大致相同，但在功能上较第二类先进，能够以对话框方式实现交互，并且图形与文字分窗口显示。

Class 4：层次数据库结构，能够向用户提供更多样的交互式访问方式，使用户更加快捷、方便地访问所需信息，并向用户提供基于功能系统或结构的导航访问方式，能够将相关文字和图形同时显示在不同窗口中。

Class 5：集成信息库，实现上面功能的同时，还加入了专家系统、人工智能、智能诊断系统等技术，实现了查看单一系统时可从多个数据库得到多个不同的信息。理论上，此级别的 IETM 可以与其他信息系统甚至硬件系统交换信息，具有很强的灵活性和可扩展性，能够从外部获取信息并改变自己的行为，具有学习功能，此类 IETM 系统的交互性是无边界的。它能与众多诊断控制系统、基于 Web 的信息系统和各种通信系统等交换信息，会为飞机系统维护工作带来巨大的变化。

若以功能性而言，IETM Class 1/2 只能算作电子技术手册。ATA2200 规范仅能支持 1～2 级的 IETM 系统，而 S1000D 规范则可以支持 1～4 级全部的发布系统。目前，开发和应用的重点在 IETM Class 4 上。基于 S1000D 规范的 Class 5 的 IETM 或许是未来的发展趋势。

2.13.4 空客 AirN@v 系统

空客公司以往的机型（如 A320、330、380 等）技术出版物采用 ATA100 规范或 ATA2200 规范进行编写，在其最新机型 A350XWB 上则采用了 S1000D 规范。

空客公司从交付纸质手册、PDF 手册逐渐过渡到交付交互式电子出版物 AirN@v。AirN@vA380 和 A350Airn@v 已经实现关联机载维护信息系统，可以通过机载维护终端（onboard maintenance terminal，OMT）访问（见图 2-13-2）。

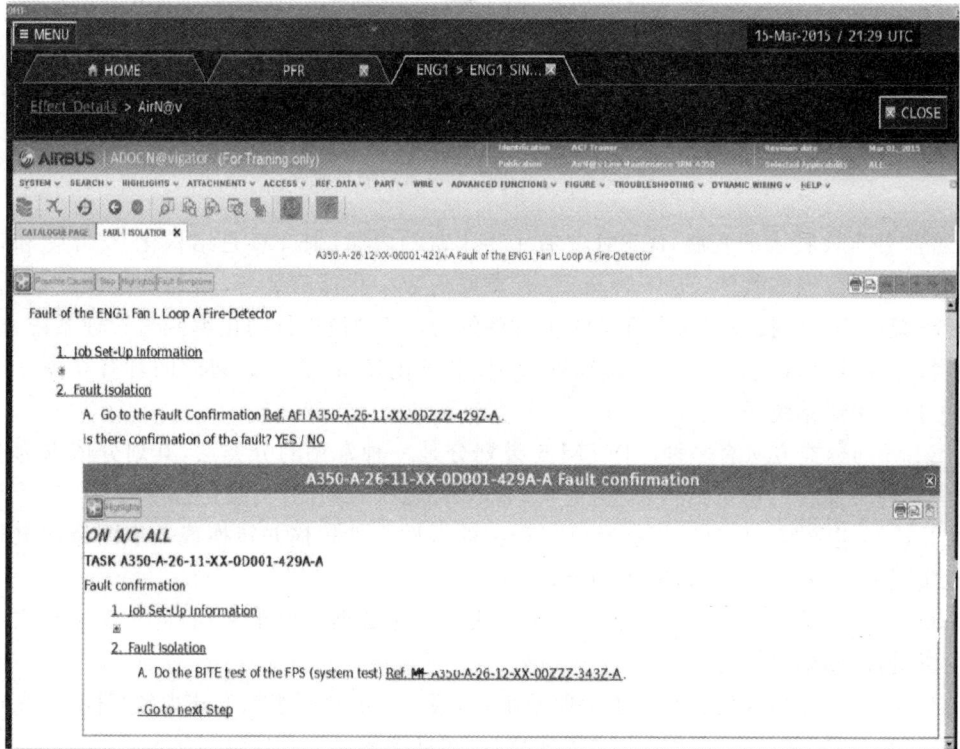

图 2-13-2　OMT 访问手册示例

空客 A350 维修手册体系 Airn@vX 系统是遵循 S1000D 规范的功能强大的交互式电子技术查询平台。是包含了 AMM、IPC、故障隔离、线路图等手册的集合，空客公司将其称为 Line Maintenance，它本质上是一个大型数据库。

A350Airn@vX 手册系统就是 S1000D 标准中的 CSDB，为一大型数据库。依照 S1000D 标准，同一数据库中，性质用途相同的数据信息可定义为一类信息集（information sets）。空客公司据此定义了自己的 A350 手册信息集，称为数据包（data packages）。

数据库中包含通用信息数据包、构型数据包、业务数据包。

1）通用信息数据包

A350Airn@vX 系统中的各个维护程序（maintenance procedure，MP）都包括一些共同元素，如跳开关、接近盖板、有效性等。空客公司将这些共同元素定义为通用信息集数据包（common information repository，CIR），如 FIN CIR、Waring CIR、Circuit breaker CIR。

CIR 用于储存同一属性数据,并可被多个维护程序(也可称为数据模块)引用。

2) 构型数据包

在 Airn@vX 系统中,各种飞机构型、适用性、适用性注释等信息统一储存在构型数据包中。构型数据包用于控制各数据模块的有效性,是 Airn@vX 系统进行单机筛选的关键信息。

3) 业务数据包

手册体系主体是飞机各系统的维护程序,在 Airn@vX 系统中定义为业务数据包,即各种 AMM,如飞机结构修理(aircraft structural repair)、电气标准施工(electrical standard)、系统原理图(schematic diagram)、线路图(wiring diagram)等。根据维修业务需要,DM 综合业务数据,并引用相关的 CIR 数据、插图等信息,最终呈现为一个完整的、可用于维护实践的任务(TASK)。Airn@vX 系统通过数据块编码来组织树形结构并进行索引和跳转。

TASK 号用来辨识各任务,遵循 S1000D 规范中有关数据模块编码的规定,如图 2-13-3 所示。

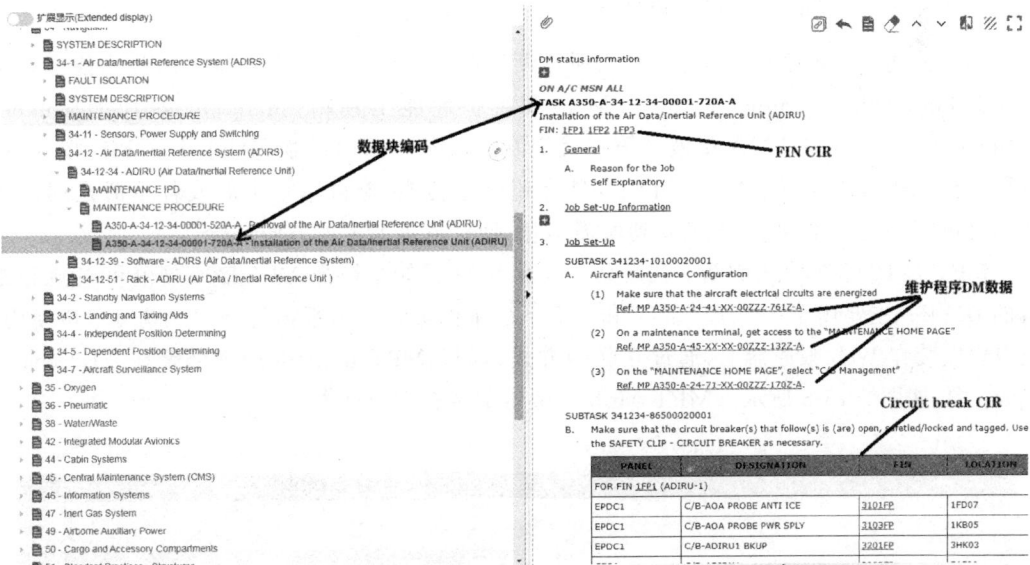

图 2-13-3 TASK 号示例

数据模块编码是数据模块标准化、结构化的标识。它包含在数据模块的标识与状态部分中,是数据模块唯一标识的一部分。数据模块编码最少由 17 位,最多由 41 位字符组成,可分型号识别码(model identification,MI)、系统区分码(system difference code,SDC)、标准编码系统(standard numbering system,SNS)、分解码(disassembly code,DC)/分解码变量(disassembly code variant,DCV)、信息码(information code,IC)/信息码变量(information code variant,ICV)、零件位置码(item location code,ILC)、学习码(learning code,LC)、学习事件码(learning event code,LEC),如图 2-13-4 所示。其中的标准编号系统 SNS 是基于飞机功能或物理划分所制定的一种标准编码,也就是 ATA 章节号。它由 6 位数字组成,分别为系统级、子系统级和部件级,每级均为 2 位数字,并通过折线"-"组合在一起。如果级数不够,可以用 X 代替。信息码用于标识数据模块的内容类型,如拆卸程序、测试程序、润滑等。

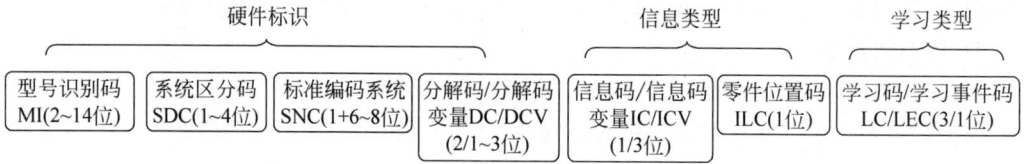

图 2-13-4　数据模块编码

例如，A350 手册中，TASK A350-A-34-12-34-00001-720-A。"A350"是型号识别码；"34-12-34"就是 ATA 章节号；"720"是信息码，代表安装程序。遵照 S1000D 规范，A350 手册也对插图按统一原则进行编号，以便在不同数据模块中引用，基本与数据模块编码类似（见图 2-13-5）。

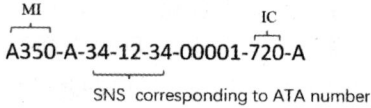

图 2-13-5　A350 手册编码示例

2.13.5　波音的 MPT 系统

波音公司从交付纸质手册、PDF 手册逐渐过渡到交付交互式电子技术出版物便携式维护工具（portable maintenance aid，PMA）和维护性能工具箱（maintenance performance toolbox，MPT）。1994PMA 是波音第一代交互式电子技术出版物，其利用 SGML 技术，将各种飞机维护技术手册安装在平台上，具有超链接功能，能将单一手册或各手册之间的关联信息进行高亮显示，可点击关联到所需信息，使信息查询更加方便快捷。

MPT 是 PMA 的升级的新一代产品。波音 MPT 系统是符合 ATA2200 规范和 S1000D 规范的 IETP。主要用于 737、747、777 和 787 系列维修类技术出版物的查询。既可单机使用，也可以安装在 Web 服务器上，通过互联网方式访问。MPT Remote 版本部署在 maintenance laptop 中，如图 2-13-6 所示。MPT Mobile 版本部署在 IPAD 中。

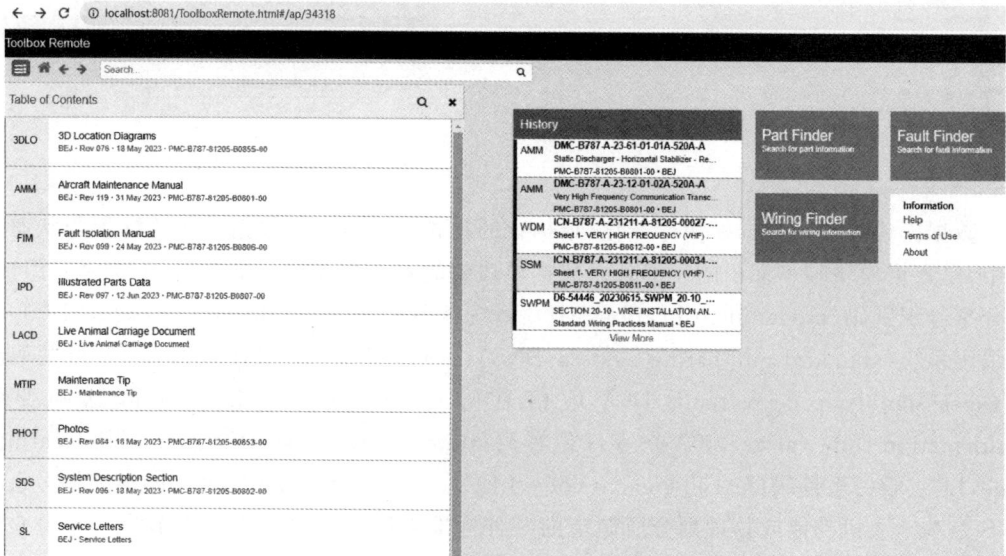

图 2-13-6　MPT Remote 版本

MPT 除了继承了 PMA 的便捷功能外,还将 3D 和 2D 飞机的结构图、系统图、线路图和多媒体资源等植入 MPT 数据库中,具有智能化导航和搜索功能(见图 2-13-7)。MPT 包括系统排故模块、结构修理模块、工卡管理模块、培训模块、零部件管理模块、资料查询模块和资料再编辑模块等。波音 MPT 成为一个航空公司维修类技术信息查询和管理平台,服务于航空公司的飞机维修工程师、维修计划工程师和航材管理工程师等。

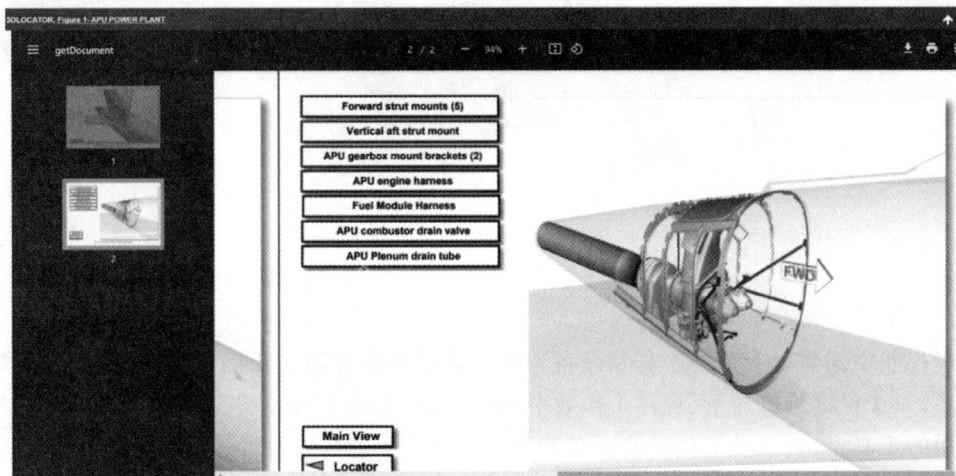

图 2-13-7 3D 位置图

图 2-13-8 是 Toolbox Remote 的 WDM 页面。线路图描述线路连接关系。线路图页面下部跟随相关的导线束、部件和线路清单,便于快速查询。线路图左侧还有系统原理图的链接,便于维护工作的开展。

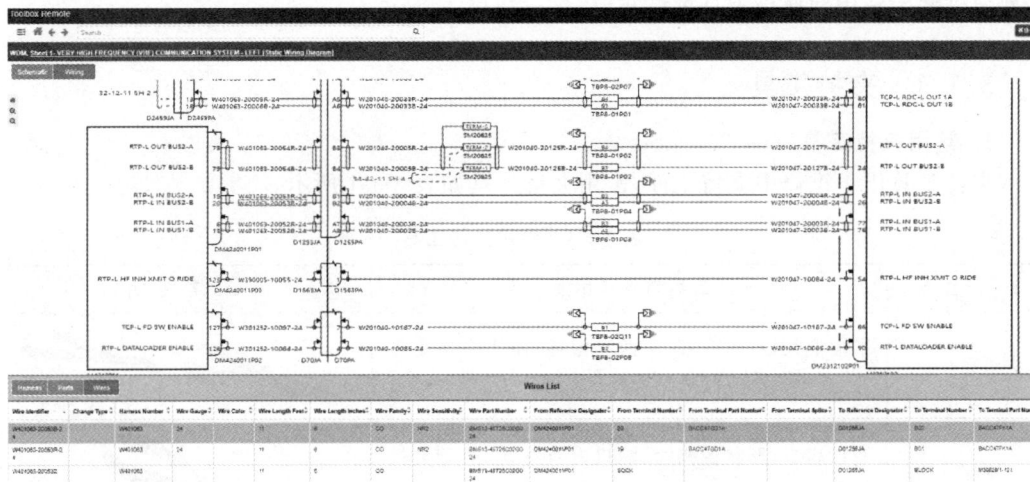

图 2-13-8 MPT Remote WDM 页面

第3章
航空维修常用工具与量具

现代航空器需要大量的工具和设备为维修活动提供保障。正确、规范地使用和管理工具设备,对于保证维修质量、提高工作效率、确保人机安全十分重要。本章主要对航空维修中常用的工具、量具以及工量具使用和管理的一般要求进行介绍。

3.1 航空维修常用工具

航空维修工具分为通用工具和专用工具。通用工具指由工具专业生产厂家按照工具标准制造的工具。专用工具指由飞机厂家设计的、限用于某机型某零件的工具。本节主要对航空维修中常用的通用工具进行介绍。

3.1.1 夹持工具

1. 常用夹持工具

夹持工具用于维修中夹持工件,常用夹持工具如表 3-1-1 所示。

夹持工具介绍

表 3-1-1　常用夹持工具

工 具 名 称	工具特点和用途	工 具 图 例
尖嘴钳	半圆形长钳口,有直、弯两种钳嘴,用于夹持小零件,适于狭小空间进行操作	
鸭嘴钳	钳口扁平,形状像鸭嘴,颚口内有细牙,适于夹持拧紧保险丝	
斜口钳	钳口为斜刃,用于剪切金属丝、铆钉、开口销等	

续表

工 具 名 称	工具特点和用途	工 具 图 例
鱼口钳	其铰接点位于双孔槽内,可以通过铰接点在槽中滑动改变钳口夹持范围;钳口根部有缺口,用于切断较粗的金属丝	
鹰嘴钳	支点沿滑槽滑动可以调节钳口夹持范围。手柄与钳口有夹角,夹持力较大。有平直和弧形两种钳口	
插头钳	外形与鹰嘴钳相似,头部夹口为弧形,钳口内侧有橡皮,可防止损坏被夹持工件。拆装电气插头使用	
卡环钳	用于卡环的拆装,分为内卡环钳和外卡环钳。内卡环钳通过握紧手柄使卡环收缩变形。外卡环钳通过握紧手柄使卡环扩张变形。使用时用力要平稳,并用手遮挡卡环,以免弹出或掉落	
大力钳	具有复合支点,压紧手柄时钳口锁紧。通过手柄后端的调节螺丝调节钳口开度。手柄后端的小杠杆用于松开钳口。常用于拆卸损坏的螺钉或断头螺栓等	
保险丝钳	集夹持、剪切、保险丝编花于一体。用钳口夹住两股保险丝并锁紧锁机构,向后拉动钳子尾端的旋转扭,即可使保险丝编花,编花密度取决于拉动的次数	
剥线钳	用于切掉导线外层的绝缘皮,分为自动剥线钳和手工剥线钳	

插头钳

卡环钳

大力钳拆卸法

保险钳安装
双股保险丝
保险

2. 夹持工具使用的注意事项

(1) 切勿使用钳子替代扳手旋拧螺栓、螺母。

(2) 不能使用钳子替代锤子锤击工件。

(3) 不要使用钳子直接夹持加工精细的零件或表面有镀层的零件,以避免损伤零件。

3.1.2　旋拧工具

1. 螺丝刀

螺丝刀用于拆装头部带沟槽的螺钉。常用螺丝刀如表 3-1-2 所示。

螺丝刀介绍

表 3-1-2　常用螺丝刀

工 具 名 称	工具特点和用途	工 具 图 例
"一"字螺丝刀	拆装"一"字槽螺钉使用。"一"字螺丝刀有不同的规格,选用时,应保证螺丝刀的刃宽不少于钉槽长度的75%。刃口应平直、锋利,不能有缺损	

续表

工 具 名 称	工具特点和用途	工 具 图 例
"十"字螺丝刀	拆装"十"字槽螺钉使用。型号由刀头号码×刀杆长度表示。分双锥形(phillips head)和单锥形(reed and prince head)两种。双锥形螺丝刀刃口较短,中心面积较大;单锥形螺丝刀的刃较长且尖	双锥形　单锥形
偏置螺丝刀	又名弯头螺丝刀,刀头与杆身垂直,两端刃口相互垂直。适于拆装垂直空间狭窄的螺丝钉	
短柄螺丝刀	刀杆和手柄较短,用于拆装垂直空间狭窄的螺丝钉	
仪表螺丝刀	用于拆装仪表上的小螺丝钉,有"十"字刀头和"一"字刀头	
棘轮螺丝刀	手柄内置单向旋转功能的棘轮装置,使螺丝刀刀头无需脱离紧固件,手柄反复连续旋拧,即可快速旋拧螺钉。使用时通过手柄上的转换开关选择旋转方向	
气动螺丝刀	用气源作旋拧动力的螺丝刀,用于批量旋拧螺钉。端头有固定刀头的夹具,可防止刀头脱落。有些气动螺丝刀可以预置力矩,实现定力矩安装	
手动冲击螺丝刀	用于松动拆卸周期较长、腐蚀生锈难以拧动的螺钉(栓)。使用时,用手锤锤击冲击筒顶部,冲击筒内部的机构使螺丝刀刀头瞬间产生较大的扭矩来旋转螺栓	

棘轮螺丝刀

螺丝刀使用的注意事项如下。

(1) 应根据螺钉头部的槽口形状和尺寸选用合适的螺丝刀。如果螺丝刀尺寸和刃口不合适,容易破坏钉槽形状或从槽口脱出。

(2) 为避免螺丝刀打滑,使用螺丝刀旋拧螺钉时,除了要有旋拧力之外,还需要用力下压螺丝刀。当螺钉较紧时,应缓慢旋拧,拧松后再快速旋拧。

(3) 注意保护螺丝刀刀头的形状和刃口,不能把螺丝刀当撬棍或者錾子使用。

(4) 为避免损坏棘轮装置,不使用棘轮螺丝刀初始拆卸和最终紧固大力矩螺钉。

2. 扳手

扳手用于螺栓、螺母的拆装。扳手分英制和公制两种:公制扳手以毫米(mm)为单位,规格通常以 1mm 递增;英制扳手以英寸(in)为单位,规格通常以 1/16in 递增。

常用扳手如表 3-1-3 所示。

表 3-1-3　常用扳手

工 具 名 称	工 具 特 点 和 用 途	工 具 图 例
开口扳手	开口两侧平行,与螺栓、螺母的两对边接触。为便于在窄小的空间完成拆装,开口的中线通常与手柄间有夹角	
梅花扳手	梅花扳手圆框的内圈有 6 个或 12 个角,增加了与螺母的接触点,便于力的分布,较大力矩旋拧时不易出现打滑	
组合扳手	一端为梅花扳头,另一端为开口扳头,两端尺寸相同	
内六角扳手	又名艾伦扳手,六边形杆,一端较长,一端较短,用于拆装头部为内六角卡槽的紧固件	
管螺母扳手	用于拆卸飞机上的管路连接螺母。端头有开口,便于穿过管路套在要拆装的螺母上,旋拧时不易打滑	
套筒头	与扳杆配合组成套筒扳手。有 4 角、8 角、6 角、12 角套筒。与手柄连接的方形卡口尺寸通常为 1/4in、3/8in 或 1/2in。加长套筒用于拆装螺栓比螺母高出很多的紧固件	
扳头	用于受空间或形状限制不便使用套筒头的部位。包括开口扳头和管螺母扳头,可与力矩扳手配合给管螺母磅力矩	
棘轮手柄	带有棘轮装置的手柄,与套筒配合使用,适于紧固件的快速旋拧	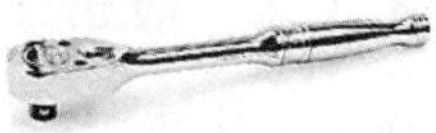
铰接手柄	接头和手柄铰接连接,与套筒配合使用。使用时可根据需要调节接头和手柄的夹角	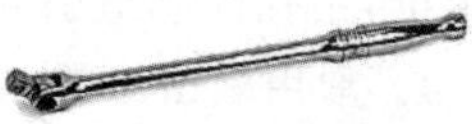
快速手柄	又名摇弓,与套筒或螺丝刀刀头配合使用。使用时一只手握住手柄,另一只手握住凸出的弓形部分并旋转,可实现紧固件快速旋拧	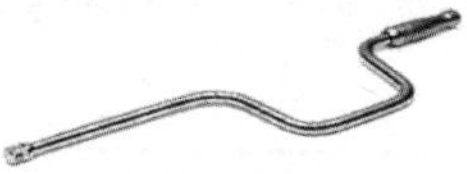
滑行手柄	接头可在手柄上滑动,与套筒配合使用	
转接头	用于套筒头方形孔与扳手手柄连接时的转换。转接头有"大转小",也有"小转大"	
加长杆	安装于套筒和手柄之间,拧动的垂直施工空间受限时使用	
万向套筒	万向铰接头和万向套筒头可改变套筒和手柄之间的相对位置,适用于旋拧空间较小或者角度不适之处	

扳手介绍

管螺母扳手的使用

套筒扳手

快速手柄的使用

工 具 名 称	工具特点和用途	工 具 图 例
棘轮转动头	单独的棘轮装置,配合普通扳手及加长杆使用,使其成为可逆转的快速棘轮扳手	
棘轮梅花扳手	带有棘轮机构的梅花扳手,可在有限的旋拧空间内实现紧固件快速地旋拧	
卡带扳手	分为皮带扳手和链条扳手,常用于拆装圆形件和异形件。使用时,按螺纹连接零件方向套上卡带,用固定环固定好卡带,通过手柄按需要方向转动	
弯钩扳手	用于旋转外缘有开槽的圆形螺母。使用时将扳手的弯钩卡在螺母的卡槽中,通过手柄按需要方向转动螺母	

棘轮梅花扳手的使用

皮带扳手

扳手使用的注意事项如下。

(1) 选择与紧固件的制式单位和尺寸一致的扳手,公制、英制不能互相替代。

(2) 优先选择使用梅花扳手和套筒扳手拆装螺栓、螺母,避免扳手打滑造成紧固件外形被破坏。

(3) 紧固件旋拧力矩不大时,可使用带棘轮装置的扳手来提高旋拧效率。大力矩施工时,不要使用带棘轮装置的扳手,避免损坏棘轮机构。

3.1.3 敲击工具

敲击工具包括锤子和冲子。锤子根据锤头材质不同分为硬锤和软锤。冲子常用于排孔定位,钻孔前制造引导窝,从孔中冲出螺栓、销子、铆钉等,通常需要与锤子配合使用。

1. 常用敲击工具

常用敲击工具如表 3-1-4 所示。

表 3-1-4 常用敲击工具

工 具 名 称	工具特点和用途	工 具 图 例
圆头锤	钢制锤头,锤头两端分别为平头和半球头。锤头硬度大,只能用于锤击较硬的金属部件。锤头的重量即锤子的规格	
软锤	用于敲击软金属零件和表面容易受损的工件或精度较高的零件,其锤头的敲击面由木料、黄铜、铅、生牛皮、硬橡胶、塑料、合成材料等制成	
大头软锤	整个锤头由木头、生牛皮或橡胶制成的大头软锤,通常用于钣金的成型加工、机件的振动敲击等	

续表

工 具 名 称	工具特点和用途	工 具 图 例
香槟锤	在锤头内部加入了防止锤身反弹的钢珠。香槟锤敲击无反弹,耐酸碱性好,敲击不产生火花,使用安全且使用寿命长	
直杆冲	又名穿孔冲或销冲。用于顶出孔中的小零件,如铆钉、销子、螺栓等。其规格是其直杆平头端面的直径	
起始冲	平头锥形冲杆,受敲击力时变形较小。与手锤配合使用,用于顶松安装在孔中的小零件、螺栓等	

2. 敲击工具使用的注意事项

(1) 使用锤子前确认锤头和手柄连接牢固,锤头清洁无污物。

(2) 使用锤子敲击工件时,注意使锤头的运动方向应与被锤击工件的表面垂直。

(3) 避免使用软锤敲击尖锐的物体或工件边缘,以免损坏锤头。

(4) 不要使用尖头冲拆卸孔中的小零件,否则将使零件端部扩展造成与孔咬合更紧。

(5) 使用金属锤子时,推荐佩戴护目镜。

3.1.4　其他工具

航空维修中其他常用工具如表 3-1-5 所示。

表 3-1-5　其他常用工具

工 具 名 称	工具特点和用途	工 具 图 例
反光镜	目视检查的辅助工具,用于检查工件背面的情况(如裂纹、锈蚀等)。反光镜易碎,使用后注意妥善存放	
捡拾器	用于拾取掉落到不易接近位置或部件内部的小零件,有磁性捡拾器和机械爪捡拾器两种	
封圈拔具	用于从沟槽中取出密封圈	
注油枪	用于向飞机上的注油点加注油脂,注油时必须将飞机上注油点上的原有旧油全部挤出,直到出现新油为止	

3.2　常用量具

3.2.1　力矩扳手

力矩扳手是常用力矩测量工具,用于在旋拧紧固件的过程中测量作用在紧固件上的扭力,从而使紧固件在安装时达到要求的拧紧度。力矩工具按其工作原理分为:定力矩式(预置式)和测力矩式(表盘式)两类。常用力矩扳手计量单位为磅·英寸、磅·英尺和牛顿·米。

1. 定力矩式(预置式)力矩扳手

使用定力矩式力矩扳手(见图 3-2-1)时,需预先设定力矩值,当力矩达到设定值时,扳手发出提示。预置式力矩扳手分为机械式和电子式两种。使用时应均匀缓慢施力,扳手出现提示后,操作者应立即停止用力,如果继续施力旋转扳杆,将造成力矩超出设定值。机械式的预置式力矩扳手使用完毕后,应将力矩值调到最低值存放(归零)。

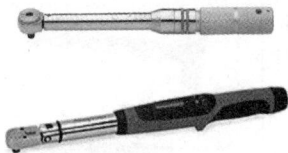

图 3-2-1 肘节式(预置式)
力矩扳手

2. 测力矩式(表盘式)力矩扳手

测力矩式力矩扳手(见图 3-2-2)工作中由指针指示实时力矩。使用时应注意量程的选择,表盘式量具应使目标值在表盘全量程的 20%～80%。使用指针式力矩扳手前,应对指针进行调零。对于有力矩要求的螺钉,可使用力矩螺刀上紧力矩(见图 3-2-3)。

3. 力矩扳手的使用要求

使用力矩扳手时,手握持在力矩扳手手柄上,中指与手柄中点对正。用力方向应朝向工作者,且施力应缓慢、平稳,避免快速旋拧或冲击用力。在紧固件旋拧运动的过程中测量力矩。如超过规定力矩,需将紧固件松开后,再重新使用力矩扳手上紧到规定力矩,不允许采用退松到规定力矩的方法。

在施工空间受限制时,可以采用扳头前部加接延长杆再进行操作。使用延长杆时,设定值和显示值之间必须进行换算(见图 3-2-4)。

图 3-2-2 表盘式力矩扳手

图 3-2-3 力矩螺刀

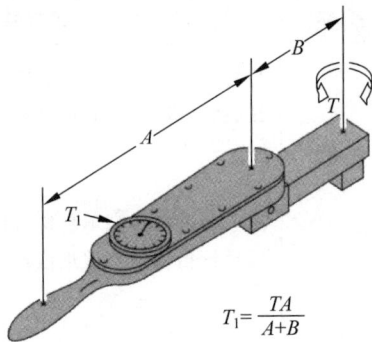

$$T_1 = \frac{TA}{A+B}$$

图 3-2-4 力矩计算

3.2.2 卡尺

卡尺是常用的内径(inner diameter, ID)、外径(outer diameter, OD)和深度测量工具(见图 3-2-5),有公制(mm)和英制(in)两种计量单位。卡尺由主尺和副尺组成,副尺有游标形式、指针式和数显式三种,这三种卡尺区别在于副尺结构不同,测量方法基本相同。

1. 公制游标卡尺

公制游标卡尺通常有 0.02mm、0.05mm 和 0.1mm 三种分度。其主尺上最小刻度为 1mm,副尺将主尺的 1mm 再进行细分。例如,0.02mm 分度的游标卡尺其副尺上共分 50 格,每小格代表 1/50mm,即 0.02mm。读数时,先从主尺上读出副尺零刻线所过的最后一条刻线的读数,再从副尺上找到与主尺刻线对齐的副尺读数,将主副尺读数相加即最终读数,有效位数与卡尺精度的小数点位数一致。图 3-2-6 的读数为 $10mm+1mm\times1$ 格 $+0.02mm\times7$ 格 $=11.14mm$。

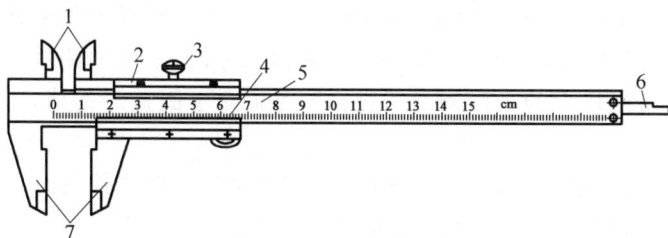

1—内量爪;2—尺框;3—紧固螺钉;4—游标;5—尺身;
6—深度尺;7—外量爪。

图 3-2-5 游标卡尺

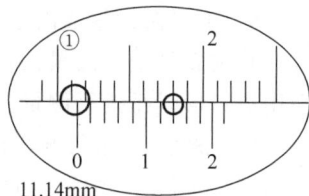

11.14mm

图 3-2-6 公制游标卡尺读数

2. 英制游标卡尺

英制游标卡尺主尺每英寸分为 10 大格,每大格为 0.1in;每 1 大格再分成 4 小格,每小格为 0.025in。主尺上的一小格在副尺上共分为 25 小格,因此副尺每小格代表 0.001in。图 3-2-7 的读数为 $1in+0.1in\times3+0.025in\times1+0.001in\times4=1.329in$。

机械式卡尺

英寸 1/10 1/4

1.000+0.300+0.025+0.004=1.329

1/1000

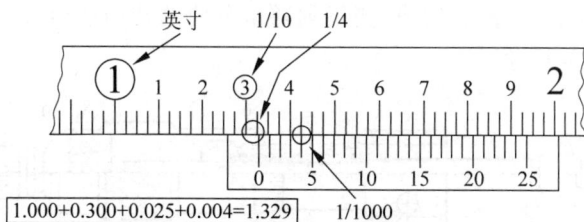

图 3-2-7 英制游标卡尺读数

3. 指针式卡尺

指针式卡尺的副尺为表盘,移动副尺将带动表盘的指针转动,其分度为表盘指针转动一周对应的主尺读数/表盘的总分格数。有些采用英制单位的导管和紧固件等常用分数形式表示其直径和长度,测量时可以选用带分数刻度的英制表盘式卡尺(见图 3-2-8)。指针式卡尺使用前通过转动表盘进行调零。

指针式卡尺(英制小数)

4. 电子数显卡尺

电子数显卡尺(见图 3-2-9)的副尺其滑动通过电子系统记录并通过数字显示,使用者可直接从显示屏上读出尺寸,副尺上的"in/mm"按钮可实现公英制读数的切换。使用前按下电源开关,将尺框向左滑动到固定卡脚与活动卡脚并拢的端头位置,按下调零按钮调零。

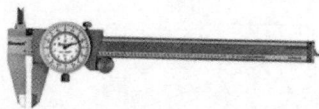

指针式卡尺(英制分数)

图 3-2-8 指针式卡尺(英制分数)

图 3-2-9 电子数显卡尺

5. 游标卡尺的使用方法和注意事项

(1) 测量前,擦净卡尺的量爪,并检查卡尺的对零情况。把两个量爪并拢时,内外径测

量面应完全贴合,同时游标和主尺的零位刻度线对齐。

（2）检查副尺在主尺上滑动是否顺畅且没有晃动现象,带表卡尺表盘指针的运行是否平稳、灵活。

（3）测量时,注意仔细调整尺子和工件的相对位置,尽量减小测量误差。测量零件的外尺寸时,卡尺两测量面的连线应垂直于被测量表面,不能歪斜。测内尺寸时,卡尺两测量刃应在孔的直径上。测量沟槽时,应当用量爪的平面测量刃进行测量。对于圆弧形沟槽,应当用刃口形量爪进行测量。

（4）测量时,卡尺与零件的夹紧力应适当,所用压力应使两个量爪刚好接触零件表面。

（5）读数时,视线尽可能和卡尺刻度垂直,以免视差造成读数误差。

（6）为了尽量减小误差,可以在零件同一截面上的不同方向进行测量。对于较长零件,应在全长的多个部位进行测量。

3.2.3　千分尺（螺旋测微器）

千分尺是精密测量工具之一,测量精度比游标卡尺更高。其借助于测微螺杆与测微螺母的精密配合将测微螺杆的旋转运动变为直线位移,以实现精确测量。根据其功能,可分为：外径千分尺（见图 3-2-10）、内径千分尺和深度千分尺（见图 3-2-11）等。外径千分尺由主尺（固定套管）和副尺（微分筒）组成,测量轴随微分筒的转动前后移动。测量轴和测砧之间的开度即被测工件的尺寸。

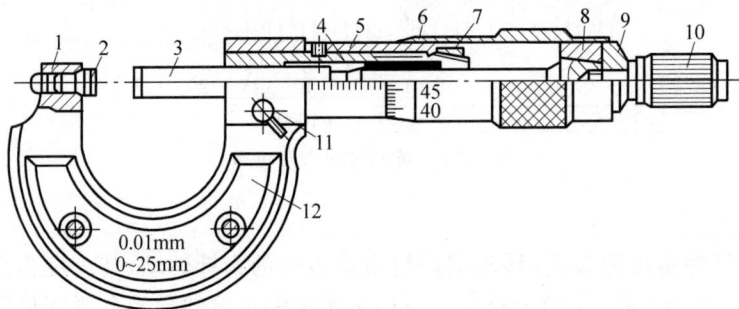

1—尺架；2—测砧；3—测量轴；4—螺纹轴套；5—固定套管；6—微分筒；7—调节螺母；

8—弹簧套；9—垫片；10—限力棘轮；11—锁紧器；12—隔热装置。

图 3-2-10　外径千分尺

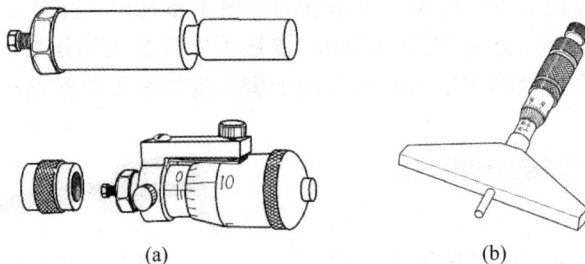

图 3-2-11　内径千分尺和深度千分尺

（a）内径千分尺；（b）深度千分尺

1. 英制千分尺

英制千分尺(见图 3-2-12)主尺上 1in 分为 10 大格,一大格为 0.1in,每一大格又被分为 4 小格,每小格为 0.025in。副尺圆周等分为 25 小格,副尺转动一圈在主尺上移动一小格 (0.025in),因此副尺每小格为 0.001in。测量时先读主尺再读副尺,将主副尺读数相加即为被测件尺寸。如果主尺轴线对着副尺上两条刻度线之间的位置,则结果需要估读到下一位。为了更精确地测量,有些千分尺上带有游标尺(见图 3-2-13)。游标线每小格代表 0.0001in。最终结果是将主尺、副尺、游标线三部分读数相加。

英制外径千分尺

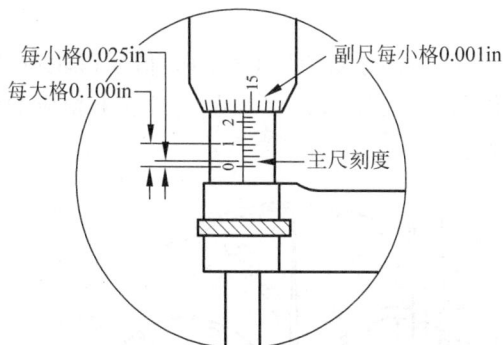

每小格0.025in
每大格0.100in
副尺每小格0.001in
主尺刻度

图 3-2-12　英制千分尺刻度

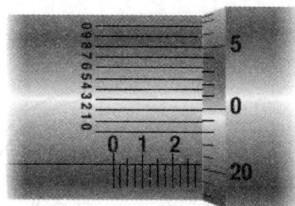

图 3-2-13　英制游标刻度

读数:0.2957in

2. 公制千分尺

公制千分尺(见图 3-2-14)主尺在轴线的刻度线间的距离是 0.5mm。副尺圆周等分为 50 格,其转动一周在主尺上移动 0.5mm,因此每小格代表 0.01mm。

公制外径千分尺

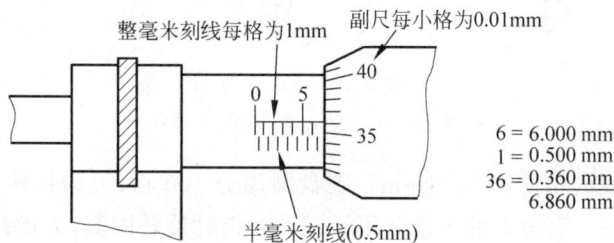

整毫米刻线每格为1mm
副尺每小格为0.01mm
半毫米刻线(0.5mm)

$$
\begin{aligned}
6 &= 6.000\ \text{mm}\\
1 &= 0.500\ \text{mm}\\
36 &= \underline{0.360\ \text{mm}}\\
&\ \ \ 6.860\ \text{mm}
\end{aligned}
$$

图 3-2-14　公制千分尺刻度

3. 千分尺使用的注意事项

(1) 使用前用软布清洁测砧,检查千分尺是否运动正常。旋转测力装置时,要求其能轻快灵活地带动微分筒旋转,测微螺杆移动平稳无卡滞。

(2) 校验千分尺的"0"位。旋转微分筒使两测量面接触,检查千分尺的读数是否为 0;量程不是从 0 起始的千分尺,需借助校准杆检查对零。

(3) 测微套筒应能灵活地沿着固定套筒转动,如有活动不灵活的现象,应送计量站检修。

(4) 测量前,应将零件被测面擦净,以免有异物影响测量精度。绝对不允许用千分尺测量带有研磨剂的表面或表面粗糙的零件,以免损伤测量面。

(5) 测量时,应当通过旋拧限力装置的转帽来带动微分筒转动,测砧表面达到标准的测量压力时,限力装置发出"咔咔"的声响,即可进行读数。

（6）使用千分尺测量零件时,测微螺杆应与零件被测量的尺寸方向一致。例如,测量外径时,测微螺杆要与零件的轴线垂直,不要歪斜。

（7）不要使用千分尺测量转动的或过热的工件。

（8）使用完毕后,使用无纺布将千分尺擦拭干净,将两测砧留有间隙存放在千分尺盒内。

3.2.4　百（千）分表

百分表

1. 百分表介绍

百分表是应用最为广泛的一种机械式量仪。百分表（见图 3-2-15）借助齿轮齿条的传动,将测杆微小的直线位移变为指针的角位移,从而使指针在表盘上指示出相应的示值。百分表用于测量和检查工件尺寸与形位偏差。

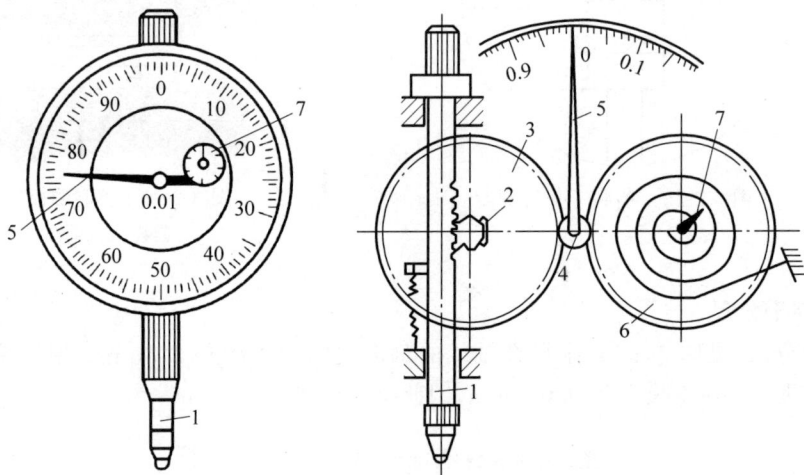

图 3-2-15　百分表
1—测杆；2、3、4、6—齿轮；5、7—指针。

常用公制百分表的精度为 0.01mm。表盘圆周分 100 格,大指针转动一圈为 1mm,即每小格代表 0.01mm。表盘上的小指针用于记录大指针旋转圈数,大指针转动一圈,小指针转动一小格。使用百分表测量时,应将百分表安装在表座或专用夹具上。图 3-2-16 为使用百分表检查圆形工件的端面跳动量和椭圆度。

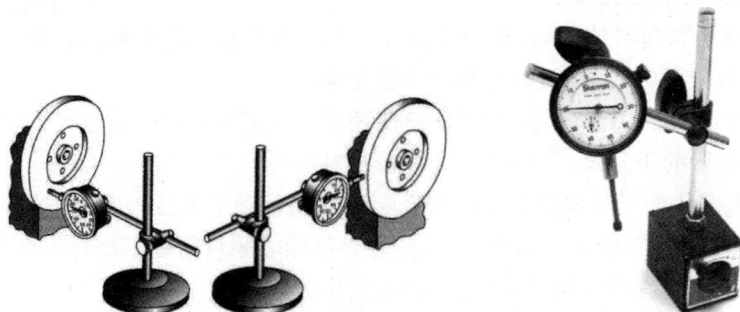

图 3-2-16　用百分表和磁性表座测端面跳动量和椭圆度

2. 内径百分表

内径百分表是百分表与内径测量架组合,用于测量或检验零件的内孔、深孔直径及其形状精度(见图3-2-17)。用内径百分表测量内径是一种比较量法,测量前应根据被测孔径的大小,在专用的环规或百分尺上调整好基准尺寸后才能使用。调整内径百分尺的尺寸时,选用可换测头的长度及其伸出的距离,应使被测尺寸在活动测头总移动量的中间位置。

3. 百分表使用的注意事项

(1) 使用前,应检查表盘和指针是否有损坏,测量杆是否有锈蚀,测量杆移动是否灵活。

(2) 百分表应可靠地固定在夹持架上,夹持架要安放平稳。

(3) 用百分表测量时,测量杆必须与被测量表面垂直。

(4) 测量时应将测量杆轻轻提起,把零件移至测量头下面,缓缓放下测量杆。不要使测量头突然撞在零件上,也不要使百分表受到剧烈的振动和撞击,以免损坏百分表的机件而失去精度。

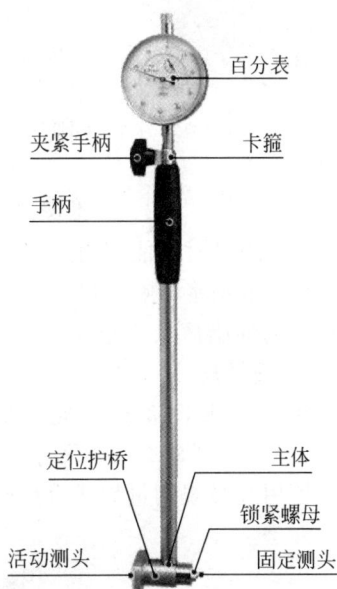

图3-2-17　百分表与内径测量架组合

(5) 用百分表校正或测量时,应当使测量杆有一定的初始测力。即在测量头与零件表面接触时,测量杆应有0.3~1mm的压缩量(千分表可小一点,有0.1mm即可)。

(6) 不使用时,应使测量杆处于自由状态,以免表内的弹簧失效。

3.2.5　内径量表

内径量表又称内卡表(见图3-2-18),是一种小量程测量仪表,可用于测内孔直径,也可用于检查内孔的变形量,例如硬管内壁变形(见图3-2-19)。使用时,将仪表侧边的手柄压下,两个测量爪收缩至最小,将其放入测量部位,松开手柄测量爪外张,此时读取表盘数据即为被测内孔尺寸。由于每块表测量范围是有限的,使用时应注意量程的选择。使用内径量表前,应将测量爪放入与其配套的内孔规中检查是否与仪表起点一致。

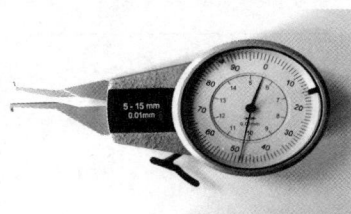

图3-2-18　内径量表

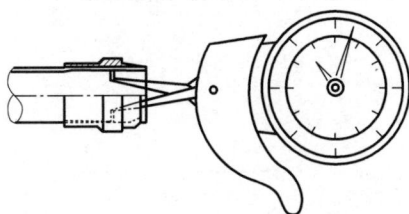

图3-2-19　使用内径量表测量管壁变形量

3.2.6　量规

量规是指经过精确加工,具有一定尺寸精度的、用于快速测量的标准量具(块)。量规按功能分为塞尺(间隙规)、线径规、圆角规、钻头规、螺距规等。

图 3-2-20 塞尺

1. 塞尺（间隙规）

塞尺是测量间隙的量规（见图 3-2-20）。它由一组具有不同厚度极差的薄钢片组成。使用时，选一片或多片重叠，放入待测缝隙中，来回拉动塞尺，感觉稍有阻力即为合适，从片上的数字可以知道间隙的大小。使用塞尺时注意以下几点。

（1）根据结合面的间隙情况选用塞尺片数，片数越少越好，以免累积误差。

（2）测量时不能用力过大，避免塞尺弯曲或折断。

（3）生锈将影响塞尺的测量精度，使用后应将塞尺擦拭干净，并涂油保管。使用前应将塞尺上的油脂擦拭干净。

2. 线径规

线径规（见图 3-2-21）是测量导线（金属丝）直径的量规。线径规一周有很多大小不同的开口，每个开口对应一个尺寸。在线径规的一面标示导线线径号，另一面标示金属丝的直径。使用线径规测量导线直径时，应将导线绝缘层剥掉，测量导线线芯的直径。

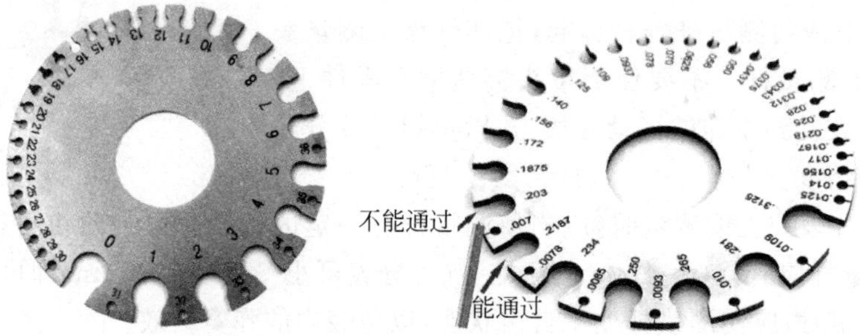

不能通过

能通过

图 3-2-21 线径规

3. 圆角规

圆角规（见图 3-2-22）也称半径规，用来检测工件内、外圆角的半径。

4. 钻头规

钻头规（见图 3-2-23）可用于检测钻头直径。钻头规按照英制钻头的尺寸类别有分数型号、字母型号和数字型号三种规格。当使用钻头规检测钻头直径时，钻头应与孔的边缘轻碰。注意测量时不要在孔中转动钻头。

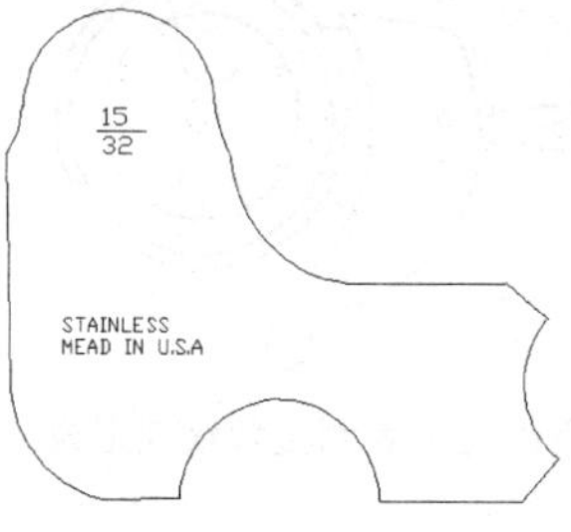

图 3-2-22 圆角规

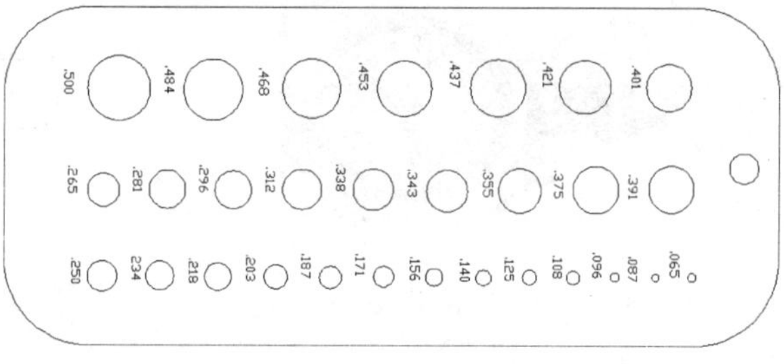

图 3-2-23 钻头规

5. 螺距规

螺距规（见图 3-2-24）是测量螺距的量规。测量时，用螺距规齿牙和螺纹牙比对，在螺距规上找到与被测螺纹完全咬合(完全咬合时不透光)的一片。

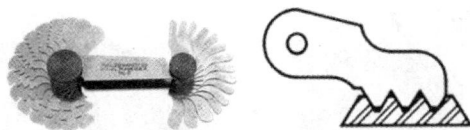

图 3-2-24 螺距规

6. 孔规

孔规用于一定深度位置的孔径测量,其自身没有刻度,需和千分尺或游标卡尺配合使用。孔规有两种形式,T 形规(见图 3-2-25)和球形规(见图 3-2-26)。使用 T 形规时将其放入孔内待测位置,旋紧锁钮后取出,使用游标卡尺或千分尺测量其测量杆两端长度,即孔的尺寸。使用后放松锁钮保存。

图 3-2-25 T 形规

图 3-2-26 球形规

3.2.7 组合量具

组合量具

组合量具是由一个钢直尺和三个辅助测量件组合而成的多功能量具。三个测量件根据测量任务安装到钢直尺上并可左右移动(见图 3-2-27)。

钢直尺

中心头 量角器

支撑座

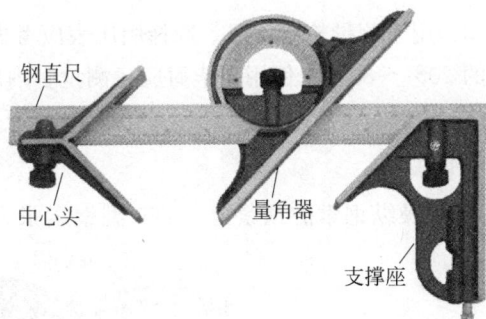

图 3-2-27 组合量具

1. 钢直尺

钢直尺有公制和英制两种。钢直尺的一面有一条长槽用来安装测量件。公制钢尺与普通直尺一致;英制钢尺按其对每英寸的分度,有小数和分数的刻度。

2. 支撑座

支撑座与钢直尺组合(见图 3-2-28),一侧与钢直尺垂直,另一侧与钢直尺成 $45°$ 角,在垂直边头上装有水平仪和划针。可用于检查工件表面的平直度,同时显示另一边是否垂直或水平。也可以作为深度尺和高度尺使用。45°角边可用作 45°角划线规。

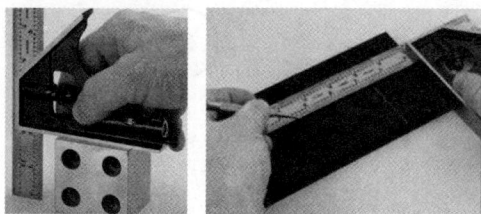

图 3-2-28　支撑座

3. 量角器（分度规）

量角器上有水平仪和分度规，并有一锁钮。量角器与钢直尺配合（见图 3-2-29）可用于测量和检查工件角度，并可给出任何要求角度的划线。

4. 中心头（规）

中心头（见图 3-2-30）用于确定工件圆心。将所测工件放于中心头 V 形槽中，以钢直尺为基准画一条直线，任意转动圆形材料一个角度后再画一条直线，两条线的交点即为工件圆心。

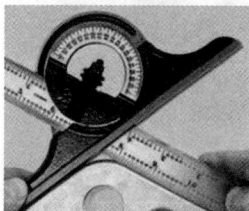

图 3-2-29　量角器

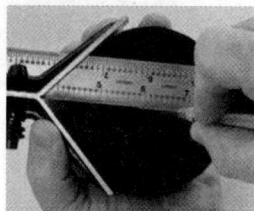

图 3-2-30　中心头（规）

胎压表的
使用

3.2.8　胎压表

航空胎压表（见图 3-2-31）用于测量轮胎气压。选择胎压表应考虑量程和精度的要求。应使测量值在胎压表满量程的 20%～80%。使用完毕后应将测量管内的气放出，使指针回零。

T60 型钢索张
力计的使用

3.2.9　钢索张力计

钢索张力计用于测量飞机操纵钢索的预紧力。T60 型钢索张力计如图 3-2-32 所示。

止动钉

手柄

钢索安装槽

表盘　　张力锁　直径指示盘

图 3-2-31　航空胎压表　　　　图 3-2-32　T60 型钢索张力计

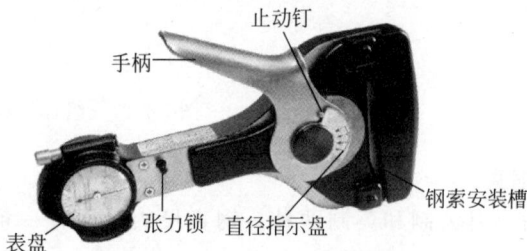

1. T60 型钢索张力计使用注意事项

（1）每个张力计有一个对应的校准杆，可使用校准杆对张力计的准确性进行即时查验。

使用前应核对校准杆上的序号。使用校准杆校准张力计时,校准杆上铭牌有字的一侧朝向操作者(见图 3-2-33)。

(2) 张力计使用前要检查"三计",即计量日期、计量有效期、计量精度。

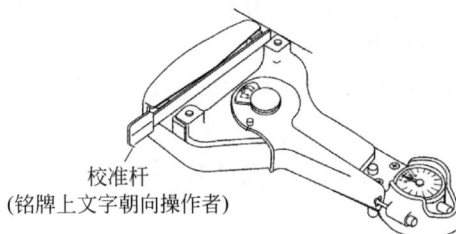

校准杆
(铭牌上文字朝向操作者)

图 3-2-33　T60 型钢索张力计校准杆的使用

2. T60 型钢索张力计的使用步骤

1) 使用校准杆进行张力计准确性查验

将张力计表盘转动到最小钢索尺寸。左手持校准杆,右手持张力计。将校准杆的序号和校准值一侧面向工作者,校准杆放入张力计的钢索安装槽内,校准杆的右端应与张力计边缘平齐,缓慢松开手柄,夹紧校准杆,读取张力表盘读数。核对表盘读数与校准杆上标示的校准值相差是否在±2%以内。

2) 用张力计测量钢索直径

握紧张力计手柄,将钢索放入钢索安装槽内;缓慢放开手柄夹住钢索;将直径指示盘转到止动钉处,读出钢索直径。

3) 测量钢索张力

转动表盘指示器,使指针对准所测钢索直径的数值位置。用力握紧手柄,将钢索放入钢索安装槽内,缓慢松开手柄,夹住钢索。按下张力锁,锁定表盘指示器,取下张力计,读出钢索张力。

3.2.10　量具的使用与保养

1. 量具使用要求

(1) 所选的量具功能、量程和精度须满足测量要求。

(2) 在使用前应检查量具的校验标签,不允许使用记录不清或超期的量具。使用前目视检查量具有无损伤,检查量具的对零情况。

(3) 测量前应把量具的测量面和零件的被测量表面擦拭干净,以免因有脏污存在而影响测量精度。

(4) 量具在使用过程中,不要和工具、工件堆放在一起,避免碰伤量具。避免量具跌落。

(5) 量具使用时不要用力过猛、过大。不要测量发热或转动的工件。不要用精密量具测量粗糙工件。

(6) 为了防止热胀冷缩造成测量误差,零件、量具以及校准块应在检查区域的温度下稳定后再进行测量。

(7) 测量时正确使用量具,按工卡要求实施,及时做好记录,不允许工作整体做完后凭印象补记数据。

2. 量具的维护与保养

（1）计量工具必须按要求做好定期检测。借出、归还时必须归零。

（2）需定期校验的仪表、量具等必须在规定的校验周期内进行校验，并应有校验标识和校验记录。工具间保管人员负责日常检查和保管，保证其符合性，及时更新损坏的计量标签；发现不合格情况时，立即停用，悬挂醒目的不可用标牌，下架隔离并及时报修。

（3）量具使用后，应用软布及时擦净，除不锈钢量具或有保护镀层者外，金属表面应涂上一层防锈油，放在专用的盒子里，保存在干燥的地方，以免生锈。

（4）不要把精密量具放在磁场附近，以免使量具磁化。

3.3 维修工量具使用与管理的一般要求

航空维修是一项精细作业，工具的质量、精度、完整性等都会影响飞机维修的质量，甚至影响飞行安全。正确选择和使用工具，并对工量具进行规范管理，可提高维修工作的质量和效率，避免工量具的人为损坏和丢失。

1. 维修工量具使用的一般要求

（1）严格执行工量具的借还制度，并做好记录。未经登记的工量具，严禁带上飞机使用。

（2）在使用前应检查工量具工作是否正常；计量工具还应查看校验标签，以核实其是否在有效期内。

（3）工具和量具应按用途使用，不得随意互相代用，也不得抛掷或随意敲打，以防损坏。

（4）应严格执行"三清点"制度，即开始工作前清点、工作场所转移前清点、工作结束后清点；确认工量具完好、数量正确。如发现工量具丢失，应及时报告、认真查找。当不能确认工量具是否丢失在飞机上时，禁止飞机放行。

（5）工量具只能放在工具箱或工具托盘内，除工具箱和工具托盘外，任何工量具都不能直接放在飞机上任何部位，尤其是发动机、起落架、轮舱、操纵面和空调舱。不要把工量具放在衣袋内或带出工作场所。转移工量具时注意防止因抖动而掉落。

（6）在装配工作完成后和关闭口盖前，应检查是否有工量具或外来物遗留在航空器或航空器部件上。更换部件后的操作测试工作必须在工量具清点无误后方可进行。

（7）使用组合工量具时，要确认工量具组合稳妥可靠，避免在使用过程中松脱掉落。

2. 维修工量具管理的一般要求

（1）维修单位应建立维修工量具设备台账。

（2）工具管理人员对工量具设备进行编号和贴标识，并将信息输入计算机系统，对工量具设备进行分类管理。

（3）对需要送修、送检，待检和超出有效期，处于禁用、封存状态的工量具，应使用不同的挂签，不合格或报废的工量具必须隔离存放，避免误用。

（4）不同类型或不同使用状态的工量具设备应分类存放，不得混放。对于长期不用的设备，应按要求封存保管，定期检查保养，并挂签说明。对于有故障的工量具设备，应挂牌单独存放，并及时修理。

（5）所有计量器具要按国家规定或行业规定定期校验和贴标签，保证计量工作准确可靠。

（6）工量具设备的储存应满足不同的特点要求，如温湿度控制、防尘控制、防静电措施等，并有防火措施。

3.4　常用工量具综合实践

3.4.1　主起落架减摆阻尼器测量实例

1. 任务描述

检查波音 737-800 飞机主起落架减摆阻尼器和扭力臂端杆磨损情况。

2. 工作准备

（1）参考维修手册：AMM 32-11-81 P601。

（2）工具：①深度千分尺，量程为 0～1in，精度为 0.001in；②游标卡尺，量程为 0～6in，精度为 0.001in；③间隙规。

3. 工作程序

（1）测量准备。

① 在起落架上安装地面安全销。

② 拆下主起落架的上扭力臂和下扭力臂。

（2）使用深度千分尺和游标卡尺检查主起落架减摆阻尼器和扭力臂端杆组件的磨损情况。

① 拆下待检查零件。

② 使用游标卡尺测量图 3-4-1 中位置[1]～[8]的尺寸，并记录数据；使用深度千分尺和间隙规测量图 3-4-1 中位置[9]～[10]的尺寸，并记录数据。

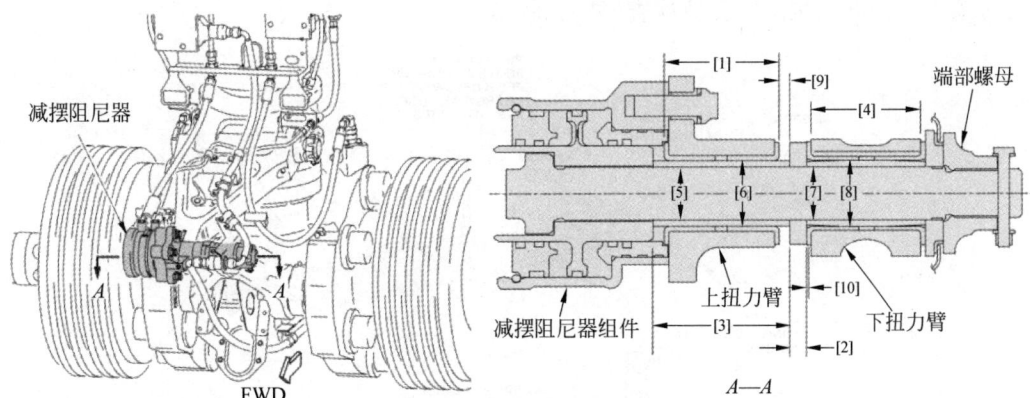

图 3-4-1　减摆阻尼器测量位置

③ 将测得的尺寸与图 3-4-2 中的数据进行比较。

④ 如果数据不在图 3-4-2 中的极限尺寸范围内，则需修理或更换零件。

（3）安装减摆阻尼器端杆组件，安装上、下扭力臂。

INDEX NO.	PART NAME	DIM.	DESIGN LIMITS DIAMETER		WEAR LIMITS		REPLACE WORN PART	REPAIR WORN PART
			MINIMUM INCHES (mm)	MAXIMUM INCHES (mm)	PERMITTED WEAR DIMENSION INCHES (mm)	MAXIMUM DIAMETER CLEARANCE INCHES (mm)		
[1]	BUSHINGS	WIDTH	2.4355 (61.86)	2.4430 (62.05)	2.4300 (61.72)	N/A	X	
[2]	SPACER	WIDTH	0.3500 (8.89)	0.3600 (9.14)	0.3500 (8.89)	N/A	X	
[3]	STRAIGHT SLEEVE	LENGTH	2.9300 (74.42)	2.9400 (74.67)	2.9300 (74.42)	N/A	X	
[4]	BUSHING	WIDTH	2.5855 (65.67)	2.5925 (65.85)	2.5800 (65.32)	N/A	X	
	TAPERED SLEEVE	LENGTH	2.5950 (65.91)	2.6050 (66.17)	2.5950 (65.91)	N/A	X	
[5]	BOLT	OD	1.1225 (28.51)	1.1240 (28.54)	1.1200 (28.49)	0.010 (0.25)		X
	STRAIGHT SLEEVE	ID	1.1260 (28.60)	1.1280 (28.65)	1.1300 (28.70)			
[6]	STRAIGHT SLEEVE	OD	1.3720 (34.85)	1.3740 (34.90)	1.3710 (34.82)	0.0065 (0.165)	X	
	BUSHING	ID	1.3750 (34.93)	1.3762 (34.96)	1.3775 (34.99)		X	
[7]	BOLT	OD	1.1225 (28.51)	1.1240 (28.55)	1.1200 (28.45)	0.0100 (0.254)		X
	TAPERED SLEEVE	ID	1.1260 (28.60)	1.1280 (28.66)	1.1300 (28.70)		X	
[8]	TAPERED SLEEVE	OD	1.3710 (34.82)	1.3730 (34.88)	1.3700 (34.80)	0.0075 (0.191)	X	
	BUSHING	ID	1.3750 (34.93)	1.3762 (34.96)	1.3775 (34.99)		X	
[9]	DAMPER STROKE	GAP	0.000 (0.000)	0.5045 (12.81)	N/A	0.5150 (13.08)	X	
[10]	LOWER TORSION LINK GAP	GAP	0.0025 (0.06)	0.0195 (0.49)	N/A	0.0250 (0.635)	X	

图 3-4-2　极限尺寸

3.4.2　副翼游隙检查实例

1. 任务描述

波音 737-800 飞机副翼游隙检查（见图 3-4-3）。

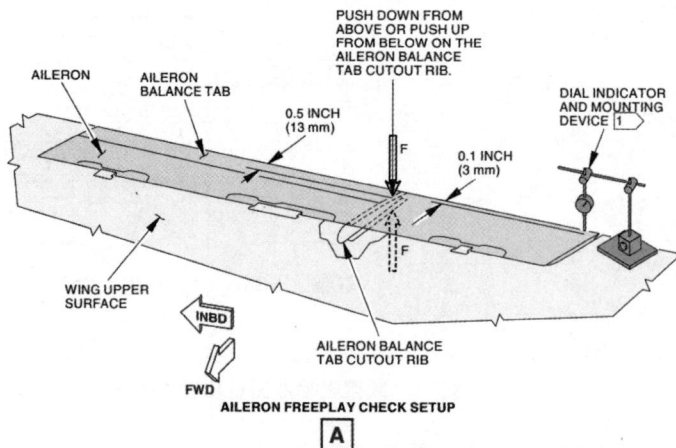

图 3-4-3　副翼游隙检查

2. 工作准备

(1) 参考维修手册：AMM 27-09-91 P601。

(2) 工具：百分表；百分表安装座；推拉力表(量程为 0～25lb,精度为 1/4lb)。

3. 工作程序

1) 测量准备

给 A、B 液压系统增压。

2) 检查左侧副翼的游隙

(1) 在对侧副翼和驾驶盘没有运动时,检查一侧副翼的游隙。

① 确认驾驶盘在中立位。

② 将百分表座安装于机翼上表面结构上(副翼的外侧)。

③ 将百分表安装于表座上,从副翼后缘外侧角处进行测量。

④ 将百分表的测量杆置于距副翼后缘不超过 0.1in 处,并给百分表调零。

⑤ 使用推拉力计以大约 5lb 的力向上推副翼(施力点位于图 3-4-3 中 F 处),记录百分表的读数。缓慢放松施加在副翼上的力。

⑥ 使用推拉力计以大约 5lb 的力向下推副翼(施力点位于图 3-4-3 中 F 处),记录百分表的读数。缓慢放松施加在副翼上的力。

⑦ 确认副翼向上和向下的总游隙不超过 0.1in。

(2) 用同样的方法检查右侧副翼的游隙。

第4章

航空器标准线路施工

4.1 电气线路互联系统

4.1.1 电气线路互联系统的定义和内容

中国民用航空规章中所用的电气线路互联系统(electrical wiring interconnection system，EWIS)是指：任何导线、线路装置，或其组合，包括端点装置，安装于飞机的任何部位，用于两个或多个端点之间传输电能(包括数据和信号)。

具体来说，它包括：导线和电缆；汇流条；电气装置的端点(如继电器、断路器、开关、接触器、接线块、跳开关和其他电路保护装置的端点等)；插头(包括贯穿插头)；插头附件；电气接地和搭铁装置及其相应的连接；接线片；给导线提供附加保护的材料(包括导线绝缘，导线套管，用于搭铁、具有电气端点的导管)；屏蔽线和编织线；卡箍或其他用于布线和固定导线束的装置；电缆束缚装置；标牌或其他识别措施；压力封严；在支架、面板、设备架、连接盒、分配面板和设备架的背板内部的 EWIS 组件，包括但不限于电路板的背板、线路集成单元和设备外部线路。

除了最后一条指明的设备外，下列设备内的 EWIS 部件和该设备的外部插头不包括在本定义中：①适合于预定功能及工作环境和中国民用航空局适航部门所接受的试验程序合格鉴定的电子电气设备；②不作为飞机型号设计一部分的便携式电气设备，包括个人娱乐设备和便携式计算机；③光纤。

4.1.2 电气线路互联系统的产生背景

线路及其相关附件是飞机的一个重要系统。现代大型民用客机上，线缆长度可达 100～400km，电气连接端点达 30 000～50 000 个。飞机正向多电全电方向发展，未来飞机的电气线路将更加重要和复杂。

飞机电气线路安全问题引起关注,源于 20 世纪 90 年代两起重大的空难。

(1) 1996 年 7 月 17 日,美国环球航空公司 800 航班(TWA 800)一架波音 747 飞机在大西洋上空爆炸并坠入大海。据美国国家运输安全委员会(National Transportation Safety Board,NTSB)的调查结果显示,造成这起事故的原因是该飞机中央机翼油箱的油气混合物发生了爆炸。虽然不能确认点火源,但是极有可能是中央机翼油箱外部的线路发生了短路,造成漏电电压通过燃油量指示系统进入油箱,从而使中央机翼油箱发生了爆炸。

(2) 1998 年 9 月 2 日,瑞士国际航空公司的一架 MD-11 在大西洋上空坠入大海,飞机上的 229 名人员全部遇难,这是 MD-11 飞机历史上死亡人数最多的一次航空事故。加拿大运输安全委员会经过近 4 年的调查,尽管最后未能完全确定导致此次航空事故的确切原因,但在对长达 250km 的飞机线路进行检视后,发现其中一个证据证明火灾是由客舱娱乐系统电缆产生的电弧引发的。

TWA 800 空难发生后,美国联邦航空管理局(FAA)指派老龄飞机系统规章制定咨询委员会(Aging Transport Systems Rulemaking Advisory Committee,ATSRAC)对飞机电气线路进行了全面调查和研究。调查表明,老龄飞机普遍存在以下问题:线路老化;线路连接器受腐蚀;维修工作中对导线的安装和修理不正确;导线束被金属碎屑、脏物及易燃液体污染等。主要原因是:振动、潮湿、维修、磨损、污染、过热等。由于在线路的设计、维护、操作、培训、修理和安装等方面存在欠缺,随着飞机机龄的增加,飞机上的电气线路将普遍存在退化现象。现有的维护工作内容已不能有效地处理线路系统的老化问题,这已成为航空器运行的安全隐患。

FAA 决定对运输类飞机的审定和运行的规章进行修订,对飞机电气线路系统的设计、安装和维护要求进行改进。2007 年,在 25 部运输类飞机适航规章(CFR Part 25)中新增 H 分部,共 17 个条款,正式提出了 EWIS 的概念。随后发布了咨询通告 AC25-27A 和 AC120-94,对 EWIS 的维修和培训提出了要求和指导意见。

欧洲航空安全局(European Aviation Safety Agency,EASA)在 CS-25 适航规章中增加了相应的 H 分部条款,还发布了三个相关的接受的符合性方法(acceptable means of compliance):AMC20-21、AMC20-22、AMC20-23。

2011 年,中国民用航空局(CAAC)在 CCAR25-R4 适航规章中增加了相应的 H 分部条款,同时发布的 CCAR26 部第 26 条对 EWIS 也提出了强制要求。

4.1.3　电气线路互联系统的维护工作

2017 年 CCAC 发布的 CCAR121 部,新增了附件 J"航空器的持续适航与安全改进",对 CCAR121 部运营人维修方案满足 EWIS 持续适航提出了全面要求。航空运营人应当将经局方批准的 EWIS 的检查和维修程序纳入其维修方案中,包括检查和恢复任务、任务的实施间隔、完成这些任务的程序和说明;以及 EWIS 相关的保护和警告说明信息。必须在其维修方案、手册(AMM 或 SWPM/ESPM)和工作单中加入 EWIS 的说明和程序。从此,EWIS 系统不只在出现故障时进行维修,EWIS 的检查、清洁和恢复也列入了常规的维修计划中。飞机维修过程中应注意对 EWIS 系统的保护,贯彻"protect,clean as you go"的理念。

EWIS 的维修工作任务类型主要有:一般目视检查(general visual inspection,GVI)和详细目视检查(detailed inspection,DET)、清洁、保护等(见图 4-1-1)。

CLEANING TO REMOVE COMBUSTIBLE MATERIAL (EZAP) - MAINTENANCE PRACTICES

1. **General**
   A. This procedure contains scheduled maintenance task data.

▷ **EWIS**

TASK 20-60-02-100-801

2. **Cleaning to Remove Combustible Material**

   NOTE: This procedure is a scheduled maintenance task.

   A. **General**
      (1) This procedure is an enhanced zonal analysis procedure (EZAP) task.
      (2) This procedure cleans the area(s) and/or items(s) to significantly reduce the accumulation of combustible material.

   B. **Definition:**
      (1) A combustible material is any solid, liquid, or gaseous material that has the ability to cause a fire to be sustained after removal of the ignition source. Refer to Advisory Circular AC 25-27 for additional information regarding combustible materials and wiring contamination.

   C. **References**

Reference	Title
20-40-11-910-801	Static Grounding (P/B 201)
20-60-07-913-801	Protection of the EWIS During Maintenance (P/B 201)
51-00	CORROSION PREVENTION
SWPM 20-10-04	Cleaning of Wire Harnesses

   D. **Tools/Equipment**

Reference	Description
STD-123	Brush - Soft Bristle
STD-10711	Shop Vacuum (400Hz if using aircraft power)

   E. **Procedure**

   SUBTASK 20-60-02-010-001

      (1) Do this task: Static Grounding, TASK 20-40-11-910-801.

   WARNING: EXERCISE EXTREME CAUTION WHEN WORKING AROUND ENERGIZED PANELS. HIGH VOLTAGES PRESENT CAN BE FATAL.

      (2) If it is necessary to touch the EWIS, it is recommended to remove electrical power in the area(s) or from the item(s) to be cleaned:

   NOTE: You can remove all electrical power from the airplane if the removal from one or more

图 4-1-1　波音 AMM 中 EWIS 清洁程序

虽然"老龄飞机"的 EWIS 面临更多的压力,但环境因素和意外损伤也是其主要损伤原因,所以 EWIS 状况恶化或故障也可能出现在短机龄飞机上。电气线路损伤的典型原因有:金属碎屑/切削物和其他外来物损伤、热气流导致的损伤、震动/摩擦、腐蚀、过热、液体污染等。造成电气线路污染的主要来源和材料包括:飞机外部污染物(除冰液、雨雪、空气侵蚀和污染液体);飞机内部污染物(液压油、滑油、燃油、润滑脂、灰尘、厨房和厕所污染物等);其他污染物(油漆、抗腐蚀涂料、金属碎屑/切削物、外来垫片、螺钉等)。在损伤原因和污染分析的基础上,进行相应的 EWIS 检查、清洁和保护程序等维修工作任务的制定。

EWIS 维修项目任务是基于增强型区域分析程序(enhanced zonal analysis procedure,EZAP)分析得出的(见图 4-1-2)。首先要对飞机的工作区域进行具体划分;然后分析工作区域的工作环境特点;接着根据分级表确定项目检查的级别和检查时间间隔;最后进行任务概要的撰写,写入维修计划文件。

TASK 05-42-04-211-802

3. **Detailed Inspection: IDG Power Feeder Wiring/EWIS - Engine No. 2. (EZAP)**

Figure 202

NOTE: This procedure is a scheduled maintenance task.

A. **General**

(1) This procedure is an Enhanced Zonal Analysis Procedure (EZAP) task.

B. **Location Zones**

Zone	Area
421	Engine 2 - Engine

C. **Access Panels**

Number	Name/Location
423	Left Fan Cowl, Engine 2
424	Right Fan Cowl, Engine 2
425	Left Thrust Reverser, Engine 2
426	Right Thrust Reverser, Engine 2

D. **Inspection**

SUBTASK 05-42-04-010-002

(1) Open these access panels:

Number	Name/Location
423	Left Fan Cowl, Engine 2
424	Right Fan Cowl, Engine 2
425	Left Thrust Reverser, Engine 2
426	Right Thrust Reverser, Engine 2

SUBTASK 05-42-04-211-002

(2) Do the inspection, Detailed Inspection of EWIS, Task 20-60-03-100-801.

(3) Inspect (Detailed) the IDG power feeder wiring and connected EWIS - Engine No. 2. (EZAP)

SUBTASK 05-42-04-910-002

(4) Refer to 20-60-07-913-801 for the protection and caution information that will minimize contamination and accidental damage to EWIS during maintenance.

SUBTASK 05-42-04-410-002

(5) Close these access panels:

Number	Name/Location
423	Left Fan Cowl, Engine 2
424	Right Fan Cowl, Engine 2
425	Left Thrust Reverser, Engine 2
426	Right Thrust Reverser, Engine 2

——— END OF TASK ———

图 4-1-2　波音 AMM 中 EZAP

4.2　标准线路施工手册

4.2.1　概述

　　EWIS 作为一个独立的系统，其安全问题受到国内外当局的高度重视，FAR25 部和 CCAR25 部《运输类飞机适航标准》H 分部提出的关于 EWIS 的适航要求属于纲领性、规章性条款。作为民用航空器杰出代表的波音公司、空客公司以及中国商飞公司等，依据 EWIS 适航要求，编写制定了适合本公司的技术手册，波音公司提供的技术手册称为标准线路施工手册（standard wiring practices manual，SWPM），空客公司提供的技术手册称为电气标准施工手册（electrical standard practices manual，ESPM），中国商飞公司提供的某型飞机技术手册称为电气标准施工手册。这些手册具体规定了飞机电气线路施工的程序、方法、标准、耗材、专用工具和设备的选择与使用等相关内容，为电子/电气系统维护提供技术支持，是电气线路系统进行维护工作的重要依据。

　　本章 4.2 节～4.15 节依据 SWPM，重点介绍波音系列飞机电气线路的维护工作；4.16 节依据 ESPM，简单介绍空客系列飞机电气线路的维护工作；4.17 节依据国产系列飞机电气标准施工手册，简单介绍某国产飞机电气线路的维护工作。

4.2.2　SWPM 适用性

SWPM 来源于各个机型的线路图解手册（WDM）的 20 章，属于非客户化手册，适用于 B707-B787、Dreamliner、BBJ、DC-8、DC-9、DC-10、KC-10、KC-46、KDC-10、MD-10、MD-11、MD-80、MD-88、MD-90、P-8 等机型，还适用于 B777 机型所使用的 PW4000 系列和 RB211 Trent 800 动力装置。

4.2.3　SWPM 结构与查询

SWPM 的目录主要包括前言和各个章节，前言主要包括名称页、有效页、改版信息、手册介绍、手册的目录页和交叉参考索引等，如图 4-2-1 所示。

图 4-2-1　SWPM 章节目录

交叉参考索引是一个包含名称（the name）、件号（the part number）和设备供应商（the supplier）的数字和字母清单，具体以章、节、主题的形式来提供设备的安装程序或维修数据，如 20-00-13。交叉参考索引有两种查询方法，第一种查询方法以以下三种形式给出设备的数据。

（1）名称，件号，供应商。

（2）件号，名称，供应商。

（3）供应商，件号，名称。

如果已知名称、件号或供应商，维护人员可以通过这些信息索引到所需要的章节信息。如图 4-2-2～图 4-2-4 所示，由此可见索引件号是比较有效的查找章节信息的方式。

图 4-2-2　已知名称索引章节号

图 4-2-3　已知件号索引章节号

B

```
BOEING (continued)
  BACC45FM16-10S, CONNECTOR . . . . . . . . . . . . . . . . . . . . . . . . . . . . . . . . . . . . . . . . . . . . . . 20-35-13
  BACC45FN(), CONNECTOR . . . . . . . . . . . . . . . . . . . . . . . . . . . . . . . . . . . . . . . . . . . . . . . . . 20-61-11
  BACC45FP(), CONNECTOR . . . . . . . . . . . . . . . . . . . . . . . . . . . . . . . . . . . . . . . . . . . . . . . . . 20-61-11
  BACC45FS(), CONNECTOR . . . . . . . . . . . . . . . . . . . . . . . . . . . . . . . . . . . . . . . . . . . . . . . . . 20-61-11
  BACC45FT(), CONNECTOR . . . . . . . . . . . . . . . . . . . . . . . . . . . . . . . . . . . . . . . . . . . . . . . . . 20-61-11
```

图 4-2-4　已知供应商索引章节号

交叉参考索引的第二种查询方法给出以下两种数据。

（1）一般维护数据（general maintenance data）。

（2）装配安装程序的名称（the name of an assembly or an installation procedure）。

如果已知维护数据或一个组件或安装程序的名称，维护人员同样可以通过这些信息索引到所需要的章节信息，如图 4-2-5 和图 4-2-6 所示。

W

```
WIRE REPAIR
  ARINC 629 STUB CABLE . . . . . . . . . . . . . . . . . . . . . . . . . . . . . . . . . . . . . . . . . . . . . . . . . . 20-10-13
  DAMAGE CONDITIONS . . . . . . . . . . . . . . . . . . . . . . . . . . . . . . . . . . . . . . . . . . . . . . . . . . . 20-10-13
  ENGINE WIRE HARNESS . . . . . . . . . . . . . . . . . . . . . . . . . . . . . . . . . . . . . . . . . . . . . . . . . 20-10-13
  FIRE RESISTANT WIRE . . . . . . . . . . . . . . . . . . . . . . . . . . . . . . . . . . . . . . . . . . . . . . . . . . 20-10-13
  INSULATION . . . . . . . . . . . . . . . . . . . . . . . . . . . . . . . . . . . . . . . . . . . . . . . . . . . . . . . . . . . 20-10-13
  JACKET . . . . . . . . . . . . . . . . . . . . . . . . . . . . . . . . . . . . . . . . . . . . . . . . . . . . . . . . . . . . . . . 20-10-13
```

图 4-2-5　已知维护数据索引章节号

S

```
SHIELD GROUND WIRE
  ASSEMBLY . . . . . . . . . . . . . . . . . . . . . . . . . . . . . . . . . . . . . . . . . . . . . . . . . . . . . . . . . . . . 20-10-15
  DAMAGE CONDITIONS AND REPAIR . . . . . . . . . . . . . . . . . . . . . . . . . . . . . . . . . . . . . . 20-10-13
  LIGHTNING PROTECTION . . . . . . . . . . . . . . . . . . . . . . . . . . . . . . . . . . . . . . . . . . . . . . . 20-25-11
```

图 4-2-6　已知一个安装程序索引章节号

4.2.4　SWPM 主要章节目录

SWPM 主要章节目录如表 4-2-1 所示。

表 4-2-1　SWPM 主要章节目录

主要章节目录	主要章节目录
20-00-XX 通用数据	20-30-XX 接线片与拼接管
20-02-XX 防火区域与周围环境	20-35-XX 专用电缆
20-10-XX 导线安装和修理	20-40-XX 焊接连接件
20-11-XX ARINC 629 数据总线线路	20-41-XX 静电敏感放电设备
20-12-XX 光纤电缆和连接器	20-42-XX MATE-N-LOC 连接器
20-14-XX 主飞行控制、燃油量指示系统和飞行记录器-飞机综合数据系统导线束	20-51-XX 同轴连接器
20-15-XX 777ELMS 板修理	20-53-XX 双中心钉连接器
20-20-XX 电搭接与接地	20-60-XX 标准连接器程序
20-23-XX ROLLS ROYCE RB211-800 动力装置导线修理	20-61-XX 前退圆型连接器
20-24-XX PRATT AND WHITNEY P44000/777 动力装置导线修理	20-62-XX 专用连接器
20-25-XX 屏蔽电缆和带有屏蔽电缆的尾夹	20-63-XX 后退圆型连接器

主要章节目录	主要章节目录
20-64-XX 小模块连接器	20-83-XX 线路系统终端系统和触发电门
20-71-XX 支架和配电板矩形连接器	20-84-XX 灯和灯电门
20-72-XX 超小型 D 矩形连接器和其他小型连接器	20-85-XX 连接器卡子与起落架电缆
20-73-XX 扁平电缆连接器	20-86-XX BURNDY MT17R-1 连接器
20-74-XX 矩形后退连接器	20-87-XX HF 天线引线组件和探头插座
20-81-XX 继电器插座和继电器的组装和安装	20-90-XX 终端块装配
20-82-XX 印刷电路板连接器	20-91-XX 保险丝二极管模块和灯泡更换

SWPM 的重要数据主要集中在"20-00-12 插钉压接工具""20-00-15 导线绝缘去除""20-00-11 材料""20-00-13 导线类型代码""20-00-14 备用导线"和"20-00-16 导线外径"等章节。

4.2.5　SWPM 章节段落

以 20-30-12 拼接管的组装为例,章节段落如图 4-2-7 所示。

ASSEMBLY OF SPLICES

TABLE OF CONTENTS

PARAGRAPH		PAGE
1.	**GENERAL DATA**	**7**
	A. Applicable Conditions for the Assembly of Splices	7
	B. Assembly of Specified Splices	7
	C. Selection of a Sealed Splice Configuration	8
	D. Conductor CAU	10
2.	**INCREASE OF CONDUCTOR CAU**	**11**
	A. Applicable Conditions	11
	B. Assembly of a Conductor Splice with a Conductor that is Folded Back	11
	C. Assembly of a Conductor Splice with a Filler Wire	12
3.	**SPLICE PART NUMBERS AND DESCRIPTION**	**12**
	A. Closed End Splices	12
	B. Insulated Butt Splices	15
	C. Uninsulated Butt Splices	16

图 4-2-7　SWPM 章节段落

每个章节都有独立的目录页,目录页除标题外,一般还包括以下内容。

(1)概述:介绍施工需要的相关信息。

(2)件号描述:介绍导线、终端和材料的件号及详细信息。

(3)施工程序:介绍施工程序,其中包括工具、材料的选取,施工步骤、标准和注意事项等信息。

(4)工具设备供应商:介绍施工操作使用的工具和设备的生产厂商。

4.3　安全防护

4.3.1　维护期间的线路防护

飞机维护期间,由于接触液体,线路可能发生电弧;由于接触碎屑,导线绝缘可能会发生磨损;拆除飞机设备时,可能会损坏线路;维护人员也可能会损坏线路。波音公司无法提供或记录航空公司在维修中所有可能发生的情况,航空公司维护人员必须能够估计现有条件,具有良好的判断和常识,采取合理的措施保护线路和电气部件,开始维护前,确保线路和电气部件受到足够的保护。

1. 维护工作开始之前

维护工作开始之前要做好保护,确保线路和电气部件不会被污染。保护材料必须附在飞机结构上且延伸至维护区域下方和附近区域,不能连接到线路或电气部件上;如果可能的污染物是液体则使用塑料保护材料,否则液体顺着线路流到连接器或其他电气部件里,可能会导致电弧、火花,引起火灾。为防止维护期间损坏线路和电气部件,使用以下步骤完成线路保护。

(1) 估计电线和电气部件可能的污染源,见表 4-3-1。

(2) 选择保护材料,见表 4-3-2。

表 4-3-1　对线路和电气部件可能的污染源

保护程序	可能的污染源
在工作区域安装保护材料 (保护材料从表 4-3-2 选择)	灰尘/污垢
	金属刨花
	液压油
	滑油
	燃油
	蓄电池电解液
	防腐剂
	污水系统化学品
	清洁剂
	除冰液
	油漆
	设备的移动
请勿将线路用作踏板或扶手	工具和维护人员

表 4-3-2　保护材料

材　　料	描　　述	适用的污染类型
防水油布/罩子	帆布	液体和碎屑
	塑料	液体
	纸质	碎屑
	硬纸板	碎屑
胶带	遮盖胶带	碎屑
	乙烯基塑料	液体
气泡垫	塑料	碎屑,设备移动
容器	—	液体

2. 维护工作结束之后

维护工作结束之后,确保所有污染物、碎屑和液体被清除,确保除去油布、容器和胶带,并检查导线和电气部件有无损坏。

4.3.2　维护期间的安全防护

维修人员在高压电气/电子线路上工作是非常危险的。如果不小心触摸到通电线路,可能会发生电击；金属工具掉落在电气连接件或导体上时，可能会造成线路短路；在燃油蒸汽区产生的电火花可能会引起爆炸；在光纤系统工作时，如果暴露在不可见的光纤激光中，还会导致眼睛或皮肤受损。因此，在线路维护期间应做好安全防护措施。

1. 概述

1）维护工作开始之前

在电气设备维护操作期间，或对电气/电子系统的一个或多个部件进行维护时，为防止维修人员受伤和设备损坏，使用以下安全程序。

（1）确认将要进行维护工作的系统。

（2）断开跳开关和电门，确保从系统部件来的电源被切断。

（3）在跳开关上挂上警告牌，警告牌上注明，"不要闭合这个跳开关，在维护工作期间跳开关必须保持打开"。

（4）安装线路跳开关卡箍，确保线路跳开关必须保持在断开位。

（5）在电门上挂上警告牌，警告牌上注明，"在维护工作结束之前，不允许将电门从关断位置移开"。

2）维护工作结束之后

（1）确保所有的开关和控制装置处于防止意外操作的位置。

（2）拆除警告牌、闭合此项维护工作开始之前打开的跳开关和电门。

（3）给系统通电。

（4）执行必要的操作检查。

（5）当操作检查的结果满意后，将电门和控制装置恢复到关断位置。

（6）在拆下外部电源面板上的外部电源连接器之前，请确保关闭外部电源，否则可能导致人员受伤以及设备损坏。

3）线路跳开关复位

当一个线路跳开关失效或断开时，不要试图立即将其复位，必须先检查确认导致跳开关失效或断开的原因，确定跳开关可以被安全复位。

2. 燃油蒸汽标准

1）可接受的燃油蒸汽标准

对于点火装置的使用，一般认为安全的燃油蒸汽标准基本上为0。

2）燃油蒸汽测量

燃油蒸汽的测量可使用经过校准的设备来完成。例如，矿山安全设备型号 Model 2 或 Davis Model D-6，这些设备可给出如下读数：爆炸下限百分比和爆炸百分比。

这些仪表上可读取的燃油蒸汽标准可表示：附近的液体燃油或蒸汽源、局部较高的蒸汽浓度、通风不足等。应使用这些测量设备确保初始燃油蒸汽标准足够低，并在维护期间随时监控燃油蒸汽的标准。

3. 火源

任何情况下，在打开的燃油箱和燃油箱附近的区域存在潜在的火灾风险，燃油的突然泄漏或进行加油工作时的燃油溢出现象都是不可预知的，也是无法控制的，因此不得在打开的燃油箱附近、燃油进出口或溢出附近使用潜在的点火源。

如果在不允许产生烟雾的飞机上或附近使用点火设备，当地消防队员或负责飞机消防安全的人员应随时待命,以观察工作和附近的其他活动。建议采取以下安全措施:在易燃蒸汽区工作时,使用经批准用于燃油蒸汽的工作灯;点火设备存在时,切勿在燃油系统部件上开始或继续工作;相关维护和安全人员的数量应保持在最低限度;工作现场应配备的应急或消防设备数量必须由当地消防人员或其他机构确定,他们负责消防安全并且能够判断与待完成工作相关的风险程度。

4. 加热枪、热风枪、锡焊枪和电烙铁

1)概述

以下描述的是在役飞机上或附近操作加热枪、热风枪、锡焊枪和电烙铁等设备被推荐的最低安全操作规程。这些规程是为全世界使用而编写的一般程序。波音公司无法设想也不能记录航空公司所有可能遇到的情况,航空公司有责任安全使用这些加热设备,当地机构和/或航空公司制定的程序可优先考虑。

2)潜在的爆炸

加热枪、热风枪、锡焊枪和电烙铁等设备不是防爆的,使用这些设备时,可能包含超过燃油蒸汽燃点(450℉)的电热元件和能产生火花并点燃燃油蒸汽的电气开关,因此存在潜在的爆炸危险。

3)在燃油箱内使用

加热枪、热风枪、锡焊枪和电烙铁等加热设备,不允许在未清除干净燃油和充满惰性气体(如氮气等)的油箱内使用。

4)在燃油和易燃液体附近使用

在飞机加油或放油工作期间以及燃油箱打开的维护工作期间,在燃油泄漏、燃油溢出和其他易燃液体附近,100in 范围内不允许使用加热枪、热风枪、锡焊枪和电烙铁等加热设备。

5)在烟雾区域使用

在飞机附近或飞机上允许有烟雾的区域,可以使用加热枪、热风枪、锡焊枪和电烙铁;在不允许有烟雾的飞机区域,如果有必要使用这些设备,必须确保预期工作区域内不存在不安全的燃油蒸汽量。

4.4 飞机上的特殊区域和常用材料的选择

在飞机上进行线路维护工作时,线路安装位置不同、环境不同,所选择的施工程序、方法和标准就有所区别。因此,在施工前,首先要确认线路所在的区域和环境。波音系列飞机的特殊区域一般有易燃泄漏区、高温区、高振区等。

4.4.1 易燃泄漏区

易燃泄漏区是指易燃液体或易燃蒸汽泄漏的区域,它可能由于故障或正常操作产生,各个机型稍有不同,B737 飞机的易燃泄漏区位置如图 4-4-1 所示。在易燃泄漏区不得出现明火、烟雾、火花及其他火源;不得使用可能产生火花的工具和测试设备;不得使用兆欧表测量导线、电缆或机载设备的绝缘电阻;所有电气设备,如灯、电机、接线等,必须满足必要的电气和防火代码;必须通风良好以防止蒸汽聚积。

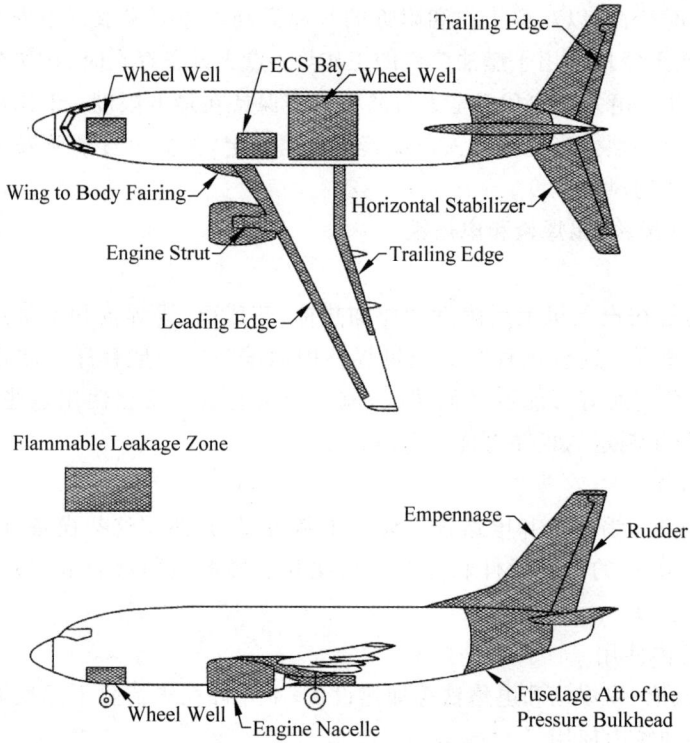

图 4-4-1　B737 飞机易燃泄漏区位置

4.4.2　高温区

温度等级 D 的区域是高温区域，如图 4-4-2 所示，包括发动机、发动机吊架、辅助动力装置区域。在高温区域修理导线使用的消耗材料必须是温度等级为 D 的材料。

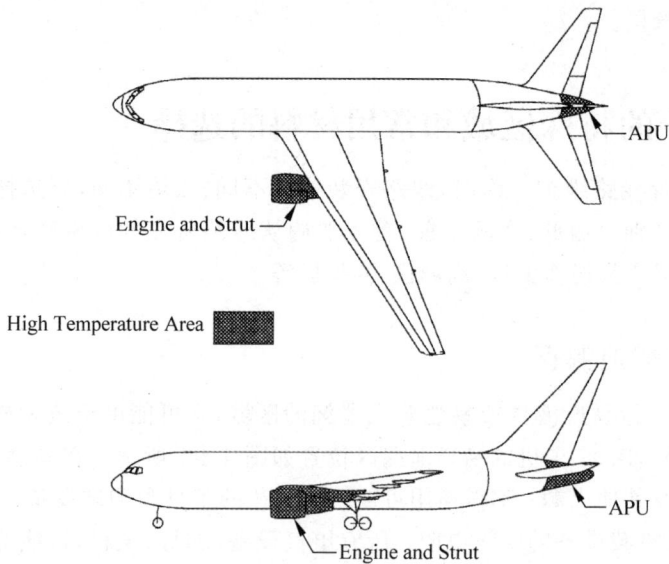

图 4-4-2　高温区域的典型和常见位置

4.4.3　高振区

飞机上的所有区域按振动级别和振动区域类型可划分为三个级别,如图 4-4-3 所示。其中,振动级别 1 为非高振区,振动级别 2 和 3 为高振区。属于振动级别 1 的区域有:座舱、电气/电子设备舱、货仓。属于振动级别 2 的区域有:雷达罩、轮舱、空调舱、中央油箱、大翼油箱、机翼前缘、机翼后缘、机翼机身接合部、水平安定面、升降舵、尾翼、方向舵、耐压舱壁后机身。属于振动级别 3 的区域有:发动机吊架、辅助动力装置。

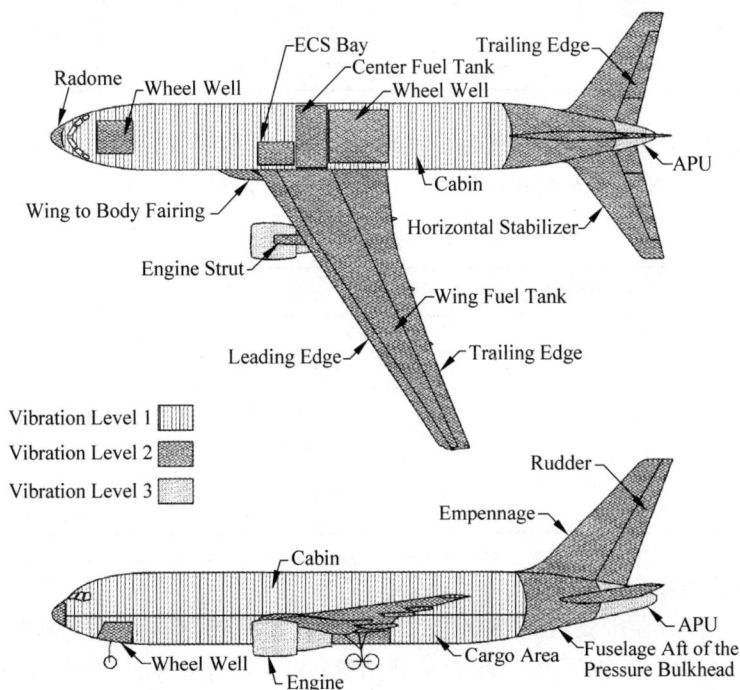

图 4-4-3　振动区域的典型和常见位置

4.4.4　常用材料的选择

1. 材料的等级

材料的等级(grade)是指材料的温度等级,由材料连续工作时的最高温度确定,A 级为最低等级,D 级为最高等级,如表 4-4-1 所示。在进行线路维护工作时,当施工程序中给出了材料的温度等级时,只允许使用该等级或者更高等级的材料;当施工程序中未给出材料的温度等级时,最低等级的材料也可以使用。

表 4-4-1　材料的温度等级

等　级	最高环境温度		替 代 类 型
	℃	℉	
A	100	212	Type Ⅰ
B	135	275	Type Ⅱ
C	180	356	Type Ⅲ
D	260	500	Type Ⅳ

2. 材料的类别

材料的类别(class),即材料的抗液压油腐蚀能力等级,由材料对 BMS3-11 液压油的抵抗腐蚀能力确定,如表 4-4-2 所示。在进行线路维护工作时,如果施工程序中给出了材料的抵抗腐蚀能力等级,则必须使用该等级的材料;如果未规定材料的抵抗腐蚀能力等级,则可以使用任何一种等级的材料。

表 4-4-2　材料抗液压油腐蚀能力等级

类　别	描　述
1	具备 BMS3-11 材料的抵抗腐蚀能力
2	不具备 BMS3-11 材料的抵抗腐蚀能力

在进行线路维护工作时,经常使用一些消耗材料,如热缩管、胶带、套管、密封棒和捆扎线等,这些材料要依据温度等级和抗液压油腐蚀能力等级来选择,如表 4-4-3 所示。

表 4-4-3　热缩管选择举例

温 度 等 级	抗液压油腐蚀能力等级	件　号	供 应 商
A	2	Scotch 3028	3M
B	1	DR-25	Tyco/Raychem
	2	DWP-125	Tyco/Raychem
C	1	MWSF	Remtek
D	1	TFE 2 to 1	Zeus Industrial Products

3. 材料的选择举例

如图 4-4-4 所示,在步骤(13)中要求选择一个温度等级 B 或更高等级的热缩管,则在表 4-4-3 中可选择温度等级为 B、C 或 D 的热缩管;施工程序中未给出材料的抗液压油腐蚀能力等级,则等级 1 和 2 均可。

(13) Make a selection of a Temperature Grade B or higher heat shrinkable sleeve from Table 5.
Make sure that the sleeve has the smallest diameter that can be put on the splice assembly.
NOTE: For alternative heat shrinkable sleeves, refer to Subject 20-00-11.

(14) Cut the necessary length of the heat shrinkable sleeve.
Make sure that the length is a minimum of 1 inch farther than the rear end of the solder sleeve on each end of the splice assembly.

图 4-4-4　材料选择方法举例

4.5　飞机导线与电缆

4.5.1　导线和电缆种类

波音飞机上使用的导线(wire)是指在一个绝缘层里由单根实心导体或多根金属丝绞合在一起的结构,如图 4-5-1 所示。

波音飞机上使用的电缆(cable)包括多种结构。

(1) 在同一个外护套里,由一根或多根导线、外部有特殊的防护层组合而成的结构,如图 4-5-2 所示。

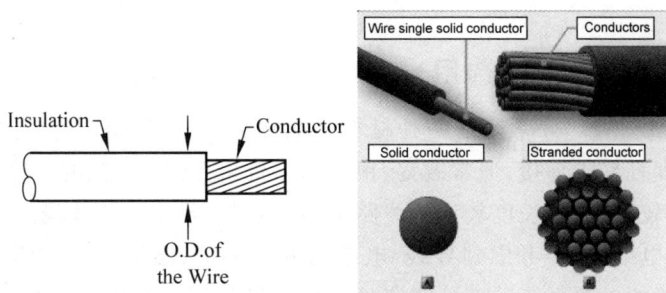

图 4-5-1　导线结构

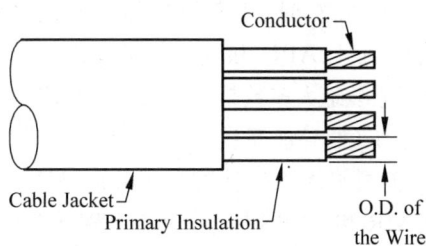

图 4-5-2　非屏蔽电缆结构

（2）绞合在一起的两根或多根绝缘导线，如双绞线、多绞线等。

（3）一根或多根绝缘导线，覆盖有金属编织屏蔽层，最外层带有防护套，如图 4-5-3 和图 4-5-4 所示。

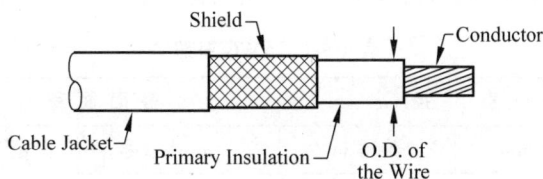

图 4-5-3　单芯屏蔽电缆结构

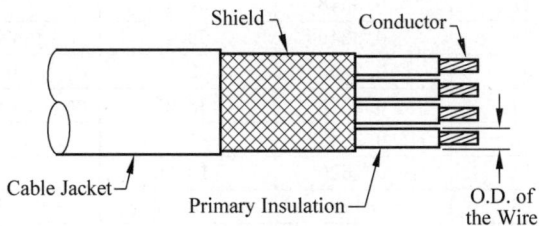

图 4-5-4　多芯屏蔽电缆结构

（4）同轴电缆，一般分四层，最内层为一根或多根扭绞在一起的金属导体，导体外面覆盖一层介电质，介电质外面有一层网状编织屏蔽层，最外面是电缆的外护套，如图 4-5-5 所示。

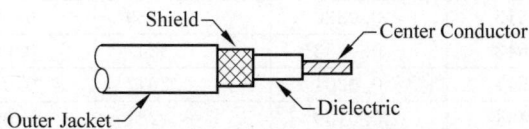

图 4-5-5　常见的同轴电缆结构

4.5.2 导线和电缆的选用

导线的导体(线芯)部分常用的两种材料是铜和铝。铜具有较高的导电性,韧性强,具有较高的抗拉强度且易于焊接,通常镀锡、银、镍等,价格比铝高;铝的导电性仅为铜线的约60%,但它的重量较轻,对于长度较大的线路更容易安装,常用于负载较高的线路中。

在选用导线/电缆时,要考虑到导线/电缆的安装环境、温度等级和绝缘等级。铝线主要用于民用航空器的电源系统的部分线路(发动机、APU 区域不允许使用)和厨房电源系统,使用铝线的目的是减轻飞机重量,减少发动机的燃油耗油,从而提高航空器的经济效益。

当导线/电缆的环境温度为 105℃时,用于航空器的常温区域;当导线/电缆的环境温度为 250℃时,用于航空器的发动机、APU 和气源管道附近等高温区域。

波音系列飞机使用的导线/电缆绝大多数是按照波音材料规范(Boeing material specification,BMS)采用的,但是一些重要系统(如导航系统、飞行操纵系统、防火系统和发动机控制系统等)采用高于波音材料规范的美国军用飞机标准(military,MIL)的导线/电缆。空客系列飞机导线/电缆使用的有 MIL、AIR 和 SN2S 标准,也有个别导线使用的是 BMS 标准。

4.5.3 导线的规格

导线的规格是指导线导体横截面面积的大小,波音飞机上安装的导线使用的是美国导线规格(American wire gauge,AWG),即美国线规。如表 4-5-1 所示,线规数字越大,表示导线导体部分直径越细,电阻值越大,所能承载的电流就越小。

表 4-5-1 AWG 对照

AWG (线号)	直 径		截 面 面 积		电阻值
	公制 mm	英制 in	mm²	in²	Ω/km
0000(4/0)	11.68	0.46	107.22	0.166	0.17
000(3/0)	10.40	0.4096	85.01	0.132	0.21
00(2/0)	9.27	0.3648	67.43	0.105	0.26
0(1/0)	8.25	0.3249	53.49	0.0829	0.33
1	7.35	0.2893	42.41	0.0657	0.42
2	6.54	0.2576	33.62	0.0521	0.53
4	5.19	0.2043	21.15	0.0328	0.84
6	4.11	0.1620	13.30	0.0206	1.33
8	3.26	0.1285	8.37	0.0130	2.11
10	2.59	0.1019	5.26	0.00815	3.36
12	2.05	0.0808	3.332	0.00513	5.31
14	1.63	0.0641	2.075	0.00323	8.45
16	1.29	0.0508	1.318	0.00203	13.5
18	1.02	0.0403	0.8107	0.00128	21.4
20	0.813	0.0320	0.5189	0.000802	33.9
22	0.643	0.0253	0.3247	0.000505	54.3
24	0.511	0.0201	0.2047	0.000317	89.4
26	0.404	0.0159	0.1281	0.000200	143
28	0.32	0.0126	0.0804	0.000126	227

4.5.4 导线的标识

为了便于安装和维护,每根导线和电缆必须带有标识编号(identification markings)。在 CCAR25.1711 条(部件识别:EWIS)中规定:EWIS 部件必须标注或用其他一致的方法识别 EWIS 部件,以及其功能、设计限制或其他内容;标识必须沿导线、电缆、导线束,按适当的间隔,在飞机区域使机务、修理和改装人员容易看到;如果无法在一个 EWIS 部件上标识,必须提供其他标识方法;标识标记在 EWIS 部件整个预期使用寿命过程中,必须保持清晰易读且标识方法不会对其性能造成负面影响;对型号设计进行改装时,必须使用与原型号设计相一致的标识方案。

波音系列民用飞机在出厂时,导线束每隔 6～12in 作一个标识;导线束末端一般不超过 3in 作一个标识,3in 以下的导线可以不作标识;两芯和多芯屏蔽电缆只在两端加套管作标记,单芯电缆和同轴电缆每隔 6～12ft 作一个标识。导线/电缆的标识编码可以横着或竖着书写。对于可打印的导线/电缆,一般可用激光打印机将标识打印在导线/电缆的外绝缘上。同轴电缆和光纤上不能直接打印标识。对于不方便打印的导线/电缆,一般将标识打印在绝缘胶带或套管上,再将绝缘胶带或套管安装在导线/电缆上。

波音飞机导线/电缆标识组成以 W 字母开头,一般格式为"W 导线束编号-导线编号-导线规格 颜色代码",如图 4-5-6 所示。也有的机型导线/电缆标识格式为"W 导线束编号-导线编号 颜色代码-导线规格"。同一架飞机上导线束编号是唯一的,同一个导线束里导线编号也应该是唯一的。如果同一个线束里导线编号相同,则在导线编号后以不同的颜色代码来区分,如图 4-5-7 所示。导线编号代表这根导线的种类,如表 4-5-2 所示。导线的颜色代码如表 4-5-3 所示。

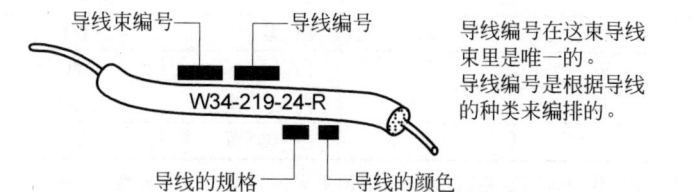

图 4-5-6 导线束标识介绍

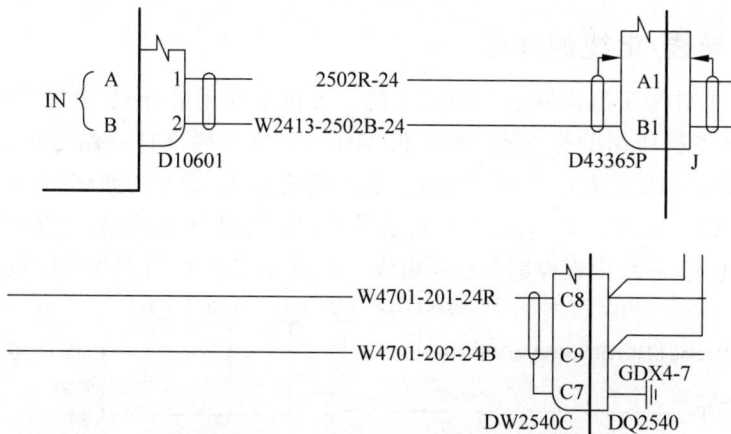

图 4-5-7 不同格式的导线标识示例

表 4-5-2　不同机型导线编号及其含义对照表举例

导线编号		导线编号含义
某波音 737-800	某波音 747-400	
0001~1999 5501~6999 8000~8990	001~199	代表屏蔽或非屏蔽的单芯导线/电缆(Class I)
2001B~2999B 2001R~2999R	201~299	代表屏蔽或非屏蔽的双绞绞合导线/电缆 (Class II)
3001B~3999B 3001R~3999R 3001Y~3999Y	301~399	代表屏蔽或非屏蔽的三芯绞合导线/电缆 (Class III)等
901~999 和 9001~9999	901~999 和 C 9001~C 9999	保留给航空公司使用的导线编号
A-A~Z-ZZ 1-1~8-99	A-A~Y-Y Z-A~Z-Z	厂家预留的客户化的导线编号

注：即使同一机型,不同时期的导线编号也不尽相同,关于本表的更多内容可参考各机型 WDM 前言介绍的"图表和列表"(CHARTS AND LISTS)部分。

表 4-5-3　导线颜色代码对照表举例

导线颜色	导线颜色代码		导线颜色	导线颜色代码	
	某波音 737-800	某波音 747-400		某波音 737-800	某波音 747-400
黑色	K	A	白/红	WR	I
蓝色	B	B	白/黄	WY	J
橙色	O	C	白/蓝	WB	K
白色	W	D	白/绿	WG	L
红色	R	R	白/红/蓝	AD	Z
黄色	Y	Y	白/黑/黄	AM	2

注：不同机型导线颜色代码也不尽相同,关于本表的更多内容可参考各机型 WDM 前言介绍的"图表和列表"(CHARTS AND LISTS)部分。

4.5.5　导线/电缆的件号

导线/电缆的件号是由其制造厂商定义的。飞机上使用的导线/电缆必须符合一定的标准,波音系列飞机使用的标准有 BMS 和 MIL 等,波音标准件号结构如图 4-5-8 所示。图 4-5-8 中,BMS13-XX 代表导线/电缆的生产标准符合 BMS,常见的如 BMS13-48、BMS13-55、BMS13-58、BMS13-60 等。T(type)XX 代表导线/电缆的类型、屏蔽绝缘状况等。例如,T32 代表屏蔽电缆,芯线由镀镍铜合金丝组成。C(class)XX 代表芯线的股数。例如,C3 是

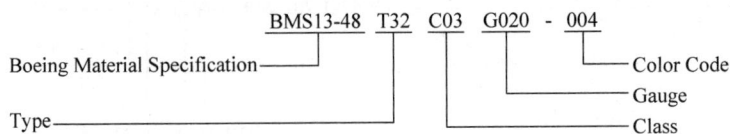

BMS13-48　T32　C03　G020 - 004

Boeing Material Specification ——
Type ——
—— Class
—— Gauge
—— Color Code

图 4-5-8　波音标准件号结构

指三芯电缆。G(gauge)代表导线的规格。G020 表示指导线的规格是 AWG20。XXX 代表导线/电缆的颜色代码。例如,004 代表黄色(见表 4-5-4)。

表 4-5-4　波音标准导线颜色代码

波音标准导线	颜色代码	颜色		
		绝缘皮或外护套	第一条纹	第二条纹
BMS13-48	001	黑色	—	—
	002	棕色	—	—
	003	红色	—	—
	004	黄色	—	—
	00P	粉色	—	—
	063	蓝色	橙色	—

注：其他 BMS 标准导线的颜色代码请参考 SWPM。

4.5.6　导线/电缆件号的查找程序举例

假设维护工作中检查发现：一架波音 737-800(B-XXXX)飞机驾驶舱 P18-1 配电板上标识为 W0018-0812-22 的导线严重破损无法修理,需要更换导线,请查找导线件号和长度以领取耗材完成施工。

步骤 1：确定导线类型代码。查找 WDM 的导线清单,从 TY 列得到导线的导线类型代码是 CQ,从 FT-IN 列得到导线长度是 6ft7in,如图 4-5-9 所示。

Bundle No. / Wire No.	Part Number GA	CO	TY	Fam	Description FT-IN	Diagram	From Equip	Term	Type	Splice	To Equip	Term	Type	Splice	Effectivity
W0018	286A0018				P18 (continued)										
0811	22		CQ		6-6	34-22-11	C01386	=L	D		D41807J	23			YF921-YS167
0812	22		CQ		6-7	34-51-11	C01378	=L	D		D41807J	19			ALL
0813	22		CQ		6-0	34-33-11	C01384	=L	D		D41805J	4			ALL

图 4-5-9　导线清单

步骤 2：确定导线类型代码所在的章节目录,根据导线类型代码在 SWPM 的目录或交叉参考索引中找到施工所在章节为 20-00-13,如图 4-5-10 所示。

W

WIRE SPECIFICATIONS 20-00-13
WIRE TYPE CODES 20-00-13
WIRE WRAP CONNECTION
CONFIGURATION 20-72-18

图 4-5-10　交叉参考索引

步骤 3：在 SWPM 20-00-13 中找到导线类型代码 CQ,其详细信息如图 4-5-11 所示。这种类型的导线适用于 727-777 机型,导线的生产规范是 BMS 13-58 Type 1 Class 1,为单芯耐高温导线,按照图 4-5-8 的波音导线标准件号结构推出导线的件号是 BMS13-58T01C01G020。

步骤 4：如步骤 3 中的导线暂时无法得到,可在 SWPM 20-00-13 中查到导线的替代(备用)件号,如图 4-5-12 所示。替代导线应与原导线具有相同的规格、相同的线芯数,如果颜色有指定,还应有相同的颜色,因此替代导线件号为 BMS13-58T05C01G020。

Table 1 WIRE TYPE CODES (Continued)

Wire Type Code	7()7 Model Wiring Diagram Manual						Wire Specification or Part Number	Number of Conductors	Notes
	2	3	4	5	6	7			
CP	2	3	-	5	-	-	BMS 13-16 Type III Class 2	02	Shielded
CQ	2	3	4	5	6	7	BMS 13-58 Type 1 Class 1	01	High Temperature
CR	2	3	-	-	-	-	BMS 13-16 Type III Class 3	03	Shielded

图 4-5-11 导线类型代码

Table 1 ALTERNATIVE WIRES (Continued)

Specified Wire		Alternative Wire		
Specification or Part Number	Supplier	Specification or Part Number	Supplier	Special Conditions
BMS 13-58 Type 1	Boeing	BMS 13-58 Type 5	Boeing	-
BMS 13-58 Type 1	Boeing	BMS 13-60 Type 7	Boeing	747/767/777 Only

图 4-5-12 替代导线件号

4.6 飞机导线束捆扎、防护与敷设

4.6.1 概述

在飞机维护工作中,因为线路维修、飞机改装等原因,经常需要对导线束进行捆扎,导线束的捆扎材料可选择捆扎线、塑料扎带和胶带,具体选择方法见表 4-6-1。从表中可以看出,捆扎线可以应用在飞机的任何区域,非高振区使用丁香结,高振区使用特殊的防滑丁香结。

表 4-6-1 捆扎结的构型选择

最高温度等级	适用区域	捆扎结的构型
A	非高振区	塑料扎带
		捆扎线-丁香结
		胶带
B	高振区	捆扎线-防滑丁香结
	非高振区	捆扎线-丁香结
		胶带
D	高振区	捆扎线-防滑丁香结
	非高振区	捆扎线-丁香结

4.6.2 使用捆扎线捆扎导线束的方法

1. 非高振区的捆扎方法和标准

在飞机非高振区捆扎导线束使用的捆扎结是丁香结,如图 4-6-1 所示。根据导线束的安装区域,选择合适温度等级的捆扎线。导线束里所有的导线/电缆都必须平行,不能出现交叉现象;不能使导线或电缆的绝缘层变形;捆扎结要扎紧,在丁香结上使用方结或手术

结固定,如图 4-6-2 和图 4-6-3 所示;最后剪掉多余的线头,线头长度在 $0.12 \sim 0.5$in。

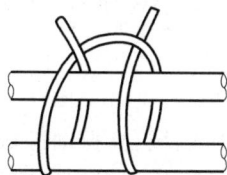

图 4-6-1　丁香结

Clove Hitch Knot　　　　　Square Knot

图 4-6-2　方结捆扎方法

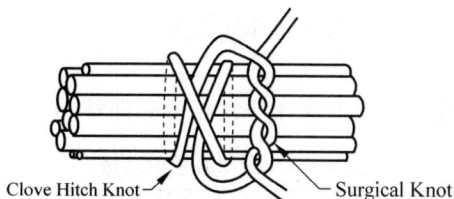

Clove Hitch Knot　　　　　Surgical Knot

图 4-6-3　手术结捆扎方法

视频:
导线束捆扎-
丁香结

2. 高振区的捆扎方法和标准

在飞机的高振区捆扎导线束,必须使用特殊的丁香结——防滑丁香结,如图 4-6-4 和图 4-6-5 所示。根据导线束的安装区域,选择合适的温度等级的捆扎线。如果在 AWG 22 或更粗的导线上安装捆扎结,防滑丁香结的防滑环(first loop)中应包含一根导线;如果在尺寸小于 AWG 22 的导线上安装捆扎结,则防滑环里至少要有 3 根导线,防止导线变形。导线束里所有的导线/电缆都必须平行,不能出现交叉现象;不能使导线或电缆的绝缘层变形;捆扎结要扎紧,在防滑丁香结上使用方结或手术结固定,如图 4-6-6 所示;最后剪掉多余的线头,使线头长度在 $0.12 \sim 0.5$in。

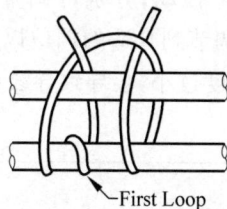

First Loop

图 4-6-4　特殊丁香结的捆扎方法

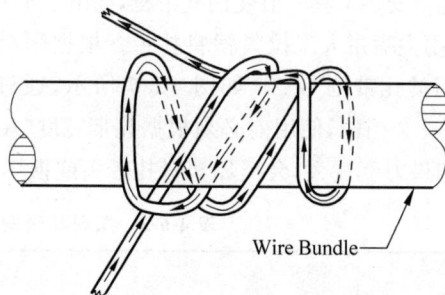

Wire Bundle

图 4-6-5　特殊丁香结的备用捆扎方法

视频:
导线束捆扎-
防滑丁香结

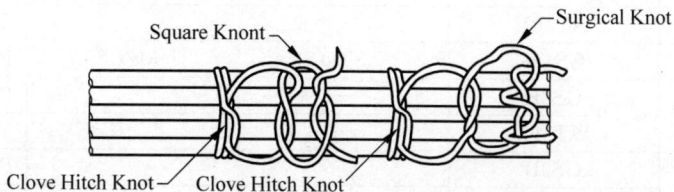

Square Knont　　　　　　　Surgical Knot

Clove Hitch Knot　　Clove Hitch Knot

图 4-6-6　捆扎结捆扎方法

对于罗罗公司的 RB211 Trent 800 系列和普惠 PW4000/777 系列动力装置线束的捆扎方法及要求,跟上述高振区方法和要求基本相同,详见 SWPM20-23-XX 和 20-24-XX。

4.6.3 使用塑料扎带捆扎导线束的方法

塑料扎带不允许在以下区域使用:飞机的燃油箱里、非增压区域、高振动区域、温度等级 C 和 D 区域、扎带损坏容易导致线束在粗糙表面上移动的区域、扎带损坏后容易导致导线束干扰机械连杆的区域等。塑料扎带可以在飞机的增压区域且温度等级 A 和 B 区域内使用。某些飞机的生产过程中,非增压区域和高振动区域的线束上使用了塑料扎带,但飞机维护时,如需更换,仅允许使用捆扎线捆扎导线束。

1. 塑料扎带的选择

根据所捆扎导线束的最大直径来选择塑料扎带的件号,如表 4-6-2 所示。

表 4-6-2 塑料扎带的选择

最大导线束直径/in	扎 带	
	件 号	供 应 商
0.75	ATTIE9	Tyton
	BACS38K4	Boeing
0.82	BACS38K8	Boeing
	BACS38K9	Boeing
1.25	BACS38K5	Boeing
	PLT1.5M	Panduit

2. 塑料扎带的捆扎与拆除

1) 塑料扎带安装工具介绍

塑料扎带安装工具一般使用扎带枪,如由于某些原因(如操作空间狭小等)无法使用扎带枪时,可以使用尖嘴钳人工拉紧塑料扎带。根据塑料扎带的件号选择合适的扎带枪,如表 4-6-3 所示。常用的扎带枪 GS2B 如图 4-6-7 所示,通过在三个方向上扳动,分别可调整到 MIN、INT、STD 三个挡位,使用前必须根据扎带宽度"A"将选择旋钮调节到合适的挡位以确保合适的力度。如果力度过大,会损坏塑料扎带头或损坏导线;如果力度过小,会导致导线束松脱。

表 4-6-3 塑料扎带安装工具的选择

塑料扎带	工 具			
	件 号	推荐的张力设置		供 应 商
		刻 度 盘	微 调	
ATTIE9	AT101	—	—	Tyton
BACS38AB	GS4H	STD	Max.	Panduit
BACS38K1	GS2B	—	—	Panduit
	WT193	—	—	Thomas & Betts
BACS38K10	GS2B	—	—	Panduit
	WT193	—	—	Thomas & Betts

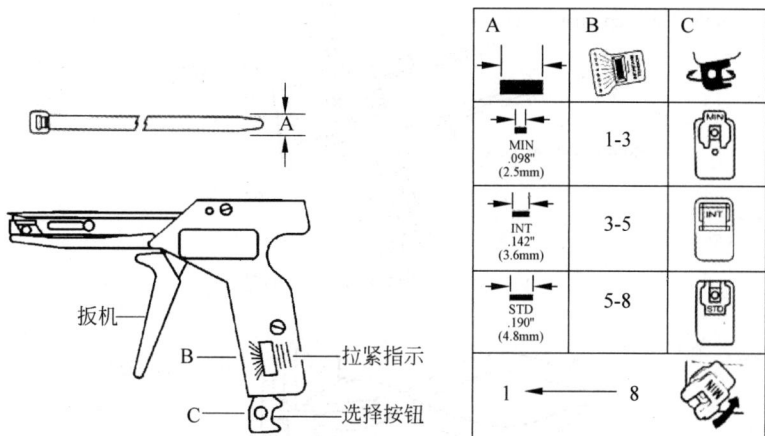

A	B	C
MIN .098" (2.5mm)	1-3	MIN
INT .142" (3.6mm)	3-5	INT
STD .190" (4.8mm)	5-8	STD
1 ← 8		

扳机
B——拉紧指示
C——选择按钮

图 4-6-7　GS2B 扎带枪的介绍

视频：
导线束捆扎-
塑料扎带

2）塑料扎带的安装

塑料扎带的安装方法如图 4-6-8 所示。扎带绕在线束上，带齿的一面朝里贴近导线束，扎带末端穿入塑料扎带头后拉紧，将扎带放入扎带枪头部后扣动扳机直到扎带拉断。塑料扎带拉紧后最多留出 0.01in，扎带结末端不能非常锋利，否则会对其他维护人员带来伤害。

步骤1：　电缆束
　　　　塑料扎带
步骤2：
步骤3：
锁头

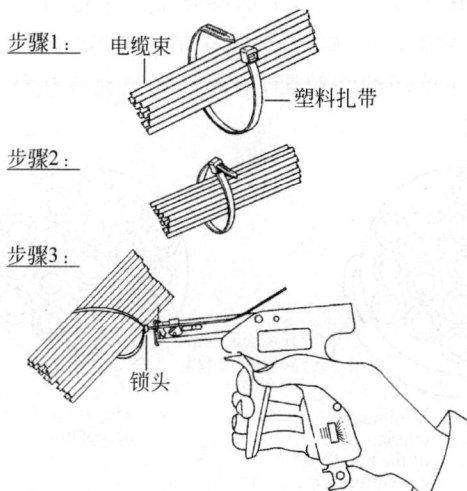

图 4-6-8　塑料扎带的安装方法

3）塑料扎带结的拆除

塑料扎带结拆除时必须使用拆除工具，常用的扎带结拆除工具为 ST2318PC-（），如图 4-6-9 和图 4-6-10 所示。如果没有扎带结拆除工具，可以使用剪钳来替代：将剪钳的钳口塞进塑料扎带结的一侧，如图 4-6-11 所示，合拢剪钳手柄，将扎带头剪开完成塑料扎带结的拆除工作。

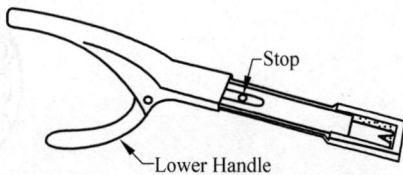

Stop
Lower Handle

图 4-6-9　扎带结拆除工具的介绍

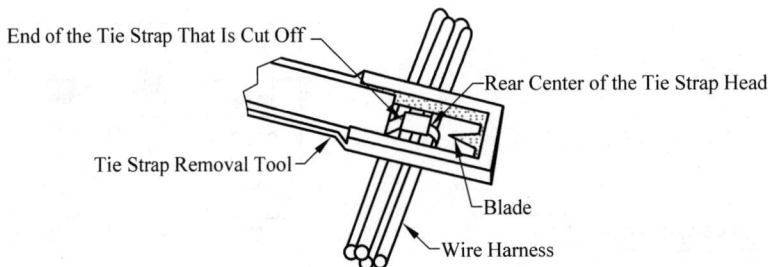

图 4-6-10　扎带结拆除工具的使用

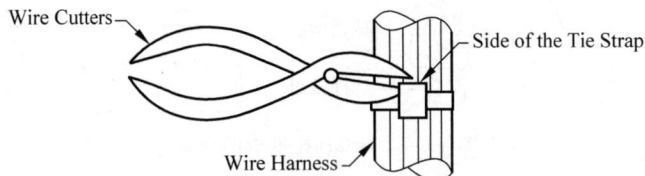

图 4-6-11　扎带结拆除工具(剪钳)的使用

4.6.4　使用胶带捆扎导线束的方法

　　飞机上禁止和允许使用胶带捆扎导线束的区域与塑料扎带相同。一般选用美国 3M 公司生产的件号为 Scotch Super20 的胶带,手动将胶带紧紧地绕在导线束上,如图 4-6-12 和图 4-6-13 所示。胶带需要缠绕 3～5 层,具体要求请参考 SWPM 20-10-11,如有必要可拆开胶带进行返工、重新定位,并重新缠绕胶带,但此操作只允许执行一次,如果必须再次执行此操作,则需使用新的胶带。

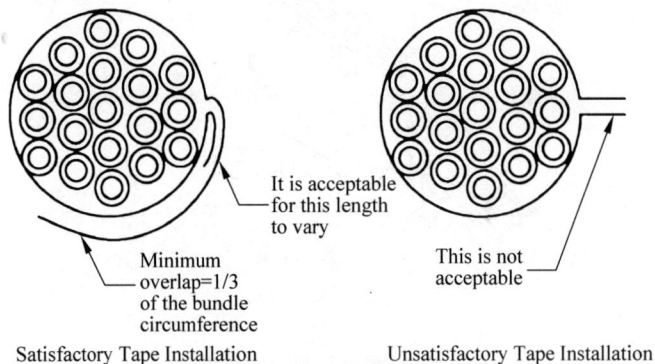

图 4-6-12　使用胶带捆扎导线束的方法

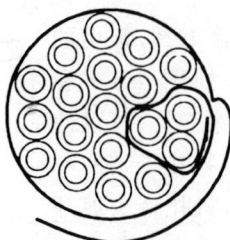

图 4-6-13　使用胶带捆扎导线束的备用方法

4.6.5　导线束捆扎的一般条件

1. 导线束捆扎的要求

如果可能的话,导线束里所有的导线/电缆都必须平行;如果导线束中的导线有交叉,尽可能不要将捆扎结安装在交叉处;捆扎结不能捆扎在导线/电缆被修理的地方(拼接管组件除外)。导线束安装区域和振动等级不同,捆扎结两两之间的间隔不同。例如,在振动等级 3 的区域,线束捆扎结之间的最大间隔是 2in;在振动等级 2 的区域,线束捆扎结间隔为 6~8in。导线束上必须安装足够数量的捆扎结以确保线束在捆扎结之间不会弯曲且线束外径不会突然变大,如图 4-6-14 所示。

2. 弯曲半径

导线束在捆扎及安装过程中如果需要弯曲,必须满足最小弯曲半径的要求,如图 4-6-15 所示。弯曲线束中所包含的导线/电缆种类不同,最小弯曲半径不同。比如,如果是单根导线、单根电缆或光纤电缆分线,最小弯曲半径是导线、电缆或光纤电缆直径的 10 倍;如果是一根同轴电缆分线,最小弯曲半径要大于 1.5in 或是同轴电缆直径的 6 倍;如果是导线束分线,最小弯曲半径应与线束中直径最大的导线或电缆允许的最小弯曲半径相同。对于一些在受限空间、分叉点或支撑弯管处的导线和电缆,最小弯曲半径不小于导线或电缆外径的 3 倍,如图 4-6-16 所示。

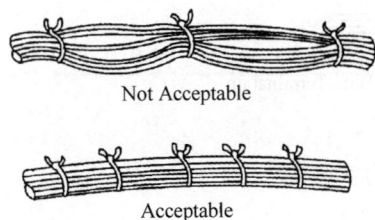

图 4-6-14　捆扎结的间距　　图 4-6-15　导线、电缆或线束的弯曲半径

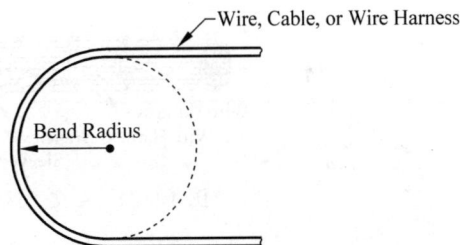

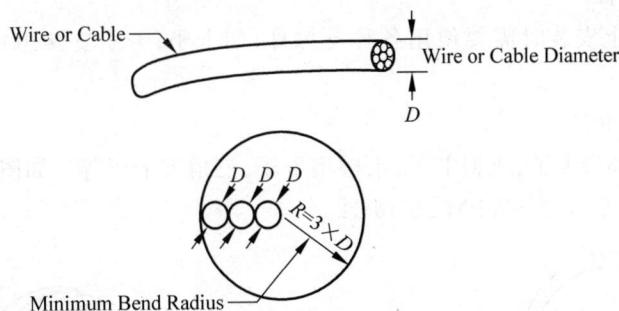

图 4-6-16　线束在受限空间、分叉点和支撑的弯曲处的最小弯曲半径

3. 导线束的分支

如果可能的话,导线束在分线时应遵循以下原则:分支导线束应与主导线束中心线处于同一平面且尽可能平滑,如图 4-6-17 所示;分支导线束与主导线束不交叉,如图 4-6-18 所示;所有的导线必须平行且彼此相邻;从主导线束开始分线前的捆扎结到分支导线束第

一个捆扎结的间距最大是 1in；分支导线束上不允许使用胶带捆扎；当主导线束和分支导线束有交叉时，在主导线束或分支导线束上必须使用防护胶带或防护套管做防护，如图 4-6-19 和图 4-6-20 所示。

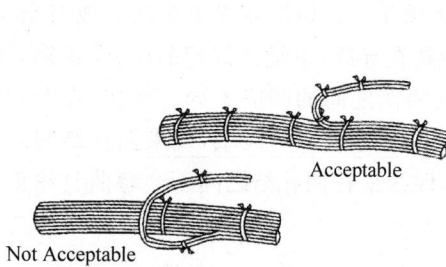

图 4-6-17　主导线束上的一个分支导线束

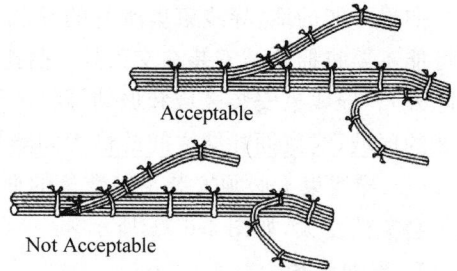

图 4-6-18　主导线束上的多个分支导线束

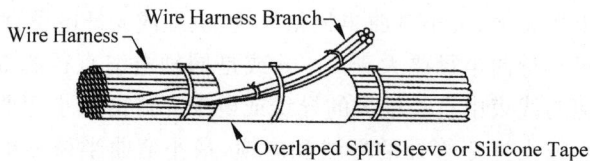

图 4-6-19　在交叉区域导线束的防护

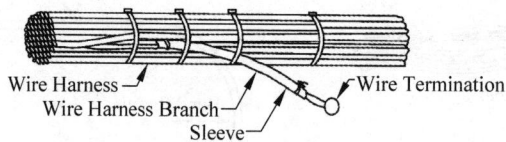

图 4-6-20　在交叉区域导线束分支的防护

4.6.6　导线束的安装与防护

1. 导线束的支撑

导线束在飞机上安装时需要使用各种支撑件，如卡子、卡子支架组件、轨道支架、安装平台、隔离装置等。

1）导线束卡子介绍

常见的卡子有环型卡子、块型卡子、水槽型卡子、三角型卡子等。如图 4-6-21～图 4-6-26 所示，其他类型卡子请参考 SWPM 20-10-12。

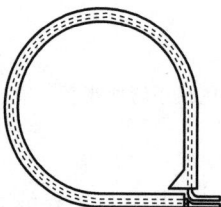

图 4-6-21　BACC10GE 环型卡子

图 4-6-22　BACC10GU 和 S717-( )环型卡子

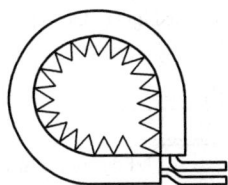

图 4-6-23　TA025041 环型卡子

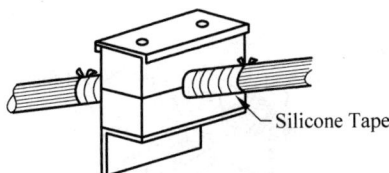

图 4-6-24　69B90438 块型卡子

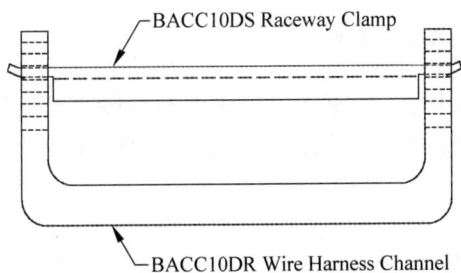

图 4-6-25　BACC10DR 和 BACC10DS 水槽型卡子

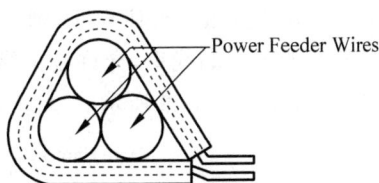

图 4-6-26　BACC1DKL 三角型卡子

2）导线束卡子支架介绍

（1）BACS31H 系列环型卡子支架。BACS31H 系列环型卡子支架由尼龙材料制成，使用 BACS38W3 塑料扎带来固定导线束，用于固定直径小于或等于 1.25in 的导线束，可以替代 BACC10DK、BACC10GE、BACC10GU、287T0011 类型的卡子，如图 4-6-27 所示。

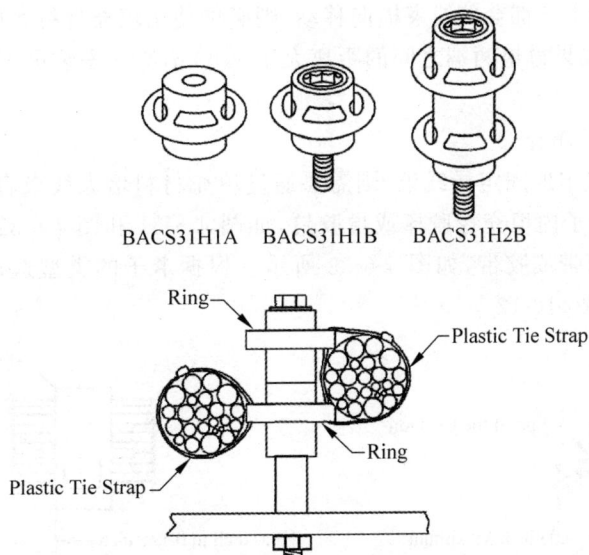

图 4-6-27　BACS31H 环型卡子支架及导线束安装

（2）BACS38J 系列卡子支架组件。BACS38J 系列卡子支架组件包括卡子支架和拉紧皮带两部分，用于固定机身纵梁上的导线束或绝缘覆盖物，不能重复使用，如图 4-6-28 所示。

3）导线束卡子的选择

根据安装环境和导线束直径选择合适类型和尺寸的卡子，卡子必须牢牢地固定导线

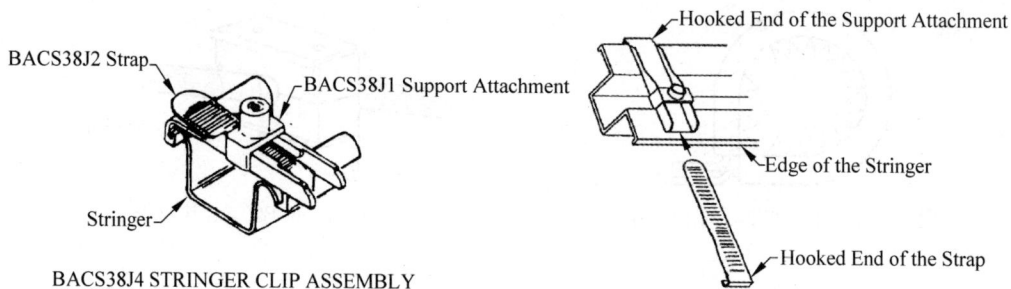

图 4-6-28　BACS38J 行条卡子支架

束；如果卡子挤压或夹住导线，则必须安装更大的卡子；块型卡子中线束不能移动或转动；对于环型卡子中的线束，允许线束纵向移动、顺时针和逆时针转动，但不允许线束在卡子中横向移动，如图 4-6-29 所示。

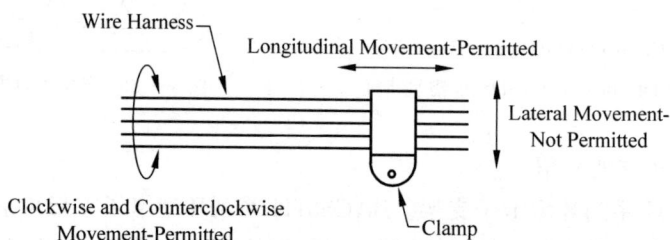

图 4-6-29　卡子里的导线束可允许的移动情况

如果最小尺寸的卡子都会使线束横向移动，则必须使用填充材料增加线束的直径；对于带衬垫的环型卡子，如果衬垫两端之间的距离大于 0.03in，必须安装更大的卡子，如图 4-6-30 所示。

4）导线束卡子的填充

如果卡子不能牢牢地固定导线束，则需要通过填充材料增大线束直径。增大线束直径的方法一般有：在卡子内填充橡胶棒或橡胶钉，如图 4-6-31 和图 4-6-32 所示；在线束上缠绕一层或多层薄膜胶带或胶带，如图 4-6-33 所示。根据卡子的类型选择不同的填充方法。具体请参考 SWPM 20-10-12。

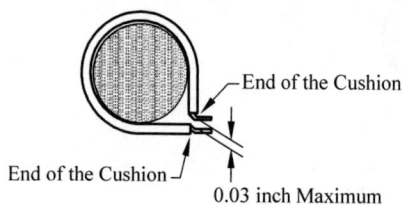

图 4-6-30　带衬垫的环型卡子里导
线束的正确尺寸

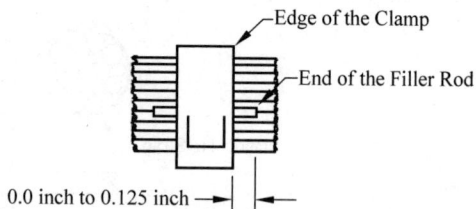

图 4-6-31　导线束上安装填充棒的位置

5）导线束卡子的安装

安装导线束卡子时，卡子必须与导线束或与导线束的切线成 90°±5°，如图 4-6-34 所示。卡子不允许安装在导线相互交叉处、导线或电缆的维修处、捆扎结或塑料扎带结上以

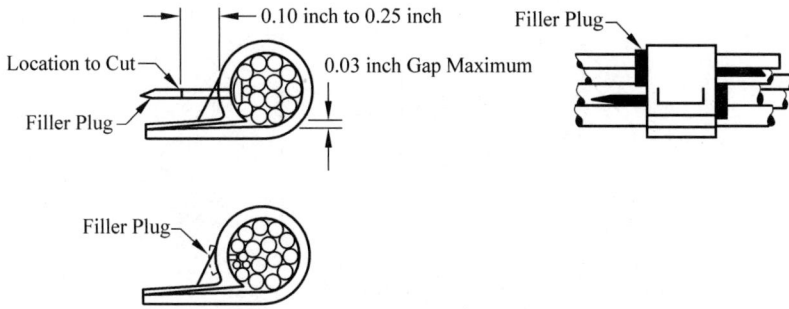

图 4-6-32 导线束上橡胶钉的安装构型

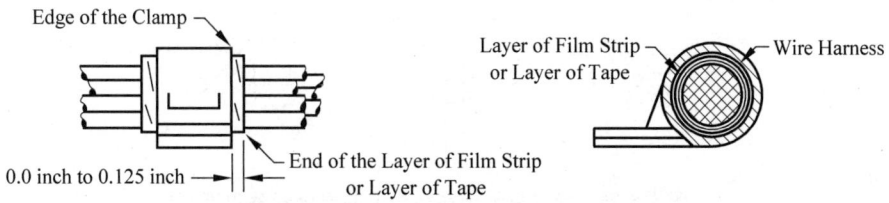

图 4-6-33 导线束上缠绕薄膜胶带或胶带的位置

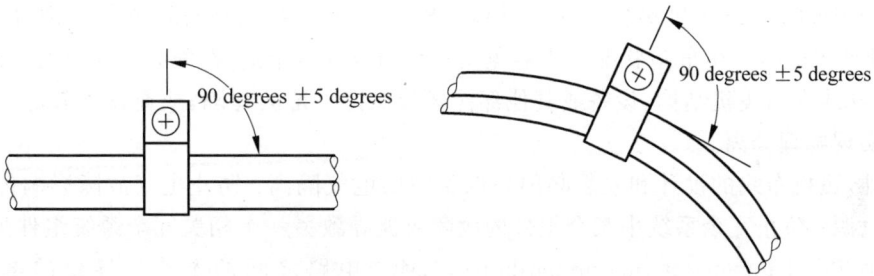

图 4-6-34 卡子与线束的相对位置

及屏蔽地线组件上。安装线卡要到位,但又不能挤压导线,如图 4-6-35 所示。若可行,必须将卡子的连接硬件安装在卡子上方,避免卡子因线束的重量而旋转,如图 4-6-36 所示。

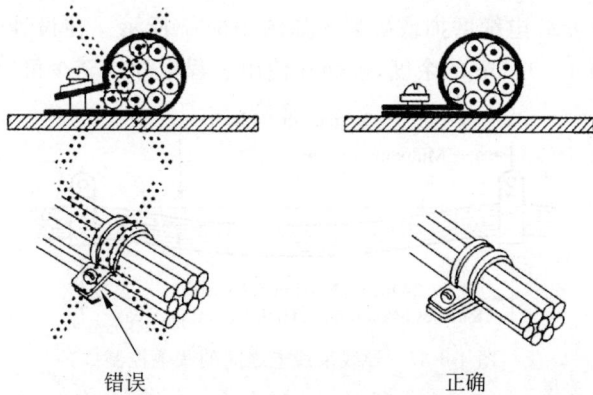

错误   正确

图 4-6-35 导线束卡子在平面上的安装

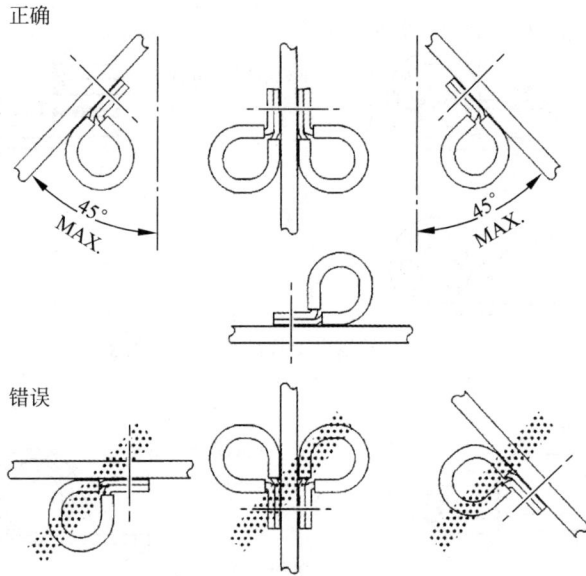

正确

错误

图 4-6-36　导线束卡子在结构上的安全安装角度

2. 导线束的间隔

每个 EWIS 的设计和安装必须与其他 EWIS 和飞机系统具有足够的物理分离，避免 EWIS 部件失效时产生危险状况。为避免发生磨损或其他干扰，在安装导线束时，导线束与导线束，导线束与飞机结构、设备或其他部件必须保持一定的间隔，或通过等效的隔离保护装置来实现物理分离。

另外，飞机布线的设计和安装必须确保足够的电气隔离：防止电气故障影响传播到其他独立电源；防止冗余系统中某个组件的故障可能导致另一个相关冗余系统组件失效；避免电磁兼容（electromagnetic compatibility，EMC）电路之间的不兼容导致的电磁干扰（electromagnetic interference，EMI）。详细内容请参考 SWPM 20-10-19。

3. 导线束和光纤电缆的张弛控制

安装导线束时，整个线束上所有支撑点之间必须有适当的松弛度且松弛度相同。松弛度不够，可能会损坏导线或光纤电缆；松弛度太大，则需要增加新的支撑点，否则可能会因为过分振动使导线或光纤电缆磨损或破裂。如图 4-6-37 所示。在设计安装导线束时，通常在线路的末端会保留 1~1.5in 的余度，确保在使用过程中导线至少可以端接两次。

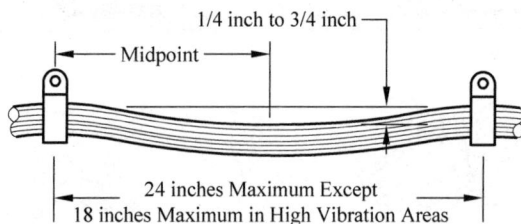

图 4-6-37　导线束线卡之间的张弛控制

导线束的松弛度应满足：连接器可以轻松连接和断开；未在导线、电缆或线束上施加应变；未在导线或电缆的终端施加应变；应变不会将连接器索环拉出变形；铰链接头可自由移动；设备可轻松移除；机身的膨胀不会对电线、电缆或线束造成张力等。

4. 导线束的滴水环结构

滴水环结构是为了防止水顺着导线束流到连接器内部造成短路，如图 4-6-38 所示。水平和垂直安装的连接器其导线束滴水环结构分别如图 4-6-39 和图 4-6-40 所示。滴水环必须正确安装以减少移动；安装时不能与结构或设备产生摩擦，否则必须在导线束上增加防护措施。

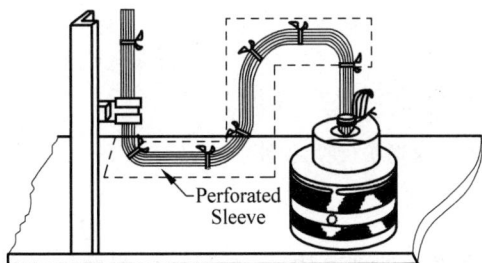

图 4-6-38　一个标准的滴水环结构

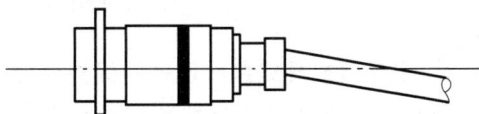

图 4-6-39　水平滴水环结构

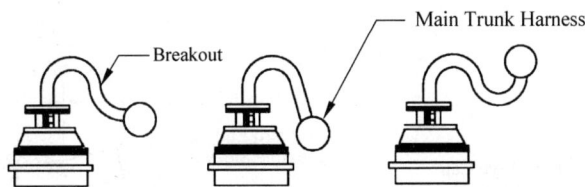

图 4-6-40　垂直滴水环结构

5. 导线束的交叉防护

通常两个导线束在交叉处接触时，必须使用线卡或隔离装置进行隔离以防磨损导致导线束损伤。如果实际工作中无法隔离，则必须在交叉处进行捆扎以防止导线束移动；在增压区和非增压区，根据使用的防护材料，其交叉防护又分不同的方法，如图 4-6-41 和图 4-6-42 所示，其他请参考 SWPM 20-10-11。

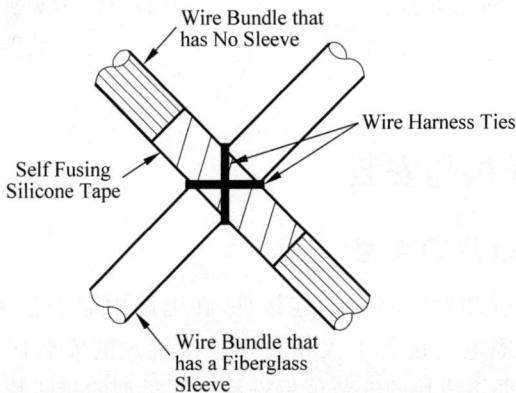

图 4-6-41　增压区域导线束的交叉防护（使用胶带）

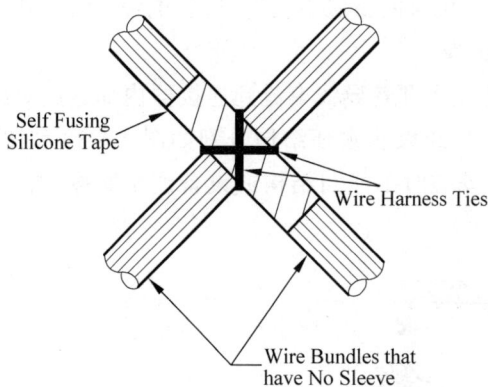

图 4-6-42　非增压区域导线束的交叉防护（使用胶带）

6. 空导线或导线终端设备的保护处理

飞机上未使用的空导线或终端设备应当进行绝缘处理并固定，否则会引起磨损、短路甚至烧蚀等不安全事件。空导线或终端设备可使用柔性套管、热缩管、压接终端盖帽、热缩终端盖帽、聚乙烯袋或保护盖等进行保护处理，并选择合适的方法进行捆扎和固定，如图 4-6-43 和图 4-6-44 所示。

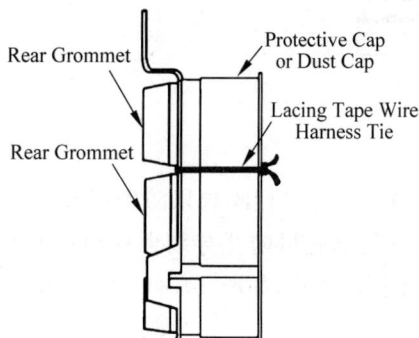

图 4-6-43　在空的 ARINC 600 连接器上安装防尘盖

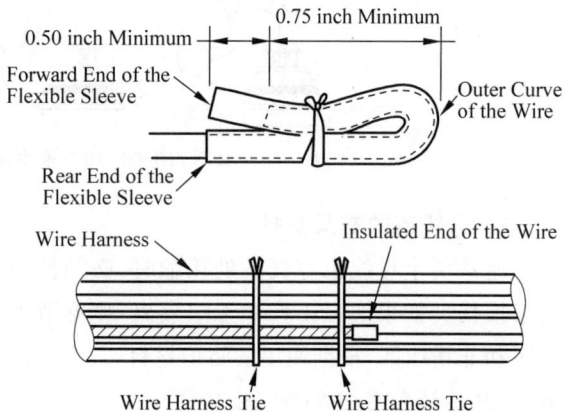

图 4-6-44　空导线安装柔性套管并捆扎固定示例

4.7　接线片的压接与安装

4.7.1　常用接线片的类型

接线片是一种可以拆卸的线路终端连接件，在电路中起连接通路的作用。它在接地桩、终端接线块、跳开关等电气设备上大量使用。接线片的安装区域不同，施工环境就不同，在维护工作中，要根据接线片的安装位置选择不同类型的接线片。

BACT12AC（）和 BACT12AR（）普通绝缘接线片用于没有水的增压区域；BACT12AL（）铝绝缘接线片用于电源系统比较粗的导线和电缆终端；BACT12AV（）和 Tyco / AMP 的 3223（）

高温合金接线片用于高温、高振区域；BACT12M()和 280U0010-1 高温非绝缘接线片同样用于高温、高振动区域；BACT12G()非绝缘接线片用于汇流条和大电流导线终端；MS20659-()非绝缘接线片用于发电机电源馈线和电源系统终端；42888-()快速接线片用于增压区域娱乐系统和服务系统导线和电缆终端；2771()-()铝线专用接线片用于发电机电源馈线和电源系统终端；除了上述常用的接线片之外，还有 BACT12E()90°垂直接线片，YAV()双孔、立式、重型接线片等，如图 4-7-1 所示，详见 SWPM 20-30-11。

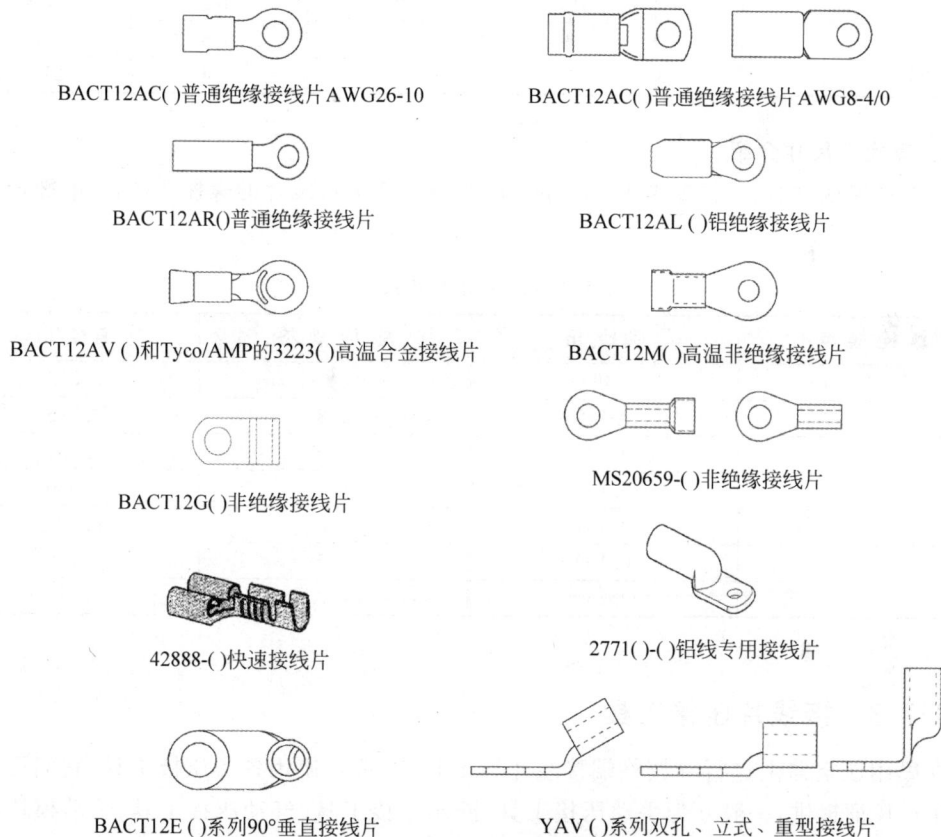

BACT12AC()普通绝缘接线片AWG26-10　　　　BACT12AC()普通绝缘接线片AWG8-4/0

BACT12AR()普通绝缘接线片　　　　BACT12AL()铝绝缘接线片

BACT12AV()和Tyco/AMP的3223()高温合金接线片　　　　BACT12M()高温非绝缘接线片

BACT12G()非绝缘接线片　　　　MS20659-()非绝缘接线片

42888-()快速接线片　　　　2771()-()铝线专用接线片

BACT12E()系列90°垂直接线片　　　　YAV()系列双孔、立式、重型接线片

图 4-7-1　波音系列飞机常用接线片介绍

4.7.2 基础知识介绍

1. CAU 介绍

CAU(circular area units)用来标识导体的直径，如果知道导体的圆形密耳面积(circular mil area,CMA)，就可以计算 CAU 的数值，CMA 的单位是密耳(mil)，$1\text{mil}=10^{-3}\text{in}(0.0254\text{mm})$。如果导体的 CMA 已知，就可以根据以下公式计算出 CAU，AWG 与 CAU 的转换见表 4-7-1。在线路施工工作中，经常需要根据导体的总 CAU 尺寸选择合适的导线连接件。比如，在导线终端压接接线片时，要求导线的 CAU 应该在接线片允许的 CAU 范围之内；对于多根导线并行压接在同一接线片上的情况，则需要将每一根导线的 CAU 相加，相加之和应该在接线片允许的 CAU 范围之内。

$$CAU=\frac{CMA}{100}=\frac{(1000\times导线中每根金属丝的直径)^2}{100}\times金属丝的数量$$

表 4-7-1　AWG 导线与 CAU 转换

AWG 线号	CAU/mil	AWG 线号	CAU/mil	AWG 线号	CAU/mil
32	0.6	18	19	4	426
30	1	16	24	2	665
28	1.6	14	38	1	837
26	3	12	59	0/1	1045
24	5	10	99	0/2	1330
22	8	8	170	0/3	1665
20	12	6	268	0/4	2109

2. 螺栓孔尺寸介绍

在选择接线片时,不仅要考虑导体的 CAU,还要考虑接线片的螺栓孔径,标准螺栓尺寸见表 4-7-2。

表 4-7-2　标准螺栓尺寸

螺栓规格	直径/in	螺栓规格	直径/in
2	0.086	5/16	0.312
4	0.112	3/8	0.375
5	0.125	7/16	0.438
6	0.138	1/2	0.500
8	0.164	5/8	0.625
10	0.190	3/4	0.750
1/4	0.250	7/8	0.875

4.7.3　接线片压接工具

在民用航空器上进行导线终端接线片施工时,经常要使用各类压接工具,它们可由不同的生产厂商提供,一般分为手动压接工具、液压压接工具、气动压接工具、手动模块式压接工具等,如图 4-7-2～图 4-7-5 所示。

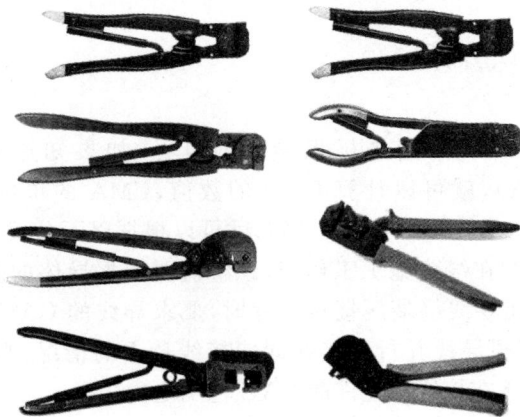

图 4-7-2　手动压接工具

图 4-7-3 液压压接工具

图 4-7-4 气动压接工具

图 4-7-5 MY28 手动模块式压接工具

4.7.4 导线绝缘层去除工具

在进行线路维护时,经常需要完成绝缘层的去除工作。常用的工具为自动剥线钳和电缆刀,如图 4-7-6 所示。剥线钳使用前除了检查其校验日期外,还要注意检查刀口有无破损、夹线垫有无锯齿、锐刺,以防损伤导线。首先要根据导线的类型代码和导线规格选择剥线钳的件号,再根据导线规格选择相应的刀口。根据剥线长度调整导线,将导线放入刀口中合适的位置,压紧手柄去除绝缘层。注意先松开左手柄,及时将导线取出以防导线绝缘层被打散。绝缘层剥除后需进行检查:金属线芯是否有断丝或划伤,金属丝镀层是否受损;线芯是否仍缠在一起没有被分开;绝缘层边缘是否切割齐整,没有变形;绝缘层是否有破损。避免出现表 4-7-3 所示的情况。

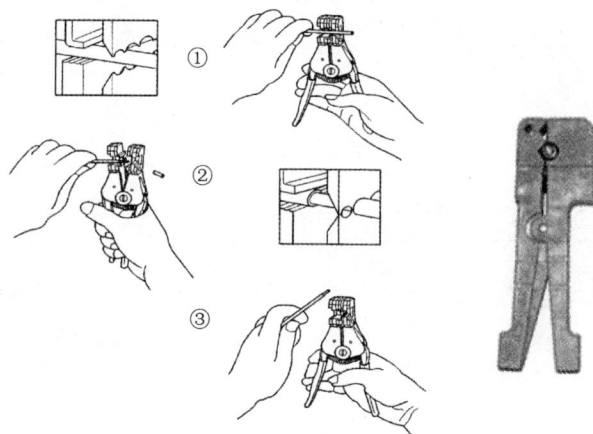

图 4-7-6 自动剥线钳和电缆刀

表 4-7-3 导线/电缆绝缘层去除错误施工视图

在导线芯线上		在电缆的屏蔽层上	
	芯线剪切无序		屏蔽层剪切无序
	沿着一根芯线做标记		屏蔽层受损

视频:
导线绝缘层
去除

在导线芯线上		在电缆的屏蔽层上	
	绝缘层剪切后撕裂		绝缘层剪切后撕裂
	芯线受损		屏蔽层受损
	芯线未撰丝		屏蔽层绞合不好
	芯线残留绝缘层		在屏蔽层上有残留绝缘层
	在绝缘层上有标记		在外层绝缘有标记

如果施工结果符合剥线标准，也可以使用 SWPM 以外的其他替代工具，如单面刀片、壁纸刀和手术刀，如图 4-7-7 和图 4-7-8 所示。刀片切入导线绝缘皮的深度为绝缘皮厚的 80%，首先使用刀具沿着导线/电缆横向顺时针转一圈，再使用刀具按着导线/电缆绝缘层的纵向刨一刀，然后把切下的绝缘皮取下；刀片切得太深容易损伤导线。

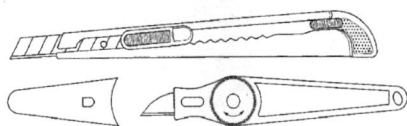

图 4-7-7　等效的剥线工具

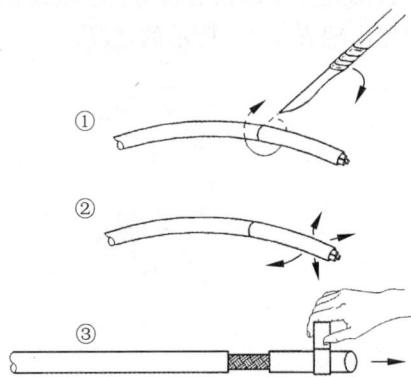

图 4-7-8　等效的剥线工具去除绝缘层程序

4.7.5　典型接线片维修程序举例

假设维护工作中检查发现：波音 737-800 飞机（B-XXXX）左侧迎角传感器 T433 上连接器的 12 号终端所连接的导线 W5501-0007-20 的另一端断开，请制定合理的维修方案并完成施工。

问题分析：因故障导线终端连接点已断开，需借助维修手册确定导线终端的原连接点，再根据连接终端的类型选择合适的耗材和工具完成施工。

步骤 1：确定导线终端的原连接点。查找 WDM 的导线清单可知导线另一端设备为 GD433，终端类型代码（Type）为 E，线路图章节号为 34-21-12，如图 4-7-9 所示。

Bundle No. Wire No.	Part Number GA CO TY	Fam	Description FT-IN	Diagram	From Equip	Term	Type	Splice	To Equip	Term	Type	Splice	Effectivity
W5501	286A5501		**ADIRU NO.1 TO AOA-L,ADM-L PITOT, AND TAT PROBE**										
0001	20 PA		3-8	34-21-12	D03689	18			GD00433	DC..	E		ALL
0002	22 PA		0-7	34-21-12	D03689	14			D03689	17			ALL
0003	20 PA		3-4	34-21-12	D00277	7			GD00171	DC..	E		ALL
0004	20 PA		3-4	34-21-12	D00277	6			GD00171	DC..	E		ALL
0005	22 PA		28-0	34-21-12	D10015	1			D45239J	B01			ALL
0006	20 PA		4-4	34-21-12	D10015	2			GD00602	AC..	E		ALL
0007	20 PA		3-0	34-21-12	D10015	12			GD00433	DC..	E		ALL
0008	22 CQ		5-4	30-31-11	D00277	1			D40087P	A04			ALL
0009	22 PA		4-3	27-32-11	D00365	10			GD00602	AC..	E		ALL
0010	22 PA		3-9	27-32-11	D00365	12			GD00435	ST..	E		ALL

图 4-7-9 导线清单

步骤 2：确定终端类型代码 E 的含义。在 WDM 的前言介绍部分找到代码（CODES），在导线终端信息（Terminal Information）中得到代码 E 的含义如图 4-7-10 所示：导线终端是通过一个 BACT12AR( ) 或 BACT12AC( ) 普通接线片连接到接地桩上且螺栓孔径为 10。以下以 BACT12AC( ) 为例，查找接线片的件号、压接工具及施工程序。

A. Single alphabetical letter

TERM TYPE CODE	DESCRIPTION OF THE CODE	PART NUMBER
A	General Purpose Lug, Standard/Narrow, #2 Stud	BACT12AC43
B	General Purpose Lug, Standard, #4 Stud	BACT12AR( ) or 2-323914-2 (24 Gage)
C	General Purpose Lug, #6 Stud	BACT12AR( ) or BACT12AC( )
D	General Purpose Lug, #8 Stud	BACT12AR( ) or BACT12AC( )
E	General Purpose Lug, #10 Stud	BACT12AR( ) or BACT12AC( )
F	General Purpose Lug, 1/4 Stud	BACT12AR( ) or BACT12AC( )

CODES

图 4-7-10 终端信息

步骤 3：根据件号在 SWPM 的交叉参考索引中找到施工所在章节为 20-30-11。

步骤 4：在 SWPM 20-30-11 中找到 BACT12AC( ) 接线片件号的详细信息如图 4-7-11 所示。对于压线筒中压接一根导线的情况，根据导线规格和螺栓孔径选择压线筒型号为 22-18 的接线片，其件号为 BACT12AC3。

Table 3 BACT12AC GENERAL PURPOSE TERMINAL LUG PART NUMBERS (Continued)

Crimp Barrel Size (Wire Size Range) (AWG)	CAU Range Minimum	CAU Range Maximum	Insulation Color	Stud Hole Size	Boeing Standard
22 - 18	7	24	Red	4	BACT12AC48
				6	BACT12AC1
				6	BACT12AC2
				8	BACT12AC49
				10	BACT12AC3
				1/4	BACT12AC50
				5/16	BACT12AC4
				3/8	BACT12AC5
				1/2	BACT12AC51

图 4-7-11 BACT12AC 普通接线片件号

BACT12AC( ) 普通接线片属于绝缘接线片，适用于飞机的无水增压区，如图 4-7-12 所示。一些 BACT12AC( ) 接线片带有绝缘筒，另一些大的 BACT12AC( ) 接线片没有绝缘筒，带有绝缘筒的 BACT12AC( ) 接线片结构如图 4-7-13 所示。其中，"A"为螺栓孔，用来将接线片安装在螺栓上；"B"为金属压线筒，用来压接导线的线芯部分；"C"为绝缘筒，用来压接导线的绝缘部分。

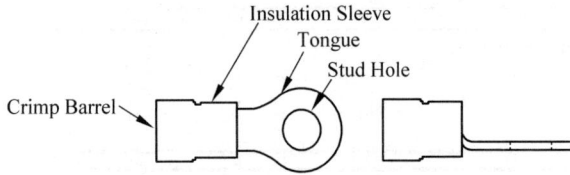

TERMINALS FOR WIRE SIZES 26 THROUGH 10

TERMINALS FOR WIRE SIZES 8 THROUGH 4/0

图 4-7-12　典型的 BACT12AC( )接线片

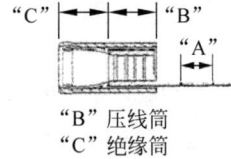

"B" 压线筒
"C" 绝缘筒

图 4-7-13　带绝缘筒的 BACT12AC( )
接线片结构

步骤 5：接线片压接工具的选择与典型工具介绍。在 SWPM 20-30-11 中找到 BACT12AC( )系列接线片压接工具件号的详细信息,如图 4-7-14 所示。根据压线筒型号 22-18 找到压接工具件号。压接工具有多种选择,可以选择只有基本组件而不需要再组装压接头、定位器和模块的工具。这类工具通用性好,避免了组装拆卸的麻烦。

Table 53
CRIMP TOOLS FOR SMALL BACT12AC TERMINAL LUGS

Crimp Barrel Size	Insulation Color	Crimp Tool				Special Instructions
		Basic Unit	Holder	Head	Die	
26-24	Yellow	59275	-	-	-	-
22-18	Red	189721-1	356303-1	-	314270-1	For one AWG 24 wire, fold back the conductor
		314423-()	-	-	314270-1	
		314423-()	-	-	314270-2	
		314597-()	-	-	314270-1	
		314597-()	-	-	314270-2	
		46110	-	-	-	
		4B2-457540-6	-	687658-1	69872	
		59250	-	-	-	
		68075	-	-	69872	

图 4-7-14　BACT12AC( )接线片压接工具件号

美国泰科电子(AMP NETCONNECT)公司生产的 59250 和 59275 属于 T 形头手动压接工具,如图 4-7-15 所示。

工具由两个不同颜色的手柄、快速弹起扳机、定位、绝缘调节指示、颜色代码信息等组成。在工具的手柄上使用不同颜色标识工具的压接范围。绝缘调节指示是控制绝缘筒的压接力度,对应的绝缘直径选择有 1、2、3、4 共 4 个位置,根据导线外层绝缘的直径选择绝缘调节位置。导线外层绝缘的直径越大,选择的绝缘调节位置数字越大。工具带有压接棘轮,棘轮不能调整。一旦开始压接,手柄将无法打开,必须压到底,达到释放力矩,工具的手柄才可弹开。棘轮设计可以保证压接到底且完全一致。

步骤 6：BACT12AC( )接线片的施工程序。

根据实际施工需要去除合适的导线绝缘,剥线长度应满足下列要求：确保当导线放在接线片里时,导线绝缘末端应该在导线的绝缘筒里；芯线末端应超出压线筒,但芯线末端应保留足够的间隙以保证垫片和螺母的安装,如图 4-7-16 所示。

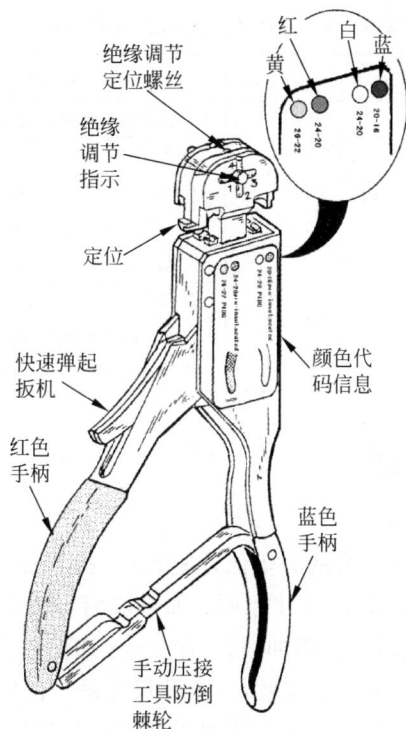

红 白 蓝
黄

绝缘调节
定位螺丝

绝缘
调节
指示

定位

颜色代
码信息

快速弹起
扳机

红色
手柄

蓝色
手柄

手动压接
工具防倒
棘轮

图 4-7-15　AMP59250 手动压接工具介绍

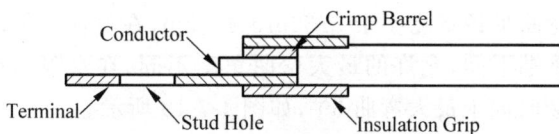

Crimp Barrel
Conductor
Terminal
Stud Hole
Insulation Grip

图 4-7-16　导线在接线片中的位置

　　按图 4-7-17 所示,将接线片放到压接工具的压接模块上,压接工具的定位卡住接线片的压线筒,接线片舌部向上与压接工具定位平行。按压压接工具手柄使模块固定住接线片,但不能使接线片压线筒变形。将导线的所有芯线送入压线筒,芯线顶到定位止线端,导线绝缘层进入接线片的绝缘筒。按压工具手柄使棘轮到达力矩时释放,完成接线片的压接。按图 4-7-18 和表 4-7-4 所示执行接线片压接完成后的目视检查程序。

接线片压线
筒靠着定位

芯线顶住定位

接线片舌部位
于定位之下且
与定位平行

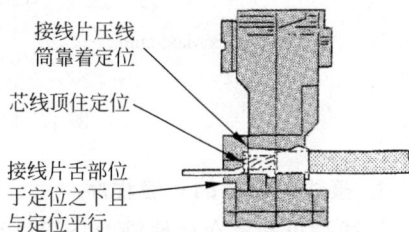

图 4-7-17　接线片压接介绍

正确

在所有压接细节
必须是1个或2个点

错误

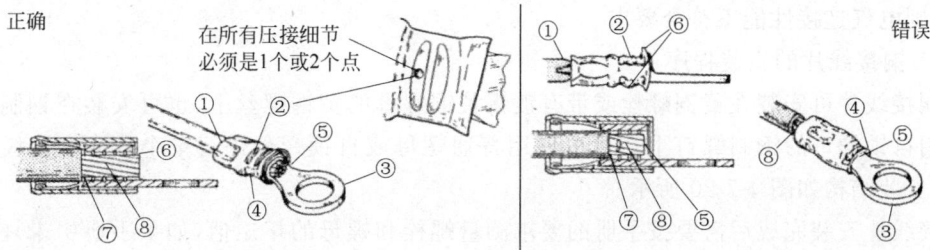

图 4-7-18　接线片压接后的目视检查

表 4-7-4　接线片压接后的可靠性检查

正　确	错　误
① 绝缘筒与导线绝缘可靠接触	① 芯线露出或绝缘夹接过松、过紧
② 正确的颜色标记、模块标记和工具组合	② 错误的颜色标记和模块标记
③ 导线线号在接线片压接范围之内	③ 导线线号不在接线片压接范围之内
④ 压线筒压接在中心	④ 压线筒压接不到位
⑤ 接线片上的芯线末端到达规定位置	⑤ 导线末端没有到达规定位置
⑥ 绝缘未破损,形变正常	⑥ 绝缘过度变形或破损(工具和接线片选择错误)
⑦ 压线筒没有压接到导线绝缘	⑦ 压线筒压接到导线绝缘
⑧ 芯线没有断丝或划痕	⑧ 芯线有断丝或划痕

4.7.6　接线片的安装

1. 接线片安装的一般要求

接线片安装时需按照手册要求的力矩值拧紧螺母,拧紧后螺栓最少露出 1～1/2 螺纹。接线片螺栓孔尺寸必须与安装螺栓尺寸相同;如果没有与安装螺栓尺寸完全一致的接线片,可以选择大一个尺寸的接线片。例如,将一个 10 号螺栓孔的接线片安装在 8 号螺栓上。

一个螺栓上最多能够安装 4 个接线片,螺栓孔尺寸最大的安装在最下面,剩余接线片按尺寸递减的顺序依次安装。所有安装在易燃泄漏区的电气连接终端都必须进行密封处理。

绝缘接线片和非绝缘接线片在安装时允许向上或向下弯曲,但只允许弯曲一次,绝不允许来回反复弯曲。弯曲半径不能小于 5/32in±1/32in,在弯曲区域不能出现裂纹或撕裂痕迹。接线片安装的终端不同,允许的最大弯曲角度不同,在受限的空间安装向下最大弯曲 90°,在接线柱上安装时向上最大弯曲 30°,如图 4-7-19 所示。

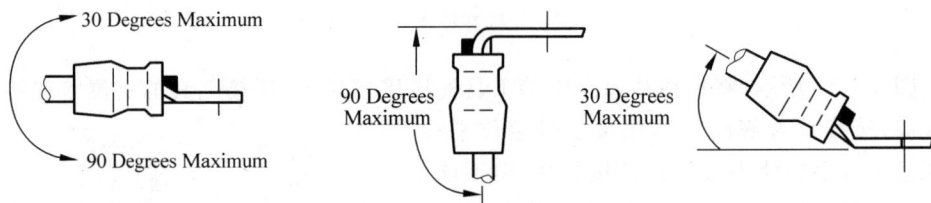

图 4-7-19　接线片允许的弯曲角度

2. 接线片安装的一般程序

接线片可安装在接地桩、MS27212-()接线柱、跳开关、AMP465-8238 接线板等装置上,铜接线片的安装和铝接线片的安装稍有不同。不能使用氧化的垫片、染色的垫片和钢制垫片,否则电气连接性能不符合要求。

1) 铜接线片的安装程序

铜接线片可安装在黄铜螺栓或带有镀锡黄铜螺母的黄铜螺丝上,也可安装在钢制螺栓或使用自锁螺母的钢制螺钉上。可以使用普通螺母或自锁螺母进行单个或多个接线片的安装,安装结构如图 4-7-20 所示。

接线片安装完成后需要按手册的要求测量螺栓和螺母的扭矩值,如果手册中未规定某端子硬件的扭矩值,要确保:锁紧垫圈完全压缩,端子不会在螺栓上移动。

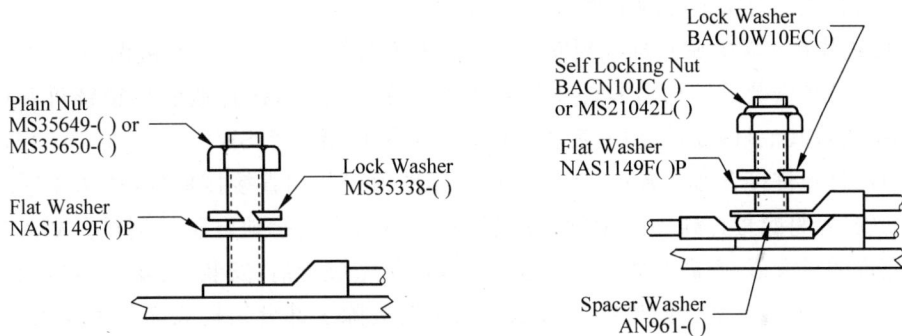

图 4-7-20　单个和多个接线片的安装结构

2）铝接线片的安装程序

在 SWPM 中选择安装铝接线片所需的零件，安装结构如图 4-7-21 所示，安装完成后按手册要求测量螺栓和螺母的扭矩值。

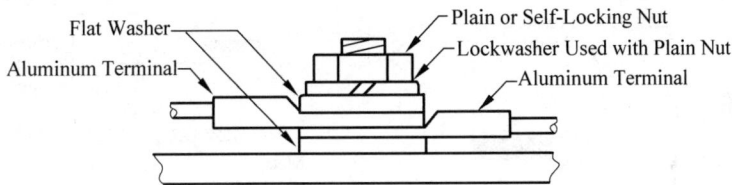

图 4-7-21　铝接线片的安装结构

3．接线片在接地桩上的安装

1）接线片在接地桩上的安装规定

在铝结构上必须使用镀锡铜接线片，在钢结构和钛结构上必须使用镀镍接线片。接线片（旗状、弹簧片型和快速接线片除外）在安装时可以弯曲，弯曲时必须使用工具且在安装到接地桩上之前进行，只能弯曲一次且只能有一处弯曲。不同类型的接线片，其允许的弯曲角度不同，具体请参考 SWPM 20-20-10。接地桩上安装多个接线片时，如果需要可翻转接线片以帮助安装，接线片在安装时沿着螺栓周围必须平行对称，不能与其他零件或结构出现碰撞。

2）接地桩类型的识别

为更好地描述接线片在接地桩上的安装，先介绍一些基本定义。

1 类非密封：不使用密封剂的非密封电气连接。

2 类密封：在进行电气连接时密封，即组装部件前，将密封剂涂抹在各个零件上。

6 类密封：在进行电气连接后密封，即组装部件后，将密封剂涂抹在组装好的部件上。

预安装接地桩：在装接线片之前已经安装在结构上的接地桩，预安装接地桩可以在不拆下接地桩的情况下拆下接线片。

直接接地桩：安装螺栓的同时安装接线片，将接线片固定在结构上的同时也将接地桩固定在结构上。

波音系列飞机上使用了多种不同类型的接地桩，主要分预安装接地桩和直接接地桩。预安装接地桩和直接接地桩又分多种类型，具体请参考 SWPM 20-20-10。在维护工作中，首先识别飞机上原有接地桩的类型,再按其类型完成安装。

3）接线片在 1 类非密封标准预安装接地桩和直接接地桩上的安装举例

根据接地桩安装的结构材料的不同以及螺栓的尺寸,选择合适的自锁螺母和压力垫片,在铝结构或其他材料的结构上安装接线片所需零件请参考 SWPM 20-20-10；使用允许的溶剂清洁接地桩接合面区域和接线片,对于标准预安装和直接接地桩,按图 4-7-22 完成接线片的安装,将螺母拧到手册中规定的扭矩值,最后完成接地电阻的测试。如果接地电阻大于允许的最大值,则需要将接线片拆下来,重新完成清洁、安装、力矩测量以及接地电阻的测量,直到符合要求。如果在进行电气接触时去除了部分结构表面的镀层,则必须在去除原镀层后 7 天内再次涂抹镀层。

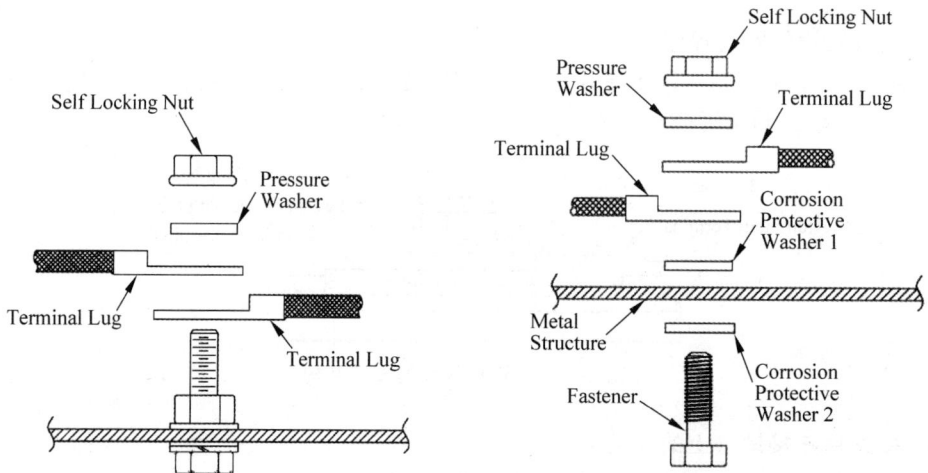

图 4-7-22　接线片在标准预安装和直接接地桩上的安装

4）接地桩最大允许电阻和测试程序

接线片在接地桩上安装完成后,需要进行搭接电阻的测量,允许的最大搭接接触电阻如表 4-7-5 所示。首先,判断施工区域是非易爆区还是易爆区,在易爆区应确保没有危险蒸汽存在；其次,在手册中选择合适的搭接测量仪表,仪表必须校准,在生产厂商指定的测量范围内测量精确度误差±5%,仪表必须有 4 个测试探头且具有不同的电流和电位探头；最后,Model M1 搭接表可用在易爆区和非易爆区,测量 AC 和 DC 回路电流接地,不需要脱开设备插头,使用其他型号搭接表则需要脱开设备插头。

表 4-7-5　接地桩允许的最大搭接电阻

螺栓孔尺寸/in	最大电阻/Ω
10～32	0.001
1/4～28	0.001
5/16～24	0.0007
3/8～24	0.0001
1/2～20	0.0001

5）接地桩的搭接测试点

对于装有接线片的标准预安装接地桩和直接接地桩的搭接电阻的测试点如图 4-7-23 所示,其他类型接地桩搭接电阻的测试点请参考 SWPM 20-20-10。

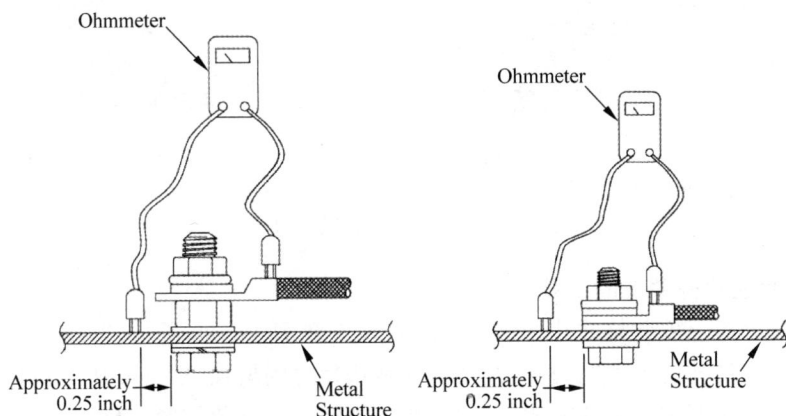

图 4-7-23　装有接线片的标准预安装接地桩和直接接地桩搭接电阻测试点

4. 接线片在 MS27212 接线柱上的安装

接线片在 MS27212 接线柱上的安装结构如图 4-7-24 所示,多个接线片在一个接线柱上的安装结构如图 4-7-25 所示;在接线柱螺栓上每一侧最多可以安装 2 个装有 8 号线或更粗导线的接线片;确保接线柱上的接线片不能往松的方向移动,如图 4-7-26 所示;按手册中规定的力矩值拧紧螺母。

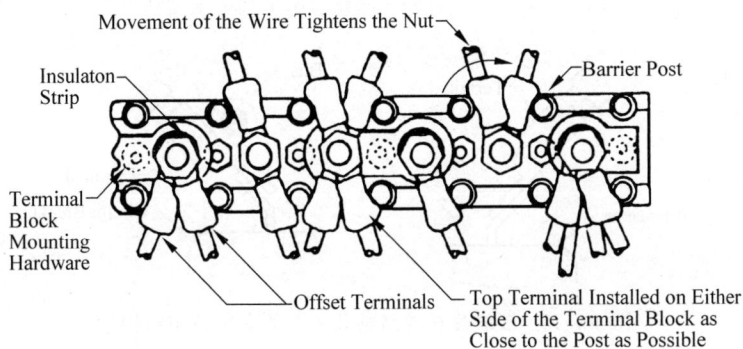

图 4-7-24　MS27212 接线柱上接线片的安装结构

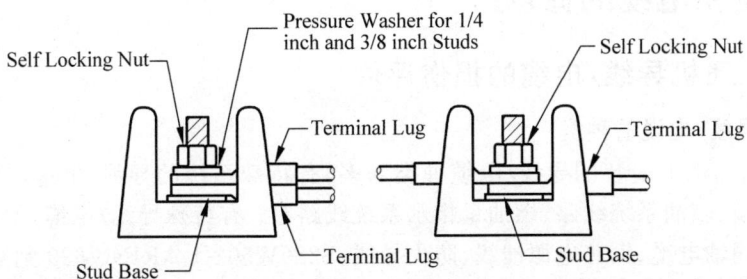

图 4-7-25　多个接线片在一个接线柱上的安装结构

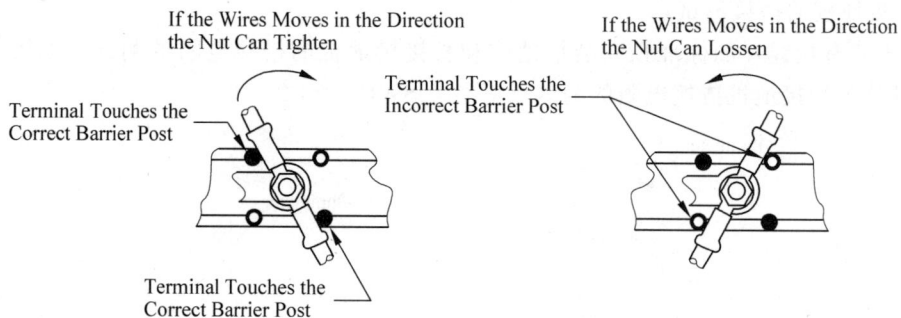

图 4-7-26　挡柱上的接线片位置

5. 接线片在跳开关上的安装

在线路跳开关上安装接线片的结构如图 4-7-27 和图 4-7-28 所示,当接线片安装孔大于线路跳开关上终端孔的尺寸时,在接线片与弹簧垫片之间增加 AN960 压力垫片,AN960 压力垫片孔与线路跳开关终端孔应相同,按手册中规定的力矩值拧紧螺母。

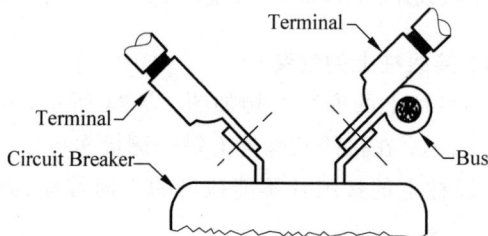

图 4-7-27　接线片在线路跳开关上的安装结构

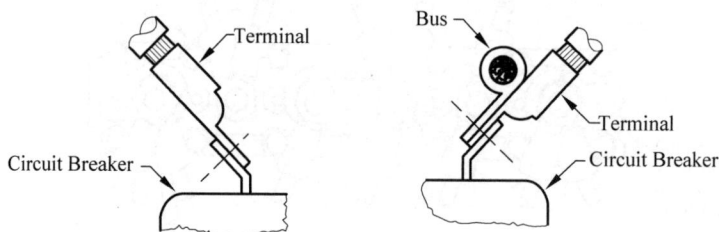

图 4-7-28　接线片在线路跳开关上的安装备用结构

4.8　导线和电缆的修理

4.8.1　飞机导线/电缆的损伤评估

1. 飞机导线/电缆的种类

波音系列飞机上安装的导线/电缆种类繁多,有特殊系统的导线/电缆,如发动机导线束的导线/电缆、燃油系统线路、燃油量指示系统线路等;有特殊导线/电缆,如铝导线、搭接和接地导线、同轴电缆、铜芯电源馈线、防火导线、S280W502-1 ARINC 629 到航线可换件的数据电缆、屏蔽地线、热电偶导线、超温导线和电弧放电线;还有其他导线/电缆,如屏蔽和非屏蔽导线、非屏蔽电缆、两层相邻或不相邻屏蔽层的导线/电缆、BMS13-51 非绝缘的导线等。导线/电缆的种类、安装环境和损伤程度不同,所采取的修理方法也不同。因此,修理导线/电缆之前需要按它们的类型分别进行损伤评估。

2. 导线/电缆损伤修理的通用条件

修理之前必须将造成导线/电缆损坏的原因消除,以免对修理后的导线/电缆造成二次损坏;施工者的手和使用的相关工具必须保证干净和清洁,以免污染绝缘材料导致密封不良;导线/电缆的修理是永久性的,除非在修理条件和修理程序中有特殊规定;在燃油蒸汽区修理导线/电缆,必须按照燃油蒸汽区的修理条件和安全操作规程执行。

3. 导线/电缆修理材料和零件的选择原则

用于修理导线绝缘/电缆外层的绝缘材料的温度等级必须等于或高于原有导线/电缆的温度等级,修理导线/电缆的金属终端的温度等级必须与导线/电缆的温度等级相同,在高温区修理导线/电缆所使用的材料的温度等级必须为 D 级。如果有必要用一段导线/电缆修复损坏的导线/电缆,则该段导线/电缆的件号必须与原导线/电缆的件号相同。

4. 导线/电缆的损伤评估标准

在波音系列飞机上导管里的导线/电缆,连接器尾夹或尾夹适配器里的导线/电缆,在导线/电缆弯曲拐弯区域、需要经常弯曲的导线/电缆(如仪表板或铰链门处等),禁止修理!一些特殊系统的导线只允许临时性修理。例如,发动机区域导线必须在维修后最多 500 个飞行小时内更换;特殊导线(如防火系统线路等)也只允许临时性修理,如果再次出现损伤或维修后已经达到 500 个飞行小时,则必须更换。

对于允许修理的导线/电缆,首先需要判断其种类和损伤严重程度,然后根据导线/电缆的安装环境,选取不同的材料,采取正确的修理方法完成导线/电缆的修理。导线/电缆的损伤形式很多。对于非屏蔽导线,可能的损伤形式有:导线线芯出现损伤;损伤穿过或进入导线的主绝缘;绝缘胶带重叠部分之间的黏结断裂长度超过导线直径的 50%(见图 4-8-1);拼接管组件的绝缘部分出现损伤(见图 4-8-2)等。其他类型导线/电缆及其损伤形式请参考 SWPM 20-10-13。

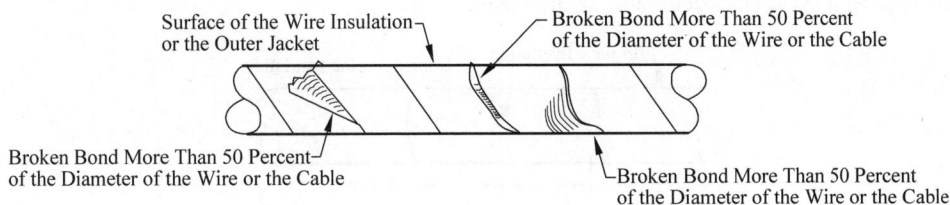

图 4-8-1　接合处的断裂损伤

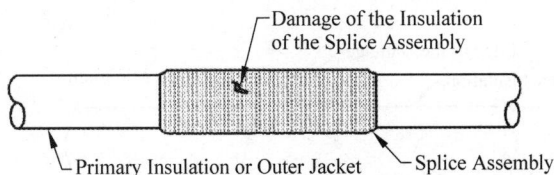

图 4-8-2　拼接组件绝缘层的损伤

对于非屏蔽导线,当损伤到导线线芯时,必须使用接线管等进行永久性修理;当损伤进入或穿过导线主绝缘但芯线没有损伤时,则只需要进行绝缘层的修理。

发生以下类型的损坏时,无需进行修理:弯曲处的绝缘层折皱,绝缘层表面上的擦伤和小划痕,磨损导致的绝缘表面粗糙,绝缘胶带重叠部分之间的黏结断裂长度小于导线或电缆直径的50％,如图 4-8-3 和图 4-8-4 所示。

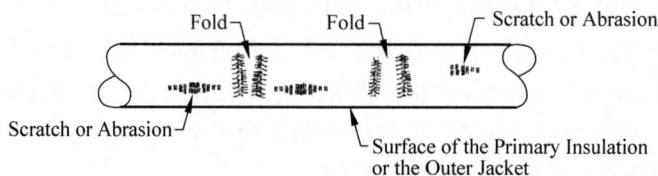

图 4-8-3　允许的划痕、褶皱和磨损

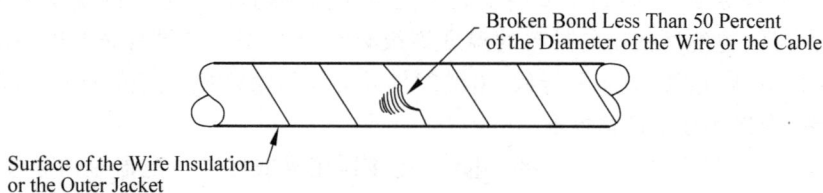

图 4-8-4　允许的接合处断裂损伤

4.8.2　飞机导线绝缘层的修理

飞机导线绝缘层的修理包括:去除损伤区域多余的绝缘且确保绝缘层表面平滑;使用异丙醇清洁导线绝缘且保持清洁区域干燥,如图 4-8-5 所示;如果在绝缘损伤区域出现空洞,选择温度等级 D 的薄膜胶带或四氟乙烯(tetrafluoroethylene,TFE)胶带进行多层填充,并使绝缘层表面平滑,如图 4-8-6 所示,每相邻两层胶带重叠至少 50％且缠绕方向相反;选择温度等级 D 的 TFE 胶带或温度等级 C 的硅树脂胶带,在绝缘损伤区域缠绕两层胶带,如图 4-8-7 所示,每相邻两层胶带重叠至少 50％且缠绕方向相反;在距离每侧胶带末端大约0.25in 处使用正确温度等级的捆扎线进行捆扎。

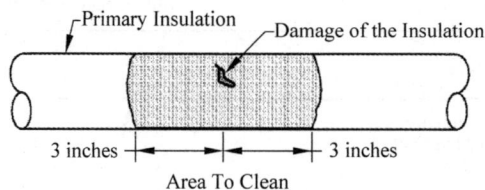

图 4-8-5　清洁损伤区域

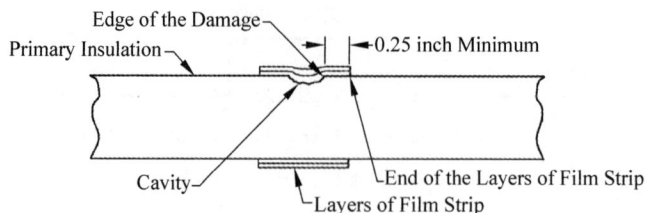

图 4-8-6　用胶带填充损伤区域

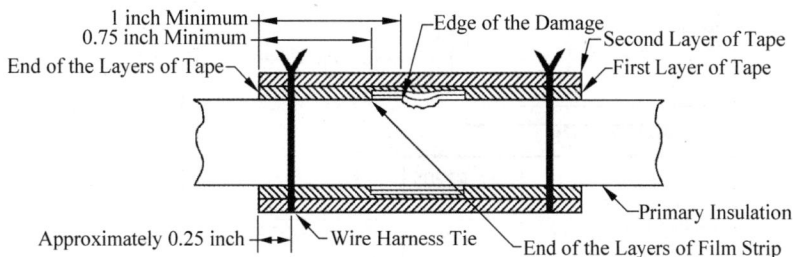

图 4-8-7　损伤区域绝缘上的胶带和捆扎结

4.8.3　飞机导线的拼接修理

1. 常用拼接管的介绍

导线/电缆的线芯出现损伤时进行拼接修理需要使用各种拼接管和套管。拼接管（splice）又名拼接头、接线管等。作为一种常用的施工材料，拼接管在电路中起到连接通路的作用，在飞机生产制造过程中用于连接导线，在飞机维护过程中用于修理导线和电缆。

在维护工作中，根据导线束的安装位置选择不同类型的拼接管，如图 4-8-8 所示。常用的拼接管，如 NAS1388-( )和 NAS1389-( )绝缘对接拼接管等用于无水增压区导线的修理，NAS1387-( )非绝缘对接拼接管、D-436-( )密封对接拼接管用于有水增压区和非高温、非增压区域导线和电缆的修理，BACT12C( )高温非绝缘对接拼接管用于高温区域导线和电缆的修理，277( )-1 铜铝过渡对接拼接管用于铜芯与铝芯电源馈线的修理，D-150-( )拼接管套装用于屏蔽电缆的修理。

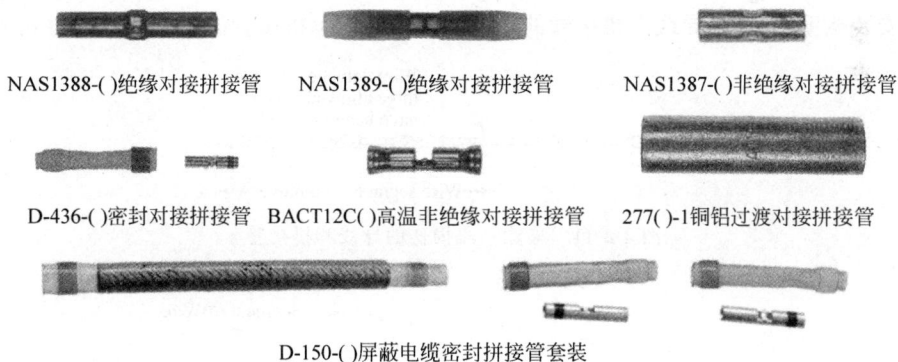

NAS1388-( )绝缘对接拼接管　　NAS1389-( )绝缘对接拼接管　　　NAS1387-( )非绝缘对接拼接管

D-436-( )密封对接拼接管　BACT12C( )高温非绝缘对接拼接管　　277( )-1铜铝过渡对接拼接管

D-150-( )屏蔽电缆密封拼接管套装

图 4-8-8　典型拼接管

2. 拼接管的电气设备号

在飞机生产制造过程中安装的拼接管有电气设备号。WDM 中，电气设备号以"SM"和"SMZ"开头，表示其连接导线来自相同的线束；以"SP"和"SPZ"开头，表示其连接导线来自不同的线束，如图 4-8-9 所示。在飞机维护过程中维护人员用来修理导线/电缆的拼接管没有电气设备号。

3. 拼接管修理导线的条件

一根导线上使用新的拼接管修理的次数不允许超过 3 次，其中不包括在飞机生产过程中厂家安装的拼接管，如图 4-8-10 所示；允许拆下 3 个及以上的拼接管，用 2 个新的拼接管

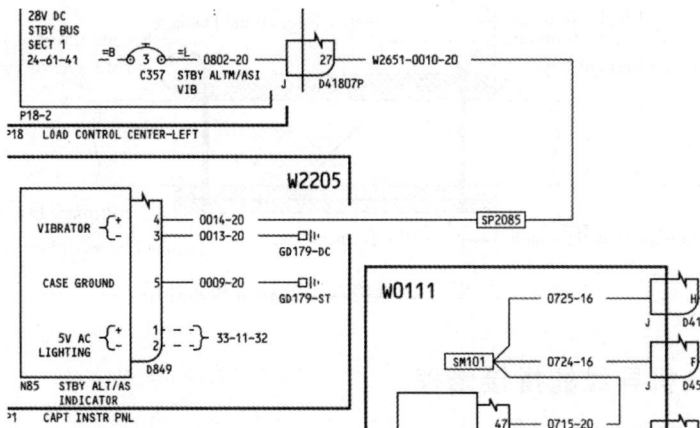

图 4-8-9　线路图中拼接管的电气设备号

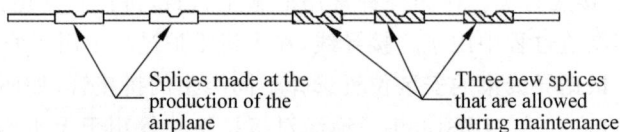

Splices made at the production of the airplane

Three new splices that are allowed during maintenance

图 4-8-10　3 个允许的新拼接管

进行替代,如图 4-8-11 和图 4-8-12 所示;当需要在一个导线束中修理多根导线时,在一根导线上的拼接管端部与相邻导线上拼接管的相对端之间的最小距离是 0.25in,如图 4-8-13 所示;当拼接管的数量和导线的长度无法满足图 4-8-13 规定的分离间距时,可使用图 4-8-14 所示的安装构型,使一根导线上拼接管的端部到相邻导线上拼接管的同一端最大为 0.25in。

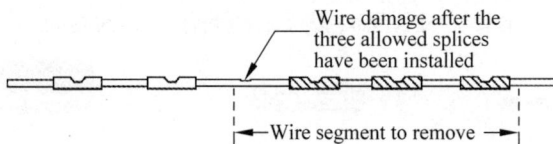

Wire damage after the three allowed splices have been installed

Wire segment to remove

图 4-8-11　移除一段损伤的导线和拼接管

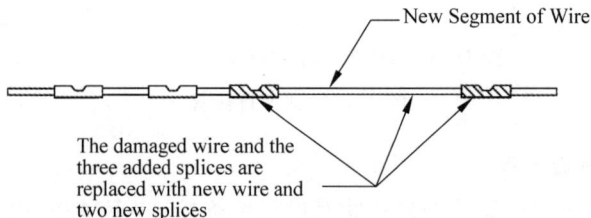

New Segment of Wire

The damaged wire and the three added splices are replaced with new wire and two new splices

图 4-8-12　更换导线和拼接管的效果

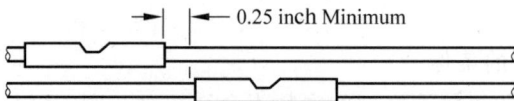

0.25 inch Minimum

图 4-8-13　拼接管的位置

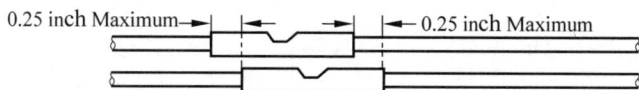

图 4-8-14 拼接管的替代位置

当拼接管组件出现损坏需要更换时,如果原来使用的是密封拼接管组件,则更换的必须是密封拼接管组件;如果原来使用的是非密封拼接管组件,则更换的可以是非密封拼接管组件,但建议使用密封拼接管组件。

4.8.4 飞机导线的拼接维修程序举例

假设维护检查工作中发现:一架波音737-800(B-XXXX)飞机驾驶舱 P18 板上有一根导线线芯出现严重损坏,这根导线标识是 W0018-0812-22,导线长度可以再做一次永久修理,请制定合理的维修方案并完成施工,如图 4-8-15 所示。

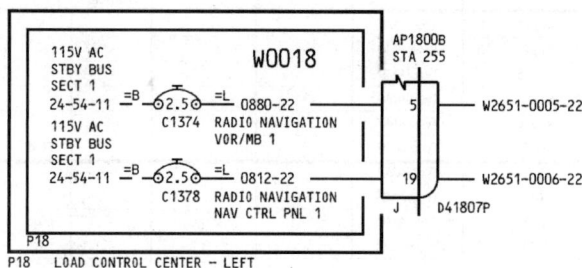

图 4-8-15 损伤导线在线路图中位置

问题分析:根据导线的安装环境选择适用的拼接管类型,由于这根导线位于驾驶舱且损伤严重,可以选择绝缘对接拼接管进行拼接修理,需要从 SWPM 中找到施工所需拼接管的件号、压接工具件号和压接施工程序,完成施工。

步骤 1:确定拼接管施工的章节目录。根据拼接管的名称在 SWPM 前言的交叉参考索引中找到绝缘对接拼接管的施工章节为 20-30-12。

步骤 2:在 SWPM 20-30-12 中找到绝缘对接拼接管(INSULATED BUTT SPLICES)件号的详细信息,如图 4-8-16 所示。对于压线筒中压接一根导线的情况,根据导线规格选择压线筒型号(Crimp Barrel Size)为 26-22 的黄色拼接管、24-20 的白色拼接管或 22-18 的红色拼接管均可。带绝缘筒的绝缘对接拼接管结构如图 4-8-17 所示。

PART NUMBERS OF INSULATED BUTT SPLICES

CAU Range		Part Number	Crimp Barrel Size	Description	Insulation Color	Supplier
Minimum	Maximum					
3	8	NAS1388-5	26-22	Insulation Grip	Yellow	QPL
4	12	NAS1388-4	24-20	Insulation Grip	White	QPL
7	24	NAS1388-1	22-18	Insulation Grip	Red	QPL
15	51	NAS1388-2	16-14	Insulation Grip	Blue	QPL
59	138	NAS1388-3	12-10	Insulation Grip	Yellow	QPL

图 4-8-16 拼接管的件号

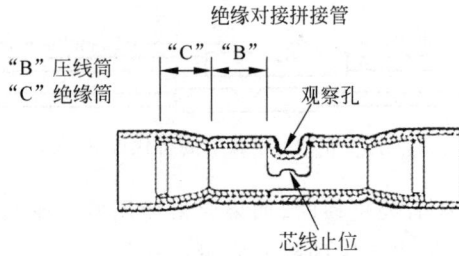

绝缘对接拼接管

"B"压线筒
"C"绝缘筒

"C" "B"

观察孔

芯线止位

图 4-8-17　拼接管的结构

步骤 3：在 SWPM 20-30-12 中找到绝缘对接拼接管的压接工具（CRIMP TOOLS）的件号如图 4-8-18 所示，根据拼接管的压线筒号选择压接工具，常用的压接工具 59250 如图 4-8-19 所示，工具的介绍详见 4.7.5 节典型接线片维修程序举例部分。

CRIMP TOOLS FOR INSULATED BUTT SPLICES

Crimp Barrel Size	Crimp Tool							
	Basic Unit		Holder		Locator Die			
	Part Number	Supplier	Part Number	Supplier	Part Number	Nest	Supplier	
24-20	59275	Tyco/AMP	-	-	-	-	-	
	69692-1	Tyco/AMP	-	-	-	-	-	
26-22	59275	Tyco/AMP	-	-	-	-	-	
	69692	Tyco/AMP	-	-	-	-	-	
22-18	47386	Tyco/AMP	-	-	-	-	-	
	59250	Tyco/AMP	-	-	-	Red	-	
	69692-1	Tyco/AMP	-	-	-	-	-	
16-14	47387	Tyco/AMP	-	-	-	-	-	
	59250	Tyco/AMP	-	-	-	Blue	-	
	69693-1	Tyco/AMP	-	-	-	-	-	

图 4-8-18　绝缘对接拼接管压接工具

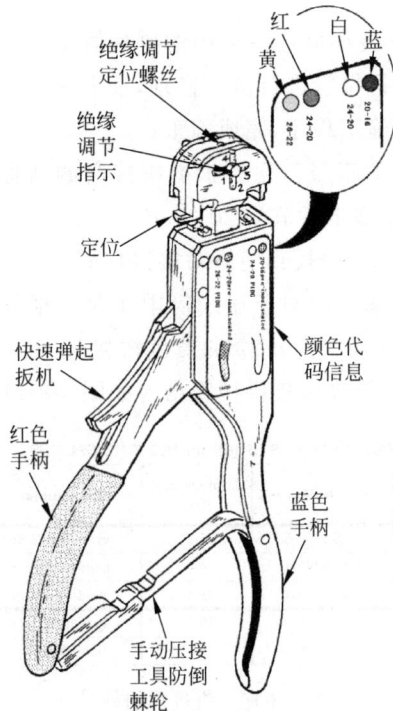

绝缘调节
定位螺丝

绝缘
调节
指示

定位

红　白　蓝
黄

快速弹起
扳机

颜色代
码信息

红色
手柄

蓝色
手柄

手动压接
工具防倒
棘轮

图 4-8-19　拼接管压接工具

视频：
拼接管压
接-导线线
芯修理

步骤 4：在 SWPM 20-30-12 中找到绝缘对接拼接管的施工程序和标准（Unsealed Butt Splice Configurations），完成施工。

从导线末端去除合适长度的绝缘层，将去除绝缘层的导线放入拼接管，确保从拼接管的观察孔里可看到导线芯线，芯线末端顶到拼接管的止位且不能超过止位，导线的绝缘层不能进入拼接管的压线筒。对于带绝缘筒的拼接管，如果导线绝缘能够进入绝缘筒，则导线绝缘层与拼接管绝缘筒重叠，如图 4-8-20 所示；如果导线绝缘层直径过大不能进入绝缘筒，则导线绝缘层的末端与拼接管绝缘筒末端的最大距离是 0.13in，拼接管的绝缘与导线绝缘重叠，如图 4-8-21 所示；对于不带绝缘筒的拼接管，AWG 10 号线和更细的导线压线筒的末端与导线绝缘层末端最大为 0.13in，如图 4-8-22 所示，AWG 8 号线和更粗的导线压线筒的末端与导线绝缘层末端最大为 0.25in。本例中导线规格为 AWG 22 且选择的拼接管带有绝缘筒，需按图 4-8-20 进行施工。

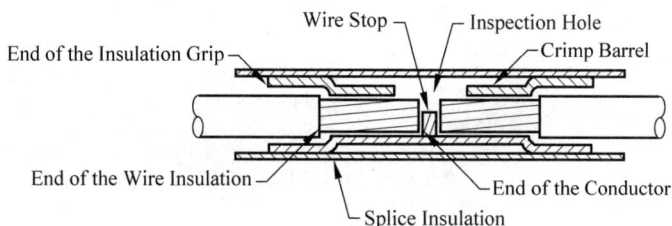

图 4-8-20　导线在拼接管中的位置

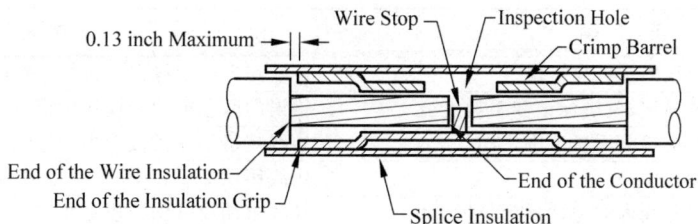

图 4-8-21　厚绝缘层导线与拼接管的位置

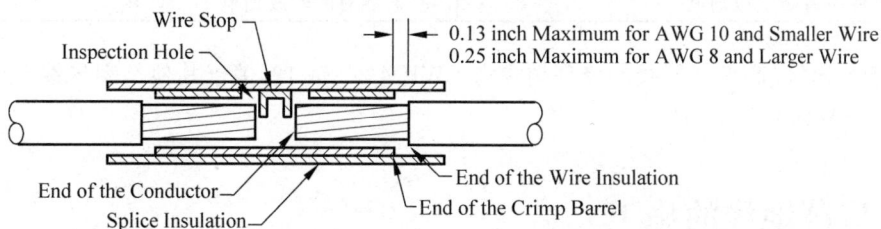

图 4-8-22　粗导线与拼接管的位置

将拼接管放在压接工具的模块上，轻轻按压压接工具手柄将拼接管定位，将去除绝缘层的导线送入拼接管并到达合适的位置，按压压接工具手柄直至工具到达力矩值防倒转棘轮复位，完成第一次拼接管压接工作，如图 4-8-23 所示；参照拼接管第一次压接程序完成第二次压接工作，如图 4-8-24 所示；压接完成后，参考图 4-8-25 和表 4-8-1 所示执行拼接管压接完成后的目视检查程序。

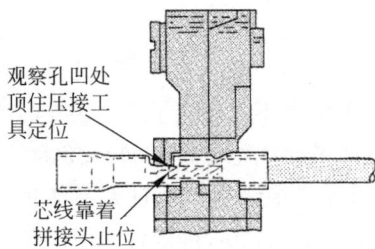

图 4-8-23　拼接管的第一次压接介绍

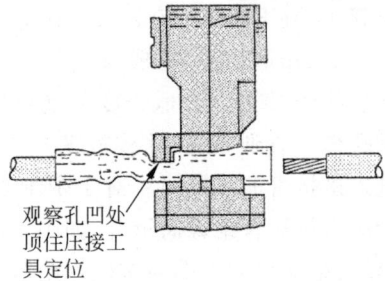

图 4-8-24　拼接管的第二次压接介绍

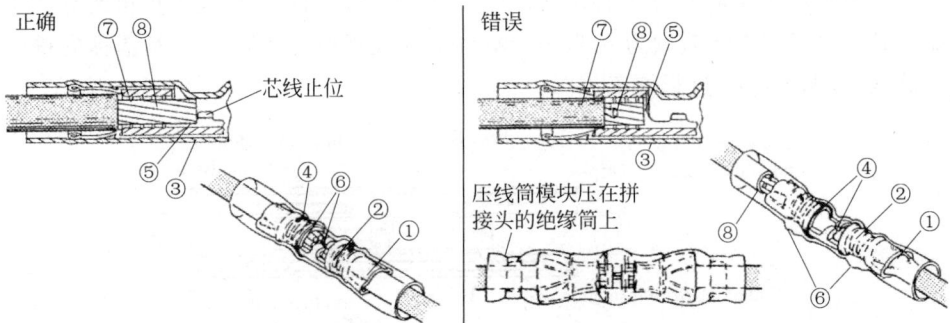

图 4-8-25　拼接管的目视检查

表 4-8-1　拼接管压接后的可靠性检查

正　确	错　误
① 绝缘筒与导线绝缘可靠接触	① 芯线露出或绝缘夹接过松、过紧
② 正确的颜色标记、模块标记和工具组合	② 错误的颜色标记和模块标记
③ 导线规格在拼接管压接范围之内	③ 导线规格不在拼接管中心范围之内
④ 压线筒压接在中心	④ 压线筒压接不在中心(压接不到位)
⑤ 拼接管上的芯线末端到达规定位置	⑤ 导线末端没有到达规定位置
⑥ 绝缘未破损,形变正常	⑥ 绝缘过度变形或破损(工具和拼接管选择错误)
⑦ 压线筒没有压接到导线绝缘	⑦ 压线筒压接到导线绝缘
⑧ 芯线没有断丝或划痕	⑧ 芯线有断丝或划痕

关于高温区、高振区导线的修理请参考 SWPM 20-30-12,关于其他类型导线/电缆的修理请参考 SWPM 20-10-13。

4.9　屏蔽地线的施工

4.9.1　概述

1. 电气搭接及测量

电气搭接是指在两个物体间形成稳定可靠的电连接。飞机电气搭接的目的在于为飞机各结构件之间以及结构件、发动机、设备、附件与飞机基本结构之间提供稳定的低阻抗电气通路,避免相互连接的物体之间形成电位差。搭接提供电源电流返回通路,是减少电磁干扰,静电防护,雷电防护,实现电磁兼容的必要措施。基本结构俗称飞机"地",指飞机结构骨架以及铆接或焊接在结构骨架上的，与其有低阻抗通路的蒙皮、角片、支架和型材。

电气搭接可使用铆接、焊接等工艺或通过螺栓、螺钉、卡箍等连接，也可使用搭接线连接。搭接时，一般要对搭接表面进行净化处理，有的需要在搭接表面镀一层良导电层。搭接施工后，如需控制搭接点的腐蚀，还应做密封处理。为保证搭接的可靠性，需要进行电气测量，具体的测量方法和电阻要求请参照 SWPM 20-20-00，典型的电气搭接和测量方法如图 4-9-1 所示。

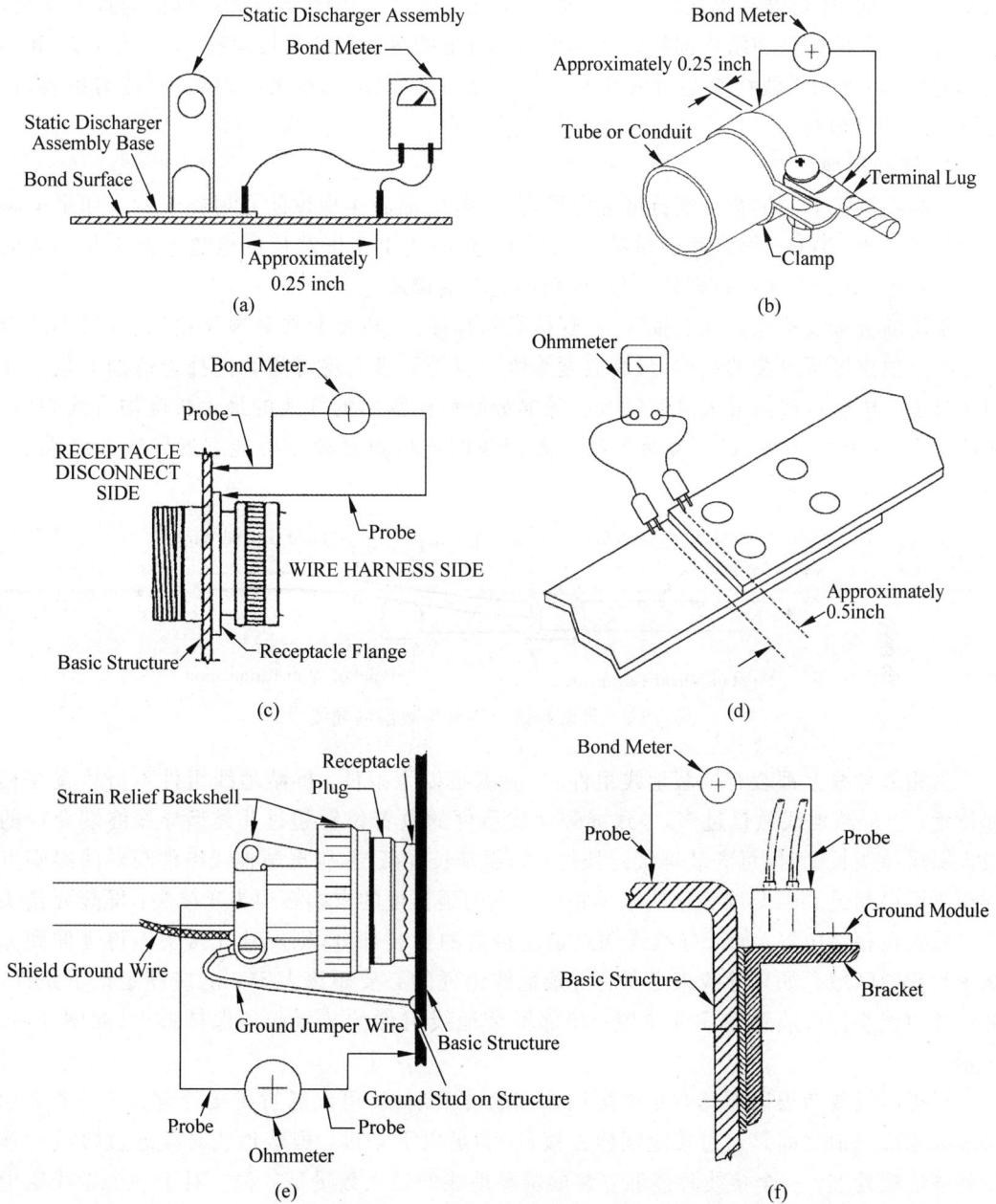

图 4-9-1 典型的电气搭接及测量示例

（a）放电刷基座与飞机结构；（b）管路通过卡箍搭接结构；（c）插座与飞机结构；（d）铆接连接；
（e）插座尾夹与飞机结构跳线搭接；（f）接地邦迪块与飞机结构

接地是重要的搭接形式,指将设备的负载、壳体或机架搭接到基本结构。它为设备与基本结构之间提供了低阻抗通路,形成基准电位,进行安全保护,如发动机接地、可拆卸的金属面板接地、电子电气设备接地、静电放电设备接地。波音系列飞机上主要有3种接地:交流接地、直流接地和静电接地。应避免不同回路的接地混合,否则耦合会产生干扰。应高度重视接地路径的设计,要提供恒定阻抗;主要接地搭接路径要短,电阻要小。通常即使设备内部接地,外壳仍然要接地。大电流接地通常通过适当的金属搭接单独的接地支架,不要造成过大的压降和结构损坏。波音系列飞机上的接地设备是接地桩(见4.7.6节)和接地邦迪块,相应的导线终端是接线片和插钉。若接地线损伤,需要及时处理、按需更换,详见 SWPM 20-20-00。

2. 屏蔽接地

安装在飞机上的屏蔽导线或屏蔽电缆,其屏蔽层都需接地以防止射频干扰。如果电路信号频率低于 50kHz,屏蔽线的单端屏蔽层接地,防止由于屏蔽层的电势差而引起的逆向电流。对于 ARINC 429 数据线,要求屏蔽层的双端接地。

常用的屏蔽线接地方法有抽线法、焊接套管焊接法、机械金属环冷压接法、金属小环冷压接法。根据屏蔽电缆的结构、最高温度等级以及是否带有绝缘层来选择合适的屏蔽地线制作方法。屏蔽地线的最大长度以及去除屏蔽层后裸露出的导线的最大长度均有限制,具体请参考 SWPM 20-10-15。屏蔽层和屏蔽地线的连接点必须尽可能靠近导线的终端,如图 4-9-2 所示。

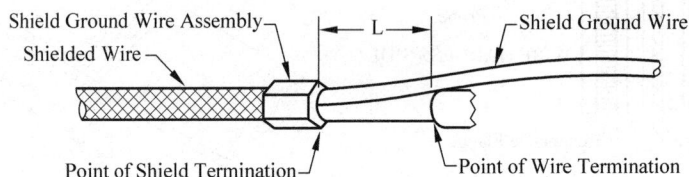

图 4-9-2　屏蔽地线及不带屏蔽层的导线

当相邻导线上都装有屏蔽地线组件时,应满足以下条件:屏蔽地线组件不得放置在相邻位置;当屏蔽地线数量过多,导致屏蔽地线组件的放置位置超过此类型导线终端允许的最大裸露导线长度时,可安装屏蔽延长件;如需延长屏蔽层,则屏蔽地线组件与导线终端点的距离不得超过 6in,与屏蔽地线末端相反一侧的延长件的末端必须为死接头;屏蔽死接头不得放置在相邻位置;如果导线终端点是连接器的封装部分,则屏蔽死接头不得延伸到涂抹密封剂的区域。如果导线束上所有屏蔽地线组件的必要距离大于 6in,应满足以下条件:屏蔽接地线组件可放置在相邻位置;相邻屏蔽地线组件的数量必须保持最少,如图 4-9-3 所示。

对于两根或两根以上具有相同接地连接的屏蔽地线,可以通过拼接管合并为一根;如果屏蔽地线与地之间是通过接地螺栓连接,应满足以下条件:屏蔽地线必须通过接线片连接到接地螺栓上;一个接线片能够安装的屏蔽地线的最大数量是 6 根。对于一个导线束中的 5 根或更多的屏蔽地线,如果具有相同的接地连接,可以进行屏蔽地线的闭环配置,如图 4-9-4 所示;相邻屏蔽地线组件之间的屏蔽地线可以用端头封闭拼接管进行相互连接,拼接管组件必须用捆扎结固定在线束上。

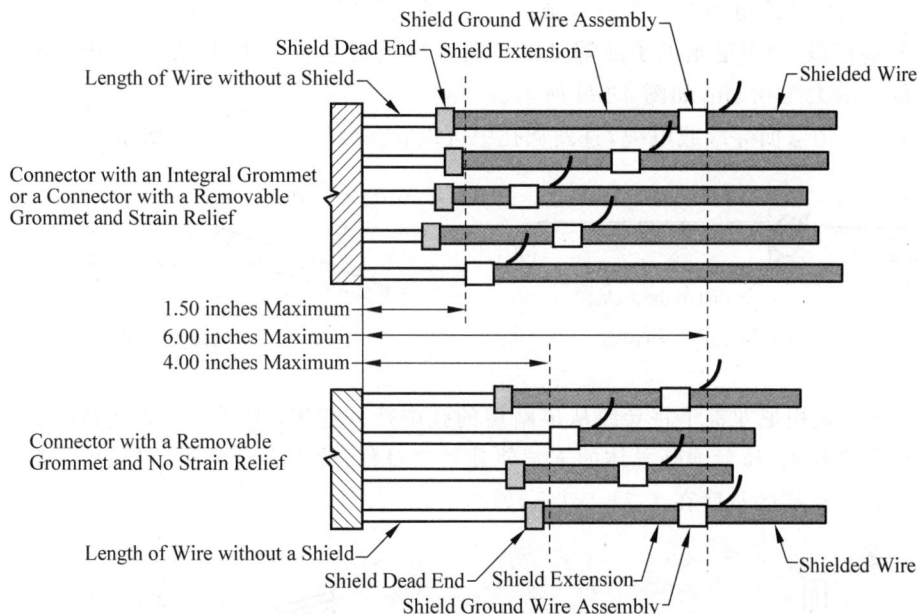

图 4-9-3 相邻导线上屏蔽地线组件的位置

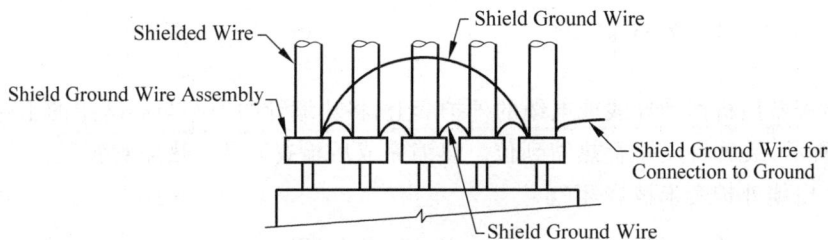

图 4-9-4 屏蔽地线的闭环配置

本节主要介绍抽线法、焊接套管焊接法，其他屏蔽接地方法请参考 SWPM 20-10-15。

4.9.2 抽线法施工程序

抽线法制作屏蔽地线的施工方法简单、安全、可靠性高，适合于飞机的任何温度区域。施工完成后可以用热缩管或绝缘胶带做防护，现以使用热缩管防护为例介绍其施工程序。

（1）根据温度等级选择合适的热缩管，准备大约 0.7in 长度的热缩管，去除合适长度的屏蔽电缆外层绝缘，如图 4-9-5 所示。

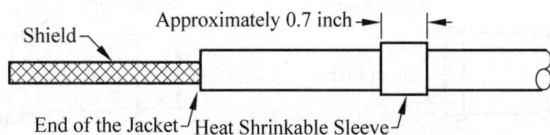

图 4-9-5 电缆外绝缘的去除

视频：
抽线法-屏蔽层接地处理

（2）如果导线或电缆有相邻的屏蔽层，去除外层的屏蔽层，向后推动屏蔽层使其在电缆外护套末端扩张，使用尼龙锥子或等效的工具在屏蔽层上扩一个孔，使孔的中心距离电缆外护套的末端大约 0.5in，如图 4-9-6 所示。

（3）小心地弯曲导线或电缆，直到从孔中可以看到导线，如图 4-9-7 所示。

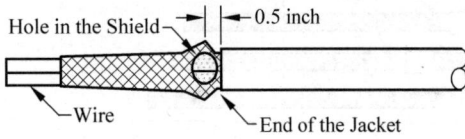

图 4-9-6　屏蔽层上开孔的位置

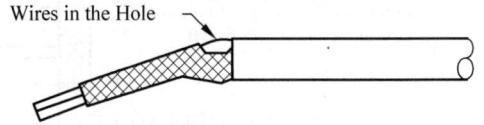

图 4-9-7　电缆弯曲处孔的位置

（4）小心地用尼龙锥子将导线从屏蔽层的孔中往外拉出，用同样的方法将所有导线从屏蔽层的孔中拉出，拉紧屏蔽导体的末端使其平整对称，剪去多余的屏蔽层，使屏蔽层末端到电缆外护套末端的长度在 1.7～2.0in，如图 4-9-8 和图 4-9-9 所示。

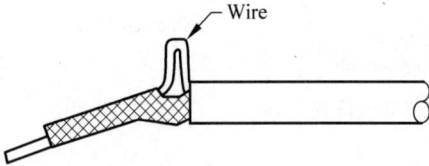

图 4-9-8　导线穿过屏蔽层孔的位置

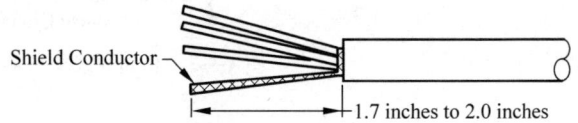

图 4-9-9　屏蔽导体的长度

（5）将屏蔽层折回到导线或电缆的外护套上，将热缩管的中心与屏蔽层的末端对齐，如图 4-9-10 所示，最后将热缩管热缩到位。热缩完成后检查确认：热缩管锁紧无松动；热缩管无烧焦；电缆外护套未被烧坏。

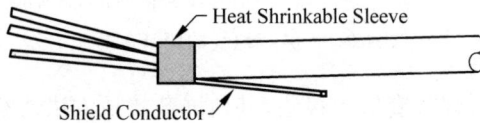

图 4-9-10　热缩管的位置

4.9.3　焊接套管焊接法施工程序

1. 焊接套管介绍

使用焊接套管制作屏蔽地线适用于飞机上温度等级为 A 和 B 的区域。按地线可分为 3 种类型：不带地线型、带绝缘地线型、带非绝缘地线型，如图 4-9-11 和图 4-9-12 所示。

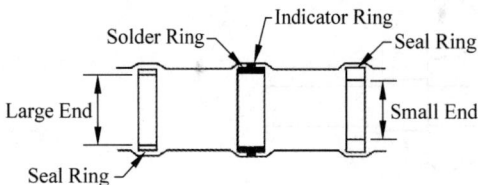

图 4-9-11　BACS13CT（ ）N 焊接套管

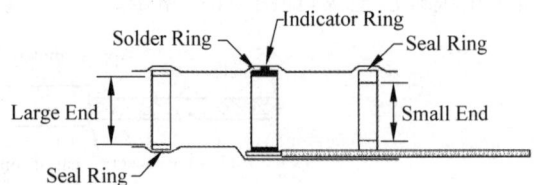

图 4-9-12　BACS13CT（ ）A、C、D 焊接套管

焊接套管的件号结构如图 4-9-13 所示。

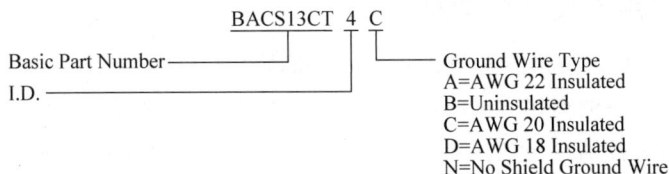

图 4-9-13　BACS13CT 焊接套管件号结构

2．焊接套管焊接法的施工

焊接套管焊接法施工程序分以下几种：屏蔽层回折且在导线或电缆端头安装焊接套管，屏蔽层不回折且在导线或电缆端头安装焊接套管，在导线或电缆中间某处安装焊接套管。下面以屏蔽层回折且在电缆端头安装带绝缘地线的焊接套管为例介绍其施工程序。

屏蔽地线的构型如图 4-9-14 所示。

（1）准备导线或电缆，将导线或电缆的外层绝缘去除合适的长度，如图 4-9-15 所示。

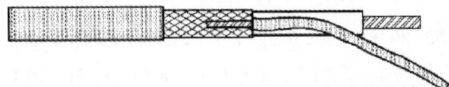

图 4-9-14　屏蔽地线的构型　　　　图 4-9-15　屏蔽层的长度

视频：
焊锡套管
法-屏蔽层
接地处理

（2）将屏蔽层在导线或电缆上回折，确保屏蔽层绕电缆的圆周均匀对称。

（3）选择合适的焊接套管，将焊接套管放在电缆上，确保先将焊接套管的大头放在电缆上，使后密封环的内边缘与屏蔽层的末端对齐，如图 4-9-16 所示。

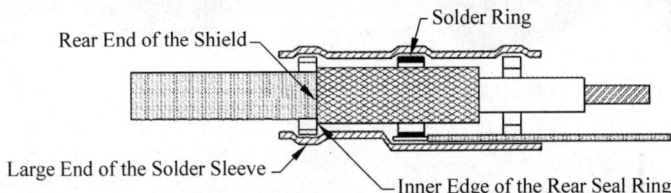

图 4-9-16　焊接套管和屏蔽地线的位置

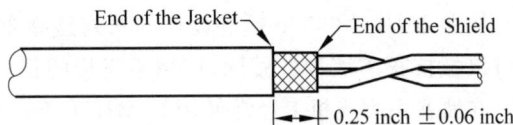

（4）将焊接套管热缩到位，确保其位置正确，焊接环顶部至少 75％ 的指示环熔化。

（5）从屏蔽地线末端去除合适的长度，确保地线的长度足够将地线连接到指定的接地点，屏蔽地线的长度不超过允许的最大长度。

机械金属环冷压接法、金属小环冷压接法等的施工程序请参考 SWPM 20-10-15。

4.10　常用连接器的识别与施工

连接器（connector）在航空器的面板、脱开支架等位置应用非常广泛，通常安装在线缆或设备上，指为电缆和导线互联提供快速连接/断开服务的所有接口设备。它是一种用来传输信号和电能的可分离元件，包括插头（plug）和插座（receptacle）。连接到刚性表面的固定连接器称为插座，而与导线或电缆相匹配的自由连接器，则称为插头。

4.10.1　常用连接器的类型

连接器的种类很多,按形状分有圆形、矩形和特殊形等;按材质分有合金制造、不锈钢制造等;按插头与插座的衔接方式有螺纹式、卡扣快接式、自锁式等;按插钉的拆卸方式有前退式和后退式等;按插钉与连接器的连接方式分冷压接式和焊接式等。

飞机上常用的前退式连接器有:按照 MIL-C-26500 标准设计的系列连接器、AMP 公司生产的 69 系列连接器、按照 MIL-C-26482 标准设计的系列Ⅰ连接器、按照 MIL-C-5015 标准设计的部分连接器(如 BACC63BD 和 BACC63BE、BACC63BW 和 BACC63BY、BACC63CD 和 BACC63CE 等)、按照 MIL-C-81511 标准设计的系列Ⅰ和系列Ⅱ连接器等。

飞机上常用的后退式连接器有:按照 MIL-C-26482 标准设计的系列Ⅱ连接器、按照 MIL-C-5015 标准设计的部分连接器(如 MS3450、MS3451、MS3452、MS3454、MS3456、MS3459 等)、按照 MIL-C-83723 标准设计的系列Ⅲ连接器、按照 MIL-C-38999 标准设计的系列连接器等。

按照 MIL-C-26500 标准设计的系列连接器属于压接式前退圆形连接器。该系列连接器可以抵抗很多溶剂的侵蚀,应用于飞机的很多区域,如电子设备架、飞机发动机和防火系统。在波音系列飞机上经常使用的 MIL-C-26500 标准连接器有 BACC45( )系列、BACC63( )系列等,如图 4-10-1 和图 4-10-2 所示,其他系列请参考 SWPM20-61-11。

视频:
26500 系列
连接器介绍
及装配

图 4-10-1　BACC45FN/FT( )系列插座/插头　　　图 4-10-2　BACC63BV/BP( )系列插座/插头

4.10.2　常用插钉的介绍

1. 插钉的结构和型号

在连接器中起到电气连接作用的是插钉,不同系列连接器所使用的插钉也不尽相同,按外形结构可分为带有绝缘支撑筒和没有绝缘支撑筒两类。插钉一般带有不同颜色和数量的色环,如图 4-10-3 和图 4-10-4 所示。插钉型号由两组数字组成,第一组数字代表插钉的接触端,第二组数字代表插钉的压线端,如图 4-10-5 所示。如果插钉型号的两组数字一样则为标准钉,否则为特殊钉,除此之外,还有屏蔽钉、热电偶钉及同轴钉等。

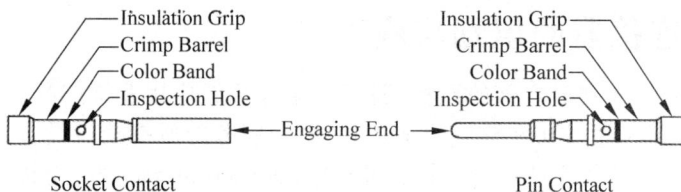

Insulation Grip
Crimp Barrel
Color Band
Inspection Hole
Engaging End
Socket Contact

Insulation Grip
Crimp Barrel
Color Band
Inspection Hole
Pin Contact

图 4-10-3　带绝缘筒的插钉结构

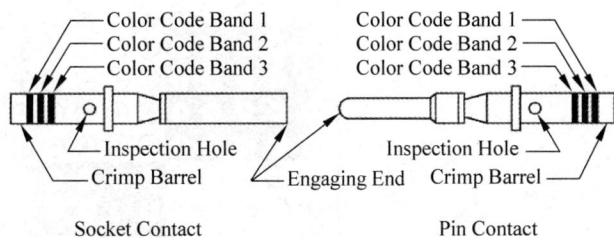

图 4-10-4　不带绝缘筒的插钉结构

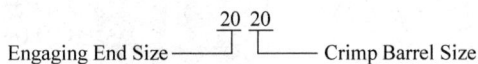

图 4-10-5　插钉的型号举例

2. 插钉的位置标识

波音系列民用航空器上安装的常用连接器有圆形和方形等。连接器内部插钉的位置标识方法很多：一是数字位置标识；二是字母位置标识，供应商在制造时将磨损后易与其他标识相混淆的字符去掉，如去掉大写字母 I；三是数字和字母混排标识；四是数字和字母行列坐标式位置标识。同一个连接器中的插钉可能会有多种位置标识，如图 4-10-6 和图 4-10-7 所示。

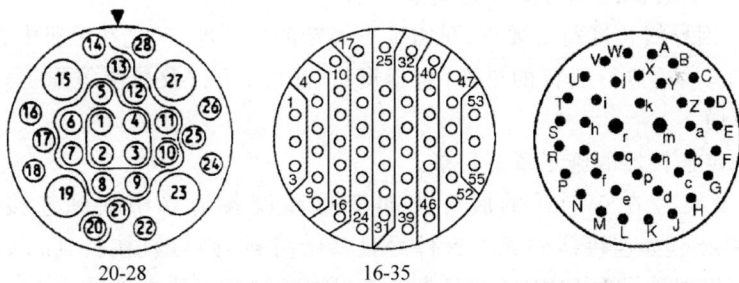

图 4-10-6　波音航空器圆形连接器内部插钉的位置标识举例

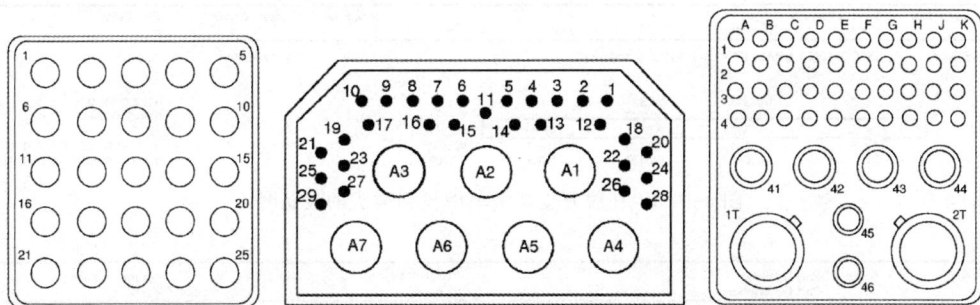

图 4-10-7　波音航空器方形连接器内部插钉的位置标识举例

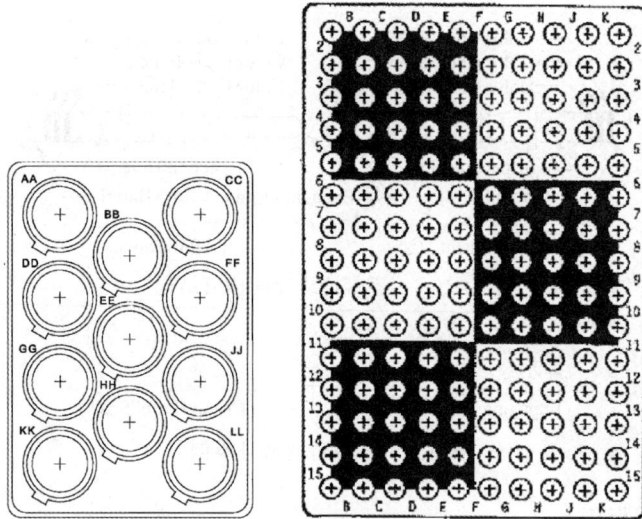

图 4-10-7 （续）

4.10.3 常用连接器的维修程序举例

假设维护工作中检查发现：一架波音 737-800 飞机（B-XXXX）电子设备舱脱开支架 E3-3 POS29 所安装的连接器（插头）的 3 号孔位导线与插钉断开，剩余导线长度还允许进行一次修理，请制定合理的维修方案并完成施工。

问题分析：因导线长度符合要求，只需要更换新的插钉即可，先在手册中查找施工所需的耗材和专用工具，再进行插钉的更换（包括退钉、压接、送钉及检测等施工），保证线路通畅，恢复线路布局。

步骤 1：确定连接器的施工章节目录。

根据脱开支架号在 WDM 的脱开支架清单和设备清单中找到连接器的件号为 BACC45FT14-12S6（如连接器外壳上有件号且清晰可辨，则可直接得到），如图 4-10-8 和图 4-10-9 所示，根据件号在 SWPM 交叉参考索引中找到施工所在章节为 20-60-11，此连接器为 MIL-C-26500 系列前退插钉连接器。

Bracket No.	Description Position	Receptacle	Bundle	Plug	Bundle	Max Pos	Station / WL / BL	Effectivity
AE0303A	DISCONNECT BRACKET - E3-3 SHELF (continued)					049	384/173/L005	ALL
	28	D43313J	W0331					YM472-YM480, YM485-YM490
	29	D43309J	W0331	D43309P	W2231			ALL
	30	D41824J	W0330	D41824P	W5156			YF921-YK980, YS151-YS167
	31	D41836J	W0330	D41836P	W5104			YF921-YK980, YS151-YS167

图 4-10-8 在脱开支架清单中找到插头的设备号

Equip	Opt	Part Number Part Description	Used On Dwg Vendor	Qty	Diagram Station / WL / BL	Effectivity
D43309J	1	BACC45FN14-12P6 RECPT-	81205	1	23-27-11 E003-03/ /	YM471-YM490
D43309P	1	BACC45FT14-12S6 PLUG-	81205	1	23-12-31 E003-03/ /	ALL

图 4-10-9 在设备清单中找到插头的件号

步骤 2：确定连接器故障孔位所连的导线标识。

在 WDM 的连接清单中找到故障孔位导线标记为 W2231-0013-22，可知导线规格为 AWG 22，如图 4-10-10 所示。

Equip	Station / WL / BL			Description					
	Term	Type	Bundle	Wire No.	GA	CO	Diagram	Effectivity	
D43309P	E003-03/ /			PLUG-				ALL	
	1		W2231	0021	20		SPARE	YA701-YA704, YF921-YS167	
	1		W2231	0021	20		46-11-21	YA705-YA720	
	2		W2231	0022	20		SPARE	ALL	
	3		W2231	0013	22		23-27-11	YA701-YA720, YM471-YM490	

图 4-10-10　在连接清单中找到故障孔位导线标识

步骤 3：在 SWPM 20-61-11 中找到连接器件号结构的详细信息，如图 4-10-11 所示。由此可知，连接器 BACC45FT14-12S6 的插钉类型为孔钉（socket），外壳尺寸为 14，插入构型为 12。

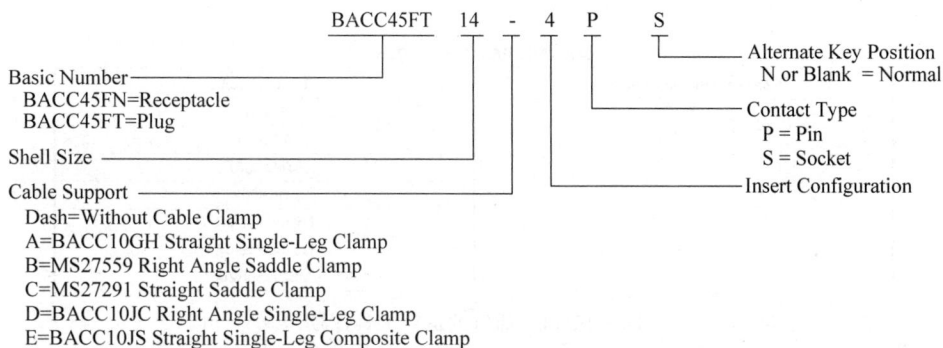

图 4-10-11　BACC45FN 和 BACC45FT 系列前退式连接器的件号结构

步骤 4：确定该连接器 3 号孔位插钉的型号。

在 SWPM 20-61-11 中找到连接器的插入构型（INSERT CONFIGURATIONS）表和图，如图 4-10-12 所示，由此可知连接器 3 号孔位插钉型号为 20 号。

CONNECTOR INSERT CONFIGURATIONS (Continued)

Insert Configuration	Contact Cavity		Reference
	Count	Size	
14-12	3	16	Figure 66
	9	20	

14-12

图 4-10-12　连接器的插入构型表和图

步骤 5：确定插钉的件号。

在 SWPM 20-61-11 中找到连接器中的插钉件号（STANDARD CONTACT PART NUMBERS），如图 4-10-13 所示，因为该连接器位于电子设备舱，因此只需要选择镀金或局部镀金的 20 号孔钉即可，插钉外形见图 4-10-3。

BOEING STANDARD CONTACT PART NUMBERS

Contact Size	Contact Type	Finish	Boeing Standard	Color Code	
				Band	Color
2020	Pin	Rhodium	BACC47CN1	1	Red
		Gold	BACC47CN1A	1	Red
		Localized Gold	BACC47CN1S	1	Red
				2	Black
	Socket	Gold	BACC47CP1A	1	Red
		Localized Gold	BACC47CP1S	1	Red
				2	Black
		Rhodium	BACC47CP1T	1	Red

图 4-10-13　连接器中插钉件号

步骤 6：确定插钉的退钉工具件号。

在 SWPM 20-61-11 中找到退钉工具（CONTACT REMOVAL TOOLS）件号，如图 4-10-14 所示。

CONTACT REMOVAL TOOLS

Contact Engaging End Size	Removal Tool
20	294-89
	AT 2020
	ATML 1907
	DRK20
	M81969/19-06
	M81969/19-07
	MS24256R20

图 4-10-14　插钉的退钉工具件号

常用的退钉工具 MS24256R20 如图 4-10-15 所示。

图 4-10-15　MS24256R20 退钉工具

MIL-C-26500 系列连接器属于前退式连接器。退钉前检查退钉工具，不要使用尖端弯曲的工具，以免造成损伤；如有必要，先从连接器上拆下尾夹，将工具从连接器的前面推进去直到停止并感觉到阻力，然后推动工具的柱塞直到插钉向后移动到位，最后取出工具后拉出插钉，如图 4-10-16 所示。

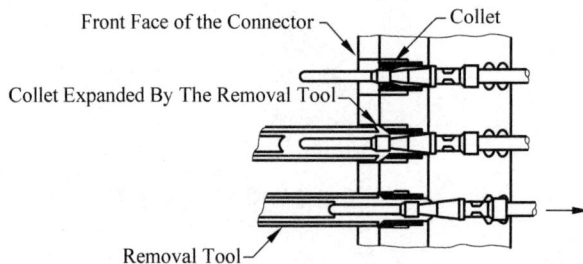

图 4-10-16　退钉示意图

注意：在退钉过程中，始终保持工具与插钉安装孔轴向对齐，不要倾斜或转动工具！将退钉工具插入时不要用力过大，以免损坏插钉固定锁！

步骤 7：确定插钉的压接工具件号，完成插钉的压接与检查。

在 SWPM 20-61-11 中找到压接工具件号，如图 4-10-17 所示。

RECOMMENDED CONTACT CRIMP TOOLS FOR ONE WIRE IN THE CRIMP BARREL

Wire Size (AWG)	Contact Size	Crimp Tool				Code
		Basic Unit		Locator		
		Part Number	Setting	Part Number	Color	
22	2020	M22520/1-01	3	M22520/1-02	Red	D
		M22520/2-01	6	M22520/2-02	-	C
	1616	M22520/1-01	5	M22520/1-02	Blue	J
	1212	M22520/1-01	7	M22520/1-02	Yellow	N

图 4-10-17　插钉压接工具件号

常用的插钉压接工具有 M22520/1-01、M22520/2-01、M22520/7-01、M10S 等，以 M22520/1-01 为例介绍此类压接工具的用法。如图 4-10-18 所示，M22520/1-01 手动插钉压接工具属于组合工具，由基本组件（BASIC UNIT）与定位器（LOCATOR）组成，通过更换定位器，可以完成不同类型插钉的压接。本例中使用的定位器为 M22520/1-02，检查压接工具的外

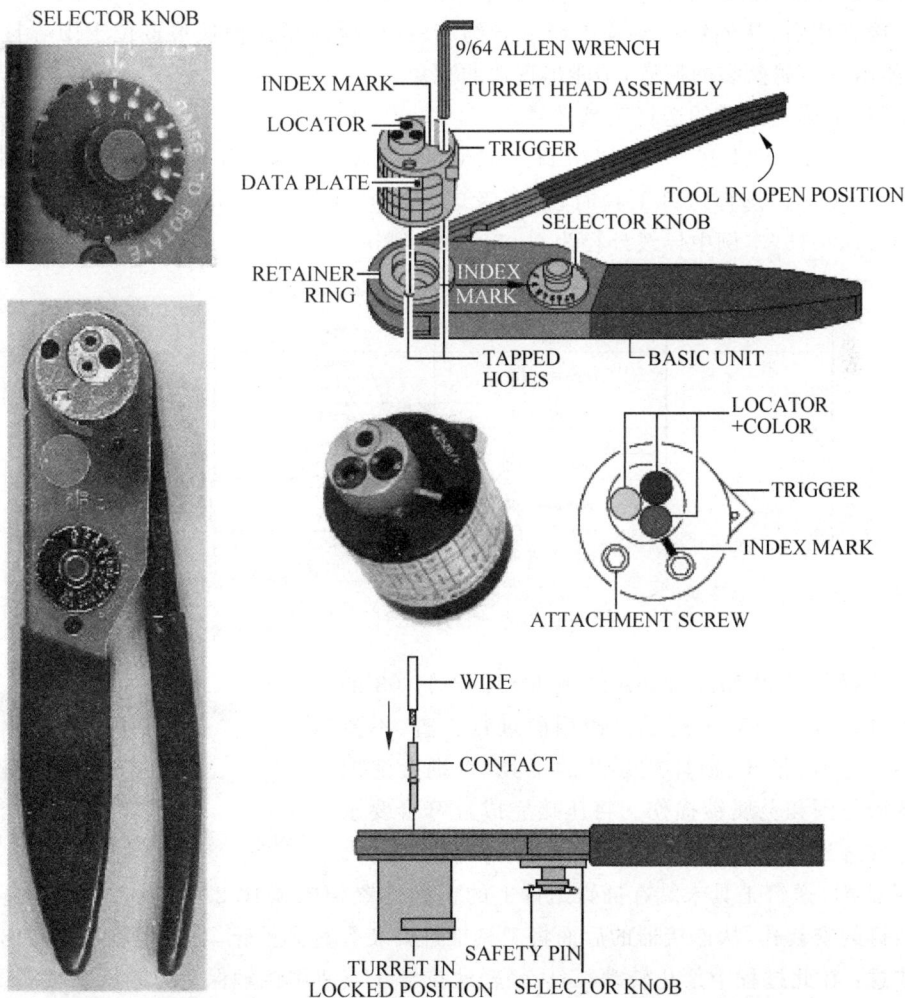

视频：
插钉压接-
连接器施工

图 4-10-18　M22520/1-01 压接工具介绍

观完好性,将基本组件与定位器通过 9/64 内六角扳手组装在一起,根据插钉型号 2020 和导线规格 AWG 22,将定位器上的钉号选择旋钮和基本组件上的线号选择旋钮调到正确的位置,将插钉放入压接孔中,将剥好的导线放入压线筒(见图 4-10-19),确保所有的芯线必须放入压线筒且从观察孔中可以看到芯线,按压工具手柄直到达到压接力矩后释放,取出插钉完成压接。此类工具具有防倒转棘轮功能,使用时需注意。插钉压接完成后,使工具平放且定位器朝上,将定位器上的两个固定螺丝拧松,将定位器从压接工具的固定环上取下来。

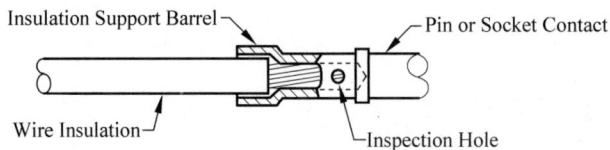

图 4-10-19　绝缘去除长度

注意:安装和拆卸定位器时,定位器与工具手柄都必须处于完全放松状态!

压接完成后,从插钉观察孔中应能看到芯线,压接筒压接模块痕迹位于中心且受力均匀,不能出现金属撕裂的痕迹,不能出现弯曲现象。

步骤 8:确定插钉的送钉工具件号。

在 SWPM 20-61-11 中找到送钉工具(CONTACT INSERTION TOOLS)件号,如图 4-10-20 所示。选择送钉工具时,需要考虑导线的外径(outside diameter, O. D.),详见 SWPM 20-00-16,本例中导线外径为 0.060~0.088in。

CONTACT INSERTION TOOLS

Contact Size	Wire O.D. (inch)	Basic Unit	Bit
2020	More than 0.06	294-88	-
		AT 1020	-
	Less than 0.06	ATB 1067	-
	-	DAK20	-
	Less than 0.06	DAK351	-
	More than 0.06	MS24256A20	-
		M81969/17-03	-
	Less than 0.06	RTM20-5	-
		RTPIT-085B	DAK602-2

图 4-10-20　插钉的送钉工具件号

可选择件号为 MS24256A20 或 M81969/17-03 的送钉工具,如图 4-10-21 所示。使用前进行检查,不要使用尖端弯曲、张开、损坏或裂开的工具,否则会造成连接器密封圈和金属锁损伤。将压接完成且符合要求的插钉放进送钉工具,对于 20 号插钉,当导线外径大

图 4-10-21　插钉的送钉工具举例

于 0.06in 时,送钉工具末端在插钉组件上的正确位置如图 4-10-22 所示。轴向对齐送钉工具和插钉的安装孔,从连接器的后面将工具推进安装孔直到停止,小心地将工具拉出。

注意:在此过程中禁止转动工具,轻轻地拉导线或使用接触保持力测试工具测试,确保插钉固定牢靠。

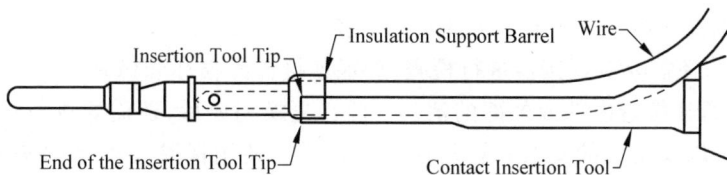

图 4-10-22　导线外径大于 0.06in 时送钉工具尖端在插钉绝缘筒中的位置

步骤 9：确定插钉接触保持力测试工具的件号。

在 SWPM 20-61-11 中找到插钉的接触保持力测试工具件号，如图 4-10-23 所示。

Contact Retention Test Tools

Contact Size	Contact Type	Contact Retention Test Tool Part Number (Probe Included)	Color Bands		Replacement Probe Part Number	Supplier
			First Color Band	Second Color Band		
2020	Pin	HT210-20	-	-	68-020-01	Daniels
		RTCRT-20	Red	Black	RTCRT-20-P1	Russtech
	Socket	HT210-20	-	-	67-020-01	Daniels
		RTCRT-20	Red	Black	RTCRT-20-P1	Russtech

图 4-10-23　插钉的接触保持力测试工具件号

如图 4-10-24 所示，HT210-( )接触保持力矩测试工具用于测量连接器内部插钉的保持力以保证插钉的可靠连接。它属于组合式测试工具，工具一端为孔状，用来测试针钉，另一端为针状，用来测试孔钉。接触保持力测试工具的测试力矩在出厂前已经设定好，不需要维护人员调整和测试，使用非常方便。

图 4-10-24　插钉的接触保持力矩测试工具

将测试头安装在接触保持力测试工具上，如图 4-10-25 和图 4-10-26 所示。将测试头插入插钉，沿着轴向方向小心向前推接触保持力测试工具，直到测试筒末端到达指示带为止。如果连接器的插钉保持原有位置，说明连接器插钉的保持力符合要求；如果连接器的插钉保持不住往回退缩，说明连接器的插钉没有到达指定位置，使用送钉工具将连接器的插钉送到指定位置；如果反复几次插钉仍保持不住往回退缩，说明连接器已损坏，必须更换。

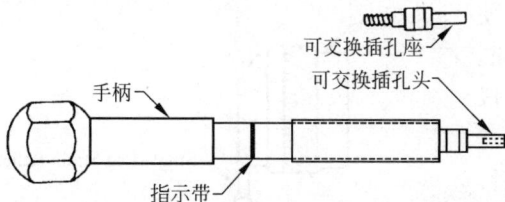

图 4-10-25　接触保持力测试工具安装

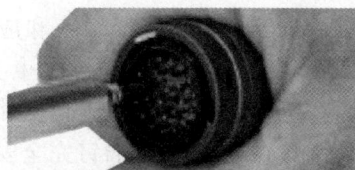

图 4-10-26　接触保持力测试工具操作程序

视频：26500 系列前退式连接器的施工

本维修实例仅介绍了连接器内部插钉的更换程序。如果需要,在退钉前需要拆卸连接器及尾夹;此外,还需要对连接器进行检查,确保连接器无损坏和修理情况;如果连接器有污染,则需要进行连接器内部或外部的清洁;插钉更换完成后,还需要进行线路的测量、插头与插座的连接以及尾夹的安装;有些连接器还需要使用保险丝固定插头和插座以防止松动。

4.10.4 连接器尾夹组件的拆装

1. 常见的尾夹组件介绍

连接器尾夹组件用来固定导线束,防止导线束晃动损伤导线束和连接器内部插钉的固定锁。常见的尾夹组件的形状如图 4-10-27 和图 4-10-28 所示。

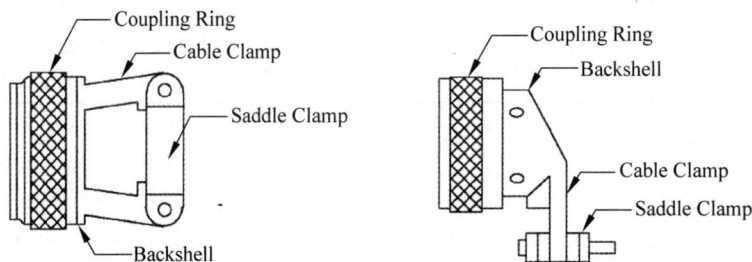

图 4-10-27 线夹应力消除型——直尾夹和 90°尾夹

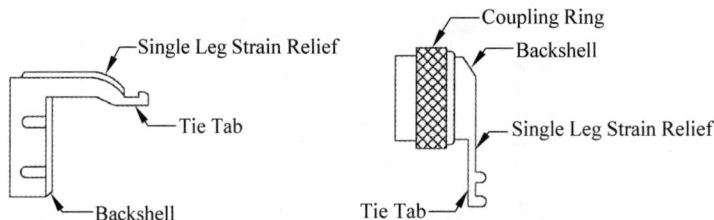

图 4-10-28 单腿应力消除型——直尾夹和 90°尾夹

2. 尾夹的拆卸与安装

以单腿应力消除型尾夹为例,拆卸时剪断固定导线束的热缩管或导线束捆扎结,注意不要损伤导线绝缘层;从手册中选择皮带扳手,脱开尾夹和连接器的螺纹。

安装时首先从手册中选择皮带扳手和热缩管,如果尾夹的应力消除腿上没有安装热缩管,在手册中选择具有可融化密封层的热缩管,截取热缩管长度 0.75in,放置在应力消除腿的末端并热缩到位,如图 4-10-29 所示。然后使用热缩管或胶带来固定导线束和应力消除腿。如果使用热缩管,则首先在导线束上放置一段热缩管,其长度大约等于应力消除腿的长度,然后将尾夹放在导线束上,插钉完全安装完毕后,如果需要则按程序涂抹螺纹防松剂,完全接合尾夹和连接器的螺纹,并使用皮带扳手拧紧尾夹,注意使用皮带扳手转动不超过 1/8 圈,尝试

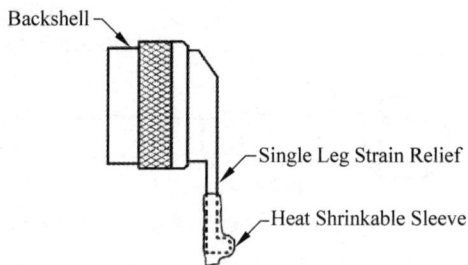

图 4-10-29 尾夹应力消除腿上热缩管的位置

手动松开尾夹,当尾夹和连接器不能相对移动时则安装完成,否则继续使用皮带扳手拧紧直到安装完成;将导线放到合适位置,在紧靠应力消除腿的地方,导线不能相互交叉,且不能产生张力,向前推动导线束和应力消除腿上的热缩管,直到热缩管后端与应力消除腿末端对齐,确保热缩管不超过应力消除腿的末端,最后将热缩管收缩到位。如果使用绝缘胶带,则按上述过程将尾夹安装完成后,在紧靠应力消除腿处的线束上缠绕两层或多层绝缘胶带,并使用捆扎线或塑料扎带将导线束和应力消除腿捆扎固定。

4.10.5 连接器的检查与清洁

1. 连接器的检查

检查连接器及其尾夹的内外表面,确保无腐蚀、无电镀表面损坏、无基底金属损坏、无螺纹或连接机构损坏等;脱开插头和插座,检查其耦合机构是否正常;检查连接器内部插钉,确保无可见的基底金属、蓝绿色沉积物、黑色污渍或红色污渍、基底金属中的凹坑等;检查连接器的内表面是否受潮等。判断连接器损坏和修理情况的依据详见 SWPM 20-10-06。

2. 连接器的清洁

1) 连接器清洁的分类与防护

连接器的清洁分为内部清洁与外部清洁。连接器又分为密封连接器和非密封连接器,所有连接器内部清洁方法都相同(详见 SWPM 20-60-01),但密封连接器与非密封连接器的外部清洁程序不同。

当连接器的接口处有太多污染但还没达到必须更换连接器的程度时,需要使用清洁剂彻底清洁。按顺序推荐的清洁所有电气连接器的溶剂依次为异丙醇、甲醇、变性乙醇、丙酮。在使用任何溶剂之前,应遵守当地环境法规和人员安全的必要条件,溶剂只能用于授权或批准的用途。为保护人员安全,确保溶剂不会接触皮肤,可以使用围裙、靴子、工作服、氯丁橡胶手套或橡胶手套等物品;为确保溶剂不会接触眼睛,可以佩戴化学护目镜或其他认可的眼部保护设备;为确保不会吸入溶剂蒸汽,应使用呼吸保护装置且通风良好。在存在易燃溶剂或蒸汽的区域,必须遵守相应的安全施工要求。

2) 连接器内部清洁程序举例

SWPM 给出了不同类型连接器使用多种清洁剂的清洁程序。这些清洁程序有很多相似之处,下面以使用异丙醇、乙醇或甲醇清洁通用连接器为例介绍连接器的内部清洁方法。

选择必要的材料和工具;断开插头和插座;用刷子或拭子涂抹酒精后刷连接器表面直到污染物溶解;用足量的酒精冲洗连接器表面以除去污染物;让连接器在空气中干燥 1h,可以使用压缩空气或氮气减少干燥时间;确保连接器完全干燥后再重新安装,任何残留的溶剂都可能导致连接器损坏或系统性能不合格,为便于安装,可在内部 O 形圈涂抹硅润滑剂,但不要在连接器插钉上涂抹硅润滑剂,硅胶污染会导致连接器的性能不合格;最后进行必要的功能测试。

3) 连接器外部清洁程序举例

密封连接器和非密封连接器的外部清洁方法虽不同,但也有很多相似之处,密封连接器的清洁方法请参考波音飞机的 SWPM 20-10-04。下面介绍清除非密封连接器上或附近的污染物程序。

确定必须清洁的电气系统；断开需要清洁区域的导线束和设备的所有跳开关和开关，确保导线束断电；将飞机静电接地；为所有设备以及对污染和溶剂敏感的部件安装必要的保护装置；选择清洁所需要的工具和材料，如异丙醇、拭子、雨刷或无绒布等，清洁剂是易燃的，不要过量使用；如果需要接近污染物，拆下导线束上靠近连接器后端的所有捆扎结，移除尾夹，将导线分开，但不要过度移动导线或电缆，防止损伤；清除污染物，确保不要使污染物进入空的插钉安装腔，小心地涂抹异丙醇，直到污染物松动，用新的雨刷或拭子去除污染物和剩余的异丙醇，也可使用 30PSI 的压缩气体去除剩余溶剂，检查部件上有无残留污染物，如有需要可重复操作多次直到污染物清除，让连接器干燥 1h；检查连接器组件和导线，确保部件清洁且完全干燥；如果拆解了连接器部件或导线束扎带，请重新组装。

4.10.6　插头/插座的安装和防松动措施

1. 插座安装的一般情况

不同安装位置以及不同类型的插座其安装要求有所差异。从手册中选择螺钉、螺母和垫片，一般将 2 个螺钉安装在插座的对角位置，螺钉头应朝向相应插头一侧，如果没有特殊规定，主键槽位于向上或向前的位置，如图 4-10-30 所示。对于防火墙插座，在 4 个安装孔上都必须安装螺钉，连接器法兰的表面还需涂抹一层密封剂。圆形法兰插座的安装如图 4-10-30 所示(电气连接插座除外)，如果未规定螺钉数量，则安装 4 个螺钉，如果只指定了 2 个螺钉，则将螺钉放入插座法兰对角的孔中，拧紧螺钉到规定的力矩值；防松螺母插座的安装如图 4-10-31 所示，安装完成后需采取防松动措施。

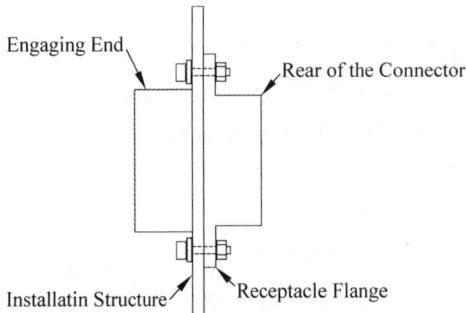

图 4-10-30　圆形法兰插座的安装

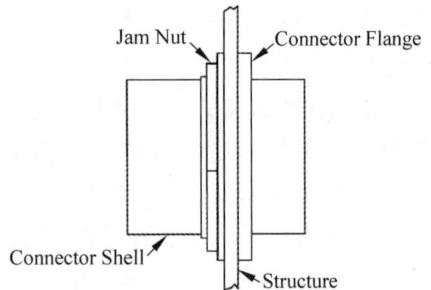

图 4-10-31　防松螺母插座的安装

2. 常见电气连接插座的安装

安装在脱开支架上并与具有规定扭矩值的插头相连接的插座需要电气连接，此类插座安装前应清洁结构的接合面、紧固件头和垫片覆盖的区域，清洁区域如图 4-10-32 所示。若使用自锁螺母，如图 4-10-33 所示，将插座法兰的安装孔与安装面对齐，在 4 个螺钉上均放置垫片和自锁螺母；若使用托板螺母，如图 4-10-32 所示，将托板螺母放在插座法兰上，对齐托板螺母、插座法兰和安装孔。使用自锁螺母或托板螺母安装插座，要从插座法兰对面安装每个螺钉，少量拧紧每个紧固件，直到插座法兰的接合面与安装面平齐，拧紧紧固件至规定扭矩，有关不同尺寸紧固件的扭矩值请参阅标准大修施工手册(standard overhaul practices manual，SOPM），具体章节为 SOPM 20-50-01。最后进行电气连接测试，连接器外壳和飞机结构之间允许的最大电阻请参考 SWPM 20-20-00，测试方法如图 4-10-34 所示。

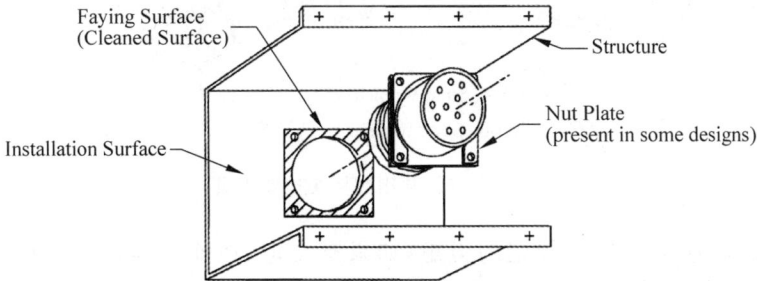

图 4-10-32　圆形连接器插座安装面的准备

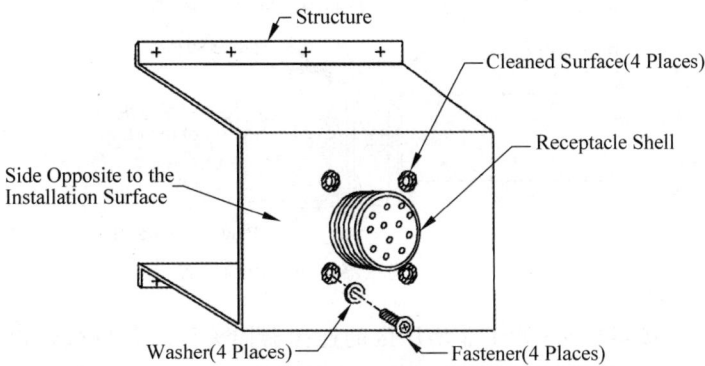

图 4-10-33　圆形连接器插座安装面对侧表面的准备

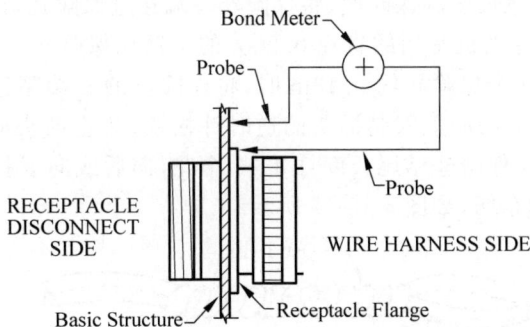

图 4-10-34　插座和结构搭接电阻的测量点

3. 插头与插座的连接与防松动措施

圆形连接器的连接方式有螺纹连接或卡口连接等。确保连接器无污染且插钉无损坏，如果连接的是静电放电敏感（electrostatic discharge sensitive，ESDS）组件上的外部插座，需做好静电防护措施；对齐插头上的定位和插座上的相应键槽，确保插头沿任一方向转动不超过半圈，将插头和插座的接合端对准。对于螺纹式连接，接合插头连接环和插座的螺纹，拧紧连接环，如果无法用手拧紧，在手册中选择插头钳或皮带扳手拧紧插头，常用的皮带扳手和安全插头钳如图 4-10-35 所示。

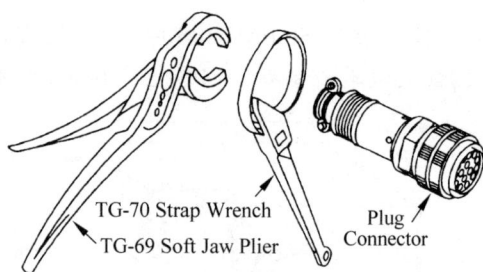

图 4-10-35　常用的插头拧紧工具

如果需要,将连接环拧至规定的力矩,如果有规定,在连接器尾夹上贴上扭矩条,如图 4-10-36 所示。对于卡口式连接环,将插头推入插座至其停止,顺时针转动连接环至其拧紧,当插头到达指定位置时可以听到"咔哒"声响,检查连接器,确保可以在连接环的孔中看到卡口销。可按手册中的规定检查螺纹式和卡口式插头/插座连接满意度,详见 SWPM 20-60-06。

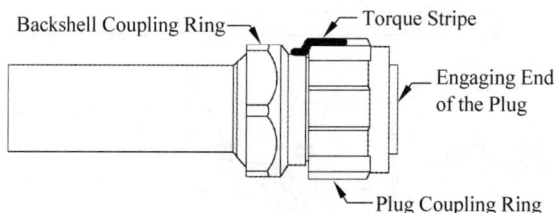

图 4-10-36　连接器上扭矩条的位置

对于非自锁连接器插头、处于非增压区的连接器插头等需要进行防护,可以使用保险丝或安全电缆,防止出现插头连接松脱。将插头拧紧固定好,使用保险丝进行防护时,根据插头保险孔的直径选择合适的保险丝;保险丝在制作过程中只允许使用一次,禁止重复使用;按手册规定截取合适长度的保险丝,将保险丝一端穿过保险孔,拉动保险丝使保险丝两端对齐,开始编花。波音飞机常用的直径 0.20in 的不锈钢保险丝,每英寸应编制 9~12 个花,在编花末端距离下一个保险孔约 0.13in 时,将保险丝的一端穿过下一个保险丝孔后继续编花;保险丝的编制方向应能限制插头的逆时针松锁,防止插头的脱开;用同样的方法对每个保险孔编花,确保保险丝结尾长度打 3~6 个花,向后或向下打弯以保护保险丝的端部并使其不能勾住别的东西,如图 4-10-37 所示。

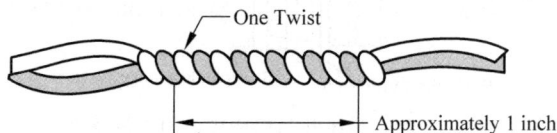

图 4-10-37　保险丝的扭绞示意图

4.11　同轴连接器的施工

4.11.1　概述

在航空器的通信和导航系统中,例如高频(high frequency,HF)通信系统、甚高频(very high frequency,VHF)通信系统、测距仪(distance measure equipment,DME)系统、空中交

通管制（air traffic control，ATC）系统、自动测向仪（automatic direction finder，ADF）系统与空中警告和防撞系统（traffic alert and collision avoidance system，TCAS）等，使用各种不同型号的同轴连接器和馈线将系统天线信号与系统计算机和控制板进行连接而组成完整的系统，而同轴连接器的施工质量直接影响通信和导航系统的正常工作和长期稳定性。

同轴连接器即高频插头/插座按照中心钉的连接方式分为压接型和焊接型，压接型分为 BNC、C、HN、KM、N 和 SC 等类型，焊接型分为 BNC、C、HN、N、TNC、SC 和 UHF 等类型。常见的同轴电缆的结构如图 4-11-1 所示。

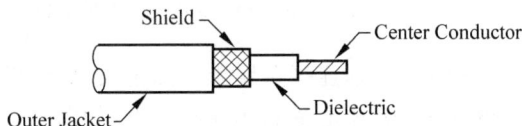

图 4-11-1　常见的同轴电缆的结构

4.11.2　典型同轴连接器维修程序举例

假设维护工作中检查发现：一架波音 737-800 飞机（B-XXXX），如图 4-11-2 所示，与空中警告和防撞系统的顶部方向性天线（红色）相连接的同轴连接器出现损坏，剩余电缆长度符合维修要求，请制定合理的维修方案完成施工。

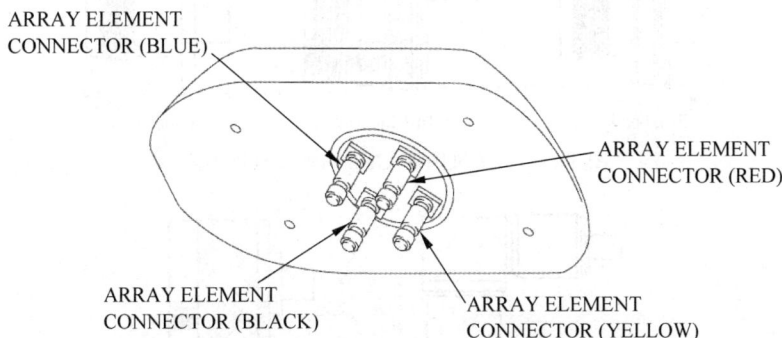

图 4-11-2　TCAS 方向性天线连接的同轴连接器

问题分析：因剩余电缆长度符合维修要求，故只需确定同轴连接器的件号、施工工具的件号，领取工具和耗材，按程序完成同轴连接器的重新制作、防护与安装即可。

步骤 1：查找同轴连接器的件号。

根据故障描述可在 IPC 或 WDM 中得到同轴连接器设备号，再在设备清单中查找同轴连接器的件号。以 WDM 为例，在空中警告和防撞系统所在章节查找相关线路图，如图 4-11-3 所示，与同轴电缆相连接的同轴连接器电气设备号为 D2751，同轴电缆为 BMS 13-65-0H，在设备清单中找到件号为 125-91-9。

步骤 2：查找同轴连接器的施工章节目录，根据件号 125-91-9 在 SWPM 的交叉参考索引中找到同轴连接器的施工章节为 20-51-15。

步骤 3：在 SWPM 20-51-15 中找到同轴连接器件号（connector part numbers and

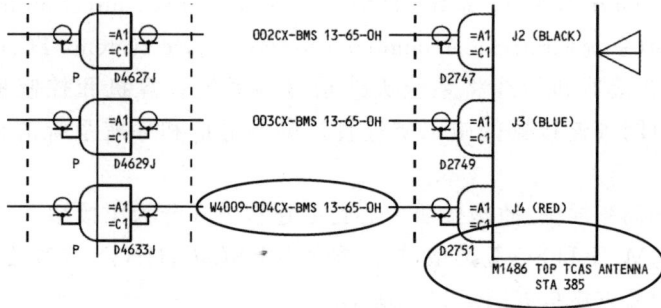

图 4-11-3   WDM 线路图中的电气设备号信息

description)的详细信息,121-91-9 同轴连接器属于美国金氏电子(温彻斯特电子)公司生产的 TNC 系列防风雨 K-Grip 直插头,中心插钉为压接类型,如图 4-11-4～图 4-11-6 所示。

Table 1 COAX CONNECTOR PART NUMBERS

Part Number	Series	Configuration	Contact Type	Supplier
125-89-9	TNC	Straight Plug	Crimp	Kings Electronics
125-91-9	TNC	Straight Plug	Crimp	Kings Electronics
125-92-9	TNC	Straight Plug	Crimp	Kings Electronics

图 4-11-4   同轴连接器的件号

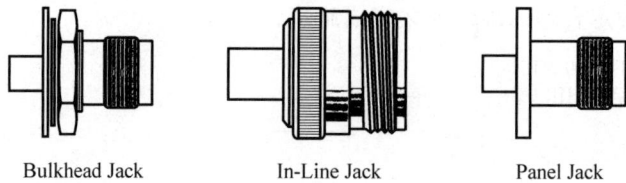

Bulkhead Jack   In-Line Jack   Panel Jack

图 4-11-5   防风雨 K-Grip 同轴连接器插座

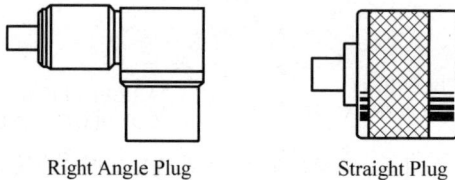

Right Angle Plug   Straight Plug

图 4-11-6   防风雨 K-Grip 同轴连接器插头

步骤 4:查找同轴连接器施工程序(connector assembly)。

在 SWPM 20-51-15 目录中找到同轴连接器施工的详细信息,如图 4-11-7 所示,包括同轴电缆剥线的尺寸、电缆绝缘去除的程序、同轴连接器中心插钉的压接和焊接程序、同轴连接器壳体和同轴电缆的组装程序、防护热缩管防护构型的选择。

3.	**CONNECTOR ASSEMBLY**	**56**
A.	Cable Preparation Dimensions	56
B.	Heat Shrinkable Sleeve Configurations	70
C.	Cable Preparation	72
D.	Center Contact Assembly - Crimp Type Contacts	73
E.	Center Contact Assembly - Solder Type Contacts	74
F.	Connector Shell Installation	75
G.	Insulation Installation	79

图 4-11-7   同轴连接器施工程序目录

步骤 5：首先在同轴电缆上安装热缩管和 K-Grip 金属环。在 SWPM 20-51-15 中找到热缩管（necessary materials）的件号（如图 4-11-8 所示）、热缩管的构型信息（heat shrinkable sleeve configurations）（如图 4-11-9 所示）；将 4 层热缩管套在同轴电缆上，切割电缆末端，使其垂直于电缆纵轴，将 K-Grip 金属环套在同轴电缆上，如果金属环只有一个台阶，确保台阶的末端指向电缆末端，如图 4-11-10 所示。

NECESSARY MATERIALS

Material	Part Number or Specification	Supplier
Sleeve, Heat Shrinkable	DWP-125	Raychem
Solvent	Isopropyl Alcohol	An available source

图 4-11-8　必要的材料

HEAT SHRINKABLE SLEEVES FOR SPECIFIED COAX CONNECTORS AND COAX CABLES

Connector	Coax Cable	Heat Shrinkable Sleeve			
		Layer	Diameter (inch)	Length (inch)	
				Target	Tolerance
	BMS13-65 Type 0H	First	1/4	3.10	±0.06
		Second	3/8	3.70	±0.06
		Third	1/2	3.80	±0.06
125-91-9		Fourth	3/4	4.30	±0.06

图 4-11-9　同轴电缆和同轴连接器的热缩管信息

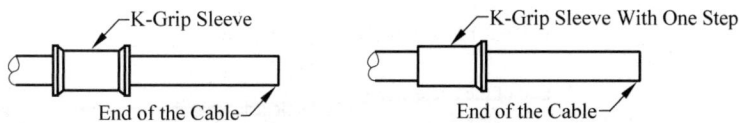

图 4-11-10　K-Grip 金属环的位置

步骤 6：确认同轴电缆剥线长度及电缆的准备。

一般在 SWPM 20-51-15 中查找同轴电缆专用修剪夹具（trim jigs），如图 4-11-11 所示。但 125-91-9 在表格中没有列举，不允许使用电缆修剪夹具，可以使用手术刀、美工刀或同等工具代替专用修剪夹具，剥线效果要满足剥线标准；在手册中找到同轴电缆的剥线长度信息，如图 4-11-12 和图 4-11-13 所示；按图 4-11-14 和图 4-11-15 准备好同轴电缆，不要损伤屏蔽层和介电质，注意电缆外护套末端到介电质末端的距离等于尺寸 D 减去介电质垫片的宽度。

Table 5 COAX CABLE TRIM JIGS (Continued)

Connector	Trim Jig	
	Cable Jacket	Dielectric
121-24-9	KTJ-149	KTD-166
125-60-9	KTJ-149	KTD-166
125-61-9	KTJ-100	KTD-145
125-69-9	KTJ-153	KTD-161
126-14-5	KTJ-150	KTD-138

图 4-11-11　同轴电缆修剪夹具举例

步骤 7：同轴连接器中心钉压接工具的选择。

在 SWPM 20-51-15 中找到同轴连接器中心钉的压接工具代码为 100H，如图 4-11-16 所示；根据工具代码选择对应的中心钉压接工具，如图 4-11-17 所示。

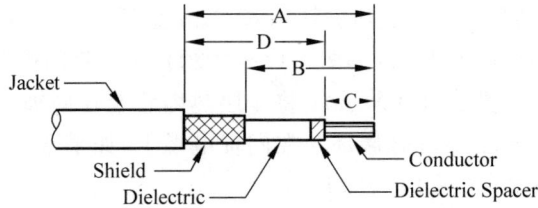

CONFIGURATION THAT HAS A DIELECTRIC SPACER

图 4-11-12　电缆各部分的尺寸标识

Connector Part Number	Length Dimension (in) (Refer to Figure 3)			
	A ±0.02	B ±0.02	C ±0.02	D ±0.02
125-89-9	0.59	0.28	0.16	0.43
125-91-9	0.69	0.38	0.19	0.50
125-92-9	0.69	0.38	0.19	0.50

图 4-11-13　电缆各部分的尺寸

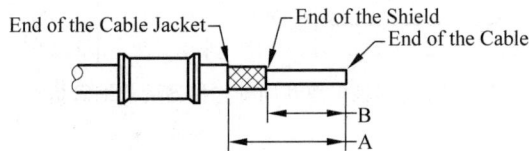

图 4-11-14　电缆外护套的去除

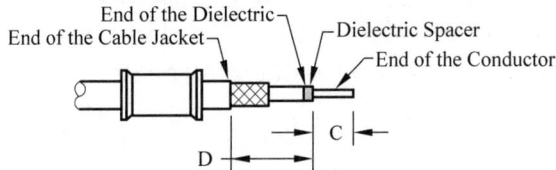

图 4-11-15　介电质的去除

Table 7 COAX CONNECTOR CRIMP TOOL CODES (Continued)

Connector	Tool Code	
	Center Contact	K-Grip Sleeve
125-88-9	069H	213HLS
125-89-9	043H	178HLS
125-91-9	100H	334HLS

图 4-11-16　同轴连接器压接工具代码

常用的同轴连接器压接工具的基本组件有气动、手动和电动等类型,如图 4-11-18 和图 4-11-19 所示,可根据实际工作情况进行选择。

步骤 8:同轴连接器中心钉的压接(center contact assembly)。

在 SWPM 20-51-15 中找到中心钉的压接程序。将剥好的芯线全部放入中心钉的压线筒,确保从观察孔里可看到芯线,介电质末端到压线筒末端距离不能大于 0.03in,如图 4-11-20 所示;压接后确保压痕在观察孔和压线筒末端的中心位置,压线筒没有损伤和裂痕,如发现损伤和裂痕则必须更换中心钉。

Table 8 COAX CONNECTOR CENTER CONTACT CRIMP TOOLS (Continued)

Tool Code	Crimp Tool				
	Basic Unit	Master Jaws	Die		
			Opening (inch)	Part Number	Die Opening Designator
100H	HX23	-	0.100	227-1221-25	-
				227-1221-57	-
				227-1351-3	B
				227-1351-4	B
				227-956-4	-
				M22520/5-57	-
100H	HX4	-	0.100	227-1221-25	-
				227-1221-57	-
				227-1351-3	B
				227-1351-4	B
				227-956-4	-
				M22520/5-57	-
100H	M22520/5-01	-	0.100	227-1221-25	-
				227-1221-57	-
				227-1351-3	B
				227-1351-4	B
				227-956-4	-
				M22520/5-57	-

图 4-11-17　同轴连接器中心钉压接工具举例

COAX CONNECTOR CRIMP TOOL TYPES

Crimp Tool Basic Unit	Type
CT-32	Pneumatic
HX23	Pneumatic
HX4	Hand
KTH-1000	Hand
KTM-1000	Electric
KTM-3000	Pneumatic
KTM-4000	Pneumatic
M22520/5-01	Hand

图 4-11-18　同轴连接器压接工具类型

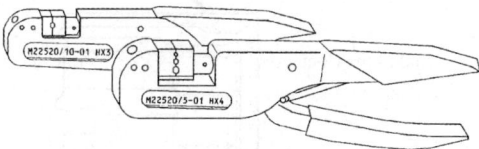

图 4-11-19　典型的同轴连接器压接工具

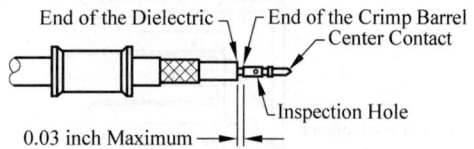

图 4-11-20　中心钉的位置

　　步骤 9：同轴电缆中心钉和同轴连接器的组装（connector shell installation）。

　　在 SWPM 20-51-15 中找到同轴电缆和连接器壳体的组装程序。在图 4-11-16 所示表格中找到 K-Grip 金属环的工具代码为 334HLS，根据工具代码从图 4-11-21 所示表格中选择 K-Grip 金属环的压接工具，使屏蔽层张开呈喇叭状，如图 4-11-22 所示，将中心钉送入同轴连接器，使同轴连接器的壳体置于电缆的末端，如果电缆有一层屏蔽层，则使同轴连接器的内环在介电质和屏蔽层之间；如果电缆有内外两层屏蔽层，则使同轴连接器的内环在内层屏蔽层和外层屏蔽层之间且外层屏蔽不能进入同轴连接器的内环。如果内环不能在内层屏蔽层上移动,则剪掉部分内层屏蔽层,直到内环可以在内层屏蔽层上移动,向后推动同轴连接器的壳体直到中心钉完全安装在壳体中。电缆上连接器外壳的位置如图 4-11-22 所示,插座中孔钉的位置如图 4-11-23 所示,插头中针钉的位置如图 4-11-24 所示,孔钉的前末端可以伸出或不伸出连接器内部的绝缘体末端,但孔钉的前末端与绝缘体端部的距离最大为 0.02in,针钉的前末端与绝缘体端部的距离最大为 0.04in。握住同轴连接器外壳,轻轻地拉中心钉上的导线,确保插钉在连接器中锁住,将 K-Grip 金属环向前推,直到金属环前端紧靠连接器壳体的肩部,使用压接工具压接金属环,确保金属环的前末端距离同轴连接器外壳最大为 0.03in,检查金属环压接情况,确保压接完成后的金属环压痕侧边没有裂痕,如图 4-11-25 所示。

COAX CONNECTOR K-GRIP SLEEVE CRIMP TOOLS

Tool Code	Crimp Tool				
	Basic Unit	Master Jaws	Die		
			Opening (inch)	Part Number	Die Opening Designator
334HLS	CT-32	-	0.334	KTH-2127	B
				KTH-2212	A
	KTH-1000	-		KTH-2127	B
				KTH-2212	A
	KTM-1000	KTM-1099		KTH-2127	B
				KTH-2212	A

图 4-11-21　同轴连接器 K-Grip 金属环压接工具

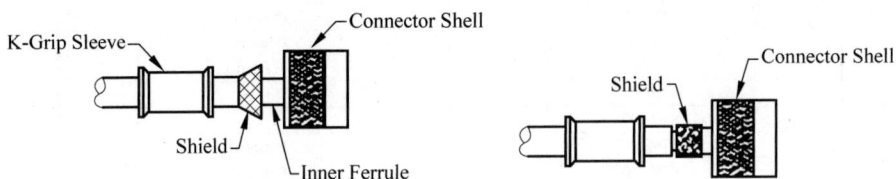

图 4-11-22　连接器外壳在电缆上的位置

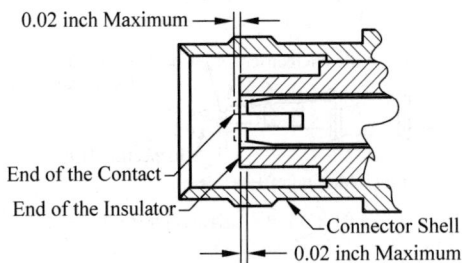

图 4-11-23　孔钉在同轴插座里的位置

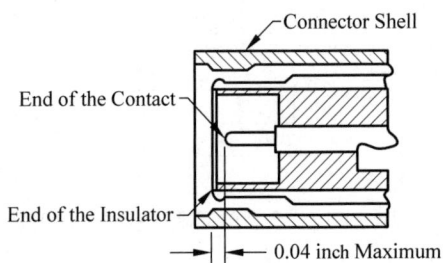

图 4-11-24　针钉在同轴插头里的位置

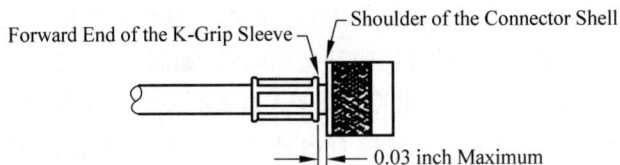

图 4-11-25　K-Grip 金属环的位置

步骤 10：绝缘防护程序的查找（insulation installation）。

在 SWPM 20-51-15 中找到热缩管的安装防护程序目录为 6.C，如图 4-11-26 所示。

SELECTION OF A HEAT SHRINKABLE SLEEVE INSTALLATION PROCEDURE

Connector	Coax Cable	Installation Procedure
125-88-9	BMS13-65 Type 0F	Paragraph 6.B.
	S280W503-2	Paragraph 6.B.
125-91-9	BMS13-65 Type 0H	Paragraph 6.C.
	S280W503-4	Paragraph 6.C.

图 4-11-26 热缩管安装程序的选择

步骤 11：防护热缩管的安装（heat shrinkable sleeves）。

在 SWPM 20-51-15 目录中找到热缩管的安装防护程序，按程序进行施工。使用异丙醇清洁金属环、同轴连接器外壳和从金属环向后 6in 的电缆区域；安装第一层热缩管并热缩到位，如图 4-11-27 所示，然后依次完成剩余三层热缩管的安装，如图 4-11-28 和图 4-11-29 所示。

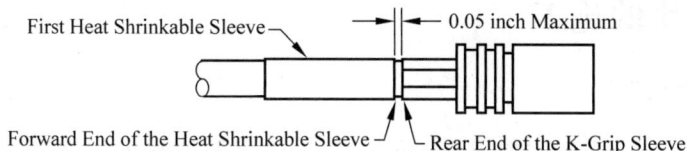

图 4-11-27 第一层热缩管的位置

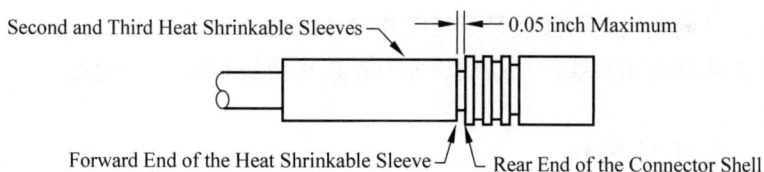

图 4-11-28 第二、三层热缩管的位置

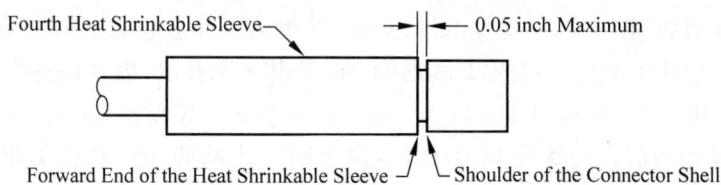

图 4-11-29 第四层热缩管的位置

步骤 12：同轴连接器插头与插座的安装（connection of N，TNC，and SC series plugs and jacks）

在 SWPM 20-51-15 中找到同轴连接器插头与插座的安装程序。首先在图 4-11-30 和图 4-11-31 所示的表格中选择扭力扳手和扭力值，完全接合插头和插座的螺纹，最后用扭力扳手将插头拧至规定的扭力值。

CONNECTOR INSTALLATION TOOLS

Tool	Part Number	Supplier
Torque Wrench	-	Any source
Wrench	76-101	Balmar
	ST2580-570	Boeing
	TG-70	Glenair

图 4-11-30　连接器安装工具

PLUG CONNECTOR TORQUE VALUES

Connector	Torque Value (inch-pounds)	
	Minimum	Maximum
123-()-()	8	12
125-()-()	8	12
126-()-()	8	12

图 4-11-31　插头的扭力值

4.12　接线块的施工

4.12.1　概述

在民用航空器线路系统中使用了大量的接线块,又叫终端块(俗称邦迪块),这些接线块主要用于增压区域配电板、设备架、设备舱或非增压区域密闭式配电盒内,其作用是将需要连接的两根或多根导线连接在一起;接线块只能适用于功率电流比较小的电路连接或各类传感器传输信号的连接。接线块最大极限连接导线是 AWG 12 号线,更粗的导线和非增压区域的导线连接则使用接线柱。接线块分为连接接线块和接地接线块。

4.12.2　连接接线块

1. 常用的连接接线块介绍

常用的连接接线块 BACM15C()系列分标准密度型和高密度型。标准密度型有 F 型、G 型和 H 型,分别如图 4-12-1～图 4-12-3 所示。F 型共 4 个孔位,位于同一区域的两个孔位是相通的;G 型共 4 个孔位,全部是相通的;H 型共 8 个孔位,也全部是相通的。高密度型有 X 型、Y 型和 Z 型,分别如图 4-12-4～图 4-12-6 所示。X 型共 16 个孔位,位于同一区域的两个孔位是相通的;Y 型共 16 个孔位,位于同一区域的 4 个孔位是相通的;Z 型共 16 个孔位,位于同一区域的 8 个孔位是相通的。

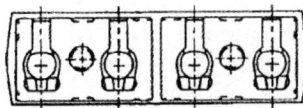

Four Sockets, Two Sockets In Each Section Are Bussed Together

图 4-12-1　标准密度 F 型连接接线块

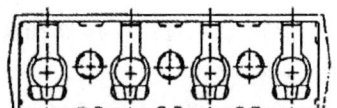

Four Sockets All Bussed Together

图 4-12-2　标准密度 G 型连接接线块

图 4-12-3 标准密度 H 型连接接线块

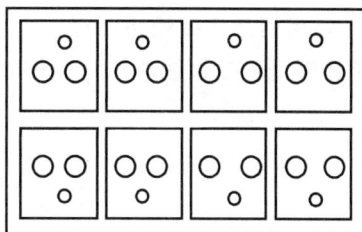

图 4-12-4 高密度 X 型连接接线块

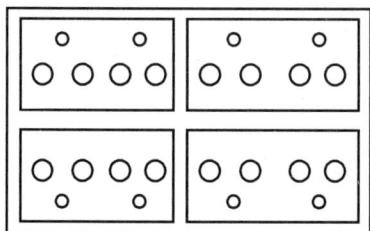

图 4-12-5 高密度 Y 型连接接线块

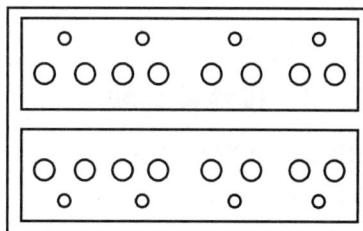

图 4-12-6 高密度 Z 型连接接线块

2. 常用的连接接线块终端孔位识别

如图 4-12-7 所示,接线块安装在轨道上并可沿轨道自由滑动,不同的轨道以设备号区分,如 TB238、TB239 等。轨道上方的轨道号码代表接线块的列号,接线块需要使用端头挡块(end clamp)固定(见图 4-12-8),端头挡块上的 A、B、C、D 四个字母代表行号,由于接线块至少两个孔位是相通的,对于高密度型接线块,每一个字母可代表两行,接线块上位于同一个区域所有孔位的终端号相同,用行号和列号标识,如图 4-12-9 所示。在图 4-12-7 中,对于高密度 X 型接线块,以第 9 列为例,从上到下孔位的终端号分别为 A09、B09、C09、D09(或 XA09、XB09、XC09、XD09);对于高密度 Y 型接线块,以第 11 列为例,上下区域孔位的终端号分别为 A11、C11(或 YA11、YC11),字母 B 和 D 不再使用;对于高密度 Z 型接线块,以第 13 列为例,8 个孔位都是相通的,字母不再使用,只用列号表示,所有 8 个孔位的终端号相同,为 11(或 Z11)。

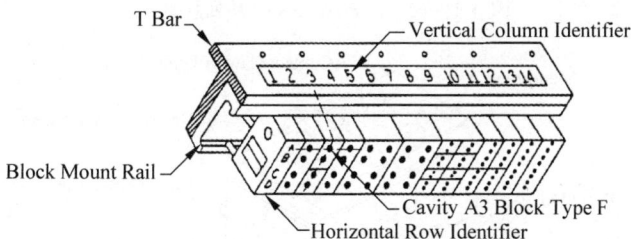

图 4-12-7 连接接线块的位置

图 4-12-8 端头挡块

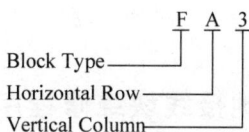

图 4-12-9 连接接线块的位置代码

视频:
插钉压接
工具介绍

视频:
连接邦迪
块的施工

3. 常用的连接接线块插钉

高密度型连接接线块插钉的件号仅有一种,它有绿、黄、棕3个色带,如图 4-12-10 所示。

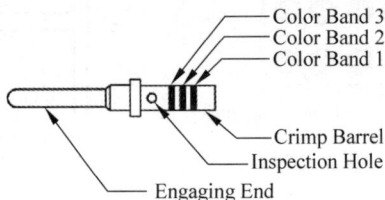

图 4-12-10　插钉的色带位置

4.12.3　接地接线块

常用的接地接线块有 YHLZG（ ）-（ ）系列、S280W555-（ ）系列、BACC50AN（ ）系列,如图 4-12-11～图 4-12-13 所示。

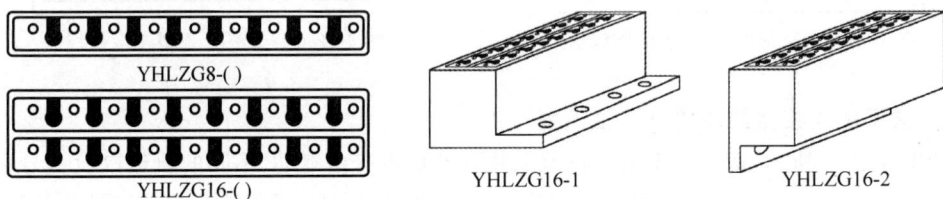

图 4-12-11　YHLZG16-1 和 YHLZG16-2 接地块的安装构型

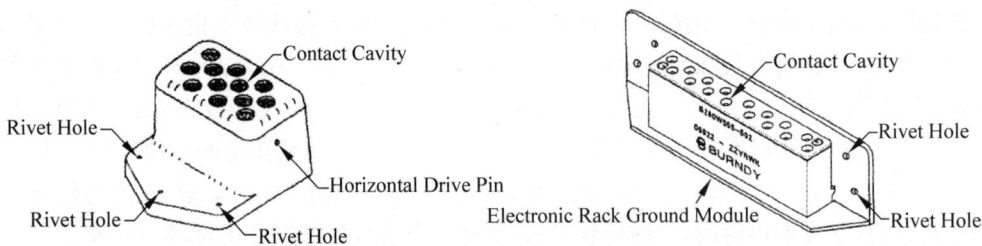

图 4-12-12　S280W555-（ ）系列接地块

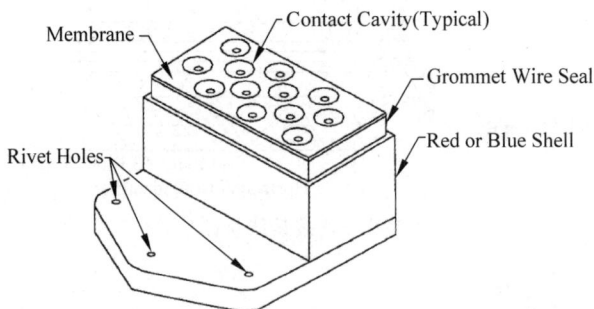

图 4-12-13　BACC50AN（ ）系列接地块

4.12.4　接地接线块维修程序举例

假设维护工作中检查发现：一架波音 767 飞机电子设备舱 E8 设备架上一根标识为 W2006-021-22 的导线一端与设备断开,请制定合理的维修方案并完成线路施工。

问题分析：因导线终端连接点已断开，需借助维修手册确定导线终端的原连接点，再根据导线终端的类型选择合适的耗材和工具，完成施工。

步骤1：确定导线终端的原连接点。

查找 WDM 的导线清单，可得知导线一端连接在 D00883A 的 K15 孔位，另一端连接到接地设备 GD171 上，它为直流接地，导线所在线路图章节为 31-41-11，如图 4-12-14 所示。

Bundle No. Wire No.	Part Number GA CO TY	Fam	Description FT-IN	Diagram	From Equip	Term	Type	Splice	To Equip	Term	Type	Splice	Effectivity
W2006	286T2006		E8 SHELF-POWER, GROUNDS R (continued)										
020	20 PA		6-0	31-41-13	GDX0001		D.. 2		S00612		3 C		976-986
021	22 PA		4-0	31-41-11	D00883A	K15			GD00171		D.. 2		234-299, 364-399, 975-986
021	22 PA		2-3	31-41-11	D00883A	K15			GD00171		D.. 2		601-699, 987-999
022	22 PA		3-0	31-41-11	D00883B	K15			GD00169		D.. 2		234-299

图 4-12-14　导线清单中的信息

在 WDM 31-41-11 中找到线路图（见图 4-12-15），可见连接器 D00883 安装在 E8 设备架的右发动机显示和机组警告系统（engine display and crew warning system，EICAS）计算机的连接器 M10182 上。假设：经过检查后，发现导线在 EICAS 计算机连接器一侧完好无损，则导线断开端原连接点应为接地设备 GD171，需要将导线与接地设备重新连接。

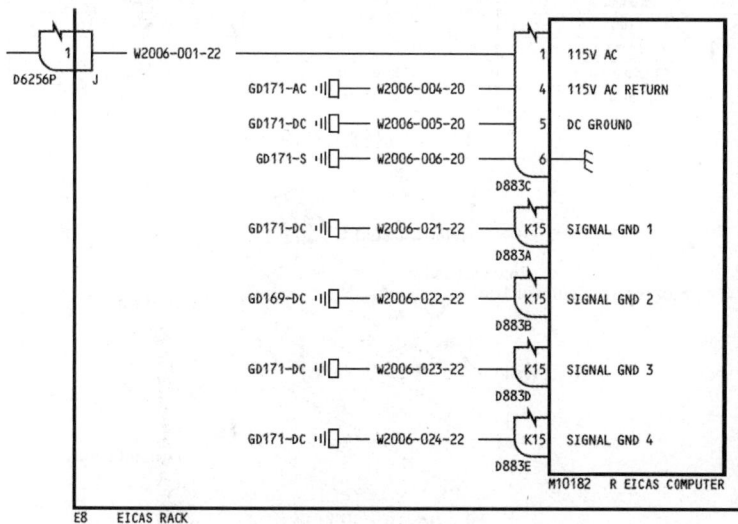

图 4-12-15　导线两端所连接的设备位置

步骤2：在 WDM 的接地清单中找到电气设备号 GD171 的件号为 YHLZG16，如图 4-12-16 所示，根据件号在 SWPM 的交叉参考索引中找到施工所在章节为 20-20-11。

Ground No. Term	Type	Part Number Bundle	Wire No.	GA	CO	Station / WL / BL Diagram	Effectivity
GD00171		YHLZG16 (continued)				SHELF/E08/02	ALL
D..	2	W2006	021	22		31-41-11	ALL
D..	2	W2006	023	22		31-41-11	ALL
D..	2	W2006	024	22		31-41-11	ALL

图 4-12-16　接地设备的件号

步骤3：在 SWPM 20-20-11 中找到接地设备件号的详细信息，如图 4-12-17 所示，由此可确定它属于接地接线块（ground block）。接地接线块的维修施工内容包括退钉、插钉压接、送钉、接地电阻的检测等。

GROUND BLOCK PART NUMBERS

Part Number	Contact Configuration	Mount	Supplier
YHLZG8-1	8 Socket Common Bus	Right Angle	Souriau/Burndy
YHLZG8-2	8 Socket Common Bus	Straight	Souriau/Burndy
YHLZG16-1	16 Socket Common Bus	Right Angle	Souriau/Burndy
YHLZG16-2	16 Socket Common Bus	Straight	Souriau/Burndy

图 4-12-17　接地块的件号

YHLZG()-()系列接地接线块有两种型号。例如，YHLZG8-2 有 8 个孔，YHLZG16-1 有 16 个孔。接地接线块中所有的孔都是相通的，安装时可任意选择（见图 4-12-11）。接地接线块通过铆钉铆接在机体结构上，安装完成后需要测量接地电阻。

步骤 4：确定接地接线块插钉退钉工具的件号，将原有插钉退出。

在 SWPM 20-20-11 中找到接线块退钉工具的件号，如图 4-12-18 所示。选择一个退钉工具，将工具的尖端插入插钉安装孔旁边的槽中，并继续推入直至工具停止，此时固定插钉的锁紧弹簧将被释放，小心地拉出带有导线的插钉，取出退钉工具，如图 4-12-19 所示。

CONTACT REMOVAL TOOLS

Removal Tool		Supplier
Handle	Tip	
ATB3062-2	-	Astro
DHK21	-	Daniels
J-1276-1	-	Burndy
ST2220-3-34A-1	ST2220-3-34A-3	Boeing
ST2220-3-34A-2	ST2220-3-34A-8	Boeing

图 4-12-18　退钉工具的件号

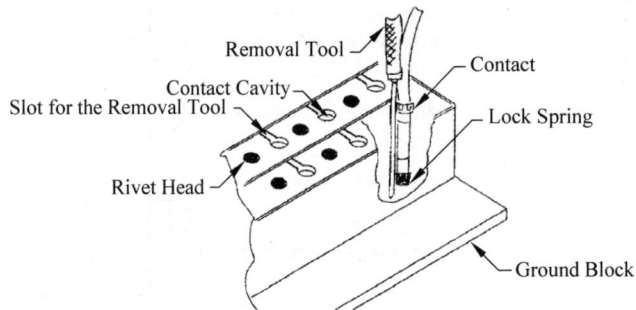

图 4-12-19　退钉操作

注意：在退钉过程中，禁止在插钉触点锁紧弹簧释放之前尝试拆除插钉，否则会使插钉、模块或导线损坏！

步骤 5：确定接地接线块插钉的件号。

在 SWPM 20-20-11 中找到接地接线块插钉的件号，如图 4-12-20 所示。SWPM 中规定：对于 BMS 13-51 Type XXVI AWG 22、BMS 13-48 Type IX AWG 20、Haveg 51-04570、Haveg 51-04569 导线，选用件号为 BACC47DE4 或 BACC47DE4A 的插钉；对于 BMS 13-48 Type VIII AWG 20 的导线，选用件号为 BACC47DE7 或 BACC47DE7A 的插钉；对于所有其他导线，根据导线规格，测量导线绝缘层外径，从图 4-12-20 所示表格中选择对应的插钉。本实例中接地线标识为 W2006-021-22，导线规格为 22，在 WDM 导线清单中找到导线类型代码为 PA，在 SWPM 20-00-13 中根据导线类型代码 PA 得到导线类型为 BMS 13-48 Type 10，如上所述需要测量导线绝缘的外径，再选择合适的插钉。

CONTACT SELECTION

Wire Size (AWG)	Insulation Diameter (in)		Contact		
	Minimum	Maximum	Boeing Standard	Finish	Color Band
22	0.047	0.065	BACC47DE7A	Gold	Red
			BACC47DE7	Gold	Red
	0.041	0.065	BACC47DE4A	Gold	Green
			BACC47DE4	Gold	Green
	0.070	0.080	BACC47DE3A	Gold	None
			BACC47DE3	Gold	None

图 4-12-20　插钉的选择

步骤 6：确定接地接线块插钉压接工具的件号，完成压接操作。

在 SWPM 20-20-11 中找到接线块插钉压接工具的件号，如图 4-12-21 和图 4-12-22 所示，可选择手动或动力压接工具。

MANUAL CRIMP TOOLS

Basic Unit		Die	Locator	Supplier
Part Number	Setting			
LH8	5	-	LH281	Daniels
M10S-1	-	S-1	SL-53	Burndy
11210	-	-	612245	Astro

图 4-12-21　手动压接工具

POWER CRIMP TOOLS

Basic Unit	Die	Positioner	Supplier
YD2-1	YDD-1	-	Burndy
AM2-4	AMK-11	-	Burndy
AM4D-1	AMK-11	-	Burndy
WA22HPB	-	D30	Daniels
WA27XF	-	TP-904	Daniels
WA27FAP	-	AP27SA	Daniels

图 4-12-22　动力压接工具

从导线末端去除合适长度的绝缘层，如图 4-12-23 所示；测量导线绝缘层的直径，如果导线绝缘层的直径小于图 4-12-20 所示表格中导线绝缘层的最小直径，则在 SWPM 20-00-11 中选择温度等级为 B、抗腐蚀能力等级为 1 的热缩管，截取长度为(0.5±0.13)in 的热缩管套在导线上，使热缩管末端与导线绝缘末端对齐，将热缩管热缩到位，检查热缩管，确保热缩管末端没有缩在芯线上且距离绝缘末端不大于 0.03in，如图 4-12-23 所示；如果插钉的绝缘筒和导线上热缩管的外径不匹配，则测量热缩管和导线上的绝缘的新直径，并从图 4-12-20 所示表格中重新选择插钉；插钉结构如图 4-12-24 所示；从图 4-12-21 和图 4-12-22 所示的表格中选择手动或动力压接工具，将芯线全部放入插钉的压接筒，通过观察孔可看到导线的芯线，对于插钉的压接筒中只有一根导线的情况，导线绝缘层紧靠插钉绝缘筒的底部，完成插钉压接，检查压接后的插钉，确保插钉压接筒和绝缘筒上有 4 个凹痕，如图 4-12-25 所示。

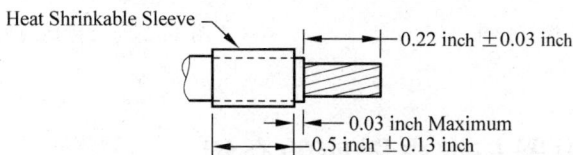

Heat Shrinkable Sleeve

0.22 inch ±0.03 inch

0.03 inch Maximum

0.5 inch ±0.13 inch

图 4-12-23　导线的准备

步骤 7：确定接地接线块插钉送钉工具的件号，完成送钉操作。

在 SWPM 20-20-11 中找到接地接线块插钉送钉工具的件号，如图 4-12-26 所示。

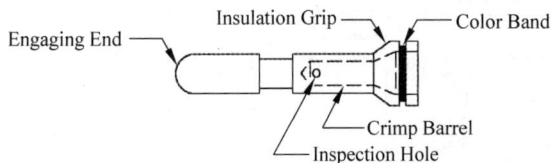

图 4-12-24　BACC47DE 插钉

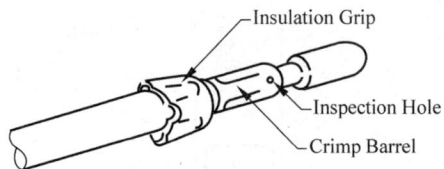

图 4-12-25　插钉压接后的效果

CONTACT INSERTION TOOLS

Insertion Tool	Supplier
ATB3062-2	Astro
DHK21	Daniels
J-1276-1	Burndy
ST2220-3-34A-1	Boeing
ST2220-3-34A-2	Boeing

图 4-12-26　送钉工具

从图 4-12-26 所示的表格中选择送钉工具；将带线的插钉放入插钉安装孔中，将送钉工具的尖端推到插钉末端；将工具和插钉推入插钉安装孔直到完全插入；用拇指和食指轻轻地捏住导线缓慢拉动，直到拇指和食指在导线上移动，确保插钉锁定在接地块的孔中，如图 4-12-27 所示。

注意：此过程不要用指甲损伤导线的绝缘层！

步骤 8：接地电阻的测量。

在 SWPM 20-20-00 中找到接地接线块中导线接地电阻的测量方法，如图 4-12-28 所示。对于接地端接在接地块中的情况，无需测量每条导线与飞机基本结构之间的电阻，将接地块和飞机基本结构作为测试点完全满足要求，可以测量接地块壳体和相邻结构之间的电阻。

在 SWPM 20-20-00 中可知：从飞机基本结构到接地接线块壳体的最大电阻为 0.001Ω。

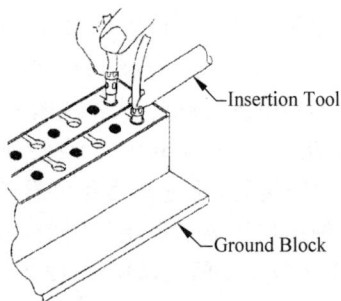

图 4-12-27　送钉操作

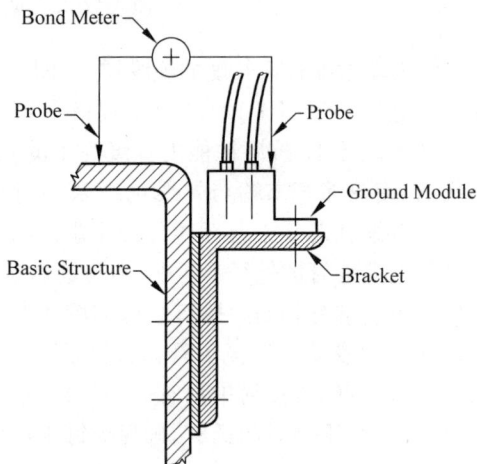

图 4-12-28　接地块的测试点

4.13　小型继电器与继电器座的介绍

4.13.1　概述

继电器（relay）是一种电子控制器件，它具有控制系统（又称输入回路）和被控制系统

（又称输出回路），主要用于航空器的自动控制电路中，它实际上是用较小的电流去控制较大电流的一种"自动开关"，故在电路中起着自动调节、安全保护、转换电路等作用。

在波音飞机维护时经常对继电器座（relay socket）进行施工，其电气设备号以字母 D 开头，如 D10525。继电器座中安装的插钉为孔钉（socket），按继电器座中插钉的拆卸方式可将其分为前退式继电器座和后退式继电器座。

4.13.2　典型的前退式继电器座及插钉

典型的前退式继电器座有 10-60450、BACS16W（）和 BACS16X（）等。BACS16W（）和 BACS16X（）继电器座构型如图 4-13-1 和图 4-13-2 所示。继电器座中终端孔位标识方法如图 4-13-3 所示，与线圈相连接的孔位直接用 X1、X2 表示，其余孔位终端号用行号与列号组合的方式表示，行号和列号分别用字母和数字表示。例如，A2 表示 A 行第 2 列的孔位。典型的前退式继电器座插钉如图 4-13-4 和图 4-13-5 所示。

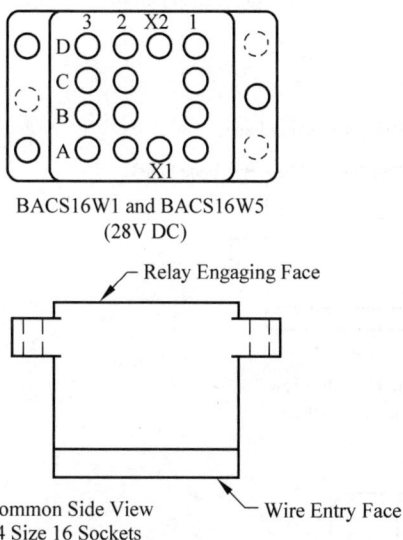

图 4-13-1　BACS16W1 和 BACS16W5 构型

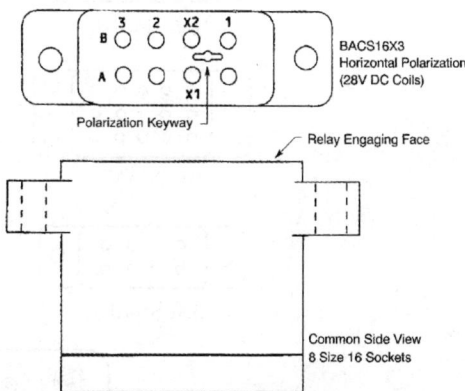

图 4-13-2　BACS16X3 构型

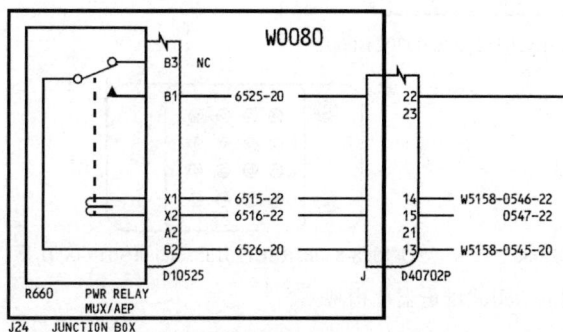

图 4-13-3　继电器座在线路图中的表示

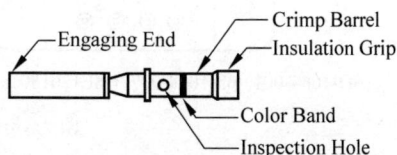

图 4-13-4　典型的前退式继电器座插钉

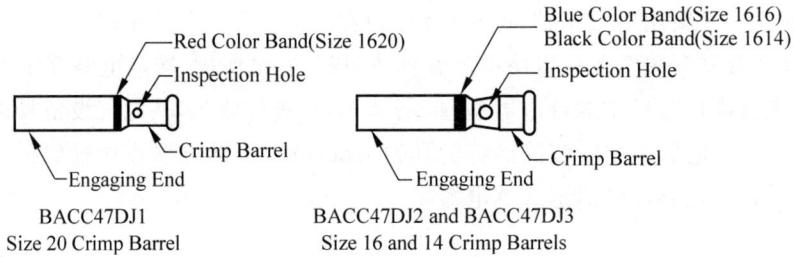

图 4-13-5　BACC47DJ( )插钉

4.13.3　典型的后退式继电器座及插钉

典型的后退式继电器座有 BACS16( )系列、Viking 的 000300-118( )系列、Leach 的 SO-( )-( )系列、PCD 的 RSE( )系列等。典型的后退式继电器座构型如图 4-13-6 所示。继电器座中终端孔位标识方法如图 4-13-7 所示,继电器座中与线圈相连接的孔位直接用 X1、X2、Y1、Y2 表示,其余孔位用行号加列号表示,行号和列号分别用字母和数字表示。例如,A2 表示 A 行第 2 列的孔位。

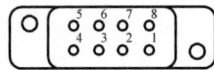

BACS16AG1

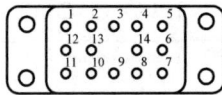

BACS16AF1

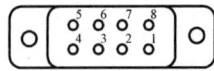

BACS16AH1

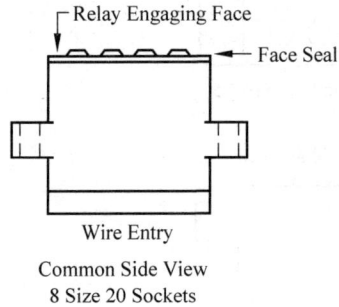

Wire Entry

Common Side View
8 Size 20 Sockets

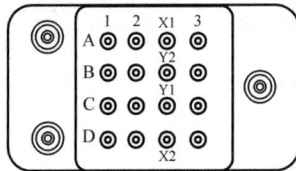

SO-1066-003, RSE120185, and 003021-0001

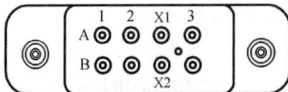

SO-1064-001, SO-1064-007, RSE120180, and 003017-000

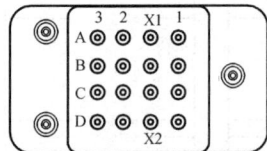

SO-1048-8308, RSE116135, and 003019-0001

图 4-13-6　典型的后退式继电器座构型

典型的后退式继电器座插钉如图 4-13-8 所示,插钉型号结构与圆形连接器相同。

继电器座的施工一般包括继电器座中孔钉的更换(包括退钉、压接、送钉等)、继电器座及继电器的安装等,这些施工方法与圆形连接器、接线块等有很多类似之处,在此不再举例,请参考 SWPM 20-81-XX。

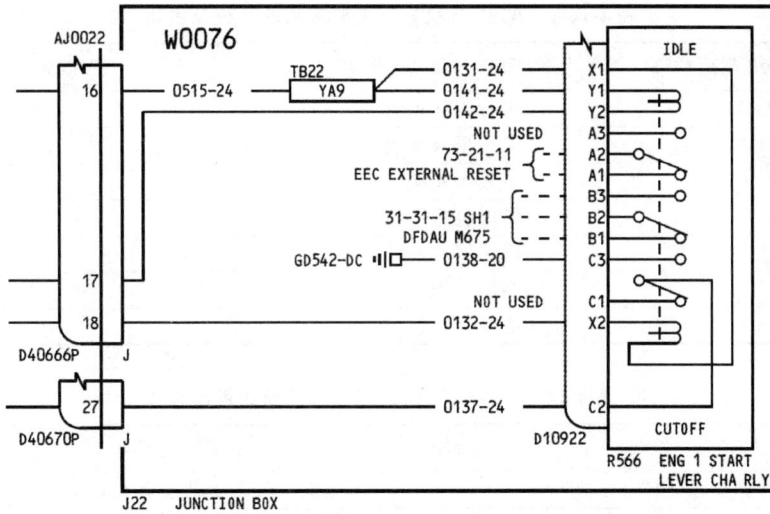

图 4-13-7　继电器座在线路图中举例

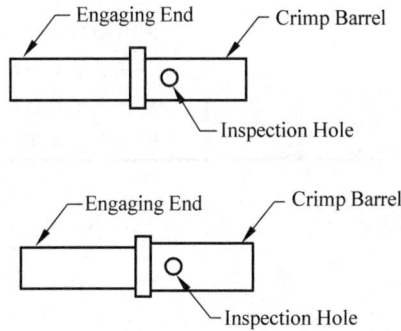

图 4-13-8　典型的后退式继电器座插钉

4.14　光纤

4.14.1　光纤的应用

由于光纤通信的优良性能,光纤被越来越多地使用在民航飞机上。对比传统的铜芯电缆,光纤传输具有重量轻、传输数据量大、传输速度快、传输频段宽、信号衰减小且不受电磁干扰影响的优点。光缆尺寸约为对应带宽铜缆的 1/3,重量约为其 1/10。光纤连接器大小约为对应铜缆连接器的 1/2。B777、B787、A330、A380、A350 等大型飞机都大量使用了光纤。

B787 是波音公司首型采用光纤传输飞行安全关键数据的飞机。全机共有 110 个光纤链路,分为 348 段(点对点的物理连接称为一段),合计 5624in(1714.20m)。与光纤有关的连接器有 5 种不同的类型,共有 209 个。B787 飞机系统中的光缆故障,有些是不可放行的

（no dispatch relief），除此之外的光缆故障也应在 10 天内完成修复。目前对于破损光缆的修理方法主要为拆除和更换光缆，如表 4-14-1 和表 4-14-2 所示。

表 4-14-1　B787 飞机光纤主要应用的系统及占比

ATA2200 规范章节	飞机系统	占比/%
23-51	飞行内话系统	16
31-31	飞行记录系统	4
31-61	主显示系统	27
34-42	集成监视系统	7
42-21	通用核心系统	20
44	客舱系统	17
46	电子飞行包/核心网络	6

表 4-14-2　B787 飞机使用光纤的航线可换件

名称	数量	名称	数量
通用计算资源（CCR）	2	飞机 AFDX 远程交换机（ARS）	6
图形生成模块（GGM）	4	客舱服务系统（CSS）	1
光纤转换器（FOX）	4	电子飞行包显示组件（EFB DU）	2
音频控制板（ACP）	3	电子飞行包电子组件（EFB EU）	2
音频网关组件（AGU）	4	网络接口模块（NIM）	1
飞行数据记录器（FDR）	2	下视显示器（HDD）	5
集成监控系统（ISS）	2	平视显示器（HUD）	2
气象雷达收发机（WXR）	2	机载娱乐系统（IFE）	1

4.14.2　光纤基础

1. 光纤

光纤是光导纤维的简写，是一种由玻璃或塑料制成的纤维，细如发丝，可作为光传导工具，用于数字数据的传输，如图 4-14-1 所示。

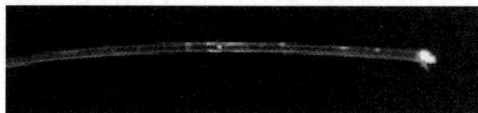

图 4-14-1　光纤

光纤一般由纤芯、包层和涂覆层构成，如图 4-14-2 所示。纤芯为玻璃纤维的中心光学层，用于传导光信号，使光在纤芯内沿着轴向前传输。包层为光纤中的外层光学纯玻璃层，用来约束光，将光捕获在纤芯中并引导其前进。包层比纤芯更纯净，纤芯的折射率大于包层的折射率。涂覆层保护由纤芯和包层组成的裸光纤，提高其机械强度和柔韧性等。

2. 光纤传输原理

光纤传输原理是光的全反射。光依靠连续的反射在光纤中传输，入射角要大于临界角。当入射角小于临界角时，光将射入包层，造成信息丢失，如图 4-14-3 所示。

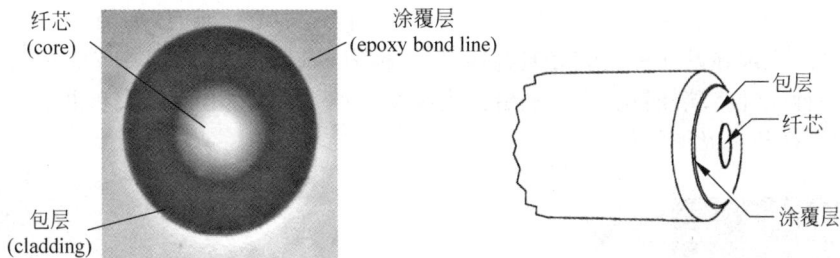

图 4-14-2　光纤结构

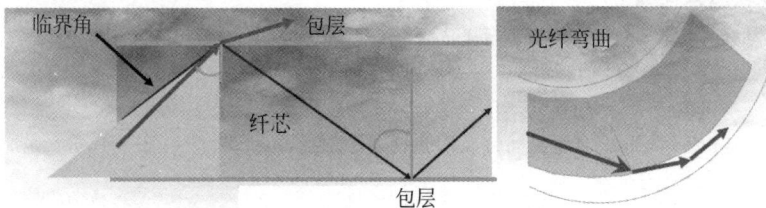

图 4-14-3　光纤传输原理

当光纤弯曲时,临界角会发生变化。光纤的弯曲半径非常重要,如果弯曲半径过小,会导致光反射损耗,甚至造成光纤断裂。这是光纤维护工作中需要特别注意的。

3. 光缆组件

光缆(fiber optic cable)由一根或多根相互隔离的光纤加上加强层、光缆外护套组成,如图 4-14-4 所示。加强层一般是增加光缆轴向强度的纤维编织物;外护套为保护光缆内部组件的坚固外壳。波音飞机上一般采用紫色的外护套识别光缆。光缆的标识编号不直接打印在外护套上,一般打印在胶带上,如图 4-14-5 所示。

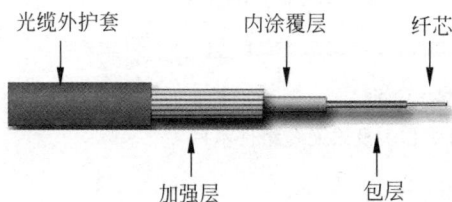

图 4-14-4　光缆的结构

图 4-14-5　光缆的识别

彩图 4-14-5

光纤利用光纤插钉作为终端连接设备,进行数据通信,如图 4-14-6 所示。

光纤插钉终端(terminus)用于将光纤末端长期固定在光纤连接器内的对应位置上。

光纤陶瓷插芯(ferrule)用来排列和保护光纤暴露端口的机械固定组件,通常是刚性陶瓷管。插芯安装好后即成为光纤插钉的一部分。陶瓷能与玻璃很好地结合,并且它的延展系数与玻璃光纤相近,可使光纤的环境非常稳定,如图 4-14-7 所示。

图 4-14-6　光纤插钉及陶瓷插芯

光缆组件(cable assembly)包括光缆和两端安装好的光纤插钉,如图 4-14-8 所示。一根单独的光纤光缆在两端都安装好光纤插钉后,称为单芯光缆组件。B787 上的所有光缆使用的是同一种光纤终端插钉。光纤插钉是光缆组件的一部分,不可拆除和更换。如需更换插钉,必须更换整根光缆组件。

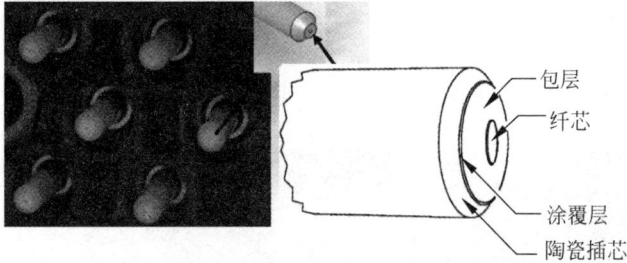

图 4-14-7　从光纤端面看插钉及陶瓷插芯

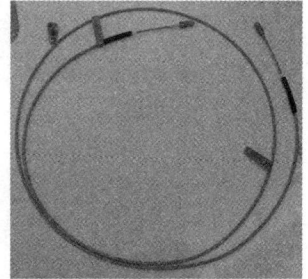

图 4-14-8　光缆组件实物

波音飞机上使用的主要有 S280W701-( )、BACC69A( )和 BACC69C( )等系列光缆组件,如图 4-14-9～图 4-14-12 所示。

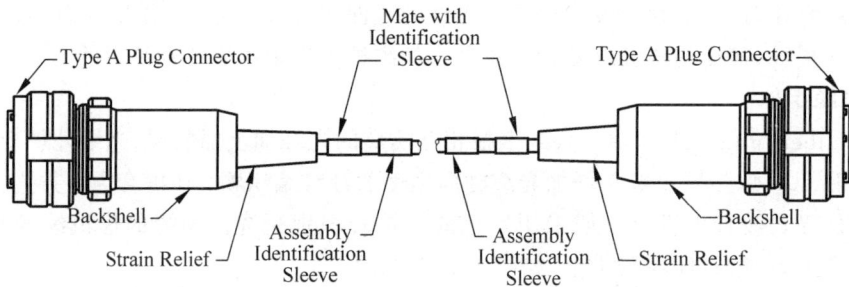

图 4-14-9　S280W701-( )系列光缆组件示例

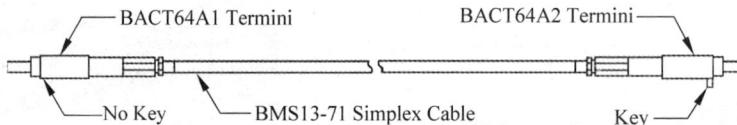

图 4-14-10　BACC69A( )系列单芯多模式光缆组件示例

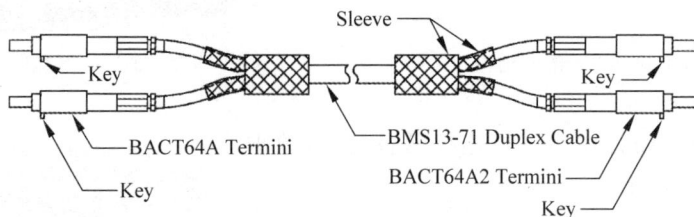

图 4-14-11　BACC69C( )系列多芯多模式光缆组件示例

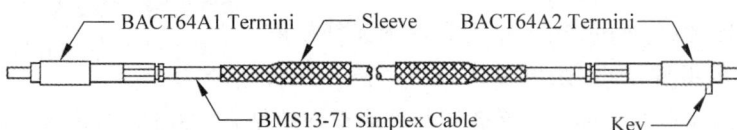

图 4-14-12　BACC69C( )系列单芯多模式光缆组件示例

4.14.3　光纤的施工与维护

1. 安全施工

光纤中传输的是不可见光,可能对人眼造成伤害。除非光纤未连接到光源或电源已关闭,否则切勿查看光纤端面。对安装好的光缆,都要先假设里面有光,不要用眼睛去看没有对接的连接器内部。光纤激光束是不可见的。图 4-14-13 中红光来自测试用的光纤故障定位器发出的可见光。

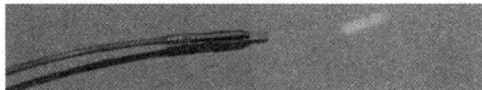

图 4-14-13　光纤中传输的光会对人眼造成伤害

彩图 4-14-13

当对光纤进行操作时,要保持光缆的清洁。脏污或破损的光缆会降低光传输效率,甚至失效。光缆上绝不能存在污垢。微尘不仅会划伤光纤端面,而且会吸收光信号,这都会造成光信号的损耗。如果发现光缆一端没有防护,应该立即找一个清洁的防尘盖装在上面。如果没有防尘盖可用,可将连接器放入干净的塑料袋中,用胶带将袋口密封起来。施工前要先确保当前工作区域洁净。只有安装前,才可以摘下防尘盖或保护袋。不要用手指或任何工具触碰到光缆的端面。

操作光缆组件时要小心,避免损坏脆弱的光纤。光纤不能承重,禁止踩在光缆组件上或将任何东西放在光缆组件上,不要用光缆线束吊挂设备。不要将光纤连接器掉到地面或其他硬表面上。当光缆不能自由活动时,不要用力拉扯光缆。尽量不要弯折光缆,BACC69( )系列光缆组件的弯曲半径不得小于电缆外径的 10 倍。

2. 光纤的捆扎与安装

与线缆一样,光缆线束或是包含光缆和导线的混合线束,都需要进行捆扎。波音飞机参照 SWPM 20-10-11。捆扎材料包括捆扎绳、塑料扎带或胶带,捆扎材料的选择取决于线束安装的环境:温度、振动和压力。塑料扎带和胶带不能用于油箱、非增压区、温度等级为C 和 D 的区域等。BACC69A( )系列光缆用塑料扎带捆扎线束时,需要用 Scotch 70 硅自粘胶带将光缆缠绕 2~4 圈作为防护,如图 4-14-14 所示。

图 4-14-14　光缆的捆扎

注意:如果线束中既有导线又有光缆,且塑料扎带扣可能接触到光缆,需要在绳结下,用 Scotch 70 硅自粘胶带将光缆缠绕至少两圈作为防护,如图 4-14-15 所示。

如果线束中既有导线又有光缆,分线处最后一个线束结,不要捆扎光缆,且从分线点到线束汇合的第一个绳结之间的距离至少为 1.5in(3.8cm)。在分线点处,光缆的弯曲半径不能小于 0.75in(1.9cm),如图 4-14-16 所示。

图 4-14-15 捆扎防护

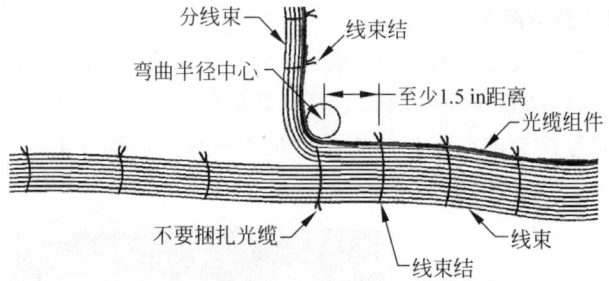

图 4-14-16 分线束

光缆捆扎好后,需要用线卡安装固定在飞机上。如果环形线卡和鞍形线卡接触光缆,需要在接触位置用 Scotch 70 硅自粘胶带将光缆缠绕至少两圈作为防护,如图 4-14-17 所示。

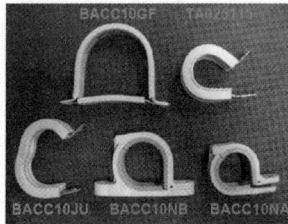

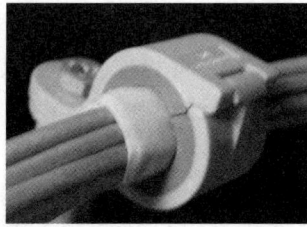

图 4-14-17 线卡及其安装导线束

为了使线束与飞机结构、设备之间保持要求的间隔,光缆在布线时需要紧紧地固定在线束支撑里。不要在无保护的情况下对光缆做线束支撑,要用 Scotch 70 硅自粘胶带将光缆缠绕至少两圈作为防护,避免光缆直接接触线束支撑或塑料扎带结。不能使用填充棒增加线束直径,否则会挤压光缆,破坏玻璃纤芯。如果需要在支撑时进行填充,应该用 Scotch 70 硅自粘胶带缠绕线束,以使其直径满足安全支撑的要求,如图 4-14-18 所示。

图 4-14-18 线束支撑及填充保护示例

光缆安装好后要符合松弛构型要求,与普通线缆一致,如图 4-14-19 所示。

3. 光纤连接器及施工

波音飞机上使用的光纤连接器主要有 BACC65AA/AB 矩形连接器、BACC65AN/AP 矩形连接器和 BACC68C/D/E/F 圆形连接器三个系列,如图 4-14-20~图 4-14-22 所示。下面以 BACC68E 和 BACC68F 圆形连接器(SWPM 20-12-21)为例给出连接器的维护施工方法。

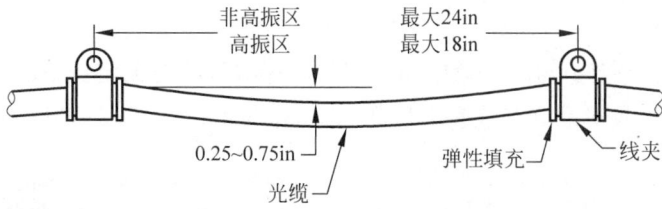

图 4-14-19 光缆安装松弛构型

图 4-14-20 BACC65AA/AB 矩形连接器

图 4-14-21 BACC65AN/AP 矩形连接器

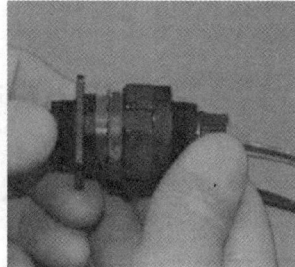

图 4-14-22 BACC68C/D/E/F 圆形连接器

BACC68E(插头)和 BACC68F(插座)圆形连接器适用于 BACC69A()、BACC69C()光缆组件。连接器配有制造商预装的插钉对准套筒插入件(alignment sleeve inserts),BACC68F 的插钉对准套筒插入件可以拆卸,如图 4-14-23 所示。BACC68E 和 BACC68F 使用的插钉本身带有定位销,如图 4-14-24 所示。

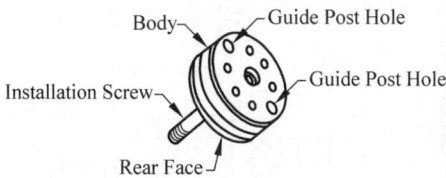

图 4-14-23 对准套筒插入件

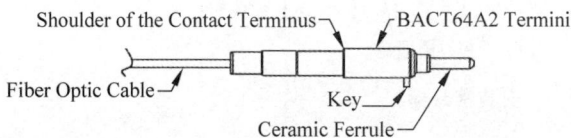

图 4-14-24 带有定位销的插钉

1) 插钉的装配

(1) 确认连接器完好可用。确认送钉工具完好无损坏,对无定位销的插钉,将插钉小心地放入送钉工具,工具对准并与连接器后部垂直,如图 4-14-25 和图 4-14-26 所示。

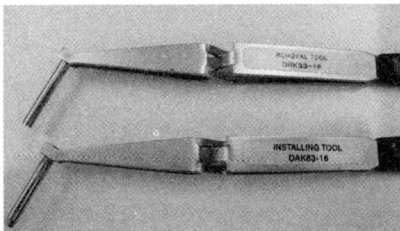

图 4-14-25　退钉工具示例

图 4-14-26　插钉放入送钉工具

(2) 对有定位销的插钉,将插钉的定位销对准连接器后部的定位槽标志。

注意:B787 光缆上所有光纤插钉都有定位销。先用手将插钉小心地插入相应的孔穴中,再将送钉工具和插钉一起送入,直到插钉锁定到位,如图 4-14-27 和图 4-14-28 所示。

图 4-14-27　定位槽标志

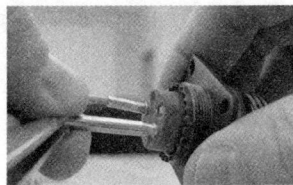

图 4-14-28　送钉操作

图 4-14-29　检查送钉情况

(3) 小心地拔出送钉工具。如果拔出工具时用力过大,可能会损坏光缆。轻轻拉动光缆,确保终端锁定到位。

注意:不要用指甲掐住光缆,正确捏法如图 4-14-29 所示。

(4) 在密封橡胶块的孔穴内填充密封棒(SWPM 20-60-08)。从连接器后部将密封棒压入密封橡胶块内的孔穴中,检查并确认密封棒安装到位,如图 4-14-30 所示。

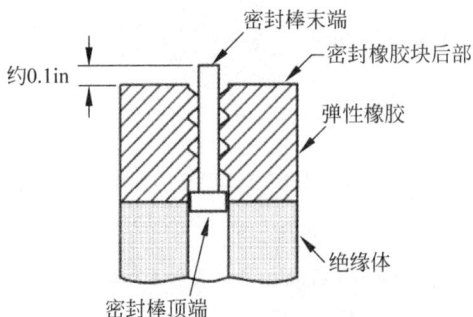

约0.1in　密封棒末端　密封橡胶块后部　弹性橡胶　绝缘体　密封棒顶端

图 4-14-30　安装密封棒

（5）安装连接器后壳尾夹（SWPM 20-60-09）。连接后壳，调整光缆，确保光缆上无应力。在尾夹区域，用 Scotch 70 硅自粘胶带缠绕光缆后，拨正鞍状支撑件，安装拧紧，如图 4-14-31 所示。

2）退钉操作

（1）拆下连接器的后壳，拆下密封橡胶块后 6in（15.24cm）范围内的防护硅胶带和扎扣。

（2）小心地将工具放在光缆上，对准，使其与接头后面垂直；小心地将退钉工具从后边压入密封橡胶块孔穴中，直到其停止，如图 4-14-32 所示。

图 4-14-31　尾夹的安装

图 4-14-32　插钉拆除操作

（3）小心地同时拔出退钉工具和光缆插钉，如果插钉未顺利退出，先将工具取出，绕光缆旋转 90°后再试一次。

（4）双芯光缆即使只需退其中一根插钉，也要将两根插钉都退出（都先退出一部分，再完全依次退出），以免损伤光缆。

4.14.4　光纤的检查、清洁及测试

1. 光纤端面的目视检查

光纤的损坏或污染会降低信号传输效率，严重的甚至会传输失效。光纤通过连接器与航线可换件或其他光纤连接。日常维护工作中，要着重检查光纤终端，确保无损伤、无污染。光纤端面的目视检查须借助专业设备将端面放大显示，维护人员按照指标判断光纤是否符合使用标准。一般步骤如下。

（1）选择显微镜、探头或检查仪套件；若需要，选择正确的适配器，如图 4-14-33 和图 4-14-34 所示。

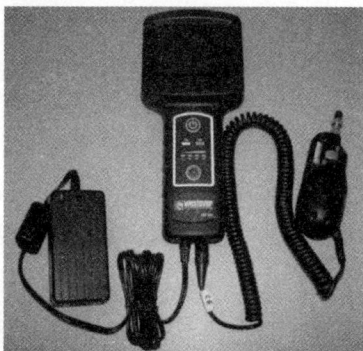

图 4-14-33　光纤端面检查套件

图 4-14-34　适配器

（2）放置好检查仪器和光纤后，激活内部光源，按需调整显微镜焦距，用合适的放大倍率检查光纤端面，如图 4-14-35 所示。

（3）检查清洁度和表面损伤。

如果光纤端面损伤超出要求，安装防尘盖或塑料袋防护，重新更换一个光缆组件；若光纤端面有外来物，实施清洁程序，满足要求后才能采用，否则需重新更换一个光缆组件，如图 4-14-36 所示。端面损伤和外来物污染要求指标详见 SWPM。当光缆外护套表面出现小划痕和磨损时，不需要修理。

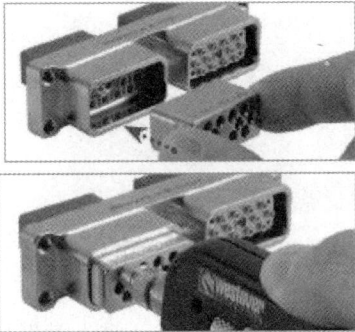

图 4-14-35　放置检查仪器和光纤　　　　图 4-14-36　端面检查

2. 光纤的清洁

光纤端面的清洁有干擦拭、湿擦拭及使用胶带、墨盒笔和专用清洁系统等方法，如图 4-14-37～图 4-14-39 所示。清洁程序前需洁净双手，使用棉签、溶剂或专业设备进行端面的清洁。

图 4-14-37　无尘棉签清洁端面　　　图 4-14-38　E-250K 清洁套装　　　图 4-14-39　专业清洁系统
　　　　　　　　　　　　　　　　　　　　　　　　湿擦拭

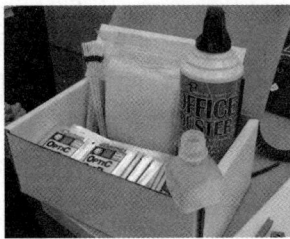

3. 光纤的连续性检查

更换光纤后需要对光纤做连续性检查，如图 4-14-40 所示。连续性检查采用可见光故障定位器来检查光缆是否损坏（如由于光缆弯曲折断而引起的失效情况），以确定光纤的可用性。

（1）为光缆组件端面上的每个端子接入光源，检查端到端之间的位置是否连通以及传输效果。

（2）如果光没有从另一端射出，光缆失效，需要重新选择另一根光缆。

图 4-14-40　光纤的连续性检查

4. 光纤的损耗检查

光损耗是指光信号沿光纤传输时由各种原因引起的光功率的衰减,主要包括光纤的吸收损耗、散射损耗、弯曲损耗和端面损耗等。损耗测试详细检查光缆传输的衰减,保证光纤损耗在可接受的极限值内,是对光纤整体进行量化测评的重要依据。测试程序请参考 AMM。

测试前需要先清洁并检查被测试光缆组件的对接面,确保稳定光源(stabilized light source,SLS)和光功率计(optical power meter,OPM)的基准值的设置已完成。读取并记录 OPM 显示的损耗,交换 SLS 和 OPM 位置,再记录损耗。两个方向上的插入损耗值平均后,记录最终结果。如果得到的插入损耗值大于允许限制值,清洁后重新测量;如果第二次测试仍不能通过,则该光缆不可再用,如图 4-14-41 所示。

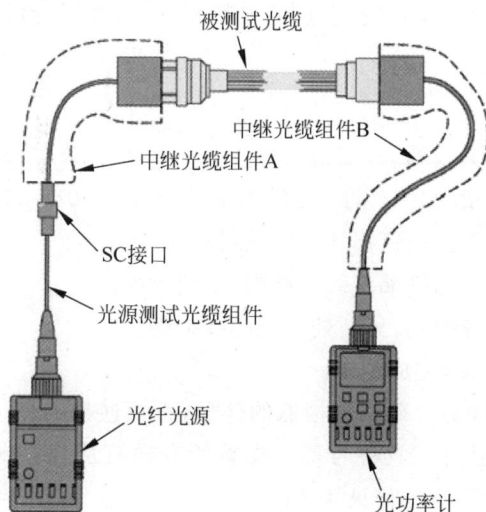

图 4-14-41　光缆损耗测试

4.15　波音飞机线路维护综合实践

4.15.1　案例 1

假设在维护工作中检查发现,一架波音 757(B-XXXX)飞机 E3-1 设备架 POS8 上的连接器(插座)存在以下问题。

(1)连接器损坏,需要更换,且其外壳上的件号无法看清楚。

(2)连接器 1～5 号孔的插钉损坏,需要更换。

（3）22 号孔位所连接导线破损严重，无法修复，需要更换。

请制定合理的维修方案，完成施工。

步骤 1：拆卸插座。

拆卸插座之前，需要将连接到插座上的所有导线从孔中退出。根据已知信息，找到插座的件号和其施工所在的 SWPM 章节目录，查找退钉工具。先将所有插钉从插座中退出，如果插座带有尾夹，则先拆下尾夹（拆除方法详见 4.10.4 节），最后将损坏的插座拆下来，安装新的插座（安装方法请参考 4.10.6 节）。

步骤 2：重新压接插座 1～5 号孔的插钉，并将插钉装回。

查找 1～5 号孔位的插钉件号、插钉的压接工具件号、送钉工具的件号和剥线工具的件号等，选取耗材和工具，完成插钉的压接。将所有导线（22 号孔除外，此导线需要更换），正确送入新插座的对应孔位，并进行插钉接触保持力的测试。

步骤 3：更换 22 号孔位所连接的导线。

更换导线之前，需要确认 22 号孔位导线的另一端设备，找到配套的施工耗材和工具，将导线与其脱开。查找导线的件号和长度（请参考 4.5.6 节），领取新的导线，完成两个导线终端的制作。

步骤 4：施工完成后需进行线路测量，保证线路通畅，绝缘良好。

步骤 5：根据线束安装环境，选择合适的材料和方法，恢复线路布局（请参考 4.6 节）。

4.15.2 案例 2

假设在维护工作中检查发现，一架波音 737-800（B-XXXX）飞机驾驶舱 P18 面板上，与飞行管理计算机 1 的跳开关 C1017 的＝L 端相连的导线 W0018-0394-20，存在以下问题。

（1）导线与连接器相连的插钉损坏，需要更换。

（2）导线与跳开关相连的终端接线片破损，需要更换。

（3）导线某处出现绝缘损伤，另一处出现芯线损伤。

请制定合理的维修方案，完成施工。

步骤 1：更换损坏的插钉。确认连接器的件号，查找连接器施工所在的章节、插钉的件号、压接工具的件号、送/退钉工具件号等。先将所有插钉从连接器中退出，如果连接器带有尾夹，则先拆下尾夹，拆除方法详见 4.10.4 节。

步骤 2：更换接线片。更换接线片时，应选择跟原接线片件号一致的接线片，或选择手册中允许的替换件。查找接线片的件号及压接工具的件号、剥线钳的件号，按标准程序完成接线片的压接、检查与安装（请参考 4.7.5 节和 4.7.6 节）。

步骤 3：进行导线修理时，先判断导线的类型，比如非屏蔽导线、屏蔽导线、屏蔽电缆等，根据线缆类型进行线缆损伤评估。因本案例为非屏蔽导线且有一处损伤到绝缘层，因此选择绝缘胶带，按 SWPM 的方法进行多层缠绕（请参考 4.8.2 节）。另一处损伤到线芯，需要使用拼接管进行拼接修理。查找拼接管的件号、压接工具的件号，领取耗材和工具，完成导线的拼接修理（请参考 4.8.4 节）。

步骤 4：施工完成后需进行线路测量，保证线路通畅，绝缘良好。

步骤 5：根据线束安装环境，选择合适的材料和方法，恢复线路布局（请参考 4.6 节）。

4.16　空客标准线路施工简介

4.16.1　空客 ESPM 介绍

1. 手册简介

电气标准施工手册(ESPM)主要描述所有空客系列飞机上的线路安装标准程序和电气标准规范的相关说明,通过这本手册可找到电气标准规范相关项目的标准施工信息。它是一本非客户化手册,适用于所有的空客系列飞机。但它不包括发动机部分的电气标准施工项目,在进行发动机部分的电气标准施工时,请参考 AMM 70-71-XX。

ESPM 提供快速、简易的方法查询飞机电子、电气连接部件的详细描述、施工程序、施工工具等信息。

2. 手册结构

ESPM 主要包括前言和正文两大部分。

1) 前言

前言包括重要信息、手册介绍和索引。重要信息是指手册版本更新情况介绍。手册介绍里包括手册如何使用的相关信息。通过典型的实例,帮助使用者学习如何使用手册获得信息。手册索引关联到手册正文的各个章节,帮助使用人索引相关信息。索引的类型包括:

(1) 字母序列索引——通过关键词查找相关信息。

(2) 件号索引——通过件号查找相关信息。

(3) 杂项参考索引——通过非标准件号查找相关信息。

(4) 工具参考索引——通过件号查找工具信息。

(5) 替换表格。

2) 手册正文

ESPM 正文的信息可以通过索引、手册章节或者 ADOC N@VIGATOR 的搜索功能获取,其主要章节目录如表 4-16-1 所示。

表 4-16-1　ESPM 主要章节目录

ESPM 主要章节目录	ESPM 主要章节目录
20-10-00 安全施工	20-48-XX 终端和插钉
20-31-XX 特殊区域	20-51-XX 标准程序
20-32-XX 标识	20-52-XX 检查和测试
20-33-XX 导线束	20-53-XX 修理程序
20-43-XX 拼接管和增压密封	20-54-XX 维护检查期间的防护
20-44-XX 连接器和终端块	20-55-XX 清洁
20-46-XX 线路跳开关、继电器和继电器座	20-56-XX 标准工具

4.16.2　空客系列飞机特殊区域

在空客系列飞机上,飞机的区域被划分为:增压区、液力油区、振动区、高温区、潮湿区、燃油区、防火区。在此列举 A320 飞机的振动区,其他具体信息参考 ESPM 20-31-XX。

如图 4-16-1 所示,阴影部分为振动区。

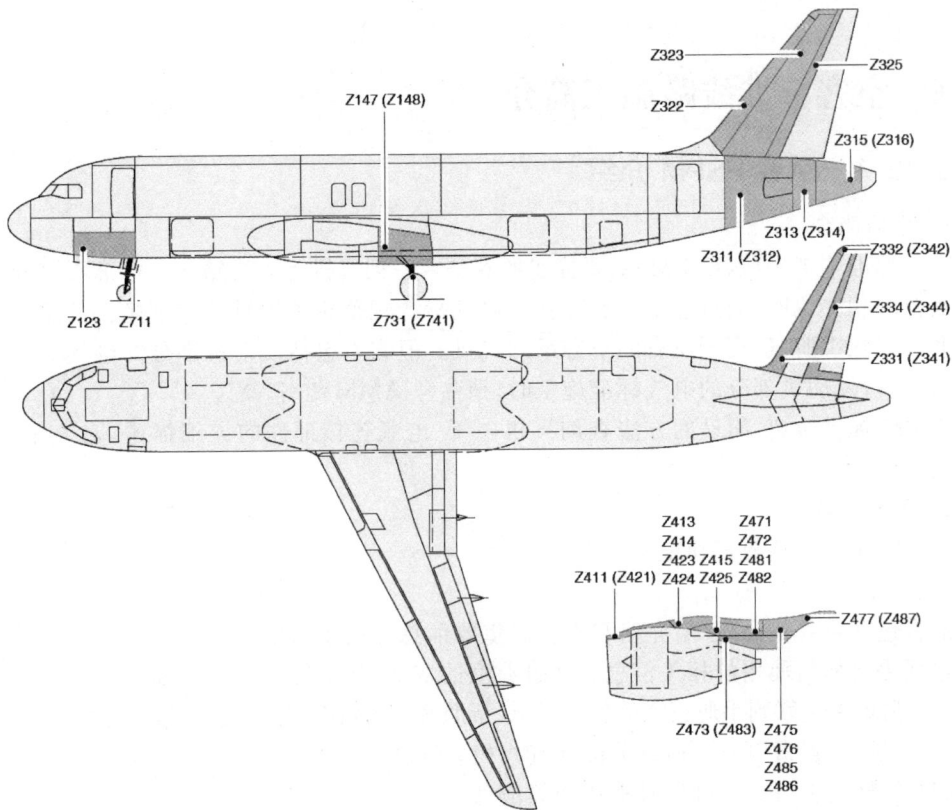

图 4-16-1 振动区

4.16.3 空客系列飞机导线标识

1. 导线识别号

空客飞机上的导线可通过导线识别号、导线件号进行标识与识别。导线识别号具有唯一性,通常由 8 个数字加颜色识别号组成。一般情况下,颜色代码多用于电缆的识别号中,省略了单股导线的颜色代码;敏感电缆还有敏感电缆代码,如图 4-16-2 所示。

需要标识的线缆其标识方法有两种:第一种是将导线识别号直接打印在线缆的绝缘护套上,第二种是将打印了识别号的标识套管套在导线上,如图 4-16-3 所示。此外,还有一些是没有标识识别号的线缆。

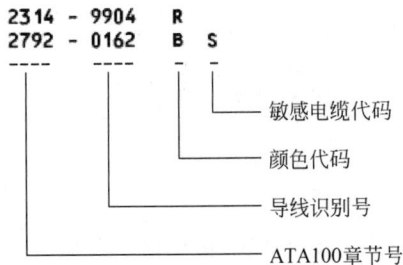

图 4-16-2 导线识别号

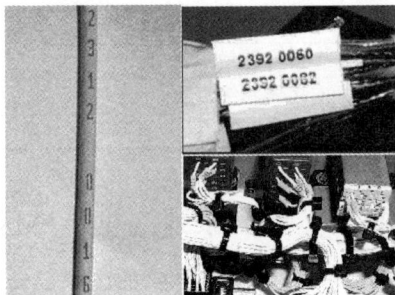

图 4-16-3 导线识别号举例

2. 印制在绝缘护套上的识别号

一般导线识别号打印在 26～6 号规格的电缆绝缘护套上并且间隔均匀。长度小于 2000mm 的电缆,标识间距最大不得超过 75mm,如图 4-16-4 所示;而长度大于 2000mm 的电缆,在距离电缆末端 1m 的范围内要求导线识别码最大间距为 75mm,而电缆中间部分,导线识别号允许的最大间距为 380mm,如图 4-16-5 所示。

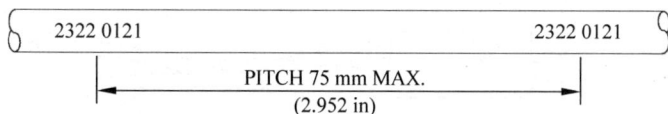

图 4-16-4　电缆长度小于 2000mm 举例

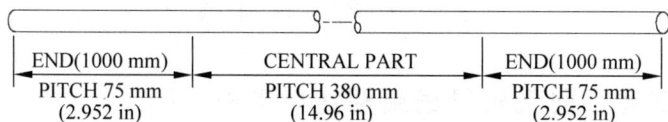

图 4-16-5　电缆长度大于 2000mm 举例

3. 标识套管上的导线识别码

对于同轴电缆、双绞线等类型的电缆,它们的结构或外表皮不适于打印导线标识号,所以使用标识套管来标识。标识套管长度在 25～35mm,最远不得超过终端 150mm。非敏感电缆使用白色标识套管,敏感电缆使用粉色标识套管,如图 4-16-6 所示。

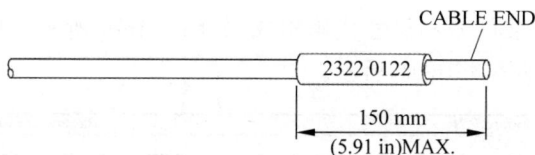

图 4-16-6　有标识套管的单芯电缆

多芯电缆使用一个导线识别号表示,由于它所包裹的多根导线颜色各不相同,使用颜色代码即可标识电缆内部不同的导线,如图 4-16-7 所示。

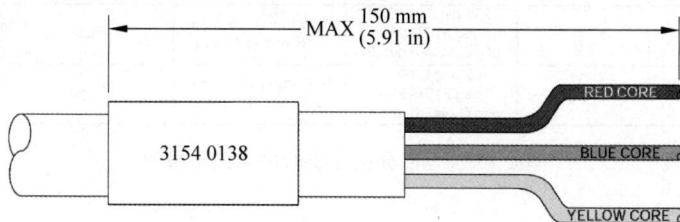

图 4-16-7　多芯电缆的导线标识

对于导线颜色相同的绞线,在每根导线的末端都使用带有导线识别号的标识套管标识;对于颜色不同的绞线,使用同一个标识套管标识,但每根导线都需标注颜色代码,如图 4-16-8 所示。

飞机上的电源线也用标识套管,红色套管表示 A 相电压,黄色套管表示 B 相电压,蓝色套管表示 C 相电压。

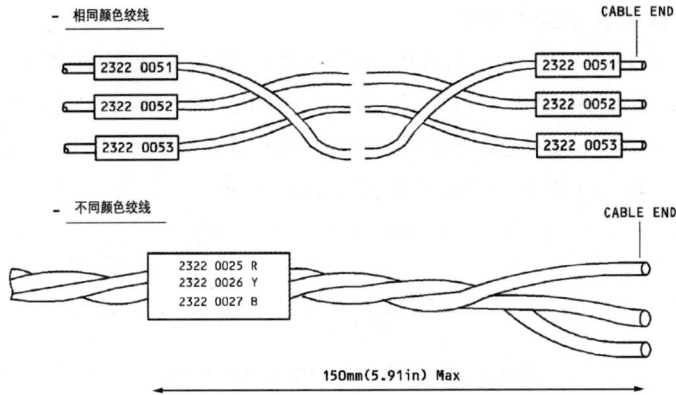

图 4-16-8　绞线的导线标识

4.16.4　空客系列飞机导线束捆扎与敷设

空客公司通常在飞机上使用塑料扎带和捆扎线来捆扎导线和电缆。塑料扎带的适用工作温度为－55～135℃,捆扎线的适用温度为－55～1100℃,所以塑料扎带通常使用在飞机中温度较低的区域,而捆扎线则用于飞机的各个区域。塑料扎带的安装快捷方便,所以能够使用塑料扎带的区域尽量使用塑料扎带来完成导线束捆扎,空客飞机与波音飞机塑料扎带的施工方法区别不大,此处不再介绍。下面介绍使用捆扎线捆扎导线束的方法。

1. 捆扎线的件号和选择

捆扎线的件号由标准件号和尺寸代码构成,如图 4-16-9 所示。例如,NSA8420-1,1 代表尺寸代码,尺寸代码如图 4-16-10 所示。

Standard P/N		Dimension code
NSA8420	-	1

图 4-16-9　捆扎线的件号

DIMENSION CODE	TEMPERATURE	DIMENSION mm (in)	CONDITION
0	-55 deg.C (-67.0 deg.F) TO 121 deg.C (249.8 deg.F)	2.5 mm (0.1 in.) (Dia.)	Thread
1	-55 deg.C (-67.0 deg.F) TO 232 deg.C (449.6 deg.F)	1.55 mm (0.06 in.) x 0.33 mm (0.01 in.)	Tape
2	-55 deg.C (-67.0 deg.F) TO 232 deg.C (449.6 deg.F)	2.67 mm (0.11 in.) x 0.33 mm (0.01 in.)	Tape

图 4-16-10　部分捆扎线的尺寸代码举例

PPT:
双丁香结

PPT:
美国结

2. 常用的导线束捆扎方法

1) 双丁香结(double clove hitch)

双丁香结适用于使用 NSA8420-7 捆扎线捆扎导线束和安装标签,也可在防火区域使用 NSA8420-9 捆扎线捆扎双丁香结。如果捆扎结位于高温或高振区域,需要涂上 CAF4 标记胶保护。

2) 美国结(American' knot)

美国结适用于狭小的空间或使用 NSA8420-7 捆扎线安装标签。

3. 捆扎线的拆除

捆扎线的拆除方法如图 4-16-11 所示,用剪钳剪切捆扎结部位,避免剪钳接触线缆而造成线缆绝缘损伤。

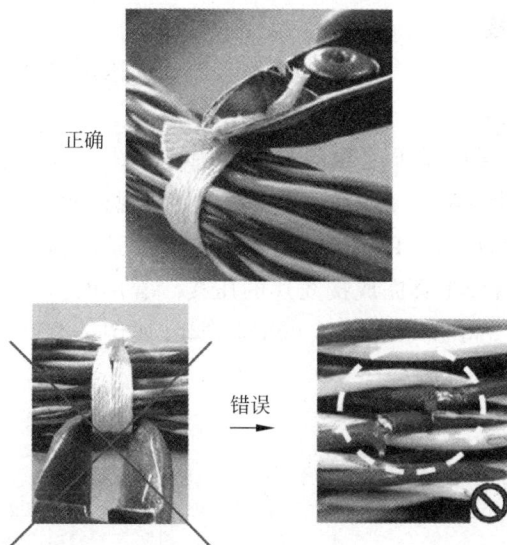

正确

错误

图 4-16-11 捆扎线的拆除

4.16.5 空客系列飞机接线片的压接

1. 空客系列飞机常用接线片类型

空客飞机上铜线和铝线终端分别使用不同类型的接线片。铜线终端使用的接线片有:NSA936505TE 高温旗型接线片、NSA936503TD 尼龙绝缘接线片、NSA936509TJ 绝缘直角接线片、NSA936506TF 接线片、E0521TU 接线片、NSA936501TA 绝缘接线片、NSA936504TC 绝缘隔热接线片、NSA936507TG 非绝缘接线片、NSA936510TK 矩形槽舌接线片、ABS0909 针状接线片,如图 4-16-12 所示。铝线终端所使用的接线片有 ABS2157、

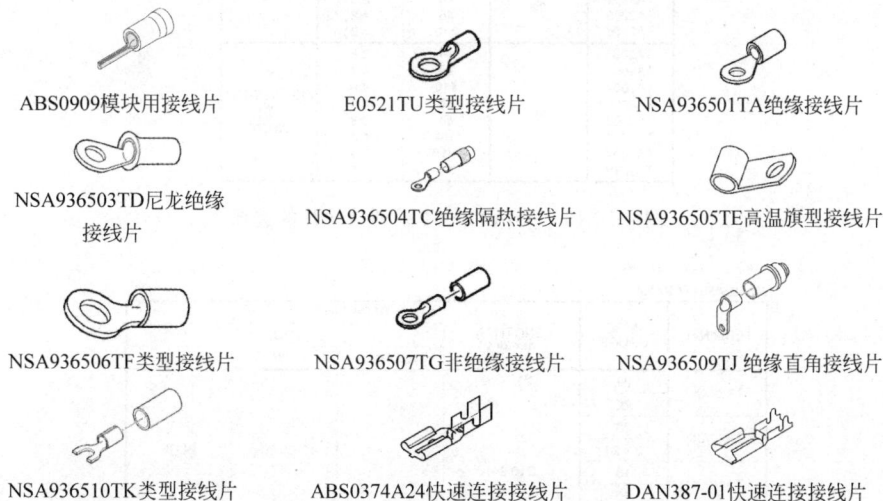

ABS0909模块用接线片　　E0521TU类型接线片　　NSA936501TA绝缘接线片

NSA936503TD尼龙绝缘接线片　　NSA936504TC绝缘隔热接线片　　NSA936505TE高温旗型接线片

NSA936506TF类型接线片　　NSA936507TG非绝缘接线片　　NSA936509TJ绝缘直角接线片

NSA936510TK类型接线片　　ABS0374A24快速连接接线片　　DAN387-01快速连接接线片

图 4-16-12 空客系列常用接线片介绍

ABS241 和 E0466 铝接线片，E0422 铜接线片、E0223 铜铝接线片等；热电偶导线终端接线片使用的是 E0348TM。其他类型的接线片详见 ESPM 20-48-XX，如 ASB0374 系列和 DAN 系列快速连接接线片。

2. 典型接线片的压接

本节仅介绍典型 NSA936501（F6198）绝缘接线片的压接，接线片安装和力矩值测量程序请参考 ESPM 20-51-XX。

NSA936501 系列接线片属于绝缘隔热接线片，如图 4-16-13 所示，使用环境温度是 260℃（500℉），其件号结构如图 4-16-14 所示。根据导线规格和螺栓尺寸，从图 4-16-15 所示表格中选择合适的接线片，从图 4-16-16 所示表格中选择合适的剥线工具和长度，从图 4-16-17 所示表格中选择合适的压接工具完成接线片的压接。常用的压接工具有 576778、576779、576780、576781、576782、576783、576784、69694-1 等，如图 4-16-18 所示。压接完成后如图 4-16-19 所示。

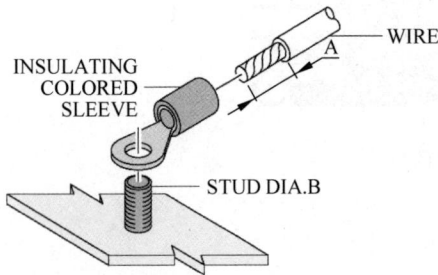

图 4-16-13　NSA936501 系列接线片

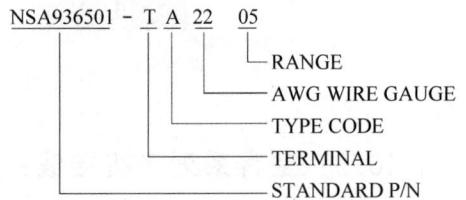

图 4-16-14　NSA936501 系列接线片件号

NSA936501TAXXXX

TERMINAL	WIRE GAUGE	STUD DIMENSION B		SLEEVE COLOR
		US	mm	
TA2201	24 OR 22	#4	2.8	BROWN
TA2202		#6	3.5	
TA2203		#4	2.8	
TA2204		#6	3.5	
TA2205		#8	4.2	
TA2206		#10	4.8	
TA2001	20	#4	2.8	LIGHT GREY* OR WHITE
TA2003		#8	4.2	
TA2004		#10	4.8	
TA2005		#6	3.5	
TA2006		#4	2.8	
TA2008		1/4	6.3	
TA2009		5/16	7.9	
TA2010		3/8	9.5	

图 4-16-15　NSA936501 系列接线片的选择

NSA936501TAXXXX

TERMINAL	WIRE GAUGE	LENGTH "A" mm (in) ± 0.3 (± 0.01)	STRIPPING		
			TOOL		
			NORM	P/N	COLOR
TA22XX	24	6 (0.24)		45-2020-1	BLUE
	22				
TA20XX	20				
	2 x 24				
TA16XX	18				
	16				

图 4-16-16　NSA936501 系列接线片的剥线工具选择

NSA936501TAXXXX

TERMINAL	WIRE GAUGE	TERMINAL SLEEVE COLOR	CRIMPING TOOLS						
			HAND TOOLS						DOT
			TOOL			DIE			
			NORM	P/N	HANDLES COLOR	P/N	COLOR		
TA22XX	24 OR 22	BROWN		576778	BLACK/ BROWN	–	–		••
				69710	–	576711	BROWN		••
				734535-1	GREY/ BROWN	–	–		••
TA20XX	20 OR 2 x 24**	LIGHT GREY OR WHITE		576779	VIOLET/ GREY	–	–		•
				69710	–	576720	LIGHT GREY OR WHITE		•
				734535-1	GREY/ BROWN	–	–		•

图 4-16-17　NSA936501 系列接线片的压接工具选择

FIXED-DIE CRIMPING TOOLS

CRIMPED TERMINAL

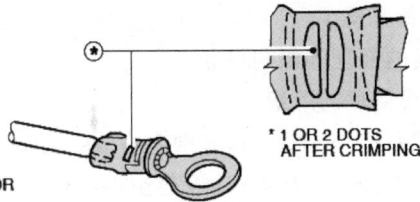

* 1 OR 2 DOTS AFTER CRIMPING

LOCATOR

INSULATION ADJUSTMENT PIN

AMP TOOL				WIRE GAUGE
P/N	COLOR CODE (1)	(2)	DOT CODE(*)	
576778	BLACK	BROWN	• •	24 - 22
576779	VIOLET	GREY	•	20
576780 OR 484364-1	BLACK	ORANGE	• •	18
576781	ORANGE	ORANGE	•	16
576782	BLACK	WHITE	• •	2 X 18 OR 14
576783	WHITE	WHITE	•	12
576784	BLACK	BLACK	•	2 X 14 OR 10
69694-1	BLACK	–	•	12 OR 10

RATCHET

(1)

COLOR CODE

图 4-16-18　NSA936501 系列接线片的压接工具举例

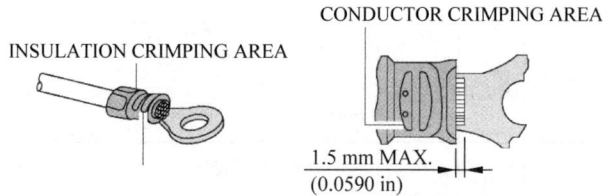

INSULATION CRIMPING AREA

CONDUCTOR CRIMPING AREA

1.5 mm MAX.
(0.0590 in)

图 4-16-19　NSA936501 系列接线片压接效果

4.16.6　空客系列飞机导线的修理

1. 空客系列飞机导线的损伤评估

1) 空客系列飞机导线修理的种类

ESPM 对空客系列飞机各种线缆的修理做了详细的说明,包括标准导线的修理、屏蔽电缆的修理、同轴电缆和四芯电缆的修理、热电偶导线的修理、铝电缆的修理、防火导线的修理、电子飞行控制系统(electrical flight control system,EFCS)导线和敏感电缆的修理、光纤电缆的修理等。

2) 导线的修理等级与评估

(1) 导线修理的等级。

导线修理分为 6 个等级,分别为 Grade 0、Grade 0^*、Grade 1、Grade 2、Grade 3 和 Grade 4,具体见图 4-16-20。0 级和 0^* 级损伤不必修理;1 级损伤的标准修理程序是根据相关损伤评估表进行永久性修复;2 级损伤可以做永久性修理,但必须按要求的时间间隔对导线做检查;3 级损伤表示导线只能做临时性修理,在随后的检修中必须更换;4 级损伤的标准修理程序是用具有相同件号的新导线替换损伤的导线。

GRADE 0	NO REPAIR IS NECESSARY (PERMITTED DAMAGE).
GRADE 0*	PERMITTED DAMAGE WITH MINOR REPAIR.
GRADE 1	PERMANENT REPAIR.
GRADE 2	PERMANENT REPAIR BUT A CHECK OF THE REPAIR IS NECESSARY AT THE OPERATOR'S NEXT CONVENIENT HANGAR MAINTENANCE OPPORTUNITY (TYPICALLY C-CHECK OR EQUIVALENT) AS DESCRIBED IN MPD (MAINTENANCE PLANNING DOCUMENT) ((Ref. ESPM D/O 20-52-10-02)).
GRADE 3	TEMPORARY REPAIR, TO BE REPLACED TO AGREE WITH THE BASIC DEFINITION AT THE OPERATOR'S NEXT CONVENIENT HANGAR MAINTENANCE OPPORTUNITY (TYPICALLY C-CHECK OR EQUIVALENT) AS DESCRIBED IN MPD
GRADE 4	NO REPAIR IS PERMITTED (AIRBUS ENGINEERING APPROVAL REQUIRED). THE COMPLETE HARNESS MUST BE REPLACED.

图 4-16-20　导线修理等级

(2) 导线的 Grade 0 修理等级评估。

表面折弯和褶皱的导线如果其导体和绝缘完全合格,不存在电气和机械风险,则修理等级属于 Grade 0,如图 4-16-21 和图 4-16-22 所示。折弯是指导线上的弯曲和扭曲引起的永久变形。褶皱是光滑导线表面上的小折痕。当导线弯曲到最小弯曲半径时,内部半径上的绝缘层可能会出现褶皱。通常,这种情况发生在多芯屏蔽和护套电缆或规格为 08 至 0000 的单芯导线上。对于折弯和褶皱导线,只有在聚四氟乙烯(polytetrafluoroethylene,PTFE)外层无分层且在折弯部分看不到聚酰亚胺时才可认为是 Grade 0,当折弯或褶皱区域的导线外绝缘层没有其他损坏时才可接受,每米仅允许一处折弯或褶皱。折弯和褶皱导线评估适用的导线类型请参考 ESPM 20-53-2X。

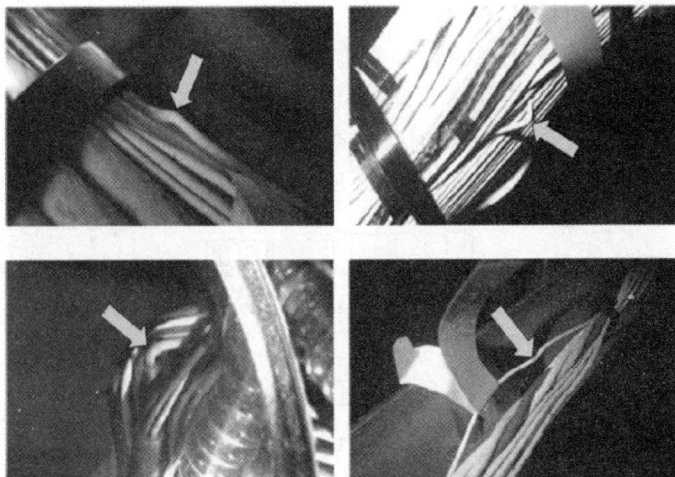

图 4-16-21　Grade 0 折弯的导线举例

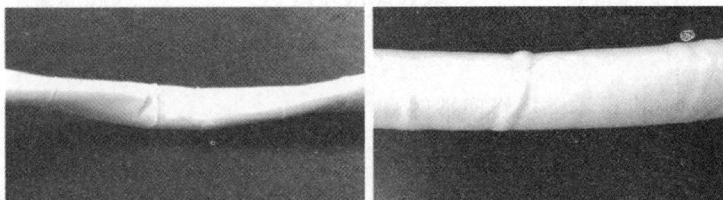

MULTICORE SHIELDED AND JACKETED CABLE　　　　SINGLE CORE CABLE

图 4-16-22　Grade 0 褶皱导线举例

2. 导线的修理步骤

当导线损伤时,应按照以下步骤进行修理。

(1) 查找损伤的导线及其标识,确定其件号与类型,判断导线是否为 EFCS 导线。

(2) 查找并排除造成导线损伤的原因,避免导线被更换或修理后再次受损。

(3) 检查导线并找出损伤类型(参阅 ESPM 20-53-XX 中的"损伤评估表"进行损伤评估)。根据损伤的程度来确定修理的等级和方法。

注意:检查导线是否有明显损伤时,一些导线的绝缘几乎透明,如果外层涂层缺失则可以看到核心,外涂层仅用于识别(颜色、标记);如果外涂层缺失,但绝缘材料未受损,对导线的电气性能没有影响,则无需维修。

(4) 参考维修分类根据维修等级选择维修方法。每项导线修理等级又分为多项修理方法,修理方法具有优先级。如果由于零件不可用而无法执行较低类别的维修,则必须执行较高类别的维修。例如,某根损坏导线的修理程序为 1-A,由于某种原因无法执行 1-A,则应选择 1-B 修理程序。

(5) 根据适用的维修类型,找到维修程序段落和维修程序表。

(6) 执行适用的维修类型。根据手册要求使用相应的材料、工具和施工工艺完成修理。

3. 空客系列飞机导线拼接修理程序

导线修理中根据使用的材料不同,可以分为使用胶带的修理、使用热缩套管的修理和使用拼接管的修理。下面以使用拼接管为例介绍导线修理的程序。

1）空客系列飞机常用拼接管介绍

在空客系列飞机上经常使用的拼接管有 ABS0249 对接拼接管、E0541 对接拼接管、NSA936805RE 低温铜线用对接拼接管、E0360RK 高温对接拼接管（包括 NSA936812 拼接管和 2 个套管）、NSA936813RH 铝线铜线用或铜线/铝线过渡对接拼接管、NSA936808RF 和 NSA936809RG 并行拼接管，如图 4-16-23 所示。

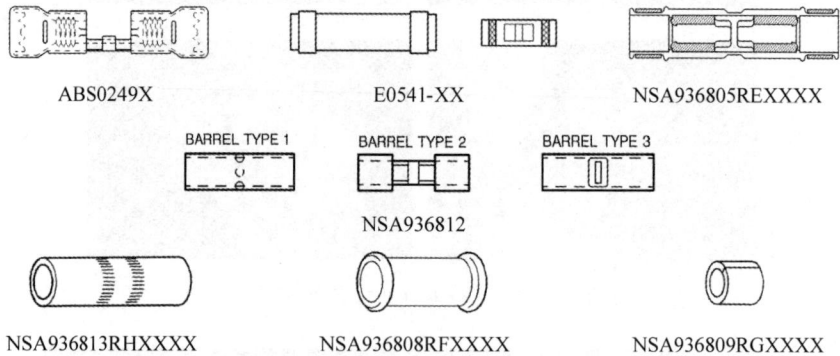

图 4-16-23　空客常用拼接管

2）空客系列飞机导线拼接修理举例

假定在维护检查工作中发现：空客飞机的一根导线芯线出现断丝，损伤长度约为 5mm，剩余导线长度符合要求不需要更换，此导线非 EFCS 线路和敏感线路，导线类型为 CF14，需要对导线进行永久性修理。

步骤 1：确定损伤导线的类型与规格分别为 CF 和 AWG14，在 ESPM 20-53-21 2. B. Single-Core or Multi-Core Cables，Unscreened，Low-Temperature 200 deg. C（392. 00 deg. F）中找到 CF 类型导线结构，如图 4-16-24 所示。

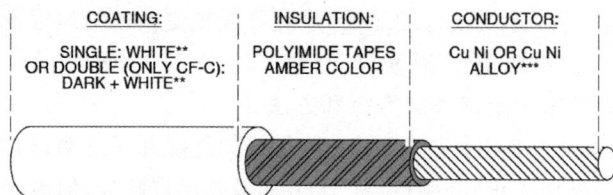

图 4-16-24　CF 类型导线结构

步骤 2：观察和评估损伤导线的位置和程度，确定修理等级和修理方法。

在 ESPM 20-53-21 2. B. 中根据导线类型代码 CF 找到该导线的损伤评估表，如图 4-16-25 所示。因导线芯线出现断丝，经评估导线损伤程度，确定维修等级为 1* 级别（" ＊ "号是对某些特殊导线修理等级的特殊规定），修理方法为 1-C 或 1-E。因损伤区域小于拼接管长度，在 ESPM 20-53-21 3. A. Procedure 中可确定应按 1-C 修理程序进行导线修理，如图 4-16-26 所示。

步骤 3：选择合适的拼接管和热缩管。

在 ESPM 20-53-21 3. C. Allocation Table of Repair Splices 中找到合适的拼接管，如

图 4-16-27 所示。E0360 系列拼接管件号结构如图 4-16-28 所示，它由 2 个 NSA937210MBXXXX 套管和 1 个 NSA936812-XX 拼接管组成，拼接管压线筒有 8 种类型，如图 4-16-29 所示，它们的组装程序完全相同。E0360 系列拼接管工作温度最低为 −55℃（−67.00℉），最高为 260℃（500.00℉）。

DAMAGE LOCATION	DAMAGE ASSESSMENT	GRADE****	REPAIR TYPE (SEQUENCE OF PRIORITY)
INSULATION:	– SURFACE NICKS IN THE POLYIMIDE: YOU CANNOT SEE THE CONDUCTOR.	1	1-B
	– DEEP NICKS IN THE POLYIMIDE: YOU CAN SEE THE CONDUCTOR BUT IT IS NOT DAMAGED.	1*	1-C 1-E
	– MIDDLE OF THE CABLE: SEPARATION OF THE AMBER COLORED POLYIMIDE TAPE.	1*	1-E
	– END OF THE CABLE: SEPARATION OF THE AMBER COLORED POLYIMIDE TAPE.	1	1-B
CONDUCTOR:	– DAMAGED STRANDS OR CUT CONDUCTOR: YOU CAN SEE THE COPPER (NICKEL DAMAGED) OR THE STRANDS ARE CUT.	1*	1-C 1-E

* GRADE 3 FOR SAFETY CABLE OR EFCS ROUTE OR G ROUTE/E ROUTE.
**** FOR THE REPAIR GRADES, REFER TO ATA 20-53-20.

图 4-16-25　导线损伤评估表

REPAIR	TYPE	GENERAL DESCRIPTION	CONDITIONS OF APPLICATION
1	C	– CUT THE CABLE AT THE DAMAGE. – INSTALL THE APPLICABLE HEAT-SHRINK SLEEVE (REFER TO THE SLEEVE ALLOCATION TABLE) OR THE STANDARD SLEEVE. – INSTALL THE APPLICABLE SPLICE ON THE DAMAGE (REFER TO THE REPAIR-SPLICE ALLOCATION TABLE). – PROTECT THE SPLICE WITH AN APPLICABLE HEAT-SHRINK SLEEVE OR A STANDARD SLEEVE.	– THE LENGTH OF DAMAGE D IS LESS THAN THE LENGTH OF THE SPLICE.

DAMAGE D

SPLICE + INSULATION
(REFER TO THE REPAIR-SPLICE ALLOCATION TABLE)

MAKE SURE THAT YOU USE THE CORRECT SLEEVE FOR THE AIRCRAFT TEMPERATURE ZONE.

* IF YOU USE A C-SHAPE, SIDE-ENTRY, HEAT-SHRINK SLEEVE, IT IS NOT NECESSARY TO DISCONNECT THE CABLE TERMINATION.

图 4-16-26　导线损伤修理类型

E0360RKXXXX
NSA936803RAXXXX

COPPER CABLE				CABLE GAUGE	SPLICE
LOW TEMPERATURE 200° C (392° F)		HIGH TEMPERATURE 260° C (500° F)			
CABLE	CABLE*	CABLE	CABLE*		
AK/AKA/AKB CF/CF-C/CF-U	PD/PF QD/QF RD/RF	DE/DG DK/DK-C/DK-U DM/DR	DRB/DRC/DRD PE/PG/PN QE/QG/QL RE/RH/RK	26-24	RA2324 RA2424 RK2424
				22-20	RA2322 RK2220
				18-16	RA1816 RK1816
				14	RA1314 RK1614
				12	RA1112 RK1210
				10	RA1210 RK1210
				8	RA0808 RK0808
				6	RA0606 RK0606

图 4-16-27　拼接管的选择

E0360　RK　2424

SIZE CODE
SEQUENCE No
TYPE
SPLICE CODE
STANDARD P/N

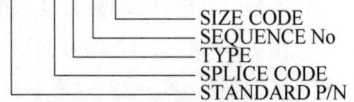

图 4-16-28　拼接管的件号

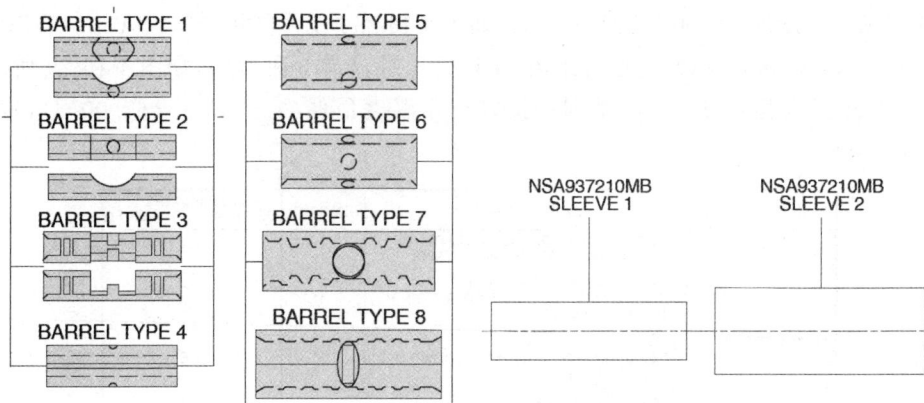

图 4-16-29　E0360 系列拼接管

　　需要维修的导线类型为 CF,规格为 AWG 14,可选择 E0360RK1614 或 NSA936803RA1314 拼接管。以 E0360 为例,根据拼接管件号在件号索引表格中找到相应的施工章节为 20-43-11。在此章节找到与拼接管 E0360RK1614 相对应的 2 个热缩管件号,分别为 NSA937210MB0340 和 NSA937210MB0350,如图 4-16-30 所示。剪断损伤区域的导线并将 2 个热缩管安装在导线上,长度如图 4-16-31 所示。

E0360RKXXXX

SPLICE	SLEEVE NSA937210XXXXXX		SHRINKING TOOL	
	1	2	NORM	P/N
RK2424	MB0130	MB0140		CV1981-42V-960W + HEAD PR13
RK2220	MB0230	MB0240		
RK1816	MB0240	MB0350		
RK1614	MB0340	MB0350	RAYCHEM	CV1981-42V-960W + HEAD PR13
RK1210	MB0340	MB0350		
RK0808	MB0450	MB0460		
RK0606	MB0450	MB0460		

图 4-16-30　热缩管的选择

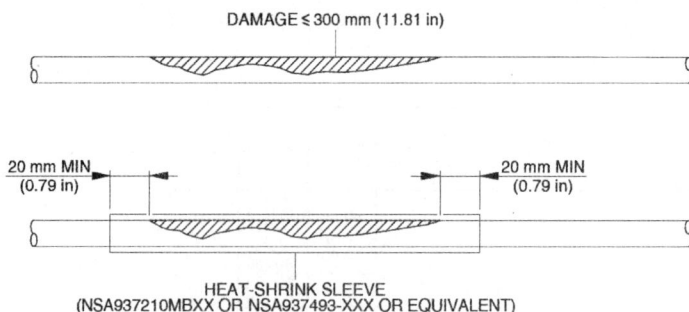

图 4-16-31　热缩管的长度

　　步骤 4:选择剥线工具、拼接管压接工具及热缩工具。

　　在 ESPM 20-43-21 2.B. E0360 (F6198)中找到合适的剥线工具、拼接管压接工具、热缩工具,如图 4-16-32～图 4-16-35 所示,压接后效果如图 4-16-36 所示。将套管 1(短套管)放置在拼接管的合适位置上,使用热缩工具完成热缩工作;等待套管 1(短套管)完全冷却之后,再将套管 2(长套管)放置在拼接管的合适位置上,使用热缩工具完成热缩工作,确保套管在正确的位置上,如图 4-16-37 所示。

E0360RKXXXX

SPLICE	LENGTH "A" mm (in)	STRIPPING			
		TOOLS			
		NORM	P/N	DIE	COLOR
RK2424	4 (0.157)	S T R I P M A S T E R	45-2020	45-2020-1	BLUE
RK2220	5 (0.197)				
RK1816	6 (0.236)				
RK1614	6 (0.236)		45-1939	45-1939-1	RED
RK1210	7.6 (0.299)				

WIRE

图 4-16-32　E0360 系列拼接管的剥线工具

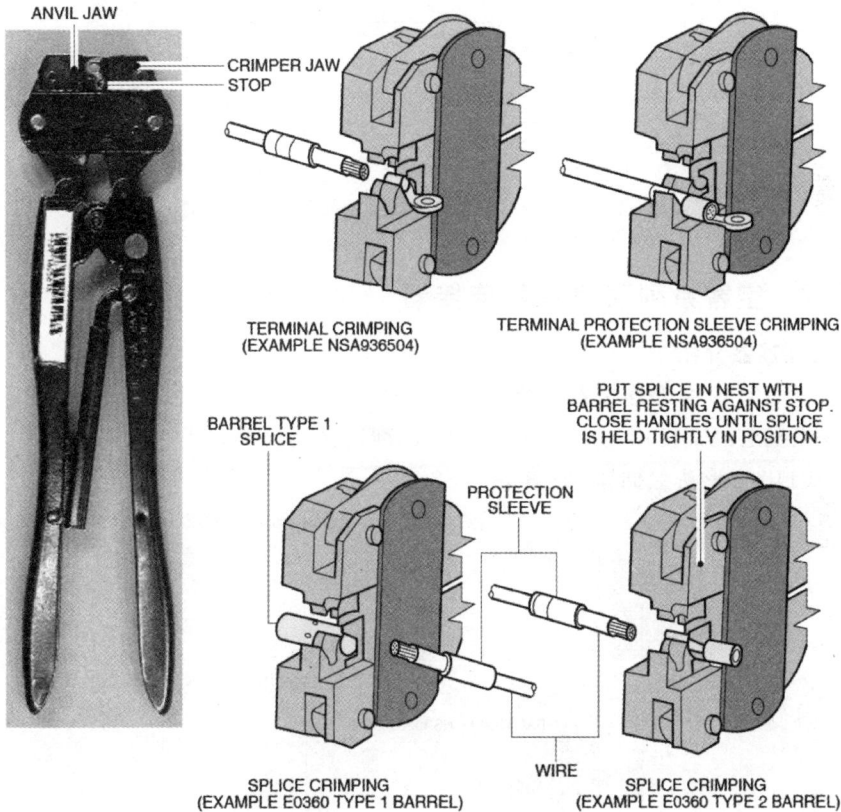

ANVIL JAW
CRIMPER JAW
STOP

TERMINAL CRIMPING
(EXAMPLE NSA936504)

TERMINAL PROTECTION SLEEVE CRIMPING
(EXAMPLE NSA936504)

BARREL TYPE 1
SPLICE

PROTECTION
SLEEVE

PUT SPLICE IN NEST WITH
BARREL RESTING AGAINST STOP.
CLOSE HANDLES UNTIL SPLICE
IS HELD TIGHTLY IN POSITION.

WIRE

SPLICE CRIMPING
(EXAMPLE E0360 TYPE 1 BARREL)

SPLICE CRIMPING
(EXAMPLE E0360 TYPE 2 BARREL)

图 4-16-33　46469 压接工具

E0360RKXXXX

SPLICE	CABLE GAUGE	CRIMPING TOOL					
		TOOL			HEAD		DIE
		NORM	P/N	HANDLE COLOR	NORM	P/N	NORM	P/N
RK2424	26-24		45730 OR 0-069363-0	YELLOW	–	–	–	–
RK2220	22-20		46467	WHITE	–	–	–	–
RK1816	18-16		46468	RED	–	–	–	–
RK1614	16-14		46469	BLUE	–	–	–	–
RK1210	12-10		46470	YELLOW	–	–	–	–

图 4-16-34　E0360 系列拼接管的压接工具

E0360RKXXXX

SPLICE	SLEEVE NSA937210XXXXXX		SHRINKING TOOL	
	1	2	NORM	P/N
RK2424	MB0130	MB0140		CV1981-42V-960W + HEAD PR13
RK2220	MB0230	MB0240		
RK1816	MB0240	MB0350	RAYCHEM	
RK1614	MB0340	MB0350		CV1981-42V-960W + HEAD PR13
RK1210	MB0340	MB0350		
RK0808	MB0450	MB0460		
RK0606	MB0450	MB0460		

图 4-16-35　热缩工具的选择

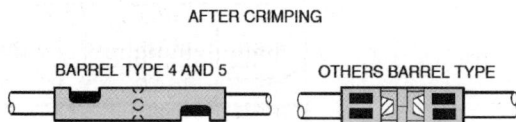

AFTER CRIMPING

BARREL TYPE 4 AND 5　　　OTHERS BARREL TYPE

图 4-16-36　E0360 系列拼接管压接后的效果

BUTT SPLICE E0360* WITH A HEAT-SHRINK SLEEVE CONTAINS: - THE SPLICE (NSA936812)
- THE RELATED SLEEVES 1 AND 2 (NSA937210)

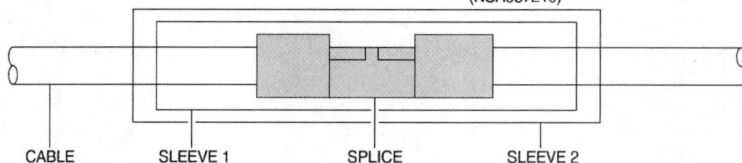

CABLE　　SLEEVE 1　　SPLICE　　SLEEVE 2

图 4-16-37　E0360 系列拼接管压接后的热缩位置

4.16.7　空客系列飞机常用连接器

1. 常用连接器介绍

1）MIL-C-26500 系列连接器介绍

在空客飞机上经常使用的 MIL-C-26500 标准连接器代码如下：E0077 插头、E0079 圆法兰插座、E0110 方形法兰插座，如图 4-16-38 所示。

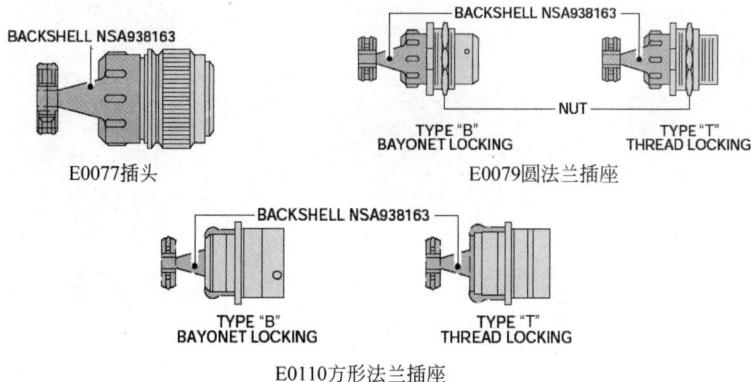

BACKSHELL NSA938163

E0077插头

BACKSHELL NSA938163

TYPE "B" BAYONET LOCKING　　NUT　　TYPE "T" THREAD LOCKING

E0079圆法兰插座

BACKSHELL NSA938163

TYPE "B" BAYONET LOCKING　　TYPE "T" THREAD LOCKING

E0110方形法兰插座

图 4-16-38　MIL-C-26500 系列连接器

2）MIL-C-38999 系列连接器介绍

在空客飞机上安装的 MIL-C-38999 系列连接器的代码如下：E0545 和 E0610 插头、E0611 和 E0612 插座，E0741 插座，ABS1555-005 插头，ABS1555-003、ABS1555-004 及 ABS1555-006 插座，ABS2221 插头和 ABS2221 插座，E0684 插头和 E0734 插座，E0756 插头，NSA938026 插头和 ABS1495 插座，EN3645 插头和 EN3645 插座（见图 4-16-39），ABS1602 插头，ABS2170 带地址针的插头和插座（见图 4-16-40），ABS2133 插头，等等。

图 4-16-39　EN3645 插头和 EN3645 插座

图 4-16-40　ABS2170 插头和插座

2. 常用连接器插钉介绍

1) 插钉的结构和型号

空客飞机常用的连接器插钉如图 4-16-41 所示，压线筒上带有不同数量和颜色的色带，插钉件号组成（见图 4-16-42）中包含表示插钉型号的数字一般是两个，第一个数字"20"表示插钉型号，第二个数字表示压接筒代码，一般若为"00"则表示标准压线筒，若为"01"则表示增大的压线筒，若为"02"则表示缩小的压线筒，另外还有其他数字，有的表示插钉的材料。

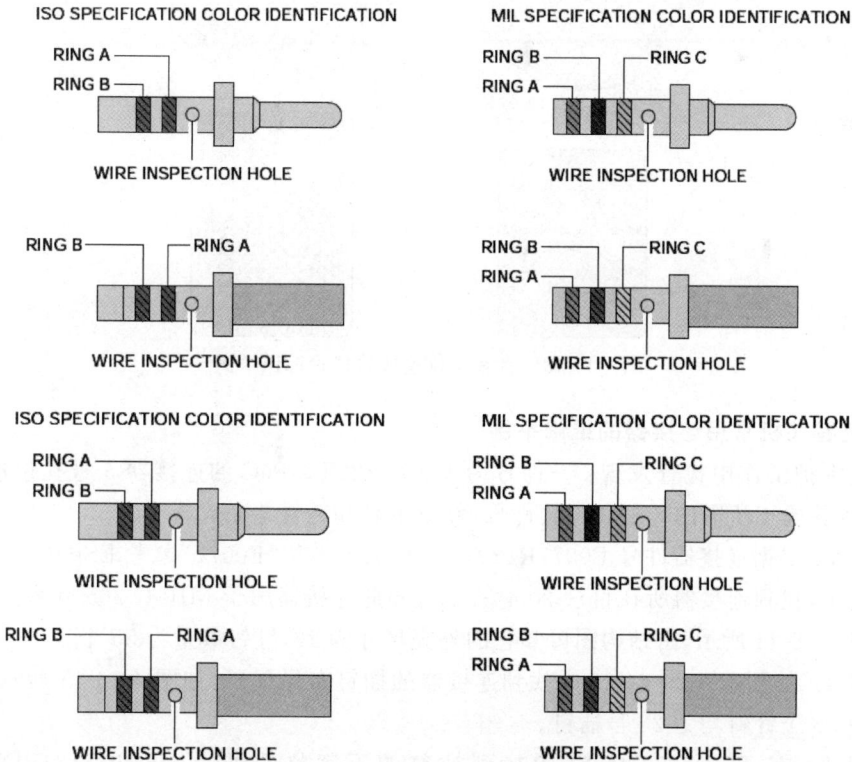

图 4-16-41　空客飞机常用的连接器插钉

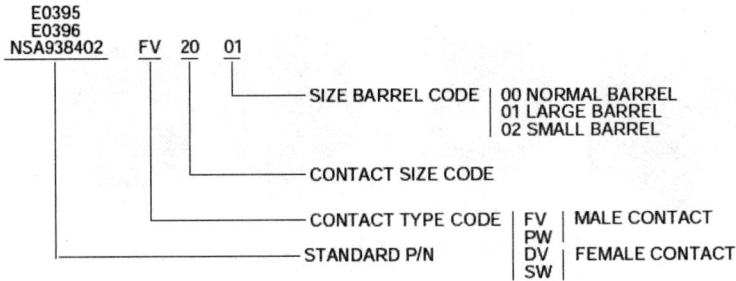

图 4-16-42　空客飞机的插钉件号组成

2）插钉的位置标识

在空客系列民用航空器上安装的连接器与波音飞机一样,也多为圆形和方形;连接器内部插钉的位置标识方法与波音飞机基本相同,也有字母、数字、字母和数字混排、数字和字母行列坐标式等多种位置标识方式。如果位置标识为数字且连接器具有圆圈曲线标识,每到整十位置时会有"（）"或"○"等标识以便于查找,同一个连接器内部插钉可能会有多种位置标识,如图 4-16-43 所示。

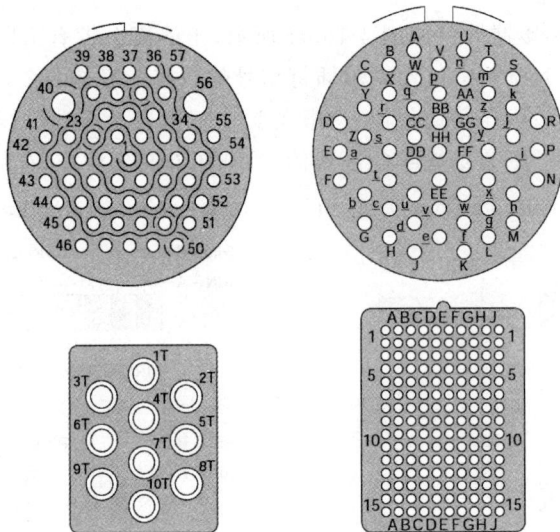

图 4-16-43　空客飞机连接器位置标识举例

3. 空客飞机常用连接器的维修举例

假设维护工作中检查发现:一件号为 E0077R22T55P6C 的连接器 5 号孔位插钉需要更换,请查找施工所需的耗材和工具件号,领取工具和耗材并完成施工。

步骤 1:根据连接器件号 E0077R22T55P6C 的前 5 位"E0077"参考 ESPM 20-00-00 交叉索引目录,找到连接器所在目录 20-44-13,可知此连接器属于 MIL-C 26500 系列,其件号结构如图 4-16-44 所示,由结构图可知它的外壳尺寸为 22,针钉数量为 55 个。

步骤 2:在 ESPM 20-44-13 中找到连接器的插钉布局代码,如图 4-16-45 所示,可见此连接器的 55 个针钉均为 20 号插钉。

步骤 3:在 ESPM 20-44-13 中找到插钉的不完整件号为 NSA938164PJXXXX 和 NSA938165SJXXXX,如图 4-16-46 所示。

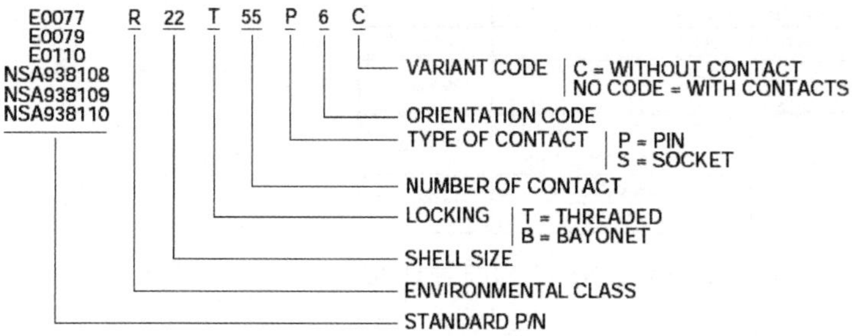

图 4-16-44 MIL-C-26500 系列连接器件号结构

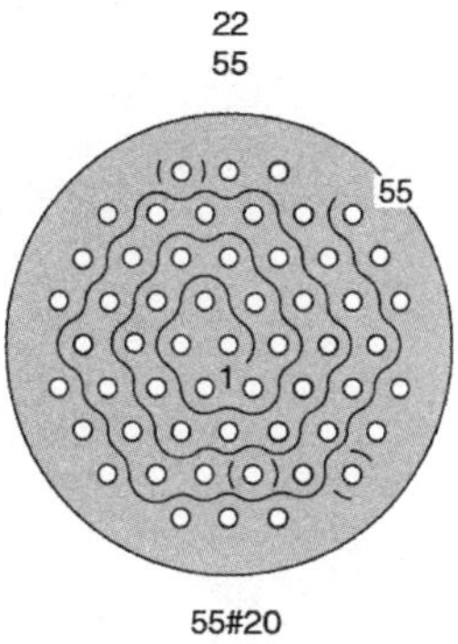

图 4-16-45 MIL-C-26500 系列
连接器的插钉布局

ELEMENTS		CONNECTION PROCEDURE XREF		
P/N	TYPE	CONNECTION TYPE MISCELLANEOUS	CONNECTION P/N MISCELLANEOUS P/N	ATA REF
E0077 (ex NSA938108)	PLUG	BY CONTACTS	NSA938164PJXXXX NSA938165SJXXXX	20-48-23
		* BY COAXIAL CONTACTS	MIL-C-39029/55-344	20-48-32

图 4-16-46 MIL-C-26500 系列连接器的件号结构

步骤 4：在 ESPM 20-48-23 中找到插钉的完整件号为 NSA938164PJ2000，如图 4-16-47～图 4-16-49 所示。

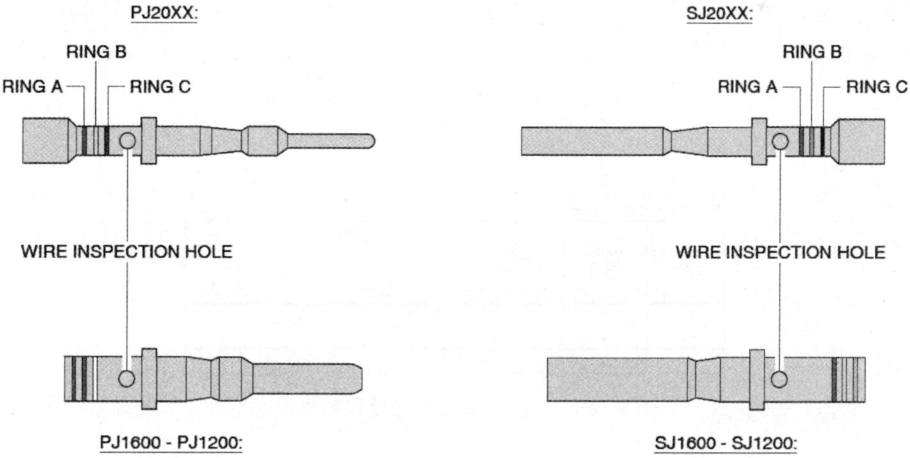

图 4-16-47 NSA938164 和 NSA938165 插钉示意

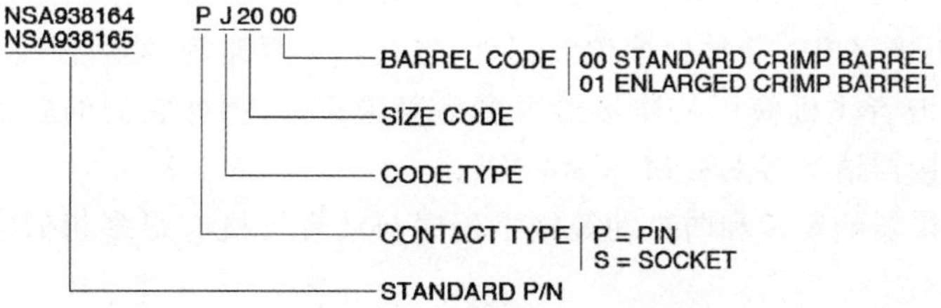

图 4-16-48 NSA938164 和 NSA938165 插钉件号含义

PIN: NSA938164PJXXXX
SOCKET: NSA938165SJXXXX

CONTACT		COLOR IDENTIFICATION			ADMISSIBLE WIRE GAUGE
PIN	SOCKET	RING A	RING B	RING C	
PJ2001	SJ2001	BLACK	–	–	18 AND 20
PJ2000	–	RED	YELLOW	BROWN	20 TO 24
–	SJ2000	RED	BLUE	BLACK	
PJ1600	–	RED	RED	WHITE	16 TO 20
–	SJ1600	RED	YELLOW	GREY	
PJ1200	–	RED	ORANGE	GREEN	12 TO 14
–	SJ1200	RED	GREEN	YELLOW	

图 4-16-49　NSA938164 和 NSA938165 插钉描述

步骤 5：在 ESPM 20-48-23 中找到送/退钉工具，如图 4-16-50 所示，将原插钉退出。其中，M81969-17-03、MS24256-A-20 和 MS24256-R-20 等送/退钉工具使用方法与波音飞机相同。

PIN: NSA938164PJXXXX
SOCKET: NSA938165SJXXXX

CONTACT				INSERTION/EXTRACTION TOOLS			
PIN	SOCKET	SIZE	CHARACTERISTICS	UTILIZATION	NORM	P/N	COLOR
PJ2000 PJ2001	SJ2000 SJ2001	20	WIRED	INSERTION	–	M81969-17-03 OR M81969-17-09	RED
					MS	24256-A-20 OR 24256-B-20	–
				EXTRACTION	MIL	M81969-19-06 OR M81969-19-07	RED
					MS	24256-R-20	–
			UNWIRED	EXTRACTION	MIL	M81969-30-05	–

图 4-16-50　送/退钉工具件号

步骤 6：在 ESPM 20-48-23 中找到剥线工具，按图 4-16-51 所示剥去合适长度的绝缘层 A。

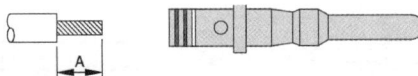

PIN: NSA938164PJXXXX
SOCKET: NSA938165SJXXXX

CONTACT SIZE	WIRE GAUGE	STRIPPING			
		LENGTH "A" mm (in) + 0.3 (+ 0.012)	TOOL		
			NORM	P/N	COLOR
20	24 TO 18	5.5 (0.216)	STRIP-MASTER	45-2020-1	BLUE
16	20 TO 16	6.5 (0.256)			
12	14 AND 12	6.5 (0.256)		45-1939-1	RED

图 4-16-51　剥线工具的选择和剥线长度

步骤 7：在 ESPM 20-48-23 中找到插钉压接工具并完成插钉压接，如图 4-16-52 所示。常用的压接工具 M22520-1-01 和 M22520-2-01 使用方法与波音飞机相同，此处不再赘述。

步骤 8：将压接完成的新插钉原位装回，测量线路是否通畅，然后恢复导线束。

空客飞机与波音飞机使用的连接器很多为美国军标，因此它们的施工方法基本相同，关于其他系列连接器请参考 ESPM 20-44-XX。

空客飞机连接器的安装和防松动等施工程序与波音飞机有很多相似之处，具体要求请参考 ESPM 20-44-XX。

PIN: NSA938164PJXXXX
SOCKET: NSA938165SJXXXX

CONTACT	WIRE GAUGE	HAND CRIMPING TOOL					SELECTOR POSITION
		TOOL		TURRET			
		NORM	P/N	NORM	P/N	COLOR	
PJ2001 SJ2001	20	MIL	M22520-1-01	MIL	M22520-1-04	RED	4
	18						5
PJ2000 SJ2000	24		M22520-1-01		M22520-1-02	RED	2
			M22520-2-01		M22520-2-02*		5
		DANIELS	WA22SSQA**	DANIELS	KQA1**	-	
			M22520-7-01		M22520-7-02		4
		MIL	M22520-1-01	MIL	M22520-1-02	RED	3

图 4-16-52　插钉压接工具的选择

4.17　国产某飞机标准线路施工简介

4.17.1　国产某飞机电气标准施工手册介绍

电气标准施工手册主要描述国产系列飞机上的线路安装标准程序和电气标准规范的相关说明,通过这本手册可找到电气标准规范相关项目的标准施工信息。它是一本非客户化手册,适用于所有的国产系列飞机。手册的主要章节目录见表 4-17-1。

表 4-17-1　某国产飞机电气标准施工手册主要章节目录

某国产飞机电气标准施工手册主要章节目录	某国产飞机电气标准施工手册主要章节目录
20-10-00 安全防护	20-51-XX 接线端子
20-11-XX 飞机环境区域	20-52-XX 永久接头
20-31-XX 电线和导线	20-53-XX 连接器
20-32-XX 电气导线端接代号	20-62-XX 维护期间 EWIS 防护
20-33-XX 标识标记	20-66-XX 修理和更换
20-44-XX 导线固定	20-70-XX 通用工具

4.17.2　国产某飞机的环境区域

国产系列飞机的环境区域被划分为:增压区、温度及振动区域、强风和严重潮湿问题区域、可燃液体泄漏区、电磁环境区域、闪击区和防火区域等。具体区域划分请参考国产电气标准施工手册 20-11-XX。

4.17.3　国产系列飞机的导线标识

每根导线可用一组从左到右排列的字母数字组合编号,导线编号中的所有字母均采用英文大写字母,如图 4-17-1 所示。为方便安装、检测、维护,应在每根电线、电缆的外护套上或套管上至少做一个导线标识代码(短于 152.4mm(6in)的电线或电缆在飞机上无需标记)。不能直接在导线外护套上印制时,可套标识管做间接标识。

(1)分组号:在飞机上相同的系统超过一个时,用分组号前缀到需要区别的有相同标识的导线编号上。

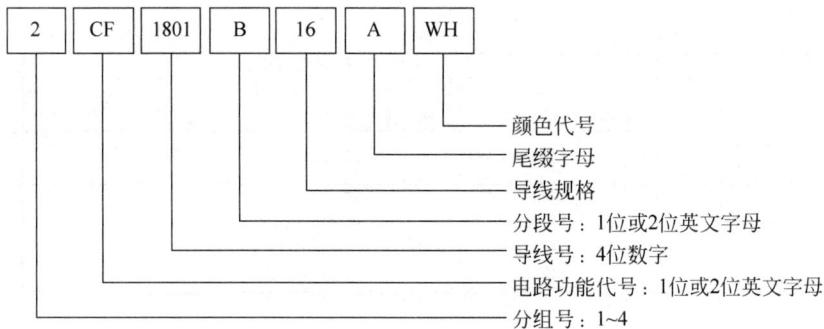

图 4-17-1　导线编号

（2）电路功能代号：由导线执行的主要功能确定代号。如表 4-17-2 所示，其他常用代号信息请参考 AWM 前言部分。

表 4-17-2　电路功能代号

代　　号	电 路 功 能	代　　号	电 路 功 能
CF	襟翼	HA	空调
EF	防火	LC	驾驶舱
FA	自动飞行	LP	客舱
FN	导航	LE	应急

（3）导线号：用从 1001 开始的四位数字，标识那些没有公共连接点的导线。

（4）分段号：用来区别每段电线（指任何有两个端接点的一段），字母从 A 排起，I、O 不用，Z 以后可以用 AA、AB 等双字母。

（5）导线规格：采用 AWG 美国线规。

（6）尾缀字母：尾缀字母 N，表示实现接地回路的导线段；尾缀字母 A、B、C 分别表示相应的交流电源相位。

（7）颜色代号：WH 表示白色，BL 表示蓝色，OR 表示橙色，GN 表示绿色，RD 表示红色，BK 表示黑色，YE 表示黄色，BR 表示棕色。

接地代号、相位代号分别与颜色代号同时出现时，颜色代号在后面。除成品线和系统专用电缆外，单根导线以及电缆中的导线只有 1 根时，导线的颜色是白色，没有标注颜色代号。导线组成电缆时，电缆和电缆中的导线编号是有规律的。例如，一根 4 芯屏蔽电缆，电缆编号为 EG4008A22，电缆屏蔽层编号为 EG4008ASH，电缆中各导线的导线号分别为 EG4008A22WH、EG4008A22BL、EG4008A22OR、EG4008A22GN。电缆编号 EG4008A22 没有出现在线路图中。

4.17.4　导线束捆扎

国产某飞机上绑扎电缆或导线束的电气元器件包括绑扎带及卡带。绑扎带也称绑绳，即捆扎绳，常用于导线束的捆扎。绑扎带的打结方法有 1~11 号结，根据振动强度等级选择合适的绑扎结。其中 1 号结即丁香结，用于 1 级、2 级和 4 级区域。国产飞机上选用的卡带一般有尼龙卡带、复合材料卡带、不锈钢卡带。尼龙卡带通常用于固定机身气密区、常温区、低振区的电缆,不能用于固定发热量大的电源线(如主电源馈电线等)。复合材料卡带耐环境性能较好,可以用于环境温度较高的区域。不锈钢卡带通常用于固定电缆或导线束的外屏蔽套。

4.17.5 国产某飞机线路维修施工程序示例

假设维护检查工作中发现:一架国产飞机驾驶舱登机门区域有一根导线接地端出现严重损坏,这根导线标识是 LE1923A22N,剩余导线长度还可以再做一次修理,请制定合理的维修方案完成施工,如图 4-17-2 所示。

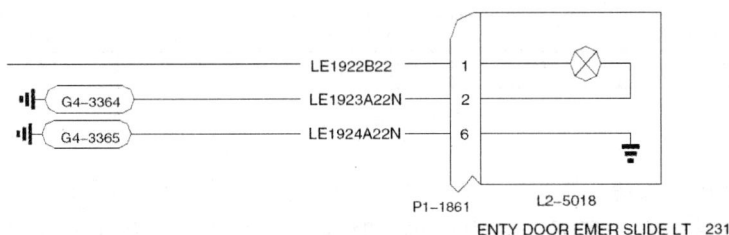

图 4-17-2 线路示意

问题分析:因为剩余导线长度还可以再做一次修理,只需要更换导线终端的接线端子即可,需要先从手册中查找施工所需要的工具和耗材,完成施工。

步骤 1:在 AWM 的 91-21-11 导线清单中找到导线的信息,如图 4-17-3 所示。导线材料代号为 10,接地端端接代号是 703。

线束号 W1-3321												
导线号	线规	导线 材料 代号	长度 (mm)	敷设字母	线路图 ATA号	设备号(从)	孔号 (从)	端接 代号 (从)	设备号(到)	孔号 (到)	端接 代号 (到)	有效性
LE1923A22N	22	10	500			G4-3364	A	703	P1-1861	2	540	ALL

图 4-17-3 导线清单

步骤 2:在电气标准施工手册 20-32 中找到电气导线端接代号表,如图 4-17-4 所示,可知接线端子供应商零件号为 323989,手动端接工具代码为 TAA/TZA/TZB。

端接代号	供应商零件号	供应商	标准零件号/中国 商飞零件号	线规	圆密耳面积(CMA)	接线柱尺寸 美 制(米制)	剥线尺寸毫米(英寸)	手动端接工具	动力端接工具
700	329636	TE	CETL0001-329636	24~20	320~1290	#2 (M2)	4.8~5.6(0.19~0.22)	TAA/TZA/TZB	N/A
701	323985	TE	CETL0001-323985	24~20	320~1290	#4-	4.8~5.6(0.19~0.22)	TAA/TZA/TZB	N/A
702	323986	TE	CETL0001-323986	24~20	320~1290	#6(M3.5)	4.8~5.6(0.19~0.22)	TAA/TZA/TZB	N/A
703	323989	TE	CETL0001-323989	21~20	320~1290	#8(M4)	4.8~5.6(0.19~0.22)	TAA/TZA/TZB	N/A

图 4-17-4 接线端子端接代号表

为方便工作,对国产新支线飞机电气组件制造中端接所用的各种端子、接头及其加工方法分别规定了代号,称为端接代号。端接代号有基本代码和组合代码。基本代码表示用标准工艺方法,将端子接头连接到导线端,各种端子接头在相应的章节中有明确说明,主要包括接线端子、永久接头、屏蔽收头、绝缘接头以及连接器用的针接触件、孔接触件,有时代码表示某种工艺方法;组合代码,在基本代码前面或后面加缀大写字母,表示对基本代码在工艺上进行了改进、补加工或增加零件、材料要求。

步骤 3：查找剥线工具。根据导线材料代号和线规，在电气标准施工手册 20-34-01 中选择剥线工具代码为 S101 或 S301，如图 4-17-5 所示。在 20-70-05 中根据剥线工具代码选择工具完成剥线工作。S101 对应的基本工具号如图 4-17-6 所示，它的使用方法与波音飞机和空客飞机的一些剥线钳类似，此处不再赘述。

导线材料代号	导线线规	工具代码	工具代码	工具代码	工具代码	工具代码	工具代码	注
10	24-16	S101	S301					
10	14-10	S102						
10	8-2/0	S109				S201	S900	

图 4-17-5 剥线工具的选择

工具代码	工具制造商	基本工具号	刀片号	工具信息
S101	IDL	55-1987	55-1987-1	SHN

图 4-17-6 S101 剥线工具

步骤 4：查找接线端子压接工具。在 20-70-07 中根据压接工具代码选择压接工具，完成压接工作，如图 4-17-7 所示。其中压接工具 59275 在波音飞机上经常使用，此处不再赘述。

工具代码	工具制造商	基本工具号	压模号	定位器号	其他	工具信息
TAA	TE	59300				CHR
TZA	TE	59275				CHR
TZB	TE	47907-1				CHR

图 4-17-7 压接工具选择

第5章

航空紧固件及保险

航空紧固件是将航空器各零部件紧固连接成为一个整体所采用的机械零件的总称，分为可拆卸式和永久安装式两类。可拆卸式紧固件不需破坏就可将其拆下，可以重复使用，如螺栓、螺母、螺钉、垫片等；永久安装式紧固件需要将其部分或完全破坏才能拆下，且拆下后不能重复使用，如铆钉、高锁螺栓、抽芯铆钉等。在航空器定期维护时，需要拆卸分解或更换的部位以及承受较高拉伸或剪切载荷的连接部位，通常采用可拆卸紧固件；永久安装式紧固件用于日常维护中不需要拆卸的结构组件的连接。在飞机飞行过程中，由于受振动、载荷变化、温度变化等因素的影响，紧固件会出现松动的趋势，从而影响机件的可靠连接。因此，在航空器上对可拆卸的紧固件要求采用防松措施，这些措施称为紧固件保险。本章主要对可拆卸的螺纹紧固件的种类、拆装要求和常用的防松保险方法进行介绍。

5.1 螺纹紧固件

航空器上绝大部分可拆卸紧固件采用螺纹连接。螺纹副具有的配合松紧程度分为4个等级，等级数越大，螺纹副配合的紧度越紧。航空螺栓绝大多数采用3级配合，航空螺钉采用2级配合。螺纹牙型也有不同的标准。细牙螺纹比粗牙螺纹具有更强的抗拉伸能力和抗剪切能力、较高的抗扭转能力以及更好的自锁能力。波音飞机的大多数螺纹紧固件采用UNF系列细牙螺纹。螺纹方向有正反之分，正螺纹为右旋螺纹，顺时针方向拧紧。航空紧固件大多采用正螺纹。

5.1.1 航空螺栓

航空螺栓(见图5-1-1)与螺母配合实现紧固连接。航空螺栓通常由镀镉或镀锌的耐腐蚀钢、不锈钢、硬铝合金、钛合金等材料制成，按使用范围分为通用型螺栓、特殊螺栓、轴销螺栓等。螺栓头形状有六方头、半圆头、环眼头、12棱头、埋头等，有些螺栓头部开有保险丝孔。螺栓头部通常有标识,用于表明其材料、制造标准等。特殊用途的螺栓头部通常有"S"标识。

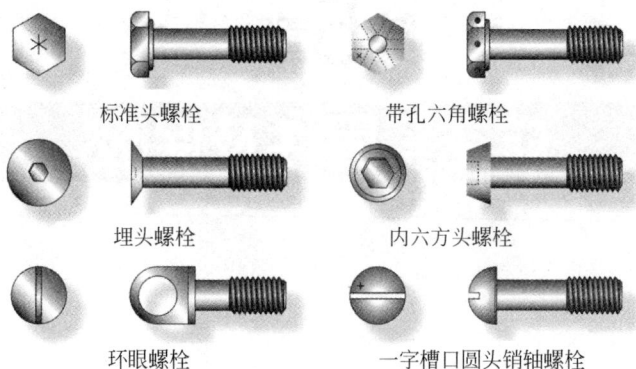

图 5-1-1　航空螺栓

销轴螺栓适用于仅承受剪切力而不受拉伸力的部件连接,如操纵系统中作为铰接点的销轴。销轴螺栓头为圆头一字槽,螺纹段和光杆段交界处开有环槽。

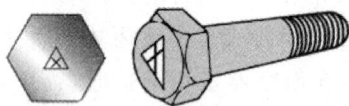

图 5-1-2　紧公差螺栓

紧公差螺栓(见图 5-1-2)头部有凸起或凹陷的三角形标识,比通用螺栓加工得更精确,应用于反复承受严重负载和剧烈振动的部位,如发动机、起落架、传动系统等。安装时须使用 12~14OZ 的手锤敲击才能到位。

5.1.2　航空螺母

航空螺母由镀镉碳钢、不锈钢或表面经过阳极化处理的 2024T 铝合金制成,按锁紧功能可以分为两大类:非自锁型和自锁型。

1. 非自锁型螺母

非自锁型螺母形状有普通六方头螺母、城型螺母、蝶形螺母。按螺栓受载情况划分,可以把螺母分为承拉型和承剪型。图 5-1-3 中 AN310 系列为承拉型槽顶螺母,AN320 系列为承剪型槽顶螺母,AN350 系列为蝶形螺母。非自锁型螺母需额外采取保险措施防止松动。

2. 自锁型螺母

自锁型螺母自身具有防松功能,可有效防止振动导致的螺母松动,安装后不需要额外的保险手段。自锁型螺母在飞机上应用广泛,可用于防磨轴承和操作钢索滑轮的固定、飞机和发动机附件的安装等,但其不能用于承受扭矩作用致使螺栓或螺母可能发生转动的部位,如铰接轴销。托板型自锁螺母用于检查口盖和油箱盖板的安装。自锁型螺母分为低温自锁和高温自锁两类。

1) 低温自锁螺母(纤维锁圈型)

低温自锁螺母(见图 5-1-4)由螺母顶部内侧的纤维或尼龙锁圈实现自锁。当锁圈部分拧到螺杆上时,由于锁圈上无螺纹,且其内径比螺母螺纹直径略小,锁圈被螺杆挤压产生向下的作用力,使螺母与螺栓上螺纹的摩擦力增大。受其锁圈材料限制,低温自锁螺母不能用于温度高于 250℉的工作区域。如果自锁作用正常,低温自锁螺母可以重复使用。在带开口销孔的螺栓上使用过的自锁型螺母,不建议重复使用,孔的边缘容易使螺母的自锁功能失效。低温自锁螺母安装后须做松动检查标记。

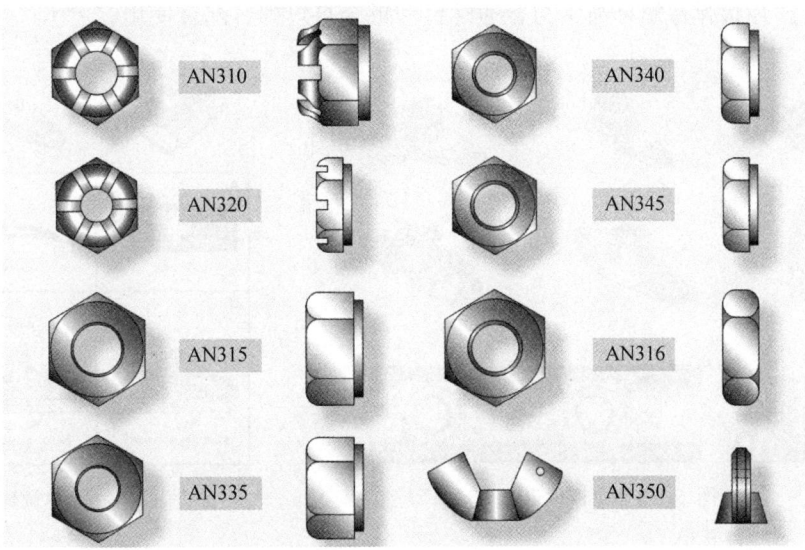

AN310		AN340	
AN320		AN345	
AN315		AN316	
AN335		AN350	

图 5-1-3　非自锁型螺母

2) 高温自锁螺母(全金属型)

高温自锁螺母(见图 5-1-5)为全金属制造,可用于温度超过 250℉ 的部位。螺母下部为承载螺纹,上部为锁紧螺纹。锁紧螺纹部分通过变形增大与螺杆之间的摩擦力。高温自锁螺母的锁紧部分有多种形式。图 5-1-5(a)是螺母锁紧螺纹部分有纵向槽缝,且锁紧螺纹部分的直径比承载螺纹的直径稍小,当螺栓拧入锁紧螺纹时,槽缝被胀开,收口部分的弹性力使螺栓与螺母夹紧。图 5-1-5(b)螺母顶端的锁紧部分稍有椭圆度,当螺栓拧入螺母锁紧段时,锁紧部分被螺栓撑成圆形,变形的弹性恢复力使螺母实现对螺栓的夹紧作用,从而实现自锁。

图 5-1-4　低温自锁螺母

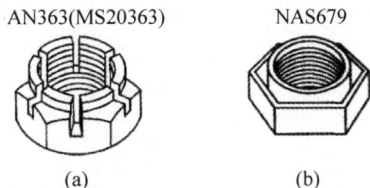

AN363(MS20363)　　　　NAS679

(a)　　　　　　　(b)

图 5-1-5　高温自锁螺母

(a) 金属自锁螺母;(b) 薄的金属自锁螺母

3. 托板螺母

托板螺母(见图 5-1-6)主要用于航空器结构上受力口盖的固定连接。由铆钉将托板螺母固定在开口区结构的内侧,通过将螺钉拧入托板螺母将盖板固定到航空器结构上,为了便于与螺栓结合,有些螺母在托板上可以略微移动。

4. 片状弹簧螺母

片状弹簧螺母(见图 5-1-7)用于固定重量不大的零件,如管线夹头、电子设备、小型航空器上的盖板。片状弹簧螺母通常与普通螺钉和钣金自攻螺钉配合使用。

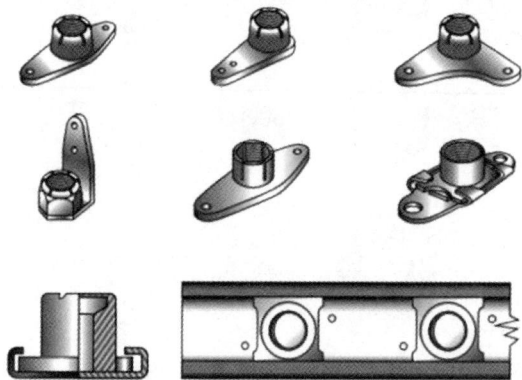

图 5-1-6 托板螺母

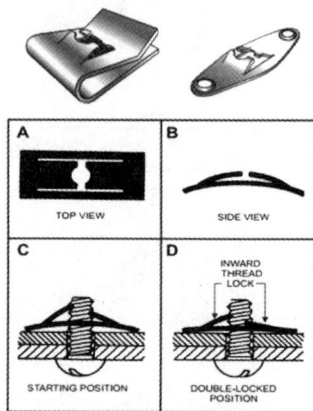

图 5-1-7 片状弹簧螺母

5.1.3 航空螺钉

航空螺钉与孔中的内螺纹配合实现紧固连接。通常航空螺钉的材料强度和螺纹配合紧度都低于螺栓,用于飞机上受力不大的位置。常用的航空螺钉可分为三类:结构螺钉、机械螺钉和自攻螺钉,如图 5-1-8 所示。结构螺钉由合金钢制成,有明确的夹紧长度,用于结构连接,与同尺寸螺栓强度相同。机械螺钉常用于一般性的非结构和次要结构件的连接,如固定整流罩、装饰板、地板、管路支架等。自攻螺钉靠螺钉本身在装配孔里攻丝而紧固,用于薄金属板、塑料板的连接,如铭牌。自攻螺钉钉尾有尖头和钝头两种。

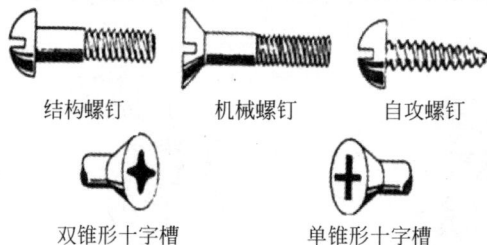

结构螺钉　　机械螺钉　　自攻螺钉

双锥形十字槽　　　单锥形十字槽

图 5-1-8 航空螺钉

5.1.4 垫圈

垫圈配合螺纹紧固件使用,起到使承压面受力均匀、防腐和保护被连接表面的作用。此外,还可以通过使用垫圈来调节螺栓的光杆段长度以及调节开口销插孔位置。防松垫圈可以起到紧固件保险的作用。常用的垫圈有普通平垫圈、弹簧垫圈、星形垫圈、特殊垫圈等,如图 5-1-9 所示。

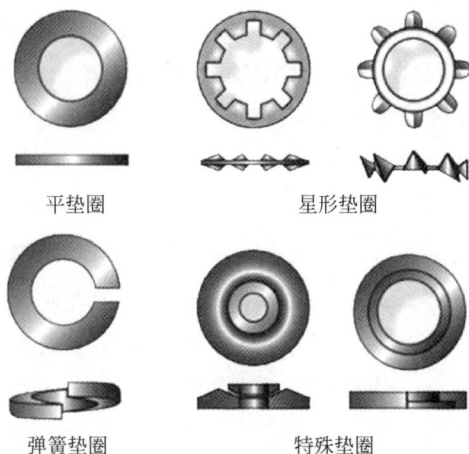

平垫圈　　　　　　　星形垫圈

弹簧垫圈　　　　　　特殊垫圈

图 5-1-9　航空垫圈

5.1.5　转角拧紧式紧固件

转角拧紧式紧固件又称快卸螺钉,常用于航空器上经常拆卸的检查口盖、面板、整流罩的固定安装。其特点是可快速拆卸,为检查和维护工作提供方便。图 5-1-10 为宙斯(DZUS)型紧固件。安装转角拧紧式紧固件时,用螺刀下压紧固件头部并顺时针拧转 90°,即可锁紧紧固件。

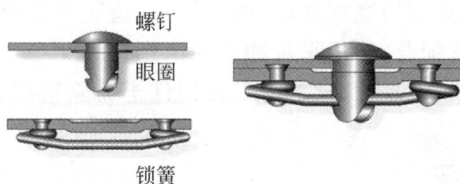

螺钉

眼圈

锁簧

图 5-1-10　宙斯(DZUS)型紧固件

5.1.6　航空紧固件的件号识别

航空紧固件的件号通常由两部分组成:①规范号或标准号;②零件信息,包括尺寸、材料和表面处理等。

1. 航空紧固件的制造标准

航空紧固件为标准件。标准件即按照一定的技术标准制造的零件。目前在航空制造领域,标准件的制造标准包括零件制造商和飞机制造商的企业标准以及标准组织或政府制定的标准,如美国航空标准(National Aerospace Standard,NAS)、美国空军海军航空设计标准(Air Force-Navy Aeronautial Design Standard,AND)、波音公司企业标准(简称波音标准)(Boeing Aircraft Company,BAC)、美国航空军用标准(National Aerospace Standard Military,NASM)、空客公司标准(ABS/NSA/ASNA)等。在波音商用飞机上,多采用波音公司企业标准。波音标准件号前缀与紧固件类型对应关系为:BACB30——bolt(螺栓),BACN10——nut(螺母),BACN11——nut(螺母),BACS12——screw(螺钉),BACR15——rivet(铆钉),BACW10——washer(垫圈)。

2. 航空螺栓的件号识别

航空紧固件件号中的数字和字母组合中包含了系列标准代号、头型、材料、镀层、公称直径、夹紧长度、耐热性能等内容。图 5-1-11 为 BAC(波音标准)系列螺栓编码规则。例如，螺栓件号为 BACB30NN8K44GX,其中 BACB30NN 为波音标准螺栓基本号,NN 代表螺栓头为 100°埋头十字槽,螺栓材料为钛合金。

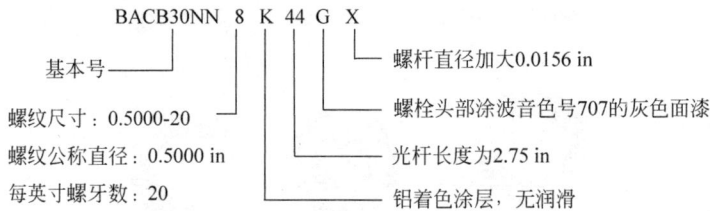

图 5-1-11　波音标准螺栓件号

5.2　螺纹紧固件拆装

5.2.1　螺纹紧固件的拆卸

1. 螺纹紧固件的一般拆卸

(1)拆卸紧固件之前,要除去紧固件上的密封胶和保险。

(2)根据紧固件的类型、尺寸以及操作空间的大小选择合适的拆卸工具,避免工具使用不当造成紧固件损坏。

(3)判断好旋向,用工具拧松紧固件后,用手拧下,避免零件掉落。

(4)如果螺栓与孔为紧配合,使用平头冲子冲出螺栓。

(5)紧固件生锈或过紧、不易拧松时,可在紧固件上喷除锈剂、松动剂等,待锈层变松后再拆卸。

2. 螺纹紧固件特殊拆卸

如紧固件出现锈蚀或变形,或者在维修中由于操作不当损坏,造成紧固件难以正常拆卸,可以采取一些特殊方法将紧固件拆卸下来。

1)震动拆卸法

震动拆卸法是使用手动冲击螺刀或气动震枪使螺钉松动,如图 5-2-1 所示。

图 5-2-1　气动震枪拆卸螺钉

2)压板拆卸法

压板拆卸法是利用压板(取钉器)增加下压力,使螺刀头与螺钉槽口咬合紧密,不易滑脱,从而拆卸一些难以拧动的螺钉。图 5-2-2 所示是一种压板工具。

3)大力钳拆卸法

当紧固件的外形被破坏,无法使用扳手卡住时,可使用大力钳(见图 5-2-3)夹紧并旋拧紧固件将其拆下。

压板(取钉器)的使用

大力钳拆卸法

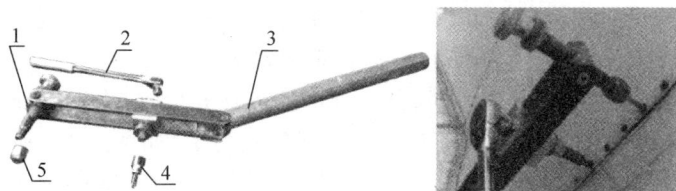

图 5-2-2　压板拆卸螺钉

图 5-2-3　大力钳拆卸法

1—螺杆；2—板杆；3—压板手柄；4—螺刀头；5—螺母。

4) 螺旋锥拆卸法

螺旋锥拆卸法(见图 5-2-4)是使用螺旋锥将断在孔内的螺桩取出。使用时，需要先在断头螺栓上钻孔，然后把螺旋锥敲入钻孔内，用丝锥扳手逆时针旋转螺旋锥，使螺旋锥的切削刃切入孔壁从而带动断螺桩旋出。

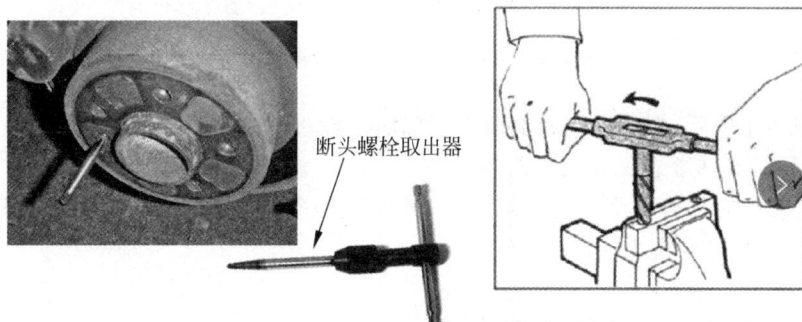

断头螺栓取出器

图 5-2-4　断头螺栓取出器拆卸螺栓

注意：孔一定要钻到螺钉的中心位置，孔直径稍小于螺纹直径，先将螺栓松动剂涂抹在孔里。

5.2.2　螺纹紧固件的安装

螺纹紧固件安装的一般原则如下：

(1) 紧固件的类型尺寸、安装要求根据 AMM 确定。如果没有特别说明，航空器上的螺栓一般从上往下、从前往后安装。安装时其轴线应与螺栓孔重合。

(2) 安装前检查螺栓和螺母与零件贴合的表面，应光洁、平整。螺栓或螺母如有受损或自锁力不足时，应更换新件。

(3) 当手册要求在螺栓上涂抹密封剂和防咬剂时，必须在安装垫圈之前完成。螺栓润滑部位如图 5-2-5 所示。

(4) 螺栓的光杆长度应等于被连接件的厚度，如果大于被连接件的厚度，需要使用垫圈调整螺栓的夹紧长度，保证螺母拧紧后在被连接件表面产生一定的压紧力。

(5) 安装有埋头凹槽的垫片时，要注意有凹槽的一面朝向螺栓。在连接铝(镁)部件时，必须使用铝制垫片以防金属间腐蚀。

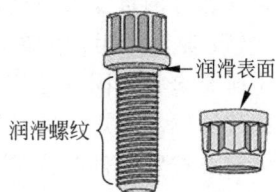

润滑表面

润滑螺纹

图 5-2-5　紧固件的润滑部位

(6) 如果螺栓与孔为紧配合，需要使用胶锤将螺栓敲入孔内，敲入前检查孔是否校齐、孔的直径以及螺栓的尺寸是否正确。

(7) 为避免孔壁或螺纹损坏，安装螺栓时应尽可能通过固定螺栓头、拧动螺母的方式进行。除非手册另有要求，否则不允许拧动紧公差螺栓或干涉配合孔螺栓的螺栓头。

（8）安装螺母时，应先用手拧螺母，确保螺纹对正后再用扳手旋拧，如果一开始就感觉到阻力大，可能是螺纹没有对正或螺牙有损坏，须拆下检查后再重新安装。

（9）拧紧顺序：在拧紧分布为闭合图形的紧固件时，从上面的紧固件开始，应先按照交叉对角的顺序拧紧所有紧固件后，再按相同的顺序将它们拧紧到规定力矩，如图 5-2-6 所示。如果手册中规定了多个螺栓(指一行螺栓超过 5 个，或多个螺栓排布呈圆形，或多行螺栓)的安装顺序，按手册要求的顺序进行安装。

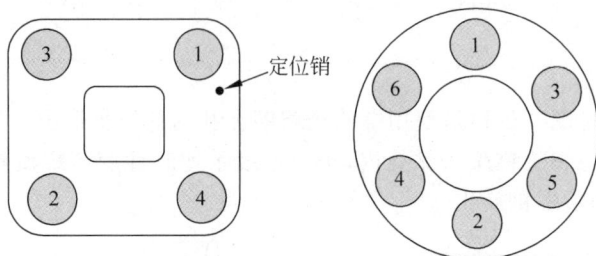

图 5-2-6　紧固件的拧紧顺序

（10）安装完毕后，螺栓末端的倒角应全部露出螺母，如螺栓末端没有倒角，至少露出螺母 1.5 圈螺纹。具体要求见相关手册规定。

（11）在装配有贴合面密封的零部件时，拧紧螺栓应有密封剂挤出，且在紧固件完全锁紧后，构成贴合面的零部件应紧密接触。

5.2.3　螺纹紧固件的装配力矩

航空螺纹紧固件须施加合适的紧固力矩。紧固件力矩不足，在飞机的运行中会导致紧固件磨损、结合面振动及疲劳失效；力矩过大，会导致螺纹损坏紧固件脱落、部件应力过大。因此在安装紧固件时，应确保施加了正确的力矩。

1. 关于力矩的定义

（1）干力矩：指紧固件螺纹在未润滑的状态下给紧固件施加的力矩。

（2）润滑力矩：指安装紧固件时在螺纹上涂抹了润滑剂后给紧固件施加的力矩。

（3）自锁力矩：转动自锁作用的螺纹所需的力矩。对于有自锁性能的螺母，指在拧螺母时，当螺母的螺纹完全和螺栓咬合，但还没有和被紧固的飞机零件接触时的力矩值。如果自锁螺母的自锁力矩符合手册中自锁力矩表的要求，该自锁螺母可以再次使用。

（4）驱动力矩：在紧固件接触到贴合面之前，沿旋紧方向转动紧固件所需的力矩。如果手册要求将紧固件拧紧到大于驱动力矩的一个数值，则紧固件应拧紧到这个数值再加上紧固件的驱动力矩。即目标值＝规定值＋驱动力矩。驱动力矩可以使用力矩扳手在向旋紧方向旋拧紧固件时读出来。

2. 力矩值的获得途径

获得紧固件力矩值的途径及顺序如下：

（1）工作单标明的力矩。

（2）AMM 中的相关章节的安装程序给出的紧固力矩。

（3）部件上标注的施工力矩。

（4）当维修程序中未规定拧紧力矩时，可以根据紧固件的件号和尺寸，在 AMM 标准施工一章中的标准力矩表中查找。图 5-2-7 所示为波音 737NG 飞机的标准力矩表。例如,件号为 BACB30MT4 的螺栓,干安装时,螺母拧紧力矩为 107～113lbf・in。

FASTENER CLASS	220 KSI			
FASTENER PART NUMBER	BACB30MT, BACB30TR, BACB30NH, BACB30US, BACS21EK			
NUT PART NUMBER	BACN10HC, BACN10HR, BACN10JG, BACN10YN, BACN11X			
NOMINAL THREAD SIZE	DRY FASTENERS		LUBED FASTENERS	
	TURN THE NUT AND NO FAY SEAL	TURN THE FASTENER HEAD AND/OR FAY SEAL	TURN THE NUT AND NO FAY SEAL	TURN THE FASTENER HEAD AND/OR FAY SEAL
0.1900-32	82 in-lb (9 N·m) to 88 in-lb (10 N·m)	97 in-lb (11 N·m) to 103 in-lb (12 N·m)	53 in-lb (6 N·m) to 57 in-lb (6 N·m)	58 in-lb (7 N·m) to 62 in-lb (7 N·m)
0.2500-28	107 in-lb (12 N·m) to 113 in-lb (13 N·m)	121 in-lb (14 N·m) to 129 in-lb (15 N·m)	73 in-lb (8 N·m) to 77 in-lb (9 N·m)	78 in-lb (9 N·m) to 82 in-lb (9 N·m)
0.3125-24	204 in-lb (23 N·m) to 216 in-lb (24 N·m)	243 in-lb (27 N·m) to 258 in-lb (29 N·m)	155 in-lb (18 N·m) to 165 in-lb (19 N·m)	175 in-lb (20 N·m) to 185 in-lb (21 N·m)
0.3750-24	388 in-lb (44 N·m) to 412 in-lb (47 N·m)	485 in-lb (55 N·m) to 515 in-lb (58 N·m)	291 in-lb (33 N·m) to 309 in-lb (35 N·m)	320 in-lb (36 N·m) to 340 in-lb (38 N·m)
0.4375-20	655 in-lb (74 N·m) to 695 in-lb (79 N·m)	815 in-lb (92 N·m) to 865 in-lb (98 N·m)	388 in-lb (44 N·m) to 412 in-lb (47 N·m)	427 in-lb (48 N·m) to 453 in-lb (51 N·m)
0.5000-20	1067 in-lb (121 N·m) to 1133 in-lb (128 N·m)	1261 in-lb (142 N·m) to 1339 in-lb (151 N·m)	558 in-lb (63 N·m) to 592 in-lb (67 N·m)	631 in-lb (71 N·m) to 670 in-lb (76 N·m)
0.5625-18	1504 in-lb (170 N·m) to 1597 in-lb (180 N·m)	1746 in-lb (197 N·m) to 1854 in-lb (209 N·m)	873 in-lb (99 N·m) to 927 in-lb (105 N·m)	970 in-lb (110 N·m) to 1030 in-lb (116 N·m)

图 5-2-7　波音 737NG 飞机的标准力矩(部分)

3. 力矩施工注意事项

(1) 使用力矩扳手进行力矩施工。使用前检查力矩扳手的校验日期、计量单位、量程;力矩扳手应无损坏,表盘式力矩扳手指针转动灵活。选择力矩扳手量程时,应使目标力矩值处于全量程中间,以减少误差。

(2) 打力矩前,需对紧固件进行预紧,注意拧紧度不超过目标力矩值的 70%。

(3) 如手册中没有要求使用螺纹润滑剂或防腐剂润滑螺纹,打力矩时螺纹应清洁且干燥。润滑会增大螺栓的预载,螺纹上的异物会减小螺栓的总预载。

(4) 如手册中无特别要求,打力矩时应使用力矩扳手旋拧螺母,而不是旋拧螺栓,以避免螺栓在孔中转动而造成磨损。

(5) 打力矩时,应均匀缓慢地用力,避免快速旋转或冲击加力,确保紧固件静态加载到要求的力矩值。

(6) 力矩扳手的加长力臂是专用的,不能混用。用加长杆磅紧力矩时,应注意设定力矩值的重新计算(见图 5-2-8)。

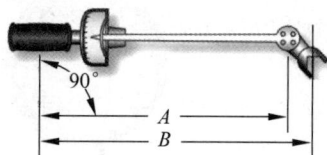

$$T_w = \frac{T_e \times A}{B}$$

T_w——使用加长杆后的力矩值;
T_e——要求的力矩值;
A——力矩扳手杆长;
B——加长后的力臂长度。

图 5-2-8　力矩的修正

（7）没有特殊要求时，不要用万向头打力矩。

（8）力矩工具属于测量工具，要轻拿轻放，不能用榔头敲击扳手，不要将其当棘轮扳手使用。如不当使用或掉落后应立即校验。

（9）肘节式力矩扳手使用完毕后，应将读数设置到最小刻度处（归零）。

（10）进行紧固件力矩检查应该先将螺母拧松半圈到 1 圈，再拧紧螺母到规定力矩。

5.3　航空紧固件保险装置

根据紧固件保险的防松原理，可将紧固件保险分为摩擦类和机械类。

5.3.1　摩擦类保险装置的特点及应用

摩擦类保险是通过在螺纹副之间产生不随外力变化的正压力，以增大阻止螺纹副发生相对转动的摩擦力，从而实现紧固件防松。飞机上常用的摩擦类保险有弹簧垫圈、双螺母、簧板式垫圈、自锁型螺母等。

弹簧垫圈
的安装

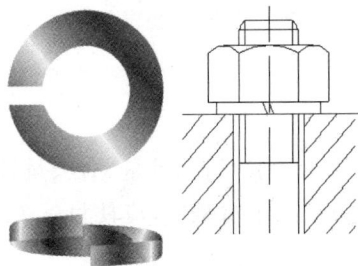

图 5-3-1　弹簧垫圈保险

1. 弹簧垫圈

弹簧垫圈（见图 5-3-1）为螺旋开口圆环，通过垫圈被螺母压紧时产生的弹性回复力来增大螺纹之间的摩擦力，通常用于受力不大的紧固件的保险。为避免弹簧垫圈的刃口划伤部件，应该在弹簧垫圈下面先安装平垫片。弹簧垫圈可以重复使用，在安装前要确定其开口未被压平。

2. 双螺母

双螺母保险（见图 5-3-2）是通过两螺母的对顶使螺杆被拉伸，从而使螺纹间的摩擦力增大。双螺母保险用于受力较大或紧固件需保持在某一特定的部位，如散热器吊带处。

3. 簧板式垫圈（内花、外花垫圈）

簧板式垫圈（见图 5-3-3）用于受力较小的螺钉或螺母的保险。其内沿或外沿上有很多带扭转的舌片，当螺母或螺钉拧紧后将其舌片压平，通过弹性回复力来增大螺纹间的摩擦力。

4. 自锁型螺母

见 5.1.2 节航空螺母。

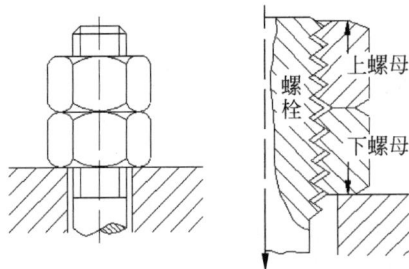

图 5-3-2　双螺母保险

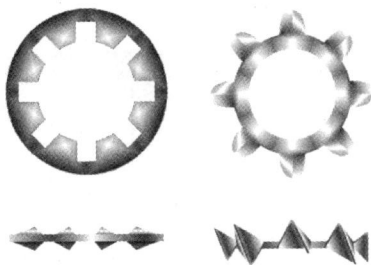

图 5-3-3　内、外簧板式垫圈

5.3.2　机械类保险装置的特点及应用

机械类保险是通过机械手段(使用止动件),限制螺纹紧固件的相对运动。飞机上常用的机械类保险包括保险丝、保险钢索、开口销、锁片(保险片)、弹簧卡环、卡簧销(别针)等。

1. 保险丝保险

保险丝保险是用金属丝将两个或两个以上的紧固件串联在一起。当保险丝串联的任意一个紧固件出现松动趋势时,其他紧固件会通过保险丝给其旋紧方向的力矩,使紧固件互相牵制,从而达到防松的目的。保险丝保险在飞机上应用广泛,可用于带保险丝孔的螺栓、螺母、螺钉、管螺母、电插头等保险。保险丝安装分为双股保险和单股保险(见图 5-3-4)。双股保险用两股保险丝互相缠绕扭结。单股保险只用一股保险丝将紧固件连接在一起,以双股扭结结尾。

图 5-3-4　保险丝保险

(a) 双股保险；(b) 单股保险

2. 保险钢索保险

保险钢索(见图 5-3-5)的保险原理与保险丝相同,利用钢索串联两个或两个以上的紧固件,使它们互相牵制。当手册中允许时,可使用防腐和防热的保险钢索作为保险丝的替代品。

3. 开口销保险

开口销(见图 5-3-6)用于单个紧固件的保险,如螺桩、螺栓、城墙螺母、平头销等。飞机、发动机或起落架上传动或运动部件的紧固件通常采用开口销保险。

4. 锁片保险

锁片(见图 5-3-7)又称保险片,其利用凸耳卡紧螺母,阻止螺母松动,多用于受力较大或温度变化较大部位紧固件的保险,常用于发动机螺栓的保险。

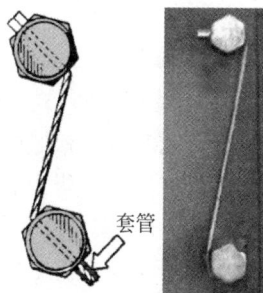

套管

图 5-3-5　保险钢索保险

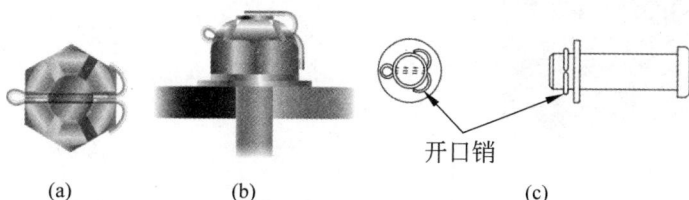

开口销

(a)　　　　(b)　　　　(c)

图 5-3-6　开口销横式保险和纵式保险

(a) 横式；(b) 纵式；(c) 平头销上安装开口销保险

5. 弹簧卡环(卡簧)保险

弹簧卡环(见图 5-3-8)为具有弹性的开口圆环,利用回弹力卡紧在沟槽内,用于零件的轴向固定。分为轴用卡环和孔用卡环两种。

卡环钳

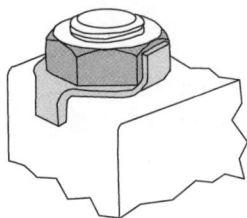

图 5-3-7　锁片保险

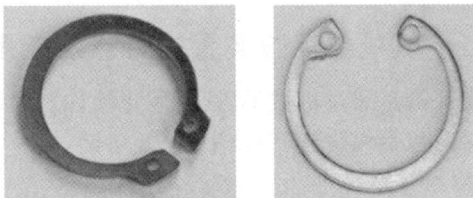

(a)　　　　　　　　　　(b)

图 5-3-8　弹簧卡环

(a) 轴用卡环；(b) 孔用卡环

拆装卡环时(见图 5-3-9)，应注意卡环钳的尖端伸入卡环的凸耳孔中要足够长，避免卡环弹出伤人。安装卡环后应检查卡环是否全部进入沟槽。禁止使用损坏或弹性不好的卡环。

图 5-3-9　用卡环钳拆装卡环

6. 卡簧销(别针式)保险

现代航空器上松紧螺套通常使用卡簧销(见图 5-3-10)进行保险。安装方法如图 5-3-11 所示。调整好钢索张力后，将卡簧销的直尾穿入螺套与螺杆对齐的沟槽中，将弯头压入螺套的中心孔内，直到听到"咔嗒"的响声，在螺套的另一端安装另一根卡簧销，两根卡簧销可同侧或异侧安装。拆下的卡簧销不能重复使用。

卡簧销的
安装与拆除

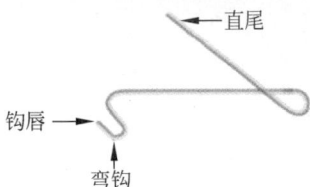

直尾

钩唇

弯钩

图 5-3-10　松紧螺套卡簧销保险

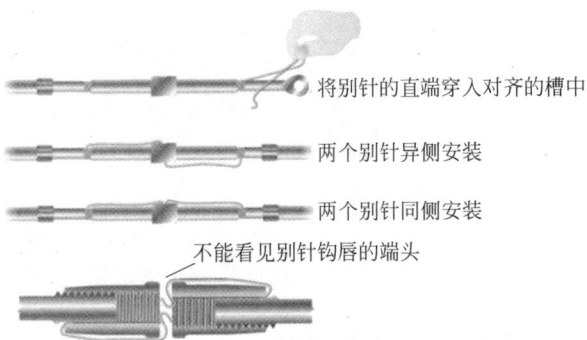

将别针的直端穿入对齐的槽中

两个别针异侧安装

两个别针同侧安装

不能看见别针钩唇的端头

图 5-3-11　松紧螺套卡簧销的安装方法

5.3.3 保险丝保险施工

1. 保险丝的选取

（1）保险丝为航空耗材，其件号中包含了保险丝的标准、材质、直径等内容。例如，保险丝件号 MS20995C32 的含义如图 5-3-12 所示。

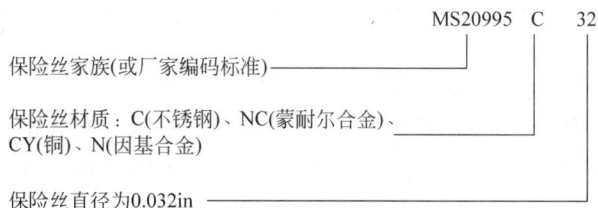

MS20995 C 32

保险丝家族(或厂家编码标准)————————

保险丝材质：C(不锈钢)、NC(蒙耐尔合金)、———
CY(铜)、N(因基合金)

保险丝直径为0.032in ————————————

图 5-3-12 保险丝件号含义

（2）航空器保险丝的材料、规格、适用范围见表 5-3-1。

表 5-3-1 波音飞机保险丝规格

材 料	直径/in	适 用 范 围
不锈钢（CRES）	0.020、0.032、0.041、0.047、0.091	不锈钢保险丝用于一般区域的保险(本表格中规定的区域除外)
蒙耐尔（Monel）合金	0.020、0.032、0.040、0.051、0.091	可用于温度不超过 700°F 的高温区紧固件保险
英科耐尔（Inconel）合金	0.020、0.032、0.040、0.051、0.091	可用于温度在 700～1500°F 的高温区紧固件保险
铝合金（5056）	0.020、0.032、0.041、0.047、0.091	使用在镁合金部件上的保险，防止发生电化腐蚀
铜	0.020	用于应急设备、保护盖、灭火瓶、急救箱、应急活门、氧气调节器等(见图 5-3-13)，以防止这些设备被误操作

图 5-3-13 铜保险丝用于应急电门保护盖

（3）选取保险丝的基本规则如下：

① 根据手册要求选择保险丝材料和直径。

② 保险丝不能重复使用，每次打保险必须用新的保险丝。

③ 保险丝应无腐蚀、无压痕、无损伤和无急剧弯折变形，在编结段不得有任何损伤。

④ 对于直径≥ 0.032in 的保险丝，进行双股保险时，保险丝直径应为保险丝孔直径的 1/3～3/4。保险丝孔直径 0.045in 或更小的装置上，或者是零件间距小于 2in 并且保险丝孔直径为 0.045～0.062in，可以使用直径 0.020in 的保险丝。

⑤ 当使用单股方法时，使用能通过保险孔的最大标准尺寸的保险丝。

2. 保险丝保险安装要求

(1) 安装保险丝保险之前,确保紧固件已拧紧至所要求的力矩范围内,如果需要调整紧固件保险丝孔的位置,须在其力矩范围内调整,不能采用超力矩或欠力矩的方式进行调整。

(2) 保险丝应沿紧固件旋紧方向施加力矩,当紧固件出现松动趋势时,保险丝应被拉紧,阻止紧固件松动。

(3) 安装双股保险丝保险时,应选择将相邻近的紧固件串联在一起,紧固件的间距和串联的个数遵循以下要求:

① 紧固件彼此间隔超过 6in,不能把它们串联在一起。

② 紧固件彼此间隔 4~6in,用同一根保险丝串联的紧固件不能超过 3 个。

③ 紧固件彼此间隔小于 4in,最长允许使用一根 24 in 的保险丝将不多于 4 个紧固件串联在一起。

(4) 安装单股保险丝保险时,最多串联的螺钉个数以保险丝长 24in(609mm)为限。

(5) 在相对运动的零件上安装保险丝时,应注意保险丝不会因运动被擦伤,或由于振动出现疲劳。

(6) 保险丝双股保险比单股保险可靠性更高,因此除了手册有规定,优先选择双股保险的方法。

3. 双股保险丝保险的施工方法

安装双股保险可以手工编结,也可以使用保险钳进行编结。

1) 手工编结安装

(1) 工具。

手工编结安装工具有剪钳、鸭嘴钳或尖嘴钳。

(2) 注意事项。

① 施工时做好防护,避免保险丝划伤或扎伤皮肤和眼睛。

② 剪切保险丝时注意用手遮挡,避免保险丝飞溅和掉落。

③ 为避免给保险丝造成损伤,不允许使用钳子夹持保险丝末端以外的其他部位。

(3) 准备工作。

① 确保紧固件上所有的保险孔都可用(没有堵塞和损坏)。

② 确保螺纹紧固件拧紧到规定力矩范围。

③ 确认保险丝的材质、直径符合使用要求,保险丝完好且未被使用过。

(4) 实施。

① 根据保险点的间距,剪切一段保险丝,长度应为保险点间距的 3~4 倍。

② 确定保险丝的起点、终点和走向。保险丝的方向是其能否起到防松作用的关键,根据以下原则确定保险丝的起点、终点和走向:

a. 保险丝应给紧固件施加旋紧方向的力矩,即符合方向正确原则。

b. 如果紧固件有多个保险丝孔,应选择既能给紧固件施加足够的旋紧力矩,又不会使保险丝编结段在紧固件上缠绕距离过长的保险孔,即符合角度最大、距离最短原则。保险孔的选择如图 5-3-14 所示。

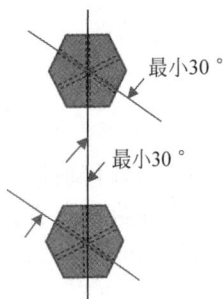

图 5-3-14　保险孔的选择

　　c. 如要保险在一起的紧固件中,有较难穿线的紧固件(例如,紧固件周围有障碍物或空间狭窄),应选择较难穿线的紧固件作为保险的起点,将容易穿线的紧固件作为终点,即符合便于操作原则。

　　d. 在保险丝的路径中,应避开凸起的障碍物,避免保险丝与障碍物摩擦。

　　e. 当两个以上的点进行串联时,保险丝应在避开障碍物的前提下走最短路径。

　　③ 将保险丝穿入保险孔后对折,沿紧固件旋紧方向(右旋紧固件按顺时针缠绕保险丝)在螺栓头侧面绕过,用穿出孔的保险丝压住从螺栓头绕过的保险丝(穿线压绕线),紧贴保险丝穿出孔编第一结。如果紧固件保险孔为对穿孔,编第一结时两股保险丝夹角为 120°;如保险孔为边角孔,编第一结时两股保险丝夹角为 60°(见图 5-3-15)。

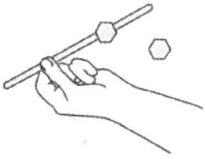

第1步：选择保险孔,穿入保险丝。

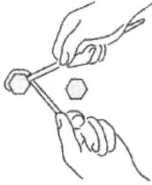

第2步：沿紧固件旋紧方向将保险丝从螺栓头侧面绕过,穿线压绕线,两股保险丝夹角120°,贴穿出孔编第一结。

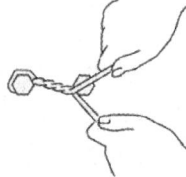

第3步：两股保险丝以60°夹角继续编结,距下一个紧固件保险孔3mm停止编结。

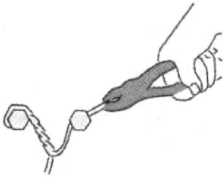

第4步：将在上面的保险丝穿入保险孔,用钳子拉紧保险丝。

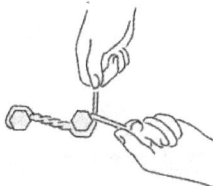

第5步：将未穿入保险孔的那股保险丝从螺栓头侧面绕过(与编结段共同形成旋紧力矩),穿线压绕线,两股保险丝夹角120°,贴穿出孔编第一结。

第6步：以80°夹角继续编4~7结,剪掉多余的保险丝,留3~6结作为收尾。将收尾末端向下或向内弯曲藏起。

图 5-3-15　保险丝保险手工编结施工方法(以螺栓二联保为例)

　　④ 双手各持一股保险丝,使两股保险丝保持 60°夹角,继续编结。编结过程要保持保险丝拉紧,编结时两股保险丝互相缠绕,双手一次交换 180°。当所编结的辫子末端距离下一个紧固件距离小于 0.125in(约 3mm)时停止编结。

　　⑤ 将在上面的一股保险丝穿入下一个紧固件的保险孔,用尖嘴钳拉紧两股保险丝后,继续编结。

　　⑥ 保险丝从最后一个紧固件保险孔穿出后,穿线压绕线编第一结,以 80°的角度继续编4~7结,用手捏住保险丝的尾端,剪掉多余的保险丝,最后留 3~6 个结作为收尾。

　　⑦ 将收尾段末端向下或向内弯曲藏起,也可以折向紧固件中空的部分,避免刮伤人。

　　(5)检查。

　　① 完成的保险丝没有损伤。

　　② 保险丝方向正确(是将螺栓向紧的方向拉),保险孔角度合适。

　　③ 保险丝的编结密度和张紧度符合要求。

　　④ 保险丝尾结长度、位置符合要求。

⑤ 再次确认拆除的旧保险丝以及本次保险作业剪切下的保险丝头已经从航空器上彻底清除。

2）使用保险丝钳保险的施工方法

（1）工具。

保险丝钳（见图 5-3-16）是一种专用于保险丝施工的工具。它集剪钳和鸭嘴钳的功能于一身，并且可以自动编结，打出来的辫结均匀美观。

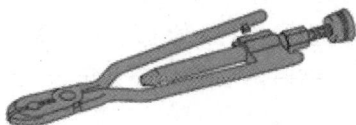

图 5-3-16　保险丝钳

（2）实施。

① 确定保险丝的起点、终点和走向，原则与手工编结安装方法相同。

② 将保险丝穿入保险孔后对折，沿紧固件旋紧方向（右旋紧固件按顺时针缠绕保险丝）在螺栓头侧面绕过，用穿出孔的保险丝压住从螺栓头绕过的保险丝（穿线压绕线）。

③ 用手拉直保险丝，根据将要编结的长度，确定保险丝钳夹持位置，将两根保险丝并排靠拢，用保险丝钳夹住保险丝，拉下套筒锁紧保险钳。

注意：使用保险丝钳夹紧保险丝时，两根保险丝应并排靠拢，不要上下重叠。

④ 选择钳子的编结方向，拉动尾部拉杆进行编结，编结密度根据保险丝直径在维护手册上查表得出。

⑤ 编结密度符合手册要求后，用保险丝钳拉住保险丝绕紧第一结，保险丝的第一结与保险丝孔的距离应在 0.125in 以内。

⑥ 打开保险丝钳的锁，将两根保险丝打开，观察编结长度是否合适。对准第二个螺栓的保险孔插入保险丝。用保险丝钳夹住保险丝的末端拉紧保险丝。

⑦ 用穿孔的那股保险丝压住绕过螺栓头的那股保险丝（穿线压绕线），改变保险丝钳的旋拧方向，用保险丝钳编结尾结。

⑧ 留 3～6 个编结作为收尾，剪去多余的保险丝。

⑨ 将收尾段末端向下或向内弯曲藏起，避免刮伤人。

（3）使用保险丝钳安装保险要求。

① 在安装过程中，保险丝不能有任何锐损伤、扭曲或损坏。

② 确保保险丝钳夹紧面的边缘有足够大的圆角，以防损伤保险丝。

③ 使用保险丝钳夹持保险丝造成的擦伤是允许的，但两个保险点之间的编结段，只允许使用保险丝钳夹持一次。

3）双股保险丝保险拆卸

（1）拆卸保险丝时，应使用斜口钳剪断保险丝，而不是拉断或扭断。

（2）从收尾处开始拆卸保险丝，贴着穿出孔剪断穿孔的那股保险丝。如果穿出孔处的第一个编结离孔较近不便于剪切，可松开 1～2 个结后再剪切。把保险丝从孔中拉出，尽量完整地拆下保险丝。

（3）保险丝拆下后，检查保险孔内是否有残留的保险丝。将拆下的所有保险丝段收集齐，不要遗留在航空器上。

4. 双股保险丝保险安装标准

（1）方向要求：保险丝的方向应为紧固件出现松动趋势时保险丝张紧。

（2）编结与保险丝孔距离的要求：在保险丝拉直的状态下，保险丝第一结和最后一结与相邻的保险丝孔的距离不超过 1/8in（见图 5-3-17）。

图 5-3-17　编结与保险丝孔距离的要求

（3）编结密度要求：两股保险丝扭转 180°为 1 个编结，编结密度应符合表 5-3-2 要求。

表 5-3-2　编结密度

保险丝直径/in	＜0.019	0.019～0.026	0.023～0.042	0.043～0.065	＞0.065
每英寸编结数/个	11～14	9～12	7～10	5～8	4～7

（4）张紧度要求：保险丝张紧度要求如表 5-3-3 所示。用手指轻轻在保险丝跨度中部向两侧拨动时（见图 5-3-18），保险丝编结段总的弯曲量不得超过表 5-3-3 中规定的极限。

表 5-3-3　保险丝张紧度要求

保险丝跨度/in	单向弯曲极限/in
0.5	0.125
1.0	0.250
2.0	0.375
3.0	0.500
4.0	0.750
5.0	0.750
6.0	0.750

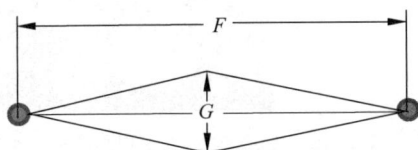

F—保险丝跨度；G—单向弯曲极限。

图 5-3-18　保险丝弯曲极限

5．双股保险丝保险安装示例

（1）在保险孔为边角孔的螺栓上安装保险丝保险，外绕的保险丝不需要在螺栓头上缠绕半圈，如图 5-3-19 所示。

（2）在保险孔为穿心孔的螺栓、螺钉、堵头上安装保险丝保险，如图 5-3-20 所示。

图 5-3-19　边角孔螺栓上安装双股保险示例

（3）给不在同一平面的紧固件安装保险丝保险，如图 5-3-21 所示。

（4）给空心堵头安装保险丝保险时，注意将收尾弯入堵头，防止干涉和伤人，如图 5-3-22 所示。

（5）在尺寸较大的螺栓头或堵头上安装保险丝保险，采用两股保险丝交叉穿孔的方式，如图 5-3-23 所示。

（6）在管路接头上安装保险丝保险，如图 5-3-24 所示。可以从任何一个凸耳、接头或管螺母开始打保险，但应确保按使接头锁紧的方向打保险。

（7）在 T 形管接头上安装保险，如图 5-3-25 所示。应确保按锁紧管螺母的方向打保险。

（8）在不同标准的接头上安装保险，如图 5-3-26 所示。防松螺母单独安装保险丝保险，这样拆卸管螺母时，不需要拆卸防松螺母的保险。

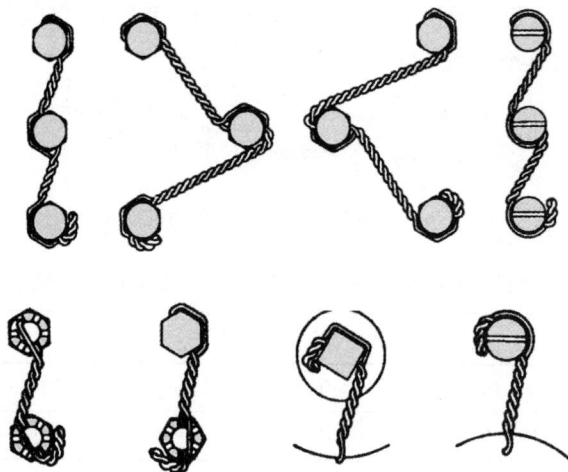

图 5-3-20　保险丝双股保险安装示例

图 5-3-21　在不同平面紧固件上
安装双股保险示例

图 5-3-22　在空心堵头上
打保险

图 5-3-23　保险丝交叉穿孔
安装示例

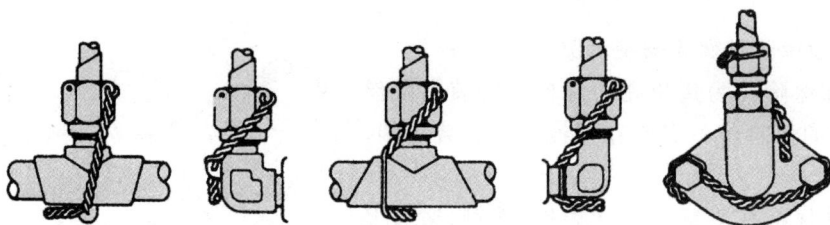

图 5-3-24　管路接头双股保险安装示例

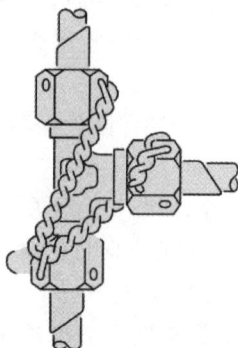

图 5-3-25　T 形接头双股保险安装示例

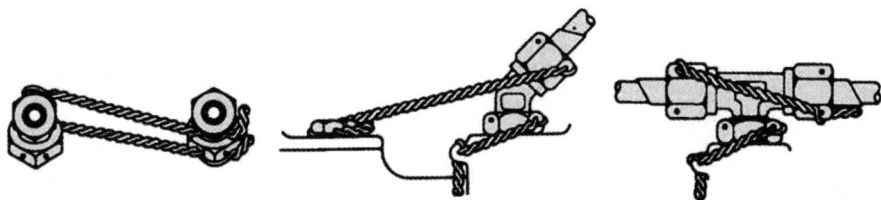

图 5-3-26 在不同标准的管接头上安装保险示例

（9）对所有连接在直接头上，且螺母的六角头是接头整体的一部分的螺母安装保险，如图 5-3-27 所示，应确保按锁紧螺母的方向打保险。

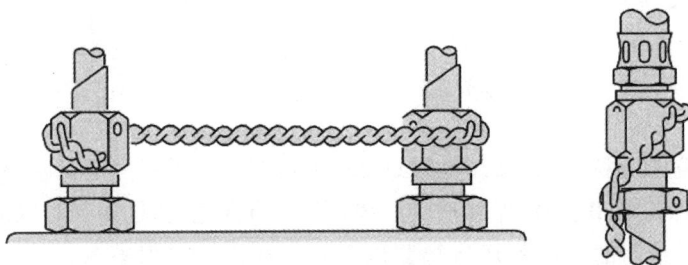

图 5-3-27 给直接头上的管螺母安装保险示例

（10）对重要的调整项目做铅封加以保护。铅封应打在保险丝的承载头部或端头，并压封在保险丝上，如图 5-3-28 所示。

图 5-3-28 给保险丝安装铅封示例

（11）在电插头上安装保险丝保险，如图 5-3-29 所示。

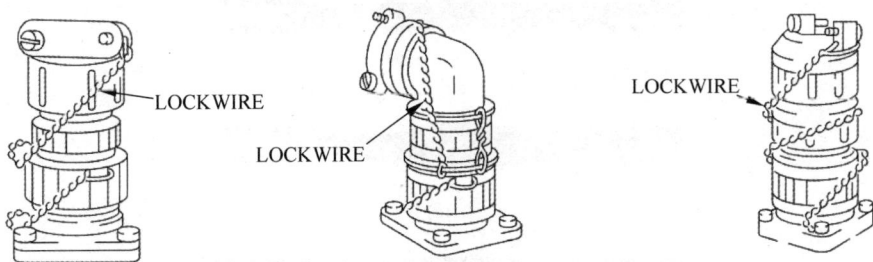

图 5-3-29 给电插头安装保险示例

6. 单股保险丝的施工

（1）单股保险丝通常用于相互间距较近且分布呈闭合图形的螺钉的保险（见图 5-3-30），也可用于电子系统上的零件和难以接近部位的保险（见图 5-3-31）。

单股保险丝
保险安装

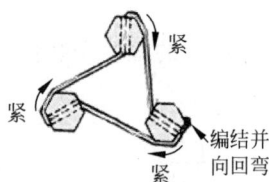

图 5-3-30　闭合图形单股保险

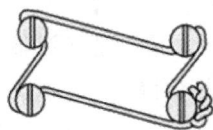

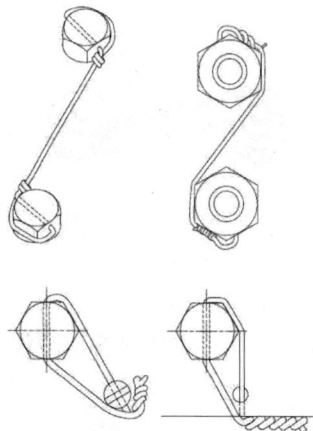

图 5-3-31　难接近部位单股保险

（2）当使用单股保险丝时，使用能通过保险孔的最大标准尺寸的保险丝。

（3）用单根保险丝串联时，保险丝应沿螺钉旋紧方向缠绕，这样当串联的任意一个螺钉出现松动趋势时，封闭的保险丝环将拉紧以阻止其松动。当保险丝沿螺钉旋紧方向缠绕时，由于保险丝孔的位置不合适，可能造成两股保险丝出现重叠，可采取将保险丝直接穿过保险丝孔的方式避免出现重叠，但应避免出现连续直穿。

（4）单股保险丝结尾方式与双股保险相同，贴孔收尾，收尾编结不少于 4 个。

（5）单股保险最多串联的螺钉个数以保险丝长 24in（609mm）为限。

7. 松紧螺套保险丝保险

使用保险丝给松紧螺套进行保险的方法分为"单根保险"和"双根保险"（见图 5-3-32）。保险丝直径选取如表 5-3-4 所示。

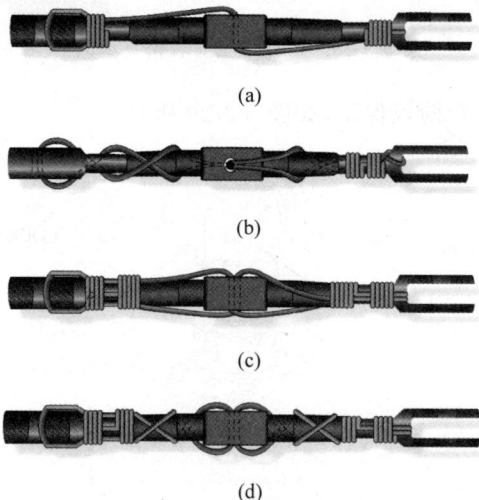

(a)

(b)

(c)

(d)

图 5-3-32　松紧螺套保险丝保险方式

（a）单根直拉式；（b）单根缠绕式；（c）双根直拉式；（d）双根缠绕式

表 5-3-4　松紧螺套保险丝直径选取

钢索直径/in	1/16	3/32 或者 1/8	5/32～5/16
保险丝直径/in	0.024	0.031	0.043

直拉式保险要求由螺套中心孔向两端螺杆孔拉紧的保险丝与螺套的夹角不小于 15°。安装保险后应能阻止松紧螺套两端螺纹接杆向松的方向转动小于 1/2 圈。收尾在螺纹接杆上缠绕不低于 4 圈,并应拉紧修平。

5.3.4　保险钢索

1. 使用保险钢索的基本原则

(1) 仅当工程文件中允许时,可以使用防腐蚀和耐热的保险钢索替代保险丝。

(2) 不允许重复使用保险钢索和锁块。在每次使用时,保险钢索和锁块必须是新的,保险钢索不能有锐损伤、磨损、打结或其他损伤。

(3) 如果大修说明没有规定尺寸,对孔径不超过 0.047in 的孔,使用直径为 0.030～0.034in 的保险钢索;对孔径不超过 0.035in 的孔,使用直径为 0.020～0.026in 的保险钢索。

(4) 保险钢索不能用于彼此间隔超过 6in 的紧固件保险。一根保险钢索最多连接 3 个螺栓。

(5) 保险钢索不能用于钛合金紧固件的保险。

2. 保险钢索的安装程序

保险钢索的安装工具及安装示例如图 5-3-33、图 5-3-34 所示。

保险钢索
的安装

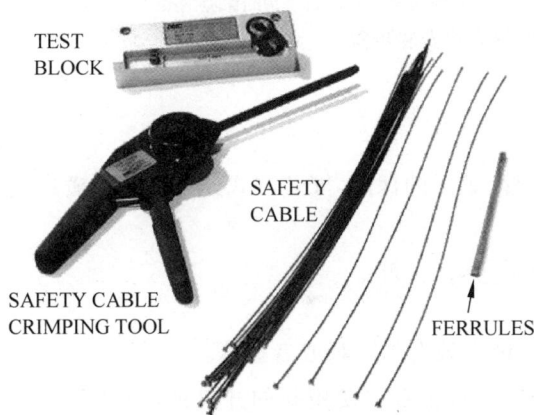

图 5-3-33　保险钢索安装工具

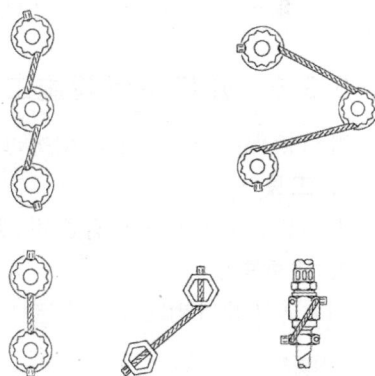

图 5-3-34　保险钢索保险的安装示例

(1) 将紧固件紧到规定力矩。不能采用使紧固件超力矩或欠力矩的方式对正保险孔。

(2) 选择适合的保险孔,将保险钢索穿入孔内(见图 5-3-35)。保险钢索的走向应使紧固件出现松动趋势时其能拉紧。建议当钢索穿过紧固件时的尖锐拐弯不超过 90°。

(3) 将保险钢索穿出最后一个紧固件的保险孔后安装锁块。用保险钢索钳拉紧保险钢索。

(4) 将保险钢索钳的手柄按压到底,压紧锁块并剪断多余的钢索,松开手柄。允许从锁块突出的剩余钢索最长为 0.031in(0.787mm)。

第1步：将保险钢索穿入要保险的螺栓保险孔。

第2步：将锁块穿到保险钢索上。

第3步：将保险钢索穿入钢索钳端头的孔内。

第4步：将保险钢索钳的端头靠到螺栓上。

第5步：转动转轮使保险钢索张紧。

第6步：将保险钢索钳的活动手柄按压到底，使锁块夹紧并切断多余的保险钢索。

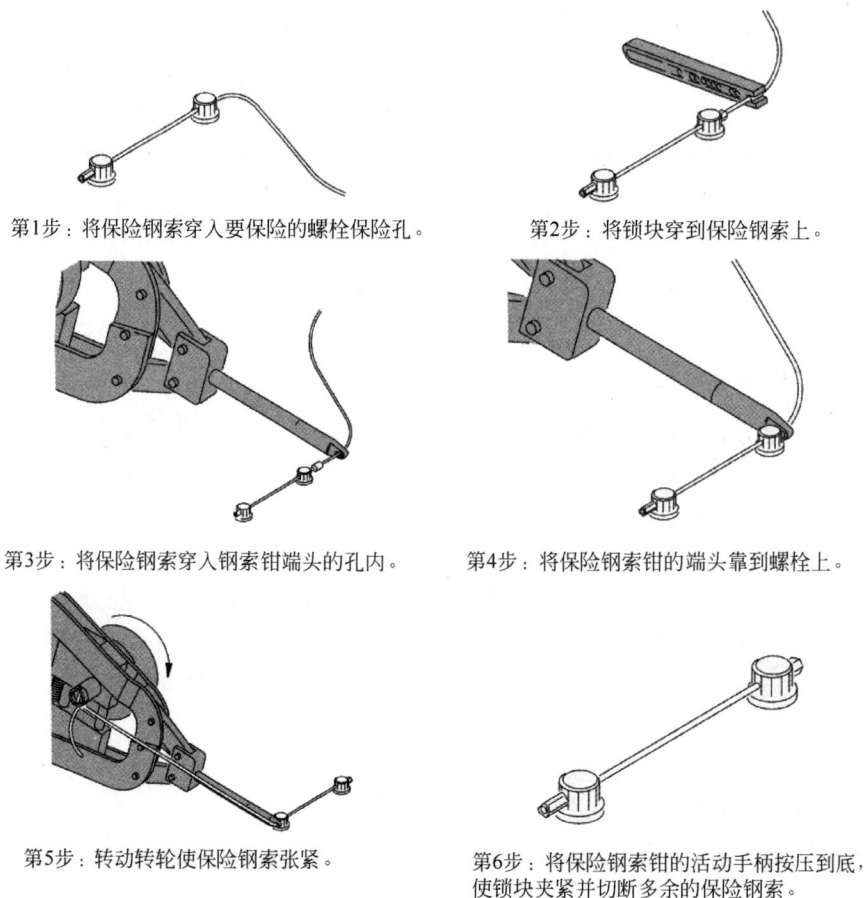

图 5-3-35 保险钢索的安装步骤

5.3.5 开口销保险施工

开口销保险用于单个城型螺母、螺桩、螺栓、销子的保险，安装方式分为纵式和横式。

1. 工具

开口销保险安装工具有剪钳、尖嘴钳、木榔头、平头冲。

2. 注意事项

(1) 剪切开口销时要用手遮挡，防止开口销飞溅伤到眼睛或者掉落。

(2) 每次安装必须使用新的开口销，开口销不得重复使用。

(3) 开口销的穿入方向一般为：从（航空器）前向后穿，从上向下穿。

3. 准备工作

1) 对正保险孔

在城型螺母上打开口销，应先将螺母上的槽与螺栓杆上的保险孔对正，如图 5-3-36 所示。操作方法：先将螺母拧紧至规定力矩范围的下限，观察槽孔是否对正；

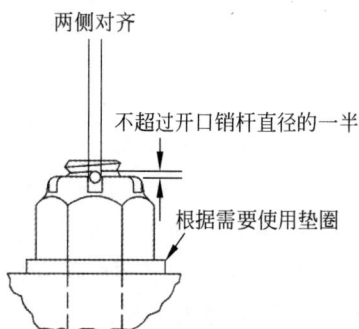

两侧对齐

不超过开口销杆直径的一半

根据需要使用垫圈

图 5-3-36 城型螺母槽孔对正

如果没有对正,继续拧紧螺母直至螺母上的槽与螺栓杆上的孔对正,螺母的拧紧力矩不应超过规定力矩范围的上限。如果在螺母规定力矩范围内无法调整到槽孔对正,可更换垫圈或螺母后再进行槽孔对正。禁止用欠力矩或超力矩的方法使孔对正。为了便于对孔时观察,可预先在螺杆上对正开口销孔处作记号,当螺母拧到规定紧度后,检查螺杆上的开口销孔与螺母的缺口是否对正。

2) 开口销直径

使用能穿过保险孔的最大直径的开口销(一般为孔径的 80%～90%)。在螺母、螺栓或螺钉上安装开口销的最小尺寸要求如表 5-3-5 所示。

表 5-3-5　开口销最小尺寸要求

螺纹直径	开口销最小尺寸/in
No. 6	0.028
No. 8,10;1/4,5/16in	0.044
$\frac{3}{8}\sim\frac{1}{2}$in	0.072
$\frac{9}{16}\sim1$in	0.086
$1\frac{1}{8}\sim1\frac{1}{2}$in	0.116

4. 安装程序

1) 横向开口销安装(见图 5-3-37)

(1) 将开口销插入保险孔内,开口销的圆头朝上或朝前,且圆头水平放置。为了插得牢靠,可轻敲开口销的头部。

(2) 用尖嘴钳夹住销尾,将两根销尾分别向穿出孔两侧分开,贴向螺母侧面。

(3) 观察销尾长度,剪掉多余销。

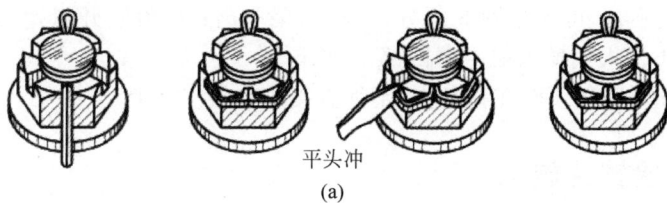

平头冲

(a)

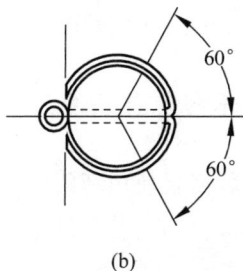

(b)

图 5-3-37　横向开口销安装

(a) 在城型螺母上安装横向开口销；(b) 在销子上安装开口销

开口销的安装与拆除

（4）根据被保险的紧固件按以下方法对销尾进行处理。

在城型螺母上打开口销：用平头冲将销尾末端冲入相邻的城型螺母槽口。注意避免平头冲损伤螺母或螺纹。如果不便操作，也可先将开口销的尾部用钳子弯成钩形，再压入螺母的缺口内，但必须保证保险的质量合格。

在非城型螺母上安装开口销：将开口销末端掰开与螺栓成约90°。

2）纵向开口销安装（见图5-3-38）

（1）将开口销插入保险孔内，开口销的圆头朝上或朝前，且圆头竖直放置。

（2）把尾部沿螺杆的轴线方向上下分开，并分别紧贴在螺杆的端面和螺母侧面。

（3）切去多余销尾。贴向螺杆端面的开口销尾端长度应超过螺杆半径且小于螺杆直径，贴向螺母侧面的销尾末端长度不触及螺母垫片。

（4）用木槌轻敲销尾，使其分别贴紧螺杆端面和螺母。

平头冲

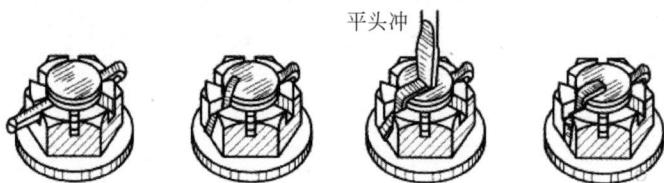

图 5-3-38　纵向开口销安装

5. 安装后检查

（1）开口销圆头紧靠螺母，安装完毕后开口销轴向晃动量尽量小。

（2）销尾长度合适。

（3）开口销无损伤和急剧的弯折。

6. 开口销的拆除

（1）拆除开口销时，应首先将尾端尽量掰直，再用尖嘴钳夹住环眼向外拔。不可用力过猛，以免造成人身伤害或损伤航空器；可以螺母边为支点，将开口销从孔中拉出。

（2）若腐蚀可渗透煤油、渗透剂、除锈剂等。

（3）若销尾夹不直，可剪去圆头部分，再将销尾取出；在剪断开口销时，应采取措施避免开口销断头飞出伤人或掉入航空器内部。

（4）工具和开口销必须放在托盘内，不得直接放在航空器上。

5.3.6　保险锁片施工

锁片保险常用于温度变化较大或受力较大部位紧固件的保险，如发动机上的螺栓保险。锁片分为直锁舌锁片和预弯锁舌锁片，根据锁片可保险螺栓的个数又分为单孔锁片和多孔锁片。

1. 工具

保险锁片的施工工具有尖嘴钳、木榔头、平头冲、扳手。

2. 注意事项

（1）锁片为一次性使用，每次安装需要使用新的锁片。

（2）使用前检查锁片无损伤。

3. 锁片安装

（1）将锁片套在螺杆上，如果使用的是预弯锁舌锁片，将预弯锁舌放在锁舌孔内，如图5-3-39（a）所示。

保险锁片的
安装与拆除

（2）将螺母拧紧至规定力矩范围，舌片与螺母的位置要求如图 5-3-39(a)、(b)、(c)所示。

（3）向下弯折舌片 B，使其与部件的侧面贴紧。

（4）向上弯折舌片 A，使其与螺母的侧面贴紧。

4.安装后检查

安装后检查确保安装的锁片无损伤断裂，且锁片的舌片已弯曲到不会抖动或零件不会再松开，舌片与螺母之间的间隙符合图 5-3-39(d)的要求。

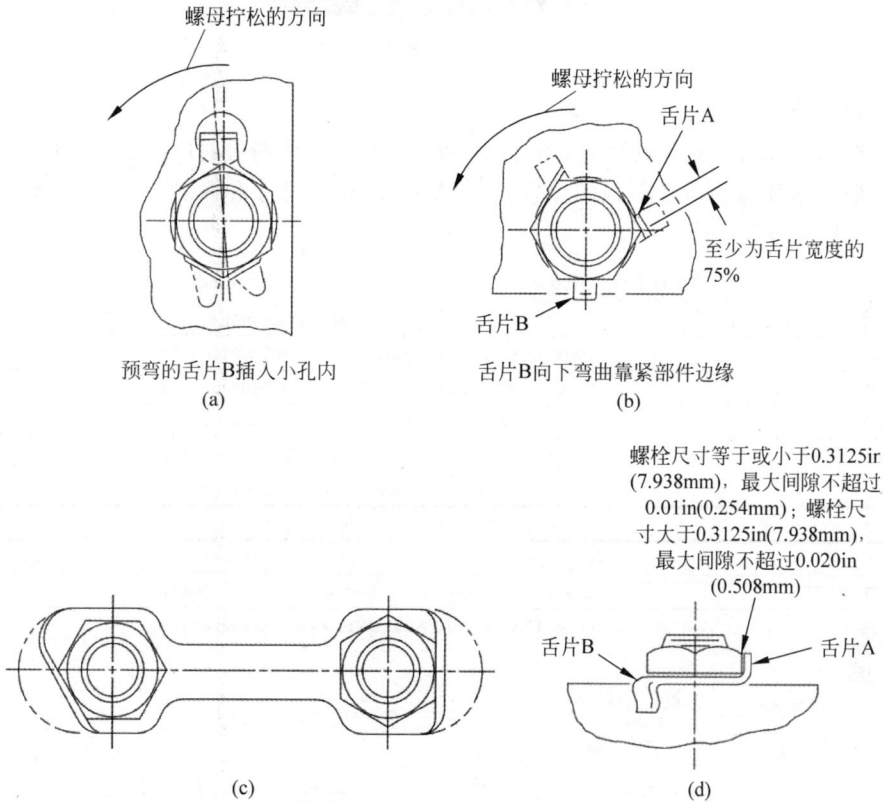

图 5-3-39　锁片的安装要求

（a）预弯锁舌锁片的安装；（b）直锁舌锁片的安装；（c）椭圆保险片的安装；（d）舌片与螺母之间的间隙要求

5.锁片的拆除

（1）使用平头冲和木榔头将锁片上所有与螺母贴紧的舌片敲直。

（2）使用扳手拆下螺母。

（3）取下锁片。

（4）拆下的锁片应报废。

5.4 紧固件拆装和保险应用综合实践

5.4.1 更换损坏的盖板螺栓实例

维修人员在进行 737NG 某架飞机 A 检时，拆卸大翼前缘下表面的盖板，对前缘缝翼滚轮和滑轨进行润滑，发现有盖板螺栓损坏，需要进行更换（见图 5-4-1）。

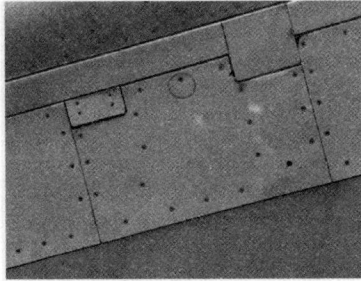

图 5-4-1　损坏螺栓的位置

螺栓件号查找有如下方面内容。

（1）在 AMM 前言的有效性交叉索引中，查找到该飞机注册号对应的有效性代码为 030。

（2）根据损坏螺栓所在盖板的位置，在 AMM 第 6 章尺寸和区域中查找到该盖板的编号为 521TB（见图 5-4-2）。

Table 201　Wing Access Doors and Panels (Continued)

Number	Name/Location
521NB	Lower Leading Edge Access Panel - Slat Station 252.04
521PB	Lower Leading Edge Access Panel - Slat Station 270.42
521QB	Lower Leading Edge Access Panel - Slat Station 289.17
521RB	Lower Leading Edge Access Panel - Slat Station 307.75
521SB	Lower Leading Edge Access Panel - Slat Station 337.62
521TB	Lower Leading Edge Access Panel - Slat Station 356.14
521UB	Lower Leading Edge Access Panel - Slat Station 374.95
521VB	Lower Leading Edge Access Panel - Slat Station 395.64
521WB	Lower Leading Edge Access Panel - Slat Station 415.79

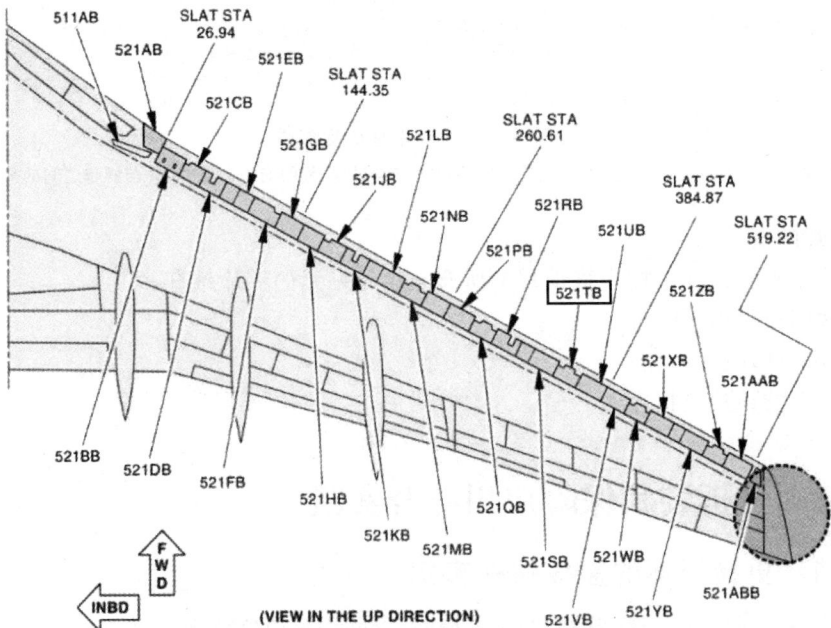

图 5-4-2　737NG 右侧大翼前缘盖板编号

（3）查找 IPC，在图 57-40-00-42 中找到编号 521TB 盖板的图例，根据损坏螺栓在盖板上的安装位置，找到其在图例中的零件编号为 15（见图 5-4-3）。在零件目录中查到该螺栓件号为 BACB30ZE4-5（见图 5-4-4）。

PANEL INSTL-FXD LE OUTBD SS 260.61 TO SS 384.87 REM
FIGURE 42 (SHEET 1)

57-40-00-42

图 5-4-3　在 IPC 中查找螺栓件号零件图

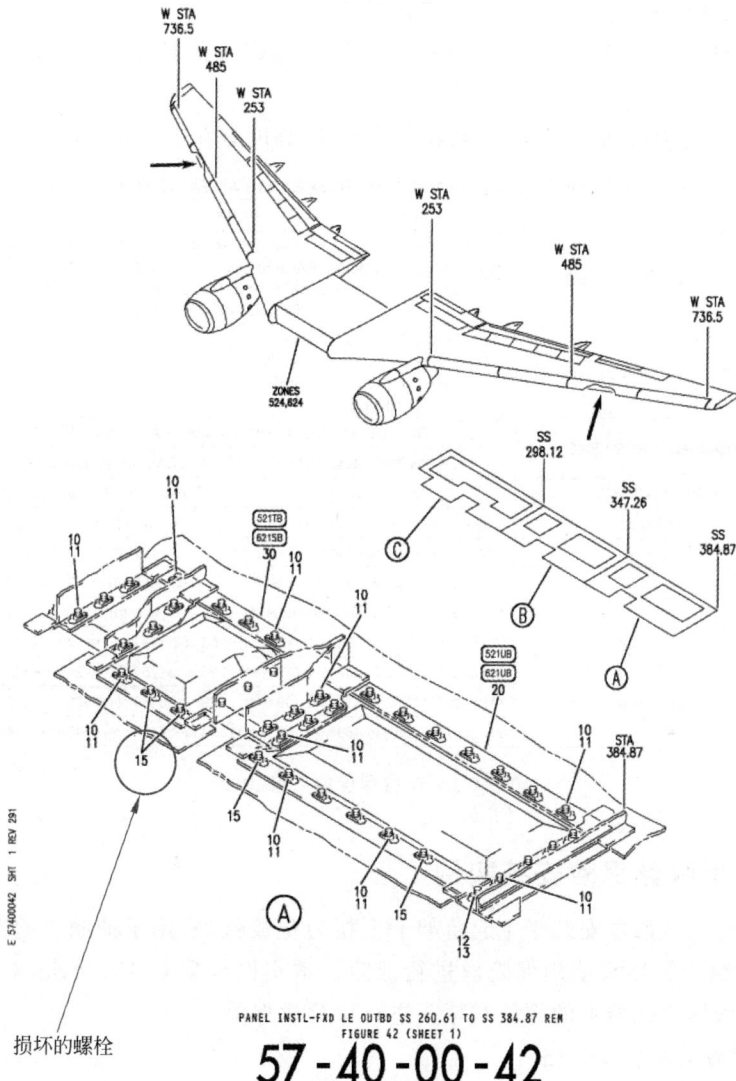

BOEING
737-600/700/800/900
PARTS CATALOG (MAINTENANCE)

FIG ITEM	PART NUMBER	1234567　NOMENCLATURE	EFFECT FROM TO	UNITS PER ASSY
42				
15	BACB30ZE4-5	.BOLT-	029050	12
			060070	
			076076	
			126150	
			173181	
			250999	
20	116A9121-9	.PANEL ASSY-BONDED POSITION DATA: LH SIDE		1

图 5-4-4　在 IPC 中查找螺栓件号

（4）在 AMM 该盖板的拆装程序 57-41-02/201 中，查找到该螺栓的安装要求如下。

① 安装螺栓前需要在螺栓孔、埋头窝处涂抹 C00528 防腐剂，并立即安装螺栓。

② 安装前确认缝翼滑轨壳体组件上没有遗留的物品。

③ 使用 Phillips 螺丝刀 STD-1265 安装螺栓。

④ 在 AMM TASK 20-50-11-910-801 中查询到该螺栓的拧紧力矩 39～41lbf·in（见图 5-4-5）。

⑤ 螺栓安装完毕后，螺栓头应与盖板表面齐平，高度差在＋0.002in 和－0.010in 之间。

Table 210/20-50-11-993-811 REDUCED SHEAR HEAD FASTENERS

FASTENER CLASS	95 KSI	
FASTENER PART NUMBER	BACB30DP, BACB30EL, BACB30FB, BACB30LL, BACB30NU, BACB30RF, BACB30UR, BACB30UW, BACB30VF, BACB30XD, BACB30YE, BACB30ZE, BACB31A, BACS12HB, BACS12HE, BACS12JC, NAS1992, NAS1993-NAS2000, NAS8704-NAS8716	
NUT PART NUMBER OR STYLE	ALL NON-CASTELLATED NUTS, NUT PLATES, CLIP NUTS, METALLIC STANDOFFS, INSERTS, TAPPED HOLES	ALL CASTELLATED NUTS
NOMINAL THREAD SIZE	DRY AND CETYL ALCOHOL LUBED FASTENERS[1][2]	
	TURN THE HEAD OR THE NUT -FAY SEAL OR NO FAY SEAL	
0.1640-32 or 0.1640-36	15 in-lb (2 N·m)	10 in-lb (1 N·m) to 18 in-lb (2 N·m)
0.1900-32	29 in-lb (3 N·m) to 31 in-lb (4 N·m)	18 in-lb (2 N·m)to 25 in-lb (3 N·m)
0.2500-28	39 in-lb (4 N·m) to 41 in-lb (5 N·m)	30 in-lb (3 N·m) to 40 in-lb (5 N·m)
0.3125-24	92 in-lb (10 N·m) to 98 in-lb (11 N·m)	90 in-lb (10 N·m) to 100 in-lb (11 N·m)
0.3750-24	97 in-lb (11 N·m) to 103 in-lb (12 N·m)	95 in-lb (11 N·m) to 105 in-lb (12 N·m)
0.4375-20	155 in-lb (18 N·m) to 165 in-lb (19 N·m)	150 in-lb (17 N·m) to 170 in-lb (19 N·m)
0.5000-20	223 in-lb (25 N·m) to 237 in-lb (27 N·m)	220 in-lb (25 N·m) to 245 in-lb (28 N·m)
0.5625-18	301 in-lb (34 N·m) to 319 in-lb (36 N·m)	290 in-lb (33 N·m) 325 in-lb (37 N·m)
0.6250-18	407 in-lb (46 N·m) to 433 in-lb (49 N·m)	395 in-lb (45 N·m) to 435 in-lb (49 N·m)

图 5-4-5　查找螺栓的安装力矩

5.4.2　保险丝保险安装实例

主起落架液压减摆器安装于主起落架上下扭力臂铰接处，用于抑制主起落架摆振。减摆器上有多处螺栓和堵头使用保险丝进行保险。本实例根据 CMM 要求，对波音 737-200 飞机主起落架液压减摆器上的螺栓和堵头进行保险丝保险。

1. 确定保险丝材质及规格

根据手册要求，减摆器紧固件保险采用 MS20995NC32，即直径为 0.032in 的 Monel 保险丝。

2. 确定保险丝安装方式

根据手册要求，减摆器上保险丝采用双股保险方式。

3. 保险点的分配

确定用同一根保险丝连接的紧固件，即保险点的分配。在 CMM 中规定保险点分配如下（见图 5-4-6）：在堵头 A 与堵头 C 上安装二联保，在堵头 B 和堵头 C 上安装二联保。在螺栓 1、螺栓 2、端盖和堵头 D 附近的总管壳体上有专用保险孔，所以用保险丝将它们分别与总管壳体上的邻近保险孔相连。螺栓 3 和 4、5 和 6 成对出现，所以用保险丝将它们两两相连。由于螺栓 3 与螺栓 4 之间的距离比螺栓 3 与螺栓 6 之间的距离近，所以将螺栓 3 和螺栓 4 保险在一起,螺栓 5 与螺栓 6 保险在一起。根据轴承 5 保险孔的位置,将其与螺栓·5 相连。

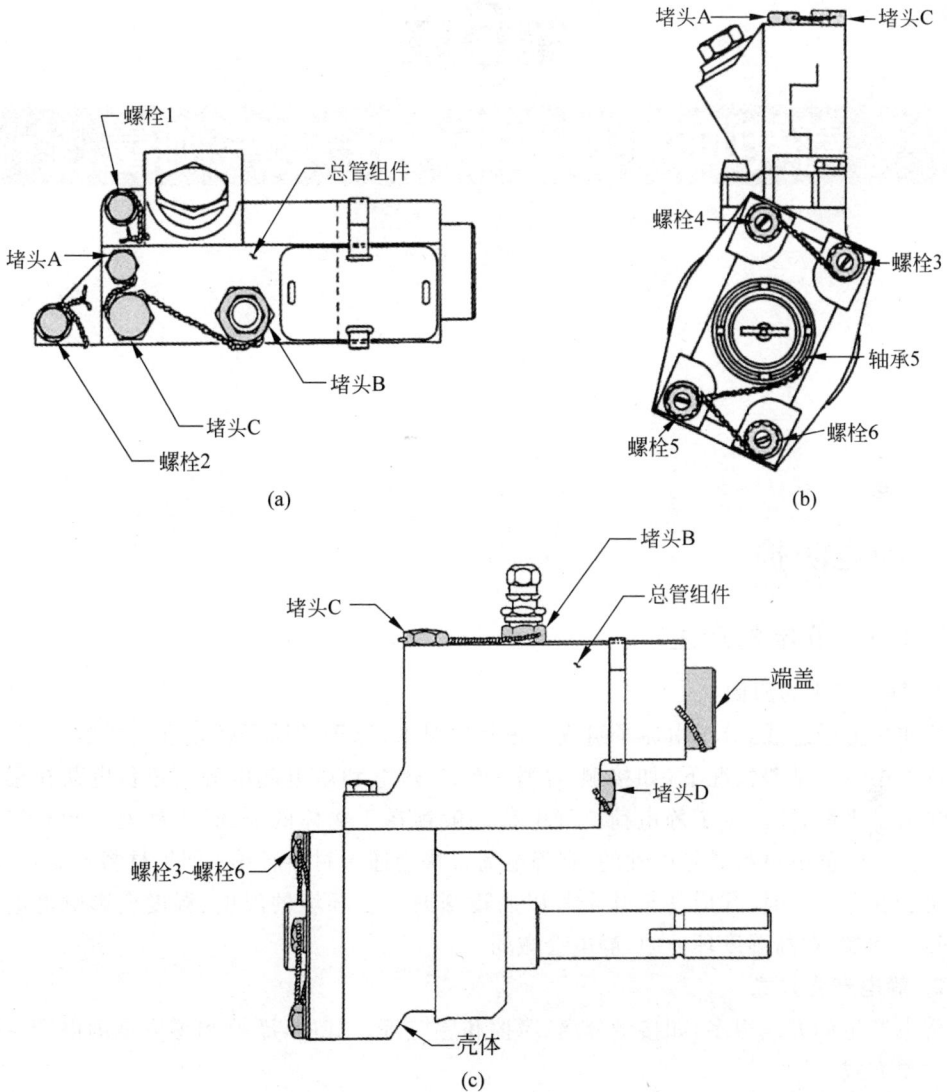

图 5-4-6　减摆器保险丝保险安装位置图例

（a）总管组件顶部保险丝保险安装位置；（b）减摆器侧面保险丝保险安装位置；（c）减摆器组件正面视图

第6章

静电防护及常用电子电气测量

6.1 静电防护

6.1.1 静电的产生

1. 静电产生的原因

物质由分子组成，分子由原子组成。正常情况下，原子的质子数量和电子数量相同，物体呈现电中性。某些情况下（如接触、摩擦、感应、热电和压电起电等），正负电荷在局部范围内失去了平衡，即产生了静电荷。静电荷一般存在于物体的表面，一种处于相对稳定的状态。如果带静电材料是导电性的，则静电荷很快会通过材料转移；如果材料是绝缘体，则静电荷会在几个小时、几周甚至几个月以后逐渐漏掉。环境的温度、湿度会影响静电产生的强度。例如，在高湿度环境中，静电会减弱。

2. 静电产生方式

静电产生的方式很多，如接触分离、摩擦和感应等。其中，摩擦和感应是静电产生的两种最主要方式。

1）接触分离产生静电

不同物体相互接触，致使一个物体的一些电子转移到另一个物体而带正电，另一个物体因得到电子而带负电，如图 6-1-1 所示。若在分离过程中电荷难以中和，电荷就会积累使物体带静电。

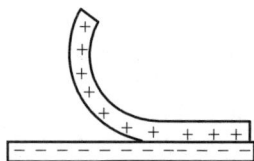

图 6-1-1　接触分离产生静电

2）摩擦产生静电

两种物体互相摩擦，是一个不断接触又不断分离的过程。这个过程中分离速度快、接触面积大，产生的静电荷比固定接触再分离所产生的静电数量要大得多。摩擦生电主要发生在绝缘体之间，因为绝缘体不能把所产生的电荷迅速分布到物体的整个表面，或迅速传给它所接触的物体，所以会产生相当高的静电势，如图 6-1-2 所示。

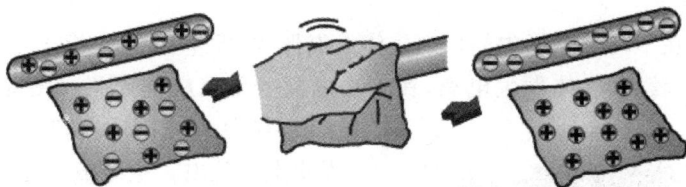

图 6-1-2　摩擦产生静电

3）感应产生静电

当一个导体靠近带电体时,导体会受到该带电体形成的静电场的作用。在靠近带电体的导体表面感应出异种电荷,远离带电体的表面感应出同种电荷,这样在导体表面就出现了局部带电区域,如图 6-1-3 所示。

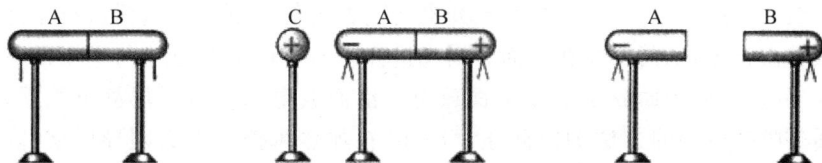

图 6-1-3　感应产生静电

3. 飞机上静电的来源

飞机表面与其他物质粒子碰撞、摩擦,产生静电。例如:民航飞机在空中高速飞行时,机壳突出部位的静电可高达几万伏;发动机废气高速排放时,与尾喷口摩擦而引起静电;飞机靠近带电云层飞行时,在外电场作用下,会感应起电;飞机在地面加油作业中,油液与金属、绝缘体或其他液体接触、摩擦分离也能产生静电。

4. 飞机维修过程中静电来源

飞机维修过程中的静电来源包括人体静电源(最主要的静电源)、仪器设备静电源、器件本身静电源(电子元器件的外壳与绝缘材料相互摩擦,也会产生静电)和其他未知静电源。

6.1.2　静电放电

1. 静电放电

当静电积累到一定程度时就会发生放电(见图 6-1-4)。带有不同静电电位的物体之间发生静电电荷转移的过程,称为静电放电。静电电荷转移的方式有接触放电、空气放电等。

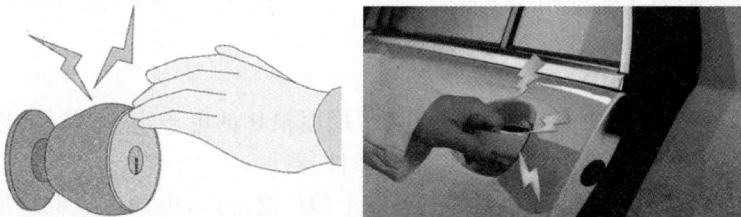

图 6-1-4　静电放电示例

1）电晕放电

电晕放电是在不均匀电场中的局部气体放电形式，发生在曲率半径很小的尖端电极附近，局部电场强度较大，气体发生电离，在尖端电极上呈现辉光现象。飞机的尖端部位（如天线、翼尖、翼梢小翼和其他突出物等）经常发生电晕放电。电晕放电是以有规则的脉冲列形式出现的，可以在很宽的频率范围内产生射频干扰。合理的安排静电放电器（如静电放电刷等）可在飞机结构发生电晕放电之前将电荷导走（见图 6-1-5）。

图 6-1-5　飞机尖端部位安装放电刷

2）沿面放电（传播型刷形放电）

沿面放电是发生在绝缘体表面的静电放电现象。绝缘体或介电质表面（如雷达罩、风挡等），在飞机飞行中被微粒击打时，它在介电质表面上传导电荷。电荷被牢牢地拴在绝缘体表面不能自由逃走，电荷沉积在表面。当飞机介电质表面上的电荷与周围的飞机金属部分相比足够多时，在此表面就会发生沿面放电。沿面放电可涂敷一层静电涂层，或在很薄的喷漆表面下喷导电层的方法加以防止。例如，在加热风挡铺设透明导电层，降低介电质表面的绝缘电阻。在介电质表面合理地布装金属分流条，建立与机体良好的搭接，也能预防静电电荷的积累，防止沿面放电（见图 6-1-6）。

3）火花放电

两个导体之间，电位差较大、相距较近的情况下，气体被击穿形成通路，积累的电荷瞬时释放，引燃力较大。例如，被介电质隔开的两个金属表面，它们对直流电来说是彼此绝缘的，由于表面区域的差别，通过摩擦带有不同的电位。当它们之间的电压达到一定值时，介电质完全被击穿，就会出现跳火现象。采用将暴露在所有的气流冲击下的导电部件搭接到飞机的主结构上的措施，可以避免火花放电。例如，对飞机的所有门、舱进行电搭接；使用静电接地桩等（见图 6-1-7）。

图 6-1-6　气象雷达罩上导电条

图 6-1-7　飞机上的接地线

2. 静电放电敏感（ESDS）组件/器件

容易受到静电放电影响或者静电感应场作用而损坏的电子组件/器件，称为静电放电敏感（electrostatic discharge sensitive，ESDS）组件/器件。

随着数字系统和微电子装置在商用航空器上的广泛应用，由静电放电造成组件损坏的影响也不断加剧。目前可通过在航线可更换组件（LRU）或电路板标签上的防静电符号进行 ESDS 组件/器件的识别。

3. 静电防护的标识

航空维修中常见的防静电标识符号如图 6-1-8 和图 6-1-9 所示。当看到场所或设备上的防静电标识符号后,维护人员要意识到:存在 ESDS 组件或器件,必须进行静电防护工作。

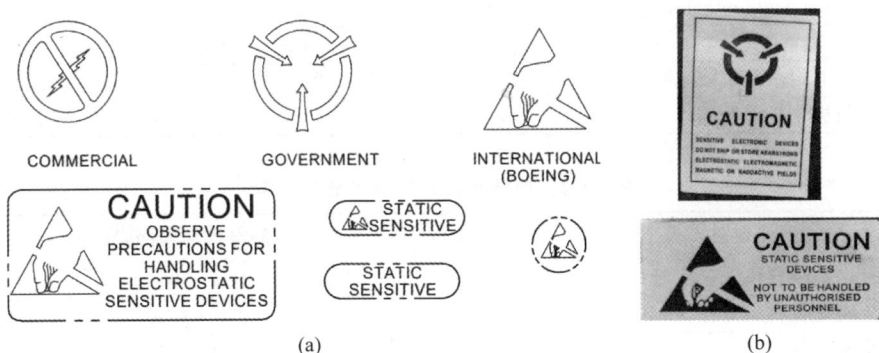

图 6-1-8　防静电标识符号

(a) 各类防静电标识符号;(b) 防静电标识符号实物示例

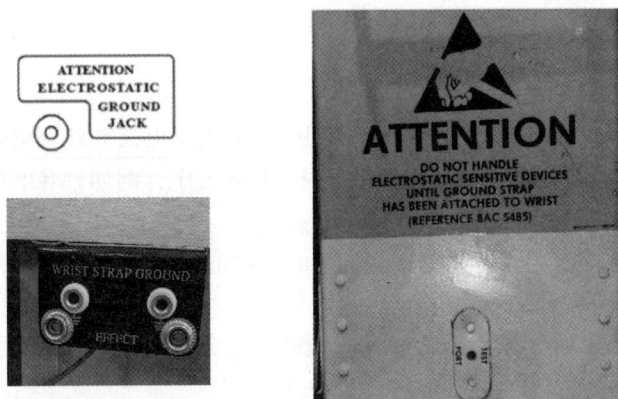

图 6-1-9　静电腕带接地插座上的防静电标识

6.1.3　静电放电对电子产品的危害

静电的基本特性是吸引或排斥,静电放电产生放电电流。静电产生后,在其周围会产生静电场,引发力学效应、放电效应和静电感应效应等。

现代飞机上的电子设备采用了大量集成电路。集成电路的半导体元器件/芯片使电气线路缩小,耐压降级,线路面积减少,这使得器件耐静电冲击能力减弱。静电电场和静电电流成为这些高密度元器件的"致命杀手"。日常维护操作中,人体是最主要的静电来源。人体有感觉的静电放电电压在 3000～5000V(见表 6-1-1),然而元件发生损坏时的电压通常仅几百伏,所以要密切注意元件在不易察觉的放电电压下发生的损坏(见表 6-1-2)。因此,在飞机电子设备的制造、运输和使用过程中都要采取防静电措施。

表 6-1-1　日常操作中所对应的人体静电电压

日常生活中产生静电的操作	人体静电电压/V	
	相对湿度 10%～20%	相对湿度 65%～90%
走过地毯	35000	1500
走过聚氯乙烯(polyvinyl chloride,PVC)地板	12000	250
在工作台上工作	6000	100
从工作台上取走一般 PVC 袋	20000	1200
从印刷电路板上拉下胶带	12000	1500

表 6-1-2　典型元器件的静电破坏电压

元器件类型	静电破坏电压/V
金属氧化物半导体场效应管(MOS/FET)	100～200
互补金属氧化物半导体(CMOS)	250～3000
双极性晶体管	380～7000
硅控整流器(SCR)	680～1000
电子可编程只读储存器(EAPROM)	100

注：1. MOS/FET：metal-oxide-semiconductor/field-effect transistor；

2. CMOS：complementary metal-oxide semiconductor；

3. SCR：silicon controlled rectifier。

静电放电对元器件的影响：

(1) 静电吸附灰尘,降低了元器件的绝缘电阻,增大了电流和热辐射,缩短了其寿命。

(2) 静电放电破坏元器件,使其完全被破坏,不能工作。例如,MOS 器件针脚之间的电压超过元件介电质的击穿强度。

(3) 静电放电电场或电流产生的热量,使元件发生损伤或潜在的损伤。如静电放电脉冲的能量可以产生局部发热,发生故障。

(4) 静电放电产生的电磁场幅度很大,频谱极宽,会对飞机无线电通信导航系统造成严重的电磁干扰。

静电对元器件可能造成暂时性的损伤,也可能造成永久性的损伤(如功能丧失,不能恢复)或潜在性的损伤。如果元器件被彻底破坏,容易在运行和维修中被察觉而排除,影响一般较小;如果轻微受损,造成暂时性或潜在性损坏,正常测试条件下不易被发现,则会造成排故困难。

6.1.4　静电防护的基本思路和措施

静电防护可从抑制静电的产生和控制静电的消散两方面进行。控制静电产生主要是优化工艺过程和使用材料的选择;控制静电的消散则主要是快速而安全地将静电泄放或中和。总之,要使静电积累不超过安全限度,达到静电防护的目的。

1. 工艺控制法

在生产或工作中尽量少产生静电荷。应从工艺流程、材料选择、设备操作等方面采取措施,控制静电的产生和聚集。例如,包装材料选择防静电材料,尽量避免未经处理的高分子材料。如图 6-1-10 所示,天然棉制品在同等条件下较不易产生静电。也可通过在天然材料中添加导电材料、物质或表面涂覆的方式,制造人造防静电材料。

| 空气 | 人体 | 石棉 | 玻璃 | 云母 | 尼龙 | 羊毛 | 皮毛 | 铅 | 丝绸 | 纸 | 棉 | | 琥珀 | 密封蜡 | 硬橡胶 | 镍铜 | 金铂 | 硫磺 | 聚酯 | 明胶 | 聚乙烯 | PVC |

正极　　　　　　　　　　　　　　　　　　　　　　　　负极

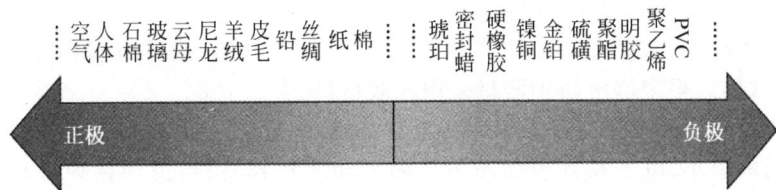

图 6-1-10　物体摩擦产生静电的带电顺序

2. 泄露法

静电荷在产生的过程中,有序的释放使得静电场难以积累到产生破坏性的程度,从而起到静电防护的效果。飞机维护工作中使用泄露法进行静电防护的情况较多。例如,佩戴防静电腕带,连接静电接地桩;大部分 ESDS 组件/器件在储存和转运时,使用静电包装袋和周转箱等;添加静电剂或增湿、结构之间搭接等增大物体电导,使静电荷沿着物体表面或通过内部泄露;飞机在地面时,通过导电轮胎、接地电缆将飞机接地。

3. 静电屏蔽法

根据静电屏蔽的原理,使用接地的屏障罩把带电体与其他物体隔离开来,这样带电体的电场不会影响周围其他物体,就不会产生感应静电;也可用屏蔽罩把被隔离的物体包围起来,使其免受外界电场的影响。比如,有的元器件包装采用金属盒或金属膜。

4. 复合中和法

与泄露法相似,在容易产生静电的器件或组件表面提供异种电荷,通过表面复合、中和,使静电难以积累到产生破坏性的程度,实现静电防护效果。例如,生产线传送带会带有静电消除功能,飞机附件车间使用静电离子风扇或静电消除器消除静电。

6.1.5　静电防护器材

静电防护器材由防静电材料制成。

材料的抗静电性通常指材料抑制摩擦起电的特性。材料的抗静电性与其电阻或电阻率没有必然的联系。例如,有些抗静电材料,电阻很高,属高绝缘性,但其起电力很小,多次摩擦都不会产生静电积累。

另外,根据材料的导电性,可将其分为静电绝缘、耗散、导电三种。导电性以材料的体电阻率和表面电阻率作为标志。体电阻率是指某材料单位厚度上的直流压降与单位面积上通过的电流之比;体电阻率是材料的基本参数之一,表示其导电性能,单位为欧姆/厘米。表面电阻率用于厚度一定的薄膜材料,其定义为表面上单位长度的直流压降与单位宽度流过电流之比;它指正方形两对边之间的阻值,只要面积远远大于薄膜厚度,则该阻值与正方形的大小无关,表面电阻率的单位是欧姆。图 6-1-11 所示为表面电阻率测试仪。

（1）绝缘材料:一般指表面电阻率在 $1\times10^{12}\Omega$ 或体电阻率大于 $1\times10^{11}\Omega/cm$ 以上的材料。绝缘材料的表面或内部基本上没有电流流动,它的电阻很大,难以接地。这种材

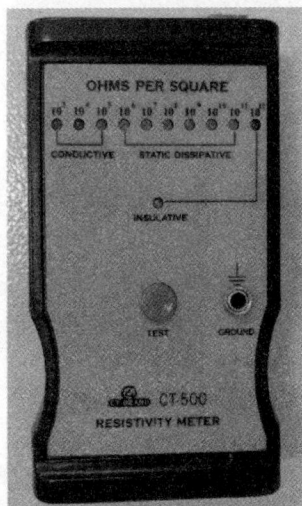

图 6-1-11　表面电阻率测试仪

料内的静电荷会在上面保留很长时间。

（2）耗散材料：一般指表面电阻率在 $1\times10^5\sim1\times10^{12}\,\Omega$，或体电阻率在 $1\times10^4\sim1\times10^{11}\,\Omega/cm$ 的材料。很多静电防护器材采用耗散材料。

（3）导电材料：一般指表面电阻率小于 $1\times10^5\,\Omega$ 或体电阻率小于 $1\times10^4\,\Omega/cm$ 的材料。这种材料电阻小，电子在其表面及内部的流动非常容易，可流向任何接触到的其他导体或大地。其中，有的材料电导率较大，其表面电阻率小于 $1\times10^4\,\Omega$，或体电阻率小于 $1\times10^3\,\Omega/cm$ 的材料，可作为屏蔽材料。采用屏蔽材料制作的法拉第保护罩可防止静电敏感器件受到静电的影响。

1. 防静电服装和腕带

防静电服装和腕带可消除或控制人体静电的产生。防静电服装包括防静电的大褂、鞋、帽、手套、鞋套等（见图 6-1-12）。防静电服装是用不同色的防静电布制成。布料纱线含一定比例的导电纱，导电纱是由一定比例的不锈钢纤维或其他导电纤维与普通纤维混纺而成。由于不锈钢纤维属金属类纤维，所以，由它织成的防静电布料的导电性能稳定，不随服装的洗涤次数而变化。

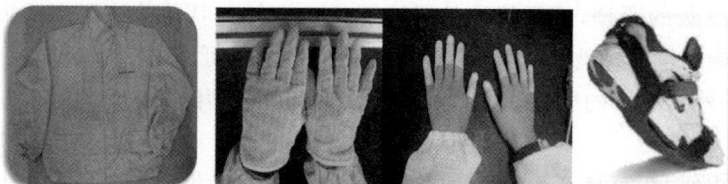

图 6-1-12　防静电服装

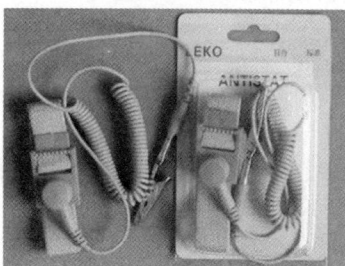

图 6-1-13　防静电腕带

防静电腕带是操作人员在接触静电敏感组件/器件时最重要的静电防护用品，如图 6-1-13 所示，防静电腕带通过接地通路，可将人体所带的静电荷泄放掉。它由防静电松紧带、活动按扣、弹簧软线、保护电阻及插头或夹头组成。松紧带的内层用防静电纱线编织，外层用普通纱线编织。腕带使用前要使用万用表或防静电腕带测试仪进行测试，确保合格可用（见图 6-1-14）。腕带要紧贴皮肤表面，确保接触良好。

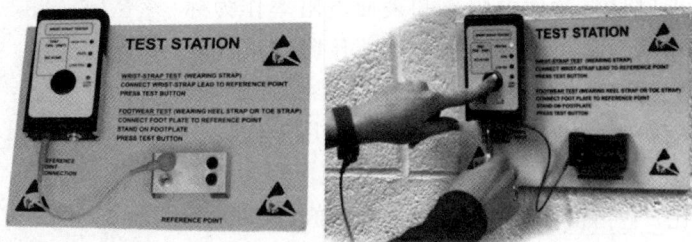

图 6-1-14　防静电腕带测试仪

2. 防静电包装、储存制品

防静电包装制品非常多，如防静电屏蔽袋、防静电包装袋、防静电海绵、防静电 IC 包装管、防静电元件盒（箱）、防静电气泡膜和防静电运输车等，如图 6-1-15 所示。这些包装制品除静电屏蔽用静电导体外,多数是用静电耗散材料制成的,目的都是对装入的组件/器件以及印刷电路起静电保护作用。

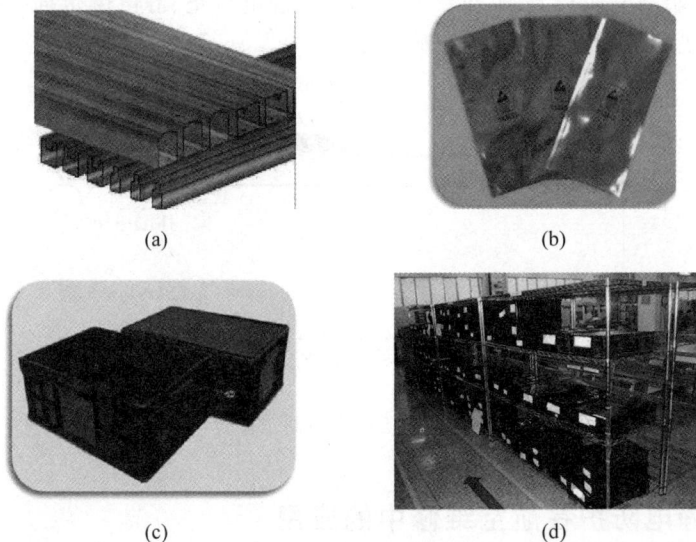

图 6-1-15 防静电包装、储存制品

(a) 防静电元件盒;(b) 防静电包装袋;(c) 防静电盒;(d) 防静电储存架

3. 防静电台垫和地板

防静电台垫和地板也是静电防护中不可或缺的。防静电台垫主要用静电导电材料、静电耗散材料及合成橡胶等通过多种工艺制作而成(见图 6-1-16);产品一般为二层结构,表面层为静电耗散层,底层为导电层。防静电地板一般是静电耗散材料,它接地或连接到任何较低电位点时,电荷能够泄露。

4. 静电消除器

静电消除器或称离子吹风机,如图 6-1-17 所示,其主要原理是利用高压电场或放射性射线的作用使空气局部电离出离子,其中与带电体极性相反的离子(或电子)向带电体趋近并与之发生中和作用,达到消除静电的目的。

图 6-1-16 防静电台垫

图 6-1-17 静电消除器

5. 静电控制工作台

修理、测试 ESDS 组件/器件必须在静电控制工作台上进行。如图 6-1-18 所示,静电控制工作台放置于防静电地板上,工作台上要配备防静电台垫、静电腕带插孔,选配离子吹风机等。地板、台垫和防静电腕带插孔正确接地。

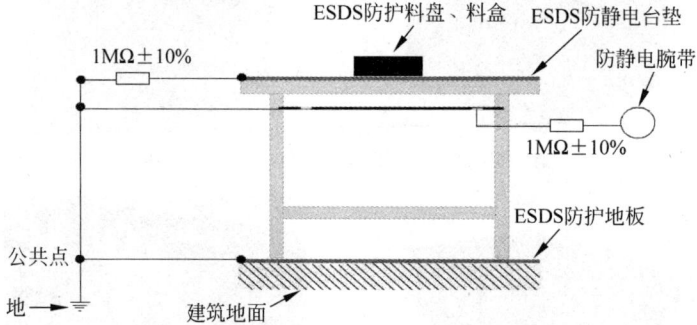

图 6-1-18 静电控制工作台

6.1.6 静电防护在航空维修中的应用

飞机维护工作中,工作人员应了解静电的危害,掌握静电防护知识、静电防护器材的使用要求和程序,时刻做好静电防护工作,否则会造成不必要的损失,甚至事故。

1. 飞机电子电气维护工作中的 ESDS 防护措施

注意识别贴有 ESDS 警告标签的组件,并对其采取静电防护措施。

1) ESDS 组件/器件的点收、存放、装运和分发

点收 ESDS 组件时,包装必须完整封闭,不能有开口;需要打开 ESDS 包装进行数量检查时,应在静电控制工作台上进行;ESDS 器件应置于导电管或盒内,再放入防护袋中。ESDS 组件存放、装运时,使用的周转箱以及防静电容器的表面要贴有 ESDS 标识。送修的ESDS 组件,仍需与正常品一样进行防静电包装,以加强防护。

2) ESDS 组件的拆装

电子设备舱设备架上的计算机、驾驶舱中的仪表或控制板大多是 ESDS 组件。施工过程中应注意静电防护,需要佩戴防静电腕带,不要触摸组件电接头上的插钉,组件后面的电接头要用防护堵盖防护好(波音 AMM 20 章给出了防护堵盖件号),如图 6-1-19 所示。

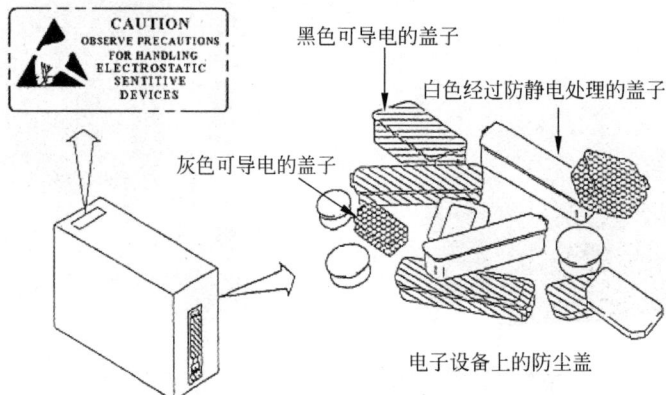

图 6-1-19 ESDS 组件使用防护堵盖

3）ESDS 印刷电路板拆装程序

航线可换件卡箱内部安装了多块电路板卡，每块电路板卡有固定卡槽或轨道加以限制固定，电路板卡尾部安装了矩形插头与卡箱内部插座相连接。电路板卡的静电防护比静电敏感航线可换件更严格，禁止用手接触印刷电路板上的焊点、集成电路或器件（见图 6-1-20、图 6-1-21）。

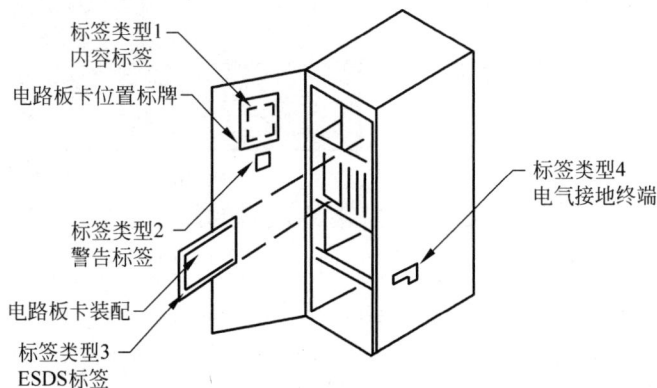

图 6-1-20 对航线可换件电路板卡箱

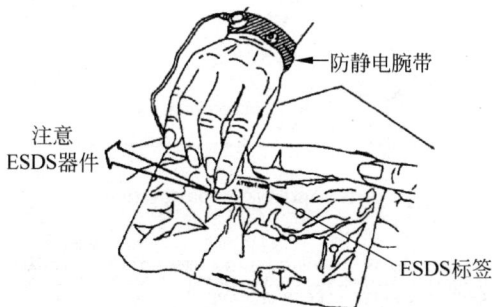

图 6-1-21 ESDS 印刷电路板的特殊处理

2．飞机其他维护工作中的防静电措施

很多飞机维护工作也需要做好静电防护措施。例如：飞机在地面维护时，通过导电轮胎、接地电缆将飞机接地；飞机压力加油时，在飞机和加油车之间要进行电气接地。油箱的维护过程中，会经常遇到机务人员进入油箱进行检查或维修的情况，如果不注意静电的防护，甚至会造成爆炸的严重事故。图 6-1-22 是维护人员进入油箱工作时的静电防护措施。

（1）佩戴干净的 100％纯棉、无帽舌的帽子。

（2）只能穿 100％纯棉、无口袋的衣服、T 恤和裤子。如有口袋，需取出所有物品并缝合口袋。

（3）取下所有的戒指、手表等配饰。

（4）佩戴橡胶手套。

（5）穿干净的 100％纯棉袜子。

（6）衣服不能露出纽扣或拉链。

警告：不要穿尼龙、人造纤维、丝绸或者毛绒衣服。需要穿 100％纯棉收腿收手腕的贴

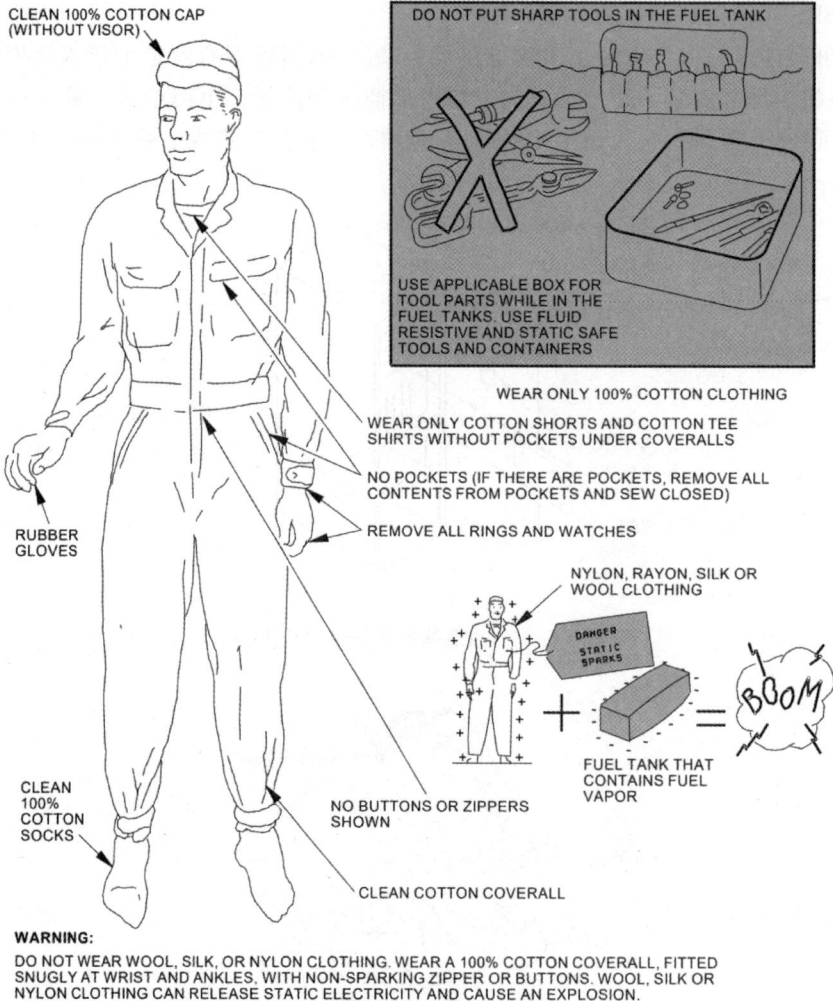

图 6-1-22 油箱工作的静电防护措施

身衣服,不能有易产生火花的纽扣或拉链。尼龙、人造纤维、丝绸或者毛绒衣服会产生静电放电,遇到油箱中的燃油蒸气容易引发爆炸。

6.2 常用电子电气测量仪表

飞机维修过程中,需要使用仪器仪表进行各种项目的测试。维修工作场景中使用最多的电子电气测量仪表是万用表、毫欧表、兆欧表。

6.2.1 万用表

万用表又称多用表、三用表等,是航电设备研发、制造、维修过程中常见的电子电气测量仪表,具有适用场景广泛、测量项目种类多、易携带、使用方便等优点,可以用来测量直流电流/电压、交流电流/电压、电阻、音频电平、电容、三极管放大倍数等。有些万用表还增加了线路通断声响检查、二极管正向导通电压测量、频率测量、温度测量等功能。

常见万用表有便携的指针式(模拟式)万用表、便携数字式万用表以及台式万用表。台式万用表相对于便携式万用表测量精度更高,测量速度更快。

1. 指针式万用表组成和性能指标

1) 指针式万用表组成

指针式万用表主要由表头、转换开关、测量线路、表笔及插孔等部分组成。典型指针式万用表的外观如图 6-2-1 所示。

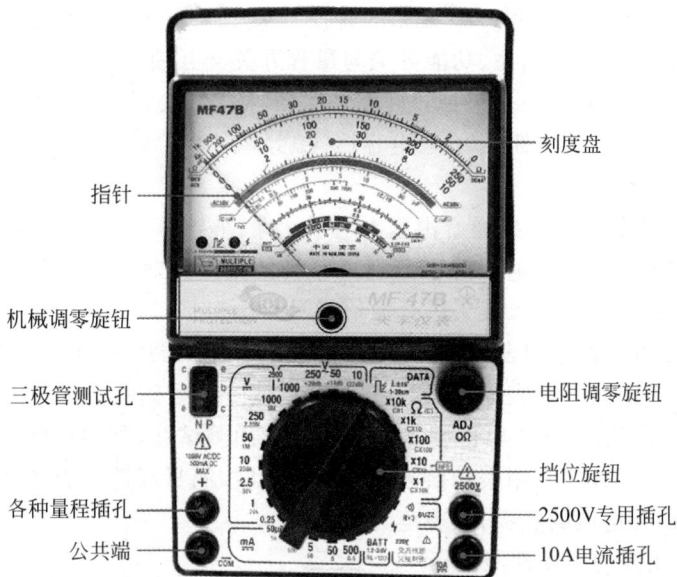

图 6-2-1　典型指针式万用表

(1) 指针式万用表表头实际上是一只高灵敏度的磁电式直流电流表,由刻度盘、指针、机械调零旋钮、电阻调零旋钮等部分组成。万用表主要性能指标取决于表头电流表的灵敏度。例如,表头指针满刻度偏转时流过的电流值越小,说明表头灵敏度越高。

刻度盘占据表头的主体位置,由多条弧线构成,每条弧线有不同的刻度值,用于指示实时测量结果。如图 6-2-2 所示,刻度盘上的弧线包括电阻(Ω)刻度、直流/交流电压(DCV/ACV)刻度、直流/交流电流(mA)刻度,以及附加的晶体三极管放大倍数(hFE)刻度、电容(μF)刻度、电感(H)刻度、分贝(dB)刻度等。刻度盘指示的测量结果需要依据功能转换开关的位置,结合表头指针偏转所指示的刻度线确定。

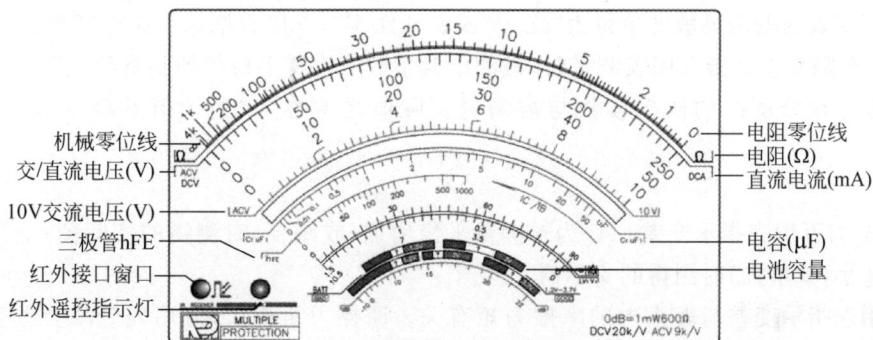

图 6-2-2　指针式万用表头刻度盘

指针式万用表头上设有机械调零旋钮和电阻调零旋钮。机械调零旋钮用来校正指针在刻度盘左侧的零位指示(如电压/电流零位指示,不适用于电阻指示)。电阻调零旋钮用来校正指针在电阻挡不同量程的零位指示。由于万用表电压、参考电阻等原因,指针在不同量程下的零电阻位置会发生变动。此外,表头上可能附有万用表精度、型号、生产厂家等信息。

(2)指针式万用表转换开关本质上是一个多挡位旋转开关,用来根据不同线路测量需要,选择合适的测量项目及量程。最常见的转换开关是采用功能与量程合用的转换开关,也有功能开关与量程开关分离型、功能开关与量程开关交互使用型等类型的转换开关。转换开关可以选择的典型测量项目包括:直流电压挡"V—"、交流电压挡"V~"、直流电流挡"A—"、交流电流挡"A~"、电阻挡"Ω"、电容挡(C)等,不同测量项目又划分为多个不同的量程,在表头刻度盘有明确标识。

(3)指针式万用表测量线路通常由基本电子元件、半导体元件及电池组成,将不同性质的被测电参量(如电流、电压、电阻等),经过一系列的处理(如整流、分压等)变换成具有一定量限的微小直流电流,并送入表头进行数值指示。

(4)指针式万用表表笔和表笔插孔。指针式万用表包含红、黑两只表笔,红表笔应插入标有"V/Ω"或"+"号插孔,黑表笔插入标有"COM"或"—"号插孔。部分万用表还有"10A""2500V"等专用插孔,还有一些项目测量需要配备专用测试线,如温度测试线、高电压表笔等。需要指出的是,指针式万用表转换开关在电阻挡时,测量线路由万用表内部电池供电。万用表红表笔为内部电池的负极,黑表笔为正极。

2)指针式万用表的主要性能指标

指针式万用表的主要性能指标包括准确度、直流电压灵敏度、升降变差、倾斜误差、阻尼时间等。

(1)准确度是指万用表测量结果的准确程度,是万用表的指示值与标准值之间的基本误差情况。准确度越高,测量误差越小。根据国际标准规定,万用表的准确度有 0.1、0.2、0.5、1.0、1.5、2.5、5.0 等七个等级,使用最多的是 1.0、1.5、2.5、5.0 四个等级。准确度数值代表基本误差的百分比。例如,2.5 级的准确度代表基本误差为 $\pm 2.5\%$,准确度数值越小,等级越高。准确度一般由万用表生产厂家直接标示在表头刻度盘上。

(2)直流电压灵敏度是指万用表电压挡等效内阻与满量程电压之比。例如,某型万用表的 250V 直流电压挡等效内阻为 2.5MΩ,其直流电压灵敏度为 2.5MΩ/250V,即 10kΩ/V。灵敏度越高,万用表的等效内阻越大,对于被测电路的影响越小,测量结果也会越准确。指针式万用表的电压灵敏度单位为"Ω/V"或者"kΩ/V",一般直接标注在刻度盘上。

(3)升降变差是指万用表测量时,被测电参量数值由零平稳增加到量程上限,然后平稳减小到零。在分度线的两次读数与被测量实际值之差称为"指示值升降变差",简称变差,即

$$\Delta A = | A_0' - A_0'' | \tag{6-2-1}$$

式中,ΔA 为万用表指示变差;A_0' 为被测量平稳增加(或减少)时测得的实际值;A_0'' 为被测量平稳减小(或增加)时测得的实际值。

万用表指示变差与表头内的摩擦力矩有关。摩擦力矩越大,万用表升降变差就越大,反之则越小。当表头摩擦力矩很小时,$A_0' \approx A_0''$,升降变差 ΔA 为 0,可以忽略不计。一般来

说,指针式万用表的指示值升降变差不应超过基本误差。

（4）万用表倾斜误差是指万用表从规定使用部位向任意方向倾斜时所带来的误差。倾斜误差主要是由于表头转动部位不平衡形成,也与轴尖和轴承的间隙大小有关。万用表技术条件规定,万用表自规定的工作位置向一方倾斜 30°时,指针位置应保持不变。

（5）万用表阻尼时间是指阻碍或减少一个动作所需的时间。对于指针式万用表来说,其动圈的阻尼时间在技术条件中规定不应超过 4s。

2．数字式万用表组成和性能指标

数字式万用表分为便携式数字万用表和台式数字万用表。便携式数字万用表与指针式数字万用表有相似的组成,由表头、转换开关、测量线路、表笔及插孔等部分组成,如图 6-2-3 所示。台式数字万用表没有转换开关,相应的功能由控制面板替代,如图 6-2-4 所示。

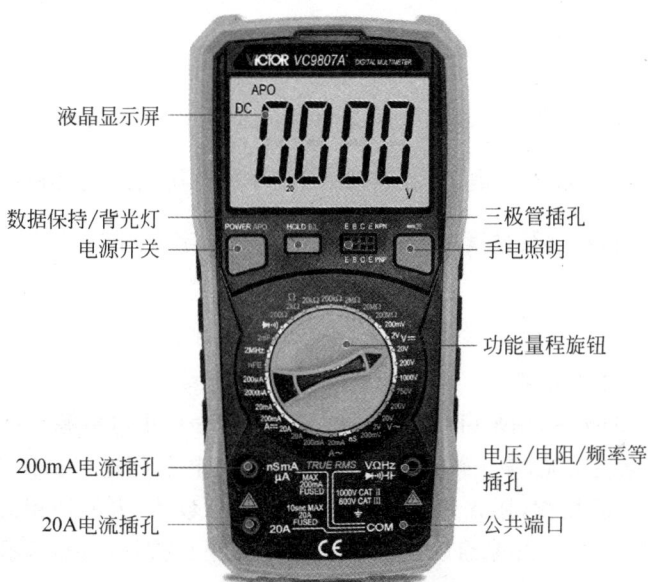

图 6-2-3　典型便携式数字万用表

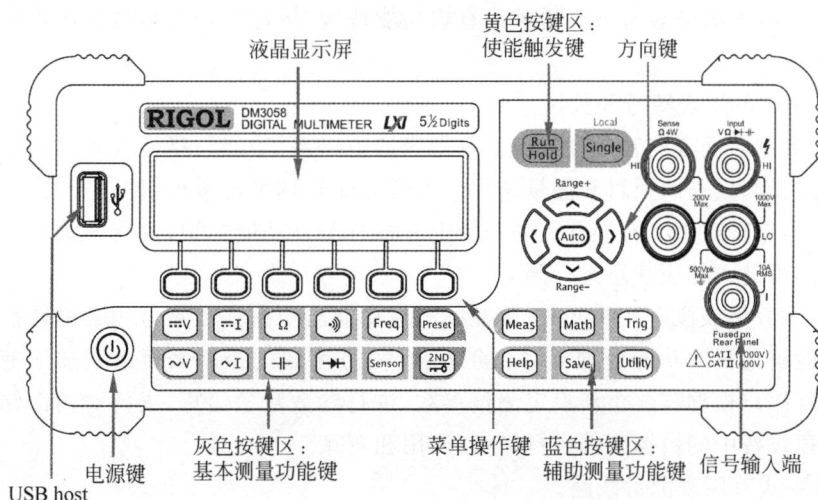

彩图 6-2-4

图 6-2-4　典型台式数字万用表

1) 数字式万用表表头

(1) 便携式数字万用表的表头位于万用表的上部,台式数字万用表的表头一般位于前面板的左上角。表头由液晶显示屏(liquid crystal display,LCD)替代直流电流表和刻度盘,一般由模拟/数字(A/D)转换芯片、外围元件和液晶显示器组成。测量值直接以数字的形式显示,并且增加了功能标志符和警告信息的显示,如单元符号 mV、V、kV、μA、mA、A、Ω、kΩ、MΩ、pF、nF、μF、kHz、ns,测量项目符号 AC、DC、Ω,以及特殊符号 LO BAT(低电压)、H(读数保持)、AUTO(自动量程)、×10(10 倍)、蜂鸣器等。能够实现自动测量和手动测量转换,交流电参量真有效值(true RMS)测量和电源自动关机等功能。

数字式万用表头内部 A/D 转换芯片连续将变化的模拟量变换成数字量,通过逻辑控制电路,将数据转换成要求的格式,并发送给显示电路进行指示。

数字式万用表按照显示位数不同,可分为三位半$\left(3\frac{1}{2}\text{位}\right)$到八位半$\left(8\frac{1}{2}\text{位}\right)$数字式万用表。以 $3\frac{1}{2}$ 位为例,其中的"3"表示能够完整显示 3 位 0~9 的数字,分数部分的"$\frac{1}{2}$"表示最高位只能显示 1,量程最高位是 2。换言之,三位半的万用表最大可显示数值为 1999。数字式万用表显示位数越多,其精度就越高,通常便携式数字万用表以 $3\frac{1}{2}$ 位为主,台式数字万用表常见为 $5\frac{1}{2}$ 位或 $6\frac{1}{2}$ 位。

(2) 数字式万用表功能按键。

标识"POWER"的按键,用来启动或断开数字式万用表的供电电源。目前,大部分数字式万用表都具有自动断电功能,停止测量或者在停留在同一挡位超过 15min,万用表会自动切断电源。标识"HOLD"的按键,用来锁定某一瞬间的测量数值,方便使用者记录数据。标识"B/L"或者灯泡图标的按键,用来启动显示器背光灯,按下该按钮,液晶显示屏会点亮约 5s 后自动熄灭,方便使用者在黑暗环境中观察测量数据。具备自动量程功能的数字式万用表会有标识"RANGE"的按键,以便数字式万用表的自动量程和手动量程的切换以及量程的选择。

台式数字万用表的表头下方通常设有软功能按键,按键的功能根据显示器的提示进行相应的选择。

(3) 数字式万用表转换开关。

便携式数字万用表的转换开关位于万用表的中下部,功能与指针式万用表的转换开关相似,用来选择测量不同项目和测量量程。大部分能够选择的量程以"2"开头,这与数字式万用表的显示原理有关。转换开关的圆周上有多种测量功能标识,旋转开关使其指示到相应的挡位,即可进入相应状态进行测量。

台式数字万用表没有转换开关,其控制面板功能与便携式数字万用表的转换开关功能基本相同,能够选择的功能更加丰富。此外,台式万用表的控制面板还增加了辅助测量功能按键,允许用户根据需要重新设定测量参数,进行参数数学运算,支持对内部储存区和外部 USB 储存设备中的数据文件进行储存、调用和删除。

(4) 数字式万用表测量线路。

数字式万用表测量线路主要由 A/D 转换器、功能选择电路、测量及量程选择电路和液晶显示电路组成。此外,还包括蜂鸣器电路、低电压指示电路、小数点及标识符驱动电路等。当前,数字式万用表朝向智能化方向发展,可通过数据总线,如 RS-232、GPIB(IEEE-488)、USB 等,与计算机相连,利用程控方式实现万用表的自动测试和实时控制。

(5) 数字式万用表表笔和表笔插孔。

便携式数字万用表的表笔和表笔插孔与指针式万用表的功能和使用方法基本类似,一般有"20A""mA""COM""VΩ Hz"等四个表笔插孔。其中,标有"20A"的表笔插孔用于测量 200mA～20A 的大电流;标有"mA"的表笔插孔为低于 200mA 的电流检测插孔;标有"VΩ Hz"的表笔插孔为电阻、电压、频率、二极管检测插孔,也可以作为附加测试器和热偶传感器的正极输入端;标有"COM"的表笔插孔为公共接地插孔,主要用来连接黑表笔,也可以作为附加测试器和热偶传感器的负极输入端。便携式数字万用表转换开关在电阻挡时,测量线路由万用表内部电池供电。需要注意的是,数字式万用表的红表笔接内部电池的正极,黑表笔为负极,与指针式万用表相反。

台式数字万用表与便携式数字万用表的表笔插孔略有不同。典型台式数字万用表有"INPUT HI""INPUT LO""10A""Sense HI""Sense LO"五个插孔。基本测量时,红表笔插入"INPUT HI";测量大电流时,红表笔插入"10A",黑表笔插入"INPUT LO"。此外,台式数字万用表在测量电阻时,可以采用二线法,也可以采用四线法测量。二线法测量采用正常的测试模式即可。四线法用于测试小电阻,尤其是测试引线电阻和探针与测试点接触电路与被测电路之比不能忽略不计的情况。四线法测量电阻需要两只红表笔和两只黑表笔。红表笔插入"INPUT HI""Sense HI"端,黑表笔插入"INPUT LO""Sense LO"端。

2) 数字式万用表的主要性能指标

数字式万用表的主要性能指标包括:准确度、分辨力、输入阻抗、抗干扰能力、测试项目等。

(1) 数字式万用表准确度反映测量结果与真实值一致的程度。因为显示测量数值,其准确度比指针式万用表要高很多,通常与万用表显示位数相关。$3\frac{1}{2}$ 位的数字式万用表基本误差在 1% 以内,$4\frac{1}{2}$ 位的数字式万用表基本误差在 0.1% 以内。显示位数越多,万用表的准确度也越高。

(2) 分辨力。数字式万用表的分辨力是指最低量程上末位数字所对应的电压值,反映万用表的灵敏度。$3\frac{1}{2}$ 位的数字式万用表分辨力可达 $100\mu V$,$4\frac{1}{2}$ 位的数字式万用表分辨力可达 $10\mu V$。一般显示位数越多,万用表的分辨力也越强。

(3) 数字式万用表在测量电压时,输入阻抗很高,通常在 $10M\Omega$ 以上,有的甚至能够达到 $10G\Omega$。阻抗越高,越能减少测量误差,其测量准确度越高。

(4) 数字式万用表的核心器件一般采用的是双积分式 A/D 转换器,对于串模干扰和共模干扰具有较强的抑制能力,一般共模抑制比在 86～120dB。在存在各种干扰(如电场、磁场等)和各种高频噪声,或者进行远距离测量时,尤其是进行高精度测量时,能很好地抑制干扰信号。

(5) 采用新技术、新工艺以及超大规模集成电路的数字式万用表除了具有测量直流/交流电压、直流/交流电流、电阻等基本功能项目外,现在逐渐集成了数字计算、自检、读数保持、误差读出、二极管检测、字长选择、IEEE-488 接口或 RS-232 接口等功能。测试项目的全面性反映了数字式万用表的智能化程度。

3. 万用表的选用

万用表因种类繁多,性能指标各有差异,其选型非常重要。通常要面向具体工作,参考多方面需求,选择确定万用表具体型号。机务维修中,进行万用表选型时,还要根据维修手册中参数要求,确定指定型号或替代型号。

1) 测量场景

外场电子线路测试因环境复杂,测试条件差,通常采用便携式仪表。而在维修车间,相对来说可选择的范围较宽。指针式万用表具有直观、形象的读数指示,读数值与指针摆动角度密切相关;而数字式万用表是瞬时取样式仪表,每次取样结果相近,并不完全相同,被测量显示的是数值,读数准确、清晰。

2) 参量需求

指针式万用表和数字式万用表因实现原理不同,测量的准确性存在较大差异。例如,测量交流电的电压电流时,指针式万用表指示的是平均值,而数字式万用表大多指示的是有效值。

3) 被测对象

相对而言,指针式万用表输入阻抗一般小于数字式万用表的输入阻抗,电压测量精度相对较差。面对某些高电压微电流的被测对象,因其内阻影响无法准确测量。数字式万用表多采用集成电路,过载能力较差,容易受到静电威胁,并且损坏后不易修复。面向一些特殊的元器件,如可控硅、发光二极管等,数字式万用表输出电压较低,测量不便,而指针式万用表测试更为有效。

4. 万用表的使用及注意事项

1) 电阻零位

使用万用表开始测量任何电参量前,首先要查看零位情况。在使用指针式万用表前,在两只表笔分开放置的情况下,检查指针是否停在刻度盘左端的"零位"上,如有偏离,可转动机械校正旋钮,使指针归零。使用万用表测电阻前,还应进行电阻调零,即将万用表的红表笔和黑表笔短接,使指针向右偏转,调节零电阻校正旋钮,使指针刚好指在电阻刻度线右边的零位。如果指针不能调到零位,说明电池电压不足或仪表内部故障。若数字式万用表显示"BATT"或"LOW BAT"时,应更换电池。需要注意的是,电阻挡位每次更换量程,都要再次进行电阻调零,以确保准确测量。使用万用表测量电阻时,被测电阻不能有并联支路,最好将被测电阻从电路中拆下后再测量。而在测量晶体管、电解电容等有极性元件的等效电阻时,要特别注意表笔的极性。

2) 电压电流

使用万用表测电压时,要将表笔并联在被测电路两端;测电流时,将表笔与被测电路串联。测量直流电路时,若为指针式万用表,要注意表笔的极性,红表笔接高电位处,黑表笔接低电位处;数字式万用表大部分不用区分表笔的极性,能自动指示极性,读数和数据记录时需注意。万用表在测量交流电路时,表笔没有正负之分。

3) 万用表读数

万用表读数要注意表头和转换开关的位置。指针式万用表的刻度盘上印有多条刻度线,分别表示不同测量项目和量程。其中,电阻挡刻度线为非线性刻度线,而电压电流挡刻度线为线性刻度线。

(1)电阻挡刻度线标有"Ω"或"R",右端为零,左端为∞。转换开关可以设定×1、×10、×100、×1k、×10k等挡位,表示不同倍率。读数时,指针在刻度盘上的指示数值乘以转换开关的设定倍率,才是所测电阻的实际值。

(2)电压电流刻度线标有"−"或"DC"表示直流,"∼"或"AC"表示交流。转换开关所设定的10、50、250等挡位,表示指针满偏刻度时的对应值。使用时,需要用户结合指针指示和转换开关设定挡位共同确定具体项目数值。例如,转换开关设定在"2.5 DCV",指针指示在刻度线"100"的位置,表示此时测得的直流电压为1.00V。由于电压表和电流表的刻度是均匀的,大多数指针式万用表电压挡和电流挡共用一条刻度线。

(3)数字式万用表直接从液晶显示屏上读取电阻、电压、电流的测量值,需要注意显示屏右侧的参数单位。若万用表显示的测量项目数值很小,但单位很大,说明转换开关设置不合理,需变换更小量程重新测量。若万用表仅在最高位显示数字"1",可能被测值超出所选量程,需变换到更大量程重新测量。目前,智能数字万用表可根据测试对象自动切换量程,使用过程中读数更便捷。

4)万用表使用注意事项

(1)万用表应避免不同挡位误用、表笔反接。

指针式万用表表头内阻很小,如果误用电阻挡或电流挡去测电压,有可能因为过大的电流烧毁万用表。指针式万用表在测量直流电压/电流时,表笔长时间反接会使指针继续左偏,损坏指针。因此,直流电路若不能确定电路极性,可将指针式万用表放在最大量程挡,在被测电路上快速测试,观察指针偏转方向,判断电路的正负极性。数字式万用表内部保护电路相对比较完善,错误使用挡位时,通常会出现显示"000"的提示,或低位上的数字闪动。

(2)万用表应避免转换开关量程设定不当。

万用表测定电压/电流时,通常先预估被测电路大概数值,使用转换开关设定合适的项目量程。例如,"10V"挡表示该挡位只能测量10V及以下的电压,"500mA"挡只能测量500mA及以下的电流。若使用小量程测量大参数,则容易损坏万用表。若不能预先确定参数范围,要先选择最大量程测试,根据测量结果寻找合适的量程。

(3)万用表电阻测量。

指针式万用表电阻挡刻度线是非线性、不均匀的,不同量程共用一条刻度线。通常,指针在刻度线1/3∼2/3指示准确度最高。万用表不同电阻挡测量同一电阻时,测出的电阻值有差异。一般所选量程越小,测量结果越准确。不能带电进行电阻测量。万用表测量电阻时由内部电池供电,带电测量相当于接入外部电源,可能损坏表头。

(4)万用表测量过程中避免转换万用表量程。

万用表测量参数时,尤其是高电压(500V以上)、大电流(0.5A以上)参数时,不能直接变动转换开关,以防止产生电弧,烧毁万用表。如需更换量程,应先断开被测电路。测试过程中,禁止用手去接触表笔导电部分;测量高电压时,尽量使用一只手。

(5)万用表专项测试需使用专用表笔及插孔。

万用表测量高电压(2500V以上)、大电流(10A以上)时,要使用专门的表笔插孔。由于高电压、大电流测试挡往往不经过表内保险丝，不能长时间连接在电路上，以免损坏万用表。

（6）及时关闭万用表。

万用表长时间不用时，转换开关应拨到关闭挡或者交流电压最大量程挡，避免耗费电池。

6.2.2 毫欧表

毫欧表，又称为微欧计，用于测量微小电阻的精密仪器，通常分辨率可达微欧级别。万用表通常采用的是两线制电阻测量法，适用于电阻阻值较大且对于精度要求不太高的场景，若进行微小电阻测量会出现较大误差。因此，对于微小电阻，航空器维护和修理工作中采用毫欧表测量。毫欧表的工作原理与万用表测量电阻相同，遵循欧姆定律，在被测对象上通入电流，通过检测电流大小计算出电阻的数值。毫欧表用于测量各种典型场景中的接触电阻及接地电阻，包括但不限于：继电器、接触器、电气开关触点，电气连接器中导线/电缆与插钉的连接、导线/电缆与接线片的连接，机身基本结构的连接，碳纤维强化塑料的连接，AC/DC 电流回路接地等。通过美国国家电气安全法规防爆标准 UL913 认证的仪表可以在航空器所有区域使用，包括易燃易爆泄漏区域。下面介绍航空器维修中常用的 T477W 和 M1 两种类型的毫欧表。

1. T477W 型毫欧表

1）功能

T477W 型毫欧表是能够便携的微小电阻精确测试的数字仪表，可以精确测量小于 2.0Ω 的电阻。当测量值小于 $0.2\text{m}\Omega$ 时，会降低测量的准确度。T477W 型毫欧表自身配有可充电电池组，电池容量能够保证仪表连续使用 8h。内置定时器可自动关闭显示器，节省电源。内置的显示屏照明可在夜间或环境光线不足时使用。如图 6-2-5 所示。

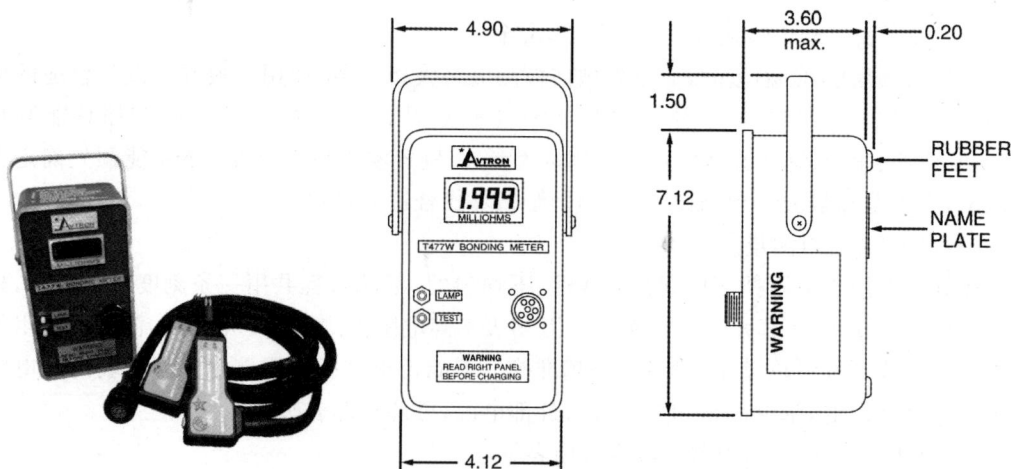

图 6-2-5 T477W 型毫欧表

2）使用

使用前，需要检查毫欧表电源情况和设备有效性。该表由充电电池供电，若 30 天没有使用记录，应在使用前先进行充电。毫欧表电池电压过低时，显示屏左侧将显示"LO BAT"

的指示。T477W 型毫欧表禁止在易燃泄漏区充电,如燃油蒸气、丙烷、甲烷、汽油等危险区域,在安全区域充电完成后可以在上述危险区域使用。

测量前,要确认被测对象已断电,表面清洁,无污染。T477W 型毫欧表采用四线制电阻测量法,测量时使用的是仪表内部的恒流源,若未断电,将在测试电路中引入额外的电源,影响测量结果,易损伤毫欧表。毫欧表对被测对象的电阻实施测量,其探头与被测对象表面存在接触电阻。若被测对象表面存在污染物,会影响接触电阻,造成测量误差。

毫欧表测量探头与被测对象正确连接,接触良好。毫欧表测量电缆有两个电流探头和两个电压探头,电流探头为被测对象提供电流,电压探头测量被测对象两端电压。两种探头不能交换使用,并通过颜色分别标识。这两种探头非常尖锐,使用过程中必须小心,防止手被刺伤。

毫欧表探头正确连接仪表面板和被测对象后,按压并松开位于面板上的 TEST 按钮,按压该按钮将打开显示并设定毫欧表的量程。首次按压 TEST 按钮激活毫欧表的 $2m\Omega$ 量程,再次按压后依次切换 $20m\Omega$、$200m\Omega$、$2000m\Omega$ 等量程,若继续按压则返回到 $2m\Omega$ 量程。采用的是液晶显示器,运行 52s 后将自动关闭显示。若环境光线不足,可按压毫欧表面板上 LAMP 按钮打开照明灯;毫欧表关断时照明灯延时关闭。

若毫欧表探头与被测对象表面接触不良,或者测量探头与毫欧表面板接触不好,显示器上数字的小数点将闪亮,提示需要检查探头探针、测量点的表面等。测量回路连接畅通后,毫欧表显示数值将趋于稳定。显示器上的小数点自动加载在各个量程内,若测量值超出所设定的量程,显示器上的数字将闪亮,通过按压 TEST 按钮增大量程,确保准确测量。

2. M1 型毫欧表

1）功能

M1 型毫欧表与 T477W 型毫欧表的测量原理相同,采用四线开尔文探针法进行测量。M1 型毫欧表是手持型测量仪表,具有可储存 128 条数据的内存,可供以后重新调用和下载。

毫欧表内置镍镉充电电池,不可更换,通过适配充电器进行充电。当充电器连接时,电池正在充电,黄灯点亮;充电器检测到电池温度出现问题,琥珀灯亮;检测到电池电压问题,红灯点亮。毫欧表有 3 组探针,仪表本体有 1 组探针,还有两组远程探头可以插在仪表本体下部的插座。毫欧表本体背面有 1 个 RS-232 接口,接口上方有 1 个连接灯。当仪表主机上的探针与被测物体表面良好接触后,该连接灯的绿灯点亮,接触不良时红灯点亮;两组远程探头上也同样安装有连接灯,功能相同。RS-232 接口下方是毫欧表的电源按钮和电源 LED 指示灯,可打开毫欧表电源,启动测试。M1 型毫欧表见图 6-2-6。

图 6-2-6　M1 型毫欧表

2）使用

使用前,检查 M1 型毫欧表电池电源情况和设备有效性。按下 M1 毫欧表电源按钮,打开或关闭毫欧表。若继续按压电源开/关按钮,显示屏将显示电池电压。例如,"B7.5"表示电池 7.5V 电压;释放电源按钮将使仪器恢复正常运行。毫欧表电池典型工作电压为 7.0～9.2V。

如果电池电压降低至操作极限值,则显示"LOB",说明电量不足,需要充电后才能继续使用。使用过程中较低的电池电压不会影响读数的有效性或准确性。毫欧表3min没有使用,将自动关闭,自动关闭功能不会影响已储存数据,若数据未储存,则会丢失。

M1型毫欧表有两种工作模式:正常模式和内存模式。正常模式用户可以显示和储存测量数据;内存模式用户可以滚动检查和操作储存的数据,默认模式是正常模式。内存模式下,若用户大约5s内没有新增输入,毫欧表将自动恢复到正常模式。显示面板右侧有"向上"和"向下"滚动显示箭头,正常操作模式下可以用来快速调整亮度;内存模式滚动储存数据。

毫欧表工作在正常模式,并且显示具体数值时,即可读取测量数值;若未进行下一次测量施工,并且仪表并未关闭,则随时可按压"撤回"按钮进行显示;未储存的情况下,进行了后续测量或者仪表有过断电的情况,则测量数值不可恢复。按下"撤回"按钮还可以切换M1型毫欧表的工作模式。启动和显示不亮的情况下,连续两次按压"撤回"按钮,毫欧表将从正常模式切换到内存模式;显示亮起只需要按压一次,即可切换到内存模式;在内存模式下,按下按钮将切换到操作模式。

M1型毫欧表的"储存"按钮允许用户将测量数据储存到内存。M1型毫欧表测量施工后,数据在显示器上指示。按下"储存"按钮储存,显示器的左侧将出现撇号符号(L)以及储存器顺序标签,编号范围为1~128。若内存中没有储存数据,尝试进入内存模式将导致显示"NO",表示内存中没有读数。例如,用户试图将读数储存在第129标记位置,则显示"FULL"。下载内存不会擦除储存的读数。

M1型毫欧表的"擦除"按钮允许用户删除内存中的数据。若要清除所有储存的数据,在内存模式长按"擦除"按钮,直到显示器显示"完成"为止。若要擦除特定的数据,先切换到内存模式,滚动按钮找到需要擦除的数据,按下"擦除"按钮即可。

M1毫欧表测量施工时的注意事项与T477W型毫欧表基本相同。首先,测量探头与被测对象正确连接,接触良好。由于探头上的探针非常尖锐,使用过程中必须小心,防止手被刺伤。其次,要确保被测对象断电以及被测对象表面清洁,无氧化层、腐蚀、油污等。最后,不要对同一被测对象进行长时间、不间断测量施工。

6.2.3 兆欧表

兆欧表正式名称为绝缘电阻表或高阻表,是用来测量电气设备的绝缘电阻和高值电阻的仪表,因其计量单位是兆欧(MΩ)而得名。其基本工作原理就是在被测绝缘电阻两端加上高压直流电,通过检测流过绝缘电阻的电流来计算绝缘电阻的大小。

由于万用表电阻挡的输出电压较低,用于测量电气设备的绝缘电阻,尤其是工作在高压条件下的设备,其阻值可能是无穷大。而电气设备在几百伏或者上千伏的实际工作条件下,绝缘电阻并不是无穷大,可能会变得很小。兆欧表是专门用来测量绝缘电阻,其能够输出高压,能够较准确地测量电气设备的绝缘程度。

1. 兆欧表的类别

兆欧表可以根据产生高压直流电的原理和读取测量结果的方式,分为模拟式兆欧表和数字式兆欧表,如图6-2-7所示。

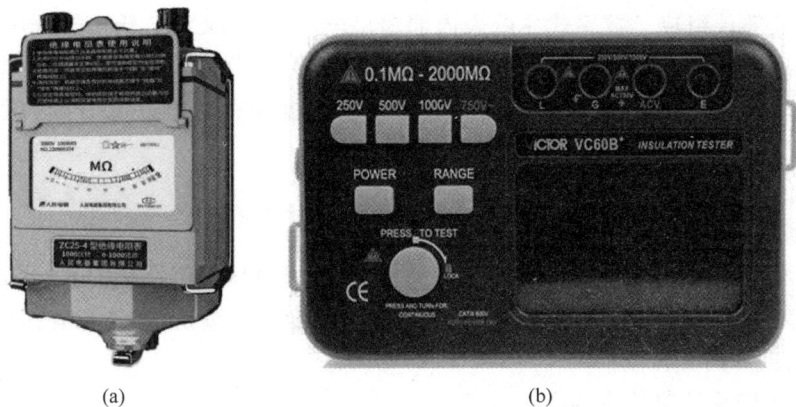

图 6-2-7　兆欧表
（a）手摇式兆欧表；（b）数字式兆欧表

模拟式兆欧表可细分为手摇式兆欧表和电子式兆欧表。手摇式兆欧表内部安装有小型发电机,可手动升降电压,采用指针表盘方式读数,结构简单,易于维护,俗称为摇表。电子式兆欧表内置有电池,有的甚至还配有电源接口,可连接市电作为电源,其依然采用指针表盘方式读数。

数字式兆欧表通常有内置电池作为电源,测试结果由显示屏直接显示数值。它采用DC-DC 转换器将电压提升至所需高压,具有输出电压等级高、测量精度高、使用简单、读数方便、经久耐用等特点。

兆欧表的选用通常依据额定工作电压确定。手摇式兆欧表常见的额定电压有 100V、250V、500V、1000V 以及 1kV 以上等电压等级。手摇式兆欧表的额定电压标注在摇表外壳,不能变动。数字式兆欧表有多种输出电压等级,一般有 250V、500V 和 1kV 等。通常情况下,采用对应的额定电压进行设备绝缘情况测试,若用额定电压太高的兆欧表测量低电压设备的绝缘电阻值,可能会破坏设备的绝缘。只有在特殊要求下需要测试电气设备耐压能力时,才选用 1000V 或以上的测试仪表。

兆欧表选型对测量结果准确性和分析电气设备的绝缘性能及安全状况非常重要。航空器维修工作中,测量线路绝缘电阻所需兆欧表型号首先依据 AMM 要求选择。若技术文档中没有规定,则根据被测线路的工作电压选择最接近电压等级的兆欧表。

2. 兆欧表的组成及工作原理

手摇式兆欧表外部主要由表盖、接线柱、刻度盘、提手、发电机手柄等组成。内部电路主要由手摇发电机和磁电式流比计组成。磁电式流比计是一种特殊的磁电部件,为兆欧表的核心测量机构。它由两个动圈组成,没有产生反作用力矩的游丝,动圈电流通过导流丝引入。两个动圈彼此间交叉一定角度,连同指针固定在转轴上。动圈内圆柱形铁芯开有缺口,磁路系统气隙内磁场分布不均匀,兆欧表外部刻度盘上的刻度非线性分布。

手摇式兆欧表上有 3 个接线柱,分别为线路(L)接线柱、接地(E)接线柱和屏蔽(G)接线柱。线路接线柱 L 是兆欧表内部电路的输出端,接地接线柱 E 常用来与电气设备的外壳、接地线或者导线绝缘层等相连,测试绝缘电阻。接地接线柱上还设置有屏蔽(G)接线柱(也称为保护环),该接线柱用于和屏蔽线相连。

数字式兆欧表没有手摇发电机,而是采用电池作为电源,外部主要由显示屏、控制面板和接线插孔等部件组成。数字式兆欧表内部输出电压是由 DC-DC 转换器升压得到的,具备多种高压输出能力,并且输出电压的精度明显优于手摇式兆欧表,其测量数据可以直接读取。此外,高端数字式兆欧表还具备完备的测量数据储存功能以及丰富的数据通信接口,可以进行远程测量和数据及时的上传、下载。

3. 兆欧表的使用及注意事项

1)兆欧表使用前应检查外观

依据技术文档,结合被测系统线路的实际情况,选择电压等级合适的兆欧表,并检查外观良好无缺陷。尤其是手摇式兆欧表的玻壳完好,刻度易于分辨,指针没有扭曲现象且摆动灵活,发电机手柄要轻便。

2)兆欧表校验日期及功能检查

确认兆欧表的校验日期在有效期内。兆欧表要进行短路试验和开路试验。手摇式兆欧表短路试验是将线路 L、地线 E 短接,慢慢摇动手柄不超过 1/4 圈,若发现指针立即指在 0Ω 处,则立即停止摇动手柄,说明表笔线路连通性很好,表的 0Ω 读数正常;开路试验将线路 L、地线 E 分开放置后,先慢后快地逐步加速摇动手柄,直到加速到 120r/min,指针停留在无穷大处稳定指示,停止摇动手柄,说明兆欧表内部线路以及表笔线路绝缘性能良好,可正常使用。数字式兆欧表只做开路测试即可,不能进行短路测试,短路测试会导致兆欧表内的电池能量瞬间释放,容易损坏。

3)兆欧表与被测对象线路连接

测量对象不同,连接方法也有一定的差异性,使用前一定查看技术文档要求。无论是手摇式兆欧表还是数字式兆欧表,测量绝缘电阻时一般用线路 L 端和接地 E 端;测量线路绝缘情况,使用线路 L 端和屏蔽 G 接线柱端。

4)兆欧表测量过程中的安全防护

因为兆欧表测量时会输出高电压,测量前必须断开被测对象系统线路跳开关和电门,并将被测线路和设备与其他线路和设备脱开。若被测对象内部含有大电容、大电感等器件,还需设备临时接地或短路放电。兆欧表测量过程中不能用手接触表笔、接线端和被测回路,防止触电。此外,禁止在强磁场和强电场的环境中使用兆欧表,禁止在雷雨环境或高压设备附近测量绝缘电阻。

5)兆欧表测量操作

线路接好后,手摇式兆欧表保持水平放置,顺时针摇动发电机手柄,摇动速度由慢到快,当转速达到 120r/min 左右时,保持匀速转动不少于 1min 后读数,并且要边摇边读数。若在测量过程中,表针指向 0 电阻位,被测对象可能有短路现象,要马上停止摇动发电机手柄,以防损坏兆欧表。数字式兆欧表按下 POWER 键,接通数字兆欧表电源,选择好输出电压,并查看显示屏测量电压区的指示,确认一致后,按下 TEST 键,启动测量,并记录显示屏上的数值。

6)兆欧表测量完毕后断开测试线路

若测试对象为非电容性负载,直接断开测试线路。若测试对象为电容性较小的负载,断开线路前要进行放电;若测试对象为电容性较大的负载,拆线时保持兆欧表转速不变,用一只手拆下 E 端接线端,然后从手摇式兆欧表上拆下地线,将地线与被测设备短接,再断开全部线路。

6.3　典型的综合维护工作实践

6.3.1　典型印刷电路板的拆装

图 6-3-1 为典型印刷电路板的拆装示意图。

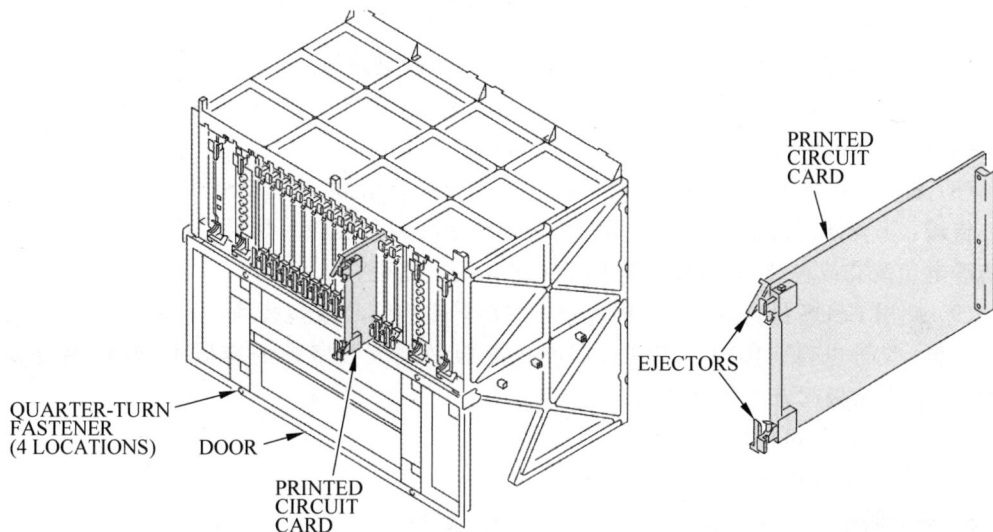

图 6-3-1　典型印刷电路板的拆装示意图

1. 工作描述

（1）拆卸印刷电路板。

（2）安装印刷电路板。

2. 安全自查与风险评估

警告：内部安装 ESDS 印刷电路板的航线可换件外壳表面上会显示 ESDS 防静电标识。在对 ESDS 的设备进行操作之前，请不要触摸印刷电路板。静电放电会损坏印刷电路板。

3. 工作准备

（1）参考维修手册：B737 AMM Part Ⅱ 20-10-07,20-40-12。

（2）工作区域：防静电工作台。

（3）工具和耗材：防静电腕带、万用表、十字螺刀（X2）、防静电包装袋、包装箱、ESDS 材料或 100%棉、防静电标签。

4. 拆卸程序

（1）断开航线可换件所属系统的工作电源。

警告：防静电腕带接地线电阻为 250kΩ～1.5MΩ。如果接触高压电源时,腕带接地线电阻过低会造成人身伤害。

（2）防静电腕带的检查。将腕带插头端连接万用表的黑表笔；调节万用表的挡位；腕带金属扣端连接万用表的红表笔,测量的阻值范围应为 250kΩ～1.5MΩ。维护人员可佩戴腕带,食指和拇指捏住万用表的红表笔,测得电阻值应小于 $10M\Omega$。如果任何一个阻值不在要求范围内,则该腕带不可用。

告诫:腕带上的接地线必须接触皮肤以提供必要的保护。未正确使用腕带可能会损坏 ESDS 印刷电路板。

(3)确保防静电腕带正确地系在工作者的手腕上。

(4)将防静电腕带的接地线连接至接地插孔中。

(5)打开电路板设备箱的接近门或盖板。

(6)根据部件安装图,找到需要拆卸的 ESDS 印刷电路板。

(7)转动提取器 90°,这样就松开了电路板安装锁,拿着 ESDS 印刷电路板的上下(或左右)提取器,小心地沿卡槽轨道将印刷电路板取出。

(8)将 ESDS 印刷电路板放入防静电包装袋或包装箱里,贴上 ESDS 防静电标签。

告诫:不要使用订书钉或胶带密封防静电包装袋或包装箱。如果使用不正确的材料密封防静电包装袋或包装箱,可能会损坏 ESDS 印刷电路板。

(9)使用 ESDS 材料或 100%棉线来密封防静电包装袋或包装箱。

注意:防静电包装袋中的 ESDS 印刷电路板必须放在坚硬的容器中,确保包装袋对 ESDS 印刷电路板起着防静电作用。

(10)安装航线可换件的盖板。

(11)拆下防静电腕带,填写相关记录。

5. 安装程序

(1)确保断开航线可换件所属系统的工作电源。

(2)检查确认连接引脚无弯曲。

(3)防静电腕带测试,确保可用。

(4)将防静电腕带一端可靠接地。

(5)正确佩戴腕带。

(6)打开航线可换件的盖板。

(7)根据部件安装图,找到需要安装 ESDS 印刷电路板的位置。

(8)从防静电包装袋或包装箱里取出 ESDS 印刷电路板。

(9)利用 ESDS 印刷电路板的上下(或左右)提取器将印刷电路板插入卡槽里。

(10)转动并锁定提取器,连接固定 ESDS 印刷电路板。

(11)关闭电路板设备箱的接近门或盖板。

(12)拆下防静电腕带。

6. 收尾工作

(1)清理工作现场。

(2)清点工具。

(3)归还借用工具设备。

6.3.2 静电放电刷的电阻测量

1. 工作描述

测量某 737-800 型飞机上安装在金属机体表面上的静电放电刷电阻是否符合要求。

2.安全自查与风险评估

警告：关闭电源和液压系统，否则有可能导致操纵面偏转，对其附近放电刷区域的维护人员造成伤害；不要在油箱通风口等燃油蒸汽区域内使用兆欧表进行电阻测量，否则有引起爆炸或火灾的风险。

3.工作准备

(1)参考维修手册：B738 AMM Part Ⅱ 23-61-00。

(2)工作区域：左、右大翼、尾翼。

(3)工具和耗材：兆欧表、毫欧表、棉质抹布等。

4.工作程序

1)准备工作

(1)关闭副翼、升降舵和方向舵相关的A、B和备用液压系统。参考TASK 27-11-00-860-801、TASK 27-21-00-800-802、TASK 27-31-00-800-802。

(2)飞机断电，参考TASK 24-22-00-860-812。

2)静电放电刷本身电阻测试

警告：使用兆欧表时应遵守安全注意事项，否则有可能发生爆炸或火灾。使用COM-6457兆欧表或具有测量电压500VDC、短路电流最大5mA的测量仪表。

静电放电刷尖端到放电刷基座之间的电阻测量（见图6-3-2）。

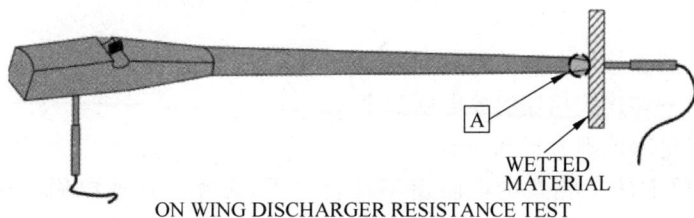

ON WING DISCHARGER RESISTANCE TEST

图6-3-2　静电放电刷本身电阻测量

① 兆欧表设置500V测试电压。

② 将棉质抹布加水沾湿，敷贴在静电放电刷尖端，使其充分接触。

③ 兆欧表一端连接静电放电刷基座。

④ 兆欧表另一端连接湿润的抹布。

⑤ 测量电阻应该在6～100MΩ。

注意：如果测量值过高，抹布需再加点水，再次测量电阻值。

⑥ 如果最低测量电阻值仍然不符合要求，更换静电放电刷。

3)静电放电刷与基座之间电阻测量

警告：确认使用的毫欧表具有防爆功能，否则可能会引发爆炸或火灾。

(1)方法1：测量从放电器基座到飞机机体安装表面的电阻。

注意：可能需要刮开飞机机体表面漆以获得良好的连接。

① 毫欧表一端连接放电刷基座。

② 毫欧表另一端连接飞机表面。

③ 确保两端接触裸露的金属。若必要，清除少量油漆或使用锋利的探针深入油漆。

④ 确认放电器基座到飞机机体安装表面的电阻不大于 0.05Ω。

（2）方法 2：测量两个静电放电刷基座之间的电阻（见图 6-3-3）。

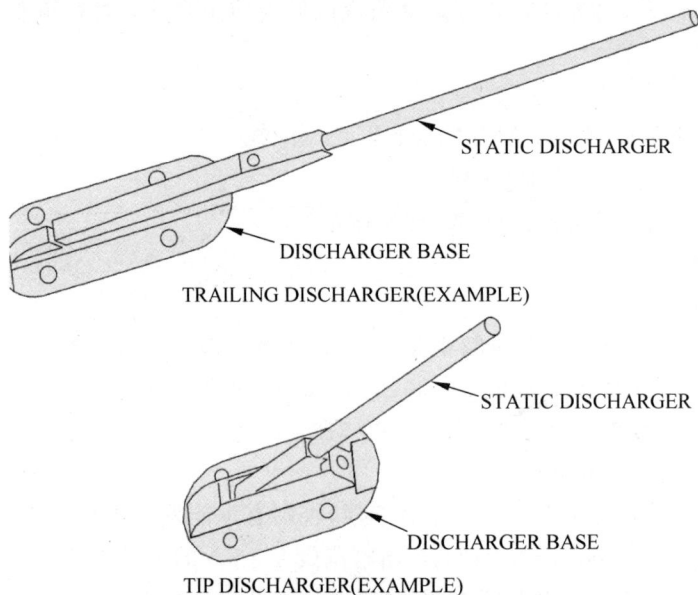

STATIC DISCHARGER

DISCHARGER BASE

TRAILING DISCHARGER(EXAMPLE)

STATIC DISCHARGER

DISCHARGER BASE

TIP DISCHARGER(EXAMPLE)

图 6-3-3　静电放电刷与基座之间的电阻测量

① 毫欧表一端连接放电刷基座。

② 毫欧表另一端连接相邻的放电刷基座。

③ 确认测量电阻值不大于 0.05Ω。

（3）如果按照方法 1 测量的电阻值不符合要求，则需更换放电刷基座。参考 AMM TASK 23-61-00。

（4）若刮除了飞机机体表面的漆，需进行补漆工作。参考 AMM TASK 51-21-99-300-802。

4）恢复飞机正常构型

将飞机液压系统恢复到正常状态。

5. 收尾工作

（1）清理工作现场。

（2）清点工具。

（3）归还借用工具设备。

第7章
航空器管路施工

管路系统是现代飞机基本组成部分,导管也是飞机上数量最多的机件之一,管路的检查与维护是飞机维护工作的一项重要内容。因此,对于飞机维修人员来说,掌握管路系统的零部件、管路的识别、拆装、密封试验和检验等是十分重要的。管路广泛应用于飞机上的液压、燃油、滑油、氧气、空气、水等系统,是介质输送和能量传递的通道。飞机管路系统通常由导管、管套、管螺母、密封件、管卡、管接头等组成。

7.1 航空硬/软管基本知识

7.1.1 管路系统的组成及应用

1. 管路系统的组成

飞机管路系统是由导管、管接头、管螺母、衬套及管卡等管路附件组成的一个封闭的通道,以保证流体在通道中流动和能量的传递。典型管路系统组成如图 7-1-1 所示。

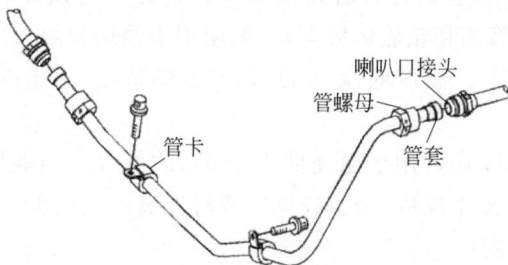

图 7-1-1　典型管路系统组成

2. 飞机管路应用与分类

飞机管路主要应用在飞机的空调系统(ATA 100 规范 21 章)、燃油系统(ATA 100 规范 28 章)、液压系统(ATA 100 规范 29 章)、氧气系统(ATA 100 规范 35 章)、污水/水(ATA 100 规范 38 章)、燃油系统(ATA 100 规范 28 章)和滑油系统(ATA 100 规范 79 章)。

飞机上的管路主要分为金属硬管和柔性软管两大类,硬管通常用于长、直部位的连接,而软管一般配合运动部件使用,或用于管路承受较大振动的地方。

7.1.2 硬管知识介绍

1. 硬管材料

现代飞机上硬管均为金属材料,使用的硬管材料主要有三种:铝合金、不锈钢、钛合金。管路材料和 BMS/MIL 规范如表 7-1-1 所示。

表 7-1-1 管路材料和 BMS/MIL 规范

管 路 材 料	BMS	MIL	其 他
铝合金 6061-T4、6061-T6	—	WW-T-700/6 T-7081	AMS 4083
CRES 21-6-9	7-185	—	—
不锈钢 304-1/8Hard	—	T-6845	AMS 5566
不锈钢 304	—	T-8504	AMS 5567
不锈钢 321	—	T-8808	AMS 5556 AMS 5567
钛合金 3AL-2.5V	7-234	—	AMS 4945

铝合金管路的优点是重量轻、加工方便、具有一定的耐腐蚀性。缺点是强度低、耐腐蚀性不太好,管体外表面通常有防腐涂层。铝合金管路主要用于飞机的中、低压系统。

1100 H14 或 3003 H14 铝合金材料制成的导管可用于低压的管路中,如仪表和通风管路,由 2024-T3 和 6061-T6 铝合金材料制成的导管可用于低压和中等压力的管路系统,如压力 1000~1500psi 的液压系统、气动系统、燃油系统和滑油系统。

不锈钢管路的优点是强度高、耐腐蚀性强,缺点是重量大、加工困难,广泛用于高压系统,如 3000psi 或更高压力的液压系统管路,用于驱动起落架、襟翼、刹车等系统的运行。

不锈钢比重大于铝合金,但由于不锈钢管路具有较高的强度,允许使用较薄的管壁,因此,最终安装重量并不比厚壁铝合金管路重太多。有外来物损坏(foreign object damage,FOD)风险的区域(如起落架和轮舱区域等)一般使用不锈钢管路。

钛合金管路具有强度高、密度低、耐腐蚀、耐高温的特点,其比重比不锈钢低约 50%,可在一定范围替代不锈钢。

钛合金金属性质活跃,通常用于温度低于 400℃ 的场合。不能使用钛合金修理氧气管路,因为钛合金会和氧气发生反应,会引起火灾或对人员造成伤害。

2. 硬管材料替代原则

当管路出现损伤无法使用时,首选更换相同的管件,如果没有备件进行更换,可以按相关维护手册程序,对管路进行修理,通常使用相同材料的管子对管路进行修理。一般情况下,不建议使用替代管材进行金属管路的维修工作。如果实在没有相同材料的金属管材,也可以用其他材料的金属管材进行替代。这时候,要遵循用高强度的金属管材替代低强度的金属管材的原则进行替换,不能使用强度低的金属管材替代强度高的金属管材进行相关飞机维修工作。例如:可用不锈钢管路替换铝合金管路,但需要做好标记;可用 6061-T6 铝合金管路修理

6061-T4 铝合金管路,但不能用 6061-T4 铝合金管路修理或替代 6061-T6 铝合金管路。

不同的 AMM 中对管材替代的要求是不相同的,在确认管材的替代前必须查阅相应手册中相关的章节以确认其替代关系。

注意:如果用不锈钢管路修理铝合金或钛合金管路,应考虑重量补偿。

3. 硬管尺寸

金属硬管的尺寸标识有公制和英制之分。

公制是以导管的外径乘以内径表示,通常使用 mm 为单位。例如,8×6 是指导管的外径为 8mm,导管的内径为 6mm。

英制是以导管的外径为基准,以 1/16in 为单位递增或递减。例如,7 号管子表示管子的外径为 7/16in。注意,英制管路的壁厚是系列化的,同一外径的管路可有多种壁厚,所以在更换或安装管路时,不仅要知道管路的外径,而且应该确保管路的壁厚是符合要求的,这一点十分重要。典型液压管路的壁厚如表 7-1-2 所示。

表 7-1-2　液压管路的壁厚

管子外径		壁　　厚					
		不锈钢 21-6-9		铝合金 6061-T6		钛合金 3AL-2. 5V	
in	mm	in	mm	in	mm	in	mm
1/4	6.35	0.016	0.41	0.035	0.89	0.016	0.40
3/8	9.53	0.020	0.51	0.035	0.89	0.019	0.48
1/2	12.70	0.026	0.66	0.035	0.89	0.026	0.66
5/8	15.88	0.033	0.84	0.035	0.89	0.032	0.81
3/4	19.05	0.039	0.99	0.035	0.89	0.039	0.99

4. 金属硬管连接形式

在飞机上,根据使用要求不同,会有不同的管路连接形式。常见的金属硬管连接形式有喇叭口式(扩口式)、无扩口式、快卸式(自封式)、波式等。

1) 喇叭口式连接(扩口式)

喇叭口式连接由衬套、喇叭口、管螺母和管接头组成,如图 7-1-2 所示。

管螺母套在衬套上,拧紧螺母时,螺母向衬套提供轴向力,衬套压紧管路喇叭口外壁,使其紧贴于管接头的锥形接合面,以形成封严,连接方式见图 7-1-3。应当注意,衬套、喇叭口和管螺母应使用相同的金属,避免接触时引起腐蚀。喇叭口式连接方式适用于中、低压力的管路系统。

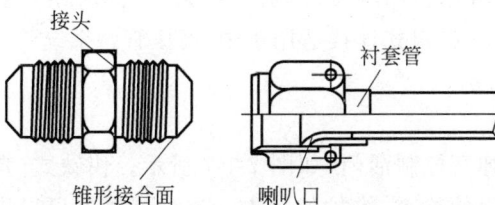

图 7-1-2　喇叭口接头组成

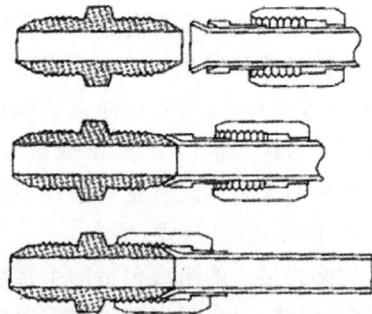

图 7-1-3　喇叭口接头连接图

各种 AN 标准喇叭口接头如图 7-1-4 所示。

图 7-1-4　各种 AN 标准喇叭口接头

2）无扩口式连接

无扩口式连接由衬套、接头、管螺母和管接头组成,如图 7-1-5 所示。

无扩口式连接的衬套和导管是轴向固定的,拧紧螺母时,螺母压紧衬套肩部提供轴向力,衬套带动导管,使管口伸入接头内孔并与内孔底部压紧,形成一道封严,同时使衬套锥形封严面与接头扩口压紧,形成第二道封严。无扩口式连接适用于中、高压管路系统。

常见的无扩口式管接头附件如图 7-1-6 所示。

3）快卸式(自封式)接头

快卸式接头的组成包括两个接头和内部弹簧控制活门,如图 7-1-7 所示。快缺式(自封式)接头拆装方便,适用于管路需要频繁拆开以便检查、维护的地方。这种连接器可以迅速拆开管路而不损失流体且无空气进入系统,适用于高、中、低压管路系统。

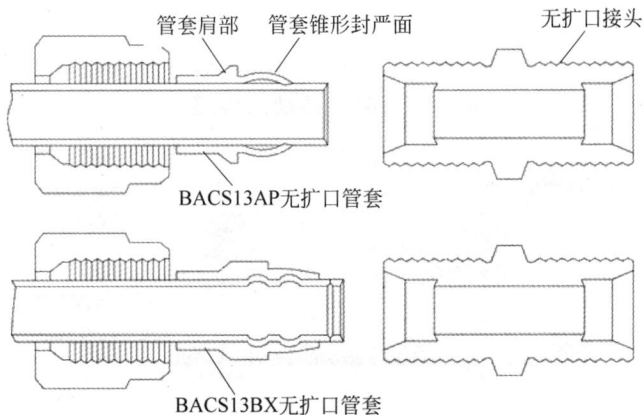

图 7-1-5　无扩口接头

图 7-1-6　常见无扩口式管接头

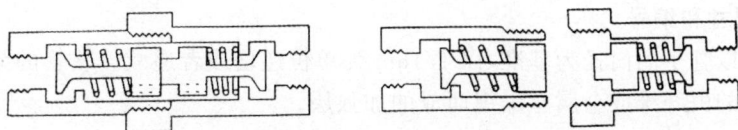

图 7-1-7　快卸式（自封式）接头示意图

4）波式接头

波式接头一般是用一段软管连接两个硬管，如图 7-1-8 所示。这种接头的特点是连接时对中要求较低，并且能够在一定程度上减少振动的传递。

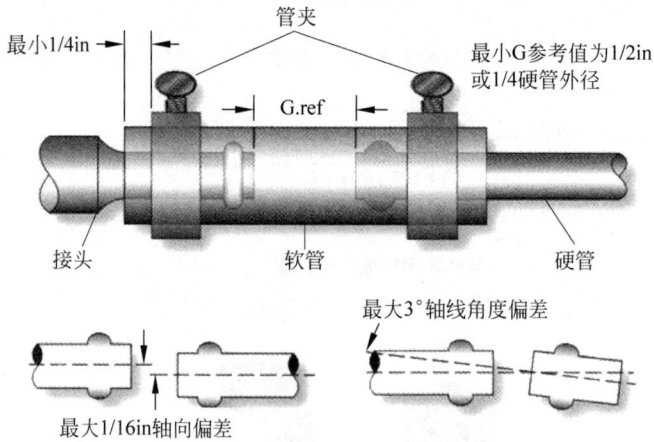

图 7-1-8　波式接头

波式接头常用于低压场合，如连接润滑油、冷却剂和低压燃油系统的管路。

柔性软管通常配合运动部件使用，或用于振动比较强的区域。

7.1.3　软管知识介绍

1. 软管结构和材料

典型软管结构如图 7-1-9 所示，通常由内管、加强层和包裹层组成，软管的材料一般指内管的材料。

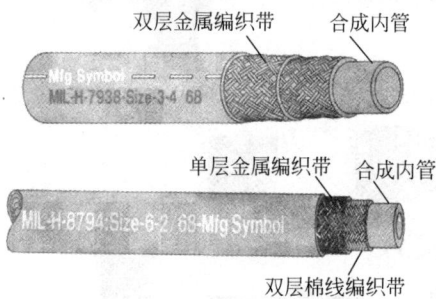

图 7-1-9　软管结构

常用的软管材料主要有丁腈橡胶、氯丁橡胶、异丁橡胶和特氟隆（聚四氟乙烯）。

丁腈橡胶具有极好的耐石油性能，适用于石油基产品，但对磷酸酯液压油不适用。

氯丁橡胶对石油产品的耐力不如丁腈橡胶好，但有更好的抗腐蚀性，不适用于磷酸酯基液压油。

异丁橡胶适用于磷酸酯基液压油，但是不能与石油产品一同使用。

特氟隆几乎适用于已使用的每一种物质和介质，并且其储存和使用寿命无限制。特氟隆软管可经加工并挤压成所需要的尺寸和形状，其上覆盖有编织的不锈钢丝来加强和保护。

2. 软管尺寸和编号

英制软管以管子的内径为基准，以 1/16in 为单位递增或者递减。软管的耐压强度取决于其材料壁内的由纤维或金属丝编织而成的加强层。

软管结构的适用压力及加固措施如表 7-1-3 所示。

表 7-1-3 软管结构的适用压力及加固措施

适 用	压 力 范 围	加 固 措 施
低压	＜250psi	纤维编织加固
中压	＜1500psi(较大直径) ＜3000psi(较小直径)	一层金属编织加固
高压	≥3000psi	多层金属编织加固

除特氟隆软管以外,软管的使用年限一般比较短,内管材料成形后随着时间的延长会变硬、变脆。需特别注意,软管的使用年限是从制造日期开始计算的,而不是从安装到飞机上的时间来计算的。所以在更换软管时要注意软管的有效使用期。

在软管的外表面印有一些线条、字母、数字等组成的标记,如软管的尺寸、制造厂家、制造日期以及适用的压力和温度极限等。

3. 软管接头

软管接头形式有挤压式接头和装配式接头两种。

挤压式接头如图 7-1-10 所示,接头不可更换,一次加工成形,民航客机一般均使用挤压式接头。

装配式接头由螺母、螺纹接头、管套组成,如图 7-1-11 所示,接头可以更换,人工组装成形。装配质量由加工者的技术决定,适用于小飞机。

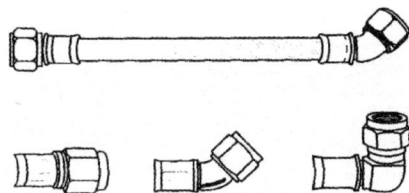

图 7-1-10 挤压式接头

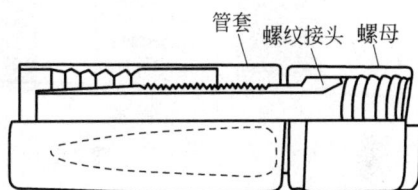

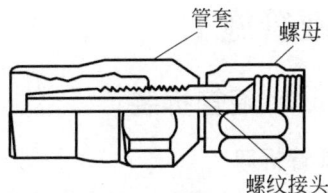

图 7-1-11 装配式接头

7.1.4 管路标识

飞机上导管数量繁多,为了帮助维修人员快速识别管路,管路上设置有载运介质标识,借助由彩色带、代号、英文说明词和几何符号组成的标识,表明各个管路的功能、流体介质、危险警告和流体的流向等信息。标识通常用色带和印花图案的形式,缠绕在管路端头。在发动机舱中的管路上,由于色带、印花图案和标签有可能被吸入发动机进气系统,所以常使用涂料绘制标识。

除了上述标识外,某些管路还有可能对其系统内的特殊功能进一步标识,如 DRAIN

（排放）、VENT（通气）、PRESSURE（压力）、RETURN（回油）等。输送燃油的管路可能标有 FLAM（易燃）字样，容纳有毒物质的管路标有 TOXIC（有毒）字样，含有危险物质。例如，氧、氮、氟利昂等的管路标有 PHPAN（危险）字样。

维修人员进行飞机管路维护时，必须正确识别管路标识，以便采取相应的保护措施，防止人员受伤，保障航空器的安全。管路标识色带和印花图案如图 7-1-12 所示。

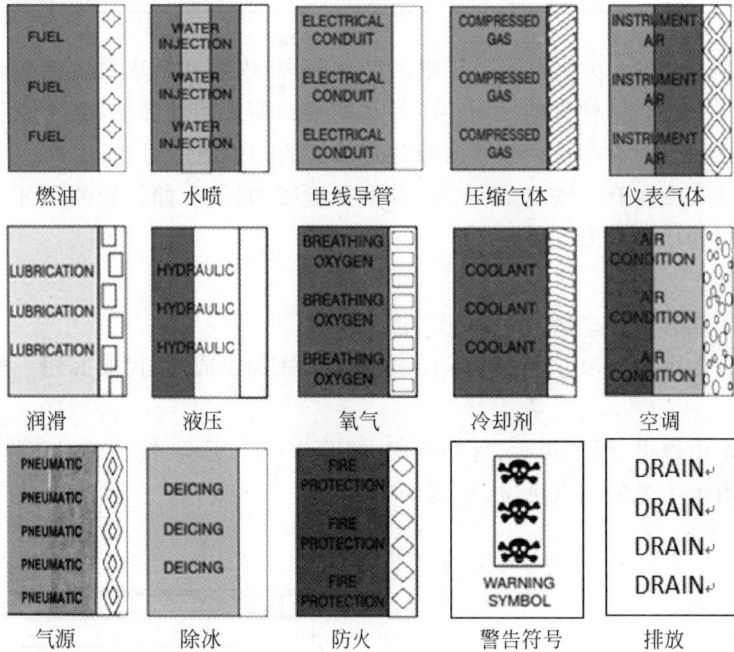

| 燃油 | 水喷 | 电线导管 | 压缩气体 | 仪表气体 |

| 润滑 | 液压 | 氧气 | 冷却剂 | 空调 |

| 气源 | 除冰 | 防火 | 警告符号 | 排放 |

图 7-1-12　管路载运介质标识

7.2　硬管施工

7.2.1　硬管拆装

1. 硬管拆卸

不同系统的硬管拆卸有不同的拆卸程序，可参照 AMM 或维修工作单的要求实施拆卸工作。典型的硬管拆卸步骤如图 7-2-1 所示。

1）管路拆装的一般要求

拆卸管路前一定要先关闭相应系统，在驾驶舱中相应手柄、开关、电门上挂"禁止操作"标牌，充分释放系统压力。拆装管路时不能损坏管路。

2）压力管路拆装之前的准备工作

（1）拆装之前：识别管路的材料，记录管路的铺设走向，并在所要拆卸管路口、管接头附近做好标记，防止装错。

（2）准备适量的抹布、容器、相应油液的清洁剂。防止油液洒落或腐蚀其他部件，对已经洒落的油液及时清理。

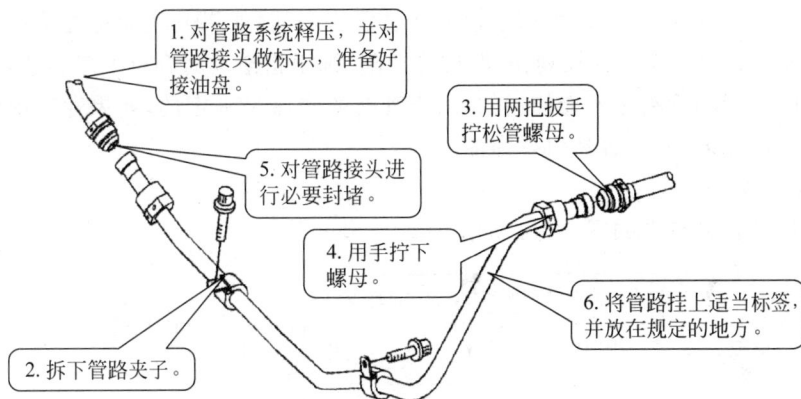

图 7-2-1　硬管拆卸步骤

3）拆卸管路时的注意事项

（1）保持管路原来的形状和安装位置不变，管路口及外表清洁无异物，外露孔及时封堵，否则极易导致管路错装、漏油等故障。

（2）拧松管螺母时注意双扳手的使用，一把扳手拧松螺母，一把扳手固定相应的管接头。

（3）如果无任何损伤，螺母、管接头都可以重复使用，否则应予以更换；拆下的封圈应将其剪断，以免误用。

2．硬管安装前检查

安装前，硬管的所有部件均需目视检查，如管体、管口组件、管接头、管夹、封圈等，要求外表完好无损，重点检查内容如下。

（1）检查硬管及接头组件是否密封完好。

（2）仔细检查硬管是否有压坑和擦伤。

（3）仔细检查硬管是否有变形、裂纹和腐蚀。

（4）检查管螺母、衬套和管接头是否有变形、裂纹和损伤，管螺母和管接头的螺纹是否有损伤。

如果发现不正常的情形，停止硬管安装，待查明原因或修理硬管后，再完成硬管的安装工作。

其中，硬管检查时所允许的缺陷尺寸如表 7-2-1 所示。

表 7-2-1　硬管允许损伤的深度

管路材料（压力）	损伤类型	管 子 外 径						
		1/4	3/8	1/2	5/8	3/4	1	1-1/4
Ti-3AL-2.5V 21-6-9 (3000psi)	chafed	0.006	0.007	0.008	0.010	0.011	0.012	0.030 (Ti)
	dent	0.005	0.007	0.010	0.015	0.018	0.020	0.030 (Ti)
304 1/8 Hard (3000psi)	chafed	0.006	0.007	0.008	0.010	0.011	0.012	N/A
	dent	0.005	0.010	0.020	0.030	0.040	0.040	N/A
6061T6 (1500psi except*)	chnfed	0.015	0.015	0.010	0.005	0.004 0.015*	0.003 0.015*	0.003 0.015*
	dent	0.015	0.015	0.010	0.005	0.005	0.005	0.005

作为一种简便的检查方式,可用手指甲划过管路表面,如果其表面是光滑的,则手指滑动过程中无阻力;如果表面存在划伤、凹坑等缺陷,则手指滑动时会有卡滞的感觉。

表面缺陷超标的管路是不能使用的,因为管路的壁厚是一定的,如果存在缺陷,则壁厚不一定能满足设计值,从而容易引发漏油。

3. 硬管安装

典型的硬管安装步骤如图 7-2-2 所示。

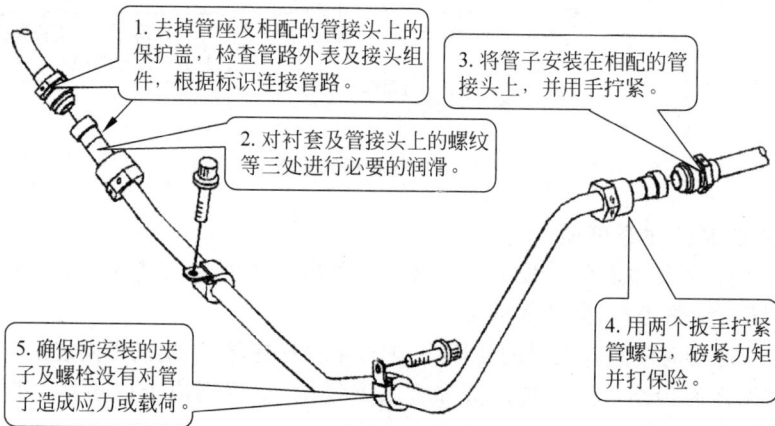

> 1. 去掉管座及相配的管接头上的保护盖,检查管路外表及接头组件,根据标识连接管路。
>
> 2. 对衬套及管接头上的螺纹等三处进行必要的润滑。
>
> 3. 将管子安装在相配的管接头上,并用手拧紧。
>
> 4. 用两个扳手拧紧管螺母,磅紧力矩并打保险。
>
> 5. 确保所安装的夹子及螺栓没有对管子造成应力或载荷。

图 7-2-2 硬管安装步骤

根据 AMM 查找相应硬管接头的力矩值。当使用力矩扳手无法接近硬管接头螺母时,可用如下方法(控制力矩)进行无扩口式硬管接头的安装:先用手拧紧硬管接头螺母,再用管路扳手拧紧硬管接头 1/6～1/3 圈。

4. 渗漏测试

硬管安装完成以后,为检查硬管接头安装质量,须对硬管接头做渗漏测试。

给装配好的硬管系统提供压力,并保持压力至少 15min。在系统保持压力的状况下,用清洁的布擦拭硬管和接头,仔细观察是否有渗漏。如果发生渗漏,可根据 AMM 或维修工作单提供的上限力矩值再次拧紧。如果再次测试发生渗漏,应拆卸硬管,检查硬管接头,查找渗漏原因,更换硬管接头组件。

5. 硬管拆、装程序中的注意事项

(1) 硬管拆卸前,对硬管系统失效做出警示,在驾驶舱相应电门和操纵手柄上挂警示牌。

(2) 硬管拆卸前,须对有压力硬管系统充分释压。

(3) 断开管路前,要使用必要的防护措施防止液体的泄漏。例如,封堵工具、接油盘要准备到位。

(4) 用正确方法及相应的油液清洁剂清除溅落在人体和飞机上的油液。

(5) 地面和工作梯油污要清理干净。保持环境整洁,防止人员滑倒。

(6) 不得改变管路的弯曲度,否则会导致错装、导致额外的内压,引起硬管裂纹。

(7) 安装管路时,先将管路放入接头的底部,再用手拧紧,绝对不允许用拧紧螺母的方式来强行对中。

（8）拆卸管路前应做好管路位置标记，防止错装，错装会导致飞机系统故障、人员受伤或设备损坏。

7.2.2　硬管制作

硬管的制作过程包括切管、弯管、喇叭口接头和无扩口接头的制作。

1. 切管

常用的切管方式有两种：手锯方式和切管器方式。

手锯切管首先将管子用夹具夹住，然后放到虎钳上留出适当的长度夹住，用手锯或切管器在预定的位置截断。

用切管器切管如图 7-2-3 所示。

切管后需用锉刀、刮刀、内孔绞刀等工具去除管口内、外壁的毛刺，确保管子端口平直，管子壁厚不能有损伤。用内孔绞刀去除管口内毛刺，如图 7-2-4 所示。

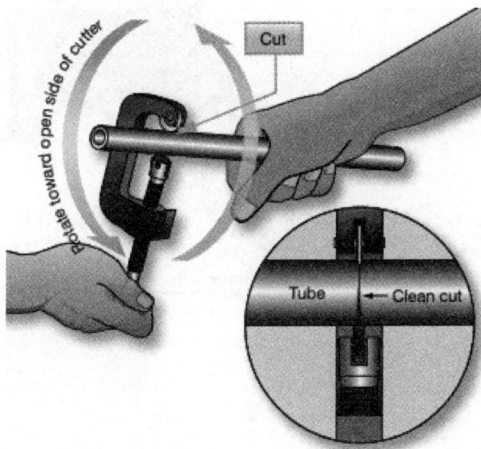

图 7-2-3　管路切割

图 7-2-4　去除管口毛刺

2. 弯管

常用的弯管方式包括手动弯管、弯管器弯管、夹具弯管和大口径夹具弯管四种。

直径小于 1/4in 的硬管，可直接用手动弯管。

弯管器弯管施工步骤如图 7-2-5 所示，适用于直径大于等于 1/4in、小于等于 1in 的硬管施工。

用夹具弯管，如图 7-2-6 所示，适用于直径大于等于 3/8in、小于等于 3in 的硬管施工。

管直径大于 3in 的用大口径夹具弯管（注意，这种弯管管内必须放置填充物，常用的是沙子，超过 4in 的还必须在弯管处加热）。

弯管应小心，避免过多地压扁、弯折和弄皱管子。弯曲中允许少量的压扁，但压扁部分的最小直径不能小于原外径的 75%。压扁、弄皱或弯曲不规则的管道不应安装使用。如图 7-2-7 所示为弯管后可能出现的情形。

3. 喇叭口接头制作

喇叭口接头制作工具如图 7-2-8 所示。

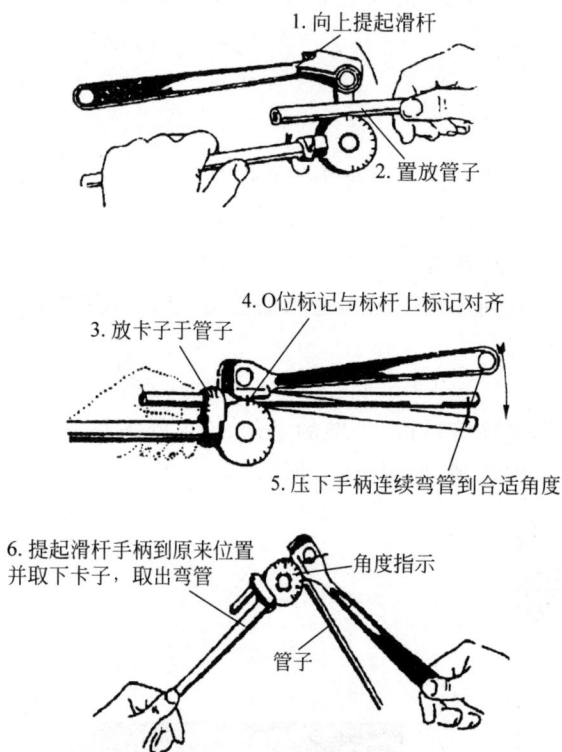

1. 向上提起滑杆
2. 置放管子
3. 放卡子于管子
4. 0位标记与标杆上标记对齐
5. 压下手柄连续弯管到合适角度
6. 提起滑杆手柄到原来位置并取下卡子，取出弯管

角度指示

管子

图 7-2-5　弯管器弯管施工步骤

图 7-2-6　夹具弯管

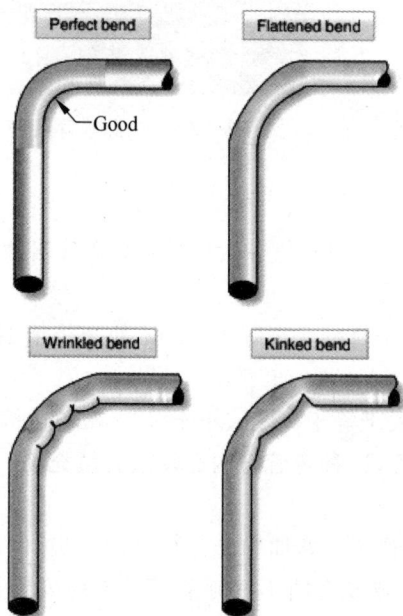

Perfect bend

Flattened bend

Good

Wrinkled bend

Kinked bend

图 7-2-7　硬管弯曲外形

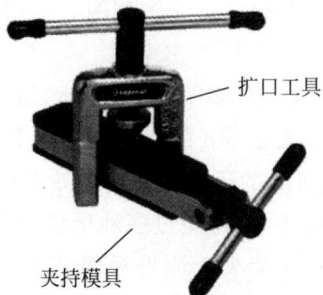

扩口工具

夹持模具

图 7-2-8　喇叭口接头制作工具

1）喇叭口接头制作步骤

（1）清洁管口及内部（制作喇叭口所需要的那部分），套上衬套、管螺母将管子伸进工具合适的直径内（注意方向不能反）。

（2）管子露出工具上表面一个硬币的厚度（对于管壁较厚的管，也可以用一个管壁的厚度），夹紧。

（3）擦拭干净工具锥头，然后在锥头处涂上润滑油。

（4）旋转锥头手柄直到锥头与管子接触，然后每旋转手柄一圈用木槌轻敲击手柄头部一下（要注意的是，喇叭口是在制作过程中挤压出来的，而不是敲出来的）。

（5）每转一圈注意观察外管壁，当外管壁接触到工具的锥形面时，再拧手柄 $1/8\sim1/6$ 圈。特别注意最后一次的动作必须是拧手柄，不允许敲击。

（6）从扩口工具上拆下硬管，检查接头。

2）喇叭口质量要求

（1）喇叭口要高于衬套的上表面。

（2）喇叭口的最大直径必须等于或略小于套筒的外径。

（3）喇叭口内光滑均匀、无偏斜、裂纹、挤压痕迹、划痕。

（4）套筒螺母与喇叭口的相对位置正确。

4．无扩口接头制作

无扩口接头制作如图 7-2-9 所示。

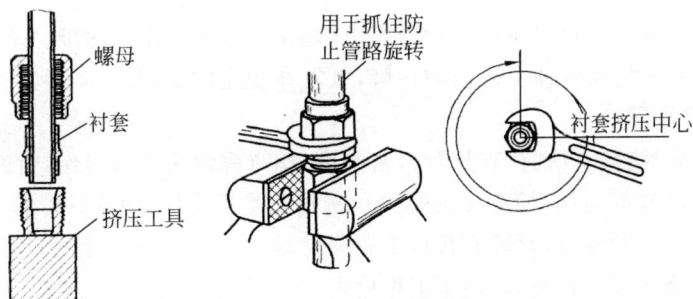

图 7-2-9　无扩口接头制作

1）无扩口接头制作步骤

（1）清洁硬管内外部，在管口装上管螺母和锥形衬套，用润滑剂润滑模具接头和锥形衬套，润滑部位如图 7-2-10 所示。

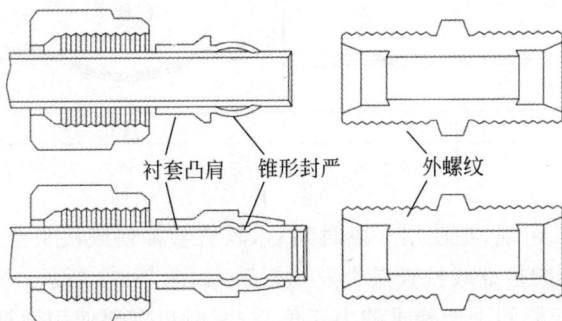

图 7-2-10　无扩口接头润滑点

（2）将硬管垂直伸入模具接头内部，直到底部端口。

（3）用手将管螺母与模具接头的螺纹拧在一起。

（4）根据管路的材料和规格，拧紧管螺母至规定力矩或圈数。

（5）拆下管螺母，检查接头。

2）无扩口的检查要求

（1）管口端面必须均匀平整。

（2）管子内部必须有一个凸起波纹（双切割边必须有两个凸起波纹）。

（3）管套前部应是均匀的弯曲环形。

（4）管套允许有一点周向移动，但在轴向上不允许有任何移动。

7.3　软管施工

1. 软管拆卸步骤

（1）明确所拆卸管路属于什么系统，对于失效相关系统，要挂上禁止操作牌，拔出跳开关等。对系统充分释压，并准备好接油盘、抹布等工具。

（2）将所要拆卸管路与接头做好一一对应标记，以便于识别安装。

（3）松开软管支撑夹子，使用两把扳手拆卸管路。一把扳手固定管路接头，一把扳手松开管路螺母。

（4）用堵头或密封袋封堵管端口和管接头，确保系统不受杂质污染。

（5）对拆卸下来的软管挂上适当的标牌，放置在规定的地方。

2. 软管安装步骤

（1）去掉堵头、堵盖，目视检查软管口密封面、螺母螺纹是否有损伤，检查软管外表面是否有磨损、起鼓、断丝等损伤，检查接头螺纹和密封面是否完好，确认软管清洁、未受污染。

若发现软管外套断丝（特氟隆），按以下程序处理：

① 在软管断丝处做上标记，以便于工作检查；

② 如果一个平面出现两根以上断丝或有几根断丝出现在一个集中区域，需更换软管。

（2）润滑软管接头外螺纹。螺纹润滑剂不允许进入管道内腔。

（3）按标记将软管放在安装位置上，用手拧紧软管螺母。

（4）确认软管未发生扭转且长度合适，保证有 5%～8% 的松垂度，如图 7-3-1 所示。

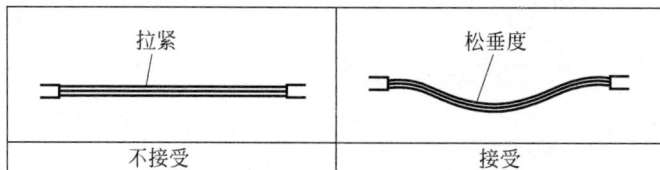

图 7-3-1　软管松垂度检查

注意：如果有扭转出现，在使用一段时间后，软管会损伤或接头会发生渗漏。拧紧管螺母后，可通过软管侧面的检查线检查是否发生扭转，如图 7-3-2 所示。

（5）将软管螺母拧紧到手册要求的力矩值，拧紧时也需要使用两把扳手。

（6）如果力矩扳手接近不方便，应先用手拧紧螺母，然后用扳手拧紧 1/6～1/3 圈。

图 7-3-2 软管扭曲检查

（7）根据需要安装管卡。

（8）确认软管松垂度、挠曲、扭曲、弯曲、间隙和支撑符合规范的要求，与邻近的结构之间有足够的间隙（至少每隔 24in 处有一个支承点）。如果出现图 7-3-3 所示的情形，应用软管夹子隔开。

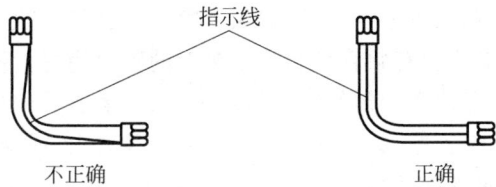

间隙

图 7-3-3 软管间隙检查

（9）清洁软管表面及接头表面，恢复相关系统，按相关要求测试。渗漏检查时，用毛巾擦拭管路及接头，对系统增压 15min 以上，检查接头是否渗漏。若发生渗漏，须查找原因并排除故障。

3. 软管拆装注意事项

（1）以上程序给出的是柔性软管的一般安装和拆卸程序。如果某个系统有特殊的规程，必须遵照各机型维护手册的标准完成软管的拆装工作。

（2）在对氧气系统柔性软管进行维修之前，应首先阅读氧气系统安全预防措施和一般性维护说明，参阅 AMM 的 ATA2200 规范 35 章氧气系统。

（3）在 AMM 中查找软管接头螺母力矩值。

（4）软管拆卸后，必须用堵头或密封袋封堵管口和管接头，以防止杂质进入管路。

（5）如果液压油溅落在飞机上，应立即清除干净，否则液压油会损坏飞机表面。

（6）在安装软管前，确认所有软管口和管接头上的密封完好，否则不得进行软管安装。

（7）各系统软管接头螺纹润滑剂的选择，根据 AMM 查找。

（8）防止弯曲过度损伤管路，必须满足最小弯曲半径要求，或使用弯管接头。

① 软管接头的非弯曲段，必须有不小于 2 倍的软管直径的长度，如图 7-3-4 所示。

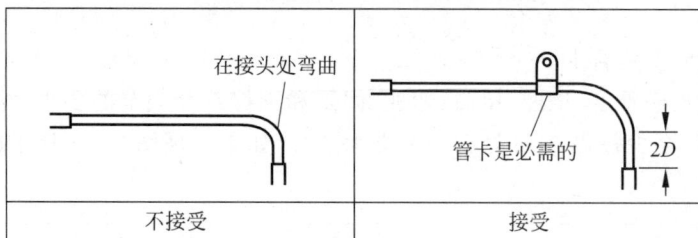

图 7-3-4 软管接头挠曲检查

② 软管最小弯曲半径，符合 AMM 的要求，如表 7-3-1 所示。

表 7-3-1 软管最小弯曲半径

AS 115 HOSE	HOSEINNER DIAMETER （INCH）	MINIMUM HOSE BEND RADIUS MEASURED AT INNER BEND（INCH）
— 04	1/4	1.50
—06	3/8	2.50
—08	1/2	2.88
—10	5/8	3.25
—12	3/4	4.00

③ 必须弯曲的地方，可用弯管接头进行安装，或弯曲半径不超过 AMM 要求，如图 7-3-5 所示。

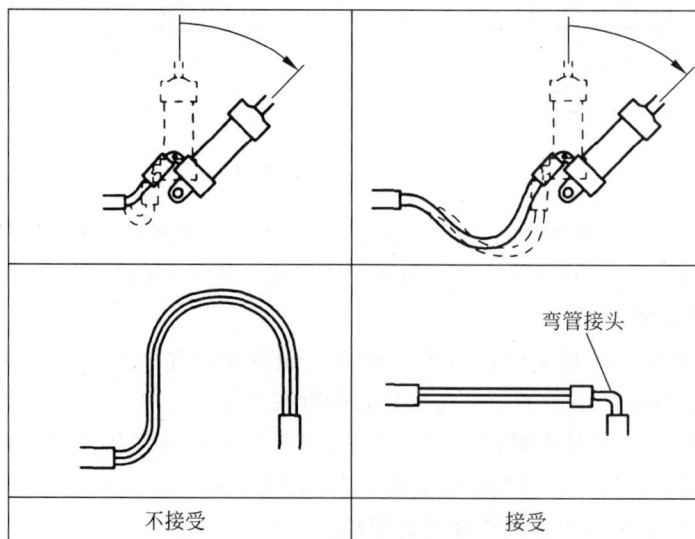

图 7-3-5 软管弯曲度检查

（9）必要之处可用防磨带子包缠软管以防擦伤。

① 包扎带的材料主要有硅橡胶粘胶、特氟隆、黑色尼龙防磨带。

② 软管防磨带包扎步骤如图 7-3-6 所示。

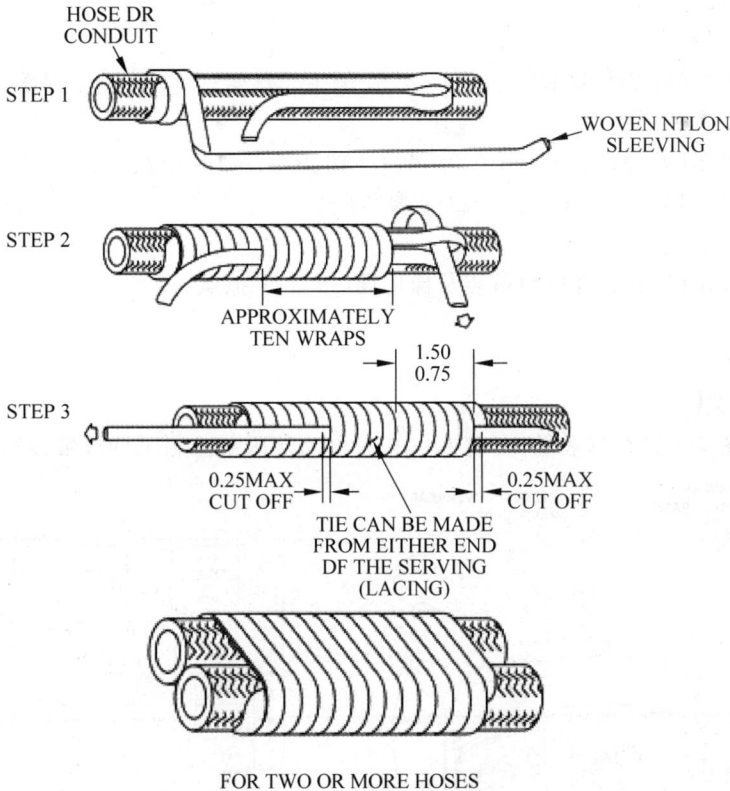

图 7-3-6　软管防磨带包扎步骤

③ 施工要求：收尾锁紧带圈数 10 圈左右；收尾锁紧点位于 5 圈左右（或 0.75～1.5in 处）；尾端长度 0.25in。

7.4　典型管路维护综合实践

波音 767 刹车系统管路拆装

1. 工作描述

（1）拆卸主轮刹车管路。

（2）安装主轮刹车管路。

2. 安全自查与风险评估

警告：上下梯子时需扶稳，严禁跑、跳，站在梯子上工作时，应时刻注意脚下，防止踩空！

警告：工作前检查飞机周围情况，确认安全销、轮挡、灭火瓶已处于正确状态。

警告：工作前必须认真阅读工卡相关警告、告诫和注意信息，确认操作风险。

3．工作准备

（1）参考维修手册。

AMM 20-10-09/401；

AMM 20-10-10/401。

（2）工作区域。

211 驾驶舱左侧；212 驾驶舱右侧；731 左侧主起落架；741 右侧主起落架。

（3）所需工具和耗材。

工具：工具车（×1）；组合扳手（13/16、11/16、5/8、9/16、1/2、5/16、1/4 各 2）；力矩扳手（×1）；扳头（×1）；十字螺丝刀（×2）；警告牌（×3）；毛笔（×1）；放油盘（×1 个）；油壶（×1）。

耗材：纸胶带（×2）；自封塑料袋及橡皮筋（按需）；擦拭布（×2）；耐油手套（×1）；护目镜（×1）。

4．工作程序

1）拆卸管路

（1）参考图 7-4-1，在驾驶舱中，将左、中、右电动液压泵控制手柄放置在"OFF"位。

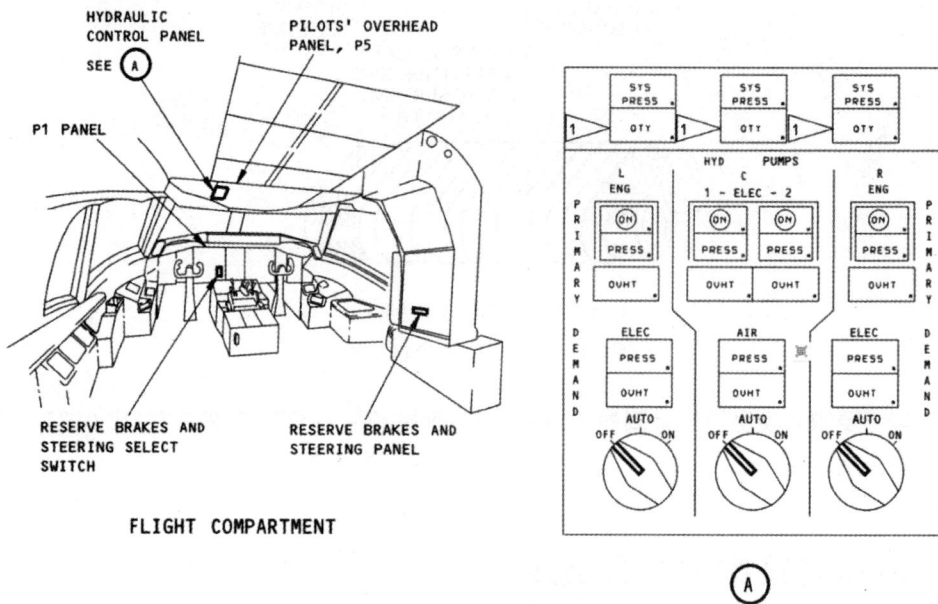

图 7-4-1　液压控制面板

（2）断开表 7-4-1 所示的跳开关（跳开关面板，P11），并悬挂"禁止操作"牌。

表 7-4-1　需要断开的跳开关

行	列	号　码	名　称
D	31	C01099	AIR HYD PUMP
L	15	C01085	ELEC HYD PUMP C1
L	16	C01087	HYD ELEC PUMP,R
L	24	C01086	ELEC HYD PUMP C2
L	25	C01084	HYD ELEC PUMP,L

（3）准备好相应工具、擦布、接油盘、纸胶带、塑料袋或堵头等器具，做好工具清点工作。

注意：工具和零件应摆放于工作车上，舱内和工作梯上不得摆放工具和零件。

（4）按图 7-4-2 所示做好导管与接头——对应标记和管路铺设走向标记。

警告：液压油对人体有害，拆卸管路前需佩戴护目镜和防护手套。

（5）脱开两根软管下端接头，收集管路余油，封堵外露管口及接头。

注意：拧动管螺母时注意旋向，注意用两把扳手进行操作，防止拧坏接头或螺母。

（6）拆下软管。

注意：外露孔必须及时封堵。

（7）拆下硬管管夹（管夹应做好位置标记）。

（8）脱开两根硬管下端接头，收集管路余油，封堵外露管口及接头。

注意：拧动管螺母时注意旋向，注意用两把扳手进行操作，防止拧坏接头或螺母。

（9）拆下两根硬管。

注意：外露孔必须及时封堵。

（10）按拆卸顺序摆放拆下的导管。

2）安装管路

（1）对两根硬管进行安装前检查，清洁管内腔和管口区域，对接头、管口、螺母、管套和管体进行检查，确认无损伤。

（2）对管接头外螺纹、管套肩部、管套锥形封严面进行润滑。

（3）按标记连接硬管。安装导管时，先用手将管口和接头对正并贴紧，保持导管对中状态，用手拧上管螺母（切记需要先完成对中再拧螺母），用手将管螺母拧到底。

（4）按原位安装硬管管夹。

（5）拧紧管螺母至 100lbf•in。

（6）对两根软管进行安装前检查，清洁管内腔和管口区域，对接头、管口、螺母、管套和管体进行检查，确认无损伤。

（7）按标记连接软管，先用手将管口和接头对正并贴紧，保持导管对中状态，用手拧上管螺母（切记需要先完成对中再拧螺母），用手将管螺母拧到底。

（8）拧紧管螺母至 100lbf•in。

（9）全部导管安装完成后进行检查，确认所有导管位置及铺设走向正确、管路间隙正常，确认软管弯曲正常、管体没有扭转。

（10）去除位置标记。

（11）到驾驶舱中，取下警示牌，恢复系统构型。

5．收尾工作

（1）清理工作现场。

（2）清点工具。

（3）归还借用工具设备。

4根导管

图 7-4-2　拆卸管路

8.1　航空器部件拆装概述

　　航空器部件拆装是典型维修工作之一。飞机系统故障后可能需要更换零部件,系统部件需要视情况进行离位清洁、检查、测试,或者部件到寿命后需要进行更换。根据飞机维修手册,航空器部件拆装施工,需要做好安全措施,使用正确的工具以及循序适用的施工程序。

　　1. 部件拆装的基本原则

　　一般情况下,先拆传动部分,后拆固定部分;先拆受力小的,后拆受力大的;先拆下面部分,后拆上面部分;先拆外面部分,后拆里面部分;先拆小的部分,后拆大的部分;先拆中间部分,后拆两端部分。安装时,按照"后拆的先装,先拆的后装"的原则进行。

　　2. 部件拆装的一般流程

　　1)部件拆卸

　　(1)拆卸部件前的准备。

　　施工前要做好安全措施,准备并清点好所需的工具、设备和耗材。检查工作环境,使其符合工作要求,工作现场设有灭火瓶,掌握其用法。布置工作场所,清洁工作现场,在发动机舱、座舱及各种工作舱内拆卸部件时,铺好垫布,防止零件、保险丝头、开口销等掉入内部。

　　拆卸燃油系统、滑油系统、液压油系统、冷气系统、氧气系统部件前,根据部件位置关闭相对应的开关或放出液体。拆卸电子电气等用电设备时,断开相应系统的跳开关和开关,做到可靠断电;在跳开关和开关上挂上"禁止闭合"的警告标签,必要时安装跳开关卡箍。

　　拆卸施工前,必须了解所拆部件的构造、连接特点、所处位置以及邻近部件的相互关系,必要时,通知相关人员,协同做好准备。

　　(2)拆卸方法。

　　去除保险、开口销时,一定要干净取出,避免掉落在飞机上。正确使用工具,明确拆卸方向,用力要柔和,勿乱敲乱打,以防损坏部件。对于静电放电敏感设备,要做好防静电处理措施。仪表或显示组件拆装时,不要划伤仪表或显示组件表面。有些电子组件拆装时,只要拧松对角螺钉(1/4 圈),不要拧错或多拧。航线可换件要轻拿轻放,有些组件不能倒置。

(3) 拆卸后的工作。

拆下的部件应该用规定的清洗剂清洗干净,并按拆卸的顺序放好;多个相似部件的拆装应该做好相应标签;小零件、螺钉、螺母应放盒子或袋子里防止丢失。拆下的导管、外露孔应用堵塞或盖板封堵,防止尘土、异物进入内部。不要用手触摸电接头里面的插钉,检查有无插钉弯曲、折断现象;电插头要安装堵盖;拆下的静电敏感组件要放入防静电包装袋或盒。检验部件有无锈蚀、划伤、压坑、弯曲、变形、积碳、烧伤、磨损等故障。按照规定更换符合规格的密封件。

2) 部件安装

(1) 安装部件前的准备。

做好安全措施。系统断电。准备好工具、器材、设备并清点。确认机件、连接件完好。检查部件的件号、序号、数量,防止错装、漏装。需涂油、配置垫圈和密封圈的部件都应按位置、型号配好。取下导管、外露孔的堵塞、盖板等。

(2) 安装方法。

按照"后拆的先装,先拆的后装"的原则进行。确认部件的正确位置和连接特点。保证安装质量,油液系统不得渗漏,冷气系统、氧气系统不得漏气。拧紧螺钉、螺母要对角进行,逐步加力,最后拧紧到规定力矩。自锁螺母在螺纹阶段,顺时针/逆时针转动时应有一定力矩,按对应尺寸查手册,查出具体要求力矩;自锁型螺母拧紧后,一般应外露 2～3 牙螺纹。安装导管时,不得使其偏斜、弯曲、扭转,按规定装好固定夹。

(3) 安装后的检查与试验。

安装后需要检查、校对定位。液压、气压、滑油、冷气、氧气等系统要进行加压测试,保证不渗漏。舵面系统要检查方向、摆幅、行程是否符合技术标准。检查各种保险是否正确。确保所有开关和控制部件是在相应位置。摘下警示标牌,闭合在施工工作开始前打开的跳开关和开关。使系统运行,检查运行所需的功能。当功能检查通过后,把开关和控制部件放回正常关断位置。清点工具、设备和器材,确认齐全,避免错装,避免任何外来物遗留在飞机上。

3. 部件拆装的安全注意事项

航空器部件拆装施工时,维修人员通常遵循的安全注意事项如下。

(1) 维修人员的授权,工具和设备的选择、检查和有效性。

维修只能在授权范围内进行施工,禁止从事未经授权的工作。电动、气动、高压等工具和设备的使用需经过专业培训并获得相关资质后方可进行施工。

使用设备前应依据相关工作程序,详细检查设备的相关警示牌是否放置妥当;电源(气源)参数是否符合标准;使用临时电源(气源)时,应注意连接可靠、保护措施完好,不得有不恰当的扭曲、缠绕等现象。依据技术资料正确选择和使用工具。不能给工具赋予新的功能(例如,用平口钳当手锤,用游标卡尺当划线针等)。对于工作单允许使用的工具,在使用前应该详细了解该工具的优缺点和使用注意事项,用最恰当的工具进行施工。保证工具设备的有效性,需要校验的工具设备应该检查是否处于有效期内,选取的工具(量具)是否为可用量程。测试工作中若出现实际测量数据与工作单提供的参考数据不一致,在确认仪器仪表有效、检查方法程序正确规范后,核实工作单的正确性。

(2) 施工人员和/或施工对象做好安全防护措施。

接近拆装设备/部件时,按照要求做好防护措施。例如,高空作业必须系好安全绳。用到溶液、清洗剂、密封胶以及其他的有毒、易燃以及对皮肤有刺激的材料时,应在通风条件比较好的条件下使用,操作时穿上防护服。若液体不小心溅在皮肤上或眼睛内,应用干净的水清洗并及时就医。易燃易爆区域或环境中,着重检查所使用工具或设备的防爆性能。

拆装施工对象为静电放电敏感设备/组件时,要做好防静电处理措施。施工过程要时刻保持工作环境干净、整齐。去除的保险丝、开口销一定要干净取出,注意不要损伤部件和掉落在飞机上。工作中产生的保险丝头、废垫片、废弃插钉、导线等废弃物,应该第一时间收集到废物袋中;油污、水渍等应及时清理,防止造成部件、环境污染。根据工作单或手册进行紧固件力矩的操作;力矩过小,在飞机运行过程中会产生振动、结构疲劳,甚至脱落现象;过大力矩会损伤螺纹导致脱落,或过大应力会造成疲劳等损伤。

8.2　典型的机电部件拆装实践

8.2.1　AИ-24 发动机放气活门拆装

1. 工作描述

(1) 拆卸放气活门(见图 8-2-1)。

(2) 安装放气活门。

图 8-2-1　发动机放气活门示意

2. 安全自查与风险评估

警告:上下发动机台架踏板,需扶稳,严禁跑、跳,操作时应时刻注意脚下,防止踩空!

警告:工作前必须认真阅读工卡相关警告、告诫和注意信息,确认操作风险。

3. 工作准备

(1) 参考维修手册:AИ-24 航空涡轮螺旋桨发动机使用和技术维护说明书。

(2) 工作区域:发动机台架。

(3) 所需工具和耗材:AИ-24 发动机、部件拆装标准工具箱;保险丝、白胶纸带、塑料袋、橡皮筋(或专用堵头)。

4. 工作程序

1) 拆卸放气活门

(1) 到驾驶舱,在驾驶舱顶板找到相关操纵开关,置开关于"OFF"位后,悬挂"禁止操作"标牌。

(2) 做好定位标记

注意：第五级和第八级放气活门不能混装。

(3) 打开固定螺钉上的保险片(如没有,略过此步)。

注意：工具和零件应摆放于工作台上,发动机和工作踏板上不得摆放工具和零件。

(4) 拆除放气活门来气接头上螺母的保险丝。

(5) 拧开放气活门上的通气导管接头螺母(见图 8-2-1),封堵外露管口及接头。

注意：拧动管螺母时注意旋向,注意用两把扳手进行操作,防止拧坏接头或螺母。

(6) 拆下放气活门上的 6 个固定螺钉(见图 8-2-1)。

(7) 从发动机上取下放气活门,摆放至工作台。

2) 安装放气活门

(1) 检查放气活门的适航性(完成损伤检查)。

(2) 按标记装到发动机原来位置上。

(3) 按要求对称、逐步加力拧紧放气活门上的 6 个固定螺钉。

(4) 用磅表将 6 个螺钉拧紧至规定力矩值(力矩值为 40lbf·in)。

(5) 安装好固定螺栓保险片(如没有,略过此步)。

(6) 拧紧放气活门上的通气导管接头螺母并打到规定力矩值(力矩值为 60lbf·in)。

(7) 打好放气活门上通气导管接头的保险丝保险。

(8) 进行安装后检查。

5. 收尾工作

(1) 清理工作现场。

(2) 清点工具。

(3) 归还借用工具设备。

8.2.2　АИ-24 发动机调速器拆装

1. 工作描述

(1) 拆卸调速器。

(2) 安装调速器。

2. 安全自查与风险评估

警告：上下发动机台架踏板,需扶稳,严禁跑、跳,操作时应时刻注意脚下,防止踩空!

警告：工作前必须认真阅读工卡相关警告、告诫和注意信息,确认操作风险。

3. 工作准备

(1) 参考维修手册：АИ-24 航空涡轮螺旋桨发动机使用和技术维护说明书。

(2) 工作区域：发动机台架。

(3) 所需工具和耗材：АИ-24 发动机、部件拆装标准工具箱；保险丝、白胶纸带、塑料袋、橡皮筋(或专用堵头)。

4. 工作程序

1) 拆卸调速器

(1) 在驾驶舱顶板找到相关操纵开关,置开关于"OFF"位后,悬挂"禁止操作"标牌。

(2) 对电气插头、管路等做好定位标记。

(3) 拆开 3 个电插头(见图 8-2-2)。

注意:工具和零件应安摆放于工作台上,发动机和工作踏板上不得摆放工具和零件。

(4) 拆开 2 根滑油导管螺母。

注意:拧动管螺母时注意旋向,注意用两把扳手进行操作,防止拧坏接头或螺母。

(5) 拆开外侧 3 个 14mm 固定螺母,取下弹簧垫片及钢垫片(见图 8-2-3)。

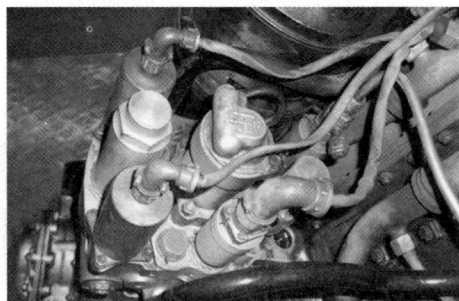

图 8-2-2　发动机调速器参考图 1

图 8-2-3　发动机调速器参考图 2

(6) 拆开内侧 3 个长固定螺杆上的保险螺母(见图 8-2-4)。

(7) 拆开内侧 3 个长固定螺杆、取下钢垫片(见图 8-2-4)。

(8) 取下调速器。

(9) 清洁外部,检查密封圈是否完好,必要时更换。

(10) 检查传动齿轮是否完好,键齿有无损坏,并润滑键齿。

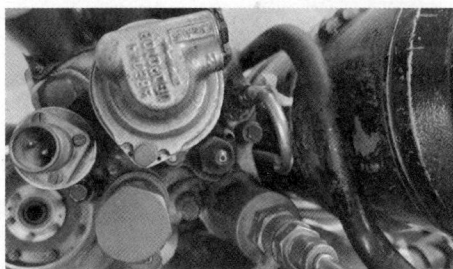

图 8-2-4　发动机调速器参考图 3

(11) 记录此件的件号和序列号。

2) 安装调速器

(1) 检查调速器的适航性(完成损伤检查)。

(2) 安装 3 个 14mm 固定螺母下钢垫圈、弹簧垫片及 14mm 螺母。

(3) 安装 3 个长的固定螺杆上的钢垫圈。

(4) 安装 3 个长的固定螺杆。

(5) 按对角拧紧并逐步加力的方法拧紧 6 个螺母、螺杆(力矩值为 70lbf·in)。

(6) 长固定螺杆拧紧后,再安装 3 个长固定螺杆上的保险螺母(力矩值为 50lbf·in)。

注意:先对正螺母,用手拧紧螺母到底后再用扳手拧到规定力矩值。切忌没有对正螺纹就加力拧紧。

(7) 安装好 2 根滑油导管(管螺母拧紧力矩值为 40lbf·in)。

(8) 打好 2 根导管螺母上的保险丝保险。

(9) 安装好 3 个电气插头(腕力拧紧)。

(10) 完成安装后检查。

5. 收尾工作

(1) 清理工作现场。

(2) 清点工具。

(3) 归还借用工具设备。

8.2.3 JT8D 发动机点火激励器拆装

1. 工作描述

(1) 拆除(双盒装,20-4J)点火激励器。

(2) 安装(双盒装,20-4J)点火激励器。

2. 安全自查与风险评估

警告:上下工作梯需扶稳,防止跌落!

警告:当发动机整流罩打开时,在发动机区域工作时要注意躲开支撑杆和整流罩,否则可能会导致人员受伤。

警告:工作前必须认真阅读工卡相关警告、告诫和注意信息,确认操作风险。

3. 工作准备

(1) 参考维修手册:

AMM 20-80-01/201-215;

AMM 74-00-00/501-502;

AMM 74-11-01/401-404。

(2) 工作区域:

451——1 号发动机;

453——3 号发动机。

(3) 所需工具和耗材:

专用工具箱(×1)、力矩扳手-BP2502NMRMH(×1);

保险丝(×1)。

4. 工作程序

1) 拆除(双盒装,20-4J)点火激励器(见图 8-2-5)

警告:点火系统的电压高到危险的程度,在拆卸任何点火系统部件之前必须将点火电门放置在"关闭"位置。在操作点火系统和拆卸点火系统部件之间要留有至少 6min 的空当。将点火器电缆从点火器插头上拆下后,立即通过点火器电缆终端接地放电,以保证点火系统能量的完全耗散。不遵守这一程序可能会导致严重的人员伤害。

(1) 断开下列断路器并悬挂"禁止操作"标签:

"ENG 1　IGNITION 1&2"　　　　　　　　　　　　　　(P6-3);

"ENG 3　IGNITION 1&2"　　　　　　　　　　　　　　(P6-3);

视频:
点火激励
器拆装

"ENG START VALVES/ENG 2 ACCESS DOOR"　　　　　（P6-3）。

（2）将下列电门及手柄置于"OFF"位置并悬挂"禁止操作"标签：

启动活门预位电门（START VALVE ARMING）　　　　（头顶板）；

1♯启动控制电门（START CONTROL SWITCH）　　　　（头顶板）；

3♯启动控制电门（START CONTROL SWITCH）　　　　（头顶板）。

（3）将下列电门及手柄置于"CUTOFF"位置并悬挂"禁止操作"标签：

1♯发动机启动手柄（START LEVER）　　　　　　　（中央操纵台）；

3♯发动机启动手柄（START LEVER）　　　　　　　（中央操纵台）。

（4）打开发动机下部整流罩。

① 打开右侧的 6 个锁钩。

② 打开左侧的两个锁销，打开左侧的 6 个锁钩。

③ 将下整流罩内侧的撑杆连接到发动机上。

（5）脱开将点火电缆连接到激励器后部输出连接器的连接螺母。

（6）将保护堵盖安装在电缆的连接螺母和激励器输出连接器的装配螺纹上。

（7）从激励器前端的输入插头上脱开电缆的连接螺母，在螺母和插座接头上安装防护盖。

（8）切断保险丝，拆下把激励器固定在前后支撑架上的 4 个螺栓和垫圈。

（9）拨开前后支撑架，取下点火激励器，输入（前）端应该先出。

2）安装（双盒装，20-4J）点火激励器（见图 8-2-5）

注意：安装前需详细检查点火激励器的完好性。

（1）拨开前后点火激励器支撑架，在支撑架之间插入点火激励器，输出（后）端先入。

告诫：使用超过点火激励器安装底座规定长度的螺栓将导致点火激励器机外壳损坏，并导致密封失效和电气接地风险。

（2）用 4 个螺栓和垫圈将点火激励器固定在支撑架上，紧固到建议的力矩并打好保险。

警告：点火电缆橡胶套管和邻近部件可能含有残留的 KRYTOX 240 AC 润滑脂。不要用 KRYTOX 240 AC 润滑脂污染吸烟材料（如香烟、雪茄等）。如果吸入 KRYTOX 240 AC 润滑脂的燃烧产物，可能对人体造成伤害。避免皮肤接触。接触 KRYTOX 240 AC 润滑脂后立即洗手。这种润滑脂不再用于点火电缆。

告诫：确保输出端（高压）导线正确安装。如果激励器和点火器端头的导线螺母紧固扭矩不足，则会引起点火系统辐射噪声，飞机无线电设备可以探测到这种噪声。

（3）拆下保护盖，用连接螺母将输出电缆连到激励器后部的连接器上。用手指把螺母拧紧，用工具最多再拧紧 45°。

（4）拆下保护盖，将飞机机身上的输入电缆激励器连接螺母，连接到激励器前面的螺纹连接器上。徒手拧紧连接螺母并打好保险。

（5）接通下列断路器并移除"禁止操作"标签：

"ENG 1　IGNITION 1&2"　　　　　　　　　（P6-3）；

"ENG 3　IGNITION 1&2"　　　　　　　　　（P6-3）；

"ENG START VALVES/ENG 2 ACCESS DOOR"　（P6-3）。

（6）将下列电门及手柄置于正常位置并移除"禁止操作"标签：

启动活门预位电门（START VALVE ARMING）　　　（头顶板）；

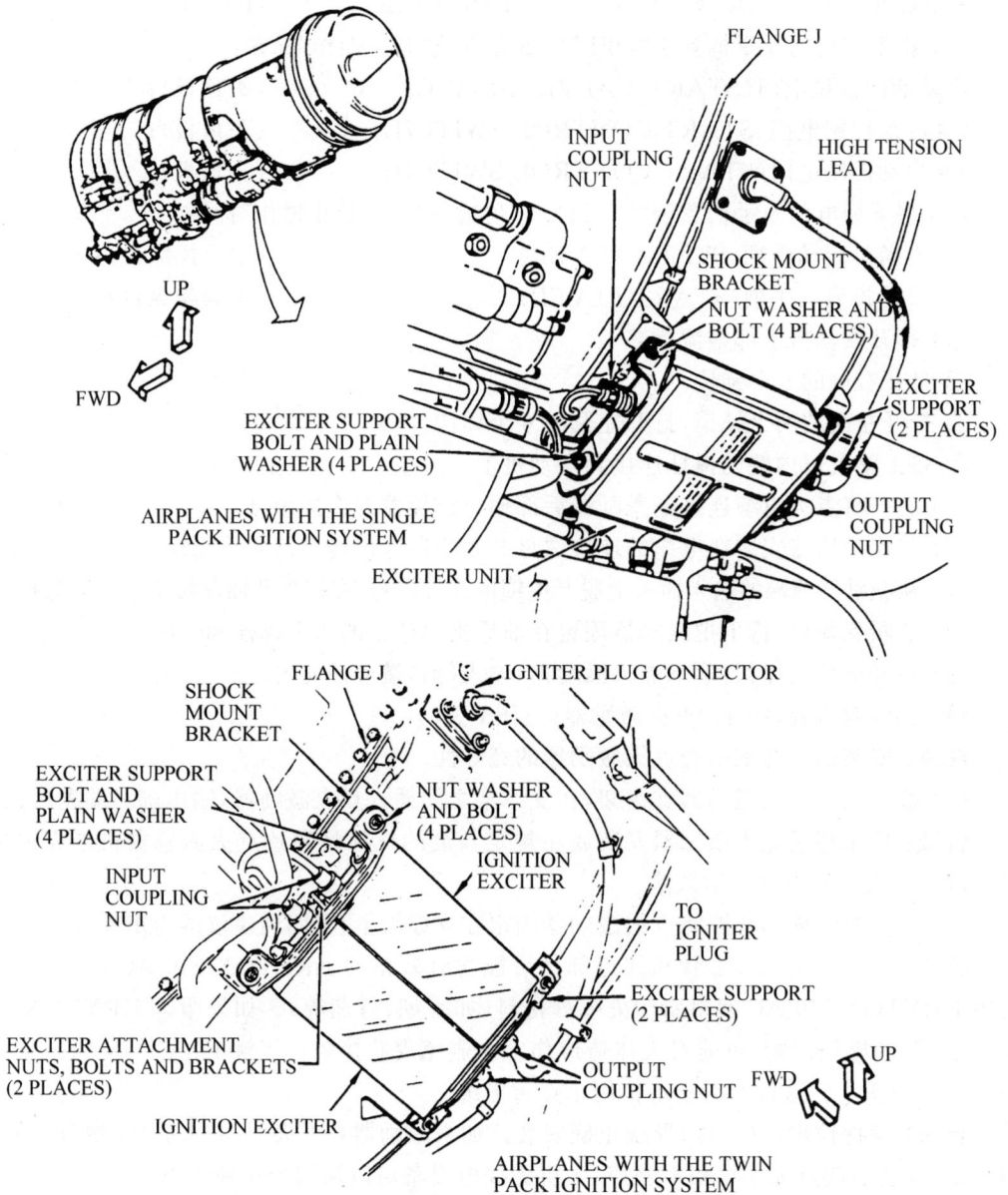

图 8-2-5　点火激励器安装图

1#启动控制电门(START CONTROL SWITCH)　　　(头顶板);

3#启动控制电门(START CONTROL SWITCH)　　　(头顶板);

1#启动机启动手柄(START LEVER)　　　　　　　(中央操纵台);

3#发动机启动手柄(START LEVER)　　　　　　　(中央操纵台)。

(7) 执行点火系统(声音)检查程序。

(8) 关闭发动机下部整流罩(见图 8-2-6)。

① 取下整流罩撑杆并收藏于整流罩内侧。

② 托举下整流罩在合适的位置,将左侧两个锁销锁好,再锁好左侧 6 个锁钩。

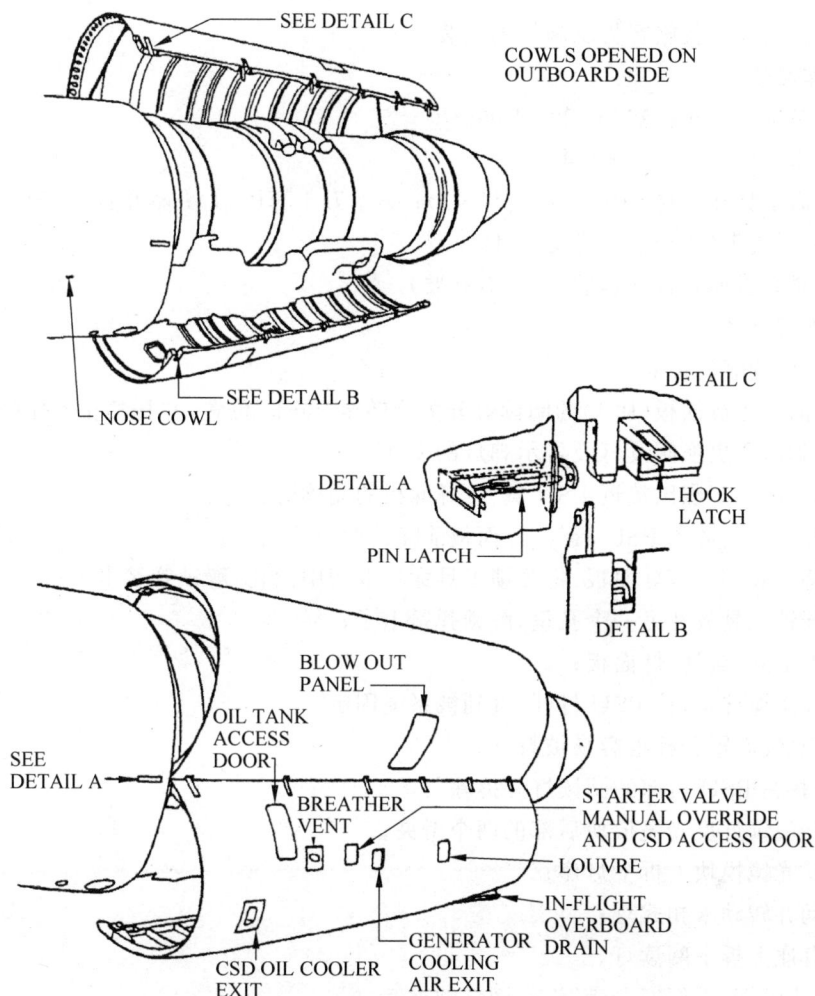

图 8-2-6 发动机整流罩锁扣(1♯发动机)

③ 锁好右侧的 6 个锁钩。

5．收尾工作

（1）清理工作现场。

（2）清点工具。

（3）归还借用工具设备。

8.3 典型的电子电气部件拆装实践

8.3.1 波音 767-300 旅客阅读灯及旅客告示牌灯拆装

1．工作描述

客舱记录本记录某个旅客服务组件(passenger service unit, PSU)中旅客告示牌灯和 2 个阅读灯损坏需要处理。

（1）旅客阅读灯及旅客告示牌灯的拆卸。

（2）旅客阅读灯及旅客告示牌灯的安装。

2. 工作准备

（1）参考维修手册：AMM 23-34-09。

（2）工作区域：200-机身上半部。

（3）所需工具和耗材：内六角1套（×1）；螺丝刀1套（×1）；禁止操作牌（×4）；跳开关夹（×5）；纸胶带（×1）；万用表（×1）。

（4）推靠登机梯和打开客舱门（如有必要）。

3. 工作程序

1）旅客阅读灯的拆卸

（1）将前乘务员面板（P21）的阅读灯开关旋转至"OFF"位置，并挂禁止操作牌。

（2）找到需要更换阅读灯及告示牌灯的PSU。

（3）执行以下步骤以接近PSU氧气/灯面板的阅读灯：

① 将开锁工具放入PSU氧气/灯面板前面的两个孔之一；

② 保持PSU氧气/灯面板，将开锁工具穿过框架中的孔，解锁弹簧卡子；

③ 把开锁工具放在另一个孔里，解锁弹簧卡子；

④ 降下PSU氧气/灯面板；

⑤ 松开系绳挂钩，让PSU打开，直到被系绳固定。

注意：氧气面罩盖板也容易被打开。

（4）查找在PSU后部的阅读灯并拆除。

① 松开阅读灯反光镜模块后部的两个滑夹；

② 从反光镜模块上拆下灯座；

③ 推动并转动卡扣式灯；

④ 从灯座上拆下阅读灯。

2）"禁止吸烟/系好安全带"告示牌灯的拆卸

注意："禁止吸烟/系好安全带"（LED NO SMOKING/FASTEN SEAT BELT）信号牌是LED灯信号牌。当LED灯信号牌不能正常工作时，更换信号牌。

（1）断开下列跳开关，并挂"禁止操作"牌。

Circuit Breaker Panel，P11

Row	Col	Number	Name
P	9	C01254	PASS. SIGN CONT

ForwardMisc Electrical Equipment Panel，P33

Row	Col	Number	Name
J	2	C01260	S/BELT NO SMOKE SIGNS
J	3	C01296	NO SMOKE SIGN

（2）PSU信号牌灯的拆卸。

① 移动每侧的闩锁，降下装有信号牌灯组件的面板。

注意：面板不能悬空，避免扯断连接导线。

② 给告示牌灯组件的每根连接导线做标记。

③ 断开灯组件导线，取下面板。

④ 拆下该面板上的告示牌灯组件。

3）"禁止吸烟/系好安全带"告示牌灯的安装

（1）安装告示牌灯组件。

注意：首先将灯组件的顶部移入面板，然后推动透镜组件的表面。

（2）连接告示牌灯组件的导线。

（3）将告示牌组件的面板提升到位，移动每侧的闩锁，将面板锁定到位。

（4）闭合下列跳开关，拆除"禁止操作"牌。

Circuit Breaker Panel，P11

Row	Col	Number	Name
P	9	C01254	PASS. SIGN CONT

ForwardMisc Electrical Equipment Panel，P33

Row	Col	Number	Name
J	2	C01260	S/BELT NO SMOKE SIGNS
J	3	C01296	NO SMOKE SIGN

4）旅客阅读灯的安装（见图 8-3-1）

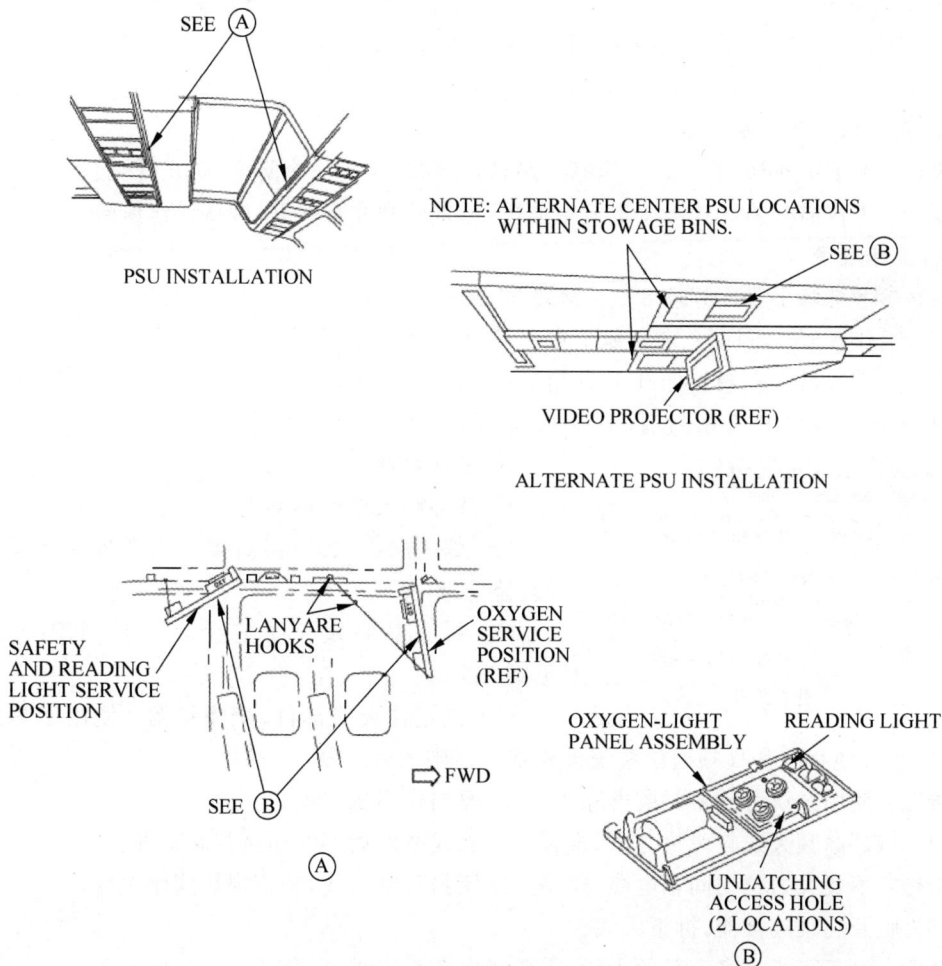

图 8-3-1　旅客阅读灯安装图

（1）安装阅读灯。

① 将新阅读灯安装到灯座中，推动并转动灯，直到它锁定在灯座中。

② 将灯座安装到反光镜模块中。

③ 将两个滑夹固定在反光镜模块的后部。

（2）提起 PSU 氧气/灯面板并向上摆动，直到固定到位。

① 设置 PSU 氧气/灯面板锁。

② 提起 PSU 氧气/灯面板并将其向上移动，直至其就位。

（3）前乘务员面板的阅读灯开关旋转至"NORMAL"位，拆除禁止操作牌。

4. 收尾工作

（1）清理工作现场。

（2）清点工具。

（3）归还借用工具设备。

8.3.2 飞机甚高频通信系统天线的拆装

1. 工作描述

（1）Boeing737NG 甚高频通信系统天线的拆卸。

（2）Boeing737NG 甚高频通信系统天线的安装。

2. 安全自查与风险评估

警告：上下工作梯，需扶稳，严禁跑、跳，操作时应时刻注意脚下，防止踩空！

警告：工作前必须认真阅读工卡相关警告、告诫和注意信息，确认操作风险。

3. 工作准备

（1）参考维修手册：B737-800 AMM 23-12-11。

（2）工作区域：前货舱、后货舱下方区域，驾驶舱和飞机外部。

（3）所需工具和耗材：标准工具箱（×1）；COM-2481 密封胶清除工具套装；COM-1550 测量仪表；A00247 密封剂；B00148 溶剂；C50005 防腐剂等。

CAPT Electrical System Panel, P18-2

Row	Col	Number	Name
D	11	C00165	COMMUNICATIONS VHF 1
D	12	C00471	COMMUNICATIONS VHF 3

F/O Electrical System Panel, P6-1

Row	Col	Number	Name
C	3	C00166	COMMUNICATIONS VHF 2

图 8-3-2　甚高频通信系统

相关跳开关

4. 工作程序

1）甚高频天线的拆卸

（1）驾驶舱中，拔出甚高频通信系统的跳开关并安装警告牌（见图 8-3-2）。

（2）拆下甚高频天线基座上的 10 个固定螺栓（见图 8-3-3）。

（3）固定住天线部件，避免掉落；使用密封胶拆除工具，小心地移除甚高频通信系统天线基座周围的密封胶。

告诫：使用经认可的密封胶拆除工具，不要损伤飞机蒙皮。

（4）将甚高频天线与飞机分离，直到看到天线基座后部的连接器和电缆。

告诫：不要大力拉动同轴电缆，要小心地倾斜移动天线，防止损坏同轴电缆。

（5）脱开同轴连接器，拆下天线。

注意：对于飞机机身上部的天线，需要将电缆系牢固，以免掉入飞机内部。

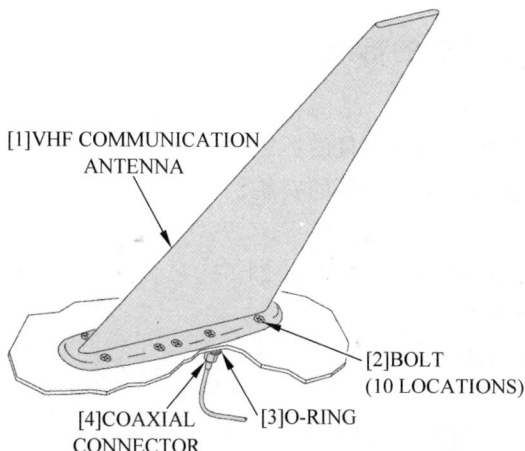

[1]VHF COMMUNICATION ANTENNA

[2]BOLT (10 LOCATIONS)

[4]COAXIAL CONNECTOR

[3]O-RING

图 8-3-3　飞机甚高频通信系统天线安装图

2）甚高频天线的安装

（1）确认驾驶舱中甚高频通信系统的跳开关断开并安装警告牌。

（2）使用密封胶清除工具套装清除密封胶。

佩戴护目镜和手套，使用带有清洁溶剂的清洁布擦洗机身与天线基座的接合面，去除多余的密封胶，再用干净的棉质清洁布擦拭，直到机身与天线基座的接合面洁净干燥。

警告：避免清洁溶剂接触到口腔、眼睛或皮肤。不要吸入溶剂烟雾微粒。溶剂有毒、易燃，会造成人员伤害和设备损坏。

（3）若表面有腐蚀，先去除腐蚀（参考 AMM 51-21-31），然后在机身天线结合面涂抹防腐剂（参考 AMM 51-21-41）。

（4）安装新 O 形圈，将 O 形环安装在 O 形槽内。

（5）连接同轴电缆连接器，使其与天线紧密连接。

（6）用密封胶密封甚高频天线基座的 9 个螺栓。

（7）将甚高频天线放到安装位置上，安装 9 个螺栓并拧紧。

（8）利用剩下的一个螺栓做甚高频天线与机体蒙皮之间的连接测试，使用 COM-1550 测量仪表测量其连接电阻值，应不大于 0.001Ω（SWPM 20-20-00）。

（9）用密封胶密封剩下的一个螺栓，安装并拧紧此螺栓。

（10）在天线基座周围涂抹密封胶，并确认天线基座周围平滑。

（11）摘下警告牌，闭合相应跳开关。

（12）对安装完成的甚高频通信系统进行系统测试。

（13）恢复飞机构型。

5. 收尾工作

（1）清理工作现场。

（2）清点工具。

（3）归还借用工具设备。

8.3.3 典型电子仪表的拆装

1．工作描述

（1）Boeing737NG 备用姿态指引仪的拆卸。

（2）Boeing737NG 备用姿态指引仪的安装。

2．工作准备

（1）参考维修手册：B737-800 AMM 34-24-01。

（2）工作区域：驾驶舱。

（3）所需工具：标准工具箱（×1）。

3．工作程序

1）备用姿态指引仪的拆卸

（1）驾驶舱中，拔出分别位于 P18-2 和 P6-3 的两个跳开关并安装警告牌（见图 8-3-4）。

CAPT Electrical System Panel, P18-2

Row	Col	Number	Name
D	9	C01387	STBY ATT IND

F/O Electrical System Panel, P6-3

Row	Col	Number	Name
B	9	C00331	PANEL & INSTR 28V PRI CAPT & CTR

图 8-3-4　备用姿态指引仪相关跳开关

告诫：断电后，确认备用姿态指引仪中的陀螺停下来。在陀螺停止之前拆除备用姿态指引仪，可能会对其内部的陀螺造成损坏。

（2）20min 后，备用姿态指引仪中的陀螺停下。

（3）拉出备用姿态指引仪的锁定旋钮并使用机械装置固定。

告诫：确保正确包装和搬运指引仪。可使用机械装置锁定指引仪旋钮，避免移动时内部陀螺的损坏。

（4）拧松仪表右上和左下的两个调整螺钉，直到可以拆下指引仪。

注意：不要拆下调整螺钉。如果指引仪不容易拆卸，可拧松另外两个固定螺钉。

（5）轻轻从仪表面板中拉出指引仪，直到能够接触到后面的电接头。

（6）断开指引仪后面的电接头。

（7）拆下指引仪。

（8）在拆下的电接头和指引仪后面的电接头上盖上保护盖。

2）备用姿态指引仪的安装

（1）确认驾驶舱中备用姿态指引仪的两个跳开关断开并安装警告牌。

（2）取下电接头上的保护盖。

（3）检查电接头上插针是否弯折、破损，连接器自身是否脏污、损坏。

（4）连接电气接头。

（5）将指引仪推入仪表板。

（6）拧紧指引仪右上角和左下角的两个调整螺钉（调整螺钉拧紧至最大 30lbf·in）。

（7）拆下指引仪锁定旋钮上的机械装置。

（8）闭合相关的跳开关。

（9）确认面板上指引仪灯光点亮。

（10）对备用姿态指引仪系统进行系统测试。

（11）摘下警告牌，闭合相应跳开关。

（12）恢复飞机构型。

备用姿态指引仪安装图见图 8-3-5。

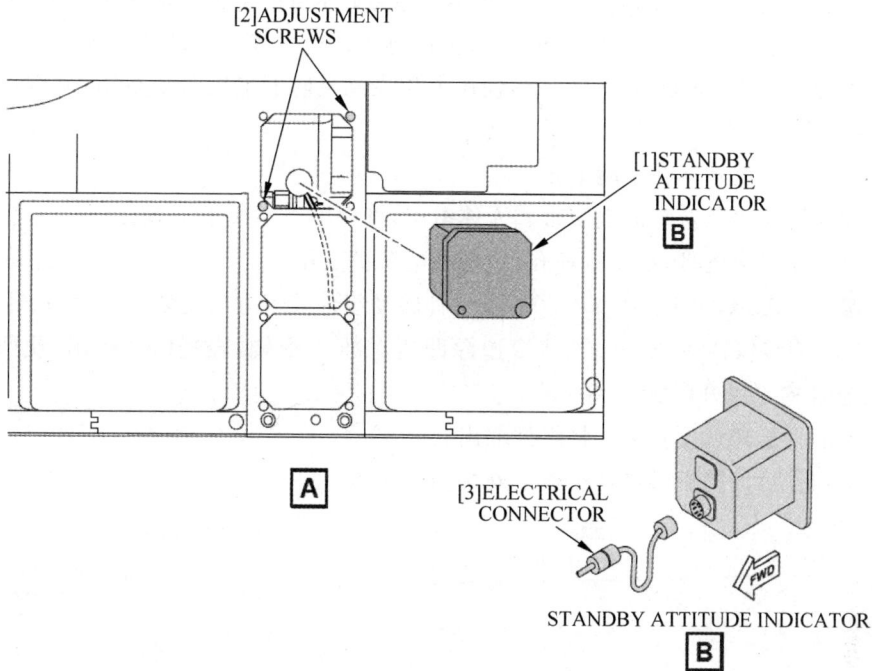

图 8-3-5 备用姿态指引仪安装图

4. 收尾工作

（1）清理工作现场。

（2）清点工具。

（3）归还借用工具设备。

8.4 典型的拆装测量综合训练实践

767 飞机通信系统缺陷处理

1. 工作描述

飞行记录本记录第二套甚高频通信系统发生故障，初步测试后，判断可能是甚高频控制盒和收发机之间的数据线路存在问题，请定位故障并排故。

2. 工作准备

（1）参考维修手册：B767-300 AMM 23-12-01，AMM 23-12-02。

（2）工作区域：驾驶舱、电子设备舱。

（3）所需工具和耗材：标准工具箱（×1）；万用表（×1）；连接线（×2）；圆形电插头堵盖（×2）；矩形电插头堵盖（×2）；防静电腕带（×1）；防静电包装袋（×1）；静电防护标签（×1）；警告牌（×3）；一字螺丝刀（×1）；头灯（×1）。

Circuit Breaker Panel, P11

Row	Col	Number	Name
C	3	C00544	VHF COMM,LEFT
G	4	C00556	VHF COMM,CENTER
G	31	C00545	VHF COMM,RIGHT

视频：
计算机组件
的拆装

图 8-3-6　甚高频收发机相关跳开关

3. 工作程序

1）甚高频收发机的拆卸 TASK 23-12-01-024-001

（1）断开以下跳开关，并挂上警告牌（见图 8-3-6）。

告诫：在做好 ESDS 部件的防护措施前，不要接触 ESDS 部件，静电放电可能导致设备损坏。

（2）参考 TASK 20-41-01-002-024，使用万用表测量防静电腕带的电阻，确保腕带电阻值在 250kΩ 至 1.5MΩ。

（3）将防静电腕带系在手腕上。

（4）使用万用表测量防静电腕带和人体电阻，确保电阻不大于 10MΩ。

（5）带上防静电腕带，连接接地孔，做好静电防护工作。

（6）参考 TASK 20-10-01-004-005，逆时针转动组件前下方固定装置旋柄，松开锁。

（7）180°旋转保持环（keeper），将窄边深凹槽对准 T 形钩，轻轻向外拔出，使两个固定旋柄装置整体向下脱开（见图 8-3-7）。

（8）小心平稳地从设备架上将组件取出。

（9）在组件后面的矩形电连接器上安装防尘堵盖。

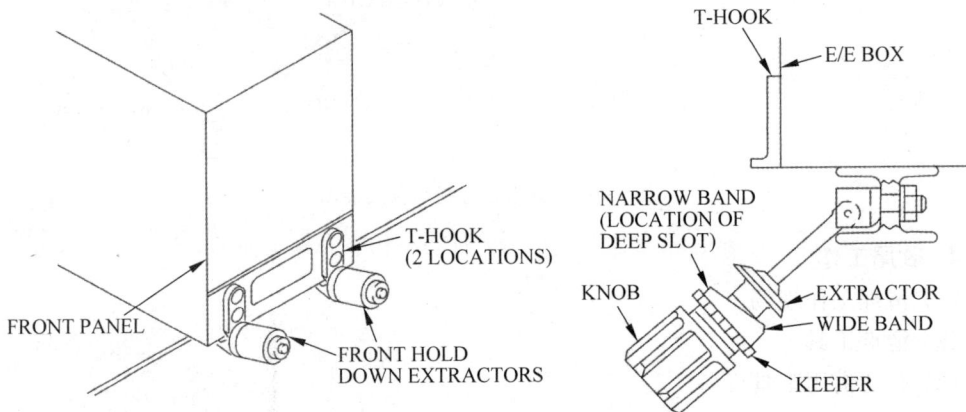

图 8-3-7　计算机组件的典型安装结构

（10）读取第二套甚高频通信收发机的件号为 622-5219-001。

2）甚高频通信控制盒的拆卸 TASK 23-12-02-024-001

（1）确认相关跳开关断开，并挂有警告牌。

告诫：脱开电气接头前，要做好标记。避免安装时连接错误，对设备造成损坏。

视频：
控制盒的
拆装

（2）做好静电防护工作，戴上防静电腕带，确保另一端接地良好。

（3）以对角拆卸的方式拧松 4 个 90°快卸式螺钉。

（4）拉出甚高频通信控制盒组件，接近电气接头。

（5）脱开电气接头。

（6）在控制盒插头上装上防尘堵盖。

（7）读取第二套甚高频通信控制盒的件号为 622-6831-002。

3）线路测量与故障定位

（1）查询 WDM 23-12-21，确定线路连接关系（见图 8-3-8）。从甚高频通信控制盒 M79 的连接器 D409 到甚高频通信收发机 M189 的连接器 D433B 之间的线路为：

```
D409            D4929J          D4929P          D433B
pin 17———— pin 1 ————— pin 1 ————— pin A7
Pin 18———— pin 2 ————— pin 2 ————— pin B7
```

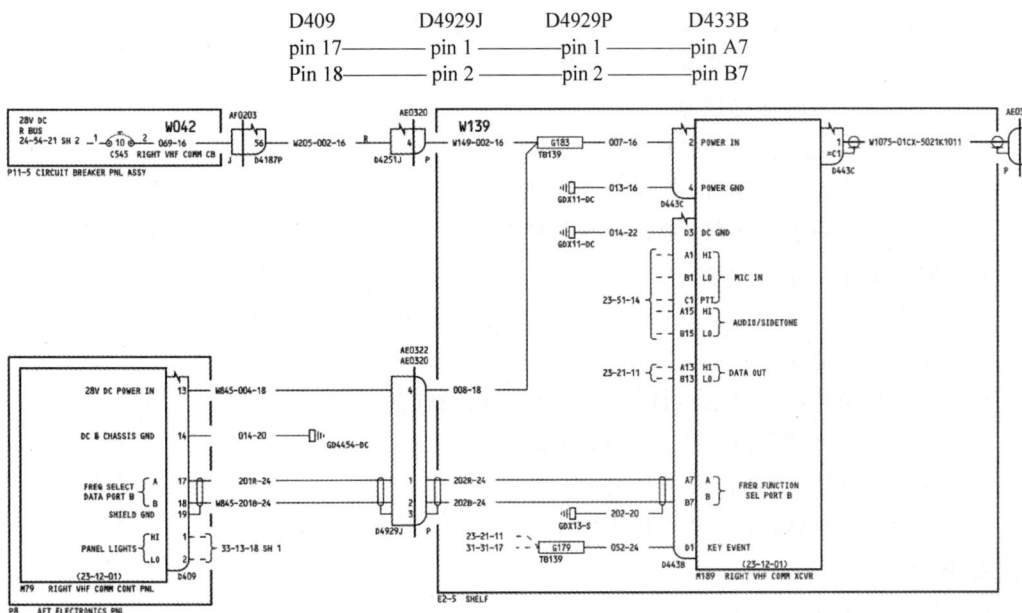

图 8-3-8 WDM 线路图

（2）驾驶舱中，使用万用表检查 D409 的 17、18 孔位之间是否有短路情况；D409 的 17、18 孔位与地之间是否存在短路情况。如有，参考 SWPM 确定线路修理方案。

（3）在电子设备舱中，将 D433B 的 pin A7 和 pin B7 短接；驾驶舱中，使用万用表，检查 D409 的 17、18 孔位之间的电阻。若为 0，说明线路通畅没有断路故障；若不为 0，可用接地法，分别检查是哪根导线存在线路断路故障。利用 D4929J 和 D4929P，分段测量，确认故障点的区域。参考 SWPM 确定线路修理方案。

（4）定位故障点，执行线路修理程序或故障保留程序。

4）甚高频收发机的安装 TASK 23-12-01-424-004

（1）确认相关跳开关断开，并挂有警告牌。

（2）戴上防静电腕带，做好静电防护工作。

（3）参照设备架上的通风孔贴图，检查设备架上节流堵头位置和数量是否安装正确；确认设备架上的密封圈完好（见图 8-3-9）。

（4）取下设备架上和收发机电接头上的防尘堵盖。

（5）目视检查，收发机连接器上的定位销构型与设备架上的一致。

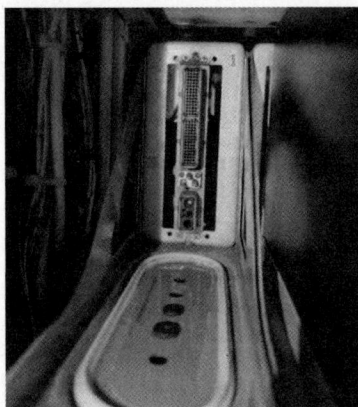

图 8-3-9 典型设备架参考图

（6）目视检查，确保组件和设备架上电接头内的插钉无弯折或损坏。

告诫：在做好 ESDS 部件的防护措施前，不要接触 ESDS 部件，静电放电可能会导致设备损坏。

（7）小心地将收发机安装进设备架。

（8）持续向前移动组件，使其与电子设备架上的电接头对接。

（9）旋转保持环，将窄边深凹槽对准 T 形钩，并旋转 180°。

（10）顺时针转动旋柄，直到听到"咔哒"声。

（11）轻晃组件，确保已锁紧。

5）甚高频控制盒的安装 TASK 23-12-02-424-004

（1）确认相关跳开关断开，并挂有警告牌。

（2）确认戴好防静电腕带，做好静电防护工作。

（3）取下电连接器上的堵盖。

（4）检查电气接头上插针是否弯折、破损，连接器自身是否脏污、损坏。

（5）连接电气插头。

（6）将甚高频通信控制盒组件放入 P8 板上正确位置。

（7）以对角的方式拧紧 4 个 90°快卸式螺钉。

（8）取下警告牌，闭合相关跳开关。

（9）进行安装测试，确认第二套甚高频通信系统工作正常。

4. 收尾工作

（1）清理工作现场。

（2）清点工具。

（3）归还借用工具设备。

第9章
航空器勤务

飞机的地面勤务工作是保证航空运营人的航班正常运行和飞行安全最基础的工作之一。虽然 CCAR-145 部未将地面勤务工作单独列为维修许可的项目,但由于大部分地面勤务工作涉及直接接触飞机,并且其管理也同飞机维修工作的管理直接关联,有的甚至直接由维修人员进行操作,因此 CCAR-121 部将地面勤务工作列入飞机维修要求中。2022 年,CAAC 颁发咨询通告 AC-121-FS-057 R1《飞机地面勤务》,对飞机地面勤务工作提出要求和指导。

飞机地面勤务工作涉及范围较广,既包括组织旅客登机、安排行李或者货物装机等运营相关工作,客舱清洁、加(放)水、补充供应品(如航食等)等服务相关工作,也包括航空器进出机场地面引导、停放、推、拖及挡轮挡,拿取和堵放航空器的各种堵盖,为航空器提供电源、气源,加(放)水、加(放)油料、充气、充氧,必要的清洁和除冰、雪、霜等。航空器地面勤务工作是保证飞行安全和航班正常运行最基础的工作之一。

与维修工作相比,勤务工作的内容虽然相对简单,但容易发生差错,主要原因有三点:一是日常勤务工作繁重,在简单重复性的工作环境中最易产生麻痹大意心理而导致人为差错;二是勤务工作经常处于运动情景下,如飞机进出港、推拖飞机、与牵引车互动、梯架/廊桥/勤务车辆接近飞机等,相比于静态工作环境,勤务工作具有更高的危险性;三是勤务人员需要与多工种协调工作,飞行员、拖车司机可能来自不同的地区和公司,默契配合难度增加。因此,熟练掌握勤务操作方法和规范对保障飞行安全至关重要。

9.1 地面勤务的一般要求

9.1.1 地面勤务的人员要求

针对不同的飞机地面勤务工作,其人员资格要求如下。

(1) 加(放)燃油由相应的油料工作人员进行。

(2) 堵放各种堵盖、加液压油和滑油、充气、充氧、航线腐蚀预防与维护工作应当由经过相应培训的航空器维修人员进行。

(3) 其他飞机地面勤务工作可由经过相应工作培训的勤务人员进行。

9.1.2　飞机地面勤务的安排

除航线维修工作外,飞机地面勤务工作还包括:进出港指挥;停放和系留;旅客登(下)机接驳;电源、气源供应;加(放)水;加(放)油料;行李货物装卸;客舱清洁;机上供应品装卸;推(拖)飞机;除冰防冰。

地面勤务工作可由航空运营人自行承担,也可部分或全部委托其他航空运营人或者机场专业机构承担,但任何情况下,涉及的飞机飞行安全责任仍需由航空运营人负责。当航空运营人在某机场的飞机地面勤务工作采取委托方式时,应当与被委托服务方签订飞机地面勤务协议,并体现机场管理方、航空运营人与被委托服务方在机场运行安全的协同责任。上述被委托服务方可以为多个,但航空运营人应当与每个被委托服务方均需签署飞机地面勤务协议,并且能够涵盖所需的全部飞机地面勤务工作。

飞机地面勤务协议应当至少包括下述内容。

(1)航空运营人提供的技术文件、资料和管理程序及控制有效性的说明。

(2)航空运营人提供的工具、设备和器材及其管理说明,包括对借用工具、设备和器材的说明。

(3)人员资格要求以及航空运营人提供的培训说明。

(4)航空运营人委托工作范围及授权说明。

(5)记录和报告方式。

(6)其他有关说明。

9.1.3　勤务工作单/卡

除航线维修的工作单/卡需符合 CCAR-145 部规定由航空运营人的维修单位制定外,其他飞机地面勤务工作可以使用航空运营人制定的工作单/卡,也可经航空运营人确认后使用被委托服务方制定的对应工作单/卡。任何针对飞机地面勤务工作的工作单/卡,在满足记录和保存要求的同时,还应当避免造成为填写或者签署而影响工作连贯性或者造成分散精力的情况。

9.1.4　飞机地面勤务工作的报告

在进行飞机地面勤务工作时,发现或发生的任何不正常情况和差错应当立即向飞机放行人员或机长报告。当因勤务工作的差错造成飞机地面损伤时,还应当报告勤务工作地点所在地区的民航管理局。

9.2　飞机地面勤务标准操作程序

9.2.1　一般操作

飞机地面勤务的一般操作程序如下。

(1)进港前准备工作,主要包括两个方面。

① 指定绕机资源管理（airplane-side resource management，ARM）责任人并提供其勤务信息，包括各项勤务工作需要的车辆、人员。

② ARM 责任人确认内话耳机、轮挡、前轮转弯销、起落架安全销（如需要）、尾撑杆（如需要）等设备、技术文件和工具到位，并检查机位区域内无障碍物和可能造成飞机损伤的外来物，灭火设备在位。

（2）飞机接近停机位时，指挥飞机滑入停机位（也可由飞行机组跟随自动泊位引导系统信号）。

（3）发动机关车后，安装前轮转弯销（按需）和起落架安全销（按需），按照机型维修手册的规定放置轮挡（放入前轮轮挡后，方可放置主轮轮挡）、反光锥，并连接内话耳机联络机组松开刹车。

（4）根据需要接通地面电源、气源，并通过耳机联络机组关闭 APU（按需）后，取下内话耳机盖好盖板（按需）。

（5）各类勤务车辆、人员按需接近飞机并开展飞行后勤务工作。如发现涉及飞机适航性的情况及时报告 ARM 责任人。

（6）按需完成航线维修工作，并在完成后清点工具、整理现场，防止外来物遗留在飞机上。

（7）飞机离港前，各类勤务车辆按需接近飞机并开展飞行前勤务工作。如发现涉及飞机适航性的情况及时报告 ARM 责任人。

（8）舱门关闭后，联络机组确认 APU 工作，关闭地面电源、气源并取下接头（盖好盖板）。

（9）按需连接拖车，取走轮挡、反光锥，通过内话耳机联络机组配合推飞机至滑行位。

（10）确认启动发动机安全区域内无障碍物和可能造成飞机损伤的外来物，灭火设备在位，发动机启动正常后，取下前轮转弯销和内话耳机（盖好盖板）。对于推出过程中启动发动机的情况，需遵守机场和航空公司的安全操作规定，具备条件后，方可启动。

（11）出港前，向机组展示前轮转弯销，并通过手势信号指挥滑出。

（12）如飞机离港前停放时间较长（如停放过夜），应当关断地面电源、气源并取下接头（盖好盖板），关闭并锁好驾驶舱侧窗和飞机舱门，按照飞机维修手册的规定盖好各种布罩、堵盖，并按需系留。如遇特殊气象条件（如大风、沙尘天气等），应当按照航空运营人或者机场管理方制定的预案采取特别防护和系留措施。

尽管航空运营人或者机场管理方已经制定了预案，但遭遇某些极端天气时，仍旧无法防止对飞机造成一定甚至严重的损伤，最为稳妥的措施就是尽可能避免。例如，收到预警后及时改航或者飞走。

CAAC 咨询通告 AC-121-FS-057 R1 中给出了飞机地面勤务标准操作规范甘特图，如图 9-2-1 所示。其中时长单位为分钟，该甘特图仅代表高效过站时间控制的目标，实际运行时并非一定需要达到。

9.2.2 航空器入位和离港

航空器入位是指航空器到指定的停机位置，航空器离港是指航空器离开机位，靠自身动力滑行出港。

接近停机位	指挥滑入															
停机入位	0	5	10	15	20	25	30	35	40	45	50	55	60	65	70	75	80
放置轮挡																
接通地面电源、气源																
旅客下机																
客舱清洁																
卸货/装货																
污水服务																
航线维修(如有)																
饮用水服务																
配餐装载																
加油																
旅客登机																
舱门关闭、撤轮挡																
推飞机至滑行位																
超动发动机																
指挥滑出																

图 9-2-1　宽体机飞机地面勤务标准操作规范甘特图

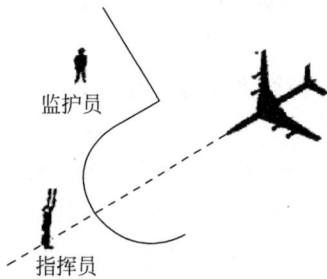

监护员

指挥员

图 9-2-2　指挥员及监护员站位

航空器入位工作应设指挥员和监护员,指挥员负责指挥航空器停放在预定停机位置,监护员负责观察和监视航空器滑行路线上的障碍物。指挥航空器进入停机位时,指导员应面向航空器,站在左座驾驶员能看到的明显位置(见图 9-2-2)指挥航空器正确停放在机位安全区内规定的停机位置。监护员负责监视观察在机位滑行道和停机位上障碍物的变化,确定是否有足够的空间供航空器滑行,并告示信号员。

航空器地面指挥工具为发光指挥棒,所使用的指挥棒应确保在引导航空器滑入机位时机组清晰可见。自动泊位引导系统不适用或失效时,应由指挥员将航空器指挥到停机位。

航空器出港工作应设指挥员和监护员。指挥员负责与机组、拖车司机建立联系,指挥航空器出港,与监护员共同监控航空器的状态及周围环境的变化,保障安全出港。

9.2.3　航空器的牵引

出港送机或因塔台调度、维修工作等,航空器必须离开当前机位时,需要维修人员对航空器进行牵引。

航空器牵引工作应设有以下人员。

(1)航空器机上人员,应掌握航空器相关系统的操作方法,负责联系塔台和地面指挥员。

(2)地面指挥员,应掌握牵引航空器的技术要求,如维修手册中转弯角度、牵引速度、翼展、高度、转弯销等。地面指挥员还应熟知机场内的各种标志(如指示灯、各种标志线等),负责与航空器机上人员、牵引车驾驶员、监护员联系。

（3）监护员，监护航空器周围环境，与地面指挥员保持联系。

航空器牵引时需要维修人员与机上人员和牵引车驾驶员多方协作，要保持良好沟通，优先使用语言交流，在无法进行语言交流的情况下可使用手势信号，要确保在任何情况下都能收到机上人员的反馈信息。

航空器的牵引包括推飞机和拖飞机两种操作：推飞机是指用拖车推动飞机向后移动，主要用于飞机退出停机位的操作；拖飞机是指用拖车拉动飞机向前移动，主要用于将飞机移动到另一个停机位的操作。推拖飞机的操作程序如下。

（1）推拖飞机前，完成如下准备工作。

① 指定具备资质的指挥员、机上人员（如驾驶舱无飞行机组）、拖车司机及监护员。

② 指挥员确认已具备合适的拖车、牵引杆（如需要）、前轮转弯销（按需）、内话耳机、轮挡、地面人员及通信联络设备，并对地面通信联络设备进行必要的测试。

③ 指挥员核实推拖路线无障碍物以及与其他飞机刮碰风险、地面无影响刹车效能的冰雪。

④ 如无飞行机组参与的推拖操作，指挥员确认按飞机维修手册做好推拖前的准备工作（如无飞行机组时，指挥员、机上人员均应当至少为维修人员）。

（2）指挥员确认牵引杆（如需要）、拖车已正确连接，监护员就位后，联络机上人员松开刹车，发出推拖指令。

（3）开始推拖后，指挥员需随时保持与机上和机下人员的通信联络，如监护员无通信联络设备，需密切观察其发出的手势信号。

（4）推拖过程中，应当缓慢加减速，并遵守如下速度限制。

① 任何区域推飞机和拖飞机通过复杂区域时速度不超过 1.5km/h。

② 在停机位区域滑行道拖飞机速度不超过 3km/h。

③ 拖飞机转弯速度不超过 3km/h。

④ 需监护员跟随区域拖飞机速度不超过 5.5km/h（快步行走平均步速）。

⑤ 长距离拖飞机进入开阔区域（无需监护员跟随）速度不超过 15km/h（抱轮牵引车不应超过 25km/h）（推拖飞机时的最大转弯角度需参见各机型维修手册）。

（5）通常情况下，推拖过程中出现不正常情况时，指挥员应当首先指挥拖车和飞机停住再进行后续处置。

（6）推拖到位后，指挥员通过内话耳机联络机上人员刹车，指挥放置轮挡，断开拖车、牵引杆。如机场管理方明确因雨、雪、雾或者大风天气对推拖飞机限制或者对拖行速度有特殊要求，应当遵守机场管理方的规定。

9.2.4　航空器指挥手势信号

飞机地面勤务工作过程中，与驾驶舱（包括飞行机组或者机上勤务人员）的联络方式包括语音和手势信号两种。语音联络是指通过地面耳机与驾驶舱进行的联络；手势信号联络是指通过约定含义的手势与驾驶舱进行的联络。

航空器指挥手势信号及其规范如表 9-2-1 所示。

表 9-2-1　指挥手势信号规范

信　号	手　势
1. 指挥员指明桥位 双臂完全伸直,指挥棒尖朝上,一直伸至头顶上方	
2. 向下—指挥员滑行或根据塔台、地面管制指示滑行 双臂指向上方,向身体外侧挥动,并伸出手臂,用指挥棒指出下一个指挥员或滑行区的位置	
3. 向前直行 双臂伸开,在肘部弯曲,从胸部高度向头部方向上下挥动指挥棒	
4. 向左转弯(从驾驶员的角度看) 伸开右臂和信号棒,与身体呈 90°角,左手做出向前进的信号。信号棒挥动的速度向驾驶员表示航空器转弯的快慢	

续表

信 号	手 势
5. 向右转弯（从驾驶员的角度看） 伸开左臂和信号棒，与身体呈 90°角，右手做出向前进的信号。信号棒挥动的速度向驾驶员表示航空器转弯的快慢	
6. 正常停止 双臂和指挥棒完全伸开，与身体两侧各呈 90°角，慢慢挥动指挥棒，举至头顶上方，直到指挥棒相互交叉并停顿 2～3s	
7. 紧急停止 急速伸开双臂，举至头部上方，交叉指挥棒并停顿 2～3s	
8. 用刹车 一手抬起略高于肩，手张开。确保与飞行机组人员目光接触，然后手握拳。在看到飞行机组人员向上翘起大拇指表示收到信号之前，不许动	

信　号	手　势
9. 松刹车 一手抬起略高于肩,手握拳。确保与飞行机组人员目光接触,然后手张开。在看到飞行机组人员向上翘起大拇指表示收到信号之前,不许动	
10. 轮挡已放入 双臂和指挥棒完全伸出,举至头顶上方,向内"戳"动指挥棒,直至两棒相碰,确保收到飞行机组的认可示意	
11. 取轮挡 双臂和指挥棒完全伸出,举至头顶上方,向外"戳"动指挥棒。未经机组人员授权不得取出轮挡	
12. 启动发动机 右臂举至头部,指挥棒尖朝上,用手画圈,同时将左臂举至头部上方,指向要启动的发动机(也可同时用手指数目表示)	

续表

信　号	手　势
13. 减小发动机转速 双臂伸开，向下"轻拍"，从腰部向膝盖方向上下挥动指挥棒	
14. 减小所指一边的一台（或多台）发动机转速 两臂向下，然后缓缓上下挥动左臂或右臂数次。挥动右臂表示左侧发动机应减速；挥动左臂表示右侧发动机应减速	
15. 关停发动机 伸出一臂，指挥棒置于身体前方，与肩齐平，将手和指挥棒移至左肩上方，以横拉动作通过喉部前方，将指挥棒移至右肩上方	
16. 向后倒退 双臂放在身体前方，与腰平，手臂朝前轮流转动。若要航空器停止倒退，使用正常停止或紧急停止的指挥信号	

信　号	手　势
17. 一切就绪 右臂举至头部，指挥棒尖朝上，或向上翘起大拇指，左臂留在体侧膝旁。 注：该信号也可用作技术和勤务通信信号	
18. 火情 右手指挥棒从肩部向膝部做"扇风式"挥动，与此同时，左手指挥棒指向着火之处	 发动机 刹车
19. 等待位置、待命 双臂和指挥棒向下伸直，与身体两侧各呈 45°角。保持这一姿势，直到航空器被放行进行下一项机动	
20. 航空器放行 面向航空器，展示起落架销，手臂（掌心朝前）或指挥棒侧向伸出朝航空器滑行方向，放行航空器。与飞行机组人员保持目光接触，直到航空器开始滑行	
21. 请勿触摸控制装置（技术勤务通信信号） 右手直举过头部，手握拳或水平方向握住指挥棒，左臂留在体侧膝旁	

续表

信　号	手　势
22. 接地面电源（技术勤务通信信号） 双臂完全伸开，举至头顶上方，左手向水平方向伸开，右手指尖移向并碰到左手张开的掌心（形成T形）。夜间，可以用发光的指挥棒在头部上方形成T形	
23. 断开电源（技术勤务通信信号） 双臂完全伸开，举至头顶上方，左手向水平方向伸开，右手指尖碰左手张开的掌心（形成T形），然后，将右手和左手分开，未经机组人员授权，不得断开电源。夜间，可以用发光的指挥棒在头部上方形成T形	
24. 否定（技术勤务通信信号） 右臂伸直，与肩部呈90°角，将指挥棒指向地面，或者向下伸出大拇指，左手仍留在体侧膝旁	
25. 通过内话系统建立通信联络（技术勤务通信信号） 双臂伸开，与身体各呈90°角，用双手捂住两耳	

信　号	手　势
26. 开关舷梯(技术勤务通信信号) 右臂置于体侧,左臂举至头部上方呈 45°角,右臂向左臂上方大幅度摆动。 注:这一信号主要供有整体舷梯的航空器使用	
27. 准备启动发动机(机组或机上人员与地面人员的联络信号) 伸出一只手,用手指数目表示准备启动第几台发动机。 注:地面人员准许启动该发动机,按"启动发动机"规定动作表示;"禁止"启动,则两手交叉	
28. 要求滑行(机组或机上人员与地面人员的联络信号) 伸出一只手,向地面人员示意要求滑出。夜间还可打开滑行灯和驾驶舱操控灯,伸出一只手向地面人员示意要求滑行	

视频 9.2-1
航空器指挥

9.3　典型航空器勤务工作

波音 767-300 勤务实践工作

1. 工作描述

完成飞机进港后的勤务工作,包括:

(1) 为飞机设置轮挡;

(2) 安装起落架安全销;

(3) 安装皮托管套;

(4) 连接地面电源与气源;

(5) 放燃油沉淀;

(6) 给液压油箱加注液压油;

(7) 给滑油箱加注滑油;

(8) 完成飞机系留;

(9) 去除地面电源、气源。

2. 安全自查与风险评估

警告:上下梯子时需扶稳,严禁跑、跳,站在梯子上工作时,应时刻注意脚下,防止踩空!

警告：操作时注意不要损害航空器和设备。

警告：滑油、燃油等带有腐蚀性的液体，注意防护措施，不要溅到皮肤上或眼睛里。

警告：注意工具的清点以及工具的正确使用。

警告：工作前必须认真阅读工卡相关警告、告诫和注意信息，确认操作风险。

3. 工作准备

（1）参考维修手册：

AMM。

（2）工作区域：

整机。

（3）所需工具和耗材：

① 轮挡，专用系留设备（前起落架系留设备、主起落架系留带、起落架系留挂钩），工具盘、扳手、套筒；

② 工作梯（按需）；

③ 起落架安全销安装工具、皮托管套安装杆；

④ 空油桶（专用的盛油容器，如塑料桶）、放燃油沉淀工具、油样瓶；

⑤ 液压油压力加油设备、耐油容器、接油设备，滑油压力加油设备、耐油容器；

⑥ 适用于波音 767 机型飞机的地面电源设备；

⑦ 适用于波音 767 机型飞机的地面气源车设备；

⑧ 液压油、滑油、油液清洁剂、护目镜、口罩、防噪声耳机、耐油手套、抹布、手电（按需）。

4. 设置轮挡

1）准备

（1）检查轮挡放置区，如有霜、冰、雪和油污，彻底清除。

（2）检查轮挡，确认完好性及数量。金属轮挡的防滑齿没有缺失，结构钢管没有断裂、压塌、脱焊等现象；橡胶轮挡的防滑条没有脱落，没有出现橡胶破裂、掉块等情况。

（3）轮挡摆放时机：当飞机到达指定位置后，监护员向指挥员发出停止信号，指挥员立即向机组发出停止滑行信号，指挥机组设置停留刹车并关停发动机，指挥员在所有发动机关停后给出挡轮挡信号。

2）风速低于 35kn 时轮挡的安装

注意：前起落架轮挡的安装为非必需的操作。

（1）如果为前起落架轮胎安装轮挡，请执行以下步骤以停用前起落架转向系统。

① 将前起落架前侧的牵引手柄移到 TOW 位置。

注意：这样会将前起落架的转向系统与液压动力隔离开来。

② 安装前起落架前轮转弯销，将牵引手柄保持在 TOW 位置。

警告：针对飞机型号使用正确的前轮转弯销。如果使用了不正确的前轮转弯销，液压转向系统就可能工作，这就可能对人身或设备造成损害。

（2）为主起落架安装轮挡：从机轮的侧面靠近轮胎，在每个主起落架外侧轮胎组的前侧和后侧放置轮挡，轮挡的放置位置距轮胎大约 2in（50 mm），如图 9-3-1 和图 9-3-2 所示。

注意：如果把轮挡放置在离轮胎更近的位置上，当飞机增加载荷，轮胎就有可能压住轮挡，使其无法移除。

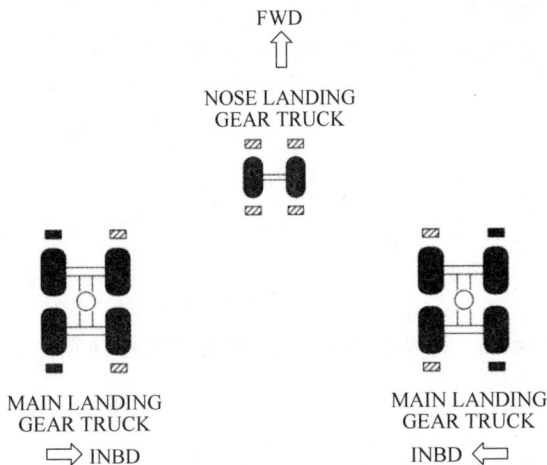

图 9-3-1　风力低于 35 节时轮挡的安装

图 9-3-2　轮挡使用示例

（3）如需要，在前起落架轮胎组的前侧和后侧放置轮挡，每个轮挡的放置位置距轮胎大约 2in(50mm)。

3）风速高于 35kn 时轮挡的安装

注意：前起落架轮挡的安装为非必须的操作。

（1）如果在前起落架轮胎上安装轮挡，请执行以下步骤以停用前起落架转向系统。

① 将前起落架前侧的牵引手柄移到 TOW 位置。

注意：这样会将前起落架的转向系统与液压动力隔离开来。

② 安装前起落架前轮转弯销，将牵引手柄保持在 TOW 位置。

警告：针对飞机型号使用正确的前轮转弯销。如果使用了不正确的前轮转弯销，液压转向系统就可能工作，这就可能对人身或设备造成损害。

（2）为主起落架安装轮挡：从机轮的侧面靠近轮胎，在每个主起落架内侧和外侧的轮胎组前侧和后侧放置轮挡，每个轮挡的放置位置距轮胎大约 2in(50mm)，如图 9-3-2 和图 9-3-3 所示。

注意：如果把轮挡放置在离轮胎更近的位置上，当飞机增加载荷，轮胎就有可能压住轮挡，使其无法移除。

（3）从机轮的侧面靠近轮胎，在前起落架的轮胎组的前侧和后侧放置轮挡，每个轮挡的放置位置距轮胎大约 2in(50mm)。

5. 连接地面电源

1）准备工作

（1）打开地面电源车插头保护盖及电缆，确认插头清洁可用、电缆无破损，如图 9-3-4 所示。

（2）打开外接电源盖板，检查确认盖板内的插座清洁、无变形、无损伤，如图 9-3-5 所示。

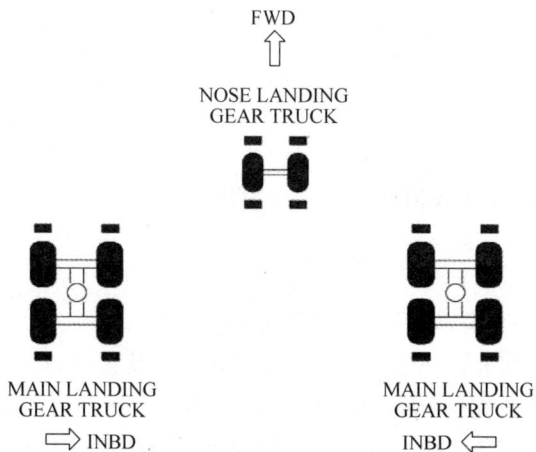

图 9-3-3 风力高于 35 节时轮挡的安装

图 9-3-4 地面电源连接插头

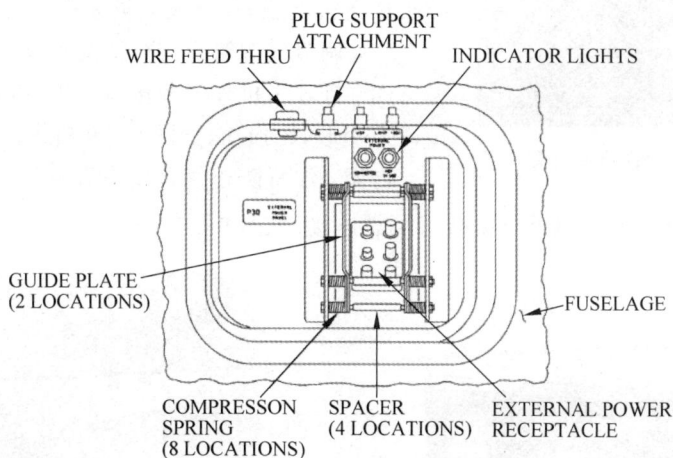

图 9-3-5 飞机电源面板

（3）连接电源车的电缆至飞机上。连接时要保证接头方向正确，即保证插头垂直于飞机上的接头，直到完全连接，确保连接牢固，如图 9-3-6 所示。

2）电源车供电操作

（1）将启动电源开关从停机位旋到启动位，并保持大约 3s，如图 9-3-7 所示。

图 9-3-6 电源线缆连接飞机电源
面板示意图

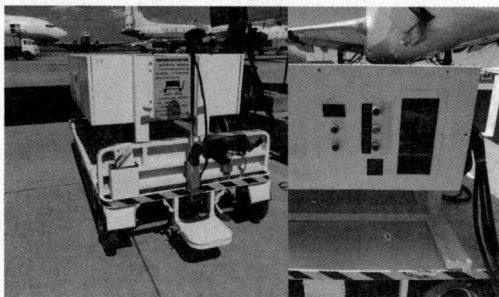

图 9-3-7 整体式电源车及控制面板

(2) 当电源车运转稳定后,将升速开关从低速位扳到高速位,此时可明显感觉到电源车声音变大。

(3) 监控频率和电压指示,当频率上升到 400Hz 左右,电压达到 115V 左右且稳定后,按压绿色的交流供电按钮。

(4) 确保 P30 板内白色的 not in use 灯和琥珀色的外接电源灯点亮。

6. 地面气源供气

1) 准备工作

警告:操作气源车面板开关时应动作温柔,切忌用力过猛,损坏开关。

图 9-3-8 气源管路及接头

(1) 打开气管保护盖,取下气管及接头,确认气管及接头完整、无破损,如图 9-3-8 所示。

警告:检查确保供气管路无过度扭曲,防止供气后管路在压力作用下产生过大扭动,从而造成气源管路接头从飞机上脱开,造成人员受伤或航空器受损。

(2) 调节气源管道到合适的长度。

(3) 打开飞机外气源接口盖板,检查确认盖板内的接口无变形,无损伤,如图 9-3-9 所示。

告诫:注意防止气管接头盖板弹开夹手。

(4) 将气管接头与飞机外气源接口可靠连接(见图 9-3-10)。

图 9-3-9 飞机地面气源接口

图 9-3-10 气管接头安装示意图

注意:连接气管接头与飞机外接气源接口时,将气源管路接头对准外接气源接口,向上用力安装连接,当听到清脆的一声"咔",说明气源管路接头与外接气源接口已连接好,用双手轻轻向下拽管路接头,确保连接牢靠无松动。

警告:若气路接口与飞机外气源接口没有可靠连接,可能在供气时导致气管接头脱落,高温气体外泄损伤人体。

(5) 将气源车准备好用于启动供气。

注意:气源车工作时会有噪声,工作人员需戴好防护耳机。

2) 供气程序

(1) 气源车到位后挡好轮挡。

(2) 收到驾驶舱供气指令后,由气源车专业人员操作气源车加压。

注意:使用耳机与驾驶舱人员保持有效沟通。

（3）缓慢接通气源车供气阀门，给航空器供气，具体供气压力参照相关飞机维修手册要求。

警告：气源车供气前，确保供气压力符合要求。

（4）实时监控供气过程，若发生异常情况，应立即采取处置措施。

告诫：供气过程中，所有人员应远离供气管路及接头区域；否则，高温气体会使人员受伤。

7. 安装皮托管套

警告：当飞机停放超过了标准的转场时间，或者当昆虫活动、沙尘暴或火山爆发时，灰尘可能会增加皮托管探头的污染风险时，需要安装皮托管套。皮托管探头被昆虫等异物堵塞可能会导致飞机失去安全飞行，进而造成人员受伤和设备损坏。

告诫：确保皮托管套在良好状态。查看是否有损坏和磨损以及开口是否被污染（污垢、油脂等）。污染可能引起皮托管堵塞。

警告：确认皮托管加温电门关闭（AUTO 位或 OFF 位），确认皮托管已冷却。

（1）确保皮托管套处于良好状态，并且在地面可以清晰地看到，如图 9-3-11 和图 9-3-12 所示。

（2）将皮托管套安装到皮托管上。

注意：皮托管套拆装杆可用于安装皮托管套。

（3）在驾驶舱左侧驾驶杆的顶端贴上标签（PITOT PROBES COVERED）。

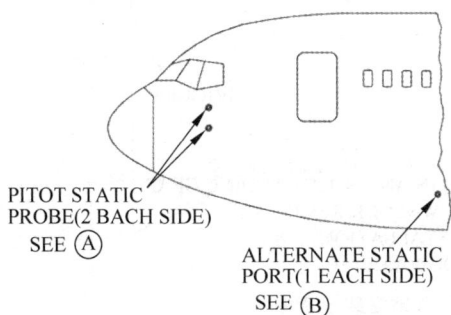

PITOT STATIC
PROBE(2 BACH SIDE)
SEE Ⓐ

ALTERNATE STATIC
PORT(1 EACH SIDE)
SEE Ⓑ

图 9-3-11 皮托管位置示意图

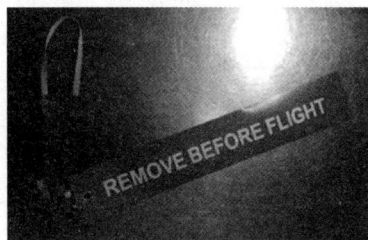

REMOVE BEFORE FLIGHT

图 9-3-12 皮托管套示意图

8. 安装起落架安全销

警告：确保人员和设备远离主起落架的接近门，以免门在移动过程中对人员或设备造成损害。

（1）确认起落架操纵杆位于 DN 位置。

（2）将起落架安全销从主电子设备舱的储存盒里取出，如图 9-3-13 所示。

（3）在主起落架上使用 MLG 锁销安装器，安装主起落架安全销如图 9-3-14 所示（在四个位置）。

（4）在前起落架上使用 NLG 锁销安装器，安装前起落架安全销如图 9-3-15 所示。

（5）确保可以看到红色警告带。

9. 完成放燃油沉淀勤务

1）主油箱及左、右辅助油箱放沉淀操作

（1）清洁放油工具、放油活门和活门附近蒙皮。

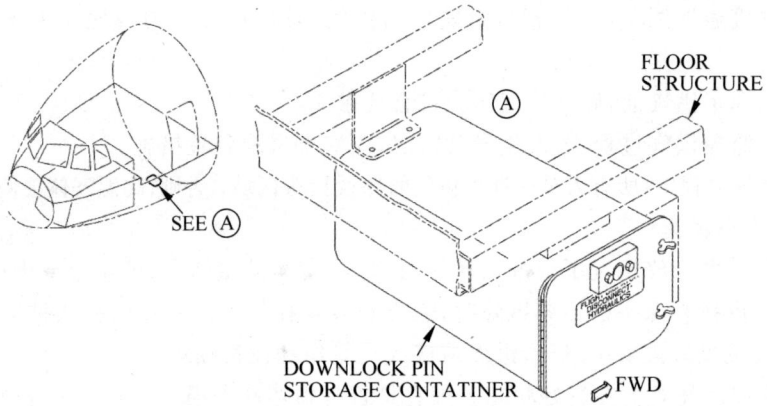

图 9-3-13 储存盒示意图

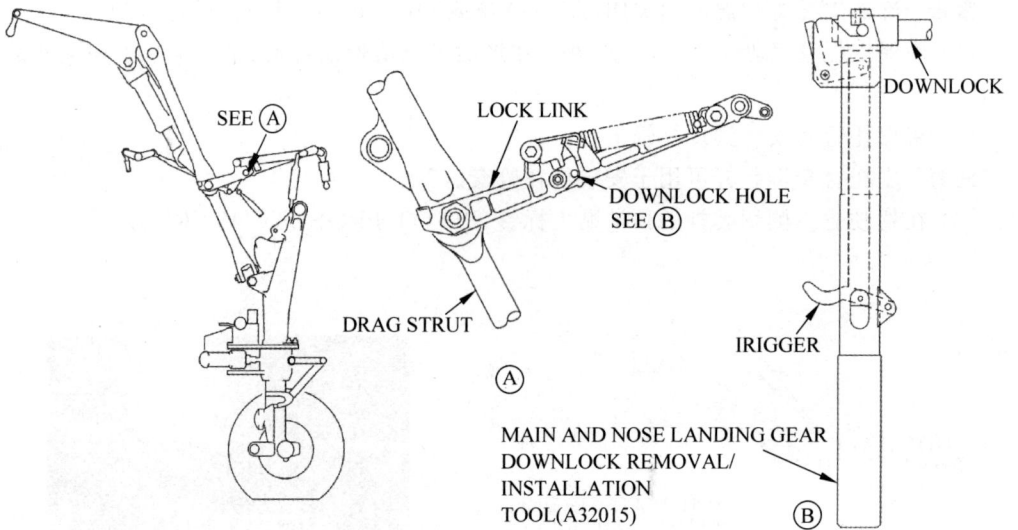

图 9-3-14 主起落架安全销安装示意图

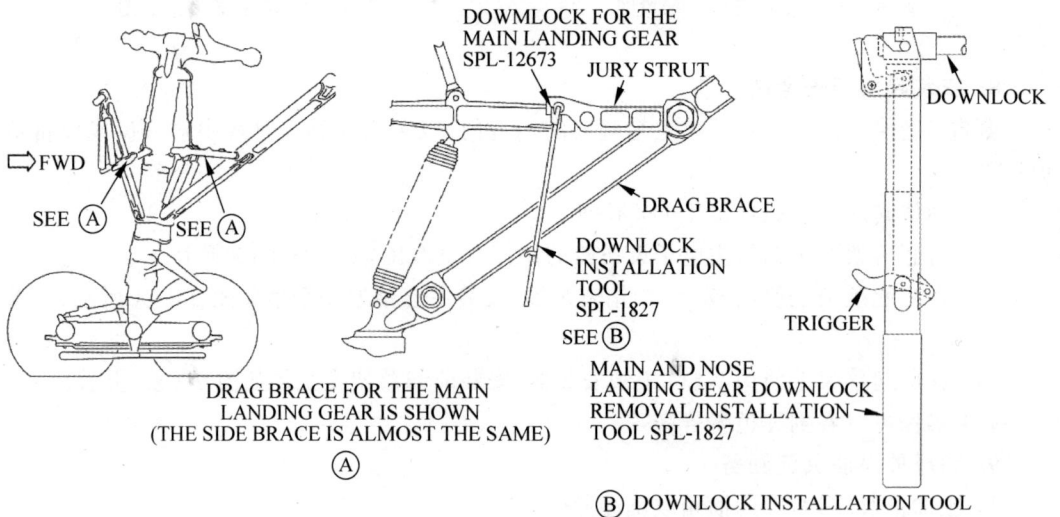

图 9-3-15 前起落架安全销安装示意图

（2）按规定分别放左、右主油箱和中央油箱，放中央油箱沉淀时需打开机腹下方的中央油箱放油盖板接近放油活门。

（3）用一字螺丝刀将顶升阀拧松 90°，以解锁放油活门。

（4）将放油采样工具（COM-1535）置于放油活门下，采样工具的放油顶杆抵住顶升阀，如图 9-3-16 所示。

（5）顶杆向上顶起顶升阀，使油液流入采样工具容器中。

（6）对各放油点分别放油（推荐至少放油 1qt，约 1.14L[①]），直至流出的燃油中不含水分。

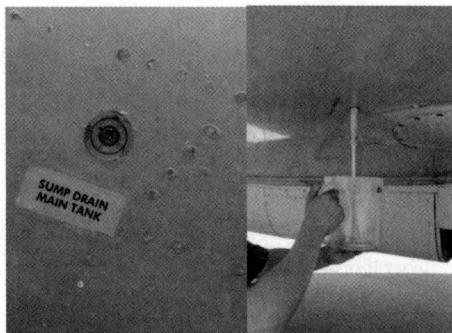

图 9-3-16 放油口及放油操作示意图

（7）移开放油工具，确认放油活门复位，用抹布将放油活门附近擦拭干净，并确认没有燃油渗漏。

2）中央辅助油箱放油操作

（1）将合适容器放置于放油软管下端接头下方。

注意：不需要使用放油采样工具（COM-1535）。

（2）打开放燃油盖板。

（3）握住靠近顶升阀一侧的放油软管，向上顶起以打开放油活门，油液会通过防油软管流出，如图 9-3-17 所示。

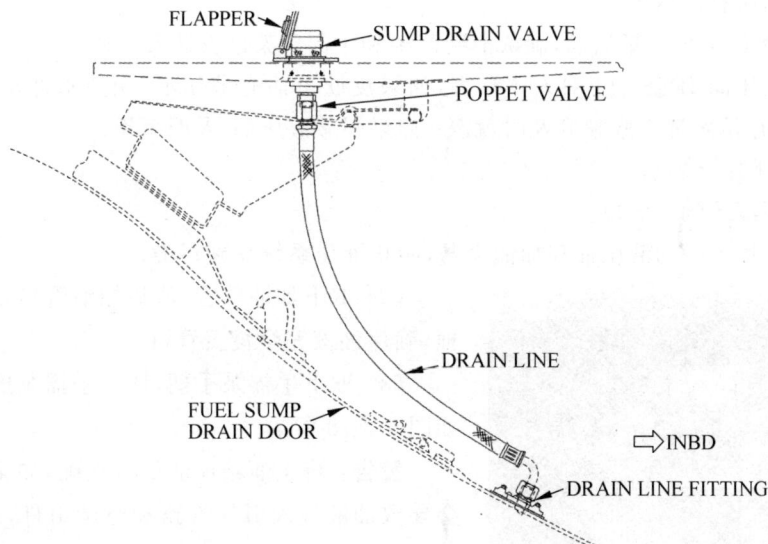

图 9-3-17 中央辅助油箱放油口示意图

（4）对油箱各放油点分别放油，直至流出的燃油中不含水分。

（5）松开软管以关闭放油活门。

（6）确认放油活门复位，用抹布将放油活门附近擦拭干净，并确认没有燃油渗漏。

（7）关闭放燃油盖板。

---

① 此处为英制夸脱，1qt≈1.14L。

3）油样检查

（1）确认油样没有受到污染。

注意：油样应清澈透明。

（2）如果观测到油样中有水分，继续放油直至所有水分被排出。

（3）如果在油样中观测到红色颜料，执行任务：清洁含有红色颜料的燃油箱 TASK 28-11-00-107-081。

（4）如果在油样中观测到其他污染物，执行以下步骤：

① 用酒精（B00130）清洁采样设备并彻底干燥；

② 对燃油重新采样，将油样倒入 1 个 1US gal（1US gal＝3.785412dm³）容积的无菌塑料或玻璃容器中（STD-1117）；

③ 对油样执行微生物生长检测 TASK 28-10-00-202-001。

10．加液压油勤务

1）加油前准备

（1）检查所有起落架处于放下位置，所有起落架舱门均已关闭；前轮转向和飞行操纵面于中立位置。

（2）释放停留刹车。

（3）若给 B 系统油箱加油，确认刹车储压器的压力不低于 2500psi。

（4）检查液压油箱油量。

（5）关闭所有液压泵。

（6）若给 B 系统油箱加油，确认前起落架和主起落架已安装安全销。

警告：液压油 BMS3-11 对人体有害，如果皮肤上沾有液压油，用清水冲洗；如果液压油进入眼睛，用清水冲洗眼睛并及时就医；如果误服液压油，及时就医。

2）机载手摇泵加油

（1）打开液压勤务面板。

注意：使用干净的液压油和加油设备，防止液压系统受到污染。

图 9-3-18　机载手摇泵和加油选择活门
示意图

（2）取下加油软管，清洁加油管口，插入液压油桶，确保油液完全覆盖管口。

（3）取下手摇泵手柄，插入手摇泵的手柄插孔，如图 9-3-18 所示。

警告：液压油箱加油量应正确，如果加油过多，会导致油液进入引气管路和空调组件，并使烟雾进入驾驶舱和客舱。液压油污染会使钛管路受损，油液形成的烟雾会导致人员受伤。

（4）对要加注液压油的油箱执行以下步骤：

① 旋转加油选择活门至对应系统位置；

② 操作手摇泵手柄给相应液压油箱加油，同时监控油箱油量指示；

③ 当油量指示达到全满（FULL）标记时，停止加油；

④ 关闭相应跳开关；

⑤ 按压 EICAS MAINT 面板(P61)上的 ELEC/HYD 开关;

⑥ 确认显示器上对应的 HYD QTY 读数在 0.90～1.10。

(5) 将加油选择活门放置于"OFF"位置。

(6) 加油结束后,清洁加油管口,并归位,复位手摇泵手柄和加油选择活门,关闭液压勤务面板。

3) 压力加油

(1) 打开液压勤务面板。

(2) 取下压力加油口防尘盖,清洁加油口,连接地面压力加油设备,如图 9-3-19 所示。

(3) 对要加注液压油的油箱执行以下步骤:

① 旋转加油选择活门至对应系统位置;

② 操作加油设备给相应液压油箱加油,同时监控油箱油量指示;

③ 当油量指示达到全满(FULL)标记时,停止加油;

④ 关闭相应跳开关;

⑤ 按压"EICAS MAINT"面板上的"ELEC/HYD"开关;

⑥ 确认显示器上对应的"HYD QTY"读数在 0.90～1.10。

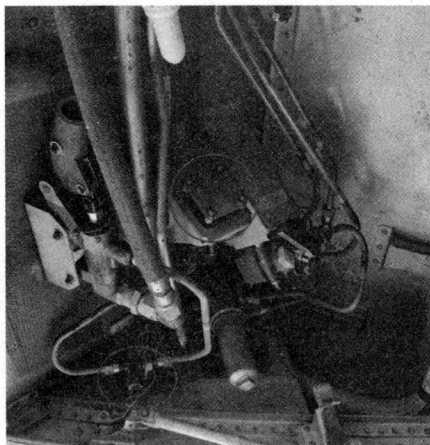

图 9-3-19 压力加油口及油量表示意图

(4) 将加油选择活门放置于"OFF"位置。

(5) 关停并从压力加油口断开地面压力加油设备。

(6) 安装压力加油口防尘盖。

(7) 关闭液压勤务面板。

11. 加滑油勤务

注意:不同厂家、型号的发动机添加滑油的程序可能存在较大差异,具体操作程序和要求需严格遵守相应维修手册的规定,本添加滑油程序仅适用于波音 767 飞机选装的 GE 发动机。

1) 加滑油前准备

(1) 确认发动机已停止,且不超过 60min。

(2) 如果发动机停止超过 60min,执行以下步骤:

① 运转发动机直至获得稳定的慢车转速;

② 然后关闭发动机。

(3) 打开发动机滑油勤务接近盖板(位于右侧风扇整流罩上)。

2) 重力加油

注意:推荐加注与油箱内滑油牌号一致的油液,如果确有需要也可以加注其他许可牌号的滑油,参见许可滑油牌号列表及其适用性说明。

注意:发动机运转后,部分油液由于没有流回油箱,油箱油量会减少大约 2qt(2L)[①],在加油前执行慢车功率测试。

———————————

① 此处为美制夸脱,1qt≈0.946L。

注意：加油时务必缓慢而小心，如果油液过快流入加油口盖，油液会溢出加油口。加油口内部的自封活门限制加油速度，在 21℃时最多 1qt/40s。

警告：滑油压力降到 0 时才可以打开加油口盖，大约发动机停止 5min 后，滑油压力降到 0，增压系统可能导致热滑油的溅射，烫伤工作人员。

（1）对加油口盖进行清洁，打开滑油箱自锁加油口盖，扳起油箱口盖手柄，逆时针转动 45°到打开位置，取下油箱口盖，如图 9-3-20 和图 9-3-21 所示。

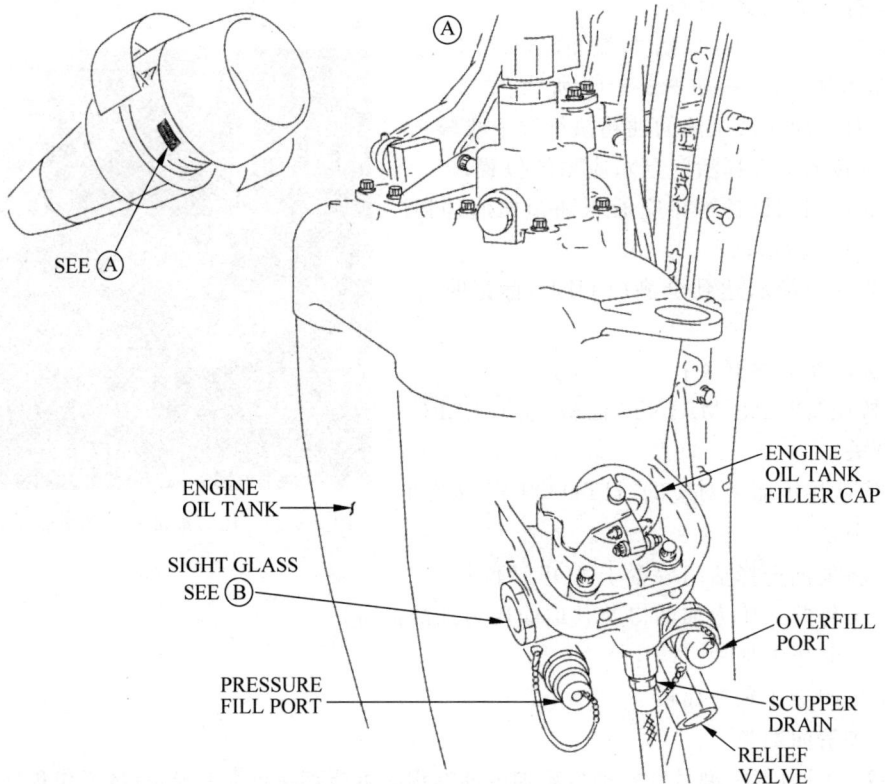

图 9-3-20　滑油箱示意图

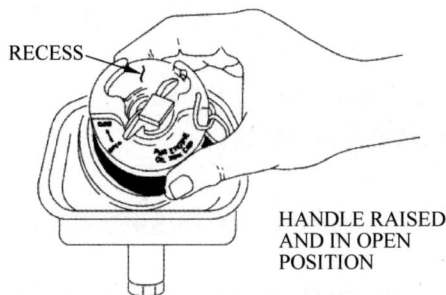

图 9-3-21　加油口盖手柄处于打开位

告诫：打开加油口盖，确认没有闻到燃油的气味，滑油中混入燃油会导致发动机损坏。

（2）如果所在地的法律、规范不允许直接闻油液味道，也可以使用维修手册给出的其他方法来检测滑油中是否混入燃油。

（3）在发动机关闭的状态下，在玻璃观察窗处检查油液位置，了解所要添加的滑油量。

注意：玻璃观察窗安装在加油口下，大约距离满油位 3qt 的位置，当小球处于观察窗顶部时，表明油箱已经加满。

警告：不要让滑油沾到皮肤上，滑油的毒性物质会通过皮肤渗透到人体内。

告诫：不要将其他液体混入发动机滑油，如 MIL-L-6081 冲洗油或液压油。如果滑油内混入了其他液体，需要对滑油系统和发动机进行完整的评估，否则不能运转发动机。

注意：添加滑油时，尽量以整罐为单位添加，避免浪费，便于计算滑油消耗量。

（4）加油的首选程序：如果油位低于观察窗，给油箱加油，直到油从加油口流出。

（5）备选程序：按如下步骤使用 EICAS 显示检查油量：

① 执行供电程序，TASK 24-22-00-860-802；

② 在 EICAS STATUS 显示上找到 ENG OIL QTY 信息；

③ 如果油量指示在 21～23qt(21～22L)[①]，停止加油；

④ 如果油量指示在 20qt(19L)[②] 及以下，执行加油程序。

（6）安装加油口盖——盖好口盖并向下压紧，顺时针转动口盖手柄 45°到关闭位置，压下口盖手柄以锁紧口盖，确认口盖已正确安装及锁定，如图 9-3-22 所示。

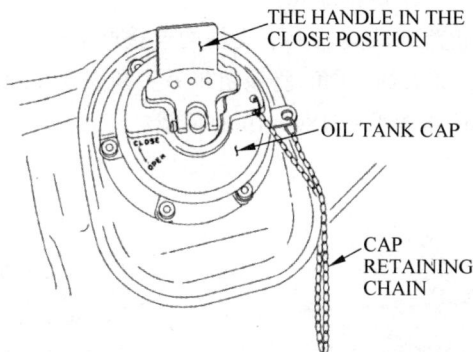

图 9-3-22 加油口盖手柄处于关闭位置

警告：确认滑油加油口盖已经盖好，否则可能引起滑油泄漏的严重后果。

（7）用棉布或毛巾等物品清理因加油而导致溢流在发动机下部的油液。

（8）关闭发动机滑油勤务接近盖板。

（9）在飞行记录本上记录所添加的滑油量。

3）压力加油

（1）拆下滑油箱压力加油口和溢油口的堵盖，如图 9-3-20 所示。

（2）将滑油勤务车加油管的快卸接头连接到滑油箱的压力加油口，滑油箱溢流口接好放油软管。

注意：必须将发动机滑油勤务车 COM-1537 的两条管路连接到滑油箱加油和溢油口。如果没有将放油软管连接到溢油口，则可能会将发动机油箱注满超过其容量，然后油将流入附件变速箱。

（3）此时如果有大量(0.5qt 或更多)的滑油从放油软管里流出，则油箱里可能进入了燃油或者液压油。

（4）缓慢地将油泵入油箱，当放油软管有油流出时停止泵油。

---

①② 此处为美制夸脱，1qt≈0.946L。

（5）取下加油口的加油管路，等待至放油软管没有油液流出后，取下放油软管。

（6）通过观察窗检查油量，确认油箱已加满。

（7）安装滑油箱压力加油口和溢油口的堵盖。

（8）用棉布或毛巾等物品清理外部油液。

（9）关闭发动机滑油勤务接近盖板。

（10）在飞行记录本上记录所添加的滑油量。

12. 完成航空器系留

1）准备工作

（1）飞机停放区域符号标准。

（2）除了必须设置停留刹车之外，还需执行飞机停放程序 TASK 10-11-01-582-001。

（3）确认飞机按要求挡轮挡。

（4）如果不再需要电瓶电源，则将电瓶电门置于 OFF 位。

（5）确保襟翼在完全收上位，以减少机翼升力。

2）当阵风风速在 60～80kn 时的系留

（1）把系留带系在前起落架减震器上下支柱的连接凸起处。

（2）确保系留带与地面成大约 30°角，将系留带另一端固定在地锚上（见图 9-3-23）。

注意：系留带和地锚必须能承受 18000lb 的负载。

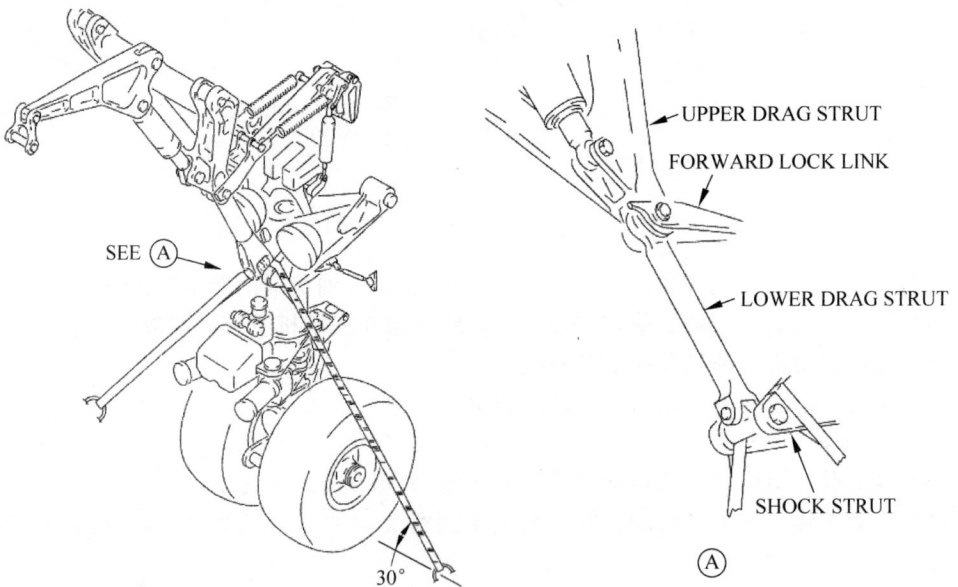

图 9-3-23　前起落架系留示意图

3）当阵风风速大于 80kn 时的系留

（1）当阵风风速大于 80kn 时，执行下列操作：

① 将航空器推进机库；

② 如果无法将航空器推入机库，把航空器运出该地区，直到风力减弱。

（2）如果无法将航空器推入机库，且无法将航空器运出该地区，执行下列操作：

① 将飞机迎风停。

② 在主起落架上安装系留带,在每个主起落架上安装 4 条系留带。两条系在主起落架前牵引钩上,两条系在主起落架后牵引钩上,将系留带与地面成 30°角,并与穿过起落架中心的纵向线成 30°角(见图 9-3-24)。

注意:系留带和地锚必须能承受 18000lb 的负载,每个牵引钩处使用两条系留带来减少减震器上的扭转载荷。

③ 确保所有油箱的燃油量不低于 40%。

④ 确保飞机总重大于最低要求,即飞机毛重不低于 2400001b。

⑤ 确保飞机重心在 11%MAC 的正向极限(平均气动弦)。

⑥ 当一个或两个发动机未安装时,确保飞机重心是正确的。

⑦ 当飞机停在结冰或大雪的气象条件下时,用两根缆绳将前起落架的牵引钩系在地锚上,每根缆绳的额定拉力不得小于 18000lb,线缆与飞机中心线成 30°角。

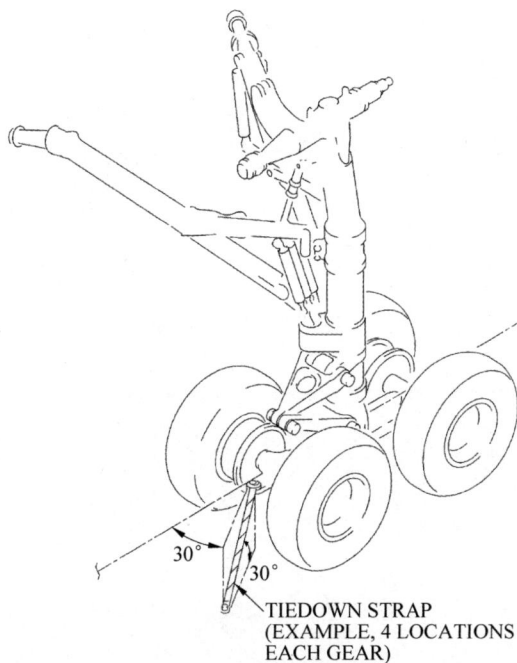

30° 30°

TIEDOWN STRAP
(EXAMPLE, 4 LOCATIONS
EACH GEAR)

图 9-3-24 主起落架系留示意图

13. 断开气源

(1) 收到驾驶舱断开气源指令后,关闭供气阀门。

注意:气源车停止供气前,确保航空器已停止使用地面气源。

(2) 由气源车专业人员操作气源车泄压并停车。

(3) 脱开气源管路接头。

警告:拔出气管头时,应握住气管接头小心拔出,不能用拽拉气管的方式拔出,更不能过度摇晃和扭曲接头,否则容易损坏飞机外接气源接口。

(4) 将气源管路和接头整齐收回到气源车的相应位置。

(5) 关闭飞机外接气源接口盖板。

14. 断开电源

（1）确保机上已断电，按压红色的交流断电按钮。

（2）将升速开关从高速位扳到低速位，将启动电源开关从启动位旋到停机位，确保电源车熄火。

（3）从飞机上脱开地面电源插头。

警告：拔出电源插头时，应握住插头小心拔出，不能用拽拉线缆的方式拔出，更不能过度摇晃和扭曲插头，否则容易损坏外接电源插座的插钉。

（4）给电源车接头盖好保护盖并将电缆收好放在电源车相应位置。

（5）关闭飞机外电源盖板。

15. 收尾工作

（1）清理工作现场。

（2）清点工具。

（3）归还借用工具设备。

第10章

航线检查

航线检查工作是航空器适航维修工作中的重要一环,航线维修工作质量的好坏直接关系到航空器的适航性,同时也是航空器"安全、正点、舒适"的重要保证。作为航线维修人员,需要熟悉和掌握航空器航线维修工作的正确程序和方法,提高航线维修质量,保障航空器运行安全。

10.1 基本概念

10.1.1 航线检查定义

CCAR-145 部《民用航空器维修单位合格审定规定》中对航线维修的定义为:按照航空运营人提供的工作单对航空器进行的例行检查和按照相应飞机、发动机维护手册等在航线进行的故障和缺陷的处理,包括换件和按照航空运营人机型 MEL、CDL 保留故障和缺陷。

航线检查的日常勤务和维修工作包括以下几方面。

(1) 日常勤务:①航空器进出港指挥、停放、推、拖、挡轮挡、拿取和堵放各种堵盖;②为航空器提供电源、气源、加(放)水、加(放)油料、充气、充氧;③必要的清洁和除冰、雪、霜;④其他必要的勤务工作;⑤特殊维修任务,包括校水平和称重、千斤顶升、顶起和支撑、停放和系留、封存、牵引、滑行、发动机试车、增压、冬季运行、清洗等。

(2) A 检或以下工作范围的航空器计划维修以及动力装置及螺旋桨计划在翼维修。

(3) 航线工作能力范围内的非计划维修,包括修理、改装和特殊检验(鸟击、雷击、危险品泄漏、海鲜泄漏、硬/重着陆、飞越火山灰、尾部擦地、发动机超温、飘摆下降、剧烈颠簸、空中机动过载、超速、重失速抖振)。

(4) 使用 MEL 和 CDL 放行。

10.1.2 航线检查方法

航线检查方法是航空器航线检查维修工作中,用来确定部件、组件、系统或某项功能是否工作正常的各种手段,包括检查、检测等。

1. 检查

检查(inspection)通常是指目视检查,分为一般目视检查、详细目视检查和特别详细目视检查。

(1) 一般目视检查:对航空器内部或外部区域、装置或组件的损坏、故障或缺陷进行目视检查,以确认是否存在由于磨损、潮湿、污染、过热、老化等原因造成的明显损伤、失效或缺陷。这种检查通常在正常的光线条件下进行,如日光、挂灯、手电筒或吊灯等,并可能需要拆下或打开接近盖板或接近舱门。为了接近检查区域,还可以使用工具架、梯子或平台以及反光镜等一般的检查手段。除非另有规定,否则进行此检查时无需触摸部件。

(2) 详细目视检查:对某一具体结构区域、系统、组件的装配或部件的安装情况进行详细目视检查,以确认是否存在明显的损伤、失效或缺陷,要求使用合适强度的直接光源进行检查。检查时可能需要使用反光镜、放大镜等辅助设备,还可能需要执行表面清洁和复杂的接近工作。详细目视检查包括触摸评估,检查组件或部件的紧密性及安全性。

(3) 特别详细目视检查(special detailed visual inspection,SDI):对一个或多个具体项目、组件的装配或部件的安装情况进行详细检查,以确认是否存在明显的损伤、失效或缺陷。检查时可能需要广泛使用各类专业检查方法和/或设备。检查前可能需要执行复杂的清洁工作、大量的接近或拆解工作。

2. 检测

检测(check)一般分为操作检查和功能检查。

(1) 操作检查:确定待检查项目是否能够实现其目标功能,即通过操作航空器的系统或部件本身完成检查,过程中不需要比对具体数值,也不需要额外设备。

(2) 功能检查:确定待检查项目是否能够在规定值的范围内实现其各项功能,检查过程中可能需要额外设备。

10.1.3 航线检查类型

航空器航线检查的工种类型一般分为:航前检查、短停检查和航后检查。

1. 航前检查

航前检查是指航空器当日执行首次飞行前所进行的例行检查、勤务和排除故障及缺陷的工作,主要包括:航空器交接、轮胎气压测量和充气、起落架镜面清洁、放燃油沉淀、执行航前检查工作单和航空器出港送机等。航前检查一般是在飞机要起飞的前一两个小时对飞机的相关部件做必要的检查,也就是对航线检查过程中所遗漏的内容进行复查和补充,具体工作步骤如下。

(1) 维修责任放行人员应该在航班计划时间前至少 1.5h 到达停机位,向航线责任部门确认到岗,并完成如下准备工作:①确认参与工作的维修人员到位,设施设备到位,工具材料、技术文件到位,环境符合开展航前检查工作的标准。②检查确认通信畅通、设施设备摆放无风险、工具设备与清单一致。③按照航前检查工作单/卡分配任务,明确工作协调要求。

(2) 维修人员按照工卡的要求,开始围绕航空器检查路线对航空器进行目视检查、润滑或勤务、操作检查以及排除故障及缺陷工作。

（3）工作结束并签署放行，航空器所有舱门关闭后，维修责任放行人员绕机一周，检查并确认航空器舱门/盖板已关好，确认电缆、气源管路或装载传送带等连接装置脱离航空器，确认机坪无障碍物。

（4）航空器滑出后，送机人员清理维修现场，按规定摆放地面设备，航空器起飞后10min送机人员方可离开维修现场。

2. 短停检查

航空器执行首次飞行任务至任务结束期间，在经停站所进行的例行检查、勤务和排故工作，主要包括：航空器入港接机、执行短停检查工作单和航空器出港送机等。短停检查一般是在飞机降落停留时间较短内对飞机最关键的部件以及机组人员反应最重要的内容进行相关检查，具体工作步骤如下。

（1）维修责任放行人员应当提前分配工作任务，明确工作协调要求，在航班计划到达前至少15min到达机位，向航线责任部门确认到岗，并在航空器到达前完成如下准备工作：①确认参与工作的维修人员到位。②检查确认停机位清洁、无障碍物；确认标记线无误、设施设备摆放无风险。③检查确认指挥棒、轮挡到位。

（2）在航空器停稳后完成如下准备工作：①向机组了解航空器状况，并查阅飞行记录本以及机载维护信息系统（如有）前一航段的记录。②如有机组反映或者系统检测故障或者缺陷，报告维修控制中心，确定按MEL放行或增加非例行工作，并及时调整任务分配。③如执行非例行工作，检查确认设施设备、工具材料、技术文件到位，环境符合开展维修工作的标准。

（3）维修人员按工卡要求围绕航空器进行目视检查，排除故障、缺陷并放行。

3. 航后检查

在航空器每天最后一个飞行任务结束后，所进行的例行检查、勤务和排除故障的工作，主要包括：航空器入港接机、减震支柱镜面清洁、发动机滑油补充、执行航后检查工作单、航空器交接等。航后检查一般是在飞机结束飞行任务之后，根据机组人员提供的相关数据以及按照航线例行工作清单逐一检查。它是这三种航线检查工作中任务量最大、工作内容最多、最全面的检查，具体工作步骤如下。

（1）维修责任放行人员应首先了解本次航后结合的附加工作，提前分配工作任务，明确工作协调要求，在航班计划到达前至少15min到达机位，向航线责任部门确认到岗，并在航空器到达前完成如下准备工作：①确认参与工作的维修人员到位，设施设备、工具材料、技术文件到位，环境符合开展航后检查工作的标准。②检查确认停机位清洁、无障碍物；确认标记线无误、通信畅通、设施设备摆放无风险、工具设备与清单一致。

（2）在航空器停稳后完成如下准备工作：①向机组了解飞机状况，并查阅飞行记录本以及机载维护信息系统（如有）当天的记录，包括保留故障和缺陷情况。②如有机组反映或者系统检测故障或者缺陷，报告维修控制中心，确定增加非例行工作或协调按MEL放行，并及时调整任务分配。③如工作环境不能符合维修工作（尤其是非例行工作）的标准，协调调整至合适的机位或机库。

（3）维修人员按照工卡要求和围绕飞机检查路线对飞机进行目视检查、润滑或勤务、操作检查和排除故障、缺陷工作。

10.2　绕机检查

绕机检查是航空器航线维修中最常执行的工作之一,属于例行的检查流程,要求维护人员具备较高的观察力、注意力来完成检查工作。

10.2.1　绕机检查路线

为提高检查效率、保证检查不漏项,各维修单位通常会根据航空器型号制定绕机检查路线。不同维修单位、不同航空器型号的检查路线可能不同,执行工作时应按照对应工卡的规定检查路线进行检查。图 10-2-1 为某型号飞机的绕机检查路线,从起点开始,依次检查机头区域、前起落架和轮舱区域、右侧前段机身区域、右发动机区域、右大翼区域、右主起落架区域、右侧后段机身区域、尾翼区域、左侧后段机身区域、左主起落架区域、左大翼区域、左发动机区域、左侧前段机身区域等。

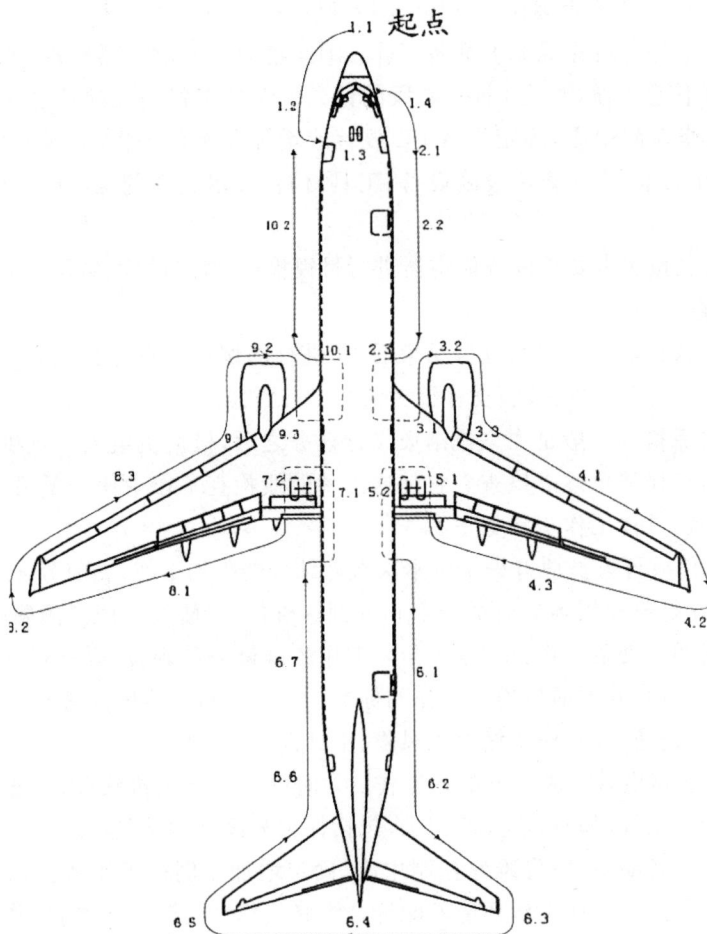

图 10-2-1　典型绕机检查路线举例

10.2.2　绕机检查工作内容

1. 驾驶舱检查

(1) 确保国籍登记证、电台证和适航证在指定位置。

(2) 检查航空器飞行/客舱记录本在位，并确认故障已处理。

(3) 一般目视检查所有跳开关面板上的跳开关在正确位置。

(4) 目视检查驾驶舱风挡玻璃无明显损伤，检查驾驶员座椅处于良好状态。

(5) 检查驾驶舱的紧急设备，包括逃离绳、应急消防斧、手提灭火瓶等完好在位。

(6) 检查驾驶舱耳机话筒，确认外部无损伤且工作正常。

(7) 检查机组氧气压力正常（按机载最多人数）。

(8) 查询飞行管理计算机（flight management computor，FMC）控制显示组件无发动机故障。

(9) 检查驾驶舱打印机中的打印纸数量，按需添加。

(10) 通电检查外部灯光，即航行灯、防撞灯、着陆灯、滑行灯、转弯灯、机翼照明灯、航徽灯、频闪灯等应正常工作。

(11) 操作检查驾驶舱内、外的应急照明灯、发光条应正常工作。

(12) 操作检查驾驶舱内的全部照明，并配全备用灯泡盒内的器材。

2. 客舱检查

(1) 目视检查客舱门、机翼紧急出口、客舱窗户正常，滑梯气瓶压力正常。

(2) 目视检查客舱紧急设备，包括急救包、救生衣、手提灭火瓶完好在位。

(3) 检查厨房、厕所的设备齐全，功能正常，清洁良好。

(4) 检查所有手电筒在位，并检查其功能，必要时更换手电筒中的电池。

(5) 目视检查座椅、安全带、地毯、天花板、侧壁板和行李架的状况正常，确认座椅套干净。

(6) 目视检查扩音器应放合适牢靠，并在不取出扩音器的情况下用手指按压扳机电门应能听到噪声。

3. 机身

(1) 一般目视检查空速管、雷达罩、静压口、全温探头及迎角传感器安装在位，无明显损伤、堵塞。

(2) 目视检查机身左、右侧静压孔区域（红色标记框区域之内），检查应无裂纹、腐蚀、压坑和其他损伤。

(3) 一般目视检查机组氧气热敏释放指示片（绿色）在位。

(4) 从地面检查机身接近/勤务盖板、紧急出口窗、整流罩、客舱窗户、导航/通信天线和机身外表面可视部分无损伤和渗漏。

(5) 一般目视检查冲压空气进出口无损伤和外来物。外流活门、排泄竖管和排放口无明显损伤、堵塞和渗漏。

(6) 一般目视检查前后登机门、厨房勤务门、货舱门无明显损伤。

4. 前起落架和轮胎

(1) 对起落架舱进行检查并确认无外来物。

（2）目视检查起落架舱门、轮舱内的液压部件无明显的损伤及渗漏。

（3）目视检查起落架、轮毂无明显的损伤。

（4）目视检查起落架减震支柱有伸出、无渗漏，如有异常，按照起落架的压力/伸长图表进行勤务（渗漏标准参考 AMM 进行检查/勤务）。

（5）一般目视检查起落架放下并锁住位置指示器，标记清晰并且按需清洁。

（6）目视检查起落架轮胎，包括：①正常胎面磨损的程度和图形；②胎面和胎壁的切口；③胎面的裂纹或断裂；④任何胎面或胎壁的拼接处的断开；⑤任何存在的鼓起或气泡；⑥机轮与轮胎间的摩擦痕迹；⑦液压油明显溢出到轮胎的表面上。

5．左发动机

（1）目视检查发动机、吊舱和吊架的整体状况，无明显损伤和渗漏，包皮扣好，各盖板关闭。

（2）目视检查进气道、进气锥、风扇叶片、风扇导向叶片、尾椎、最后一级涡轮叶片和尾喷管无损伤和渗漏，尾喷处无堆积金属堆积物。

（3）目视检查反推装置全收回位，无损伤和渗漏。

（4）检查发动机余油管无液体渗漏迹象。

（5）在发动机停止后5～30min 内检查发动机滑油量并将发动机滑油加满，在技术记录本上记录滑油的添加量，如未添加则填"0"。

6．左机翼

（1）一般目视检查机翼前缘和后缘襟翼、缝翼、副翼及扰流板无明显损伤和渗漏现象。

（2）灯罩无损伤或丢失，工作盖板及接进门在位无明显损伤。

（3）一般目视检查大翼阻燃器压力释放活门提升阀是否与机翼表面平齐。

（4）透过客舱窗户目视检查机翼上表面、操纵面、机翼翼尖、油箱外表面和通气油箱口无明显的损伤和燃油渗漏。

7．左主起落架和轮舱

（1）对起落架舱进行检查并确认无外来物。

（2）目视检查起落架舱门、轮舱及轮舱内的液压部件无明显的损伤及渗漏。

（3）目视检查起落架、轮毂无明显的损伤。

（4）目视检查起落架减震支柱有伸出、无渗漏，如有异常，按照起落架的压力/伸长图表进行勤务（渗漏标准参考 AMM 进行检查/勤务）。

（5）一般目视检查起落架放下并锁住位置指示器，标记清晰并且按需清洁。

（6）目视检查起落架轮胎，包括：①正常胎面磨损的程度和图形；②胎面和胎壁的切口；③胎面的裂纹或断裂；④任何胎面或胎壁的拼接处的断开；⑤任何存在的鼓起或气泡；⑥机轮与轮胎间的摩擦痕迹；⑦液压油明显溢出到轮胎的表面上。

8．尾翼

从地面检查水平安定面和升降舵，垂直尾翼和方向舵无明显损坏和渗漏现象，工作盖板及接近门在位无明显损伤。

9．货舱

（1）目视检查前后货舱门和封严无明显损伤。

（2）目视检查货物隔离网，系留装置和小型货物网无损伤。

（3）检查货舱内部无明显的损伤和污物，特别是溢出的液体。

10．右主起落架和轮舱

（1）对起落架舱进行检查并确认无外来物。

（2）目视检查起落架舱门、轮舱及轮舱内的液压部件无明显的损伤及渗漏。

（3）目视检查起落架、轮毂无明显的损伤。

（4）目视检查起落架减震支柱有伸出、无渗漏，如有异常，按照起落架的压力/伸长图表进行勤务（渗漏标准参考 AMM 进行检查/勤务）。

（5）一般目视检查起落架放下并锁住位置指示器，标记清晰并且按需清洁。

（6）目视检查起落架轮胎，包括：①正常胎面磨损的程度和图形；②胎面和胎壁的切口；③胎面的裂纹或断裂；④任何胎面或胎壁的拼接处的断开；⑤任何存在的鼓起或气泡；⑥机轮与轮胎间的摩擦痕迹；⑦液压油明显溢出到轮胎的表面上。

11．右机翼

（1）一般目视检查机翼前缘和后缘襟翼、缝翼、副翼及扰流板无明显损伤和渗漏现象。

（2）灯罩无损伤或丢失，工作盖板及接进门在位无明显损伤。

（3）一般目视检查大翼阻燃器压力释放活门提升阀是否与机翼表面平齐。

12．右发动机

（1）目视检查发动机、吊舱和吊架的整体状况，无明显损伤和渗漏，包皮扣好，各盖板关闭。

（2）目视检查进气道、进气锥、风扇叶片、风扇导向叶片、尾椎、最后一级涡轮叶片和尾喷管无损伤和渗漏，尾喷处无堆积金属堆积物。

（3）目视检查反推装置全收回位，无损伤和渗漏。

（4）检查发动机余油管无液体渗漏迹象。

（5）在发动机停止后 5～30min 内检查发动机滑油量并将发动机滑油加满，在技术记录本上记录滑油的添加量，如未添加则填"0"。

13．结尾工作

（1）确认所有例行工作已经完成并签署，飞机故障已经排除或合法保留，确认 MEL 种所要求的 M 项工作已完成。

（2）填写技术记录本并签署放行。

（3）绕飞机一周，目视检查所有舱门、盖板已关好。

（4）恢复飞机至原样，清理现场，清点并归还工具。

10.3　航线检查工作实例

10.3.1　航线检查工作单/卡

航线检查工作单/卡一般由航空运营人负责制定，主要依据为航空器制造厂家的客户化工卡手册、维修计划（maintenance planning document，MPD）、维修方案、维护手册、适航指令、服务通告、服务信函等，其是设定并记录工作顺序和步骤的文件，不必列出维修工作实施方法和标准，在实际使用中可以称为工作单、工作卡、工作指令、数据记录单等或其组合的工作包,是维修人员在现场施工最重要的依据。工作单的填写要求如下。

(1) 工作单必须用黑色或蓝色中性笔或圆珠笔填写,维修记录填写的字迹应工整、清晰。

(2) 工作单上的签名应用全称,并前后一致,不能代签。

(3) 工作单应按工作顺序逐项签署,完成一项,签署一项,即"看一项、做一项、签一项"。

(4) 检查数据应填写实测值,不能用"正常""检查合格"等文字代替。

(5) 无需填写或不适用的记录栏目应用斜杠划掉,或写明"不适用"。

(6) 工作单应在工作现场填写/签署。

(7) 维修记录不得填写与工作无关的内容。

(8) 维修记录原则上不得涂改,如需修改应用圆圈将其划掉,在附近重新填写正确内容,并签署姓名和日期,不应用涂改液或墨水覆盖,另外还要注明修改理由。

(9) 必须是具有独立工作能力和资格的人,并经相关质检部门授权,方可进行工作单的签署和填写。

10.3.2 工作实例

1. 航前检查工作

航前检查工作主要内容为对各区域、系统的检查和测试,其间可能需要执行开关舱门和勤务盖板,取下发动机蒙布、起落架安全销、皮托管套,接通电源、燃油、引气、空调、液压系统等辅助工作,如表 10-3-1 所示。

表 10-3-1 某航空公司 B767-300 航前检查工作单

卡号	ETTC-PF-01	修订日期	2016-3-30	版本号	001
依据	ETTC MP	MP 版次和日期	02 版/ 2016-03-19	工时	0.70 人 * 小时
编写		审核		批准	
项次	工作内容				工作者
1	开始工作: (1) 取下皮托管套和三个起落架的安全销。 注释:确认安全销上的红飘带、保险件完好无丢失。 (2) 取下发动机布罩(如果安装)				
2	机头区域检查: (1) 确认机头两侧缩小垂直间隔(reduced vertical separation minimum,RVSM)关键区域内的皮托管无明显损伤、无烧蚀现象。确认 RVSM 关键区域内的蒙皮无明显损伤、无凹陷和隆起。 (2) 确认全温探头和迎角传感器无明显损伤。 (3) 从地面检查雷达罩和机头区域蒙皮,确认无明显损伤				
3	前起落架及前轮舱区域检查: (1) 检查机轮,确认无明显损伤。在不打开舱门情况下,确认可见的轮舱内无外来物。 (2) 确认减震支柱内筒镜面无油液渗漏。 (3) 用 MIL-H-5606 润湿的抹布清洁减震支柱镜面,并用干布擦干净				

续表

项次	工 作 内 容	工作者
4	右侧前段机身区域检查： (1) 确认机组氧气热释片(绿色)在位。 (2) 确认备用静压口周围抛光面干净且无明显划伤。 (3) 检查货舱衬里,确认无撕裂和刺穿,货舱门封严无损坏。 (4) 从地面检查机身蒙皮、客舱玻璃及各舱门外表,确认无明显损伤。 (5) 检查冲压空气进气门和出气门,确认无外来物堵塞。 (6) 确认飞机底部所有导航/通信系统的天线在位	
5	右发动机区域检查： (1) 检查发动机吊架管路,确认接口防护在位且无液体渗漏迹象。 (2) 检查发动机吊架电气接口,确认防护盖在位。 (3) 确认飞机系留钢索在位	
6	右大翼区域检查： (1) 从地面检查大翼的前缘襟翼/缝翼、副翼、扰流板、后缘襟翼和整流罩、机翼下表面及翼尖,确认无明显损伤或油液渗漏。 (2) 从地面检查确认目视所及的飞机顶部所有导航/通信系统的天线在位	
7	右主起落架及右主轮舱区域检查： (1) 检查机轮,确认无明显损伤。在不打开舱门情况下,确认可见的轮舱内无外来物。 (2) 确认减震支柱内筒镜面无油液渗漏。 (3) 用 MIL-H-5606 润湿的抹布清洁减震支柱镜面,并用干布擦干净	
8	右侧后段机身区域检查： (1) 从地面检查机身蒙皮、客舱玻璃及各舱门外表,确认无明显损伤。 (2) 检查货舱衬里,确认无撕裂和刺穿,货舱门封严无损坏	
9	尾部区域检查： 从地面检查水平和垂直安定面、升降舵和方向舵,确认无明显损伤和油液渗漏	
10	左侧后段机身区域检查： (1) 确认增压系统的后外流活门在开位,且无明显损伤和外来物。 (2) 检查货舱衬里,确认无撕裂和刺穿,货舱门封严无损坏。 (3) 从地面检查机身蒙皮、客舱玻璃及各舱门外表,确认无明显损伤。 (4) 检查排放支柱(drain mast)区域的机身和排放口,确认无油液渗漏	
11	左主起落架及左主轮舱区域检查： (1) 检查机轮,确认无明显损伤。在不打开舱门情况下,确认可见的轮舱内无外来物。 (2) 确认减震支柱内筒镜面无油液渗漏。 (3) 用 MIL-H-5606 润湿的抹布清洁减震支柱镜面,并用干布擦干净	
12	左大翼区域检查： (1) 从地面检查大翼的前缘襟翼/缝翼、副翼、扰流板、后缘襟翼和整流罩、机翼下表面及翼尖,确认无明显损坏或油液渗漏。 (2) 从地面检查确认目视所及的飞机顶部所有导航/通信系统的天线在位	
13	左发动机区域检查： (1) 检查发动机吊架管路,确认接口防护在位且无液体渗漏迹象。 (2) 检查发动机吊架电气接口,确认防护盖在位。 (3) 确认飞机系留钢索在位	

续表

项次	工 作 内 容	工作者
14	左侧前段机身区域检查： （1）检查冲压空气进气门和出气门,确认无外来物堵塞。 （2）确认备用静压口周围抛光面干净且无明显划伤,正压释压活门无打开指示。 （3）从地面检查机身蒙皮、客舱玻璃及各舱门外表,确认无明显损伤。 （4）检查排放支柱区域的机身和排放口,确认无油液渗漏	
备注	1. 发动机滑油牌号：Mobil Jet Oil Ⅱ。 2. 液压油规范：BMS3-11	

完工日期和时间	·	完工航站和工作者所属单位		完工签署	

2. 短停检查工作

短停检查工作主要内容为对各区域、系统的检查和测试,其间可能需要执行打开舱门和勤务盖板,接通电源、燃油、引气、空调、液压系统等辅助工作,如表 10-3-2 所示。

表 10-3-2　某航空公司 B767-300 短停检查工作单

卡号	ETTC-TR-00	修订日期	2016-03-30	版本号	001
依据	ETTC MP	MP 版次和日期	02 版/2016-03-19	工时	0.60人 * 小时
编写		审核		批准	

项次	工 作 内 容	工作者
1	机头区域检查： （1）确认 RVSM 关键区域内的皮托管和全温探头无明显损伤。确认迎角传感器完好。 （2）确认 RVSM 关键区域的蒙皮无明显损伤、无凹陷和隆起。 （3）从地面检查雷达罩和机头区域蒙皮,确认无明显损伤	
2	前起落架及前轮舱区域检查： （1）检查轮胎,确认无磨损到限、切口等损伤,检查轮毂确认无明显损伤。 （2）确认减震支柱内筒镜面无油液渗漏	
3	右侧前段机身区域检查： （1）确认机组氧气热释片(绿色)在位。 （2）确认备用静压口周围抛光面干净且无明显划伤。 （3）检查货舱衬里,确认无撕裂和刺穿,货舱门封严无损坏。 （4）从地面检查机身蒙皮、客舱玻璃及各舱门外表,确认无明显损伤。 （5）检查冲压空气进气门和出气门,确认无外来物堵塞。 （6）确认飞机底部所有导航/通信系统的天线在位	
4	右发动机区域检查： （1）检查发动机吊架管路,确认接口防护在位且无液体渗漏迹象。 （2）检查发动机吊架电气接口,确认防护盖在位。 （3）确认飞机系留钢索在位	

项次	工 作 内 容	工作者
5	右大翼区域检查： (1) 从地面检查大翼的前缘襟翼/缝翼、副翼、调整片、后缘襟翼和整流罩、机翼下表面以及翼尖，确认无明显损伤或油液渗漏。 (2) 确认机翼均压油箱下表面的释压活门是关闭的。 (3) 确认大翼端部的放电刷在位，且无明显损伤。（有 9 个放电刷。） (4) 从地面检查确认目视所及的飞机顶部所有导航/通信系统的天线在位	
6	右主起落架及右主轮舱区域检查： (1) 检查轮胎，确认无磨损到限、切口等损伤，检查轮毂确认无明显损伤。 (2) 检查刹车毂，确认无油液渗漏。 (3) 确认减震支柱内筒镜面无油液渗漏	
7	右侧后段机身区域检查： (1) 从地面检查机身蒙皮、客舱玻璃及各舱门外表，确认无明显损伤。 (2) 检查货舱衬里，确认无撕裂和刺穿，货舱门封严无损坏。 注释：对于执行非双发飞机延伸航程运行性能标准(extended-range twin-engine operational perfermance standards，ETOPS)航班，无需执行此检查	
8	尾部区域检查： (1) 确认尾橇伸出且无拖尾迹象。 (2) 从地面检查水平和垂直安定面、升降舵和方向舵，确认无明显损伤和油液渗漏。 (3) 确认尾翼放电刷在位、无明显损伤（垂尾及左右平尾端部各有 7 个）	
9	左侧后段机身区域检查： (1) 确认增压系统的后外流活门在开位，且无明显损伤和外来物。 (2) 检查货舱衬里，确认无撕裂和刺穿，货舱门封严无损坏。 (3) 从地面检查机身蒙皮、客舱玻璃及各舱门外表，确认无明显损伤。 (4) 检查排放支柱区域的机身和排放口，确认无油液渗漏	
10	左主起落架及左主轮舱区域检查： (1) 检查轮胎，确认无磨损到限、切口等损伤，检查轮毂确认无明显损伤。 (2) 检查刹车毂，确认无油液渗漏。 (3) 确认减震支柱内筒镜面无油液渗漏	
11	左大翼区域检查： (1) 从地面检查大翼的前缘襟翼/缝翼、副翼、调整片、后缘襟翼和整流罩、机翼下表面以及翼尖，确认无明显损伤或油液渗漏。 (2) 确认机翼均压油箱下表面的释压活门是关闭的。 (3) 确认大翼端部的放电刷在位，且无明显损伤（有 9 个放电刷） (4) 从地面检查确认目视所及的飞机顶部所有导航/通信系统的天线在位	
12	左发动机区域检查： (1) 检查发动机吊架管路，确认接口防护在位且无液体渗漏迹象。 (2) 检查发动机吊架电气接口，确认防护盖在位。 (3) 确认飞机系留钢索在位	
13	左侧前段机身区域检查： (1) 确认冲压空气进气门和出气门无外来物堵塞。 (2) 确认备用静压口周围抛光面干净且无明显划伤，正压释压活门无打开指示。 (3) 从地面检查机身蒙皮、客舱玻璃及各舱门外表，确认无明显损伤。 (4) 检查排放支柱区域的机身和排放口，确认无油液渗漏	

项次	工 作 内 容	工作者
14	当航空器出现停场超过 4h 需要临时断电时,执行如下工作: (1) 排放饮用水系统。(如果能获知停场时间内的最低温度,若该最低温度低于 2℃,需执行此项目。如果不能获知该最低温度,当外界温度低于 10℃时,需执行此项目)。是否执行饮用水排放:□是　□否 (2) 飞行前确认发动机布罩、皮托管套以及起落架销子已拆下收好。如果执行了饮用水系统排放,则通知相关部门对饮用水系统进行加水	
技术员检查内容:		
15	(1) 确认工卡的 1～14 项工作已经完成并正确签署。 (2) 对于左右发:打开滑油箱接近门,检查发动机滑油量。如果滑油量不在满位,添加滑油至满位并确认发动机滑油消耗量在正常范围内,并在飞行记录本上填写所添加的滑油量。 注释:对于执行非 ETOPS 航班,只需确认 EICAS 上发动机滑油量指示值不低于 18qt 即可。 (3) 检查 EICAS 状态页面上是否有"APU OIL QTY"信息。如果出现"APU OIL QTY"信息,将 APU 滑油添加至 FULL 位置,并确认 APU 的滑油消耗量在正常范围内,并在飞行记录本上填写所添加的滑油量。 (4) 确认 EICAS 上液压系统(左、右、中)液压油量读数不小于 0.8,若不足则需勤务,并在飞行记录本上记录液压油的添加量。 (5) 确认 EICAS 上显示的机组氧气压力满足放行标准。(具体值见附表) 记录机组氧气压力:　　　　　环境温度: (6) 确认飞机"三证",噪声合格证和第三者责任险的保单在位有效。 (7) 确认飞行记录本、客舱记录本在位且至少两本,查阅飞行记录本、客舱记录本和 EICAS,确认所有故障已处理并签字	
16	(1) 在可能结冰的天气下,飞行前用手触摸的方法检查飞机的外表面,确保飞机外表面无冰雪霜,否则参考相应机型的寒冷天气下的飞机维护工卡进行除冰、除雪。 注释:在飞机上的随机备份技术文件夹中有除冰除雪工卡的纸版文件。 是否除冰、除雪? □是:　　　　　□否:	
备注	1. 液压油规范:BMS3-11。 2. 发动机滑油牌号:Mobil Jet Oil II	

114/115 立方英尺瓶的最低放行压力(psI)

瓶温		机组用氧人数			
℃	℉	2	3	4	5
−10	14	430	600	770	940
−5	23	440	610	785	960
0	32	445	620	800	975
5	41	455	635	815	995
10	50	460	645	830	1010
15	59	470	655	840	1030
20	68	480	670	860	1050
25	77	485	680	870	1065
30	86	495	690	885	1080
35	95	505	700	900	1100
40	104	510	715	915	1120
45	113	520	725	930	1135
50	122	530	735	945	1155

完工日期和时间		完工航站和工作者所属单位		完工签署	

3. 航后检查工作

航后检查工作主要内容为对各区域、系统的检查和测试,其间可能需要执行开关舱门和勤务盖板,安装发动机蒙布、起落架安全销、皮托管套,接通电源、燃油、引气、空调、液压系统等辅助工作,如表 10-3-3 所示。

表 10-3-3　某航空公司 B767-300 航后检查工作单

卡号	ETTC-AF-01	修订日期	2016-03-30	版本号	001
依据	ETTC MP	MP 版次和日期	02/ 2016-03-19	工 时	1.2 人 ∗ 小时
编写		审核		批准	

项次	工 作 内 容	工作者
1	给三个起落架插上安全销并保险好,确认红飘带标识清晰。	
2	机头检查: (1) 检查机头两侧的皮托管、迎角传感器以及全温探头确认无堵塞和明显损伤。在确认温度安全后,给皮托管套上保护套。 (2) 检查雷达罩,确认无明显损伤、安装牢固。 (3) 确认所有的静电放电刷在位、无明显损坏(左右大翼端部各有 9 个,垂尾及左右平尾端部各有 7 个)。 (4) 从地面检查飞机的导航/通信系统天线,确认无丢失和损坏	
3	前起落架及前轮舱区域检查: (1) 如果装有前起落架防扭臂快速脱开装置,检查确认安装可靠,固定保险丝无裂纹或其他损伤。 (2) 检查前起落架上的着陆灯、滑行灯灯罩,确认无破裂。 (3) 确认前起落架的减震支柱 A 尺寸正常,内筒镜面无油液渗漏(空机时,前减震支柱 A 尺寸≥8.0in)。实测尺寸值: (4) 检查减震支柱镜面,确认无明显划伤。 (5) 检查前起落架以及舱门,确认无明显损伤。 (6) 检查确认前轮收上刹车片的磨损未超标(若固定螺栓顶部端面与刹车片磨损面之间的距离小于 1/32in 则应更换),确认左右两边的磨损量应基本一致。 (7) 检查前起落架的轮胎和轮毂。如果磨损超标或有其他损坏,则要更换相应机轮。 (8) 如果更换机轮,则要详细检查前起落架轮轴的外表面	
4	右侧前机身区域检查: (1) 确认前设备舱门和 E/E 舱门无明显损伤。 (2) 检查外部电源面板的状况,确认插座及销钉完好。如正在使用外部电源,确认灯指示工作正常。 (3) 确认机组氧气热释片(绿色)在位。 (4) 检查货舱侧壁板和天花板的状况,确保无撕裂和刺穿。 (5) 确认前货舱门无明显损伤。 (6) 确认货舱门上的负压释压活门在位且无明显损伤。 (7) 确认前货舱门的封严,以及货物拦网和系留装置无明显损坏。 (8) 检查地板上的货物驱动装置确认无损坏。如果有污物(如液体等),则要进行清洁。 (9) 从地面检查前段机身蒙皮,确认无明显掉漆、划伤、隆起等损伤。 (10) 从地面检查前段客舱玻璃,确认无明显损伤。 (11) 从地面检查勤务门外部区域,确认无明显损伤。	

项次	工 作 内 容	工作者
4	(12) 确认前饮用水勤务面板的盖板盖上并锁好,无水渗漏。 (13) 确认冲压空气进气门和出气门无明显损伤和外来物堵塞。 (14) 确认两个空调舱门外表正常并锁好。 (15) 检查机身下部防撞灯的灯罩,确认无破裂。 (16) 检查着陆灯、转弯灯、机翼照明灯的灯罩,确认无破裂	
5	右发动机区域检查: (1) 确认吊架两侧各盖板盖好,紧固件在位。 (2) 检查发动机吊架管路,确认接口防护在位。 (3) 检查发动机吊架电气接口,确认防护盖在位。 (4) 检查发动机吊架底部确认无油液滴漏。 (5) 确认飞机系留钢索在位。 (6) 用干净抹布彻底清洁发动机吊架两侧的油迹和污物	
6	右机翼区域检查: (1) 从地面检查大翼前缘缝翼、襟翼,确认无损伤和油液渗漏。 (2) 从地面检查副翼、后缘襟翼及襟翼整流罩,确认无损伤和油液渗漏。 (3) 检查大翼下表面和翼尖,确认无损伤和油液渗漏。确认油尺在位,均压油箱通气口无外来物堵塞,释压活门关闭。 (4) 检查航行灯、频闪灯的灯罩,确认无破裂	
7	右主起落架及主轮舱区域检查: (1) 确认主起落架的减震支柱 A 尺寸正常,内筒镜面无油液渗漏(空机时,前减震支柱 A 尺寸≥8.0in)。实测尺寸值: (2) 检查减震支柱镜面,确认无明显划伤。 (3) 检查主起落架以及舱门,确认无明显损伤。 (4) 使用停留刹车,检查主轮刹车毂指示销的伸出量。若伸出量小于或等于 0.5mm(国际航班不小于 1mm),则更换相应的刹车毂。 (5) 检查主起落架的轮胎和轮毂。如果磨损超标或有其他损坏,则要更换相应机轮。 (6) 如果更换机轮,则要详细检查主起落架轮轴的外表面	
8	右侧后机身区域检查: (1) 从地面检查后段机身蒙皮,确认无明显掉漆、划伤、隆起等损伤。 (2) 从地面检查后段客舱玻璃以及应急出口门,确认无明显损伤。 (3) 检查货舱侧壁板和天花板的状况,确保无撕裂和刺穿。 (4) 确认后货舱门和散装货舱门无明显损伤。 (5) 确认货舱门上的负压释压活门在位且无明显损伤。 (6) 确认后货舱门和散装货舱门的封严,以及货物拦网和系留装置无明显损坏。 (7) 检查地板上的货物驱动装置确认无损坏。如果有污物(如液体等),则要进行清洁	
9	尾部区域检查: (1) 确认尾橇减震支柱弹出指示器未弹出。 (2) 确认厕所勤务面板的盖板盖上并锁好、无水渗漏。 (3) 确认 APU 余油口无油液渗漏。 (4) 确认 APU 舱门、进气门无明显损伤,如果 APU 停止使用,进气门应关闭。 (5) 从地面检查水平安定面、垂直安定面、方向舵、升降舵,确认无损伤和油液渗漏	

续表

项次	工 作 内 容	工作者
10	左侧后机身区域检查： (1) 确认增压系统的外流活门在开位且无明显损伤,无外来物堵塞。 (2) 从地面检查后段机身蒙皮,确认无明显掉漆、划伤、隆起等损伤。 (3) 从地面检查后段客舱玻璃以及应急出口门,确认无明显损伤。 (4) 检查后段机身底部的排放装置,确认无油液渗漏。 (5) 从地面检查后登机门外部区域,确认无明显损伤	
11	左主起落架及主轮舱区域检查： (1) 确认主起落架的减震支柱 A 尺寸正常,内筒镜面无油液渗漏(空机时,前减震支柱 A 尺寸≥8.0in)。实测尺寸值： (2) 检查减震支柱镜面,确认无明显划伤。 (3) 检查主起落架以及舱门,确认无明显损伤。 (4) 使用停留刹车,检查主轮刹车毂指示销的伸出量。若伸出量小于或等于 0.5mm(国际航班不小于 1mm),则更换相应的刹车毂。 (5) 检查主起落架的轮胎和轮毂。如果磨损超标或有其他损坏,则要更换相应机轮。 (6) 如果更换机轮,则要详细检查主起落架轮轴的外表面	
12	左机翼区域检查： (1) 从地面检查大翼前缘缝翼、襟翼,确认无损伤和油液渗漏。 (2) 从地面检查副翼、后缘襟翼及襟翼整流罩,确认无明显损伤和油液渗漏。 (3) 确认加油站接近门已锁好,周围无油迹。 (4) 检查大翼下表面和翼尖,确认无损伤和油液渗漏。确认油尺在位,均压油箱通气口无外来物堵塞,释压活门关闭。 (5) 检查航行灯、频闪灯的灯罩,确认无破裂	
13	左发动机区域检查： (1) 确认吊架两侧各盖板盖好,紧固件在位。 (2) 检查发动机吊架管路,确认接口防护在位。 (3) 检查发动机吊架电气接口,确认防护盖在位。 (4) 检查发动机吊架底部确认无油液滴漏。 (5) 确认飞机系留钢索在位。 (6) 用干净抹布彻底清洁发动机吊架两侧的油迹和污物	
14	左侧前机身区域检查： (1) 从地面检查登机门外部区域,确认无明显损伤。 (2) 检查冲压空气进气门和出气门,确认无明显损伤和外来物堵塞。 (3) 检查着陆灯、转弯灯、机翼照明灯的灯罩,确认无破裂。 (4) 检查正压释压活门(两个),确认无曾经打开过的指示,确认邻近的负压释压活门在位且完好。 (5) 从地面检查前段客舱玻璃,确认无明显损伤。 (6) 从地面检查前段机身蒙皮,确认无明显掉漆、划伤、隆起等损伤。 (7) 检查前段机身底部的排放装置,确认无油液渗漏	
备注	1. 液压油规范：BMS3-11 Ⅳ,牌号：LD-4 或 HyJet-Ⅳ(两者可混用)。 2. 我司飞机使用的发动机滑油牌号为：Mobil Jet Oil Ⅱ	
完工日期和时间	完工航站和工作者所属单位　　　　　完工签署	

10.4　故障和缺陷处理流程

1. 排除故障的典型流程

（1）接收故障/缺陷或故障/缺陷件信息并确认（或执行维修工作时发现故障/缺陷或故障/缺陷件）。

（2）确定故障排除/缺陷或故障/缺陷件处理方案。

（3）领用器材以及借用工具设备。

（4）完成排故/缺陷或故障/缺陷件的处理工作。

（5）填写维修记录。

（6）工作收尾：归还工具设备、器材回仓、维修任务反馈。

2. 保留故障的典型流程

（1）接收故障/缺陷或故障/缺陷件信息或执行维修工作时发现故障/缺陷或故障/缺陷件，并进行确认。

（2）查询飞机 MEL、CDL 或其他维修文件（如 AMM、SRM 等），判断是否可以办理保留故障。

（3）打印或领取工卡，并按需借用工具设备、器材。

（4）办理故障保留。对于以 MEL 和 CDL 为依据的保留故障，在航空器投入运行前应当完成其规定的维修任务并在飞行记录本中明确记录，在运行中应当遵守其规定的操作和运行限制；对于不是以 MEL 和 CDL 为依据的保留故障，也应当视情形对影响使用的项目进行必要的使用限制。

（5）保留故障的信息应当在航空器投入运行前以保留故障控制单的形式通报飞行机组和有关的维修人员，并按照 MEL 的规定对不工作、禁止或限制使用的设备以明显的标志挂牌警告，但这些标志挂牌不应当影响飞行机组的正常操作。涉及运行限制的保留故障，还应当在投入运行前以包括书面或电子在内的有效方式通报运行控制部门。

（6）保留故障控制单及其修复的信息，及时通报或反馈到航空运营人的维修控制中心和安全质量部门（当航空器发生保留故障的情况时，应该在 24h 之内完成保留故障控制单，并且保留故障已修复的除外）。

第11章
航空器部件(附件)修理

民用航空器维修是民用航空器维护修理的简称,又称机务维修,指为使民用航空器保持和恢复到规定状态所进行的维护、修理和管理工作的统称。保持民用航空器处于规定状态的活动,通常称之为维护(servicing),有时也称之为保养,如润滑、检查、清洁、加油等。使处于故障、损坏或失调状态的民用航空器恢复到规定状态,所采取的措施称之为修理(repair),如调整、更换、原件修复等。大部分情况下,维护和修理不能决然分开,维护过程往往伴随必要的修理,修理过程必然伴随着维护,所以统称为维修。

在民航维修业界,维修一般分为航线维护、定检维修和部件修理三种业务类型,其中部件修理也称为附件修理。

航线维护:指根据相应技术文件的要求,对航线运行中的民用航空器进行的例行检查和故障、缺陷的处理。下列一般勤务工作不视为航线维护:①民用航空器进出港指挥;②为民用航空器提供电源、气源、油料;③必要的清洁和去除冰、雪、霜等;④其他必要的勤务工作。

定检维修:指根据相应技术文件的要求,在民用航空器或者其部件使用达到一定时限时进行的检查和修理。定期检修适用于机体和发动机项目,不包括翻修。

部件修理:指根据相应技术文件的要求,通过各种手段使偏离可用状态的民用航空器部件恢复到可用状态。其中航空器部件是指除航空器机体以外的任何装于或者准备装于航空器的部件,如收发机、控制盒、显示组件和整台动力装置等。

随着科技的进步和时代的发展,飞机上越来越多的液压机械类部件逐渐被电子电气类部件取代。由于飞机航电系统部件越来越多,本章所涉及的航空器部件(以下简称部件)若无特殊说明均代指电子电气类部件。

当民用航空器通过航线维护和定检维修发现故障后,工程师对民用航空器定位故障,找到故障的部件,然后工程师对故障部件进行替换,同时将被替换掉的部件送往部件修理车间。当部件修理车间的相关操作人员,接收到被替换掉的部件(即待修件)时,首先对其进行状态核实,准备相应的方案、设备等。然后对待修件进行分解、清洁,并对待修件内部进行故障定位,通过一定的方法使其恢复到规定的状态以完成故障排除,最后将修理好的待修件进行组装、储存。操作人员在部件修理车间中实施上述工作。

典型的民用航空器维修过程如图 11-1-1 所示。

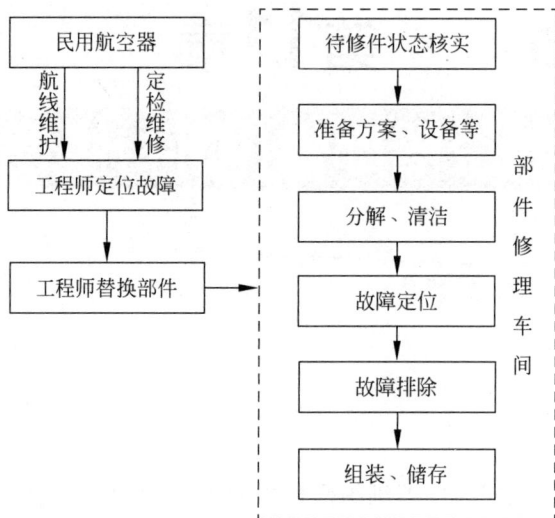

图 11-1-1　典型的民用航空器维修过程

11.1　修理前的准备工作

11.1.1　待修件的状态核实

通常，在接收送修的设备时应注意核实以下几方面。

（1）送修件的包装情况，特别是静电放电敏感部件或器件的防静电包装袋及标记。

（2）送修件的外形与完整性。

（3）附加在送修件上的相应标签、履历本等的填写情况。

（4）静电放电敏感部件电缆头上的防静电盖。

（5）送修文件或工作单。

11.1.2　5M1E 六要素分析

为保障修理的质量，实施规范化的修理，需要拥有相关维修资质的人，在符合规章的环境条件下，使用专业工具设备，按照维修手册步骤，更换修理部件并对其进行检查，同时对各个阶段进行资格核查，即"人机料法环测"为修理工作的核心要素。

（1）人（man）：取得相关授权工作范围的操作人员，如修理人员、检验人员等。

（2）机（machine）：使用的测试设备、测量仪器和维修工具等，如 ATEC 6000、IFR4000 等。

（3）料（material）：符合适航规章或国家标准的物料，如外壳、接头等。

（4）法（method）：现行有效的维修手册或持续适航文件涉及的工艺、设备、方法、流程等，如适航指令和由飞机零部件制造商提供的部件维修手册（CMM）等，其中 CMM 为部件修理工作的主要核心依据。

（5）环（environment）：工作地的温度、湿度、照明等环境条件，如防电磁辐射、防静电等。

（6）测（measurement）：检测修理工作中涉及的人员、设备、材料、方法、环境是否符合民航相关规章，如人员授权的工作范围核查等。

由于这六个要素的英文名称的第一个字母是 m 和 e，所以常简称为 5M1E 六要素，六要素中只要有一个发生改变就必须重新分析。人、机、料、法、环、测的六项分析不是独立的，而是"你中有我、我中有你"。典型的 5M1E 六要素分析如图 11-1-2 所示。

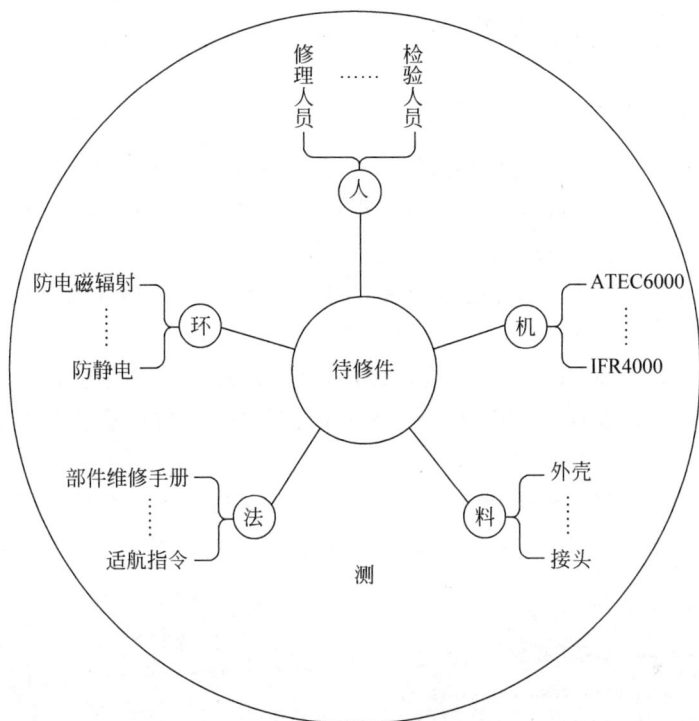

图 11-1-2　5M1E 六要素分析

在对航空器部件进行修理工作时，相关单位一般要遵守如下准则（具体参考民用航空器维修单位合格审定规则）。

（1）使用经过有关民航法规、国家标准或者行业标准、专业知识、基本技能、工作程序和维修人为因素知识的培训人员，或独立从事维修工作获得本单位的具体工作项目授权的维修人员，或具备相应的资质水平、从事无损探伤等工作的人员，作为直接从事民用航空器部件修理的人员。

（2）使用符合可接受的工业准则完成修理工作所必需的工具和设备（包括测试设备）；如果涉及制造厂推荐的专用设备，工作中应当使用这些设备。当使用制造厂推荐的专用设备的替代设备时，应当获得相关部门的等效批准。

（3）使用能保证航空器部件达到至少保持其初始状态或者适当的改装状态的合格航材。当使用航材的替代品时，应当获得相关部门的等效批准。

（4）使用航空器部件制造厂的现行有效的维修手册或持续适航文件中的规程、技术要求或实施准则。当使用其他规程、技术要求或实施准则时，应当获得民航局的批准，并且不得涉及航空器持续适航文件中规定的适航性限制项目。

（5）工作环境应当满足修理工作任务的要求，当因气温、湿度、雨、雪、冰、雹、风、光和灰尘等因素影响而不能进行工作时,应当在工作环境达到符合标准后再开始工作。

(6)建立安全、质量监督和保证体系,对修理工作的安全和质量水平实施有效的检测和监控,监督相应的责任部门和人员对存在的各种隐患进行有效的评估并及时采取有效的改正措施,降低安全风险,预防安全、质量问题的发生。

11.2 CMM 的使用说明

11.2.1 CMM 简介

CMM,一般由飞机零部件制造商提供,与部件制造商提供的电子组件、计算机或飞机上装配的其他组件配套使用,这些组件不仅提供给飞机生产厂商,也可提供给所有的营运商,自行将其装配在自己公司的飞机上。

CMM 内容:对于飞机零部件制造商制造的部件,给出详细检测、排故、校验、机械公差等组成的技术文件,每个部件对应的 CMM 都有其相应章节编号。

CMM 结构:按照 ATA 100 规范进行编排,手册分为前言、章节两部分。

前言部分包括:标题页、要点、修订记录、临时修订记录、服务通告清单、有效页清单、目录表、手册介绍。如图 11-2-1(a)所示。

章节部分包括:说明与操作、测试与故障隔离、自动测试技术要求、分解、清洁、检查、修理、组装与储存、配合与间隙、特殊工具、夹具与设备、IPL。如图 11-2-1(b)所示。

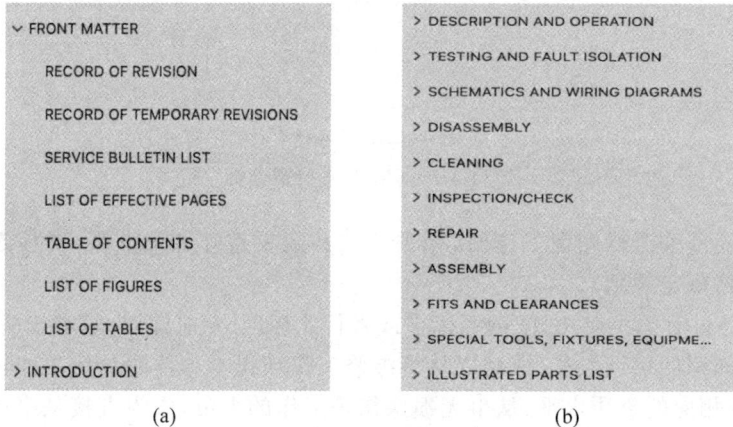

图 11-2-1　CMM 结构示意图
(a)前言部分;(b)章节部分

11.2.2 CMM 前言部分

1. 标题页

标题页给出了设备的名称和件号,以及供应商的专利权通告等,页码段缩写为 TP 或 T。

2. 要点

在手册最前面列出当前版本与上一被修订版本相比的更改要点,有关更改出现的页码,以及更改内容的简要说明与有效性等,页码段缩写为 Highlights。

3. 修订记录

修订记录列出本手册从原始版本到当前版本的历史记录,包括修订号、修订时间、修订人等信息,页码段缩写为 RR。

4. 临时修订记录

在当前版本与下一更新版本之间的临时修订插页(黄色)记录,包括临时修订号、插页位置等信息,页码段缩写为 TR 或 RTR。

5. 服务通告清单

服务通告清单列出了与本手册相关的服务通告历史记录,包括服务通告号、标题、颁发时间以及简要的颁发原因等信息,页码段缩写为 SB 或 SBL。

6. 有效页清单

有效页清单包括主题、页码、修订日期三部分,字符"＊"表示该页在最近一次修订中发生变化,字符 F 表示该页是折页(foldout),两页内容单面打印在一页大尺寸页上,通常是大型电路原理图。手册页码有效性可以在这里得到确认。页码段缩写为 LEP。

7. 目录表

目录表列出相对于各首页的段落标题,便于查找所需内容,页码段缩写为 TOC 或者 TC。

8. 手册介绍

手册介绍主要介绍手册的使用方法、警告提示信息、静电敏感防护和缩略语列表等内容;在某些手册中,介绍部分包含了图形清单(list of figures)和表格清单(list of tables)。此部分页码段缩写为 INTR。

以上内容介绍的是不同厂家 CMM 通用的编排方式。由于 CMM 的编制由部件制造商决定,编制方法不尽相同,工作者应当在维修实践中注意总结规律。

11.2.3 CMM 章节部分

CMM 章节部分遵循 ATA 100 规范,按照页码块进行部件维修工作的区分,但是内容有所不同,具体如表 11-2-1 所示。

表 11-2-1 工作内容页码

页 码 块	工 作 内 容
001～099	说明与操作(description and operation)
101～199	测试与故障隔离(testing and fault isolation)
201～299	自动测试技术要求(automatic testing requirements)
301～399	分解(disassembly)
401～499	清洁(cleaning)
501～599	检查(check)
601～699	修理(repair)
701～799	组装与储存(assembly and storage)
801～899	配合与间隙(fits and clearances)
901～999	特殊工具、夹具与设备(special tools,fixtures,and equipment)
1001～	图解零件列表(illustrated parts list,IPL)

CMM 章节部分将具体部件修理工作分成了 11 大类。

1. 说明与操作

这部分主要对部件的结构、规格、功能和系统连接关系等作出说明,并由工作综述开始,详细介绍部件的工作过程。

对于电子设备,还通过电路框图和各种数据表格来帮助维修人员理解部件的工作原理,对典型电路模块进行简要的分析。

2. 测试与故障隔离

这部分主要包含测试和故障隔离程序。测试程序用来判定航线可换件是否处于正常工作状态,故障隔离程序用来帮助维修人员对电路板附件故障进行定位。最后,本部分还给出了各模块之间的线路连接关系和相关电路原理图。

3. 自动测试技术要求

这部分给出部件可采用自动测试设备测试时,列出的所需航空电子系统缩略测试语言(abbreviated test language for avionics systems,ATLFAS)测试规范信息。

4. 分解

这部分给出设备分解的程序、步骤和注意事项,分解时应结合 IPL 并按步骤顺序工作。

5. 清洁

这部分给出针对相关部件的清洁材料和清洁步骤的特殊要求,通用清洁材料和步骤应当遵循厂家 SPM 的相关要求。

6. 检查

这部分给出针对相关部件的检查工具和步骤的特殊要求,通用检查工具和步骤应当遵循厂家 SPM 的相关要求。

7. 修理

这部分给出针对相关部件修理工具、设备和步骤特殊要求和注意事项,通用修理工具、设备和步骤应当遵循厂家 SPM 的相关要求。

8. 组装与储存

这部分给出设备装配的程序、步骤和注意事项,装配时应结合 IPL 并按步骤顺序工作。通用的装配与储存工具、设备和步骤应当遵循厂家 SPM 的相关要求。

9. 配合与间隙

这部分重点介绍一些子部件之间的配合和间隙问题,给出部件组装时特殊的扭矩要求、磨损限制以及润滑油材料等信息和注意事项。仪表和机械部件在此部分一般有特定的要求,计算机类电子部件在此部分通常无特殊要求。

10. 特殊工具、夹具与设备

这部分主要列出维修工作中所需的工具和测试设备,包括其名称、参数、功能、件号等信息。

11. IPL

这部分主要用于部件分解、组装、测试及故障隔离过程中不同零件的定位和识别,并在修理和更换零件时,提供符合适航要求的零部件件号和供应商代码。

表 11-2-1 中页码块的第一位可视为功能位,功能位指示手册中完成特定功能的内容,因此,当任何功能页块页数超过 99 时,需要采取措施增加页码而不能超出所定义的页码范

围。对于这种情况,不同的供应商采取了不同的解决方案。

(1)当功能块的页数超过一定数值后,通过顺序附加后缀字母 A 到 Z 来增加页码(见图 11-2-2)。采用这种方式的主要是波音公司的 CMM。

```
31-51-17
TESTING & FAULT ISOLATION
01.101    Page 192T
          Nov 01/03
```

图 11-2-2　波音公司的 CMM

(2)当功能页块的页数超过 98 页后,采用 98.1、98.2…98.XXX 编写后续页码(见图 11-2-3)。采用这种方式的主要是 Honeywell、Rockwell Collins 等公司的 CMM。

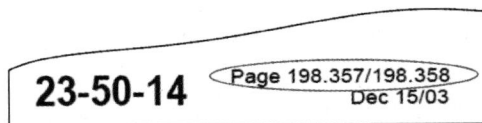

```
23-50-14    Page 198.357/198.358
            Dec 15/03
```

图 11-2-3　Honeywell、Rockwell Collins 等公司的 CMM

(3)直接扩充页码块的范围,将页码块范围扩大一个数量级(见图 11-2-4)。例如,将第一部分"说明与操作"的页码块范围扩充为 1~999 页,"测试与故障隔离"的页码块范围扩充为 1001~1999 页,依次类推,IPL 的起始页为 10001。采用这种方式的主要是 Avtech、Teledyne 等公司的 CMM。

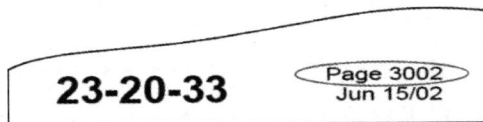

```
23-20-33    Page 3002
            Jun 15/02
```

图 11-2-4　Avtech、Teledyne 等公司的 CMM

所有有效的页码在手册前言的有效页清单中均有注明。

11.3　修理的工作流程和一般准则

11.3.1　修理的工作流程

部件的修理应由合格的修理人员,使用合格的修理设备和仪器,在符合规定的修理场所按照现行有效的 CMM 所规定的程序与步骤进行修理。修理阶段可分为开始前、过程中和完成后三阶段,通常由设备检查、参数测试、故障隔离、设备分解、清洁、修理、组装和储存等流程组成相应的阶段。

为保证修理的质量与规范性,现代航空部件的修理,应依据 CMM 的要求来实施。CMM 中,标准的修理程序如图 11-3-1 所示。

修理阶段开始前,修理人员应首先阅读手册的"说明与操作"部分,理解部件的工作方式和各类操作的注意事项、警告提示。同时,应注意待修部件在手册中的适用范围和有效性等问题。

```
                          ┌─────────────┐
                          │     开始     │
                          └──────┬──────┘
                          ┌──────┴──────┐
                          │     介绍     │
                          │ 页码INTRO-1  │
                          └──────┬──────┘
                          ┌──────┴──────┐
                          │  说明与操作   │
                          │    页码1     │
                          └──────┬──────┘
                          ┌──────┴──────┐
                          │     分解     │
                          │   页码501    │
                          └──────┬──────┘
                          ┌──────┴──────┐
                          │     清洁     │
                          │   页码401    │
                          └──────┬──────┘
                ┌─────────┤   测试   ├──────→ 特殊工具、夹具与设备 ──→ 自动测试技术要求
                │         │  页码1   │           页码901              页码201
                │         └────┬─────┘
                │      ╱是否有故障╲──否──→  存储      ──→  结束
                │      ╲         ╱          页码701
                │          │是
                │      故障隔离
                │      页码101
                │          │                测试
                │    故障是否被隔离           页码101
                │          │是              (最终校验)
                │       检查                 装配    ──→ 间隙容差
                │      页码101               页码701      页码801
                │    是否需要更换──否
                │          │是
                │       检查
                │      页码501
                │        IPL
                │      页码1001
                │       修理
                │      页码601
                │       测试
                │      页码101
                │    是否有故障──否
                └────────│是
```

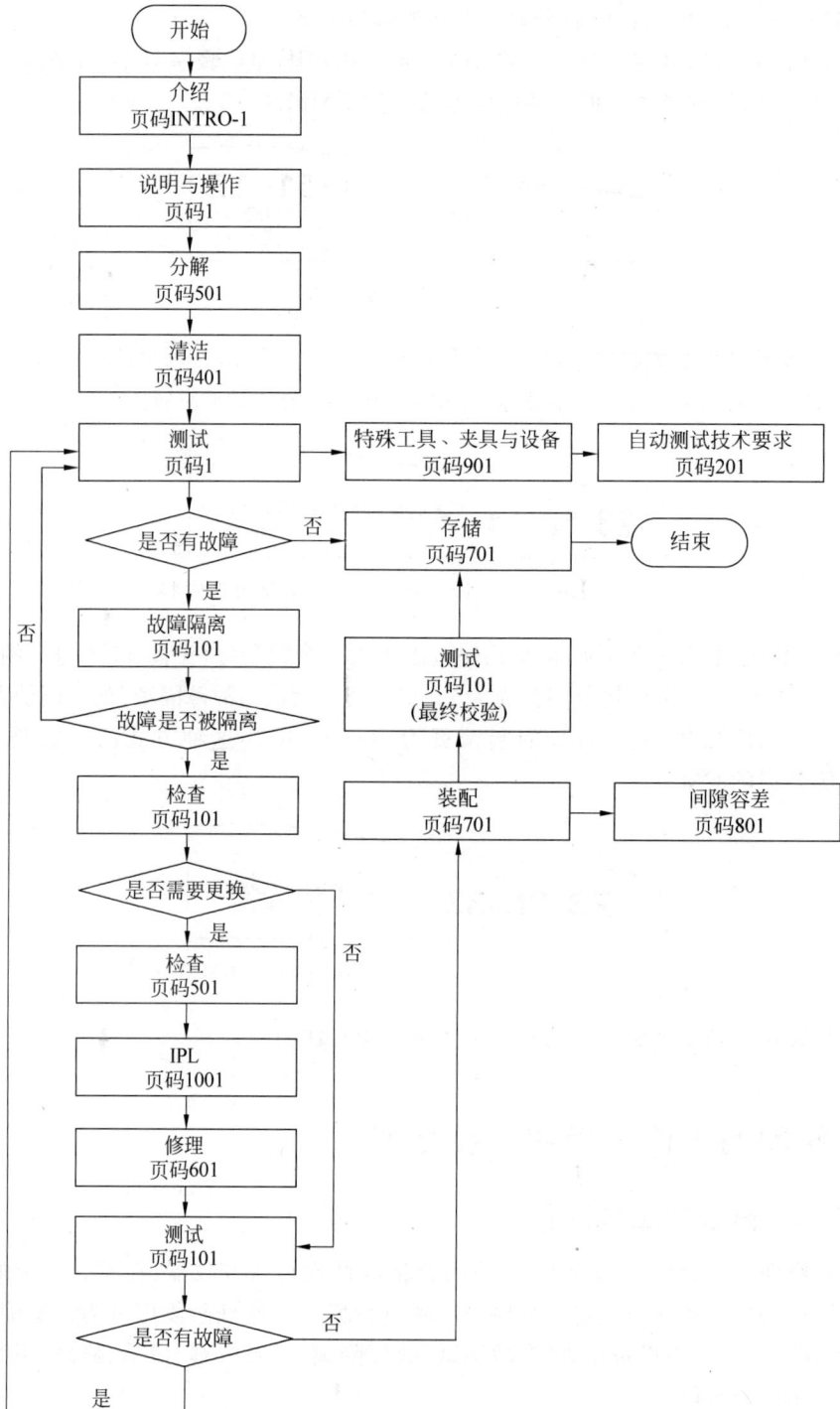

图 11-3-1　部件修理流程

　　修理过程中,修理人员应准确、详细记录各项测试参数。修理人员在需要更换元器件时,也应记录所换的元器件的电路符号、规格以及所换用的元器件的规格,作为技术资料保存。换下的元器件,对其进行废弃或标识处理后移除可用元器件区域。

修理阶段结束后,修理人员完成设备的修理工作后,应由专职的检验人员进行认真的检验,以保证修理的质量,确保该已修件的技术参数满足相应手册和适航规定的要求。同一部件的检验人员不应为该件的修理人员。

11.3.2 修理流程的一般准则

1. 分解

1) 分解的一般准则

一般情况下,为避免造成不必要的损坏,不应随便分解设备,只有在通过参数测试,进行周密的故障隔离、分析,确定必需的修理措施后,才能进行分解。同时,应尽可能降低对设备的分解程度,只应分解那些必须分解的部件或部分,减少不必要的分解。

设备的分解工作必须严格按照 CMM 所规定的程序和步骤进行。重点参考 IPL 的说明进行。在进行分解之前,应认真阅读手册,熟记各项注意事项。

在分解中,必须选用适当的工具并正确使用工具。为掌握正确的分解方法,从事分解的修理人员应当参考厂商提供的 SPM,如 Collins 的 523-0768039 手册或其他同类手册。

2) 分解的注意事项

在分解部件或拆卸元器件前,必须确认断开所有电源和射频激励源接头的连接。带电或者连接有射频接头的部件会对人体造成伤害,分解过程中会造成电压的瞬间变化,这种变化会损坏部件。

对标有 ESDS 标记的部件或电路板的分解,必须切实遵照防静电措施,在防静电工作台上进行,将工具接触到地面之后再使用,电烙铁需要接地,并戴上腕带。

在进行电缆、导线束的分解前,应注意各导线的颜色,必要时在导线上做好标记。一种有效的方法是在分解前对导线的颜色编码、配置方式、所采用的绝缘措施做好记录,以备安装时参考。此方法对其他元件的分解同样适用。

用一个互相被分隔开的托盘和/或标签来标识被分解的零件和小五金件。标记零件要使用和部件维修手册的零件目录中相同的图号、项目号,这样可以帮助识别。

2. 清洁

1) 清洁的一般准则

部件上有了油、水、尘土、积炭和锈迹,以及部件的轴承和传动部分上的润滑油脏污、变质等,都会影响部件的正常工作,甚至造成部件的损坏。为了保护部件表面,保证插头接触良好和部件转动灵活等,必须对部件进行清洁。

常用的清洁材料有酒精、中性洗涤剂、软毛刷、硬毛刷、无毛布、棉签、压缩空气和超声波清洗槽、烘箱等。例如,一般使用变性酒精(工业酒精的一种)和异丙基乙醇作为安全清洁剂清洁组件的内部零件,使用中性洗涤剂清洁外壳与面板(内外表面和印刷电路板)。对于含有铝电解电容的印刷电路板,勿使用卤代烃试剂(否则会损坏铝电解电容),可使用异丙基乙醇作清洗剂。

清洁剂的选择使用和清洗顺序应按照 CMM 中的相应要求来做。

2) 清洁的注意事项

(1) 压缩空气的使用注意事项。

使用压缩空气来清除组件或电路板上的积尘时,应佩戴防护目镜和防尘口罩,警告附近的其他工作者远离清洁区,并在具有抽风设备的房间中进行。清洁工作间的工作台需要按防静电要求配备,对气源也有防静电的要求,需要对压缩空气进行除静电处理。采用专门的防静电的设备,消除压缩空气里的静电,同时也可以净化压缩空气里的细小颗粒等,为清洁工作提供干净、安全的压缩空气。对电子设备的清洁,还要注意压缩空气的压力不要超过 0.2MPa(28psi),否则可能会造成被清洁的部件或组件的损坏。

(2)工业化学用品的使用及个人防护。

使用化学用品进行清洁或修理时,应选择通风良好的场所,避免皮肤接触化学用品或长时间吸入化学用品的挥发物质。避免在有火焰或高温情况下使用易燃易爆物品,处理危险品时应穿上防护服、戴上手套和护目镜。当使用压缩空气清洁设备时,应戴上防护眼镜,其他工作者应被警告远离清洁区。

3. 检查

1)检查的一般准则

航空部件的检查类型可分为目视检查和通电检查。下面将对两种检查类型的功能与用途进行叙述。

(1)目视检查。

目视检查是对航空部件进行全面评估的重要步骤,不仅是对部件外观的简单观察,更是对潜在问题的一次全面排查。通过这一步骤,可以及时发现并处理潜在问题,提高维修效率,为后续的维修工作提供重要的参考和依据。完成目视检查后,详细记录检查过程中发现的所有问题,包括问题的性质、位置和可能的原因等。

(2)通电检查。

通电检查是指按照 CMM 测试部分对部件进行通电测试,用来初步判断部件是否有故障。对于测试步骤较多的部件,可以只测试一些关键步骤,用来判断部件好坏,不需要按照测试程序全部做完。

2)检查的注意事项

在进行目视检查时,首先擦拭表面,保持清洁且干燥,这样可以更清晰地观察其表面情况。然后,仔细观察部件的每一个细节,必要时可以使用放大镜,包括检查部件的外观是否有损伤、裂纹、腐蚀或过热迹象,以及连接器和接口是否完好,螺丝或焊接点是否松动。除了对部件表面的检查,还应关注部件的标识和标签的完整性。

对于异常的现象,如颜色变化、材料变形或异味等,可能是部件内部问题的外在表现。此外,对于某些特殊部件(如电机或者作动筒等),需要借助特定的工具或设备进行辅助检查。例如,使用内窥镜检查难以直接观察到的部件内部情况,或使用紫外线灯检查是否有潜在的荧光物质泄漏等。

通电检查应严格按照操作规程进行,在通电检查前,必须确保部件的电源连接正确、稳定,并且电源符合部件的规格要求。同时,要检查电源线路是否完好无损,避免短路或漏电等安全隐患。维修人员应熟悉部件的工作原理和电路布局,避免误操作或不当操作导致部件损坏或人员受伤。在通电过程中,要密切观察部件的工作状态和指示灯的变化,及时发现并记录异常情况。

对于结构比较复杂的部件,如果根据拆件能分析出部件可能存在短路的故障,可以对部件进行低电压通电检查,并配合其他相关专业设备(如红外成像仪、红外照相机等),观测部件的局域温度变化,温度变化较高的地方便是短路故障处。

4. 修理

1)修理的一般准则

在进行修理工作时,始终优先考虑安全。操作人员应确保工作区域干净整洁,并按照正确的安全程序和操作规程工作,仔细检查部件并排除可能的故障点,确保准确诊断出故障原因,仔细阅读并遵循制造商提供的维修手册和说明,以确保修理工作的成功。这些手册包含了正确的操作步骤和安全须知。确保使用适当的工具和设备进行维修工作。不要使用损坏或不合适的工具,以免造成额外的损坏或安全风险。

2)修理的注意事项

在进行修理工作时,应注意环境条件,如温度、湿度等因素。避免在恶劣或不符合要求的环境条件下进行修理,以免影响人员安全和工作效果。在操作部件时,务必小心谨慎,避免误操作造成损坏或伤害。如有不确定的操作,应及时咨询上级或专业人员。若涉及液体和化学用品,应正确使用和处理,避免造成污染或伤害。必要时,使用个人防护装备来保护自己。修理完成后,务必进行功能测验,测验结果应符合规定的标准和要求,确保修理工作的有效性。同时,应详细记录所采取的步骤操作、诊断过程、解决方案以及修理后的测验结果等,以便日后追溯和分析。

5. 测试

1)测试的一般准则

航空部件的测试类型可分为全功能测试、分步测试、循环测试和排故测试以及航空部件终检。下面将对各个测试类型的功能与用途进行叙述。

(1)全功能测试。

如果工作者选择了全功能测试,测试系统将由测试程序进行指引,将按照测试规范从头到尾进行一遍测试,测试内容覆盖航空部件的各部分功能。一般工作者在执行航空部件的维修过程中,在预测试和放行前两种情况下要选择全功能测试。

(2)分步测试。

如果工作者在维修过程只需要检查航空部件某部分功能时,选择分步测试。下列情况可能选择分步测试:航空部件某部分功能失效;工作者进行排故;为确认故障已经排除。

(3)循环测试。

循环测试是指工作者针对某个或某几个测试步骤重复测试几次或多次。当工作者发现某部分测试不稳定,故障间歇性出现时,可对该部分选择循环测试。

(4)排故测试。

工作者如果需要测试系统在测试过程中提供排故的指导,可选择排故测试。

(5)航空部件终检。

故障排除后,工作者需要对维修部分进行循环测试,以确定故障是否排除,但在放行之前,还需要对航空部件做至少一遍全功能测试,只有全功能测试通过,才被允许放行。

2)测试的注意事项

(1)操作人员须经过操作技术培训。

(2)在测试前,请检查每个设备的连接,特别是每个电源插头的连接。

(3)执行功能测试或排故时,必须将高频、微波电路板保持在原有位置上并装好屏蔽盖板,以免高频微波信号泄漏,造成人员伤害。对未安装壳体的部件进行测试或排故时,应穿上防波服和佩戴防波镜。

(4) 按照 CMM 测试逻辑所给出的先后顺序接通每个设备的电源开关。

(5) 修理或排故期间,请戴好防静电腕带,并确保腕带被牢固地接地。

(6) 插入、提取电路板或更换元件时,必须关断所有的电源并佩戴防静电腕带,禁止带电插入或提取电路板、更换元件。

(7) 当功能测试完成时,请退到测试程序的最前页,然后关断所有的电源,以防止在加有信号的情况下关断电源,给设备和被测件带来不利的影响甚至损坏。

(8) 在拆卸该测试系统的每个设备或被测件之前,必须先关断所有的设备电源;严禁操作故障设备。发现故障时应停止使用,挂故障标示牌,并向相关部门报告。

(9) 对含有射频发射板的组件,当执行功能测试或排故时,不要打开电路板进行操作,保持它们在原有位置上,否则将造成人员伤害。

6. 组装和储存

1) 组装和储存的一般准则

部件的组装和储存必须在对该部件的修理工作全部完成后,严格按照 CMM 规定的程序和步骤进行。首先,根据 CMM 中的 IPL 找出所有的部件,组装过程通常是分解过程的逆过程,部件的安装从序列数最大的开始。如果有的部分需要先安装,它的子安装程序、详细部件紧跟在副安装程序之后。除非特别说明,部件名字后圆括号内的数字为 IPL 的号码。然后,对组装完成的部件按照相关规章要求的方法和条件进行储存。

2) 组装和储存的注意事项

已完成修理和检验的部件,应按相关规定正确组装和储存。对静电敏感部件或设备,须注意在电缆头上加防静电盖,放置在专用的防静电容器或包装中,并贴有或印有明显的防静电标记。

应将部件连同干燥剂装入合格的包装袋储存。如储存时间长于 9 个月,则不应使用聚氯脂质的包装袋。

已修件在正确封装后,应储存在专用的库房或区间的设备架上。存放已修件的库房或区间应满足必要的通风要求,避免遭受可能会导致腐蚀或其他不良后果的气体、液体、水蒸气的侵蚀,并应设有明显的标示牌。待修件的存放库房和区间必须与已修件分开并明显标识,以防混淆。

部件在从航线—车间以及从车间—航线运输过程中,需要用保护性的材料包裹,用原来或等同的包装盛放。在包装上封好防潮的胶布,再标以搬运说明。方便的可以直接用手柄拎提,在用其他工具运输时要保证部件直立放置,并避免部件的壳体、前面板元件及后部转接器受到损伤。

11.4 部件的基本组成及其修理

11.4.1 部件的基本组成

纵观民用航空器部件的构造特点可以发现,民用航空器部件基本由用于起到保护或显示作用的外壳、用于与其他相关部件或结构连接的接头、用于搭载与实现相关特定功能的电路板及元件三部分组成,即外壳、接头、电路板及元件。图 11-4-1 为一种典型导航控制盒部件的外形图,图 11-4-2 为一种典型驾驶舱话音记录器部件的内部结构图。

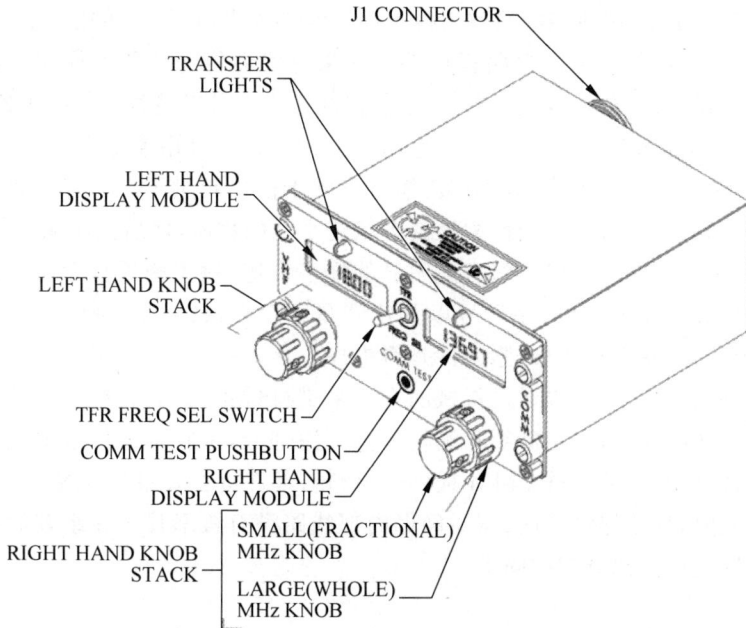

图 11-4-1 导航控制盒部件

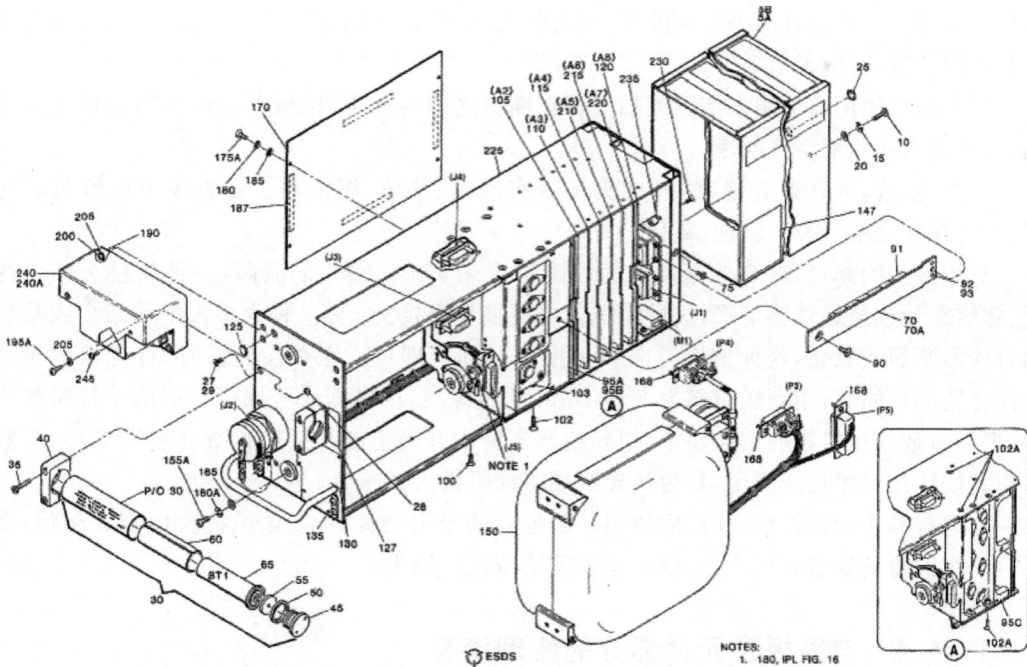

图 11-4-2 驾驶舱话音记录器部件的内部结构

11.4.2 外壳部分的修理流程

参考 CMM 的 IPL,用适当的螺丝刀拆下固定组件外壳(包括顶板或侧板)上的螺钉,移走外壳后,即可看到组件内部的电路板组件。如果有线夹将连接器组件固定在外壳上,并且需要移除连接器组件,请将线夹切断(注意:在此连接下可以接触内部电子器件)。

可用硬毛刷扫除组件外壳表面的灰尘,如表面有油污,可用无毛布蘸上中性清洗剂后擦除,或放入超声波清洗槽中清洗,再用压缩空气吹干或烘箱烘干。如有需要,为了使被堵塞的防尘罩的通风孔打开,可用变性酒精浸湿堵住小孔的物质,然后用压缩空气吹出。

主要检查部件的外壳是否缺损,有无明显的损害痕迹,检查侧板有无需要修复的凹陷、变形或损坏。检查前面板名称、序列号以及铭牌是否存在,粘贴是否结实。检查底盘是否松动,安装固定件是否丢失、变形,紧固件是否损坏。

对于组件外壳的变形,可以通过机械的方法来进行矫正,如表面有裂纹的,可以采用电焊。对于组件壳体的掉漆,可用砂纸和酒精清洗掉漆部分,用胶带盖住未掉漆部分,用阿罗丁工艺处理铝件表面,然后根据 CMM 提供的材料对部件重上底漆和面漆。

在组装外壳时,拧紧螺钉之前,需要确保内部线路没有被卡住。在组装后,应根据手册要求完成机械固定或其他方式的固定。

11.4.3 接头部分的修理流程

拆卸接头中的插钉时,首先要选择正确的插钉拆除工具,然后左手握住接头,右手将工具插入导线另一侧插钉周围的空隙中,用力将工具顶入,直到插钉的锁定片松开,再用力推工具中间的推力杆,弹出插钉。

接头需要使用软毛刷来清除或扫松积在插钉之间的灰尘,用蘸有变性酒精的棉签清洁插钉,然后再用压缩空气吹净。

检查绝缘部分有无裂缝,检查接头是否有破损、移位、腐蚀等。检查各个插钉是否完好,是否存在变形、松动、腐蚀、氧化。

对于接头的修理,需要根据接头的故障情况来实施。接头的故障,一种为接头外壳变形、螺纹滑牙或绝缘性能下降,这种情况需要更换整个接头;另一种为接头中的某个或某些插钉变形断裂或氧化,这种情况只需要更换部分插钉即可。在更换插钉时,首先根据导线选择合适的热缩套,用剥线钳剥去大约 4mm 的绝缘层,再根据线号选择合适的压钉钳和位置,把插钉放入压钉钳的定位座中,把导线塞入钉中并确定能从插钉检查孔中看见导线,然后用力按压压钉钳将线固定,最后从导线端将插钉推入插座中。

在进行插头的插钉组装时,应使用手册推荐的专用工具,检查电缆插头内有无杂物,多插钉插头的重新安装必须小心,以防止安装错位损坏插头。

11.4.4 电路板及元件部分的修理流程

电路板的分解可通过按压每块电路板上部两侧的手柄松开电路板,然后沿着滑轨可拔出每块电路板。有些电路板是直接用螺钉固定在外壳框架上的,分解此类部件时,需要将所有固定螺丝拆下,才能取出电路板。如果电缆从电路板组件延伸出来,并且电缆端连接器固定在前面板或后盖上,需要将连接器拆下后才能取出电路板。从电路板拆除元器件时,应先去除覆盖在电路板和元器件周围的三防漆,遇到多层电路板或插脚很难拆下时,可采用两边同时加热的方法来清除焊盘孔内的焊锡。元件的分解参考标准焊接与拆焊工艺,使用电烙铁从电路板上拆下。拆卸微芯片以外的元件时,请勿过度加热印刷箔,否则有可能导致其从绝缘材料上脱落。在多次退焊仍未成功的情况下,重新焊接后再退焊效果更好。拆下元件之后用蘸有酒精的棉签彻底清洁电路板上的未焊接区域。

用一个软毛刷或最大压力为 0.2MPa(28psi)的干净、干燥的压缩空气,清洁电路板上的杂物。对于用上面方法除不去的杂物,可以用硬毛刷(不是合成纤维的)或用棉签蘸上变性酒精清理小污点。

检查电路板的终端连接器是否有松动、损坏或被腐蚀,相关连接是否正确,焊料是否合理,是否有断裂、烧坏或炭化的痕迹。检查电容是否有壳体破损、漏液、腐蚀。检查二极管有无进水、烧毁或破裂。检查线圈有无损坏或炭化的壳体。检查变压器有无损坏或过热表象的壳体。

修复和更换元件时,所需更换的元件参数必须符合 IPL 的要求,标准操作方法应严格遵守厂商提供的 SPM 的要求。故障排除后,应重新在电路板两面的更换处喷上三防漆。维修电路时,应注意观察导线的走向以及元件方向,使得导线尽可能短。表面安装元件对焊锡有一定的要求,烙铁不能碰到陶瓷元件。替换元件后,将长引脚器件的多余部分剪去并用蘸有变性酒精的棉签彻底清洁电路板上的焊接区域。

更换功率晶体管时,应先焊下其导线并拆下散热片和螺母,然后拆下晶体管和绝缘垫片;给替换的绝缘垫片的两面都涂上导热硅脂,安装上替换的晶体管和绝缘垫片,重新装好并拧紧螺母,然后用欧姆表检查散热片和安装螺母之间的开路电阻(需大于 $10M\Omega$),最后焊上功率晶体管的导线。

在安装集成电路器件时,应使用手册推荐的专用工具,检查焊锡孔有无堵塞。检查完毕后才可施工,以免损坏器件。如果电路板上有螺钉孔,请用螺钉固定。安装螺钉时,先不要拧紧,等所有螺钉都拧入螺孔三四圈后,再以对角的顺序逐个拧紧。组装电路板时,需将所有电路板插入部件的主板插槽中(注意不要插错位置),并按下锁定片(如有的话)固定电路板。

11.5　部件维修综合实践项目

11.5.1　项目1起落架空地状态继电器组件维修

1. 起落架空地状态继电器简介

起落架空地状态继电器是较为典型的飞机电子类附件,位于前起落架舱的 E11 设备架上,如图 11-5-1 所示。当飞机在空中时,起落架上的压力开关控制该继电器切换到空中的线路;当飞机在地面时,起落架上的压力开关控制该继电器切换到地面的线路,从而实现飞机空地状态的信息感知和状态采集。飞机的空地状态可通过飞机通信寻址与报告系统(aircraft communications addressing and reporting system,ACARS)传输到地面的航空网络中。实现航空公司对飞机状态的远程监控。例如,起落架空地状态继电器由地面线路切换到空中线路时,表示飞机处于起飞状态,ACARS 会自动发送起飞报文;起落架空地状态继电器由空中线路切换到地面线路时,表示飞机处于着陆状态,ACARS 会自动发送着陆报文。

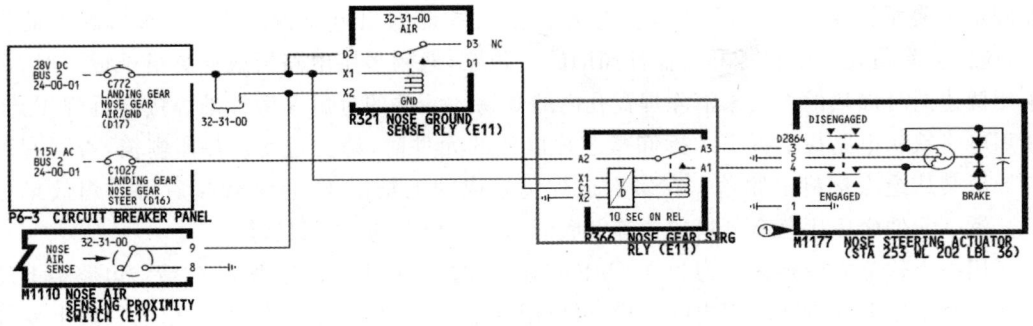

图 11-5-1　起落架空地状态继电器线路连接

　　飞机维修人员在航线检查中发现起落架空地状态继电器故障,在记录相关故障现象后,会将该继电器拆下后送到内场进行维修。在内场维修时,维修人员通过更换继电器内部的电子元件(如电阻、电容、三极管、比较器等)恢复该继电器的功能。该维修案例聚焦在起落架空地状态继电器(件号:285N0126-11,-13)故障后的内场维修工作,主要参考 CMM 24-09-87 进行,按照组件维修的流程首先进行工作原理剖析,在此基础上进行常见故障现象分析,进而定位故障的区域,再通过上电后测试各节点的波形,精确定位故障点,最后更换故障的电子元件,通过功能测试后,完成起落架空地状态继电器组件的维修工作。

2. 起落架空地状态继电器教学电路改造

　　起落架空地状态继电器属于航材元件,其电子元件价格较为昂贵,不适合多轮次开展教学,因此需对原有航材元件进行民用件替换,更新相关的测试电路并进行适合教学的电路改造。CMM 24-09-87 中的测试电路如图 11-5-2 所示,中间"285N0126"为起落架空地状态继电器组件,其内部电路如图 11-5-3 所示。外部为测试电路,需要 S1、S2 两个开关及四个 28V 的指示灯(L1～L4)。

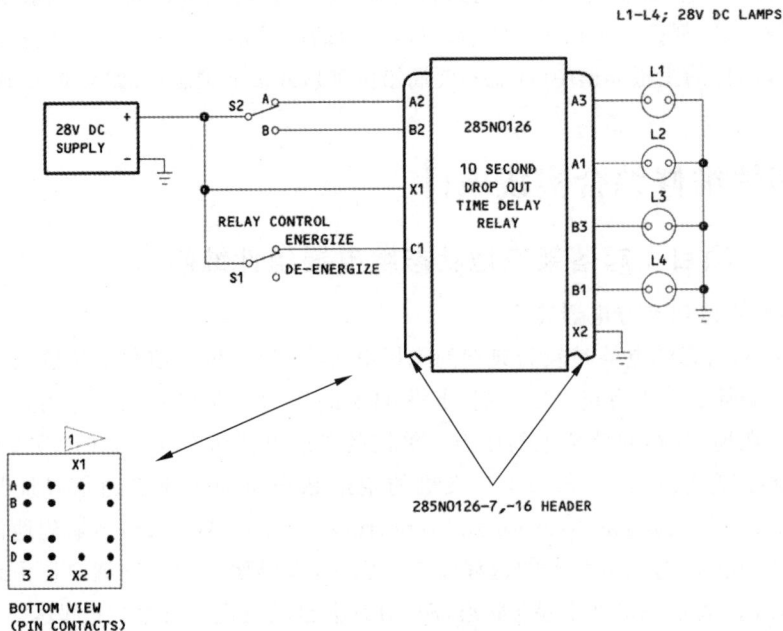

图 11-5-2　CMM 中的测试电路

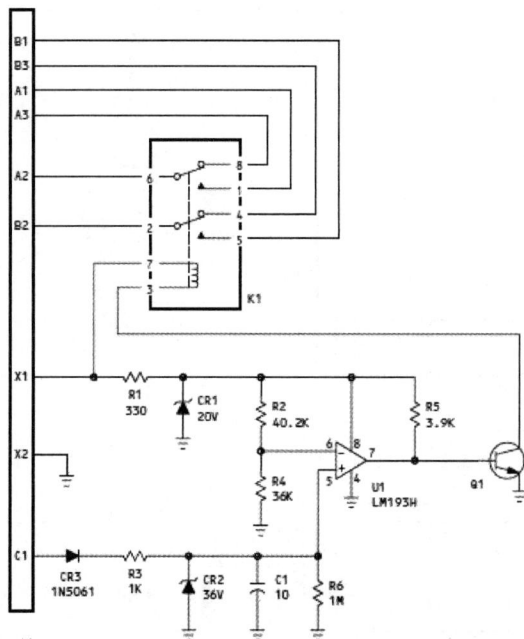

图 11-5-3 起落架空地状态继电器电路原理

针对教学的特点,对图 11-5-2 的测试电路进行改造,重新设计的电路原理图如图 11-5-4 所示,印制电路板(printed circuit board,PCB)图如图 11-5-5、图 11-5-6 所示。

电路主要改造点如下。

(1) 测试电路部分增加 S1、S2 的状态指示灯 L5、L6。可指示 S1 开关是否位于接通位置,注意,S1 位于开位(energize 位)时,L5 亮,以及 S2 开关是否位于 A 位(S2 位于 A 位时,L6 亮)。

(2) 工作电路部分将继电器 K1 由 HFW1201K03 更换为普通双刀双掷继电器。

(3) 工作电路部分将三极管 Q1 由 2N2405 更换为小功率的 2N5551 或 2N9013。

(4) 工作电路部分增加 R9(1.2MΩ)的电阻,便于观察延时时间变化。

(5) 其他电路完全一致。

3. 起落架空地状态继电器组成及工作原理

起落架空地状态继电器由 1 个比较器、1 个三极管、3 个二极管以及若干电阻、电容组成,其电路原理图见图 11-5-3,主要作用是控制继电器的吸合和断开,实现对飞机空地信号的延时切换。

此电路工作在 28V 直流电压下,X1 接 28V 正极,X2 接 28V 负极,在 CR1(20V 稳压二极管)作用下,R2 和 R4 的分压,使得 U1-6 引脚的电压约为 9.5V。当 28V 电压加到 C1 端时,电容 C1 充电,U1-5 引脚电压在 R5 和 R6 的分压下接近 28V,此时 U1-7 引脚输出高电平,驱动 Q1 使得继电器 K1 吸合;当 C1 断开 28V 电源时,电容 C1 缓慢地通过 R6 进行放电,当 U1-5 引脚电压低于 U1-6 引脚(9.5V)时,U1-7 引脚输出低电平,Q1 截止,继电器 K1 断开,延时时间在 10s 左右。

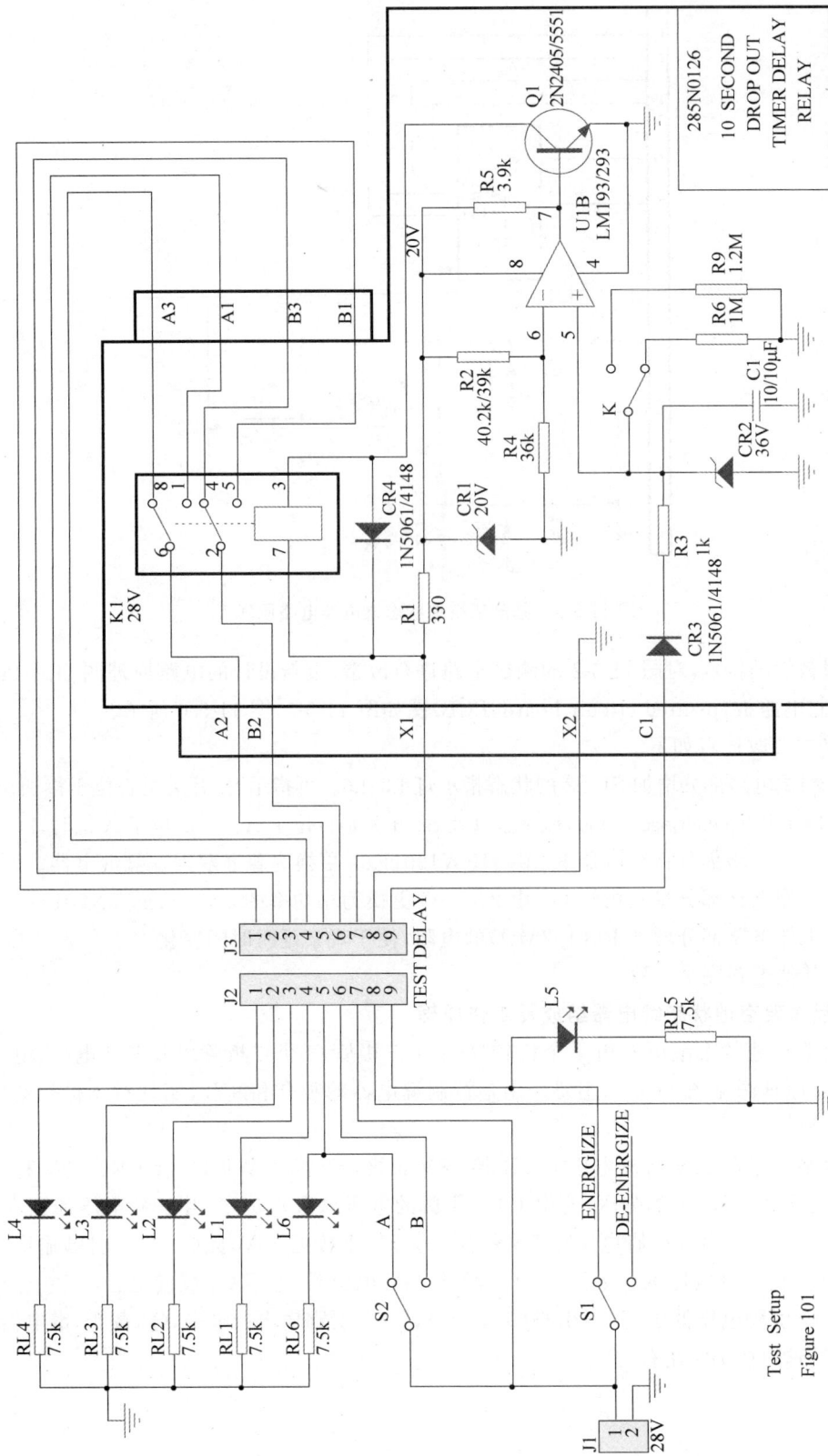

图 11-5-4 教学电路改造后的原理图

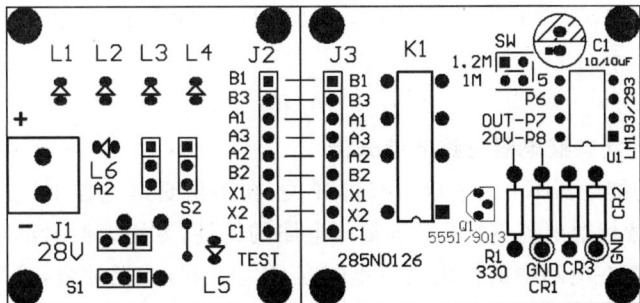

图 11-5-5 教学电路改造后的 PCB 正面

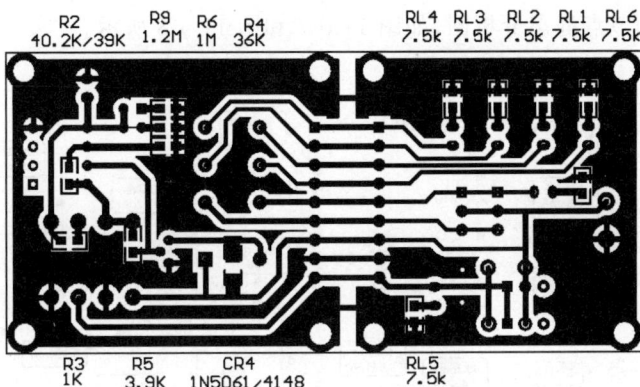

图 11-5-6 教学电路改造后的 PCB 反面

经过以上分析可知,当 28V 电压从 C1 端断开时,继电器 K1 并没有立即断开,而是通过比较器比较正负端输入的电压值,过一段时间继电器 K1 才断开,这个时间就是延时时间,也就是说,延时时间的长短既取决于比较器负端的基准值,又取决于比较器正端的电容 C1 放电的快慢,理想的 C1 通过 R6 的放电式为

$$U = U_0 \mathrm{e}^{-\frac{t}{RC}} \tag{11-5-1}$$

式中,U 为电容两端的瞬时电压;U_0 为电容充满电的电压;t 为放电时间;R 为电阻;C 为电容。

式(11-5-1)两边取对数得

$$\ln U = \ln U_0 - \frac{t}{RC} \tag{11-5-2}$$

式(11-5-2)整理得

$$t = RC \ln \frac{U_0}{U} \tag{11-5-3}$$

此处 U 就是比较器负端的电压,其值为

$$U_0 = U_1 \times \frac{R_4}{R_2 + R_4} \tag{11-5-4}$$

式中,U_1 为稳压管 CR1 两端的电压。

将 $R = R_6$,$C = C_1$ 以及式(11-5-4)代入式(11-5-3)得

$$t = R_6 \times C_1 \ln \left(\frac{U_0}{U_1} \times \frac{R_2 + R_4}{R_4} \right) \tag{11-5-5}$$

将 $R_6 = 1 \times 10^6\,\Omega, C_1 = 10 \times 10^{-6}\,\mathrm{F}, U_0 = 28\mathrm{V}, U_1 = 20\mathrm{V}, R_2 = 40.2 \times 10^3\,\Omega, R_4 = 36 \times 10^3\,\Omega$,代入式(11-5-5)得

$$t \approx 10.86\mathrm{s} \tag{11-5-6}$$

4. 起落架空地状态继电器电路节点分析

视频：
项目1电路
节点电压
测量

图 11-5-4 中的继电器 K1 是个双刀双掷开关,在不仿真继电器 K1 的电弧等内部参数的条件下,用电阻替代继电器 K1 不影响整体电路的特性,万用表测量继电器 K1 控制端的电阻是 700Ω。CR3 在电路中的作用是防止电容 C1 从 CR3 支路放电,原型号为 1N5061,实习项目中由于这个二极管价格比较昂贵,因此采用 1N4148 来替代,其他元件的型号可通过 10s 延时继电器的 CMM 查到,在仅对继电器和 CR3 进行等效后用 Cadence 软件建立的 PSpice 仿真模型的节点静态分析图,如图 11-5-7 和图 11-5-8 所示。

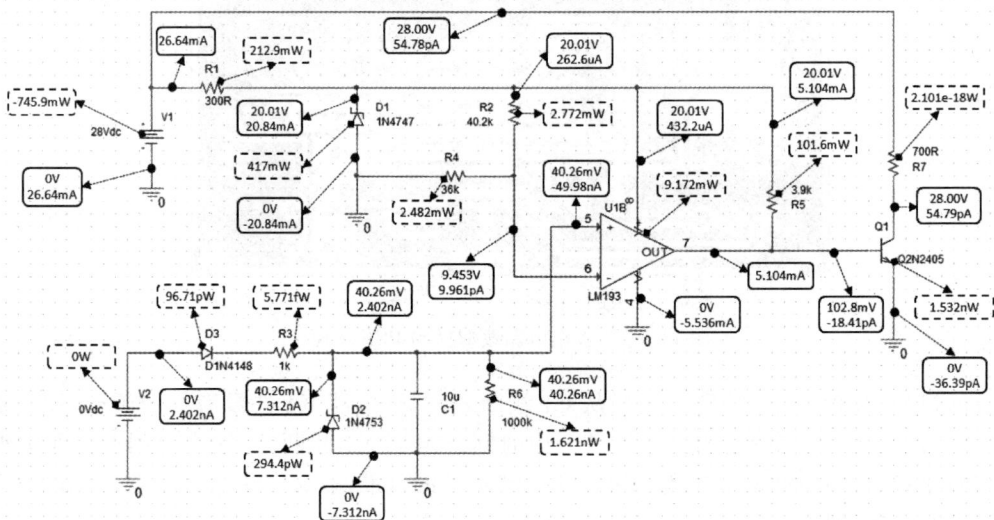

图 11-5-7   V1=28V,V2=0V 节点静态分析

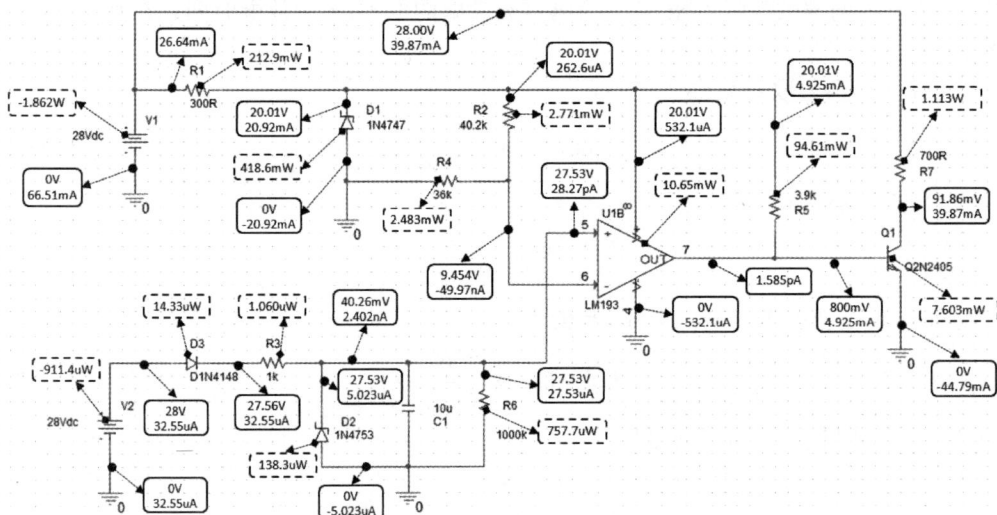

图 11-5-8   V1=28V、V2=28V 节点静态分析

5. 基本状态核实

基本状态核实是飞机电子附件维修的前置工作,其目的是评估并核对电路板的状态。学生在拿到有故障的起落架空地状态继电器,并对其进行拆解,拿出电路板后,需要填写表 11-5-1。主要填写表中序号 1~23 的部分,核实元件是否在位,是否有烧坏的痕迹,安装方向是否正确,型号是否正确等。

视频:
项目 1 基本
状态核实

表 11-5-1　起落架空地状态继电器状态核实

成品板号　　　　　　　　　　直观检查情况

测试情况(用 24V 电源)

拆后印板状态_____　　　　　剩余元件数量_____

序号	名称	标称值	封装	数量	成品板	拆	领	新板	备注
1	电阻	330Ω	引线	1					
2	电阻	1kΩ	0805	1					
3	电阻	3.9kΩ	0805	1					
4	电阻	7.5kΩ	0805	6					
5	电阻	36kΩ	0805	1					
6	电阻	39kΩ	0805	1					
7	电阻	1MΩ	0805	1					
8	电阻	1.2MΩ	0805	1					
9	电容	10uF	引线	1					
10	二极管	4148	引线	1					
11	稳压管	20V	引线	2					
12	发光管		SIP2	6					加管座
13	三极管	2N5551	T0-92	1					
14	IC	LM393	DIP8	1					加 8 脚座
15	继电器		引线	1					加 16 脚座
16	按键		带自锁	2					
17	PCB	单面板		1					
18	IC 插座	8 芯	DIP8	1					
19	IC 插座	16 芯	DIP16	1					可去掉 8 个引脚
20	插针	单排	SIP	8					
21	短路块	跳线		2					
22	电源线		黑/红	0.6 米					调试用
23	端子	电源		1					

注:此表请勿涂改,否则成绩为 0 分,成品板元件是好的打√,拆或领打√或填写数量,有下画线的项目由教师检查后填写。

新板号　　　　　　　　　直观检查情况
测试运行情况　　　　　　创新点

6. 组件上电测试

在经过基本状态核实之后就可以进行组件上电测试了,这部分的主要目的是对组件的功能进行测试,进行故障点的定位。需要注意的是,在对组件上电前,需要测量 X1、C1 两个供电输入端对地(X2)的电阻值,如果电阻值为 0,说明组件中存在短路的情况,此时禁止上电操作,需回到基本状态核实阶段仔细辨别是否有异常的元件。

测试所需设备有直流稳压电源、万用表、示波器等。CMM 24-09-87 中给出了组件上电

视频:
项目 1 上电
测试

进行功能测试的现象和疑似故障的元件,如表 11-5-2 所示。

表 11-5-2　组件功能测试和疑似故障元件

STEP NO.	PROCEDURE	REQUIRED RESULTS	SUSPECTED COMPONENTS
5.1	Set up test per Fig. 101.		
5.1.1	Set switch S1 to DE-ENERGIZE position. Set switch S2 to A position. Turn on power 28 ±0.5v dc.	L1 on L2,L3,L4 off	K1
5.1.2	Set switch S1 to ENERGIZE position.	L2 on L1,L3,L4,off	K1,C1,Q1,U1
5.1.3	Set switch S2 to B position.	L4 on L1,L2,L3 off	C1,Q1,U1 and associated components
5.1.4	Set switch S1 to DE-ENERGIZE position.	In 8 to 12 seconds, L4 off, L3 on,L1,L2 remain off	C1,Q1,U1, and associated components
5.1.5	Set switch S2 to A position.	L1 on L2,L3,L4 off	K1,C1,Q1,U1
	Remove all connections.		

整个测试流程分为 5 步,分别为 5.1.1～5.1.5,根据正常的结果(REQUIRED RESULTS),判断疑似的故障元件(SUSPECTED COMPONENTS)。

(1)先进行 5.1.1。将 S1 开关打到关位(DE-ENERGIZE 位),L5 指示灯应为熄灭状态。再将 S2 开关打到 A 位,L6 指示灯应为点亮状态。之后打开外部 28V 的直流供电电源开关,给系统上电。此时组件正常的工作现象为 L1 指示灯亮,L2、L3、L4 指示灯均熄灭,如果组件工作状态异常,可能损坏的元件是 K1。

(2)接着进行 5.1.2。将 S1 开关打到开位(ENERGIZE 位),L5 指示灯为点亮状态。此时组件正常的工作现象为 L2 指示灯亮,L1、L3、L4 指示灯均熄灭,如果组件工作状态异常,可能损坏的元件是 K1、C1、Q1、U1。

(3)再进行 5.1.3。将 S2 开关打到 B 位,L6 指示灯应为熄灭状态。此时组件正常的工作现象为 L4 指示灯亮,L1、L2、L3 指示灯均熄灭,如果组件工作状态异常,可能损坏的元件是 C1、Q1、U1 及相连的元件。

(4)接着进行 5.1.4。将 S1 开关打到关位(DE-ENERGIZE 位),此时组件正常的工作现象为经过 8～12s 后,L4 指示灯熄灭,L3 指示灯点亮,L1、L2 继续为熄灭状态,如果组件工作状态异常,可能损坏的元件是 K1、C1、Q1、U1。

(5)最后进行 5.1.5。将 S2 开关打到 A 位,L6 指示灯点亮,此时组件正常的工作现象为 L1 指示灯亮,L2、L3、L4 指示灯均熄灭,如果组件工作状态异常,可能损坏的元件是 K1、C1、Q1、U1。

更换疑似的故障元件后,再进行以上 5 步的测试流程,直到均为正常的工作现象,这样就完成了上电测试及故障排除工作。

7. 完成总结报告

在完成组件上电测试并进行故障排除后,为加深学生对整个电路的理解并对起落架空地状态继电器组件维修进行总结,排故的工作流程如图 11-5-9 所示,设置了记录表,如

表 11-5-3 所示,要求学生记录继电器的特性、组件上电测试现象、LM193(U1)的节点电压及延时时间影响因素分析等。

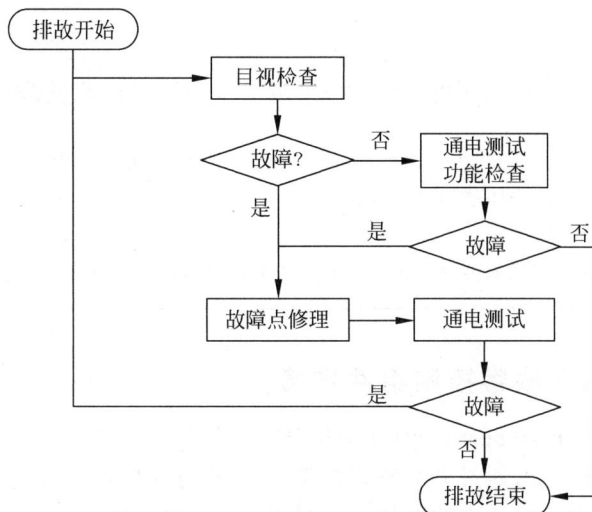

图 11-5-9　排故工作流程图

表 11-5-3　总结记录

电子附件维修——10 秒延时电路记录表

姓名:_____　学号:_____

1. 用万用表直流 10V 和 50V 挡测量另一万用表的 1k,10k 挡,分别读出电阻和电压。

R_{100} V=　　　　R_{500} V=　　　　$R_{10V\ 1K}$=　　　　$R_{50V\ 1K}$=　　　　$R_{10V\ 10K}$=　　　　$R_{50V\ 10K}$=

2. 使用直流稳压电源及万用表判断继电器线圈、触点类型及管脚分布。测量该继电器线圈电阻 R=_____,吸合电压 U_1=_____,释放电压 U_2=_____。注意该继电器线圈是有极性的,吸合电压较低的一组属正常。画出示意图。

3. 装好电路后,先不加电对电源的两个输入端电阻进行测量 R=_____,不允许出现短路及断路的现象。其他电阻和器件也要测量,不允许出现短路。

4. 将开关 S1 打到 DE-ENERGINZ 位,将开关 S2 打到 A 位,接通 24V 电源,电路现象为 L1、L6 亮,L2、L3、L4 熄灭。说明 CR1 的作用_____,计算 U1 的 6 脚的电位 U_6=_____,测量 U1 的 6 脚的电位 U_6=_____。

5. 将开关 S1 打到 ENERGINZ 位,电路现象为 L2、L5、L6 亮,L1、L3、L4 熄灭。确定此时 Q1 的工作状态_____。

将开关 S2 打到 B 位,电路现象为 L4、L5 亮,L1、L2、L3 熄灭。

6. 将开关 S1 打到 DE-ENERGINZ 位,电路现象是经过 8~12s 之后,L4 熄灭,L3 点亮,L1、L2 保持熄灭。确定此时 Q1 的工作状态_____。

7. 使用示波器观察 Q1 基极或集电极电位,并根据显示波形确定准确的延时时间 t=_____。

将开关 S2 打到 A 位,电路现象为 L1、L6 亮,L2、L3、L4 熄灭。

8. 测量集成电路 U1 的引脚电压,电源电压=_____

U1 引脚	IN +	IN-(10V)	IN-(50V)	OUT(Q1 B)	V_{P8}	Q1 C
状态 1　L5 亮						
状态 2　L5 灭						

视频:
项目 1 示波
器测量延时

9. 用跳线分别选择 R6 的电阻为 1MΩ 或 1.2MΩ(SW 印板下有一个连线需要切断),用示波器测量延迟时间,说明原因。

10. 调整电源电压为 24V、28V,分别用示波器测量延迟时间。画出波形图,并说明原因。

11. 用跳线将 CR2 的 20V 稳压管接上,调整电源电压为 24V、28V,再分别用示波器测量延迟时间。同时用万用表分别测量 CR1 的稳压值,并解释原因。

12. 根据实验结果,应如何准确调整延迟时间? 如何才能使延时不受电源电压变化影响?

11.5.2 项目 2 旅客控制组件维修

1. 旅客控制组件(passenger control unit,PCU)简介

PCU 位于座椅扶手上,通过微处理器的数字信号与座椅电子盒(seat electronics box, SEB)连接,为旅客实现音频通道的选择及音量的大小控制,是一种较为典型的飞机信号控制类附件。由于 PCU 直接面向旅客,为满足不同用户的客制化需求,其外观形式及接口多种多样,如图 11-5-10～图 11-5-12 所示。

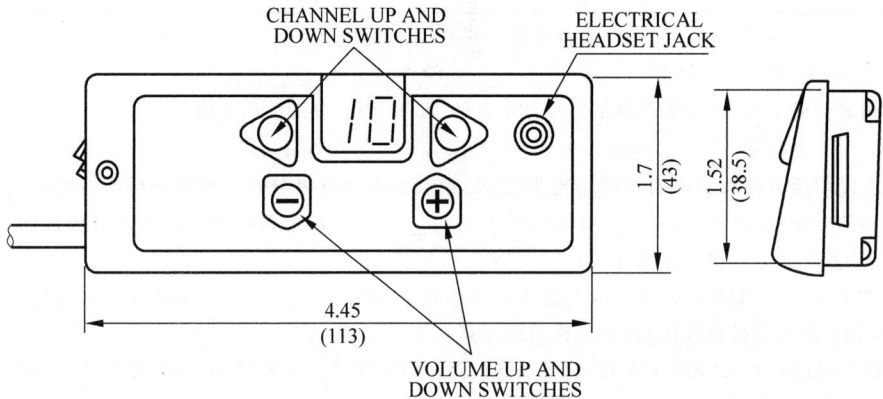

图 11-5-10 RD-AX6613/RD-AX6614 型 PCU

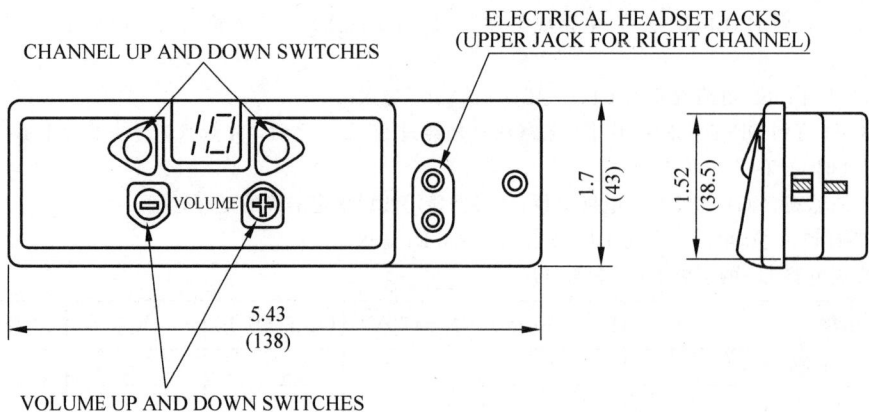

图 11-5-11 RD-AX6657/RD-AX6658 型 PCU

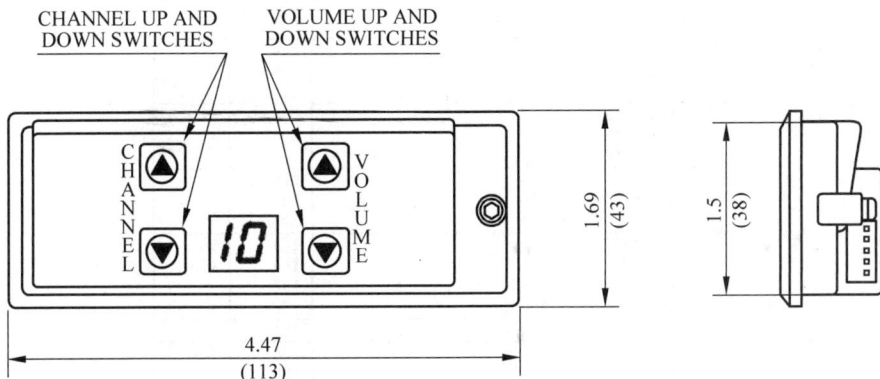

图 11-5-12 RD-AX6656/RD-AX6657 型 PCU

飞机维修人员在航线检查中发现 PCU 故障,在记录相关故障现象后,会将该 PCU 拆下后送到内场进行维修。在内场维修时,维修人员通过更换 PCU 内部的电子元件(如芯片、数码管、电阻、电容、三极管等)恢复该 PCU 的功能。该维修案例聚焦在 PCU(件号:RD-AX6614-M4,外形见图 11-5-10)故障后的内场维修工作,内部电路板如图 11-5-13 所示,主要参考 CMM 23-34-28 进行,按照组件维修的流程首先进行工作原理剖析,在此基础上进行常见故障现象分析,进而定位故障的区域,再通过上电后测试各节点的波形,精确定位故障点,最后更换故障的电子元件,通过功能测试后,完成 PCU 组件的维修工作。

图 11-5-13 RD-AX6614-M4 型 PCU 内部电路板

2. PCU 教学电路改造

PCU 属于航材元件,其电子元件价格较为昂贵,不适合多轮次开展教学,因此需对原有航材元件进行民用件替换,重新编写程序,并进行适合教学的电路改造。

首先通过查询 CMM 中的线路图索引页(INDEX FOR SCHEMATIC DIAGRAMS),如图 11-5-14 所示,查询 RD-AX6614-M4 型的线路图为"图 104 分页 13"(Figure 104(Sheet 13)),如图 11-5-15 所示。

教学电路改造后的电路原理图如图 11-5-16 所示,PCB 图如图 11-5-17、图 11-5-18 所示。

电路主要改造点如下。

(1) 单片机由 NEC 7508HG 芯片更换为引脚数量一致的 ATmega16。

(2) 相应的复位电路更改为电阻和电容的上电复位。

(3) 原编码配置电路是固定的,根据不同的件号进行配置,现在编码配置电路是可以更改的,加深对编码配置的理解。实际上课中要求学生配置为自己学号的后两位。

PCU PART NUMBERS	FIGURE	SHEET
RD-AX6612	104	2
RD-AX6612 (MOD1)	105	-
RD-AX6612 (MOD2)	105A	-
RD-AX6612-M1	104	31
RD-AX6612-M1 (MOD1)	106	-
RD-AX6612-M1 (MOD2)	106A	-
RD-AX6613 & RD-AX6614	104	1
RD-AX6613 & RD-AX6614 (MOD1)	107	-
RD-AX6613 & RD-AX6614 (MOD2)	107A	-
RD-AX6613-M1	104	13
RD-AX6614-M1	104	13A
RD-AX6613-M1 & RD-AX6614-M1 (MOD1)	108	-
RD-AX6613-M1 & RD-AX6614-M1 (MOD2)	108A	-
RD-AX6613-M2	104	10
RD-AX6614-M2	104	10A
RD-AX6613-M2 & RD-AX6614-M2 (MOD1)	109	-
RD-AX6613-M2 & RD-AX6614-M2 (MOD2)	109A	-
RD-AX6613-M2 & RD-AX6614-M2 (MOD3)	109B	-
RD-AX6613-M3	104	10
RD-AX6614-M3	104	10A
RD-AX6613-M3 (MOD1) & RD-AX6614-M3(MOD2)	110	-
RD-AX6613-M3 (MOD2) & RD-AX6614-M3(MOD3)	110A	-
RD-AX6613-M3 (MOD3) & RD-AX6614-M3(MOD4)	110B	-
RD-AX6613-M4 & RD-AX6614-M4	104	13
RD-AX6613-M4 & RD-AX6614-M4 (MOD1)	111	-
RD-AX6613-M4 & RD-AX6614-M4 (MOD2)	111A	-
RD-AX6613-M4 & RD-AX6614-M4 (MOD3)	111A	-
RD-AX6619 & RD-AX6620	104	3
RD-AX6619 & RD-AX6620 (MOD1)	112	-
RD-AX6619 & RD-AX6620 (MOD3/MOD4)	112A	-
RD-AX6623	104	4
RD-AX6623 (MOD1)	113	-
RD-AX6623 (MOD2/MOD3)	113A	-
RD-AX6625	104	4
RD-AX6625 (MOD1)	114	-
RD-AX6625 (MOD2/MOD3)	114A	-

图 11-5-14　线路图索引页

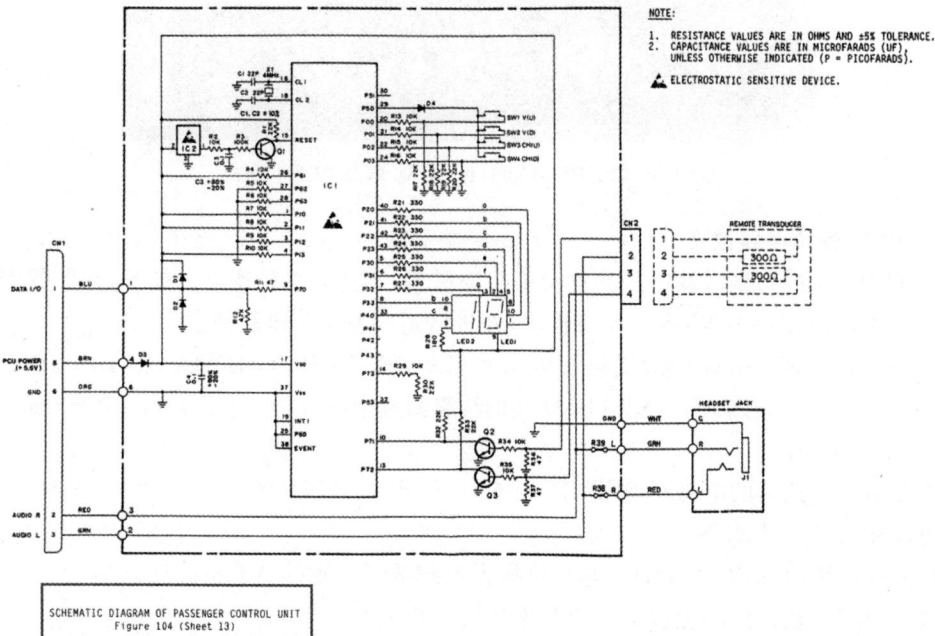

图 11-5-15　图 104 分页 13 线路图

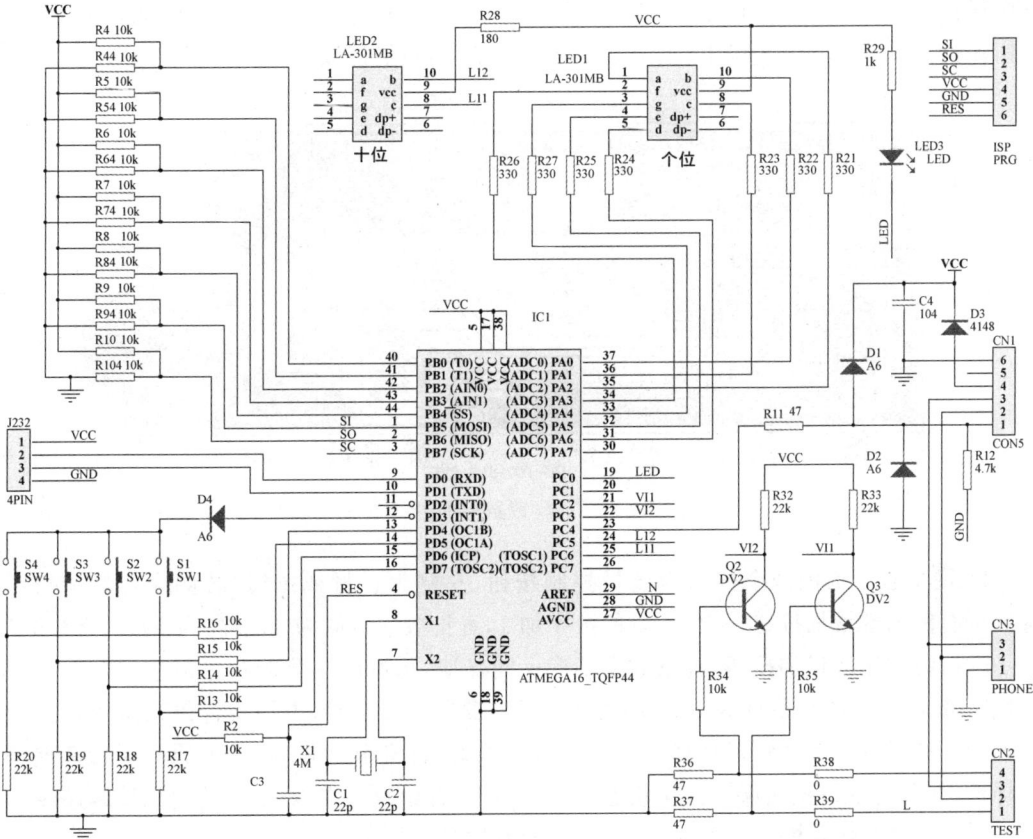

图 11-5-16　教学改造后的 PCU 线路图

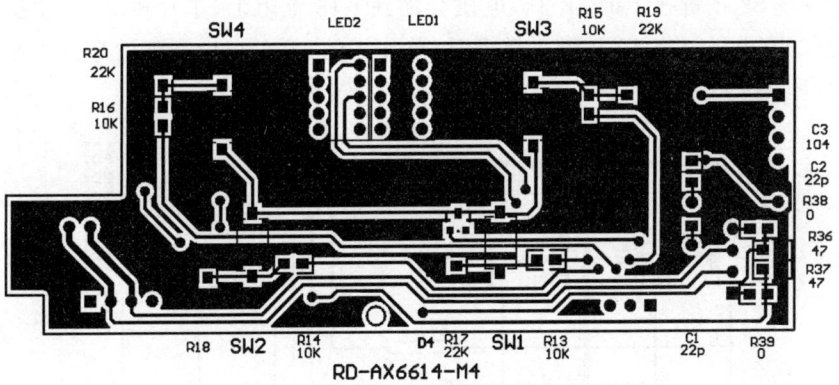

图 11-5-17　教学改造后的 PCB 正面

（4）其他电路完全一致。

3. 工作原理分析

PCU 面板上面的两个按钮为通道选择按钮,左侧为 down 按钮,右侧为 up 按钮。每按压右侧的 up 按钮一次,通道的数字加 1,通道数字从 1 到 12 循环,当通道数字为 12 时,再按压 up 按钮,通道数字变为 1。同样地,每按压左侧的 down 按钮一次,通道的数字减 1,通道数字从 12 到 1 循环,当通道数字为 1 时,再按压 down 按钮,通道数字变为 12。如果 up

按钮保持按压状态 0.85s 以上,通道数字将以 0.5s 的间隔持续递增。同样地,如果 down 按钮保持按压状态 0.85s 以上,通道数字将以 0.5s 的间隔持续递减。

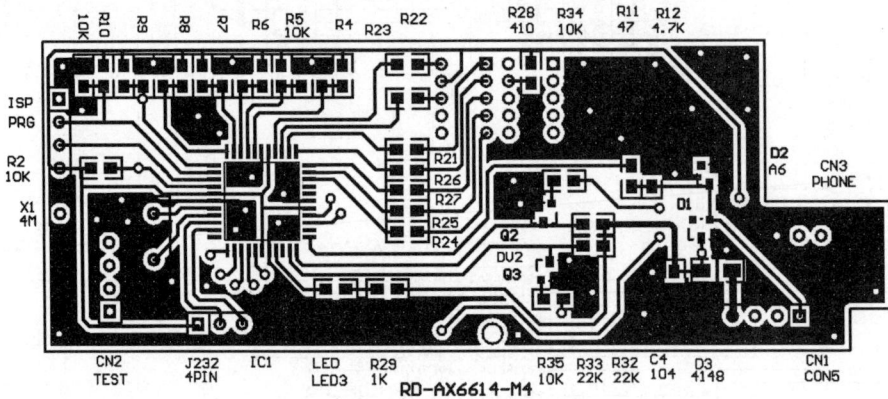

图 11-5-18　教学改造后的 PCB 反面

PCU 面板下面的两个按钮为音量控制按钮,左侧为音量减按钮,右侧为音量加按钮。每按压右侧的音量加按钮一次,音量的数字加 1,音量数字最低为 0,最高为 19,当音量数字为 19 时,再按压音量加按钮,音量数字不变。同样地,每按压左侧的音量减按钮一次,音量的数字减 1,音量数字最低为 0,最高为 19,当音量数字为 0 时,再按压音量减按钮,音量数字不变。如果音量加按钮保持按压状态 0.85s 以上,音量数字将以 0.5s 的间隔持续递增。同样地,如果音量键按钮保持按压状态 0.85s 以上,音量数字将以 0.5s 的间隔持续递减。

（1）按键电路分析。

ATMega16 单片机的 12 引脚一直输出高电平（5V）,经过 D4 二极管后,电压变为 4.3V（5～0.7V）,当 S2 按键按下时,4.3V 电压会加到 R18 电阻上,单片机的 15 引脚通过 R14 电阻会检测到高电平。当 S2 按键未按下时,单片机的 15 引脚检测到的是低电平。按键工作原理图如图 11-5-19 所示。

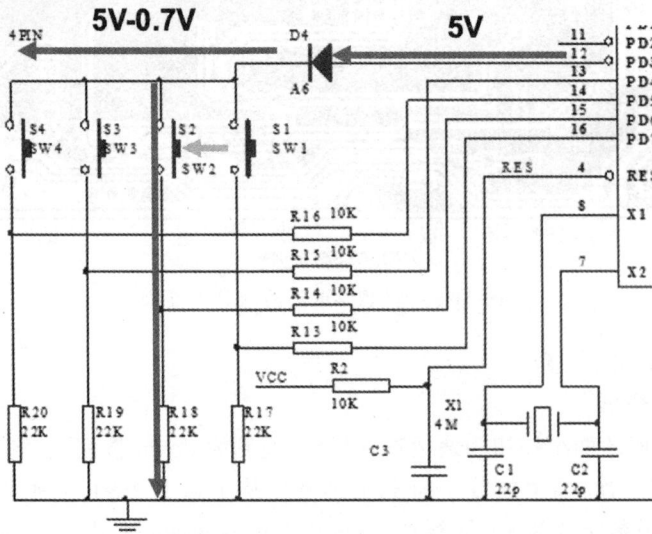

图 11-5-19　按键工作原理图

（2）显示电路分析。

显示采用共阳极数码管,当数码管引脚连接为低电平时,相应的段位点亮。如数码管显示数字1,连接b、c引脚为低电平,其余引脚为高电平,对应单片机引脚就是36、37引脚为0,31、32、33、34、35引脚为1,如图11-5-20和图11-5-21所示。

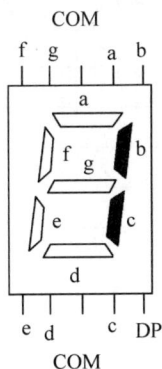

图11-5-20　数码管显示1的状态

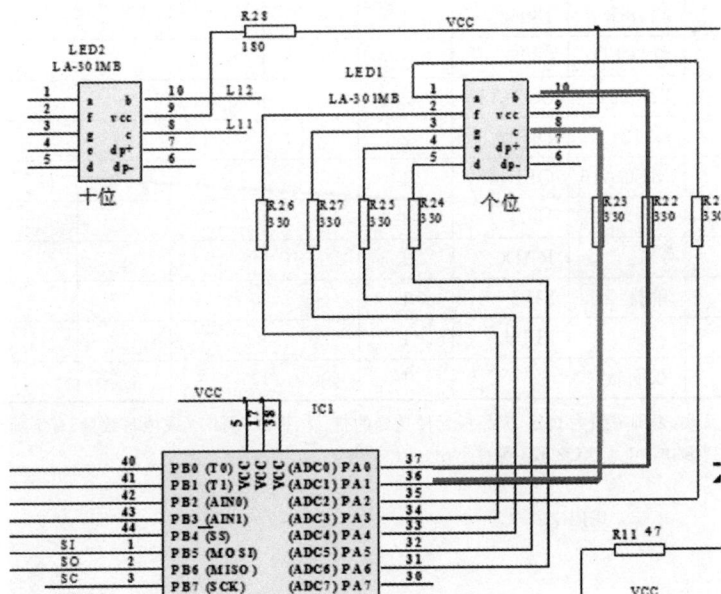

图11-5-21　数码管显示原理

4. 基本状态核实

基本状态核实是飞机电子附件维修的前置工作,其目的是评估并核对电路板的状态。学生在拿到有故障的PCU,并对其进行拆解,拿出电路板后,需要填写表11-5-4。主要填写表中序号1~21的部分,核实元件是否在位,是否有烧坏的痕迹,安装方向是否正确,型号是否正确等。

视频:
项目2基本
状态核实

表 11-5-4 PCU 基本状态核实

成品板号 　　　　　　　　直观检查情况

测试情况（用 5V 电源）

拆后印板状态_____　　　　　　　剩余元件数量_____

序号	名称	标称值	封装	数量	成品板	拆	领	新板	备注
1	电阻	0.22Ω	0805	2					可不用
2	电阻	47Ω	0805	3					
3	电阻	430Ω	0805	1					替代 180Ω
4	电阻	820Ω	0805	7					替代 330Q
5	电阻	1kΩ	0805	1					
6	电阻	4.7kΩ	0805	1					
7	电阻	10kΩ	0805	14					
8	电阻	22kΩ	0805	6					
9	电容	22μF	0805	2					
10	电容	0.1μF	0805	2					
11	二极管	BAV99	SOT-23	3					
12	二极管	4148	1805	1					
13	发光管	红（LED）	0805	1					
14	三极管	2N5551	SOT-23	2					可不用
15	数码管	G3121	DIP10	2					
16	单片机	MEGA16	QFP44	1					
17	按键		1805	4					
18	晶体	4M	RAD0.2	1					
19	插针	单排	SIP5	1					调试用
20	电源排线		5PIN	1					调试用
21	PCB	双面板		1					

注：此表请勿涂改，否则成绩为 0 分，成品板元件是好的打 √，拆或领打 √ 或填写数量，有下画线的项目由教师检查后填写。（R12、R32-R39、D1、D2、Q2、Q3 等可不用）

新板号

直观检查情况　　　　　　　　编码

测试运行情况

创新点

视频：
项目 2 上电
测试

5. 组件上电测试

　　在经过基本状态核实之后就可以进行组件上电测试了，这部分的主要目的是对组件的功能进行测试。需要注意的是，在对组件上电前，需要测量 CN1-4，供电输入端对地（CN1-6）的电阻值，如果电阻值为 0，则说明组件中存在短路的情况，此时禁止上电操作，需回到基本状态核实阶段仔细辨别是否有异常的元件。

　　测试所需设备有直流稳压电源、万用表、示波器等。CMM 23-34-28 中给出了组件上电进行功能测试的现象，分为初始检查、开关功能测试、通道选择测试等。

（1）初始检查（见表11-5-5）。

表 11-5-5　初始检查

Operation	Observation
Push the tester's POWER switch ON.	The current values indicated on the DC ammeter is 120mA or less. but not 0mA. The PCU's channel display shows a number corresponding to standard PCU channel number 6(see Figure 2).

给 PCU 供电后，观察供电电流在 0～120mA，PCU 上显示通道数字 6。如果供电电流为 0 或者大于 120mA，此时应断开直流电源，然后执行故障隔离程序。

（2）开关功能测试（见表11-5-6）。

表 11-5-6　开关功能测试

Operation	Observation
Push and release the PCU's volume up switch.	The tester's VOLUME UP(PES VOLUME UP)light is lit as long as the PCU's switch is pushed.
Push and release the PCU's volume down switch.	The tester's VOLUME DOWN(PES VOLUME DOWN) light is lit as long as the PCU's switch is pushed.

按压 PCU 上的音量加开关，观察测试台上的音量加指示灯会同步点亮。同样地，按压 PCU 上的音量减开关，观察测试台上的音量减指示灯会同步点亮。

（3）通道选择测试（表11-5-7）。

表 11-5-7　通道选择测试

Operation	Observation
Push and release the PCU's channel up switch. Repeat this operation 12 times.	One push of this switch causes the PCU's channel display to change from "1" to "2". afetr which each push increases the displayed channel number by one. The channel number displayed on the tester's CH DISPLAY(PES CH display) agrees with that displayed on the PCU. When switch is kept pushed. channel number increments are continued at 0.5second intervals.
Push and release the PCU's channel down switch. Repeat this operation 12 times.	One push of this switch causes the PCU's channel display to change from "12" to "11". after which each push decreases the displayed channel number by one. The channel number displayed on the tester's CH DISPLAY(PES CH display) agrees with that displayed on the PCU. When switch is kept pushed. channel number decrements are continued at 0.5 second intervals.

按压 PCU 的通道加开关，并重复按压 12 次。观察 PCU 的通道显示从 1 变为 12，每按压一次开关，通道显示就加 1，当通道加开关按住不放时，通道数字持续以 0.5s 的间隔增加。按压 PCU 的通道减开关，并重复按压 12 次。观察 PCU 的通道显示从 12 变为 1，每按压一次开关，通道显示就减 1，当通道减开关按住不放时，通道数字持续以 0.5s 的间隔减小。

6. 故障隔离程序

故障隔离时,先进行初步故障隔离,并将组件上电测试中观察到的故障与可能的故障区域联系起来。在检查电路的连通性时,不要使用万用表测量电阻的方法进行,应使用示波器通过测量信号电压是否存在来检查电路的连通性。

初步故障隔离和后面的故障隔离程序均采用故障树的形式进行,如图 11-5-22 所示为典型故障树状态图,同时均不考虑微处理器(IC1)内部的故障(如端口)和储存程序的故障,因为出现这两类故障的可能性很低。

(1) 初步故障隔离(在 CMM 中的 B 部分,见表 11-5-8)。

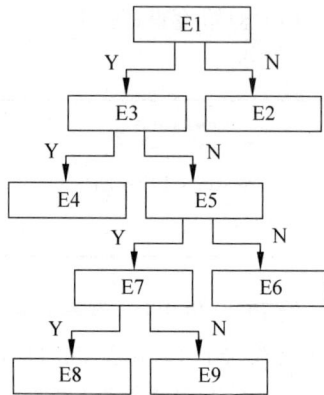

图 11-5-22　故障树状态图

表 11-5-8　初步故障隔离

TEST	TROUBLE OBSERVED	POSSIBLE PROBLEM AREA
4. A.	Ammeter indicates 0mA or excessive current value.	Power line(see C.).
4. B.	One or more PSS indicator lights on the tester are lit when none of the switches on the PCU are operated.	Data line (see D.). or microcomputer (see E.).
4. B.	Switch(es)has no effect.	Switch matrix(see F.).
4. C.	PCU's channel up or down switch has no effect.	Switch matrix(see F.).
4. C.	PCU's channel display does not show number properly.	LED display drive output(see G. and also NOTE below).
4. C.	Channel indication on the tester does not agree with that on the PCU.	Check the 2-digit code set on the CH SELECT switch. which should be as stated in 3. Preparations for Testing. See also NOTE below.

当 PCU 供电后发现供电电流为 0 或者超过 120mA 时,可能的问题区域为供电线(参见 CMM 中的 C 部分)。当没有按压 PCU 上的开关时,测试台上相应的指示灯点亮,那么可能的问题区域为数据传输线(参见 CMM 中的 D 部分)或者是微处理器区域(参见 CMM 中的 E 部分)。当 PCU 开关失效(通道控制或者音量控制失效)时,可能的问题区域为开关矩阵(参见 CMM 中的 F 部分)。当 PCU 的通道显示不正确时,可能的问题区域为 LED 输出驱动部分(参见 CMM 中的 G 部分)。

(2) 电源线故障隔离程序(CMM 中的 C 部分,见表 11-5-9)。

表 11-5-9　电源线故障隔离程序

STEP	CHECK/POSSIBLE FAULT	NEXT STEP IF	
		YES	NO
C-1	Was ammeter indication 0mA?	C-4	C-2
C-2	Was ammeter indication higher than 70mA?	C-3	—
C-3	Suspect C4.	—	—

STEP	CHECK/POSSIBLE FAULT	NEXT STEP IF	
		YES	NO
C-4	Was circuit breaker on tester rear tripped?	C-5	C-6
C-5	Visually check for power line short and remove short. Turn breaker ON again and return to functional testing.	—	—
C-6	Turn tester ON. Check power line continuity through voltage check starting from CN1 including pin 17 of IC1. Suspect D3 or cold solder. On repair of line break, return to functional testing.	—	—

从表左侧 C-1 的步骤开始进行,根据中间检查的结果跳转到相应的步骤。第一步先检查电流是否为 0mA,如果是 0mA,下一步执行 C-4 步骤;如果电流不为 0mA,下一步执行 C-2 步骤。如果存在短路的情况,目视检查电源电路及其附属元件,包括 D3、C4 等,移除短路再测试是否短路。

(3) 微处理器 IC1 故障隔离程序(CMM 中的 E 部分见表 11-5-10)。

表 11-5-10 微处理器 IC1 故障隔离程序

STEP	CHECK/POSSIBLE FAULT	NEXT STEP IF	
		YES	NO
E-1	Is 4-MHz signal present at pin 16 or 18 of IC1?	E-3	E-2
E-2	Suspect X1,C1,C2 or IC1.	—	—
E-3	Is voltage at pin 15(reset)of IC1 0V?	E-4	E-5
E-4	When 5V DC is present between pins 17 and 37 of IC1, temporarily ground base of Q1. If this corrects problem, suspect C3 or R2(reset timing). Otherwise suspect IC1.	—	—
E-5	Is voltage at pin 1 of IC2 5V?	E-7	E-6
E-6	Suspect IC2.	—	—
E-7	Is voltage applied to base of Q1?	E-8	E-9
E-8	Suspect Q1.	—	—
E-9	Suspect R2,C3 or R3.	—	—

当晶振没有波形输出时,可能的故障元件为 X1、C1、C2 或者 IC1。当晶振有波形输出时,再根据故障树的原理确定是 IC2 还是 Q1,或者 R2、C3 或者 R3 故障。

(4) 开关矩阵故障隔离程序(CMM 中的 F 部分见表 11-5-11)。

表 11-5-11 开关矩阵故障隔离程序

STEP	CHECK/POSSIBLE FAULT	NEXT STEP IF	
		YES	NO
F-1	Check IC1 pin 29 output line via D4 to switch matrix for continuity through pulse signal check. This pin provides switch scanner pulse output. If normal, then similarly check switch and resistors(SW1 to SW4 for open, R13 to R16 for open, R17 to R20 for short).	—	—

按键电路的原理是 PD3 引脚（对应 IC1 的 29 引脚）输出高电平，PD4、PD5、PD6、PD7 分别进行接收，检查单片机焊接、二极管 D4、每个按键的分压电阻。

（5）LED 输出驱动故障隔离程序（CMM 中的 G 部分见表 11-5-12）。

检查所缺的段是哪一个数码管引脚，检查该引脚对应的限流电阻和驱动该段的单片机引脚。

表 11-5-12　LED 输出驱动故障隔离程序

STEP	CHECK/POSSIBLE FAULT	NEXT STEP IF	
		YES	NO
G-1	Is IC1 output for for LED segment to be lit 0V?	G-2	G-3
G-2	Suspect series resistor(R21 to R28,open),or LED display,or +5V supply line.	—	—
G-3	Suspect IC1.	—	—

7. 完成总结报告

在完成组件上电测试并进行故障排除后，为加深学生对整个电路的理解并对 PCU 维修进行总结，设置了记录表，如表 11-5-13 所示。要求学生记录数码管的特性，分析按键状态的实现、PCU 电路中关键元件的作用、PA 口驱动数码管的编码等。

表 11-5-13　总结记录

电子附件维修——音频选择控制板记录表

姓名：＿＿＿＿＿＿＿　学号：＿＿＿＿＿＿＿

1. 按 PCB 板的编号进行 2 位数字编码。可编（　　）个十进制数，（　　）个十六进制数。

板号							
引脚	PB6	PB5	PB4	PB3	PB2	PB1	PB0
逻辑电平							
对应电阻							

2. 用万用表电阻挡测量数码管，相应字段亮（个位使用新的数码管，十位可使用拆下的）。

字段	a	b	c	d	e	f	g	dp
黑表笔接引脚								
红表笔接引脚								

3. 焊接、清洗和检查完毕后，

测量电源的两个输入端电阻 $R_n = $ ＿＿＿＿＿＿（CN1 的 4 脚和 6 脚）

测量 V_{cc} 电源到地的电阻 $R_{V_{cc}} = $ ＿＿＿＿＿＿＿＿＿

4. 电阻上标有 104 和 2112 各为多大阻值和误差？

5. 分析图 11-5-16 中两位数码管共能显示多少个十进制数？在通道选择中又是多少位？

6. LED2 为什么只用一个电阻并且是 180Ω?

7. 分析 D1 和 D2 起什么作用?

8. 怎样简单判别单片机是否运行正常?

9. 分析按键的"0"和"1"状态的实现。

10. 分析 D3 的作用。

11. 写出 PA 口驱动数码管显示 0~9 的编码(十六进制数)。

12. CN2 1-2,3-4 分别接 300Ω 电阻,分析 Q2、Q3 起什么作用?

参 考 文 献

[1] 马小俊,吉凤贤,宋玉起,等.基于 S1000D 规范的民用飞机维修类技术出版物开发技术[M].北京：科学出版社,2017.

[2] 佟宇,马显超,孙宝泉,等.民用飞机飞行运行类手册开发指南[M].北京：科学出版社,2017.

[3] 任仁良.维修基本技能[M].北京：清华大学出版社,2010.

[4] 李妍.交互式电子技术手册在空管领域的应用初探[J].空运商务,2023(2)：61-64.

[5] 高万春,朱兴动,宋建华,等.S1000D 下 IETM 的研究与实践[J].微计算机信息,2007(18)：1-3.

[6] 胡梁勇,徐宗昌.ASD S1000D 技术资料数据化规范综述[J].世界标准化与质量管理,2008(7)：49-52.

[7] 宋广成,郭在华,王东生,等.工业静电与雷电防护手册[M].北京：中国石化出版社,2016.

[8] 陶梅贞.现代飞机结构综合设计[M].西安：西北工业大学出版社,2013.

[9] 张学军,郭孟秋,马瑞.航空关键部件维修与评估技术[M].北京：国防工业出版社,2020.

[10] 季启政,苏新光,高智良,等.静电防护标准化[M].北京：中国标准出版社,2018.

[11] Federal Aviation Administration. Aviation maintenance technician handbook-general (FAA-H-8083-30A)[M].Newcastle：Aviation Supplies & Academics,Inc.,2018.

[12] CHANEL C E,BENT R D,MCKINLEY J L. Aircraft Maintenance and Repair[M]. New York：McGraw-Hill,1995.

[13] 杨海涛,陈新锋,张雷.2022 年中国民航维修系统资源及行业发展报告[J].航空维修与工程,2023(7)：12-15.

[14] 中国民用航空局.中华人民共和国民用航空行业标准：MH/T 3010-2006[S].北京：中国民航局,2006.

[15] 中华人民共和国工业和信息化部.民用飞机系统电搭接通用要求：HB 8412-2014(2017)[EB/OL].[2024-06-30].https://doc88.com/p-4764733527214.html.

[16] 安辉.航空器维修实践[EB/OL].(2020-05-15)[2024-06-30].http://www.camac.org.cn/uploadfile/textbook/M8.pdf.

[17] 民用航空器维修基础系列教材编委会.航空器维修基本技能[EB/OL].(2020-05-15)[2024-06-30].http://www.camac.org.cn/uploadfile/textbook/M7.pdf.

[18] Boeing 767-300 Aircraft Maintenance Manual[Z].

[19] Boeing Standard Wiring Practices Manual[Z].

[20] Boeing 737-600/700/800/900 Aircraft Maintenance Manual and Wiring Diagram Manual[Z].

[21] Boeing Standard Overhaul Practices Manual[Z].

[22] Boeing 787 Aircraft Maintenance Manual and Illustrated Parts Data[Z].

[23] Airbus A320 Aircraft Maintenance Manual and Wiring Diagram Manual[Z].

[24] Airbus Electrical Standard Practices Manual[Z].

[25] Panasonic Avionics Corporation. Component maintenance Manual-Passenger Control Unit (PCU) 23-34-28[Z].

[26] Boeing Proprietary Component maintenance Manual-10-Second Drop Out Time Delay Assembly 24-09-87[Z].

[27] 中国商飞 ARJ21 电气标准施工手册[Z].

[28] 中国商飞 ARJ21 飞机线路手册 AWM[Z].

[29] 中国民用航空局. 民用航空器维修单位合格审定规则(CCAR-145R4)[EB/OL]. (2022-02-11)[2024-06-30]. http：//www. caac. gov. cn/XXGK/XXGK/MHGZ/202203/P020220302306831669581. pdf.

[30] 中国民用航空局. 运输类飞机适航标准（CCAR-25-R4）[EB/OL]. (2016-03-17)[2024-06-30]. http：//www. caac. gov. cn/XXGK/XXGK/MHGZ/201606/P020160622405532063536. pdf.

[31] 中国民用航空局. 民用航空器维修培训机构合格审定规则(CCAR-147R1)[EB/OL]. (2022-02-11)[2024-06-30]. http：//www. caac. gov. cn/XXGK/XXGK/MHGZ/202203/P020220302471337067536. pdf.

[32] 中国民用航空局. 民用航空器维修人员执照管理规则(CCAR-66-R3)[EB/OL]. (2020-06-08)[2024-06-30]. http：//www. caac. gov. cn/XXGK/XXGK/MHGZ/202006/P020200608612216597859. pdf.

[33] 中国民用航空局. 飞机地面勤务(咨询通告 AC-121-FS-057 R1)[EB/OL]. (2022-09-15)[2024-06-30]. http：//www. caac. gov. cn/XXGK/XXGK/GFXWJ/202210/P020221018515715915335. pdf.

[34] 美国航空管理 FAA 咨询通 AC_43.13-1B_w-chg1，Section 7 Acceptable Methods，Techniques，and Practices-Aircraft Inspection and Repair[Z]. 1998.

[35] 李继成，范珮珺. 寻找大国工匠|东航技师朱刚：30 年专心做一件事——修飞机[EB/OL]. (2016-04-28)[2024-6-30]. https：//www. thepaper. cn/newsDetail_forward_1462217.

[36] 冯智君，蔡思敏. 十五年，她就认准一件事[EB/OL]. (2019-07-24)[2024-06-30]. http：//www. caacnews. com. cn/1/6/201907/t20190724_1278334. html.